机器学习（Python版）

Machine Learning with Python for Everyone

[美] 马克·E. 芬纳（Mark E. Fenner）著

江红 余青松 余靖 ◎ 译

机械工业出版社
China Machine Press

图书在版编目（CIP）数据

机器学习Python版 /（美）马克·E. 芬纳（Mark E. Fenner）著；江红，余青松，余靖译 . -- 北京：机械工业出版社，2022.6

书名原文：Machine Learning with Python for Everyone

ISBN 978-7-111-70600-7

I. ①机… II. ①马… ②江… ③余… ④余… III. ①机器学习 ②软件工具－程序设计 IV. ① TP181 ② TP311.561

中国版本图书馆 CIP 数据核字（2022）第 066045 号

机器学习Python版

出版发行：机械工业出版社（北京市西城区百万庄大街 22 号 邮政编码：100037）

责任编辑：曲 熠　　责任校对：马荣敏

印 刷：三河市国英印务有限公司　　版 次：2022 年 7 月第 1 版第 1 次印刷

开 本：186mm×240mm 1/16　　印 张：31.25

书 号：ISBN 978-7-111-70600-7　　定 价：149.00 元

客服电话：（010）88361066 88379833 68326294　　投稿热线：（010）88379604

华章网站：www.hzbook.com　　读者信箱：hzjsj@hzbook.com

The Translator's Words 译者序

在大数据和人工智能时代，机器学习已经成为各行各业解决问题不可或缺的有效方法。越来越多的人渴望了解和实现机器学习，而传统的机器学习教程一般侧重于借助复杂的数学公式来描述算法，大大提高了机器学习的入门门槛。

本书是一本由浅入深、循序渐进的机器学习教程。与传统的机器学习教程不同，本书没有过度依赖复杂的数学知识，而是以一种讲故事的形式解释概念，将复杂思想分解成简单问题。其特点是非常易于阅读，并且富有深刻见解，引人入胜，从而可以帮助不同知识背景的读者快速提高自己的机器学习知识和技能。本书假设读者具有少量的大学数学知识以及基本的 Python 程序设计知识。

本书采用机器学习领域的主流编程语言 Python，使用最流行的 scikit-learn 机器学习库以及其他相关库，通过实际的机器学习项目，帮助读者掌握机器学习的理论概念和实现过程。本书提供的实践资源可以指导读者学习，以帮助读者快速并且全面地入门。书中阐述的所有模式、策略、陷阱和疑难杂症，都适用于实际工作中所要构建、训练和使用的机器学习系统。

本书主要包括以下四个部分：

- 第一部分包括第 1 章到第 4 章。主要阐述有关机器学习的基本概念，重点阐述基本分类器和回归器的构建、训练和评估。
- 第二部分包括第 5 章到第 7 章。主要阐述机器学习系统的通用评估技术，并使用通用评估技术对基本分类器和回归器进行性能评估。
- 第三部分包括第 8 章到第 11 章。主要阐述机器学习系统的重要学习技术工具库，如其他分类和回归技术、特征工程。第 11 章讨论了如何构建机器学习管道，以及通过调整超参数改进机器学习系统的性能。
- 第四部分包括第 12 章到第 15 章。主要介绍机器学习的最新技术，包括组合机器学习模型、自动化特征工程模型，并将机器学习应用于图像和文本两个特定领域。第15章简单地介绍了神经网络和图形模型这两个机器学习前沿技术。

本书由华东师范大学江红、余青松和余靖共同翻译。衷心感谢本书的编辑曲熠老师，她积极地帮我们筹划翻译事宜并认真审阅译稿。翻译也是一种再创造，同样需要艰辛的付出，感谢朋友、家人以及同事的理解和支持。感谢我们的研究生刘映君、余嘉昊、刘康、钟善毫、方宇雄、唐文芳、许柯嘉等同学对本译稿的认真通读和指正。在本书翻译的过程中，我们力求忠于原著，但由于译者学识有限，且本书涉及的领域较广，故书中的不足之处在所难免，敬请诸位同行、专家和读者指正。

江　红　余青松　余　靖

2021年11月

Foreword 推　荐　序

从数据中学习和获取模式的方法正在改变着世界，而这种研究方法目前通常被称为统计学、数据科学、机器学习或者人工智能。几乎所有行业都已经（或者说很快就会）被机器学习所覆盖。尽管大多数人的注意力都聚焦在软件方面，但硬件和软件的共同发展正在推动这一领域快速发展。

虽然许多程序设计语言，包括 R、C/C++、FORTRAN 和 GO 等，都可以用于机器学习，但事实证明 Python 是最流行的机器学习语言。这在很大程度上得益于 scikit-learn 机器学习库。该机器学习库不但可以轻松地训练大量不同的模型，还可以用于特征工程（feature engineering）、评估模型的质量，以及对新的数据进行评分等。scikit-learn 库已经迅速成为 Python 最重要和最强大的软件库之一。

虽然具备高等数学知识是机器学习的基础，但即使在缺少系统化的微积分和矩阵代数等背景知识的前提下，也完全可以训练复杂的模型。对于许多人而言，通过程序设计而不是学习数学知识的方式，可以更容易掌握机器学习技能。这也正是本书的目标：将 Python 作为机器学习的工具，然后根据需要补充一些数学知识。对于迫切想要学习机器学习的读者而言，本书为他们敞开了机器学习的大门。本书的形式与 *R for Everyone* 和 *Pandas for Everyone* 类似。

作者 Mark E.Fenner 多年来一直致力于与不同背景的人交流有关科学和机器学习的概念，从而练就了将复杂的思想分解成简单问题的能力。这些经历使作者能够以一种讲故事的形式解释概念，同时尽量减少使用枯燥的术语，并提供具体的实例，书中的特点是非常易于阅读，书中还提供了大量的程序代码，以便读者可以在自己的计算机上进行编程练习。

由于越来越多的人渴望了解和实现机器学习，因此有必要提供实践资源来指导读者学习，以帮助读者快速并且全面地入门。Mark E.Fenner 的教程富有深刻见解，并且引人入胜，正好满足了这一学习需求。正如书名 *Machine Learning with Python for Everyone*，本书可以帮助各种具备不同知识背景的人士快速掌握机器学习知识和技能，从而大大增加他们踏足机器学习这一重要领域的机会。

Jared Lander

丛书编辑

Preface 前　言

1983 年，电影 *WarGames*（战争游戏）问世。那时我还是一个未成年的孩子，一些电影情节让我深深地着迷：爆发一场核灾难的可能性，电影主角与计算机系统之间近乎神奇的互动方式……但是，最令我着迷的是机器居然具有能够自主学习的潜力。作为一个天真的少年，我花了好几年的时间研究战略核武器库。随后，大约又过了 10 年，我才开始认真学习计算机程序设计。指引一台计算机去执行一个设定的过程非常神奇，在学习复杂系统的细节的同时，又满足了我的好奇心，这真是一种非常美妙的体验。然而，路漫漫其修远兮，吾将上下而求索。几年之后，我开始编写第一个明确设计为可以学习（learn）的程序。我欣喜若狂，并深深地意识到这便是我的精神家园。因此，我想和大家分享一下这个具有自主学习能力的计算机程序世界。

读者对象

本书假定的读者对象是哪些人呢？本书的读者对象是机器学习的初学者。更重要的是，读者只需要具备少量的大学水平的数学知识，而且本书并不会试图提高关于数学方面的要求。虽然许多机器学习的书籍都会花费大量的篇幅阐述数学概念和方程，但我将尽最大的努力减轻读者有关数学知识方面的负担。从本书书名可见，我确实希望读者有 Python 语言编程基础。如果读者能够阅读 Python 程序，那么一定能够从本书的讨论中获得更多的信息。虽然许多关于机器学习的书籍都依赖于数学知识，但本书却借助故事、图片和 Python 代码来与读者进行交流。当然，本书偶尔也会涉及数学公式。但是，如果读者对这些数学公式不感兴趣，那么可以直接跳过大部分的数学公式。本书也会尽量为读者提供足够的上下文来解释这些数学公式，以帮助读者理解数学公式的含义。

为什么推荐读者选择阅读本书呢？因为我和读者之间可以达成共识：所有选择这本书的读者都想学习有关机器学习的知识。虽然读者可能有着不同的专业背景：也许读者是一个专注于机器学习的计算机入门班的学生；也许读者是一个处于事业中期的商业分析师，但突然需要拥有超越电子表格分析能力极限的其他方法；也许读者是一个技术爱好者，希望扩大自己的兴趣；抑或读者是一个科学家，需要以一种新的方式分析数据。机器学习正在渗透到社会的方方面面。根据读者的专业背景，本书会对每个人提供不同的帮助。即便精通数学的读者，如果想利用 Python 进行机器学习方面的突破，也能从本书中收获良多。

因此，本书的目标是让有兴趣或者需要实现机器学习项目的读者，通过使用 Python scikit-learn 和其他相关库，以一种具体的学习方式理解和掌握机器学习的过程及最重要的概念。读者将会发现书中所有的模式、策略、陷阱和疑难杂症，都适用于他们将要学习、构建或者使用的所有的机器学习系统。

方法

许多试图解释数学主题（例如机器学习）的书，一般都假设外行人可以轻易地读懂数学公式，并据此呈现这些数学公式。但这种方法往往使得大多数人（甚至包括那些喜欢数学的人）望而却步。本书则通过可视化的方式，将语言描述与可运行的代码相结合，在读者的脑海中构建一幅更好的机器学习过程图。我是一个充满热情并且经过良好训练的计算机科学家，同时热爱创造。创造会让我知晓自己是否已经达到了理解某些事物的真实水平。读者可能熟知这句人生格言："如果真的想了解一件事，那么最好的方法是把这件事传授给别人。"那么，可以由这句话衍生出另一句人生格言："如果真的想了解一件事，那么最好的方法是训练计算机完成该任务！"这正是我要教授读者机器学习知识的目的所在。基于最基础的数学知识，本书将为读者讲述最重要且最常用的机器学习工具和技术背后的概念，然后，向读者展示如何让计算机完成该任务。注意：本书不会从零开始编写程序以实现这些方法。我们将站在巨人的肩膀上，使用一些非常强大的、节省时间的、预先构建的软件库（稍后将对此进行详细阐述）。

本书不会详细地涵盖所有这些库，因为这需要海量的篇幅。相反，本书将从实际需求出发。本书将采用最好的工具来完成任务，并提供足够的背景知识以指导读者理解本书将要使用的概念。对于偏好数学的读者，本书会提供一些更深入的参考资料，以供他们进一步研究。这些参考资料将在各章末尾的章节注释中提供，以便其他读者轻松地跳过这些资料。

如果读者正在阅读这篇前言，以决定是否需要投入时间来阅读本书，这里需要向读者指明一些超出本书范围的内容。本书不会深入研究数学证明，也不会依赖数学来阐述原理。市面上存在许多按照上述思路编写的教科书，本书在每章结尾将提供一些相关参考书籍。同样，本书假设目标读者具有熟练的初级或者中级水平的 Python 程序设计知识。然而，对于一些更高级的 Python 主题和内容（主要来自第三方包，例如 NumPy 或者 Pandas），本书将解释其背后的原理，以便读者能够理解每种技术及其背景知识。

概述

在本书第一部分，我将帮助读者打下坚实的基础。第 1 章将介绍有关机器学习的语言描述和概念概述。第 2 章将采取一种略微不同的方法，介绍一些在机器学习中反复出现的数学和计算主题。第 3 章和第 4 章将引导读者初步完成构建、训练和评估机器学习系统的基本步骤，这些机器学习系统用于对数据进行分类（称为分类器），以及对数据进行量化（称为回归器）。

本书第二部分将重点聚焦到如何应用机器学习系统中最重要的内容：以一种现实的方式评估机器学习系统的成功率。第 5 章将讨论适用于所有机器学习系统的通用评估技术。第 6 章和第 7 章将应用这些通用评估技术，并为分类器和回归器增加评估功能。

本书第三部分将扩展我们的学习技术工具库，并补充说明机器学习系统的组成部分。第 8 章和第 9 章将阐述另外几种不同的分类技术和回归技术。第 10 章将描述特征工程（feature engineering）：如何将原始数据平滑并整合成可以用于机器学习的数据格式。第 11 章将展示如何将多个步骤串联在一起，以构建一个机器学习系统，以及如何调整机器学习系统的内部工作流程，使其性能更佳。

本书的第四部分是进阶部分，将讨论推动机器学习向前发展的最新前沿技术。第 12 章将讨论由多个小型的机器学习系统所组成的机器学习系统。第 13 章将讨论结合了自动化特征工程的机器学习技术。第 14 章将对本书做一个总结，该章将采用书中提及的技术，并将这些技术应用于两种特别有趣的数据类型：图像和文本。第 15 章将回顾前面讨论的许多技术，同时展示这些技术与更高级的机器学习体系结构（神经网络和图形模型）之间的关系。

本书主要聚焦于机器学习的各种技术，在此过程中，将研究一些学习算法和一些其他的处理方法。然而，全面覆盖这些知识并不是本书的目标。我们将讨论最常见的技术，并简要介绍机器学习的两大子领域：图形模型和神经网络（或者称为深层网络）。另外，我们还将讨论本书所关注的技术与这些更高级方法之间的关系。

本书未涉及的一个主题是如何实现特定的学习算法。我们将在 scikit-learn 库和相关软件库中已有算法的基础上进行机器学习系统的构建，并使用这些机器学习系统作为组件来创建更大型的解决方案。当然，总得有人实现黑匣子里的轮子（算法），以便用户可以传递数据并调用这些算法。如果读者真的对实现这些算法有兴趣，那么本书便会是读者学习路上的好伙伴。希望读者能推荐身边的朋友来购买和阅读本书，这样我就更有激情和动力去撰写一本关于这些低级细节的续作了！

致谢

非常感谢为本书的出版做出巨大贡献的所有人。首先感谢 Pearson 出版社的 Debra Williams Cauley，她在本书撰写的每一个阶段都发挥了重要的指导作用，直至本书出版。从我们最初的会面，到探索可以满足我们双方需求的话题，再到耐心地引导我修改许多（真的有很多！）早期的书稿，Debra 一直不断地给我提供充足的动力，使我可以一直继续前行，最后爬过山峰最陡峭的部分，并成功登顶。在所有的这些阶段中，Debra 都表现出了最高的专业水平。为此，请接受我最衷心的感谢。

借助这个短小的致谢篇幅，我还要大力赞扬和深深感谢我的妻子——Barbara Fenner 博士。她除了承担作为作家的伴侣所需要承担的压力之外，还是本书最重要的初稿读者以及勇敢的插图画家。她绘制并完成了本书中所有非计算机生成的图表。虽然本书并不是我们俩的第一个联合学术项目，但却是耗费时间最长的一个。在我看来，她的耐心是永无止境的。Barbara，谢谢！

本书的主要专业技术编辑是 Marilyn Roth。即使我犯了最严重的技术错误，Marilyn 也始终如一地对我加以肯定。由于她的反馈意见，本书得到了巨大的改进。非常感谢 Marilyn Roth。

我还要感谢 Pearson 编辑部的几位成员——Alina Kirsanova、Dmitry Kirsanov、Julie Nahil，以及许多无缘见面的幕后工作人员。本书的顺利出版，离不开他们以及他们刻苦的专业精神。非常感谢大家。

出版说明

本书中不可避免地会涉及彩色图表。为了提高纸质版读者的阅读体验，读者可以从以下网址下载彩色图表的 PDF 文件：http://informit.com/title/9780134845623[⊖]。

出于格式编排的目的，本书许多表中的十进制值已经手动四舍五入，保留两位小数。在一些例子中，Python 代码和注释被稍微修改过，所有这些修改都是为了产生正确有效的程序。

本书的在线资源可以从以下网址下载：https://github.com/mfenner1。

⊖ 彩色图表中文版的 PDF 文件请访问华章网站 www.hzbook.com 下载。——编辑注

About the Author 作者简介

马克·E. 芬纳（Mark E. Fenner）博士从 1999 年开始，一直从事成人计算机和数学的教学工作，教授过的学员有大学一年级的新生，也有头发斑白的行业资深人士。在从事教学工作的同时，芬纳博士还从事机器学习、生物信息学和计算机安全方面的研究工作。芬纳博士参与的项目涉及机器学习和数值算法的设计、实现与性能调优，软件仓库的安全性分析，用户异常检测的机器学习系统，蛋白质功能的概率建模，以及生态数据和显微镜数据的分析与可视化等。芬纳博士对计算机、数学、历史和冒险运动有着深厚的兴趣。在写作、教学或者编码之余，他会骑着山地车在树林里自由地纵情驰骋，或者纵情驰骋后惬意地在游泳池边喝啤酒。芬纳博士的柔道级别为二段，同时也是一名通过认证的野外急救员。芬纳博士和他的妻子都是埃里格尼学院和匹兹堡大学的毕业生。芬纳博士拥有计算机科学博士学位。他和家人住在宾夕法尼亚州东北部，并在自己开办的公司 Fenner Training and Consulting，LLC 工作。

目　录 Contents

第三部分 更多方法和其他技术

第一部分 Part 1

机器学习入门

Chapter 1 第 1 章

机器学习概论

1.1 欢迎来到机器学习的世界

人们时不时会重复一个观点，即计算机只能“做别人告诉它们要做的事情”。这个观点认为计算机只能完成程序员知道如何完成的任务，并且程序员可以指示计算机如何完成该任务。这种观点是错误的。计算机可以执行程序员无法向其解释的任务，也可以解决程序员不懂的任务。我们将使用一个可以自主学习的计算机程序示例来打破这个悖论。

首先我们将讨论一个最古老的（如果不是已知的最古老）的程序化机器学习系统的例子。我们将以故事的形式讲述这个示例，但它来源于真实事件。亚瑟·塞缪尔（Arthur Samuel）在 20 世纪 50 年代为 IBM 工作，当时他面临着一个有趣的问题。塞缪尔必须测试那些来自装配线的大型计算机，以确保在打开一台计算机并运行一个程序时晶体管不会爆炸，因为人们不喜欢工作场所浓烟滚滚。随后，塞缪尔很快就厌倦了运行简单的玩具版小程序。和许多计算机爱好者一样，他把注意力转向了游戏。他编写了一个计算机程序，自己和自己玩跳棋。那是一段有趣的时光：他通过玩跳棋来测试 IBM 的计算机。但是，就像往常一样，他厌倦了独自一个人玩两个人的游戏。他开始思考是否可能在计算机上与一个计算机对手进行一场玩跳棋比赛。但问题是，他本人不擅长玩跳棋，因此无法向计算机解释什么是玩跳棋的最佳策略！

塞缪尔萌生了让计算机学习玩跳棋的主意。他设置了计算机可以移动棋子的各种场景，并评估这些移动步骤的代价和收益。刚开始的时候，计算机表现得很糟糕，非常糟糕。但最终，这个程序开始进步，但进步非常缓慢。突然有一天，塞缪尔灵光乍现，发现了一个伟大的二合一的想法：他决定让一台计算机和另一台计算机对弈，从而把自己从对弈循环中解放出来。因为计算机移动棋子的速度比塞缪尔输入动作的速度要快得多，而且计算机思考的速度也更快，结果是每分钟、每小时、每天都可以进行更多的“移动棋子并评估结果”的循环操作。

最终，令人惊奇的事情发生了。不久之后，计算机对手就能够连续击败塞缪尔。相比于程序员，计算机成为更好的跳棋选手！如果“计算机只能做它们被告知要做的事情”，那么根本就不可能出现这种结果。当我们分析计算机被要求做什么时，这个谜团的答案就揭晓了。塞缪尔让计算机做的不是玩跳棋的任务，而是学习如何玩跳棋的任务。是的，我们只是应用了元数据而已。元数据是当我们想给一个正在拍照的人拍照时所发生的事情。元数据是一个句子引用句子本身时所发生的事情。以下句子是一个示例：“This sentence has five words（这条语句包含 5 个单词）”。当访问元数据级别时，我们超越了正在研究的对象，从而进入了一个全新的视角世界。学习如何玩跳棋——在另一个任务中发展技能的任务是一项元任务。这项元任务使得我们超越了对以下语句的有限解释：计算机只能做它们被告知的事情。计算机可以执行它们被告知的事情，但我们也可以告诉计算机去开发一种能力。计算机可以被告知去学习。

1.2　范围、术语、预测和数据

当今世界上有很多种计算学习系统。研究这些系统的学术领域称为机器学习（machine learning）。我们的研究目的将集中在目前已上升到非常突出地位的神童式（wunderkind）学习系统：基于样例的学习（learning from example）上。更具体地说，我们主要关注的将是基于样例的监督学习（supervised learning from example）。什么是监督学习呢？下面是一个例子。首先，我们将展示几张读者从未见过的两种动物的照片，它们可能是苏斯博士（Dr. Seuss）经典故事集中的动物 Lorax 或者 Who，然后我们会告诉读者哪种动物在哪张照片里。如果随后向读者展示一张新的、从未看见过的照片，读者也许能分辨出新照片中的动物类型。那么读者正在从样例中进行监督学习。当计算机被引导着从样例中学习时，样例是以某种方式呈现的。每个样例都在一组公共属性上进行度量，然后为每个样例记录各个属性的值。

如图 1-1 所示，一个卡通人物拿着一个装着不同测量棒的篮子到处闲逛，当把测量棒靠近一个物体时，结果会返回该物体的一些特征，例如，这辆车有四个轮子、这个人有棕色的头发、那杯茶的温度是 180°F[㊀]等。这里不再举更多的示例。

图 1-1　人类具有测量各种东西的永不满足的欲望

㊀ 180°F 约为 82℃。——编辑注

1.2.1 特征

接下来举一个更加具体的例子。例如，一个元（meta）样例，有关人类医疗信息记录的数据集，可能会记录每个患者的相关信息值，例如身高、体重、性别、年龄、吸烟史、收缩压和舒张压（即高血压值和低血压值），以及静息心率。数据集中的不同的人就是我们的样例。生物特征和人口特征是我们所说的属性。

我们可以使用表格非常方便地列举这些数据，如表 1-1 所示。表中每一行都是一个样例，每一列包含给定属性的具体取值。总之，每一对属性 - 值都是样例的一个特征。[⊖]

表 1-1 简单的生物医学数据表

患者 ID	身高	体重（斤）	性别	年龄（岁）	吸烟史	心率（次 /min）	收缩压（mmHg）	舒张压（mmHg）
007	5'2"	120	男	11	无	75	120	80
2139	5'4"	140	女	41	无	65	115	75
1111	5'11"	185	男	41	无	52	125	75

请注意，每个样例（即每一行）的度量都基于相同的属性（表头所展示的内容）。每个属性的值对应于表中相应的列的值。

我们将表的行数据称为数据集的*样例*（example），列数据称为*特征*（feature）。特征是属性的度量或者取值。通常，“特征”和“属性”是描述同一事物的同义词；它们指的是一列值。尽管如此，有些人还是倾向于区分以下三个概念：*需要度量什么*（what-is-measured）、*值是什么*（what-the-value-is）、*需要度量的值是什么*（what-the-measured-value-is）。对于那些恪守教规的人而言，第一个概念是属性，第二个概念是值，最后一个概念是特征（属性和值的配对）。同样，我们将主要遵循典型的会话应用场景，并称列数据为特征。如果我们具体讨论的是度量的内容，那么将使用术语属性。当读者阅读机器学习方面的文献时，将不可避免地看到这两种表述方法。

接下来将讨论属性取值的类型，即所测量的值的类型。其中一种值的类型用于区分不同的人群。在人口普查或者流行病学医学研究中，我们会看到这样的群体，例如，性别{男，女}，或者广义的种族文化遗传的种群{非洲裔，亚洲裔，欧洲裔，美洲土著，波利尼西亚裔}。类似以上的属性称为离散属性、符号属性、分类属性或者标称属性，但是我们不会强调这些名称。如果读者曾在社会科学课上对这些属性感到困扰，这里就可以松一口气了。

以下是关于分类数据的两个重要的（或者至少是实用的）观点。第一个观点是，分类属性的值是离散的。分类属性的取值范围很小、数量有限，通常只存在几种可能的选项。当然这里的范围很小、数量有限是相对的，读者不必斤斤计较。第二个观点是，分类属性中的信

⊖ 表中 1ft（'）约为 0.3m，1in（"）约为 0.0254m（"）。——编辑注

息可以采用以下两种不同的方式加以记录。

- 作为单个特征，每个选项采用一个值来表示；
- 作为多个特征，每个选项对应一个特征，其中有且只有一个特征被标记为 Yes 或者 True，其余特征均被标记为 No 或者 False。

下面是一个示例。请比较表 1-2 和表 1-3 的内容。

表 1-2 特征选项为具体的值

姓名	性别
Mark	Male
Barb	Female
Ethan	Male

表 1-3 特征选项被标记为 Yes/No

姓名	性别是否为女性	性别是否为男性
Mark	No	Yes
Barb	Yes	No
Ethan	No	Yes

如果在人口普查表中有社区类型这一列，那么其取值范围可能包括以下三个值：城市、农村和郊区。如果采用扩展的多列形式，那么这项信息将占据三列。一般来说，不必在乎或者担心表格的大小问题。这里需要指出的是，有些学习方法更适合其中某种格式。还有其他的细节需要指出，但我们会留到以后再说。

一些特征值可以重新编码并作为数值来处理。我们可以把它们统称为数值（numerical）特征。在其他上下文中，数值特征被称为连续值（continuou），或者根据其他细节，称为区间值（interval）或者比值（ratio）。类似于身高和体重等属性的值通常被记录为十进制数值。而像年龄和血压等属性的值通常被记录为整数值。像一辆车上有多少个轮子的计数值是严格意义上的整数值，这些值可以方便地执行算术（+、−、× 和 /）运算。虽然可以将分类数据记录为数值，但对这些值执行数值计算则没有意义。例如，如果有两个州（例如，宾夕法尼亚州和佛蒙特州）分别被编码为 2 和 14，那么对这些值执行算术运算可能是没有意义的。当然也有例外：如果通过设计，这些值的含义超出了唯一标识符的范围，那么可以进行部分或者全部的算术计算。作为挑战，读者可以尝试去发现州编号值的一些数学意义上的应用示例。

1.2.2 目标值和预测值

接下来我们将重点讨论所收集到的生物医学属性列表。作为提醒，这里重复一下，列标题包括 height（身高）、weight（体重）、sex（性别）、age（年龄）、smoker（吸烟史）、heart rate（心率）、systolic blood pressure（收缩压）和 diastolic blood pressure（舒张压）。医疗保健机构可以使用这些属性数据，来尝试评估一个病人罹患心血管疾病的概率。为了实现该任务，我们需要另外一条信息：这些人是否有心脏病？如果掌握了这条信息，那么就可以将其添加到属性列表中。可以使用以下几种不同的方式捕捉和记录“罹患心脏病”的情况。记录患者如下的信息。

- ❑ 十年内是否患有心脏病：是 / 否。
- ❑ 十年内是否患有 X – 级别的严重心脏病：无、Ⅰ级、Ⅱ级、Ⅲ级。
- ❑ 显示十年内心脏病的某个特定指标的级别：冠状动脉阻塞的百分比。

我们可以根据目前所掌握的资源、医学相关知识以及想要解决的医学或者科学难题来补充这些问题。因为时间是一个宝贵的资源，我们不可能花十年的时间来等待最终的结果。或许借助医学知识可以知道多少百分比的冠状动脉堵塞是一个临界量。我们可以修改时间范围或者采用不同的属性来记录。

在任何情况下，都可以选择一个具体的、可测量的目标，然后提出问题：“能否借助当前所拥有的属性，与在未来某个时候所能看得到的结果之间建立一个预测关系？”我们实际上是在试图根据当前所知道的数据来预测未来（也许十年后）。我们称具体的结果为*目标特征*（target feature），或者简称为*目标*（target）。如果目标是类似于 {sick, healthy} 或者 {None, I, II, III} 之类的分类属性，那么学习关系的过程称之为*分类*（classification）。在这里，我们使用术语*分类*，其含义是查找一种可能结果的不同类别。如果目标是类似于小学数学课本中的十进制 {27.2, 42.0, 3.14159, −117.6} 之类的平滑数值数据，那么学习过程被称为*回归*（regression）。如果读者想知道为什么称为*回归*，请利用谷歌等浏览器搜索关键字 Galton regression，以了解其历史来由。

至此，我们已经学习并理解了一些简单的术语：最重要的术语是特征（包括分类特征和数值特征），另一个重要术语是目标。如果想要强调用来预测未来未知结果的特征，那么可以将特性称为*输入特征*（input feature）或者*预测特征*（predictive feature）。这里已经把一些问题掩盖起来了。特别地，我们将在本章末尾讨论一些替代术语。

1.3 让机器开始机器学习

请在脑海里想象工厂里的机器。如果需要帮助，请参见图 1-2。在图 1-2 的左侧，有一条传送带，将输入信息送入到机器中。在图 1-2 的右侧，机器输出文字或者数字。输出的单词可能是 cat（猫）或者 dog（狗）。输出的数字可能是 {1，1} 或者 {−2.1，3.7}。这台机器本身就是一个笨重的金属盒子。我们无法观察里面具体发生了什么，但可以看到机器的侧面有一个控制面板，控制面板前面有一个操作员座椅。控制面板上有一些旋钮，可以用于设置数值参数；还有一些开关，可以用于打开和关闭。通过调整旋钮和开关，可以控制在机器的右侧输出不同的产品，具体取决于左侧的内容。最后，在操作员的椅子旁边有一个小小的侧托盘。托盘可以用于将旋钮和开关不易捕捉的附加信息送入到机器中。对于持怀疑态度的读者来说，这里有两个简短的补充说明：我们的旋钮可以设置任意大和任意小的值（从 $-\infty$ 到 $+\infty$，如果读者愿意设置的话），并且不需要严格意义上的开和关，因为通过精确设置旋钮值为 0 或者 1，可以达到类似于开和关的目的。

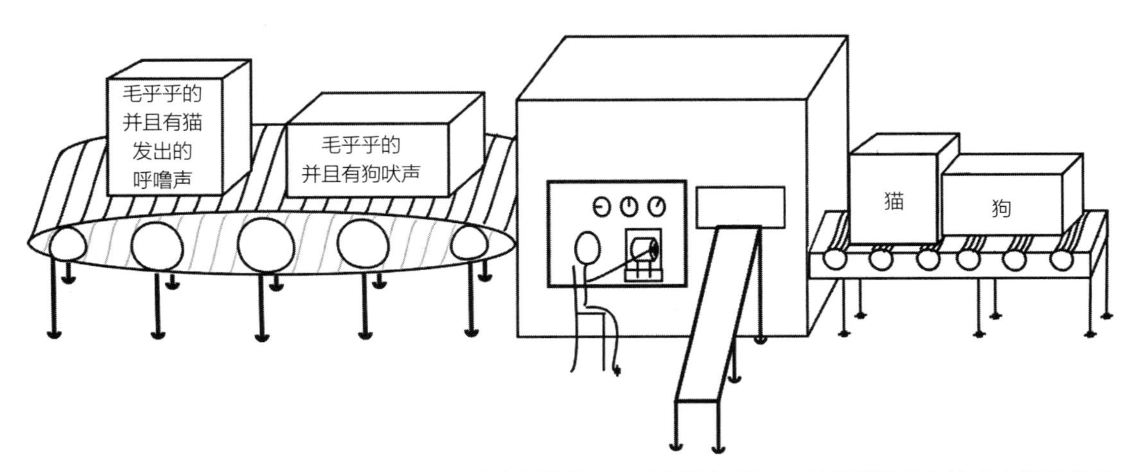

图 1-2　输入为说明信息，输出为分类数据或者其他值。通过调整机器，可以增强输入和输出之间的关系

让我们接着讨论，这个工厂的示例是理解在学习算法的过程中，如何找出特征和目标之间关系的一个很好的切入点。我们可以坐下来充当机器操作员，按下一个神奇的、也许是绿色的“确定（go）”按钮。物料从左侧传送进机器，右侧会输出一些东西。出于好奇心，让我们旋转旋钮，并且拨动开关。结果右侧会输出不同的东西。如果调高旋钮 1（KnobOne），那么机器会更加关注输入对象所发出的声音。如果调低旋钮 2（KnobTwo），那么机器就不太关注输入对象上的肢体数量。如果设定一个目标（假设我们希望机器生产出某种已知的产品），希望通过转动旋钮可以让我们更接近输出目标。

学习算法就是如何操纵控件的规范规则。通过查看已知目标的样例后，学习算法使用一个给定的大黑匣子，并使用一个良好定义的方法，将刻度盘和开关设置为最佳值。虽然在道德伦理课上，“好”这个词是一个值得商榷的概念，但这里我们有一个黄金标准：“好”就是我们已知的目标值。如果输出值和目标值不匹配，那么就存在问题。这就需要学习算法去调整控制面板的参数设置，使得*预测输出*（predicted out）匹配*已知输出*（known out）。我们将该机器命名为*学习模型*（learning model），或者简称为*模型*（model）。

把一个样例输入到机器，然后根据旋钮和开关的设置，输出一个类型值或者一个数值。如果希望相同的输入产生不同的输出值，那么尝试将旋钮转到不同的设置值或者开闭某个开关。一台机器有一套固定的旋钮和开关。旋钮可以转动，但不能添加新的旋钮。如果添加了一个旋钮，那么就是一台不同的机器。令人惊讶的是，基于旋钮的学习方法之间的差异归结为回答如下三个问题。

（1）请问有哪些旋钮和开关：控制面板具体包括什么内容？

（2）旋钮和开关如何与一个输入样例进行交互：机器内部的工作原理是什么？

（3）如何根据一些已知数据来设置旋钮：如何使输入与希望看到的输出保持一致？

我们将要讨论的许多学习模型都可以描述为带有旋钮和开关的机器，不需要额外的侧输入托盘。可能其他方法需要侧托盘。我们将在后续章节更深入地讨论这个问题，但是如果读者充满了强烈的好奇心，可以直接跳转到第 3.5 节，阅读关于最近邻（nearest neighbor）算法的讨论。

所有的学习方法（可以想象成一个黑匣子工厂机器，以及可以在机器上设置旋钮的方法）实际上都是一种*算法*（algorithm）的*实现*（implementation）。对于我们的目标，算法是一个用于解决某个任务的有限的、明确定义的步骤序列。算法的实现是使用特定的程序设计语言对这些步骤的说明。

算法是一种抽象的思想，实现就是这个想法的具体存在（至少像计算机程序一样具体）！实际上，算法也可以在硬件上实现，就像工厂里的机器一样，只是使用软件实现算法要容易得多。

1.4 学习系统举例

在基于样例的监督学习的框架下，存在两种主要的类别：预测值和预测类别。请问我们是否想：（1）尝试将输入与离散符号表示的几个可能类别中的某一个相关联？（2）尝试将输入与或多或少连续的数值范围相关联？简而言之，目标是分类值还是数值？如前所述，预测一个类别被称为*分类*（classification），预测一个数值被称为*回归*（regression）。接下来我们将分别举例说明。

1.4.1 预测类别：分类器举例

分类器是基于输入样例并输出一个结果（该结果属于由少量数据组成的可能分组或者类别）的模型。

1. **图像分类** 输入一幅图像，然后输出该图像中的动物（例如猫、狗、斑马），如果该输入图像中并没有动物，则不输出。这一类图像分析是机器学习和计算机视觉的交叉研究领域。在这里，输入将是一个由数量众多的图像文件所构成的集合。这些图像文件可能具有不同的格式（png 格式、jpeg 格式等）。这些图像之间可能存在很大的差异：（1）图像的尺寸可能不同，（2）动物可能位于图像的中间位置或者边缘位置，（3）这些动物可能被其他东西（例如一棵树）所遮挡。对于机器学习系统以及机器学习的研究人员而言，所有这些情况都意味着挑战！但是，图像识别也存在一些好的方面。我们对猫的概念以及哪些图像可以被视为猫有着相当明确的判断。当然，我们所谓的猫也可能与动画猫（例如霍布斯、加菲猫、希斯克利夫等）之间存在着模糊的界限，但是如果基于较短的进化时间跨度，猫是一个相当静态的概念。目标并不会变化：图像和猫的概念之间的关系随着时间的推移是固定的。

2. **股票交易** 输入是一只股票的历史价格、公司的基本数据，以及其他相关的财务和市场数据，输出是我们应该买进还是卖出这只股票。这个问题增加了一些挑战性。财务记录可能只能以文本形式提供。我们可能对相关的新闻报道感兴趣，但必须设法从中找出哪些是相关的内容，可以通过手工方式，或者（也许！）使用另一个机器学习系统。一旦确定了相关的文本后，我们还得解释文本中的信息。这些步骤是机器学习系统与自然语言处理（NLP）领域相互交叉的内容。接下来继续的更大挑战，我们有一个时间序列（一段时间内重复测量的）数据。我们所面临的挑战越来越多。在金融市场，我们所面临的目标可能是不断变化着的！昨天经过仔细挑选的股票成功地赚了大钱，但是几乎可以肯定同样的这种选择不会适用于明天。我们可能需要某种方法或者技术来解释各种输入和最终的输出之间不断变化的关系。或者，我们可能只是抱着最好的希望，使用一种"假设目标不会变化"的技术。免责声明：作者本人不是财务顾问，也不提供投资建议。

3. **医学诊断** 输入是病人的病历，输出是他们的身体是否健康。在这种情况下，我们面临着一个更加复杂的任务。我们可能需要处理文本和图像的组合信息：医疗记录、备忘录和医疗图像。根据这些记录中可能捕捉到的或者可能没有捕捉到的上下文（例如到热带地区旅行会带来感染某些严重疾病的可能性），不同的体征和症状可能导致完全不同的诊断结果。同样，尽管我们对医学有着广博的知识，但对某些领域的了解才刚刚开始。对于我们的学习系统而言，像医生和研究人员一样，阅读和研究最前沿最伟大的诊断技术将是最佳方法。学会学习（learn-to-learn）是一项最基本的元任务。

上述例子都是分类系统的重要例子。截至2019年，当今已有的机器学习系统可以处理这些任务的许多方面。在第14章中，我们将会深入探讨基本的图像分类器和语言分类器。虽然每个例子都有其特定领域的难度，但在构建模型方面，这些例子都具有一个共同的任务，即以一种有用并且准确的方式区分目标类别。

1.4.2 预测值：回归器举例

在现代生活中，数值数据无处不在。物理测量（温度、距离、质量）、货币价值、百分比和分数，这些都是被反复测量、记录和处理的数值。每一个这样的数值数据都可以很容易地成为回答感兴趣问题的一个目标特征。

1. **学生成绩** 我们可以尝试预测学生的考试成绩。这样的一个系统也许能让我们在考试前把辅导的重点放在学习困难的学生身上。系统可以包括诸如家庭作业完成率、课堂出勤率、日常参与度、以前课程的成绩等特征。系统甚至可以包括开放式的书面评估和来自先前导师的建议。与许多回归问题一样，系统可以通过预测及格/不及格或者字母等级成绩而不是原始的数值分数，合理地将回归问题转化为分类问题。

2. **股票定价** 与买入股票/卖出股票的分类器相类似，系统可以尝试预测一只股票的未来价格（美元价值）。这种变化似乎是一个更困难的任务。我们并不满足于对股票涨跌的大致估计，而是希望系统能够预测两周后的价格为20.73美元。不管有多困难，输入的信息基本上都是一样的：每天的各种交易信息以及希望纳入的尽可能多的基本信息（例如提交给股东的季度财务报告）。

3. **网络浏览行为** 根据一名在线用户的浏览和购买历史记录，使用百分比的形式预测用户点击广告链接或者从在线商店购买商品的概率。虽然浏览和购买历史记录的输入特征不是具体的数值，但是我们的目标是一个数值（百分比）。所以，这是一个回归问题。与图像分类任务相类似，我们有许多个片段信息，每一个片段信息都有助于得到整体的结果。为了充分利用这些片段信息的价值，需要确定它们的上下文（即这些信息是如何相互关联的）。

1.5 评估机器学习系统

很少有机器学习系统是完美的。因此，一个关键标准是衡量这些系统的表现。系统预测的*准确率*（correct）是多少？天下没有免费的午餐，因此我们也会关心系统做出预测所需的*成本*（cost）。为了得到这些预测，需要投入哪些*计算资源*（computational resource）？我们将从这两个方面评估不同机器学习系统的性能。

1.5.1 准确率

评估学习系统的关键标准是：系统能否为我们提供正确的预测性答案。如果我们对答案的正确性并不是特别关注，就可以简单地通过投掷一枚硬币、旋转一个轮盘赌，或者使用计算机上的随机数生成器来获得预测输出。当然，我们希望机器学习系统（在构建和运行中投入了时间和精力）比随机猜测的结果要更好。因此，我们需要量化机器学习系统的准确率，并将系统的成功率或者失败率与其他系统进行比较。与其他系统的比较甚至可以包括与随机猜测结果进行比较。这样的比较是有意义的：如果我们的结果比一个随机猜测结果还不准确，那么就需要重新设计。

评估准确率是一个非常微妙的话题，详细的讨论将贯穿整本书的内容。但是，至少目前为止，我们将讨论两个评估准确率的典型例子。在医学上，值得庆幸的是很多疾病都是非常罕见的。因此，医生只要简单地观察一下街上的每一个人，就会做出判断："这个人没有这种罕见疾病"，而且诊断结果的准确率还非常高。这种情况说明了在评估潜在疾病诊断时必须至少考虑如下四个问题。

（1）疾病的常见程度：基本患病率是多少？

（2）漏诊的代价是什么：如果一个病人由于没有得到及时的治疗，随后患了重病怎么办？

（3）诊断费用是多少？进一步的检测可能是侵入性的并且很昂贵，对高度焦虑的患者来说，不必要的焦虑可能是非常有害的。

（4）医生通常会诊断那些因为有症状而进入办公室的病人。这与街上随机出现的人有很大区别。

第二个例子来自美国的法律体系，该法律体系具有无罪推定和相对较高的有罪判定标准。有时这个标准被解释为："99 个罪犯获释总比一个诚实的公民坐牢好。"在医学上，存在着疾病稀有性的问题。当然，犯罪和罪犯也相对罕见，而且会越来越少。对于疾病和罪犯的判断，判断失败的相关成本也有所不同。我们更看重一个诚实的公民的清白，而不是抓住每一个罪犯——至少在理想化的高中课本里是这样表述的。在法律和医学这两个领域中，处理的目标类别具有非平衡性：判断疾病和是否有罪并不是各占 50% 的相对平衡结果。我们将在第 6.2 节讨论如何使用非平衡性目标进行评估。

评估准确率的最后一个问题是：不同的误差不能相互抵消。如果预测的是降雨量，在一种情况下预测的降雨量比正确值减少了 2 英寸，而在另一种情况下预测的降雨量比正确值增加了 2 英寸，这两种情况是不能相互抵消的。我们不能得出如下结论，"从平均值来看，结果是完美的！"好吧，事实上，这种结论是完全正确的，在某些情况下可能已经足够好了。然而在其他情况下，这两个预测都是错误的。如果我们试图确定给一些植物补充一定的水量，最终可能会给植物浇灌两倍量的水，从而导致植物被淹死。包括作者本人在内的"植物杀手"可能会在下一次园艺比赛惨败时使用这个借口。

1.5.2　资源消耗

在一切都是消耗品的现代社会，我们很容易将消费者驱动的策略应用到机器学习系统中：如果遇到了障碍，那么可以通过购买的方法来解决问题。数据存储非常便宜。只需通过电子邮件或者在线购买即可访问功能强大的硬件（例如由图形处理器驱动的计算集群）。这个策略引出了一个问题：我们难道不应该在资源受限的问题上投入更多的硬件资源吗？

答案可能是肯定的，但至少需要借助定量的数据来做出判断。计算系统的复杂性日益增长，在每一个增长的层次上，我们都会为使用更复杂系统的特权付出成本代价。我们需要更多的软件支持，需要更专业的人力资本，需要更复杂的现成库资源。我们失去了快速构建解决方案原型的能力。对于每一项成本，都需要证明其合理性。此外，对于许多系统来说，有一小部分代码是性能瓶颈。通常可以保持整个系统的简单性，然后利用更复杂的机器来快速运行造成性能瓶颈的那一小部分核心代码。

总而言之，我们需要度量两种主要的资源：消耗的时间和占用的内存。计算所需要的时间有多长？计算所需要的最大内存是多少？通常情况下，需要在消耗的时间和占用的内存之间做出权衡。例如，可以预先计算常见问题的答案，随后可以非常快速地访问这些问题的答案。然而，这样做的代价是需要记录这些答案并将这些答案存储在某个地方。虽然这种方法减少了计算所需的时间，但是却增加了存储空间的需求。

如果读者曾经使用过对照表（例如，一张可以将长度从英制转换为公制的对照表），那么意味着读者已经采用了这种折中方案。我们可以使用一个计算器，把数值代入到计算公式中，然后得到一个对于任何特定输入的答案。或者，只需浏览几页表格的内容，就可以找到一个预计算的答案。在这种情况下，由于使用公式计算的方法非常快速，并且容易上手，因此实际上不会选择使用查找一张冗长对照表的方法。但是如果公式比较复杂，计算成本也更高，那么使用对照表可以节省大量的时间。

举一个现实的例子，预计算相当于厨师和调酒师在制作复杂料理时，预先制作复杂料理中所需的重要组成部分。然后，当需要酸橙汁时，就不需要找到酸橙、清洗、榨汁，而只需从冰箱里拿出一个酸橙汁块，或者从罐子里倒出一些酸橙汁。当然预先制作好的酸橙汁块或者大罐酸橙汁在一开始就花费了一点准备时间，以及占用了冰箱里的一些储存空间，但是随后可以更快地获取酸橙汁，来制作顾客所需要的极品莫吉托鸡尾酒（mojito）或者墨西哥鳄梨酱（guacamole）。

同样地，一种称为压缩的通用计算技术则使用时间来换取空间。我们可以花一些时间查找到一个更小的、更紧凑方式书写的《白鲸记》，这本书包含关于鲸类学（有关鲸鱼的研究）的冗长章节，然后存储压缩文本而不是原著。结果是硬盘或者书架的存储空间需求减少了。然后，当我们需要阅读 19 世纪的捕鲸冒险时，则首先需要消耗计算成本以解压这本书，然后才能阅读。这个例子同样表明，在计算时间和存储空间之间存在一种折中。

不同的机器学习系统在对数据的存储空间和处理数据所需的时间之间做出了不同的权衡。从一个角度来看，机器学习算法以一种适合预测新样例的方式压缩数据。设想一下，我们能够获取一个大的数据表，并将该表简化为机器上的几个旋钮：只要有一个该机器的副本，只需要几条信息就可以重新创建该对照表。

1.6 创建机器学习系统的过程

即使在这篇关于学习系统的简短概论中，读者可能已经注意到，描述一个学习系统的选项有很多。

- 可以在不同的领域应用机器学习，例如商业、医学和科学。
- 在同一个领域中存在不同的任务，例如动物图像识别、医学诊断、网络浏览行为和股市预测。
- 存在不同类型的数据。
- 与一个目标相关的特征存在许多不同的模型。

我们还没有明确讨论可以使用的不同类型的模型，在接下来的章节中将讨论这些模型。但请读者放心，我们会提供很多模型以供读者选择。

是否能够概括描述构建机器学习系统的一般过程？答案是肯定的。我们将从以下两个不同的角度来分析。首先，将在一个更高的层次上讨论，更关注机器学习系统周围的世界，而较少关注机器学习系统本身。其次，将深入到较低层次的一些细节：想象一下，我们已经抽象出了周围世界的所有复杂性，只是想让一个机器学习系统运行起来。除此之外，我们还试图在特征和目标之间找到一种牢固的关系。在这里，我们将一个非常开放的问题简化为一个定义和约束的学习任务。

以下是高层次的处理步骤。

（1）研究并理解任务（任务理解）。

（2）收集和理解数据（数据收集）。

（3）为建模准备数据（数据准备）。

（4）在数据中建立各种关系的模型（建模）。

（5）评估和比较一个或者多个模型（评估）。

（6）将模型转换为一个可部署的系统（部署）。

这些步骤如图1-3所示。在这些步骤的讲解中还将穿插介绍一些常见的注意事项。首先，我们通常必须迭代（或者重复）这些步骤。其次，有些步骤可能会反馈到前面的步骤。与大多数现实世界的过程一样，任何事情的进展并不总是一帆风顺的。这些步骤来自CRISP-DM流程图，该流程图组织了构建一个机器学习系统的高层次的操作步骤。我们将第一步业务理解（business understanding）重命名为任务理解（task understanding），因为并非所有的学习问题都基于业务领域的。

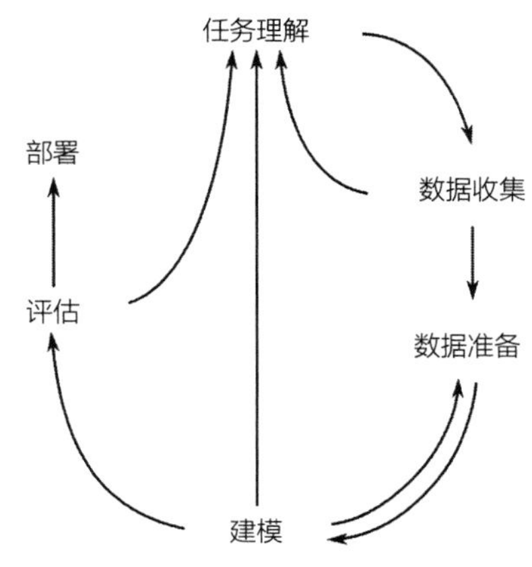

图1-3 机器学习的高层次视图

在高层次建模步骤中（即上文所述的步骤4），对于一个有监督的机器学习系统，存在许多重要的选择：

（1）哪一部分数据是目标，哪一部分数据是特征？

（2）希望使用哪种机器（或者说学习模型）将诸多输入特征与目标特征相关联？

（3）数据和机器之间是否存在任何负面的相互作用？如果存在的话，那么是否需要准备额外的数据并将其作为模型构建的一部分？

（4）如何设置机器上的旋钮？所采用的算法是什么？

虽然这些分析步骤可以帮助我们组织关于机器学习系统的思维和讨论，但这些并不是最终的结论。就像童话故事“皇帝的新装”一样，就让我们来告诉大家皇帝并没有穿衣服这一事实的真相。抽象模型或者流程图永远无法捕捉现实世界的混乱事实。在现实世界中，通常在已经收集了一堆数据且一些主要的利益相关者（老板们）已经决定了他们想要做什么之后，构建机器学习系统的研究者才会开始行动。从谦逊的角度而言，希望读者从本书中学到实用知识。我们不会深入到如何收集数据、设计实验以及确定良好的商业、工程或科学关系的细节中去。我们的目标是“开始！”。接下来将从大量数据转移到可用的例子，应用不同的学习系统，评估学习结果，并比较各种备选方案。

1.7 机器学习的假设和现实

机器学习并不是魔法。虽然此时读者的脸上肯定出现了震惊的表情，但事实上，机器学习不能超越一些基本的限制。这些限制有哪些呢？其中两个限制与现有可用的数据直接相关。如果我们正在尝试预测心脏病，那么，喜欢哪些流行发型和有关袜子颜色的信息并不会帮助我们建立一个有用的模型。如果不具备有用的特征，那么只能从数据的随机噪声中提取虚幻的模式。即使存在有用的特征，面对许多不相关的特征，机器学习方法也可能陷入困境，并且最终无法找到有用的关系。因此，机器学习存在一个基本的限制：我们所需要的特征，应该与正在处理的任务相关。

第二个数据限制与数量有关。有一门被称为计算学习理论（computational learning theory）的课程，该课程详细地告诉我们在某些数学上理想化的条件下，需要有多少个样例来学习关系。然而，从实际的角度上来看，简单的答案就是样例越多越好。我们需要更多的数据。这个经验法则通常被总结为*数据大于算法（数据重要性大于算法重要性）*。这的确是事实，但通常情况下，细节很重要。如果数据的噪声（无论是由于误差还是随机性）太多，那么这些数据实际上可能没有什么用处。寻求一台更强大的学习机器，就像摔跤中的举重课，或者去厨房里拿取一个更大的石碗，可能会给我们带来更好的结果。然而，东西更大，结果不一定会更好：作为摔跤选手，不能仅仅因为选手的身体更强壮，就断定他一定是一个更成功的摔跤选手；或者，不能仅仅因为厨师手头有更好的厨具，就断定他一定能做出更好的墨西哥鳄梨酱。

接下来讨论测量中的误差，数据表中的每个值并不都是 100% 准确的。我们所使用的测量尺子本身可能会有偏差，所使用的游标尺可能会以不同的方式舍入所测量的数值。更糟糕的是，我们在调查问卷中提出问题，但可能会收到不真实的回答（这非常糟糕！），但这就是现实。即使我们非常注重度量的细节，但是只要重复这个度量过程，就会存在各种偏差，以及出现各类误差和不确定性。好消息是机器学习系统可以容忍这些不足，坏消息则是，如果数据噪声太多，那么系统就不可能分辨出易于理解的模式。

另一个问题是，一般来说，我们并不知道所有相关的信息。所得到的结果也可能并不完全准确。综上所述，当试图将输入与输出相互联系起来时，这些因素导致了无法解释的偏差。由于世界上的某些过程本质上都具有随机性，因此，即使对每一个相关的信息都进行了十分精确的测量，其结果也可能并不完全准确。如果随机游走在股票市场的人都是正确的，那么在很深沉的意义上而言，股票的定价是随机的。在更宏观的现象中，随机性可能并不是那么基本，但它仍然存在。如果遗漏了一个关键的测量值，那么数据中的关系似乎是随机的。这种失去视角的感觉就像试图生活在一个三维的世界里，却只能看到二维的影像。当从不同的角度照明时，有许多三维对象的确可以产生出相同的二维影像；从鸟瞰图来看，罐子、球和咖啡杯都是圆形的（图 1-4）。同样地，缺失的测量数据也会掩盖关于关系的真实的、可察觉的本质。

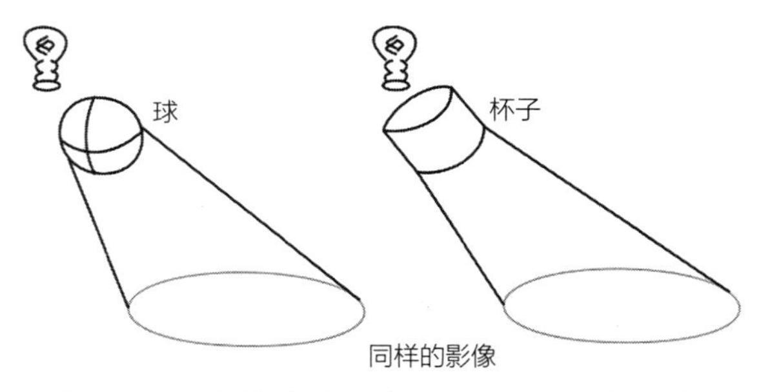

图 1-4 从不同的角度观察可以改变对现实的看法

接下来讨论将贯穿全书的最后两个技术注意事项。第一个注意事项是，特征与目标之间的关系本身不是一个运动目标。例如，随着时间的推移，成功经营的因素可能已经发生了变化。在工业企业中，需要获取原材料，因此处于正确的时间和正确的地点是一个巨大的竞争优势。在知识驱动型企业中，能够从相对较少的人才库中吸引高素质的员工是一种强大的竞争优势。数学艺术的高端人才称不随时间变化的关系为固定型学习任务（stationary learning task）。随着时间的推移，或者至少在数据集的不同的样例中，我们假设潜在的关系是保持不变的。

第二个注意事项是，不一定假设大自然的运作方式和机器的运作方式一样。我们只关心输入和输出的匹配。一个更科学的模型可能会试图使用一个代表宇宙物理规律的数学公式来解释输入和输出之间的关系。我们不会深入挖掘其中的原理，而是满足于捕捉一个表面的视图关系，就像看到一个黑盒子，就会联想到一个礼品包装盒。但是，可望不可及。

1.8　本章参考阅读资料

1.8.1　本书内容

第 1 章是概论，因此没有过多的总结。然而，这里将简单阐述本书所涉及的四部分内容。

第一部分将向读者介绍几种类型的机器学习模型，并介绍对这些机器学习模型进行评估和比较的基础知识。我们还将简要介绍一些数学主题和概念，这些知识将有助于读者理解和掌握本书的内容。希望本书所展现的数学知识不会让读者半途而废。读者将会发现，本书采用了不同的表述方法，希望这种方法可以帮助读者理解这些数学知识。

第二部分详细介绍了如何评估机器学习系统。作者的个人观点是，构建一个机器学习系统的最大风险是自欺欺人，认为自己所构建的系统是完美无缺的。顺便说一句，构建一个机器学习系统的第二大风险是盲目地使用一个系统，而不考虑其周围不断发展的复杂系统。具体来说，复杂的社会技术系统中的部件并不能像一部汽车中的那些部件一样，可以随意更换。我们还需要非常谨慎地对待诸如“未来就像过去一样”的假设。至于第一个问题，在介绍了一些实际的例子之后，我们将立即讨论评估问题。至于第二个问题，严格而言，这个问题超出了本书的讨论范畴，需要大量的经验和智慧来处理在不同场景中具有不同表现的数据。

第三部分将介绍更多的学习方法，然后将重点转向如何操纵数据，以便更有效地使用各种学习方法。然后，将注意力转向微调方法，通过操纵这些方法的内部机制，深入其内部工作原理。

第四部分将讨论一些更加复杂的问题：处理数据中词汇不足的问题，使用图像或者文本代替一个格式完备的样例和特征表，以及如何通过多个子机器学习系统构建一个机器学习系统。最后，我们将强调不同学习系统之间的一些联系，以及一些表面上看起来更加复杂的方法。

1.8.2 章节注释

如果读者想了解更多关于 Arthur Samuel 的信息，请到如下网址参阅他的个人简介：http://history.computer.org/pioneers/samuel.html。

元层次（meta level）和自我参照的概念是高等计算机科学、数学和哲学的基础。如果想要了解有关元的更加精彩和广泛的观点，可以参考 Hofstadter 的著作：《哥德尔、艾舍尔、巴赫——集异璧之大成》(*Godel, Escher, Bach: An Eternal Golden Braid*)。这是一本空前的奇书，也是一本杰出的科普名著，它深入浅出地介绍了数理逻辑、可计算理论、人工智能等学科领域中的许多艰深理论，让科技走近艺术，让科技更加富有哲理、有章可循。虽然篇幅有些长，但是非常有助于提升我们的智慧和才学。

对于我们所采用的术语特征和目标，存在许多其他可供选择的替代术语，如输入 / 输出、自变量 / 因变量、预测值 / 结果等。

宾夕法尼亚州（PA）和弗吉尼亚州（VT）分别是第 2 个和第 14 个加入美国的州。

单词 cat（猫）是如何表示 *CAT* 对象的？如何与定义猫的属性（喵喵叫，在阳光下睡觉等）建立联系的？为了深入研究这个主题，请参阅 Wittgenstein（https://plato.stanford.edu/entries/wittgenstein）的论述，尤其是在语言和含义上的论述。

本书讨论的示例介绍了机器学习系统中的一些非常困难的方面。在许多情况下，这本书是关于简单的内容（运行算法）加上一些中等难度的组件（特征工程）。现实世界带来了困难的复杂性。

除了基于样例的监督学习之外，还存在其他几种类型的机器学习方法。聚类不是监督学习，虽然聚类使用的是样例。我们将在后面的章节中讨论聚类算法。聚类在数据中寻找模式，而不指定特定的目标特征。还存在其他更广泛的学习系统，其中主要包括分析学习和归纳逻辑编程、基于案例的推理和强化学习。具体内容读者可以参阅 Tom Mitchell 的优秀著作《机器学习》(*Machine Learning*)。顺便说一句，Mitchell 对构建一个学习系统 [跨行业数据挖掘标准流程（CRISP-DM）的建模步骤] 所涉及的具体步骤进行了完美的解析。

关于跨行业数据挖掘标准流程 CRISP-DM，Foster Provost 和 Tom Fawcett 撰写了一本非常优秀的教科书：《商业理解的数据科学》（*Data Science for Business Understanding*），该书深入研究了机器学习及其在组织中的作用。尽管他们的方法主要集中在商业领域，但是任何人只要使用机器学习系统，而机器学习系统是他们中的大多数大型系统或者组织的一部分，人们就可以从他们的书中学到很多有价值的知识。该书还提出了一种处理技术资料的强大方法，强烈推荐这本书。

由于存在许多问题，使得现实世界的数据非常难以处理。缺失值就是其中的一个问题。例如，数据可能是随机缺失的，或者可能与其他值一起缺失，或者由于数据实际上不是所考虑的所有数据的一个好样本而引起的缺失。在每种情况下，都需要不同的步骤来尝试填充缺失的值。

具有社会科学背景的读者可能会思考，为什么本书没有采用经典的数据类型：标称数据（nominal data，又称为定类数据）、序数数据（ordinal data，又称为定序数据、有序数据、顺序数据、等级数据）、区间数据（interval data，又称为定距数据）、比率数据（ratio data，又称为定比数据）。原因有两个：首先，数据类型的这种划分忽略了一些重要的区别；读者可以在网上搜索关键字“ level of measurement（测量水平）”以了解相关信息。其次，我们使用建模技术将类别（无论是否有序还是无序）转换为数值，然后执行相应的操作。处理这些类型的数据没有本质的区别。然而，有一些统计技术，例如有序回归（ordinal regression），可以有效地处理类别的定序。

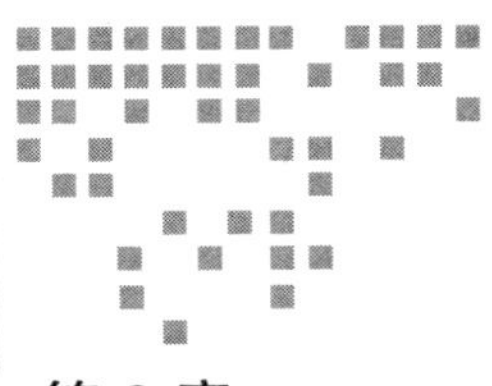

Chapter 2 第2章

相关技术背景

2.1 编程环境配置

接下来我们将开启编程之旅。本书所有的章节最初是使用 Jupyter Notebook 撰写的。如果读者不熟悉 Jupyter Notebook，那么只需要了解 Jupyter Notebook 是一个非常优秀的环境，可以在一个浏览器选项卡中处理 Python 代码、文本和图形。许多与 Python 相关的博客都是使用 Jupyter Notebook 构建的。在本书每一章的开头部分，都将执行一些代码行来设置编程环境。

有关源程序 mlwpy.py 的内容，请参见附录 A。虽然通常不建议使用语句 from module import *，但在本示例中，特意使用该指令以便在 Jupyter Notebook 环境中一次性地获取 mlwpy.py 中的所有定义，而无须使用 40 行的代码。由于 scikit-learn 具有高度模块化的特征，这导致了许多 import 代码行，因此使用 import * 语句将是一种不错的选择，从而可以避免在每一章中的开头部分编写冗长的设置代码。%matplotlib inline 设置 Notebook 系统以文本内嵌的方式显示由 Python 代码生成的图形。

In [1]:

```
from mlwpy import *
%matplotlib inline
```

2.2 数学语言的必要性

如果不讨论相关的数学知识，讨论机器学习（ML）是非常困难的。许多机器学习教科书在这方面走向了另一个极端：那些书只是碰巧讨论机器学习的数学教科书。而本书作者要完全反转这种观念。希望读者可以理解本书所使用的数学知识，并基于日常生活的常识，对所见的数学符号的含义建立起直觉的认识。本书将尽量减少对所需数学知识的描述。本书也希望我们（所有的读者以及我自己一起）在这美妙的旅程中，把数学看作是代码，并且在不久之后，把数学看作是数学符号。

也许，仅仅是也许，在完成了所有的事情之后，读者可能会想更深入地研究数学。太棒了！如果读者做出这样的选择，将会有无穷无尽的选项。但这不是本书的目的。本书更关心机器学习的思想，而不是用高深的数学来表达机器学习的理念。令人欣慰的是，我们只需要一些基本的数学知识。

- 化简方程（代数）。
- 一些与随机性和机会（概率）有关的概念。
- 在网格（几何体）上绘制数据。
- 表示某些算术（符号）的紧缩记法。

在接下来的讨论中，我们将使用一些代数公式来精确地表述数学思想，而无须冗余的文字描述。概率的概念是许多机器学习方法的基础。本书中有时会非常直接地使用概率论，例如朴素贝叶斯（Naive Bayes，NB）；有时则会间接地使用概率论，例如支持向量机（Support Vector Machine，SVM）和决策树（Decision Tree，DT）。有些算法直接地依赖于数据的几何描述：支持向量机和决策树就是典型的例子；其他方法（例如朴素贝叶斯），则需要换一个角度来理解如何通过几何透镜观看这些方法。本书采用的公式注记十分简单，但它们相当于一个专业词汇表，这些词汇允许我们将算法思想组合成盒子，进而组合成更大的包装。如果读者觉得该过程等同于把一个庞大整体的计算机程序，重构成模块化的函数，那读者就可以引以为自豪，这正是我们这本书的目的所在。

需要提醒读者注意的是：深入研究机器学习的神奇和奥秘需要更广泛、更深入的数学知识。然而，接下来要讨论的思想是我们学习的起步，同时也是一个更加复杂表述的概念基础。在开始学习这些内容之前，首先介绍一下主要的 Python 包，使用这些包可以将这些抽象的数学思想具体化。

2.3　用于解决机器学习问题的软件

首先希望读者掌握 Python 语言中面向过程程序设计的基本概念，这是 Python 中具有良好设计的并且非常经典的编程方法。本书将尽量展开讨论与中级程序设计水平或者高级程序设计水平相关的话题。本书将使用 Python 标准库中如下的模块：itertools、collections 和 functools，读者可能还从来没有使用过这些模块。

本书还将使用 Python 数值处理和数据科学栈中如下的几个重要组成成员：NumPy、pandas、matplotlib 和 seaborn。限于篇幅，本书无法详细阐述如何使用这些工具的所有细节。但是，本书不会使用这些工具的更复杂的特征，所以读者无须忧心忡忡。本书还会简要涉及其他若干软件包，但使用到这些软件包的地方并不多。

当然，使用数值处理工具的主要原因是因为这些工具构成了 scikit-learn 的基础，或者说这些工具与 scikit-learn 的完美结合。sklearn 提供了一个能够充分展现机器学习思想的非常优秀的环境。它实现了许多不同的学习算法和评估策略，并为用户提供了一个统一的运行接口。如果读者从未有过努力尝试整合几个不同的命令行学习程序（并享受所带来的成就感）的经历，那就可以从本书开始。请跟随本书进入一个奇妙的机器学习世界。顺便解释一下，scikit-learn 是项目的名称；而 sklearn 是 Python 包的名称。人们在日常交谈中经常互换使用这两个术语。本书使用 sklearn 这个术语，因为比较短凑。

2.4 概率

我们中的大多数人在年轻时几乎都接触过概率：投掷骰子、投掷硬币和玩扑克牌都是随机事件的具体例子。当投掷一个标准的六面骰子时，玩家对所有其他类似的骰子都了如指掌，因为肯定有六种不同的结果可以发生。在这些事件中，每一个事件都有相同的发生机会。因此每个事件发生的概率是 1/6。从数学上讲，可以使用 Ⅰ（注意，罗马数字 1 来描述投掷骰子事件中的点数 1。假设如果投掷出一个六面骰子并得到了点数 1，则可以记为 $P(\mathrm{I})=1/6$。其含义为“投掷出点数 1 的概率是 1/6”。

在 Python 语言中，可以使用几种不同的方式模拟投掷骰子。使用 NumPy 包，可以借助 np.random.randint 生成均匀加权的随机事件。randint 被设计成模仿 Python 的索引语义，这意味着该索引包含起点，但不包含终点。实际的结果是，如果需要获取从 1 到 6 的值，那么需要从 1 开始到 7 结束，并且 7 将不包括在内。如果读者更倾向于数学上的含义，那么可以记住这是一个半开区间。

In [2]:

```
np.random.randint(1, 7)
```

Out[2]:

```
4
```

如果想要证明这些数字产生的概率的确是相同的（就像一个完美的、公平的骰子），可以画一张图，列出多次投掷骰子后每个点数的发生次数，结果如图 2-1 所示。我们分三个步骤来处理。首先投掷骰子几次或者许多次。

In [3]:

```
few_rolls  = np.random.randint(1, 7, size=10)
many_rolls = np.random.randint(1, 7, size=1000)
```

我们将使用 np.histogram 来计算每个事件发生的次数。注意，np.histogram 是设计用于绘制连续值数据桶的函数。由于我们想要捕捉离散的值，因此必须创建一个包含感兴趣的值的数据桶。例如，通过创建一个位于 0.5 到 1.5 之间的数据桶，可以捕获结果 1。

In [4]:

```
few_counts  = np.histogram(few_rolls,  bins=np.arange(.5, 7.5))[0]
many_counts = np.histogram(many_rolls, bins=np.arange(.5, 7.5))[0]

fig, (ax1, ax2) = plt.subplots(1, 2, figsize=(8, 3))
ax1.bar(np.arange(1, 7), few_counts)
ax2.bar(np.arange(1, 7), many_counts);
```

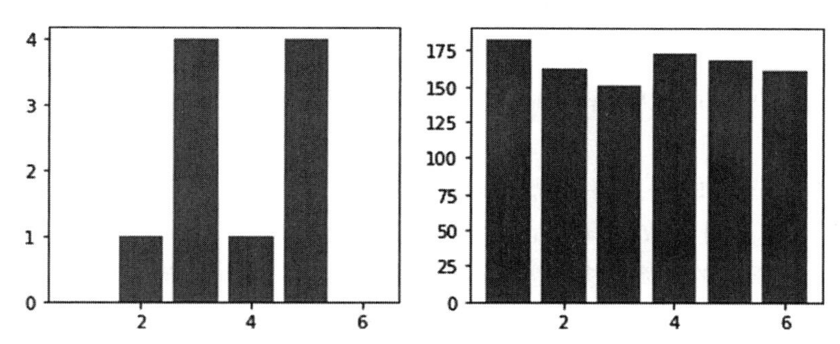

图 2-1 多次投掷骰子后每个点数的发生次数直方图（见彩插）

这里存在着一个重要的问题。在处理随机事件和整体行为时，一个小样本可能就会产生误差。在本例中，我们可能需要增加样例的数量（也就是投掷骰子更多的次数），以便更好地了解底层行为。读者可能会提出疑问，这里为什么没有采用 matplotlib 的内置 hist 函数一步生成直方图。hist 函数对于取值范围更广的大型数据集来说运行结果足够完美，但不幸的是，该函数在少数离散值的简单情况下却表现得非常糟糕。读者可以自己尝试运行该函数，并观察运行结果。

2.4.1 基本事件

在实验之前，假设投掷六面骰子时点数为 1 的概率是 1/6，计算该概率的公式为：该事件发生的次数 / 不同事件发生的次数。可以通过回答问题“投掷骰子时，点数为奇数的概率是多少？”来测试我们对这个比率的理解。如果使用罗马数字来表示投掷骰子后所得到的点数结果，那么事件空间中的奇数是Ⅰ、Ⅲ和Ⅴ，包括 3 个基本事件，总共有 6 个基本事件。所以，P（奇数）=3/6=1/2。幸运的是，这与我们的直觉完全一致。

还可以采用不同的方法来执行该计算：奇数点数出现的方式有 3 种，而这 3 种方式并不重叠。因此，可以把单个事件的概率累加起来：P（奇数）=P(Ⅰ)+P(Ⅲ)+P(Ⅴ)=1/6+1/6+1/6=3/6=1/2。可以通过计算基本事件的概率或者将基本事件的概率累加起来，得到复合事件的概率。这是完成相同计算结果的两种不同方法。

上述基本场景可以拓展到有关概率的以下一些重要性质。

- 在全体事件空间中，所有可能的基本事件的概率之和等于1。P(Ⅰ)+P(Ⅱ)+P(Ⅲ)+P(Ⅳ)+P(Ⅴ)+P(Ⅵ)=1。
- 一个事件不发生的概率等于1减去这个事件发生的概率。P（偶数）=1−P（非偶数）=1−P（奇数）。在讨论概率时，我们常把“非”写成¬，例如P（¬偶数）。因此，P（¬偶数）=1−P（偶数）。
- 存在非基本事件。这样的复合事件是基本事件的组合。我们称之为奇数点数的事件是指将3个基本事件组合在一起的复合事件。
- 一次投掷骰子后得到的点数要么是偶数，要么是奇数，但绝不可能同时又是奇数又是偶数，并且任意多次投掷骰子后得到的点数要么是偶数要么是奇数。这两个复合事件覆盖了所有可能的基本事件，它们之间没有任何重叠。所以，P（偶数）+P（奇数）=1。

复合事件也是递归的。我们可以从其他复合事件创建出一个新的复合事件。假设有一个问题：“得到的点数是奇数的概率是多少？得到的点数大于3的概率是多少？得到的点数是奇数或者点数大于3的概率是多少？”这一组事件加在一起，构成一个较大的基本事件组。如果通过计算基本事件来求解这个问题，就会发现奇数事件包括奇数值={Ⅰ,Ⅲ,Ⅴ}，点数大于3的事件包括较大值={Ⅳ,Ⅴ,Ⅵ}。把这两个基本事件组合起来，结果为{Ⅰ,Ⅲ,Ⅳ,Ⅴ,Ⅵ}，此时概率为5/6。这个复合事件的概率与奇数事件的概率1/2和点数大于3的事件的概率1/2略有不同。我们不能把这些概率累加起来。为什么不能累加呢？因为如果真的把这两个概率累加起来结果就是1，这表明包括所有的基本事件，但这显然是错误的结论。错误的原因在于这两个复合事件彼此重叠：它们共享基本事件。在两个子事件中都会出现点数5(Ⅴ)。既然这两个复合事件彼此重叠，因此就不能把这两个事件的概率累加在一起。必须将两组基本事件中的所有数据分别相加，然后去掉其中一个重复计算的数据。重复计算的事件是同时位于两组事件中的：既是奇数，又是大于3的点数。在上述情况下，只有一个重复计算的事件Ⅴ。所以，去掉重复计算事件的计算公式如下：P（奇数）+P（大于3的点数）−P（奇数并且大于3的点数）。因此计算结果为1/2+1/2−1/6=5/6。

2.4.2 独立性

如果同时投掷两个骰子，则会发生一些有趣的事情。这两个骰子不以任何方式相互沟通或者相互作用。投掷一个骰子后出现结果Ⅰ（点数1），不会影响投掷另一个骰子的结果值。这个概念被称为独立性（independence）：同时投掷两个骰子，每个骰子所产生的投掷事件之间是相互独立的。

例如，考虑一组不同的结果，其中每个事件是投掷两个骰子所得到的点数总和。结果点数总和将是2（投掷点数为两个Ⅰ）和12（投掷点数为两个Ⅵ）之间的值。请问得到结果点数总和为 2 的概率是多少？同样可以采用计数法：总共有 36 种可能性（每个骰子 6 种，6 的平方），投掷点数总和为 2 的唯一方式是，两个骰子的投掷结果分别都是 Ⅰ，并且这种方式只能发生一次。所以，$P(2)=1/36$。同样我们可以得出这个结论：因为骰子之间没有相互沟通或者相互影响，所以，如果投掷骰子 1 后得到的点数为 Ⅰ，投掷骰子 2 后得到的点数也为 Ⅰ，则计算公式为 $P(\mathrm{I}_1)\,P(\mathrm{I}_2)=1/6\cdot1/6=1/36$。如果事件是相互独立的，我们可以将各个事件的概率相乘，然后得到两者同时发生的联合概率。同样，如果我们将各个事件的概率相乘，得到的概率与通过计数计算得到的总的结果概率相同，那么可以判断这些事件一定是相互独立的。独立的概率是双向的，也即满足“当且仅当”的条件。

我们可以结合（1）不同事件的概率相累加，以及（2）事件的独立性，来计算投掷两个骰子后点数总和为 3 的概率 P（3）。使用事件计数的方法，我们发现这个事件可以以两种不同的方式发生：投掷结果为 (I,II) 或者投掷结果为 (II,I)，因此概率为 $2/36=1/18$。利用概率计算，计算公式如下所示：

$$P(3)=P\,((\mathrm{I},\mathrm{II})+P\,((\mathrm{II},\mathrm{I}))=P\,(\mathrm{I})\,P\,(\mathrm{II})+P\,(\mathrm{II})\,P\,(\mathrm{I})=\frac{1}{6}\cdot\frac{1}{6}+\frac{1}{6}\cdot\frac{1}{6}=\frac{2}{36}=\frac{1}{18}$$

可是要验证我们的答案时却有些麻烦。通常，我们可以使用一些捷径来减少计算的次数。有时，这些捷径来自于对问题的了解，有时，这些捷径是迄今为止我们所了解的概率规则的巧妙应用。如果理解概率相乘的演算步骤，那我们可以在脑海里想象两个骰子投掷后的点数情况。如果脑海中有相对应的投掷骰子的场景，那就可以使用概率相乘的方法。

2.4.3　条件概率

让我们再讨论一个场景。在经典的概率故事中，我们将讨论两个瓮。

假设第一个瓮 U_{I} 中有 3 个红色的球和 1 个蓝色的球。第二个瓮 U_{II} 中有 2 个红球和 2 个蓝色的球。抛掷一枚硬币，然后根据抛掷的结果分别从两个瓮里拿出一个球。如果硬币正面朝上，从 U_{I} 中挑选；如果硬币反面向上，从 U_{II} 中挑选。其中有一半的机会是在 U_{I} 中挑选的，结果在 U_{I} 中选中红球的概率是 3/4。有另一半的机会在 U_{II} 中挑选的，结果在 U_{II} 中选中红球的概率为 2/4。这种情况就像在一条有几个十字路口的小路上徘徊。当我们向前走的时候，在下一个十字路口，会遇到一系列不同的选择。

根据抛掷硬币的结果挑选小球的示意图如图 2-2 所示。如果计算这个事件发生的概率，那么就会发现在整场游戏中，结果为红球的次数为 5，而结果为篮球的次数为 3。P（红色）=5/8。貌似很简单，对吧？但别那么快下结论！仅当我们在每一步都有相同可能的选择时，这个计数方法才有效。想象一下，我们有一个非常特殊的硬币，抛掷该硬币时，在 1000 次抛掷过程中，有 999 次出现在瓮 U_{I} 上：那么整个游戏过程中，我们拿到一个红球的概率将非常接近于从瓮 U_{I} 中挑选到一个红球的机会。这种情况下类似于几乎忽略了瓮 U_{II} 的存在。我们应该考虑到这种差异的存在，同时，要充分利用抛掷和挑选过程中可能出现的最新信息。

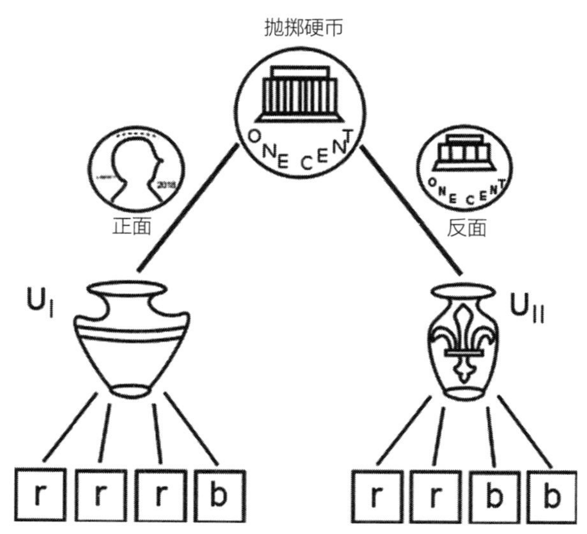

图 2-2 根据抛掷硬币的结果到瓮中挑选球的两步游戏

现在假设抛掷和挑选游戏进行到某个阶段，并且此时选择了瓮 U_I（例如，在第一步抛掷硬币的结果为正面朝上），那么我们选择红球的概率是不同的。也就是说，如果我们是从瓮 U_I 中选择一个红球，那么选择红球的概率是 3/4。在数学中，我们把这种情况记作 P（红球 $|U_I$）$=3/4$。其中竖线（|）被解读为“给定条件”。条件（机器学习和统计学中的一个常用名词）把结果限制在可能发生的基本事件的子集上。在上述情况下，其中的条件是抛掷硬币的结果是正面朝上。

从瓮 U_I 中选择一个红球的概率是多少？如果要从瓮 U_I 中选择一个红球，必须完成两个步骤：（1）抛掷硬币的结果是正面朝上，才选择瓮 U_I，然后（2）选择一个红球。既然抛掷硬币不会影响瓮 U_I 中的事件（抛掷硬币后的结果是选择瓮 U_I，而不是瓮 U_I 中的球），因此这两个事件是独立事件，我们可以将它们的概率相乘，得到两个事件同时发生的联合概率。因此，$P(\text{red and } U_I)=P(\text{red}|U_I)\,P(U_I)=1/2\cdot 3/4=3/8$。这里的书写顺序看起来可能有点奇怪：首先记述的是后出现的事件（即从瓮 U_I 中选择红球的事件，记为 $\text{red}|U_I$，该事件依赖于事件 U_I），然后记述排除某些基本事件的事件 U_I。在书面的数学表达中广泛采用这种书写顺序。其原因主要是因为这种书写顺序将“$|U_I$”放在 $P(U_I)$ 的旁边。读者可以把这种书写顺序看作是从图的底部向顶部阅读。

由于存在两种不重叠的方式来挑选一个红球（要么从瓮 U_I 中挑选，要么从瓮 U_{II} 中挑选），因此可以把不同的概率累加起来。与瓮 U_I 所采取的计算方法相同，对于瓮 U_{II}，我们有 $P(\text{red and } U_{II})=P(\text{red}|U_{II})\,P(U_{II})=1/2\cdot 2/4=2/8$。把从瓮 U_I 中或者 U_{II} 中挑选红球的不同方式累加起来，结果如下：$P(\text{red})=P(\text{red}|U_I)\,P(U_I)+P(\text{red}|U_{II})\,P(U_{II})=3/8+2/8=5/8$。这里至少得到了与简单计数法相同的答案。但是现在，读者应该能够理解那个重要的垂直线条符号 ($P(|)$) 的含义了。

2.4.4 概率分布

存在许多不同的方法来分配事件的概率。其中一些是基于直接的、现实世界的经验，例如抛掷骰子和玩扑克牌。另一些则是基于假设情景。我们把事件和概率之间的映射关系称为概率分布（probability distribution）。如果给定一个事件，那么可以在概率分布中查找到该事件，并告诉读者该事件发生的概率。根据前文所讨论的概率规则，我们还可以计算更复杂事件的概率。当一组事件共享一个共同的概率值，例如抛掷一个公平骰子所得到的不同点数的概率，我们称为均匀分布（uniform distribution）。就像穿制服的突击队士兵一样，他们看起来都一模一样。

我们将讨论另一个非常常见的分布。这些分布非常基本，因此可以采用多种方法来处理这些分布。回到抛掷硬币的问题上。如果多次抛掷一枚硬币，然后把正面朝上的次数累计起来，当增加硬币总的抛掷次数的时候，代码如下所示，运行结果如图 2-3 所示。

In [5]:

```
import scipy.stats as ss

b = ss.distributions.binom
for flips in [5, 10, 20, 40, 80]:

    # 参数为0.5的二项式分布是许多硬币投掷的结果
    success = np.arange(flips)
    our_distribution = b.pmf(success, flips, .5)
    plt.hist(success, flips, weights=our_distribution)
plt.xlim(0, 55);
```

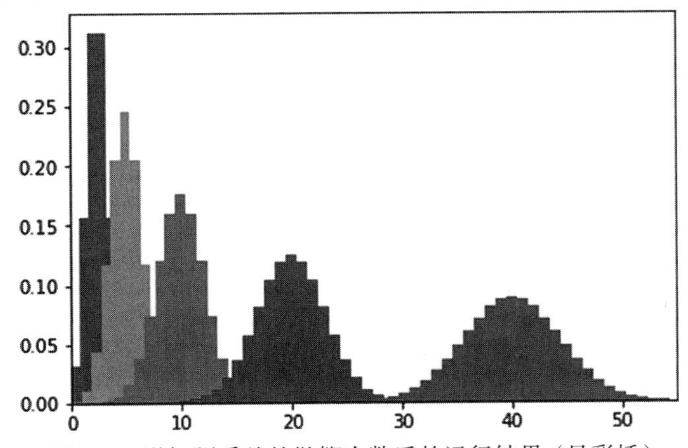

图 2-3　增加硬币总的抛掷次数后的运行结果（见彩插）

如果忽略了计数（count）应该是整数这一事实，并且使用一条更平滑的曲线来代替呈现阶梯状上下变化的整数值，那么会得到以下的代码和运行结果（图 2-4）。

In [6]:

```
b = ss.distributions.binom
n = ss.distributions.norm

for flips in [5, 10, 20, 40, 80]:
```

```
    # 符合二项分布的硬币抛掷
    success = np.arange(flips)
    our_distribution = b.pmf(success, flips, .5)
    plt.hist(success, flips, weights=our_distribution)

    # 二项分布的正态分布近似
    # 必须设置平均值和标准差
    mu      = flips * .5,
    std_dev = np.sqrt(flips * .5 * (1-.5))

    # 必须设置正态分布点的x坐标值和y坐标值
    # 通过概率分布（一个函数）计算出y坐标值
    # 必须传入x坐标值，我们在这里设置所有的参数
    norm_x = np.linspace(mu-3*std_dev, mu+3*std_dev, 100)
    norm_y = n.pdf(norm_x, mu, std_dev)
    plt.plot(norm_x, norm_y, 'k');

plt.xlim(0, 55);
```

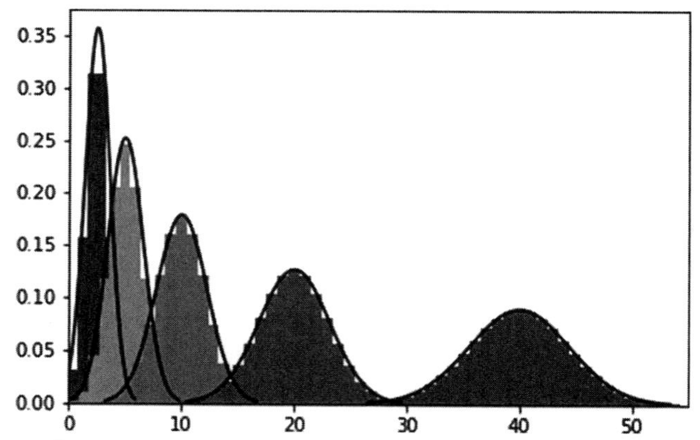

图 2-4 使用更平滑的曲线来代替呈现阶梯状变化的整数值（见彩插）

读者可以认为增加抛掷硬币的次数可以提高测量的准确率，也就是可以得到更多的精度小数。我们可以观察抛掷 10 次硬币时，结果分别是 4 和 5 之间的差异，然后观察抛掷 40 次硬币时，结果分别为 16、17、18、19 和 20 之间的差异。差异会变得越来越小，这是一个循序渐进的步骤。阶梯状的序列曲线越来越趋近于平滑曲线。通常，这些平滑曲线被称之为钟形曲线（bell-shaped curve），这正是统计学家所期望的结果。当然，还存在其他钟形曲线。我们正在研究的特殊钟形曲线被称为正态分布（normal distribution）曲线。

正态分布具有以下重要的三个特征。

（1）中点对应于概率最大的值，即中点的概率为峰值。

（2）正态分布曲线是对称的，即中点两边的数据值是镜像值。

（3）越远离中点，对应的概率值下降的速度越快。

有多种方法可以在数学上精确描述这些特征。事实证明，借助适量的数学知识和少量的文字描述，也可以描述正态分布的平滑曲线。我们正在朝着这个方向在努力！可能作者的数学同事会加以反对。但是，本书从正态分布获取的主要特征是它所呈现的形状而已。

2.5　线性组合、加权和以及点积

当数学界的学者谈论一个线性组合时，他们所采用的技术术语与我们在杂货店结账时的行为一致。假设我们的杂货店账单如表 2-1 所示。

表 2-1　杂货店账单

商品	数量	单价
葡萄酒	2	12.50
橙子	12	0.50
松饼	3	1.75

通过一些算术运算可以计算出商品总金额。

In [7]:

```
(2 * 12.50) + (12 * .5) + (3 * 1.75)
```

Out[7]:

```
36.25
```

可以认为这是一个加权和（weighted sum）。求和本身就是简单的相加。我们购买的商品的总数量为：

In [8]:

```
2 + 12 + 3
```

Out[8]:

```
17
```

然而，当我们购买东西时，会根据每件商品的单价来支付。为了得到商品的总金额，必须把一系列商品的单价乘以数量。这里可以使用一种稍微不同的方式来表达：必须根据不同商品的单价来加权商品的数量。例如，每个橙子的价格是 0.5 美元，而购买橙子的总金额是 6 美元。为什么？除了经济这只看不见的手，杂货店也不希望我们购买一瓶葡萄酒的价钱与购买一个橙子的价钱一样！事实上，我们也不想这样：10 美元的橘子其实不是商品而是金额。下面是一个具体的例子。

In [9]:

```
# 纯Python代码，旧风格
quantity = [2, 12, 3]
costs    = [12.5, .5, 1.75]
partial_cost = []
for q,c in zip(quantity, costs):
```

```
    partial_cost.append(q*c)
sum(partial_cost)
```

Out[9]:

```
36.25
```

In [10]:

```
# 纯python代码，新风格（酷气逼人！）
quantity = [2, 12, 3]
costs    = [12.5, .5, 1.75]
sum(q*c for q,c in zip(quantity,costs))
```

Out[10]:

```
36.25
```

接下来让我们继续讨论商品金额的计算方法。如果把商品数量和商品单价存储在NumPy数组中，就可以实现相同的计算。基于NumPy的计算方法具有以下优点：数据的组织更好，代码更加简洁，因此易于扩展到计算更多的数量和单价，无论是少量的数据还是大量的数据，基于NumPy的计算性能都极高。让我们开始计算吧。

In [11]:

```
quantity = np.array([2, 12, 3])
costs    = np.array([12.5, .5, 1.75])
np.sum(quantity * costs) # 逐元素乘法
```

Out[11]:

```
36.25
```

以上计算也可以通过NumPy的np.dot方法来执行。dot选择两个数组中的成对元素并将元素成对相乘，然后将成对元素相乘的结果相加。

In [12]:

```
print(quantity.dot(costs),       # 点积调用方法1
      np.dot(quantity, costs),   # 点积调用方法2
      quantity @ costs,          # 点积调用方法3
                                 #（新增的调用方法！）
      sep='\n')
```

```
36.25
36.25
36.25
```

如果读者曾经接触过关于点积的知识，当读者的老师开始讨论几何、余弦和向量长度时，读者可能会完全迷失方向，对此作者感到非常抱歉！读者的老师并没有错，相比于杂货店结账，其实点积的思想并没有那么复杂。如果采用点积方式，线性组合包含两个步骤：（1）把数组中的元素两两相乘；（2）把所有的相乘子结果相加。这些对应于杂货店结账中的以下两个步骤：（1）使用一个简单的乘法为收据上的每一行创建小计；（2）将这些小计的值相加得到最终账单。

采用数学公式，点积的计算公式为 $\sum_i q_i c_i$，其中，q 表示数量，c 表示单价。如果读者还不熟悉这个数学表示法，可以按以下思路进行分解。

（1）希腊字母 sigma 的大写字母是 $\sum$，其含义是求和。

（2）$q_i c_i$ 表示两个数据项相乘。

（3）i 像一个序列索引一样以步调一致的方式将各个部分连接在一起。

简而言之，该公式的含义是："把每个 q 元素和 c 元素相乘后的结果累加起来。"更简单的说法是，我们可以称之为数量和单价的"乘积之和"（sum product）。目前，我们可以使用乘积之和作为点积的同义词。

因此，结合左边的 NumPy 和右边的数学公式，我们得到如下公式：

$$\text{np.dot (quantity, cost)} = \sum_i q_i c_i$$

有时，可以直接简写为 qc。如果想强调点积，或者提醒读者这是点积，那么可以使用一个项目符号（·）作为点积的符号，即 $q \cdot c$。如果不能确定逐元素或者步调一致的概念，可以使用 Python 的 zip 函数来实现该功能。zip 函数用于在多个序列中采用步骤一致的方式处理元素。

In [13]:

```
for q_i, c_i in zip(quantity, costs):
    print("{:2d} {:5.2f} --> {:5.2f}".format(q_i, c_i, q_i * c_i))

print("Total:",
      sum(q*c for q,c in zip(quantity,costs))) # 高级方法
```

```
 2 12.50 --> 25.00
12  0.50 -->  6.00
 3  1.75 -->  5.25
Total: 36.25
```

请读者注意，本书通常采用 NumPy，也就是使用 np.dot 来完成处理工作！

2.5.1　加权平均

读者可能对通常意义上的简单平均法很熟悉，但接着也许会提问："什么是加权平均法？"简而言之，简单平均法也被称为求均值（mean），是一个由一组值按相同权重计算出来的平均值。

例如，假如给定3个值(10, 20, 30)，将权重平均分配到三个值中，结果为$\frac{1}{3}10+\frac{1}{3}20+\frac{1}{3}30$。读者可能会有疑问，觉得这个公式看起来有点陌生。但是如果将这个计算公式重新排列为$\frac{10+20+30}{3}$，读者可能会比较熟悉。这里只是简单地执行了运算 sum(values)/3，也就是把所有的值累加起来，然后除以值的数目。但是，如果回到更一般的扩展方法，计算结果如下所示。

In [14]:

```
values  = np.array([10.0, 20.0, 30.0])
weights = np.full_like(values, 1/3) # 重复(1/3)

print("weights:", weights)
print("via mean:", np.mean(values))
print("via weights and dot:", np.dot(weights, values))
```

```
weights: [0.3333 0.3333 0.3333]
via mean: 20.0
via weights and dot: 20.0
```

我们可以把均值写成一个加权和——值和权重之间的乘积之和。如果继续讨论权重，那么最终会得到加权平均（weighted average）的概念。使用加权平均，不是使用相等的权重，而是把权重分解为我们所需要的任意值。在某些情况下，我们要求各权重部分之和为1。假设采用1/2、1/4、1/4的权重来加权三个值。为什么要这样做呢？这些权重可以表达这样一种观点，即第一个选项的价值是其他两个选项价值的两倍，而第二个选项和第三个选项的价值相等。这也可能意味着，在随机情况下，第一种情况的可能性是另一种情况可能性的两倍。如果将这些权重应用于基本的价格或者数量，这两种解释接近于将得到的结果。这是采用两种角度来看待同一个事物。

In [15]:

```
values  = np.array([10,  20,  30])
weights = np.array([.5, .25, .25])

np.dot(weights, values)
```

Out[15]:

```
17.5
```

当值是一个随机情景下的不同结果，并且权重表示这些结果的概率时，会出现一个特殊的加权平均值。在这种情况下，加权平均值被称为这组结果的期望值（expected value）。

我们借助一个简单的游戏进行阐述。假设投掷一个标准的六面骰子，如果投掷骰子后得到的点数是奇数，则赢得 1 美元，如果得到的点数是偶数，则输掉 0.50 美元。让我们计算每个输赢和相应输赢概率的点积。期望的结果如下所示。

In [16]:

```
                    # 奇数，偶数
payoffs = np.array([1.0, -.5])
probs   = np.array([ .5,  .5])
np.dot(payoffs, probs)
```

Out[16]:

```
0.25
```

从数学上讲，我们把博弈的期望值记为 $E\,(\text{game}) = \sum_i p_i v_i$，其中 p 是事件的概率，v 是这些事件的值或者收益。现在，在博弈比赛的任何一轮中，要么赚 1 美元，要么输 0.50 美元。但是，如果玩这个游戏 100 次，那么最终的期望会赢得 25 美元，这是每场游戏的预期收益乘以游戏数量。实际上，这种结果是一种随机的事件。有时候，结果会更好。有时候，结果会更糟。但是在玩这个投掷游戏 100 次之前，25 美元是最好的预期收益结果。如果重复很多很多次，那么很可能会非常接近这个预期值。

以下是该游戏的 10 000 次模拟结果。读者可以将结果与 np.dot(payoffs, probs) * 10 000 进行比较。

In [17]:

```
def is_even(n):
    # 如果余数为0，那么值为偶数
    return n % 2 == 0

winnings = 0.0
for toss_ct in range(10000):
    die_toss = np.random.randint(1, 7)
    winnings += 1.0 if is_even(die_toss) else -0.5
print(winnings)
```

```
2542.0
```

2.5.2　平方和

另一个非常特殊的乘积和是当数量（quantity）和值（value）是同一事物存在两个副本的情况。例如，$5\times5+(-3)\times(-3)+2\times2+1\times1=5^2+3^2+2^2+1^2=25+9+4+1=39$。我们称之为平方和（sum of square），因为每一个元素都乘以它自己，就得到了原始值的平方。实现平方和的代码如下所示。

In [18]:

```
values = np.array([5, -3, 2, 1])
squares = values * values # 逐个元素相乘
print(squares,
      np.sum(squares),   # 平方和
      np.dot(values, values), sep="\n")
```

```
[25  9  4  1]
39
39
```

如果使用数学公式描述，平方和可以表述为 $\text{dot (values, values)} = \sum_i v_i v_i = \sum_i v_i^2$。

2.5.3 误差平方和

本小节将讨论另一种非常常见的求和模式：误差平方之和。如果已知一个实际值为 actual，如果对它的预测值是 predicted，那么可以使用公式 error=predicted-actual 来计算误差。

根据是否高估或者低估了实际值，这个误差值可能是正的或者负的。我们可以利用一些数学技巧使得误差值为正。这一点非常有实用价值，因为当存在测量误差时，我们不希望两个误差（高估 5 和低估 5）相互抵消，从而使得结果没有误差！在这里我们将要使用的技巧是平方误差：一个误差为 5 → 25，另一个误差为 −5 → 25。如果估计误差分别为 5 和 −5，那么总的误差平方和为 25+25=50。测试结果如表 2-2 所示。

In [19]:

```
errors = np.array([5, -5, 3.2, -1.1])
display(pd.DataFrame({'errors':errors,
                      'squared':errors*errors}))
```

表 2-2 平方误差的测试结果

	errors	squared
0	5.0000	25.0000
1	−5.0000	25.0000
2	3.2000	10.2400
3	−1.1000	1.2100

因此，误差平方的计算公式为：误差 ^{2}=（预测值 − 实际值）^{2}。累加起来得到 $\sum_i$（预测值 $_i$ − 实际值 $_i$）^{2}= $\sum_i$ 误差 $_i^2$。该求和公式的含义为：“将各个误差平方后再累加求和”。更简洁地表述是“误差平方和”。这与前文所述的 dot 函数类似。

In [20]:

```
np.dot(errors, errors)
```

Out[20]:

```
61.45
```

加权平均和误差平方和可能是机器学习中最常见的求和形式。通过了解这两种求和形式，读者现在可以了解到在许多不同的机器学习场景中所涉及的数学计算。事实上，很多数学符号的使用增大了初学者学习机器学习的难度，虽然这些数学符号可以促进专家之间的交流！事实上就是把这些求和的思想简化成更加简洁的符号。至此，读者应该能够区分这些思想。

读者的后脑勺可能有些发痛的感觉了。可能是因为以下公式的原因：$c^2=a^2+b^2$。我们可以重命名或者重新排列这些符号，得到如下的公式：$距离^2=长度_1^2+长度_2^2$ 或者 $距离=\sqrt{水平距离^2+垂直距离^2}=\sqrt{\sum_i x_i^2}$。我们所熟悉的欧几里得距离和毕达哥拉斯定理可以被包装成平方和。通常，a 和 b 是距离，可以通过将两个值相减来计算距离，就像比较实际值和预测值一样。因此，读者完全不必焦灼不安！误差只是一个长度，表示实际值和预测值之间的距离！

2.6　几何视图：空间中的点

上一节我们讨论了在杂货店结账以及误差平方和。我们从中学习到了一些累加和的知识。本节将从另一个简单的日常场景开始讨论一些基本的几何概念。这里可以向读者保证，这将是读者见过的最不像几何课的几何概念讨论。

2.6.1　直线

首先让我们来谈谈去听一场音乐会所产生的费用。希望这不是一场学术性的讨论。首先，如果我们是自己开着小轿车去听音乐会，那就得考虑停车费。如果有需要的话，最多10个（好）朋友一起去看演出，他们都可以挤在一辆小型货车里——大家挤在一起就像小丑表演车一样。这么多人组成的一个团体只要付一次停车费，这看起来非常棒，因为停车费用通常很高，例如每辆车40美元。我们使用如下的代码和示意图（图2-5）来表示。

In [21]:

```
people = np.arange(1, 11)
total_cost = np.ones_like(people) * 40.0

ax = plt.gca()

ax.plot(people, total_cost)

ax.set_xlabel("# People")
ax.set_ylabel("Cost\n(Parking Only)");
```

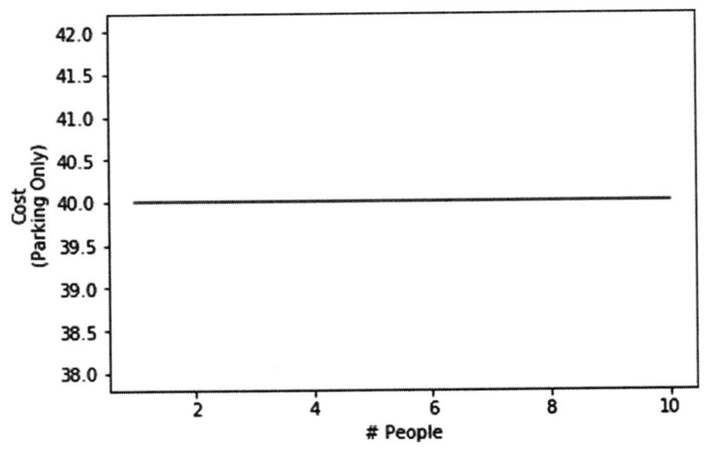

图 2-5 人数与停车费用的关系示意图（见彩插）

在数学课上，我们可以使用以下公式表示：total_cost（总费用）=40.0，也就是说，不管底部 x 轴上左右变动的人数将是多少，我们支付的费用是一样的。当数学家们将这一概念加以抽象化时，会把表达式简化为 $y=40$。数学家们会把这种表达式表述为“$y=c$”的形式。也就是说，直线的高度或者说 y 值等于某个常数。在本示例中，这个常量的值是 40。然而，如果只停车但不购买票依然无法看演唱会，当然如果从后门悄悄溜入那又另当别论。那么，假设每张演唱会门票为 80 美元，总费用的计算如下所示。

In [22]:

```
people = np.arange(1, 11)
total_cost = 80.0 * people + 40.0
```

绘制对应的图表稍微有点复杂，所以先构造一个人数与总费用的值表，如表 2-3 所示。

In [23]:

```
# .T（转置操作）将垂直数据转化为水平格式以方便打印
display(pd.DataFrame({'total_cost':total_cost.astype(np.int)},
                     index=people).T)
```

表 2-3 人数与总费用的对应值

	1	2	3	4	5	6	7	8	9	10
total_cost	120	200	280	360	440	520	600	680	760	840

接下来，我们逐点绘制出人数与总费用对应的图，如图 2-6 所示。

In [24]:

```
ax = plt.gca()
ax.plot(people, total_cost, 'bo')
ax.set_ylabel("Total Cost")
ax.set_xlabel("People");
```

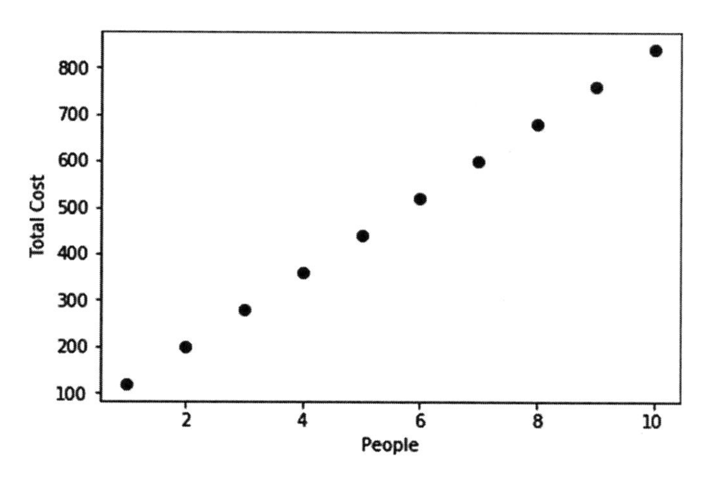

图 2-6　逐点绘制人数与总费用的对应值（见彩插）

所以，如果在数学课上，我们可以使用类似于以下的公式来计算总费用：

total_cost（总费用）= ticket_cost（门票价格）× people（人数）+ parking_cost（停车费）

让我们比较一下这两种形式—— 一个常数和一条直线，以及它们在表 2-4 中的各种书写方式。

表 2-4　使用不同语言抽象层次的常数和直线的书写方式示例

名称	示例	具体语言	抽象语言	数学语言
常数	总费用 = 停车费	总费用 = \$40	$y=40$	$y=c$
直线	总费用 = 门票单价 × 人数 + 停车费	总费用 = 80 × 人数 + 40	$y=80x+40$	$y=mx+b$

接下来我们演示另一个图（图 2-7），该图强调用于定义直线的两个参数 m 和 b。上例中 80 美元的票价是 m 值，它表示听音乐会每个人需要付多少门票钱。在数学意义上，这个 m 值表示一条直线垂直变化的距离（rise），或者说是对于 x 轴上每个单位的水平变化，y 轴上垂直距离的上升幅度。每个单位的增加（unit increase）意味着 x 轴上的人数从 x 增加到 $x+1$。在这里，我们将控制 m 和 b 的值，并将其绘制出来。

In [25]:

```
# 按数值进行绘制
# 创建100个x的值，范围从-3到3
xs = np.linspace(-3, 3, 100)

# 斜率（m）和截距（b）
m, b = 1.5, -3

ax = plt.gca()
```

```
ys = m*xs + b
ax.plot(xs, ys)

ax.set_ylim(-4, 4)
high_school_style(ax) # mlwpy.py中的辅助函数

ax.plot(0, -3,'ro') # y-截距
ax.plot(2,  0,'ro') # 向右走两步，结果向上走三步

# y = mx + b，如果m = 0，则y = b
ys = 0*xs + b
ax.plot(xs, ys, 'y');
```

因为直线的斜率是 1.5，向右边走两步会使直线上升三步。同样，如果有一条直线，我们把直线 m 的斜率设置为 0，突然之间我们又回到了一个常数。常数是一种特定的、受限制的水平线类型。穿越 y 轴的黄线 ($y=-3$) 就是一个常数。

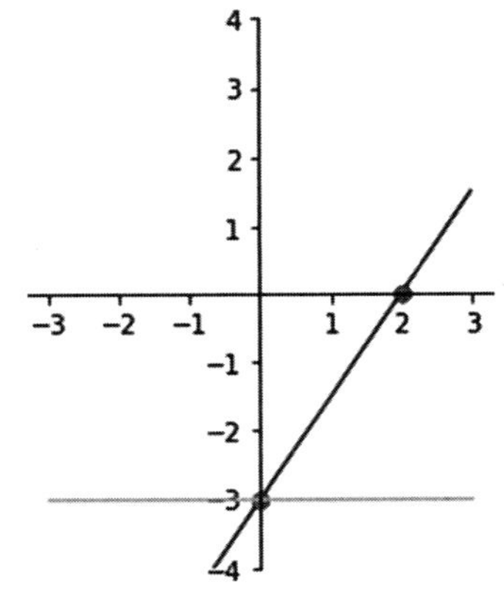

图 2-7 人数与总费用对应的直线（见彩插）

可以结合 np.dot 的思想和直线的思想，编写一些稍微不同的代码来绘制这个图。可以使用一个数值数组 $w=(w_1, w_0)$ 代替数值对 (m, b)。这里有一个技巧：把 w_0 作为数值数组的第二个位值，使之与 b 相对应。通常情况下，在数学上可以描述如下：w_0 是常数。

借助向量 xs，同时使用值为 1 的额外一列来扩充 xs 向量，那么就可以使用 np.dot。将 xs 向量的扩充版本记为 xs_p1，可以读作"xs 加上一列 1"，值为 1 的这一列在 $y=mx+b$ 中充当 1 的角色。请问，读者在公式中有没有看到 1 呢？如果把公式重写为 $y=mx+b=mx+b\cdot 1$，就可以在公式中看到 1 了。为什么要重写 $b\rightarrow b\cdot 1$ 呢？这是因为 np.dot 要求某些值乘以 w_1，某些值乘以 w_0。因此要确保乘以 w_0 的值是一个 1。

我们把增加一列值 1 的过程称为加 1 技巧，稍后将进一步说明。加 1 技巧对原始数据的作用如下代码和表 2-5 所示。

In [26]:

```
# np.c_[] 按照逐列方式创建一个数组
xs    = np.linspace(-3, 3, 100)
xs_p1 = np.c_[xs, np.ones_like(xs)]

# 查看前几行数据的内容
display(pd.DataFrame(xs_p1).head())
```

表 2-5　加 1 技巧对原始数据的作用

	0	1
0	−3.0000	1.0000
1	−2.9394	1.0000
2	−2.8788	1.0000
3	−2.8182	1.0000
4	−2.7576	1.0000

现在，我们可以采用如下代码和图 2-8 非常简洁地对数据和权重进行组合。

In [27]:

```
w  = np.array([1.5, -3])
ys = np.dot(xs_p1, w)

ax = plt.gca()
ax.plot(xs, ys)

# 设置样式
ax.set_ylim(-4, 4)
high_school_style(ax)

ax.plot(0, -3,'ro')  # y-截距
ax.plot(2,  0,'ro'); # 向右边水平方向走两步，会在垂直方向上升三步
```

下面是我们在代码中使用的两种形式：$ys=m*xs+b$ 和 $ys=np.\text{dot}(xs\_p1, w)$。在数学上，这两种形式看起来类似于 $y=mx+b$ 和 $y=wx^{+}$。在这里，使用 x^{+} 表示 x 增加一列值 1 后的缩写方式。这两种形式对 ys 的定义具有相同的意义。仅当实现这两种形式时，其含义略有不同。第一种形式的每个组件都独立存在。第二种形式要求 x^{+} 使用一个值 1 来进行列扩充，并允许我们方便地使用点积操作。

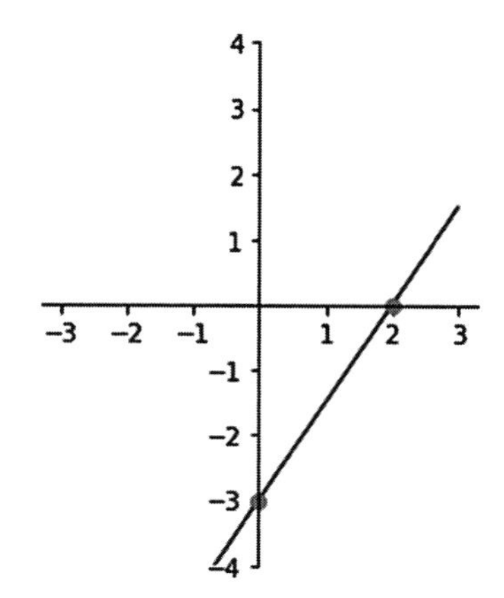

图 2-8　对数据和权重进行组合（见彩插）

2.6.2　直线拓展

至少可以从两个方面扩展直线的概念。可以将直线拓展到曲线和多项式方程，例如 $f(x)=x^3+x^2+x+1$。也就是说，对于每一个输入值 x，将执行一个更加复杂的计算。或者，还可以继续拓展到多个维度：平面、超平面，甚至更多的平面！例如，在方程式 $f(x, y, z)=x+y+z$ 中，将多个输入值组合在一起。既然我们对多元数据（也就是多个输入）非常感兴趣，接下来将展开讨论。

让我们重新讨论摇滚音乐会的场景。如果我们想购买多种商品，会发生什么情况？例如，读者可能会发现人们喜欢在音乐会上喝饮料。通常，他们喜欢喝“根汁汽水”（root beer，是一种含二氧化碳和糖的无酒精饮料，盛行于北美。最初是用檫木的根制成）。所以，

为了听一场音乐会，如果我们需要支付停车费、每个成员的门票费以及每个成员一杯根汁汽水的费用，那么结果会如何呢？为了计算包括根汁汽水在内的总费用，我们需要一个新的计算公式。假设 rb 代表根汁汽水，那么：

$$总费用 = 门票的单价 \times 人数 + 根汁汽水的单价 \times 根汁汽水的数量 + 停车费$$

如果代入已知的停车费、门票的单价和根汁汽水的单价，那么公式会变得更加具体：

$$总费用 = 80 \times 人数 + 10 \times 根汁汽水的数量 + 40$$

对于只有一个项目（准确地说是"变量"，即"人数"或者"根汁汽水的数量"），结果为一个简单的二维直线图，其中一个轴方向来自输入"人数"，另一个来自输出"总费用"。如果有两个项目，那么就有两个变量（"人数"和"根汁汽水的数量"），但仍然只有一个输出总费用（total_cost），共三个维度。幸运的是，我们仍然可以合理地绘制出图形。首先，我们创建如下一些数据。

In [28]:

```
number_people = np.arange(1, 11) # 1-10个人
number_rbs    = np.arange(0, 20) # 0-19罐根汁汽水的数量

# numpy工具函数，用于获取两个成对数组的值的交叉积（按对应的元素做叉积）
# 请尝试运行：np.meshgrid([0, 1], [10, 20])
# "完美"地适用于多变量的函数
number_people, number_rbs = np.meshgrid(number_people, number_rbs)

total_cost = 80 * number_people + 10 * number_rbs + 40
```

可以从几个不同的角度来看待这些数据。下面，我们从五个不同的角度展示同一张图的内容，如图 2-9 所示。请注意，这些图都是平的曲面（flat surface），但从不同的角度来看，平的曲面的倾斜度或者斜率看起来是不同的。平的曲面称为平面（plane）。

In [29]:

```
# 导入包，用于'projection':'3d'
from mpl_toolkits.mplot3d import Axes3D
fig,axes = plt.subplots(2, 3,
                        subplot_kw={'projection':'3d'},
                        figsize=(9, 6))

angles = [0, 45, 90, 135, 180]
for ax,angle in zip(axes.flat, angles):
    ax.plot_surface(number_people, number_rbs, total_cost)
    ax.set_xlabel("People")
    ax.set_ylabel("RootBeers")
    ax.set_zlabel("TotalCost")
    ax.azim = angle

# 不使用最后一个轴
axes.flat[-1].axis('off')
fig.tight_layout()
```

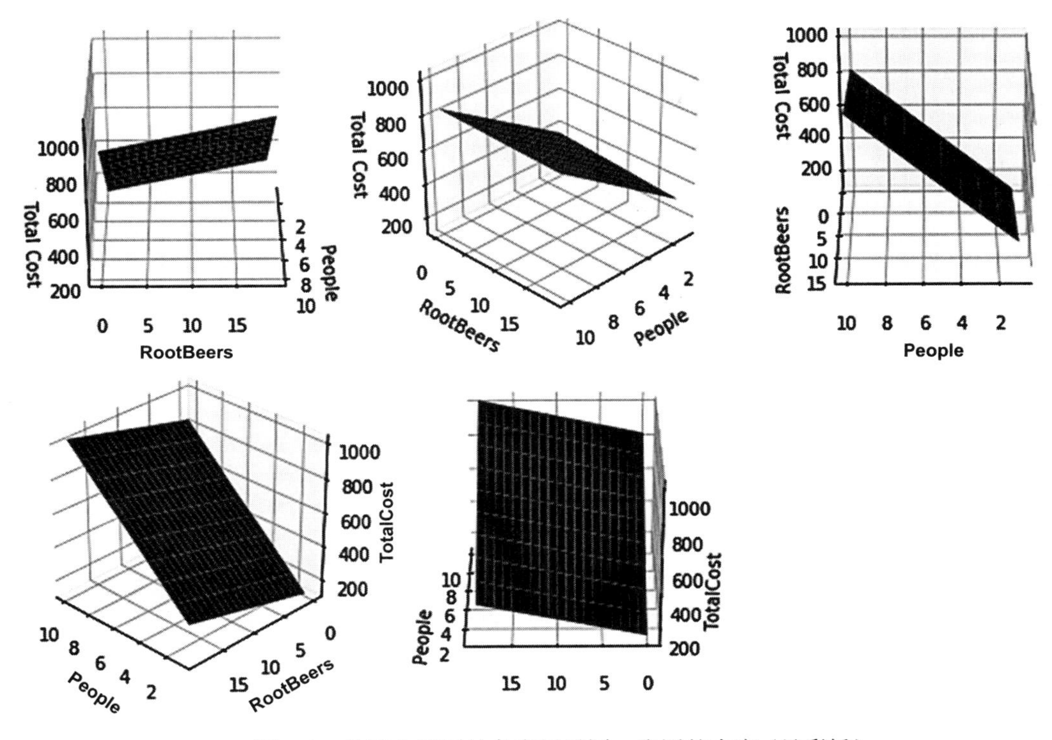

图2-9 从五个不同的角度展示同一张图的内容（见彩插）

在程序代码和数学中，表示和处理超越三个维度的情况是非常易于实现的。然而，如果试图绘制超越三个维度的图形，结果会变得非常混乱。幸运的是，可以使用一个不错的老式工具（其中一个是我们所熟知的GOFT），并制定一个结果表。下面是一个例子，假设音乐会的观众会吃一些食物，比方说会吃一些热狗，每个热狗售价5美元，那么总费用的计算公式如下：

$$总费用=80\times 人数+10\times 根汁汽水的数量+5\times 热狗的数量+40$$

我们将使用一些简单的值来计算参加音乐会所涉及的各项费用以及总费用，具体参见如下代码和表2-6所示。

In [30]:

```
number_people  = np.array([2, 3])
number_rbs     = np.array([0, 1, 2])
number_hotdogs = np.array([2, 4])

costs = np.array([80, 10, 5])

columns = ["People", "RootBeer", "HotDogs", "TotalCost"]
```

我们将使用一个辅助函数np_cartesian_product，把几个NumPy数组组合成所有可能的组合，类似于 itertools 的 combinations（组合）函数所实现的功能。这种方法包含了一些黑魔法，所以我们把它隐藏在 mlwpy.py 中。如果读者有兴趣，可以查阅源代码以了解内部的实现原理。

In [31]:

```
counts = np_cartesian_product(number_people,
                              number_rbs,
                              number_hotdogs)

totals = (costs[0] * counts[:, 0] +
          costs[1] * counts[:, 1] +
          costs[2] * counts[:, 2] + 40)

display(pd.DataFrame(np.c_[counts, totals],
                     columns=columns).head(8))
```

表 2-6 参加音乐会所涉及的各项费用以及总费用

	总人数	根汁汽水数量	热狗数量	总费用
0	2	0	2	210
1	2	0	4	220
2	3	0	2	290
3	3	0	4	300
4	2	1	2	220
5	2	1	4	230
6	3	1	2	300
7	3	1	4	310

前面单元格中给变量 totals 赋值的赋值语句有些臃肿。是否有进一步改进的空间呢？请读者认真地思考！一定存在着一个更好的方法。那么代码中究竟执行了什么操作呢？代码执行的操作是把若干值累加起来，而这些值则是逐个元素相乘的结果。请问这是一个点积操作吗？是的，答案是肯定的。计算参加音乐会所涉及的各项费用以及总费用的优化代码如下所示。

In [32]:

```
costs = np.array([80, 10, 5])
counts = np_cartesian_product(number_people,
                              number_rbs,
                              number_hotdogs)

totals = np.dot(counts, costs) + 40
display(pd.DataFrame(np.column_stack([counts, totals]),
                     columns=columns).head(8))
```

使用点积操作具有以下两个优点：（1）给变量 totals 赋值的代码有了长足的改进；（2）可以或多或少地任意扩展单价和数量，并且根本不需要修改计算代码。读者可能会注意到，在代码中使用了 +40。那是因为不想重复演示加 1 技巧，当然也可以再次重复这个技巧。

顺便说一句，这是在数学课上会发生的事情。正如我们所看到的那样，把重复的累加运算代码行缩减到 dot 运算中，当使用高级表示法时，细节常常被抽象掉或者被移到幕后。下面是所发生事情的细节。首先，通过删除详细的变量名，然后使用通用标识符替换已知值来进行抽象：

$$y = 80x_3 + 10x_2 + 5x_1 + 40$$

$$y = w_3x_3 + w_2x_2 + w_1x_1 + w_0 \cdot 1$$

更进一步地，在代码中将有关 wx 的累加和替换为如下的点积形式：

$$y = w_{[3,2,1]} \cdot x + w_0 \cdot 1$$

此处，w 的奇怪下标 [3, 2, 1] 表示我们没有使用所有的权重。也就是说，在方程式左边的项中没有使用 w_0。w_0 是位于方程式右边的项，并乘以 1。它仅被使用了一次。最后的“必杀技”是使用了加 1 技巧：

$$y = wx^+$$

综上所述，我们可以使用 $y = wx^+$ 代替 $y = w_3x_3 + w_2x_2 + w_1x_1 + w_0$。

2.7 表示法和加 1 技巧

至此，我们已经讨论了什么是“加 1 技巧”，接下来将讨论展示数据表的几种不同方法。数据表可能是由一些值组成，比如去球场看球赛所产生的费用表。我们可以使用括号把数据表括起来：

$$D = \left(\begin{array}{cc|c} x_2 & x_1 & y \\ 3 & 10 & 3 \\ 2 & 11 & 5 \\ 4 & 12 & 10 \end{array}\right)$$

也可以引起数据表的各分量 $D = (x, y)$。其中，x 表示所有的输入特征（input feature），y 表示输出目标特征（output target feature）。我们可以强调所包含的列分量：

$$D = (x, y) = (x_f, \cdots, x_1, y)$$

f 是所有特征的个数。这里按照逆序排列，以使权重与上一节中讨论的顺序保持一致。与此相对应，权重也是逆序，这样权重表示从上到下直至 w_0 处的常数项。这和前面的讨论具有相互关联的关系。

同样，我们还可以采用如下方式强调各个行的数据：

$$D=\begin{bmatrix} e_1 \\ e_2 \\ \vdots \\ e_n \end{bmatrix}$$

其中，e_i 是一个实例，n 是实例的数量。

另外，为了数学上的方便，我们经常使用增广矩阵，即 D 和 x 的加 1 技巧：

$$D^+=(x^+,y)=\left(\begin{array}{ccc|c} x_2 & x_1 & x_0 & y \\ 3 & 10 & 1 & 3 \\ 2 & 11 & 1 & 5 \\ 4 & 12 & 1 & 10 \end{array}\right)$$

让我们来分解上述公式：

$$x=\begin{pmatrix} x_2 & x_1 \\ 3 & 10 \\ 2 & 11 \\ 4 & 12 \end{pmatrix}$$

如果想把上式和一个二维公式结合起来，那么结果为 $y=w_2x_2+w_1x_1+w_0$。可以把该式简写为 $y=w_{[2,1]}\cdot x+w_0$。同样，这里 $w_{[2,1]}$ 暗示我们没有在点积（·）运算中使用 w_0。不过，在结尾加上的 w_0，使得公式显得有些不美观。如果使用 x 的增广版本，可以进一步简化得到下式：

$$x^+=\begin{pmatrix} x_2 & x_1 & x_0 \\ 3 & 10 & 1 \\ 2 & 11 & 1 \\ 4 & 12 & 1 \end{pmatrix}$$

现在，我们的二维公式类似于 $y=w_2x_2+w_1x_1+w_0x_0$。注意附加的 x_0。该公式与公式 $y=w\cdot x^+$ 完美匹配，其中 w 是 (w_2, w_1, w_0)。增广向量 w 现在包括 w_0，以前的权重向量中并没有包括 w_0。值得注意的是，在处理 x^+ 或者 D^+ 时，使用了加 1 技巧。我们将在第 3.3 节中把这个数学公式与 Python 变量关联起来。

2.8 渐入佳境：突破线性和非线性

至此，我们首先采用了直观的直线，并拓展突破该直线的最佳状态，也许超过了读者所能理解和接受的最佳状态。我们采用了一种非常具体的方法：添加一些新的变量。这些新的变量代表了新的图形维度。我们从讨论直线开始，逐渐拓展到讨论平面以及相关的高维平面。

我们还可以采用另一种方法来拓展直线的概念。不需要添加新的信息（新的变量或者新的特征），就可以为已有的信息增加复杂性。想象一下从 $y=3$ 拓展 $y=2x+3$，再拓展到 $y=x^2+2x+3$。在每种情况下，我们都在方程中添加了一个新的项。当添加了这些项时，结果就从一条直线拓展到一条斜线，再拓展到一条抛物线。稍后将使用图形显示这些效果。问题的关键在于：仍然只有一个输入变量。我们只是以不同的方式使用这个单一的输入。

数学家将这些扩展称为向方程中添加原始变量的高阶（higher-order）或者高次项（higher-power term）。当扩展高次项时，我们得到关于这些函数的各种各样的名称：常数、线性、二次项、三次项、四次项、五次项等。通常，我们可以称之为 n 次多项式，其中 n 是表达式中非零最高次幂。例如，二次多项式（例如 $y=x^2+x+1$）也称为二次方多项式，其曲线是单弯曲线，称之为抛物线。

np.poly1d 通过指定多项式中每个项的前导系数，为定义多项式提供了一个简单的辅助函数。例如，通过传递一个参数值为 [2, 3, 4] 的列表，可以指定多项式 $2x^2+3x+4$。下面我们将使用一些随机系数来构建一些有趣的曲线，代码如下所示，所生成的曲线如图 2-10 所示。

In [33]:

```
fig, axes = plt.subplots(2, 2)
fig.tight_layout()

titles = ["$y=c_0$",
          "$y=c_1x+c_0$",
          "$y=c_2x^2+c_1x+c_0$",
          "$y=c_3x^3+c_2x^2+c_1x+c_0$"]

xs = np.linspace(-10, 10, 100)
for power, (ax, title) in enumerate(zip(axes.flat, titles), 1):
    coeffs = np.random.uniform(-5, 5, power)
    poly = np.poly1d(coeffs)
    ax.plot(xs, poly(xs))
    ax.set_title(title)
```

把这些方程的一般形式转换为类似于前文的线性方程 $y_1=c_1x+c_0$ 的形式，结果类似于 $y_2=c_2x^2+c_1x+c_0$。注意，$x=x^1$ 以及 $1=x^0$。在这里补充介绍了相关的数学知识，特别是定义了 $0^0=1$。总而言之，可以得出如下结果：

$$y_2=c_2x^2+c_1x^1+c_0x^0=\sum_{i=0}^{2}c_ix^i$$

读者应该知道我们想表达的含义吧。这就是所谓的点积操作！可以通过把公式分解成 x_i 和系数 c_i，然后再使用 np.dot 将它们结合起来，从而将该方程转化为代码。完整的代码如下

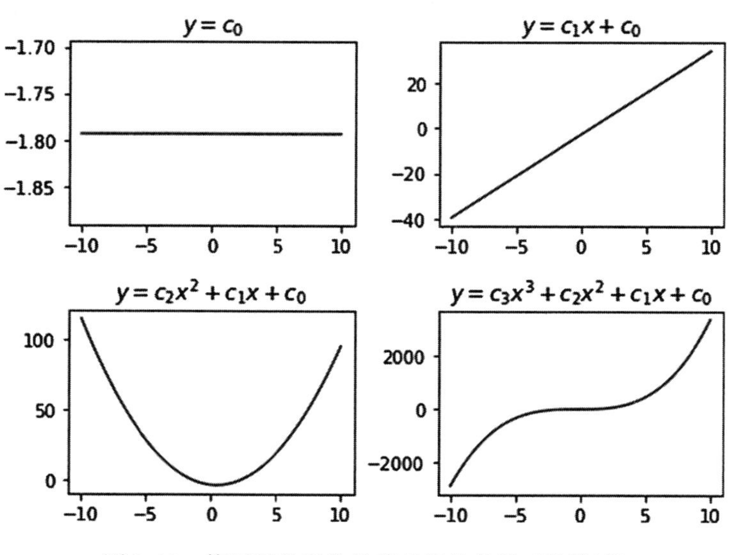

图 2-10 使用随机系数构建有趣的曲线（见彩插）

所示，通过点积运算生成的完美抛物线如图 2-11 所示。

In [34]:

```
plt.Figure((2, 1.5))

xs = np.linspace(-10, 10, 101)
coeffs = np.array([2, 3, 4])
ys = np.dot(coeffs, [xs**2, xs**1, xs**0])

# 通过点积运算实现的完美抛物线
plt.plot(xs, ys);
```

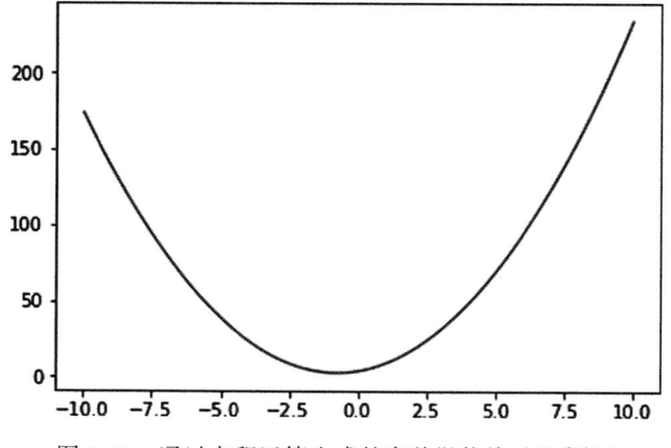

图 2-11 通过点积运算生成的完美抛物线（见彩插）

2.9 NumPy 与“数学无所不在”

由于点积操作是机器学习的基础，并且由于 NumPy 的 np.dot 必须处理 Python 计算中的实际问题，而不是纯粹的柏拉图式的数学理想世界，所以这里想花几分钟的时间来探讨 np.dot，同时帮助读者理解它在一些常见情况下的工作原理。更重要的是，np.dot 存在一个常见的形式，但需要稍做调整才能够使用。接下来让我们说明其原因。

我们曾经讨论过这样一个事实：即 np.dot 将元素对逐一相乘，然后将相乘的结果相加。下面借助一个一维数组举一个最基本的示例。

In [35]:

```
oned_vec = np.arange(5)
print(oned_vec, "-->", oned_vec * oned_vec)
print("self dot:", np.dot(oned_vec, oned_vec))
```

```
[0 1 2 3 4] --> [ 0  1  4  9 16]
self dot: 30
```

结果就是该一维数组中各元素值的平方和。下面是一个使用一行和一列的简单示例。

In [36]:

```
row_vec = np.arange(5).reshape(1, 5)
col_vec = np.arange(0, 50, 10).reshape(5, 1)
```

请注意，row_vec 的形状类似于一个单个实例，col_vec 的形状类似于一个单个特征。

In [37]:

```
print("row vec:", row_vec,
      "col_vec:", col_vec,
      "dot:", np.dot(row_vec, col_vec), sep='\n')
```

```
row vec:
[[0 1 2 3 4]]
col_vec:
[[ 0]
 [10]
 [20]
 [30]
 [40]]
dot:
[[300]]
```

到目前为止，一切都合乎情理。但是如果我们交换其顺序呢？读者可能会期望得到相同的结果：毕竟，在基本算术中，$3\times5=5\times3$。让我们来尝试运行以下代码。

In [38]:

```
out = np.dot(col_vec, row_vec)
print(out)
```

```
[[  0   0   0   0   0]
 [  0  10  20  30  40]
 [  0  20  40  60  80]
 [  0  30  60  90 120]
 [  0  40  80 120 160]]
```

此处发生了什么事情？我们将关注一个输出元素，即第二行中的 20。这个 20 来自哪里呢？好吧，我们从来没有真正定义过输出是如何产生的，只是说该输出在两个一维数组上做一个乘积的和。让我们做进一步的说明。

在输出中选取一个元素，例如 out[1, 2]。这表示第 1 行和第 2 列，如果从零开始计数（数组下标是从 0 开始的索引），那么 out[1, 2] 的值是 20。这个 20 来自哪里呢？它来自将 col_vec 第 1 行的值（10）与 row_vec 第 2 列的值（2）进行点积的结果。这就是 np.dot 的定义。源值分别是 col_vec[1, :]（即 [10]）和 row_vec[:, 2]（即 [2]），把这些值进行乘法运算得到 $10 \times 2 \rightarrow 20$，因为只有一个值，因此不需要额外的求和运算。读者可以对其他项执行类似的计算过程。

从数学上讲，可以使用以下公式表示 $out_{ij} = dot(left_{i,}, right_{,j})$，其中 dot 是一维数组元素的“乘积之和”的简便记号。所以，输出行 i 的值来自左输入的第 i 行，输出列 j 的值来自右输入的第 j 列。每行每列进行这样的运算，结果为一个 5×5 数组。

如果将相同的逻辑应用于行 - 列的情况，结果如下所示。

In [39]:

```
out = np.dot(row_vec, col_vec)
out
```

Out[39]:

```
array([[300]])
```

结果是 1×1，所以 out[0, 0] 来自于 row_vec 的第 0 行和 col_vec 的第 0 列。也就是是 [0, 1, 2, 3, 4] 和 [0, 10, 20, 30, 40] 的乘积之和，结果为 $0*0+1*10+2*20+3*30+4*40$。完美！

一维数组与二维数组

然而，当我们混合使用一维数组和二维数组作为输入数据时，事情会变得更加混乱，因为输入数组并不是按照表面值进行计算的。这会产生两个重要的后果：（1）一维数组和二维数组相乘的次序问题；（2）必须研究 np.dot 处理一维数组所遵循的规则。

In [40]:

```
col_vec = np.arange(0, 50, 10).reshape(5, 1)
row_vec = np.arange(0, 5).reshape(1, 5)

oned_vec = np.arange(5)

np.dot(oned_vec, col_vec)
```

Out[40]:

```
array([300])
```

如果我们交换顺序，那么 Python 会给出一个如下的错误结果。

In [41]:

```
try:
    np.dot(col_vec, oned_vec) # *出错啦! *
except ValueError as e:
    print("I went boom:", e)
```

```
I went boom: shapes (5,1) and (5,) not aligned: 1 (dim 1) != 5 (dim 0)
```

因此，np.dot(oned_vec, col_vec) 结果正常，而 np.dot(col_vec, oned_vec) 结果错误。这究竟是为什么呢？如果仔细观察造成错误结果的两个输入数组的形状，我们就能发现问题的根源所在。

In [42]:

```
print(oned_vec.shape,
      col_vec.shape, sep="\n")
```

```
(5,)
(5, 1)
```

读者可以尝试以下练习：创建一个一维的 numpy 数组，并使用该数组的属性 .shape 来查看它的形状。然后使用该数组的方法 .T 实现转置，再查看转置后数组的形状。花点时间思考一下 NumPy 世界的奥秘。现在使用一个二维数组进行重复尝试，其结果可能不完全是读者所期望的。

np.dot 特别强调执行点积操作的输入数据形状的对齐方式。让我们仔细观察有关行的案例。

In [43]:

```
print(np.dot(row_vec, oned_vec))
try: print(np.dot(oned_vec, row_vec))
except: print("boom")
```

```
[30]
boom
```

表 2-7 是我们对点积操作观察结果的一个总结。

表 2-7　点积操作输入数据的各种形式和结果

点积形式	左输入	右输入	是否成功
np.dot(oned_vec, col_vec)	(5,)	(5, 1)	成功
np.dot(col_vec, oned_vec)	(5, 1)	(5,)	失败
np.dot(row_vec, oned_vec)	(1, 5)	(5,)	成功
np.dot(oned_vec, row_vec)	(5,)	(1, 5)	失败

对于实际的工作情况，如果强制改变一维数组形状后，我们可以观察所产生的结果。

In [44]:

```
print(np.allclose(np.dot(oned_vec.reshape(1, 5), col_vec),
                  np.dot(oned_vec,                col_vec)),
      np.allclose(np.dot(row_vec, oned_vec.reshape(5, 1)),
                  np.dot(row_vec, oned_vec)))
```

True True

对于正确的情况，一维数组被有效地提升为以下形状：如果位于左侧，则提升为(1, 5)；如果位于右侧，则提升为(5, 1)。原则上，一维数组提升为在np.dot中显示的一侧需要的维度。注意，这种提升并没有采用NumPy的“在两个输入之间的完整的、通用的广播机制”，这更像是一个特例。在NumPy中，无论是广播a对b还是广播b对a，相互广播两个数组将产生相同的形状。即便如此，读者也可以通过广播和乘法操作来模拟np.dot(col_vec，row_vec)。如果执行广播和乘法操作，那么结果会得到一个“大数组”：它被称为外积（outer product）。

基于上述所有的讨论，为什么要了解这些原理呢？其原因如下。

In [45]:

```
D = np.array([[1, 3],
              [2, 5],
              [2, 7],
              [3, 2]])
weights = np.array([1.5, 2.5])
```

以下结果正确。

In [46]:

```
np.dot(D,w)
```

Out[46]:

```
array([ -7.5, -12. , -18. ,  -1.5])
```

以下结果错误。

In [47]:

```
try:
    np.dot(w,D)
except ValueError:
    print("BOOM.  :sadface:")
```

BOOM. :sadface:

有时候，我们只希望代码看起来就如数学公式一般：

$$y=wD$$

如果我们不喜欢所提供的接口，那么该怎么办呢？如果我们愿意（1）维护、（2）支持、（3）编写文档、（4）测试一个替代方案，那么可以创建一个我们喜欢的接口。通常人们只考虑实施步骤。这是一个代价高昂的错误。

下面是 dot 的一个版本，它可以很好地使用一维数组输入作为第一个参数，并且其形状被调整为一列。

In [48]:

```
def rdot(arr,brr):
    'np.dot的反向参数版本'
    return np.dot(brr,arr)
rdot(w, D)
```

Out[48]:

```
array([ -7.5, -12. , -18. ,  -1.5])
```

读者可能会抱怨，我们是通过扭曲方法使代码保持与数学上的一致性。这很公平。即使是在数学教科书中，人们也会做各种奇怪的转换操作来实现这一点：w 可能会被转置。在 NumPy 中，如果操作对象是二维数组，那么没有任何问题。不幸的是，如果操作对象只是一个一维 NumPy 数组，那么就无法进行转置。读者可以自己尝试！另一个数学方面常用的转换操作是转置数据，也就是说，这种方法使得每一个特征位于一行。是的，这是事实，很抱歉告诉读者这个结论。当希望程序代码与数学意义保持一致时，将只使用 rdot，rdot 表示“np.dot 的反向参数”的缩写。

点积在机器学习系统的数学操作中无处不在。由于我们专注于通过 Python 程序来研究学习系统，因此掌握以下两点非常重要：（1）了解 np.dot 的工作原理；（2）了解使用它的方便而又一致的形式。我们将在线性回归和逻辑回归的讨论资料中使用 rdot。而且 rdot 还将在其他一些技术中发挥作用。最后需要说明的是，点积是展示各种机器学习算法相似性的基础。

2.10 浮点数问题

以下示例可能会让读者脾气暴躁，请做好准备。

In [49]:

```
1.1 + 2.2  == 3.3
```

Out[49]:

```
False
```

这段代码中究竟发生了什么？问题是浮点数和我们的期望值不一样。在上面的 Python 代码中，所有值都是 float。

In [50]:

```
type(1.1), type(2.2), type(1.1+2.2), type(3.3)
```

Out[50]:

```
(float, float, float, float)
```

float 是 floating-point number（浮点数）的缩写，float 通常是十进制值在计算机上的表示方式。当在程序中使用浮点数时，经常会想到两种不同类型的数值：（1）简单的十进制值，例如 2.5；（2）复杂的实数，例如 π，π 是无限不循环数，尽管我们可能会使用它的近似值，例如 3.14。当我们从对这些数字的思考转到计算机的数值处理机制时，这两种情况都会变得复杂。

存在以下一些事实。

（1）计算机内存是有限的。无法为任何数值存储无限个数字。

（2）一些我们感兴趣的数值有无穷多个小数位数（例如，1/9 和 π）。

（3）计算机采用二进制位的形式存储所有的信息，即以 2 为基数的数值，或者说二进制数值。

（4）当使用十进制和二进制表示无限位数时，其结果存在差异。

由于以上第（1）点和第（2）点的原因，我们必须存储近似值。数据可以接近，但永远不能精确。因为以上第（3）点和第（4）点的原因，当我们将一个看似一般的十进制数（例如 3.3）转换为二进制数时，结果可能会变得更加复杂，因为结果可能有重复的数字，例如十进制表示法中的 1/9。基于上述原因，我们无法精确地比较两个浮点数的大小。

那么，应该如何处理这种情况呢？我们可以比较值是否足够接近。

In [51]:

```
np.allclose(1.1 + 2.2, 3.3)
```

Out[51]:

```
True
```

在这里，NumPy 判断两个数值是否相等的方法是：检测两个数值是否在许多小数位上的数字都相同，如果要检测的小数位数多到两个数值差异并不显著时，则认为这两个数值是相等的。当然，如果有必要，我们可以定义自己的容差来判断差异是否显著。

2.11 本章参考阅读资料

2.11.1 本章小结

在本章中，我们讨论了很多数学知识，从而为学习机器学习奠定了基础。在很多情况下，并不会深入机器学习算法的数学细节。然而，当谈论这些算法时，通常会在描述中使用概率、几何以及点积等数学知识。希望读者现在对这些术语和符号的含义有更好的理解，尤其是在以前没有人花时间向读者具体解释这些术语的前提下。

2.11.2　章节注释

虽然我们采用直观的方法来描述概念分布，但概念分布都有具体的数学形式，可以扩展到多个维度。离散均匀分布的数学公式如下所示：

$$f(x)=\frac{1}{k}$$

其中，k 是可能的基本事件数，例如，对于一个典型的投掷骰子行为，存在 6 个基本事件，而投掷一枚硬币则有 2 个基本事件。正态分布的方程式为：

$$f(x)=\frac{1}{v_m\,\text{spread}}e^{-\frac{1}{2}\left(\frac{x-\text{center}}{\text{spread}}\right)^2}$$

其中，e 的负指数幂可以用来表示离开中心位置快速下降的现象。v_m（一个神奇的值）用于确保所有的概率之和为 1（和所有其他好的分布一样）：$v_m=\sqrt{2\pi}$，但这并不是本书涉及的知识点。中心度量（center）和离散长度（spread）通常被称为平均值（mean）和标准差（standard deviation），分别使用小写希腊字母 μ 和 σ 表示。正态分布在统计学中随处可见：误差函数、二项式近似（我们曾用来生成正态形状）和中心极限定理。

Python 使用基于 0 的索引，而数学家通常使用基于 1 的索引。这是因为数学家一般都在数东西，而计算机科学家历来都很关心偏移量：从起点开始，需要前进多少步才能得到所需要的东西？如果在一个列表或者数组的开头，必须采取零步来获得第一个数据项：也就是说，当位于起点时，就意味着已经在那里了。著名的计算机科学家埃德斯格·迪克斯特拉（Edsger Dijkstra），曾经撰写了一篇题为“为什么编号应该从零开始”的文章，如果读者感兴趣的话，可以去阅读这篇文章。

在数学表示法中，遵循经典的 Python：将 () 和 [] 都用来表示有序的事物；将 {} 用来表示无序的事物，例如，想象一下把所有东西放在一个大的背包里，然后再把这些东西一一拿出来。存放在背包中的东西是无序的。在一个相对较新的变化中，Python 3.7 中的 Python 字典目前具有一些排序保证。所以，严格地说，在升级到最新的 Python 之后，我们使用花括号表示数学意义上的集合（set）。

“一定存在更好的办法！——尤其是在 Python 社区中”。这句话归功于 Raymond Hettinger（Python 核心开发者之一）。他关于 Python 的演讲具有传奇色彩：读者可以在 YouTube 上找到他的演讲，并从中了解到 Python 的一些新知识。

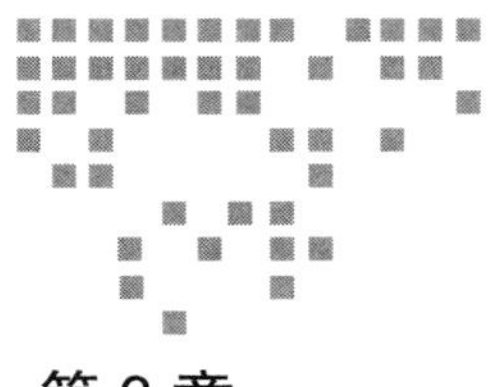

Chapter 3 第3章

预测类别：分类入门

In [1]:

```
# 环境设置
from mlwpy import *
%matplotlib inline
```

3.1 分类任务

前文已经完成了部分基础工作，接下来让我们把注意力转向主要的方面：构建和评估学习系统。首先从分类开始，我们需要数据。如果数据的样本不够，那么需要制定一些有关准确率的评估标准。这些都是前期的准备工作。

首先明确一些术语。如果输出中只有两个目标类别，那么可以把学习任务称为二元分类（binary classification）。可以认为目标是 {Yes，No}、{Red，Black} 或者 {True，False}。通常，二元分类问题可以表述为 {+1，−1} 或者 {0，1}。计算机科学家倾向于把 {True，False} 编码为 {0，1} 作为输出值。实际上，使用 {+1，−1} 或者 {0，1} 都是基于数学上的便利，它对结果没有任何影响（如果读者在阅读不同数学文献时注意力不集中，那么这两种编码可能会让读者伤脑筋。也许读者会在博客文章中看到其中一种编码，而在另一篇文章中看到另一种编码，结果根本没法把这些编码方式统一起来。本书将会指出这些编码的不同之处）。如果有两个以上的目标类别，那么称之为多元分类问题（multiclass problem）。

有一些分类器试图以一种直接的方式来对输出做出决策。直接方法使我们在所发现的关系中具有极大的灵活性，这种灵活性意味着我们不会被某些假设所束缚，而这些假设可能会引导我们做出更好的决策。这些假设类似于将犯罪嫌疑人局限于犯罪地点附近的人。当然，我们可以从没有任何假设开始，对于发生在美国纳什维尔（Nashville）的犯罪事件，可以考虑嫌疑人来自伦敦、东京或者纽约。但是，如果再加上嫌疑人在田纳西州（Tennessee）的假设，那么这种确定嫌疑人范围的方法将更加靠谱一些。

其他分类器将决策分为两个步骤：（1）建立一个评估分类结果概率的模型；（2）选择概率最大的结果。有时我们更倾向于第二种方法，因为我们更加关心预测的等级。例如，我们可能想知道某人生病的概率有多大。也就是说，想知道某个人有 90% 的概率会生病，而不是一个更一般性的估计。“是的，我们认为他生病了。”当预测的实际成本很高时，这种决策就变得非常重要了。当预测的成本很重要时，可以将事件发生的概率与这些事件的成本结合起来，并建立一个决策模型来选择一个现实世界中的行为，以此来平衡这些（可能是相互竞争的）需求。接下来我们将为每种分类器提供一个示例并加以讨论：最近邻分类器直接输出类别，而朴素贝叶斯分类器则输出一个估计的概率。

3.2 一个简单的分类数据集

iris 数据集包含在 sklearn 中，该数据集在机器学习和统计方面有着悠久而丰富的历史。该数据集有时被称为费希尔的鸢尾属植物数据集（Fisher's Iris Dataset），因为 20 世纪中期的统计学家罗纳德·费希尔爵士（Sir Ronald Fisher）最早将其作为样本数据用在一篇学术论文中进行发表，这篇论文涉及我们现在所讨论的分类。令人不解的是，虽然负责收集数据的是埃德加·安德森（Edgar Anderson），但他的名字与该数据集关联的频率却没有那么高。撇开历史不谈，鸢尾属植物数据集 iris 究竟是什么呢？该数据集每一行描述一朵鸢尾花的属性，包括每朵鸢尾花的花萼片和花瓣的长度与宽度（图 3-1）。读者可能想了解究竟为什么选择这几个属性。其原因是这四个属性代表了这种观赏性花卉的主要特征。所以，我们为每个鸢尾花提供四个测量值。每个测量值都是该鸢尾花一个外观的长度。最后一列是分类目标，判断鸢尾花属于以下三类中的其中一种：setosa（山鸢尾花）、versicolor（杂色鸢尾花）和 virginica（弗吉尼亚鸢尾花）。

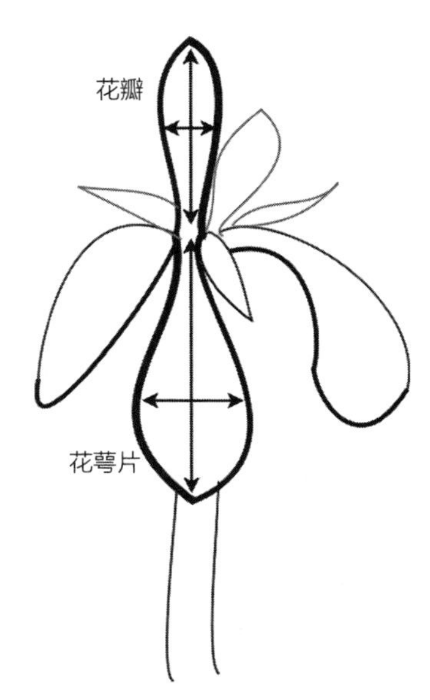

图 3-1 鸢尾花及其各部位名称（见彩插）

接下来我们将加载鸢尾属植物数据集 iris，并以表格的形式（表 3-1）快速查看其中几行数据，然后查看该数据集的一些可视化视图（图 3-2）。

In [2]:

```
iris = datasets.load_iris()

iris_df = pd.DataFrame(iris.data,
                       columns=iris.feature_names)
iris_df['target'] = iris.target
display(pd.concat([iris_df.head(3),
                   iris_df.tail(3)]))
```

表 3-1 鸢尾属植物数据集中的部分内容

	sepal length（cm）	sepal width（cm）	petal length（cm）	petal width（cm）	target（cm）
0	5.1000	3.5000	1.4000	0.2000	0
1	4.9000	3.0000	1.4000	0.2000	0
2	4.7000	3.2000	1.3000	0.2000	0
147	6.5000	3.0000	5.2000	2.0000	2
148	6.2000	3.4000	5.4000	2.3000	2
149	5.9000	3.0000	5.1000	1.8000	2

In [3]:

```
sns.pairplot(iris_df, hue='target', size=1.5);
```

sns.pairplot 为我们提供了一个完美的图形画板。从左上角到右下角的对角线上，显示了不同类型鸢尾花的频率直方图（不同类型的鸢尾花以不同的颜色显示）。非对角线（对角线以外）上的子图显示了所有特征对的散点图。读者可能会注意到，这些特征对重复了两次，一次在对角线上方，一次在对角线的下方，但每个特征对的散点图是其对角线另一侧对应的散点图的坐标轴翻转图。例如，在右下角附近，显示了花瓣宽度与分类目标的散点图，而在对角线的另一侧，则显示了分类目标与花瓣宽度的散点图。当我们翻转坐标轴时，显示结果将从上 - 下方向调整到左 - 右方向。

在其中的几个子图中，蓝色组（分类目标 0）与其他两组存在明显的区别。请问蓝色组属于哪一种鸢尾花呢?

In [4]:

```
print('targets: {}'.format(iris.target_names),
      iris.target_names[0], sep="\n")
```

```
targets: ['setosa' 'versicolor' 'virginica']
setosa
```

因此，看起来很容易将 setosa（山鸢尾花）与其他两类鸢尾花区分开来，而 versicolor

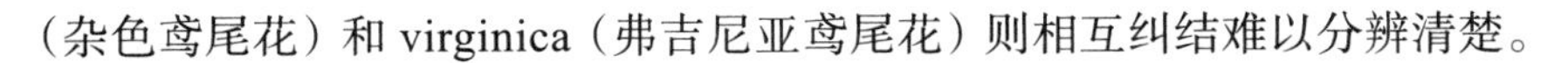

（杂色鸢尾花）和 virginica（弗吉尼亚鸢尾花）则相互纠结难以分辨清楚。

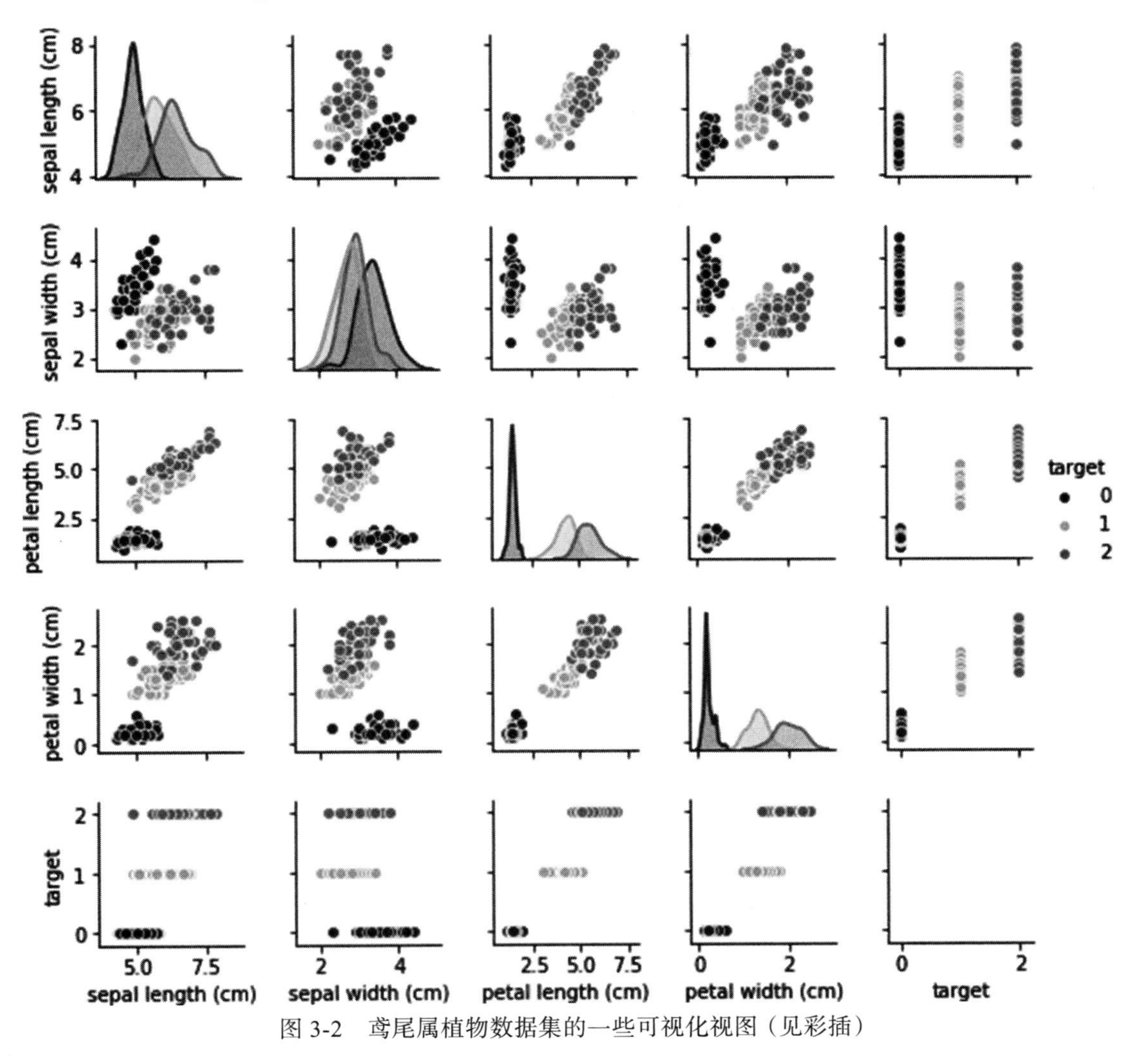

图 3-2　鸢尾属植物数据集的一些可视化视图（见彩插）

3.3　训练和测试：请勿应试教育

接下来我们将把注意力转向如何使用数据。假设教师正在给学生上课（图 3-3）。假设这是一堂机器学习的课程。学生选修一门课程的时候，除了想要一个好成绩，还希望能够把所学的知识运用到现实世界中。课程的成绩是衡量我们在现实世界中表现的一个替代指标。好吧，此时我能想象到读者暴躁的表情，读者可能会说：使用分数可能无法很好地评估我们在现实世界中的表现。但事实的确如此。我们一定要努力取得好成绩，好的成绩就意味着当我们走出去面对现实时，我们会表现得很好。

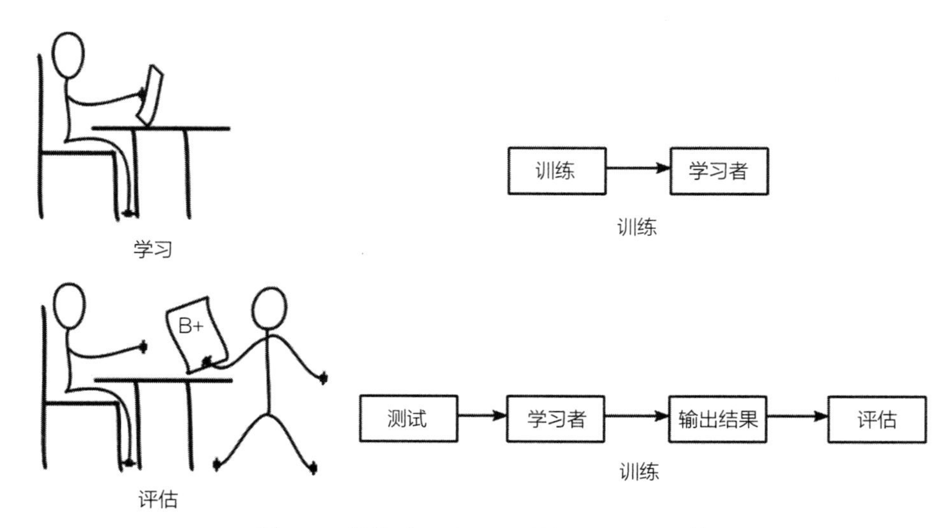

图 3-3 学校学习流程：训练、测试和评估

因此，现在让我们回到课堂。评价学生的一种常见方法是教给他们一些知识，然后针对这些知识对学生进行测试。读者可能熟知一个词：应试教育。通常认为“应试教育”是贬义的。为什么呢？因为，如果教学是为了应付考试，那么学生们在考试中回答考试问题会比回答其他一些以前从未见过的新问题要更好。学生们知道测试问题的具体答案，但他们并没有掌握如何回答将来新出现的问题所需的一般知识和技术。再次强调，请牢记我们的目标：我们希望在现实世界中很好地运用所学到的知识。在机器学习的场景中，我们希望在未知的样例上表现良好。在未知样例上的表现称为泛化（generalization）。如果在已知的数据上测试自己，那么将会过高评估自己对新数据的处理能力。

教师们更倾向于使用新颖的问题对学生进行评估。为什么呢？因为教师们关心的是学生们解决未知的新问题的能力。如果学生们在一个特定的问题上进行实践，并验证了其答案的正确性，那么我们希望学生们所获得的新知识点是可以用于解决其他问题的一般知识。如果想要评估学生们在新问题上的表现，就必须对他们在新问题上的表现进行评估。读者是否意识到陈旧的考试学习方式的不足之处呢？

这里暂时不展开讨论太多任务的细节。不过，还必须讨论其中一个复杂的问题。许多机器学习的教程都是从采用一个“应试教育”的评估方案开始的，这种评估方案被称为样本评估（in-sample evaluation）或者训练误差（training error）。这种评估方案也有它们的用途。然而，在机器学习系统中，避免采用“应试教育”是一个非常重要的概念，因此本书将不采用从误差的角度出发的方案！我们肯定不能为图省事而选择不费力的途径或者方法。我们将直接进行真实的评估，即样本外（out-of-sample）或者测试误差（test error）评估。我们可以使用这些评估对模型是否可以泛化到未知的新样例进行能力估计。

幸运的是，sklearn为我们提供了必要的支持。使用sklearn提供的一个工具，可以避免“应试教育”的评估方案。train_test_split函数可以对保存在Python变量iris中的数据集进行分段。请记住，这个数据集已经包含了两个组件：特征（feature）值和目标（target）值。数据分段的结果是把数据分成两个由若干样例所组成的数据桶。

（1）一部分数据（数据桶1）将用于学习并建立学习理解模型。

（2）另一部分数据（数据桶2）则将用于测试。

我们只会针对训练数据（位于数据桶1）来实施学习任务。为了评估的准确性，只使用测试数据（位于数据桶2）来评估模型。我们保证不会偷看测试数据。首先将数据集分为两个部分：特性值和目标值。然后，再分别将特征值和目标值各自分成如下两个部分。

（1）特征→训练特征值和测试特征值。

（2）目标→训练目标值和测试目标值。

稍后将展开讨论train_test_split函数的有关说明。该函数的基本调用格式如下所示。

In [5]:

```
# 简单的训练-测试数据拆分
(iris_train_ftrs, iris_test_ftrs,
 iris_train_tgt,  iris_test_tgt) = skms.train_test_split(iris.data,
                                                          iris.target,
                                                          test_size=.25)
print("Train features shape:", iris_train_ftrs.shape)
print("Test features shape:",  iris_test_ftrs.shape)
```

```
Train features shape: (112, 4)
Test features shape: (38, 4)
```

因此，训练数据包含由四个特征所描述的112个样例。测试数据包含同样由四个特征所描述的38个样例。

如果读者对这两个数据拆分感到困惑，请查看图3-4。假设在一张总数据表周围画了一个方框。首先确定了一个特殊的列，并把这个特殊的列放在右边。然后再画一条垂直线，将最右边的列与其余数据分开。这条垂直线是预测特征和目标特征之间的分界线。现在，在方框的某个地方，再画一条水平线，大概位于靠近底部方向的四分之三位置。

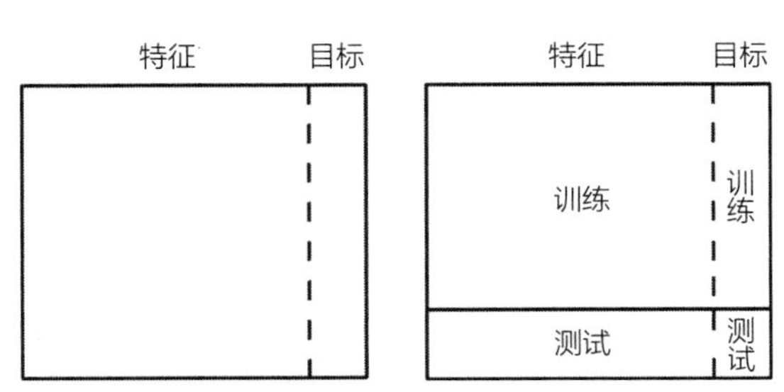

图3-4 将特征及目标置于表格中的训练和测试

水平线上方的区域表示用于训练的部分数据。水平线下方的区域则是测试数据。垂直线呢？最右侧的那个特殊列是目标特征。在某些学习场景中，可能会有多个目标特征，但这些情况并不违背我们的讨论。通常，需要相对更多的数据来学习模型，使用相对较少的数据来评估模型，因此训练数据可能会占总数据的 50% 以上，测试数据可能会占总数据的不到 50%。通常，会将数据随机分为训练数据和测试数据这两个部分：读者可以想象一下，将这些样例像一副牌一样进行洗牌，并将位于顶部的数据用于训练，位于底部的数据用于测试。

表 3-2 列出了这些数据段以及这些数据段与 iris 数据集的关系。注意，表中的内容使用了一些英语短语（第 3 列）和缩写（第 2 列）来描述。本书将尽可能地使这些术语保持一致。当读者从阅读教科书 A 到阅读博客 B，或者从阅读文章 C 到阅读谈话 D 时，可能会发现这些术语的使用并不一致。但这并不是世界末日，读者大可不必悲观绝望，这些术语通常非常相似。不过，当读者开始关注机器学习的前沿和最新论述时，一定要花点时间来明确自己的研究方向和研究内容。

表 3-2 Python 变量和 iris 相关数据的关系

iris Python 变量名	符号	描述
`iris`	D_{all}	总数据集
`iris.data`	D_{ftrs}	训练特征值和测试特征值
`iris.target`	D_{tgt}	训练目标值和测试目标值
`iris_train_ftrs`	D_{train}	训练特征值
`iris_test_ftrs`	D_{test}	测试特征值
`iris_train_tgt`	$D_{\mathrm{train}_{\mathrm{tgt}}}$	训练目标值
`iris_test_tgt`	$D_{\mathrm{test}_{\mathrm{tgt}}}$	测试目标值

在表 3-2 中，需要特别注意的一个小问题是，iris.data 包含所有的输入特征值。但这只是 scikit-learn 库中使用的术语。不幸的是，Python 变量名 data 有点类似于数学符号 x：它们都是泛型标识符。data 作为一个名称，几乎可以引用任何信息体。所以，虽然 scikit-learn 在 iris.data 中使用了单词 data 的特定含义，但本书将使用更具体的指示符 D_{ftrs} 来表示整个数据集的特征值。

3.4 评估：考试评分

前文已经讨论了如何设计评估方案：千万不要采用“应试教育”的评估方案。所以，我们使用一组问题进行训练，然后使用另一组问题进行评估。如何计算考试成绩的等级或者分数呢？这里仅采用最简单的方法（稍后将深入讨论这个问题），就是询问：“答案正确吗？”如果答案是 true，并且预测是 true，那么就得到 1 分！如果答案是 false，但预测是 true，那么就不得分。每一个正确答案都算作 1 分。每一个错误的答案都算作 0 分。每道题的得分要么是 1 分要么是 0 分。最后，需要计算正确答案的百分比，所以把得到的分数累加起来，除以问题的数量即可。这种类型的评估称为准确率（accuracy），其计算公式为 #correct answers/#questions，即“回答正确的题数 / 问题的总数”。这与一个单项选择题考试中的得分十分类似。

接下来编写一段程序代码来实现上述思想。假设有一个简单的考试，包括 4 道判断题。假设一个学生两眼一抹黑，因此他在绝望中，统一使用 True 作为答案来回答每一个问题。该考试场景如下所示。

In [6]:

```
answer_key      = np.array([True, True, False, True])
student_answers = np.array([True, True, True, True]) # 绝望学生的答案!
```

我们可以通过以下三个步骤来手动计算准确率。

（1）对每个答案进行评分，判断是否正确。

（2）把正确答案的数量累加起来。

（3）计算百分比。

In [7]:

```
correct = answer_key == student_answers
num_correct = correct.sum() # True == 1, 累加起来
print("manual accuracy:", num_correct / len(answer_key))
```

```
manual accuracy: 0.75
```

在幕后，sklearn 的 metrics.accuracy_score 执行了以下等价的一个计算。

In [8]:

```
print("sklearn accuracy:",
      metrics.accuracy_score(answer_key,
                             student_answers))
```

```
sklearn accuracy: 0.75
```

到目前为止，我们在评估中引入了两个关键组件。首先，确定了学习的材料和测试的材料。其次，决定了一种考试评分的方法。接下来我们准备介绍第一种机器学习方法，讨论如何进行训练、测试和评估。

3.5　简单分类器 #1：最近邻分类器、远距离关系和假设

从一个标记的数据集进行预测的一个简单方法如下所示：

（1）找出一个描述两个不同样例之间相似性的方法。

（2）当需要对一个新的未知样例进行预测时，只需从最相似的已知样例中取值。

简而言之，上述过程就是最近邻算法（nearest-neighbors algorithm）。举个生活中的例子吧。我有三个朋友：马克、巴布和伊桑。我知道这三位朋友分别最喜欢吃哪种零食。我还有一位新朋友名叫安迪，他和马克最相像。马克最喜欢的零食是奇多。因此，我猜想安迪最喜欢的零食和马克的一样，也是奇多。

可以采用很多方法修改这个基本模板。我们可以考虑的不仅仅是单个最相似的样例。

（1）描述多对样例之间的相似性。

（2）挑选几个最相似的样例。

（3）将这些选择组合起来得到一个答案。

3.5.1 定义相似性

我们完全可以精确地定义相似（similar）的含义。可以通过计算两个样例之间的距离（distance）来定义其相似性（similarity）：similarity=distance（样例 1，样例 2）。然后，可以使用计算距离的方式对相似性的概念进行编码：相似的东西相距较近，不同的东西相隔较远。

接下来将讨论计算一对样例相似性的三种方法。第一种方法，欧几里得距离（Euclidean distance），这可以回溯到高中几何或者三角学。我们把这两个样例看作空间中的两个点，连接这两个点构成一条直线。这条直线是一个直角三角形的斜边，根据毕达哥拉斯定理（即勾股定理），使用直角三角形的两条直角边可以计算斜边的长度（两个点之间的距离）（图 3-5）。读者可能还会记得公式 $c^2 = a^2 + b^2$ 或者 $c = \sqrt{a^2 + b^2}$ 。读者是不是感觉这个计算公式非常麻烦呢？别担心，我们不必手动计算，只需要指示 scikit-learn“执行某种操作”即可。现在，读者可能会担心下一个样例的计算方法会不会更难。好吧，坦白地讲，的确会更难。闵可夫斯基距离（Minkowski distance）将指引我们通向爱因斯坦和他的相对论，但我们要避开那个黑洞。

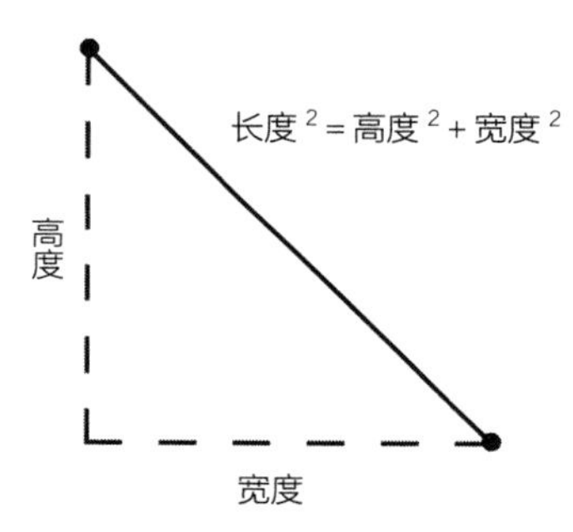

图 3-5 两个点之间的距离

取而代之的是，当样例由简单的 Yes、No 或者 True、False 特征组成时，那么可以采用另一种计算相似性的方法。使用布尔数据，可以通过计算特征差异的数量来很好地比较两个样例。这个简单的思想非常有效，而且还有一个专用名字：汉明（Hamming）距离。读者可能发现这是准确率度量的一个“近亲”（也许是一个“兄妹”，或者是“双胞胎”）。准确率度量是正确结果所占的百分比（也就是与目标值相同的预测值的数量所占的百分比），即 $\frac{正确数}{总数}$ 。汉明距离是差异的数量。其实际含义是：当两组答案完全一致时，那么准确率高，是 100%；当两组特征值完全相同时，那么它们之间的相似距离较小，是 0。

读者有可能已经注意到，这些相似性的概念都具有各自的名称：欧几里得（Euclidean）距离、闵可夫斯基（Minkowski）距离、汉明（Hamming）距离。这些都属于著名的数学距离的模板。除了与数学距离的名称相同之外，这些相似性的概念还共同享用“距离（distance）”这个词，这是因为这些距离都遵守构成距离的数学规则。这些相似性的概念也被数学家称为距离测度（distance metric），或者非正式地称为距离度量（distance measure）。这些数学术语有时会在日常交谈和文档中出现。sklearn 中包含的距离计算函数列表包含在 neighbors.DistanceMetric 的文档中，该文档中定义了大约 20 个距离测度函数。

3.5.2　*k* – 最近邻中的 *k*

因为各类事情都存在着多种选择，这无疑使我们的生活变得复杂。在费心选择如何度量局部邻居关系之后，我们必须决定如何将邻居间的不同意见组合起来。我们可以把这看作决定谁有权投票，以及如何将这些投票组合起来。

我们可以考虑一些近邻，而不是只考虑最近邻。从概念上讲，扩大近邻区域可以带来更宽广的视角。从技术的角度来看，一个扩展的近邻区域可以保护我们免受数据中的噪声的影响（稍后我们将详细讨论这个问题）。常用的邻居数量为 1、3、10 或者 20。顺便说一下，这项技术的一个常用名称（我们将在本书中使用的缩写）是 *k*-NN，表示"*k* – 最近邻（*k*-Nearest Neighbors）"。如果我们讨论的是 *k* – 最近邻分类，并且需要进一步澄清的话，那么我们会在后面加上一个字母 C，即 *k*-NN-C（*k* – 最近邻分类器）。

3.5.3　答案组合

我们还有最后一个问题需要解决。我们必须决定如何组合来自相似近邻的已知值（投票）。如果有一个动物分类的问题，并且四个最近的邻居可能会投票为猫、猫、狗和斑马，那么应该如何输出测试样例的结果呢？很显然，选择投票最多的结果（猫），将是一个合理的方法。

在一个非常有趣的变体中，我们可以在回归问题中使用完全相同的基于邻域的技术，从而预测一个数值数据。唯一要改变的就是如何把邻居的目标值组合起来。如果最近的三个邻居给出的结果分别为数值 3.1、2.2 和 7.1，那么应该如何将这三个值组合起来呢？虽然可以使用任何想要的统计数据，然而均值（mean）和中位数（median）是两个常见并且有用的选择。我们将在下一章讨论使用 *k* – 最近邻进行回归分析。

3.5.4　*k* – 最近邻、参数和非参数方法

由于 *k* – 最近邻是我们讨论的第一个模型，将它与其他方法进行比较有点困难，因此将比较放在后续章节中进行。现在可以深入讨论一个主要的差异。希望这能引起读者的注意。

回想一下，学习模型类似于一台侧面有旋钮和控制杆的机器。与许多其他模型不同的是，*k* – 最近邻方法输出的预测不能根据一个输入样例和一组小的固定可调旋钮的值来计算。我们需要所有的训练数据来计算输出值。为什么呢？想象一下，我们仅仅舍弃一个训练样例。该样例很可能是一个新的测试样例的最近邻。很显然，缺少这个训练样例会影响输出结果。还有其他的机器学习方法也有类似的要求。另外，也存在其他一些机器学习算法，在测试时只需要一部分（而不是全部）的训练数据。

现在，读者可能会认为，对于固定数量的训练数据，可能有固定数量的旋钮。例如，如果有 100 个样例，每个样例有 1 个旋钮，那么结果就有 100 个旋钮。这也是合乎情理的。但如果再增加一个样例呢？现在需要 101 个旋钮，这将是一个不同的机器。在这个意义上，*k* – 最近邻机器上旋钮的数量取决于训练数据中的样例数。我们有一个更好的方法来描述这种依赖性。工厂的机器有一个侧托盘，我们可以通过侧托盘来输入额外的信息。可以将训练数据视为这些附加信息。无论选择什么，如果需要越来越多的旋钮或者侧输入托盘，那么我们称这种机器是非参数型的（nonparametric）。*k* – 最近邻就是一种非参数型的机器学习方法。

已经证明，非参数型学习方法可以有参数。为什么说非参数型学习方法可以有参数呢？当我们调用非参数型学习方法时，这意味着使用这种方法，不能仅使用固定数量的参数来捕获特征与目标之间的关系。对于统计学家来说，这个概念与参数型统计方法和非参数型统计方法的概念有关：非参数型统计方法假设输入的数据比较少。然而，请记住，我们并没有对黑匣子工厂机器与现实的关系做出任何假设。对于参数模型，首先对模型的形式进行假设，然后通过设置参数来选择一个特定的模型。这对应两个问题：机器上有哪些旋钮？这些旋钮可以设置什么值？我们不会使用类似于 *k* – 最近邻的方法来做出假设。然而，*k* – 最近邻确实可以做出假设并且依赖于假设。最重要的假设是，相似性计算与我们想要捕获的实际样例的相似性有关。

3.5.5 建立一个 *k* – 最近邻分类模型

k – 最近邻分类器是我们所讨论的模型的第一个示例。请记住，有监督机器学习模型是一种能够捕捉特征和目标之间关系的模型。接下来需要讨论一些有关模型的概念，因此先提供一些上下文背景知识。下面是我们将依次讨论的流程。

（1）使用 3-NN（3 – 最近邻）作为我们的模型。

（2）使用 3 – 最近邻模型能够捕捉鸢尾花训练特征值和鸢尾花训练目标值之间的关系。

（3）对于之前未使用的测试样例，使用 3 – 最近邻模型来预测目标值。

（4）最后，通过将预测值与实际值进行比较，使用准确率度量来评估这些预测的质量。我们没有偷看这些已知答案，但可以使用这些已知答案作为测试的答案。

上述信息流的流程图如图 3-6 所示。

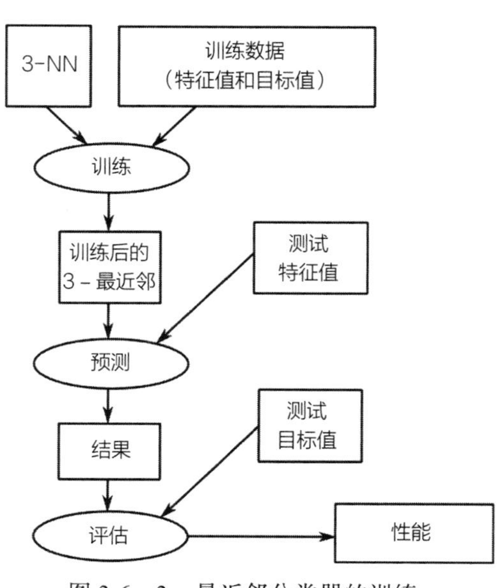

图 3-6 3 – 最近邻分类器的训练、测试和评估流程

顺便提及一下，在sklearn的文档中，预估器（estimator，或称为估计器）用于拟合（fit）一些数据，然后用于预测一些数据。如果把数据拆分为训练集和测试集，那么可以使用训练集拟合预估器，然后使用拟合后的预估器对测试数据进行预测。因此，整个流程如下所示。

（1）创建一个3–最近邻分类器。

（2）根据训练集拟合模型。

（3）使用该模型对测试数据进行预测。

（4）使用准确率度量评估这些预测结果。

In [9]:

```
# 默认n_neighbors = 5
knn   = neighbors.KNeighborsClassifier(n_neighbors=3)
fit   = knn.fit(iris_train_ftrs, iris_train_tgt)
preds = fit.predict(iris_test_ftrs)

# 基于保留的测试目标，评估模型的预测结果
print("3NN accuracy:",
      metrics.accuracy_score(iris_test_tgt, preds))
```

```
3NN accuracy: 1.0
```

预测准确率居然是100%。这种机器学习似乎很容易啊，除非真实情况并非如此。我们紧接着将重新讨论这个问题。我们可以抽象出k–最近邻分类的细节，并编写一个如下所示的简化的工作流程模板，用于在sklearn中构建和评估模型。

（1）构建模型。

（2）使用训练集拟合模型。

（3）利用拟合的模型对测试数据进行预测。

（4）评估预测的质量。

我们可以把这个工作流程与前文的一个机器模型的概念联系起来。等效的步骤如下所示。

（1）构造机器，包括机器上的各个旋钮。

（2）调整各个旋钮并适当从侧输入托盘中输入数据，以捕获训练数据。

（3）在机器上运行若干新的样例，查看所有的输出结果。

（4）评估所有输出的质量。

以下是最后一个简短的提示：3–最近邻分类器中的3不是我们通过训练来调整的。这个3是学习机器中的一部分内部机制。我们的机器上没有把3变成5的旋钮。如果想要一台5–最近邻的机器，必须制造一台完全不同的机器。这里的3不是由k–最近邻训练过程调整的。这个3是一个超参数（hyperparameter）。所有的超参数不是由帮助定义的学习方法训练或者操纵的。一个等价的场景是认同一个游戏的规则，然后在固定的游戏规则下玩游戏。

除非我们在玩卡尔文球（Calvinball），或者像《黑客帝国》里的尼奥一样，这些游戏中的规则是变动的，否则在游戏持续时间内规则是静态的。读者可以认为超参数是预先确定的，是在我们有机会在学习过程中对它们做任何事情之前就固定好了的。调整超参数涉及概念层面，实际上是在学习黑箱或者工厂机器之外的工作。我们将在第 11 章详细讨论这个话题。

3.6 简单分类器 #2：朴素贝叶斯分类器、概率和违背承诺

另一种直接利用概率的基本分类技术是朴素贝叶斯分类器。为了让读者了解其背后的概率思想，让我们先描述一个场景。

假设有一个赌场，赌场里有两张赌桌，我们可以选择一张赌桌坐下来玩那些靠碰运气取胜的游戏（game of chance）。在任何一张赌桌上，都可以玩掷骰子游戏和扑克牌游戏。其中一张赌桌是公平的，另一张赌桌则设置有作弊操控机关。读者大可不必大惊小怪。我们称这两张赌桌分别为“公平（Fair）”赌桌和“有机关（Rigged）”赌桌。如果选择了“有机关”的赌桌，那么由于所投掷的骰子事先已经被调整了，因此只有十分之一的概率结果为 6 点。其余的概率在 1、2、3、4 和 5 点之间均匀分布。如果我们选择玩扑克牌，那么情况会更糟：在“有机关”的赌桌上，一副牌里根本就没有带人像的扑克牌（又被称为人头牌、花牌），即国王（K）、王后（Q）、杰克（J）。其示意图如图 3-7 所示。对于那些吹毛求疵的人而言，可能会说根本无法发现其中的猫腻，因为骰子看起来都完全相同，扑克牌放置在一个不透明的盒子中，而且我们不能直接用手触碰骰子或者扑克牌。

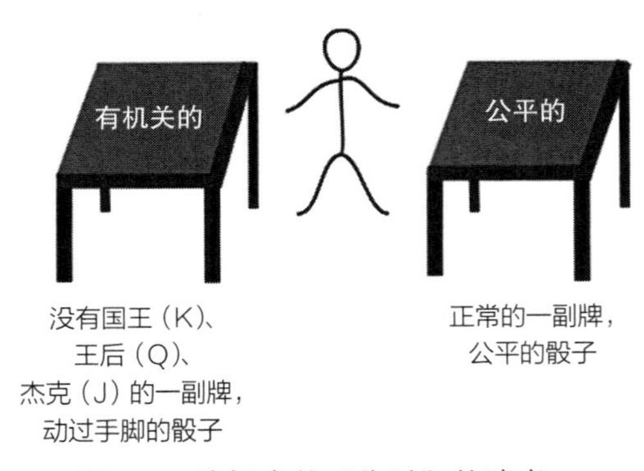

图 3-7 赌场中的“公平”的赌桌和“有机关”的赌桌

假设我们真的坐在“有机关”的赌桌前。然后，当我们玩了一段时间的扑克牌后，发现从来没有出现过一张花牌，我们并不会感到惊讶。同样，也不会经常看到骰子结果为 6 点。不过，如果我们事先就知道坐在了“有机关”的赌桌前，那么无论掷骰子还是玩扑克牌，这些事件的结果并不会为我们增加任何新的知识。因为我们事先知道自己坐在“有机关”的赌桌前，所以推断我们会被机关所操纵，而这种方式并不能给我们的知识增加一个新的事实，尽管在现实世界中，事实能够得到确认是一件很好的事情。

假设事先我们并不知道坐在哪张赌桌前，当开始观察到结果时，会收到指示告知我们在哪张赌桌前的信息。这可以转化为对骰子和扑克牌的具体预测。如果我们事先知道坐在哪一张赌桌上，猜测具体是哪一张赌桌的过程就可以省略，我们可以直接去预测骰子和扑克牌。关于赌桌的信息削弱了看到骰子或者扑克牌结果的任何效果。对于“公平”的赌桌，情

况也类似。如果我们被告知正坐在“公平”的赌桌前，那么会期望所有骰子出现的概率相同，并且也会常常出现花牌。

现在，假设我们被蒙上眼睛，并被带到一张赌桌前。我们只知道有两张赌桌，并且还知道这两张赌桌的区别：一张是“公平”的赌桌，一张是“有机关”的赌桌。然而，我们并不知道自己坐在“公平”的赌桌前还是坐在“有机关”的赌桌前。我们在赌桌前坐下，把眼罩取下来。如果我们手里发了一张花牌，那么马上就可以判断自己坐在“公平”的赌桌前了。当我们知道自己所坐的赌桌类型后，那么即使知道关于骰子的信息，也并不意味着我们可以了解到更多关于扑克牌的额外信息，反之亦然。如果我们并不知道赌桌的类型，那么可能会从扑克牌上的信息推断出一些关于骰子的信息。如果我们看到一张花牌，由于在“有机关”的赌桌上并不存在花牌，于是知道自己并没有坐在“有机关”的赌桌前，因此我们一定坐在了“公平”的赌桌前。（这是双重否定逻辑的完美应用。）因此，我们知道骰子6点的结果一定会出现。

这里的主要收获是任何一张赌桌上的骰子和扑克牌之间没有因果关系。一旦我们坐在“有机关”的赌桌前，挑选一张扑克牌并不能改变骰子点数出现的概率。数学家描述这一点的方式是，在给定的赌桌上，扑克牌和骰子是条件独立的。

这个场景可以用来讨论朴素贝叶斯（Naive Bayes，NB）的主要思想。朴素贝叶斯的关键组成部分是，一旦给定具体的类别，则各个特征之间是有条件地相互独立关系，就像其中一张赌桌上的骰子和扑克牌一样。知道是哪种类型的赌桌巩固了我们对骰子和扑克牌的看法。同样，了解一个类别可以让我们明确所期望看到的特征值。

由于概率的独立性在数学上表现为乘法，因此可以得到朴素贝叶斯模型中概率的一个非常简单的描述。一个给定类别的特征的概率可以从训练数据中计算出来。通过训练数据，我们把观察到的所有特定特征的概率存储在每个目标类别中。当进行测试时，查找与一个潜在目标类别相关联的特征值的概率，并将这些概率值与总体类别的概率值相乘。对每一个可能的类别执行相同的操作，然后选择总概率值最高的类别。

我们构建了赌场场景来解释朴素贝叶斯的情况。然而，当使用朴素贝叶斯作为分类技术时，假设各个特征之间的条件独立性成立，然后对数据进行计算。但这样做可能会犯错，因为假设各个特征之间的条件独立性可能会并不成立！例如，我们可能不知道，每当投掷骰子后得到某个特定值时，非常优秀的发牌员都在操纵我们从中抽取的一副牌。如果是这样的话，这副牌和骰子之间就有了联系，之前我们认为扑克牌和骰子之间没有联系的假设将会是错误的。引用一位著名统计学家乔治·博克斯（George Box）的话：“所有的模型都是错误的，但有些是有用的。”事实正是如此。

朴素贝叶斯是非常有用的。结果表明，朴素贝叶斯在文本分类中异常有用，并且其有用程度简直出人意料。很明显，一个句子中的各个词之间是互相依赖的，而且是由这些词所在的顺序决定的。我们不会随意挑选单词，而是特意把正确的词语按正确的顺序放在一起，以传达具体的想法。在文本分类中，忽略词与词之间的关系是特征的基础，这种方法怎么会如此有用呢？朴素贝叶斯成功的原因是双重的。第一，朴素贝叶斯是一种相对简单的机器学习方法，因此一般不受不相关细节的影响。第二，由于朴素贝叶斯方法特别简单，所以可以处理大量的输入数据。这里的表述稍显模糊不清，读者如果需要了解更多的相关信息，则需要跳转到有关“过拟合”的讨论（具体请参见第5.3节的相关内容）。

接下来，让我们构建、拟合和评估一个简单的朴素贝叶斯模型。

In [10]:

```
nb    = naive_bayes.GaussianNB()
fit   = nb.fit(iris_train_ftrs, iris_train_tgt)
preds = fit.predict(iris_test_ftrs)

print("NB accuracy:",
      metrics.accuracy_score(iris_test_tgt, preds))
```

```
NB accuracy: 1.0
```

同样，准确率百分百地完美。然而，请不要被结果误导了。我们的成功更大程度取决于数据集的易用性，这并不能证明我们在机器学习方面的技能。

3.7 分类器的简单评估

我们已经把所有的烟花排列好了，万事俱备了——也就是说，有了数据，有了方法，还有了一个评估方案。就像意大利人喜欢说的一个词：“Andiamo！”——让我们开始行动吧！

3.7.1 机器学习的性能

稍后，我们将讨论一个简单的Python程序，用于比较两个机器学习模型：k-最近邻分类器和朴素贝叶斯分类器。这个简单的程序没有使用我们在章节开始处的环境设置语句——from mlwpy import *，而是直接使用imports语句导入所需要的模块名称。在一个独立的脚本中，或者在一个Jupyter Notebook环境中，如果没有事先导入我们提供的方便后继使用的设置代码，则需要重新编写这段代码。读者可能注意到我们重新编写了train_test_split调用，并且大大增加了测试集的大小。为什么呢？因为如果使用较少的数据进行训练，将使问题变得更加困难。读者还将注意到，调用train_test_split时传递了一个额外的参数：random_ustate=42。这修改了拆分训练-测试集的随机性，但可以给出一个可重复使用的结果。如果不设置该参数，每一次运行单元格都会导致不同的评估结果。通常我们都希望有不同的评估结果，但在书中，我们希望知道所讨论结果的具体值。

In [11]:

```
# 独立代码
from sklearn import (datasets, metrics,
```

```
                    model_selection as skms,
                    naive_bayes, neighbors)

# 设置了参数random_state，以保证运行结果一致
# 否则，每次运行采用的训练集和测试集都不同
# 有关细节，请参见第5章
iris = datasets.load_iris()
(iris_train_ftrs, iris_test_ftrs,
 iris_train_tgt, iris_test_tgt) = skms.train_test_split(iris.data,
                                                         iris.target,
                                                         test_size=.90,
                                                         random_state=42)

models = {'kNN': neighbors.KNeighborsClassifier(n_neighbors=3),
          'NB' : naive_bayes.GaussianNB()}

for name, model in models.items():
    fit = model.fit(iris_train_ftrs, iris_train_tgt)
    predictions = fit.predict(iris_test_ftrs)

    score = metrics.accuracy_score(iris_test_tgt, predictions)
    print("{:>3s}: {:0.2f}".format(name,score))
```

```
kNN: 0.96
 NB: 0.81
```

如果将总数据的90%作为测试集、10%的数据作为训练集，k－最近邻分类器的结果相当不错，而朴素贝叶斯分类器在这种方式的测试集－训练集数据拆分上则稍微有些问题。如果不设置random_state参数，当多次重新运行此代码时，并且使用的测试数据量更适中，那么对于多次重复运行，这两种方法的准确率都会提高到97%+。因此，从机器学习性能的角度来看，使用iris数据集可以相当容易地解决分类问题。根据测量结果，即使使用非常简单的分类器，也可以很容易地区分不同类型的鸢尾花类别。

3.7.2 分类器的资源消耗

在计算机上执行的每个任务都需要消耗处理器的时间和内存。通常，计算机科学家会把内存当作存储空间，或者简单地说，把内存当作空间。因此，需要讨论程序或者算法的时间和空间使用效率问题。当然，担心计算机上的资源是否足够使用似乎有点过时，因为当今的计算机与几年前的旧计算机（更不用说与20世纪60年代或者70年代的巨型机器）相比，处理能力上要快几个数量级，存储能力也更强。那么，为什么我们还要自找麻烦，深入到一个潜在的有多条逃生通道的兔子洞（狡兔三窟）呢？主要有两个原因：外推法和理论分析的局限性。

3.7.2.1 外推法

当今世界，许多数据科学和机器学习都是由大数据所驱动的。大数据的本质在于它突破了计算资源的极限。大数据是一个相对的术语：我们认为的大数据，对于有技能和预算并且能够在一个拥有图形处理单元（Graphics Processing Units，GPU）的大型计算机集群上进行计算的人而言可能不算太大。一种可能的临界点是，当问题太大以至于无法在“合理”的时间内在笔记本计算机上解决时，该数据就不属于小数据了。

如果在笔记本电脑上做原型和开发，这时我们可以坐在加勒比海的棕榈树下一口一口地品味莫吉托鸡尾酒。而当我们正在工作时，应该如何才能判断当扩展到整个完全规模的问题时，需要什么样的资源？可以首先测量具有较小规模递增的问题，并对完整数据集将发生什么做出一些智能的猜测。为此，需要量化较小数据集所需要的时间和空间。公平地说，这只是一个估计，增加计算功率（computational horsepower）并不总是会得到同等的回报。将可用内存加倍，并不总是能够处理两倍规模的数据集。

3.7.2.2 理论分析的局限性

某些读者有可能了解计算机科学中的一个称为算法分析的研究子领域，该领域的主要研究工作是建立一个方程，将一个计算任务的时间使用和内存使用与该任务的输入规模大小联系起来。例如，我们可以说某个新的学习方法 Foo 将在 n 个输入样例上执行 $2n+27$ 个步骤（这是一个极端的简化：我们几乎可以肯定必须考虑这些样例中还包含多少个特征。）

如果存在一种理论方法，可以计算某个算法所需的资源，那么为什么要对此做出度量呢？很高兴读者可以提出这个疑问。算法分析通常会抽象出某些数学细节，例如常数因子和项，事实上这些细节与实际运行时相关。算法分析还具有以下特点：（1）做出某些强有力的或者数学上方便的假设，特别是关于一般案例的分析；（2）可以忽略系统架构等实现细节；（3）经常使用理想化的算法所得出的结论，缺乏现实世界的实用性和必要性。

简而言之，如果要知道一个真实世界的计算系统将如何消耗资源，除了一些不适用于这里所描述的特殊情况之外，唯一的方法就是运行并度量这些计算系统。现在，事情也可能会变得很糟糕：可以在理想的或者非现实的条件下运行和度量。我们并不想完全抛弃算法分析。个人的观点如下：不是算法分析的失败，而是算法分析尽其所能提供给我们的最大能力范畴是有限的。算法分析总是告诉我们一些基本的事实，关于不同的算法是如何比较的，以及这些算法在越来越大规模的输入上是如何表现的。

本书想展示几种针对两个不同的分类器，如何比较其资源利用率的方法。首先给出如下提醒：对程序行为进行量化将是一个非常困难的行为。计算机系统中发生的一切事情，都可能对机器学习系统的资源利用率产生重大影响。输入中的每一个差异都会影响系统的行为：更多的样例、更多的特征、不同类型的特征（数字值还是符号值），以及不同的超参数都会使相同的机器学习算法表现出不同的行为，并消耗不同的资源。

3.7.2.3　度量的单位

本节需要稍微偏离一下主题。我们将度量计算机程序所使用的资源。时间以秒为单位，空间以字节为单位。一个字节是 8 个二进制位，即一个字节可以存放 8 个是 / 否问题的答案。到目前为止，8 个二进制位可以提供 256 个不同的值。然而，我们处理的是比能够正常处理要大得多或者小得多的值。希望读者能够理解这些值。

我们需要处理 SI[⊖]前缀。表 3-3 列出了一些非常重要的前缀。请记住，指数是指 10^x 中的 x；指数也是右边"填充 0"的数目。也就是说，kilo（千）表示 $10^3=1000$，1000 在数字 1 右边有三个 0。例如，使用这个前缀，可以合理地适合于计量器的度量。

表 3-3　SI 前缀和长度比例示例

前缀	文字描述	指数	示例（m）
T	tera（太，百万兆，万亿）	12	海王星绕太阳轨道的长度
G	giga（吉，千兆，十亿）	9	月亮绕地球轨道的长度
M	mega（兆，百万）	6	月亮的直径
K	kilo（千）	3	合适的散步距离
		0	1 米约等于跨 1 步的距离
m	milli（毫，千分之一）	−3	一只蚊子的尺寸
μ	micro（微，一百万分之一）	−6	细菌的尺寸
n	nano（纳，毫微，十亿分之一）	−9	DNA 的尺寸

还有另一个复杂的因素。计算机的存储量通常以 2 为基数，而不是以 10 为基数。因此，我们处理的不是 10^x，而是 2^x。严格地说，每一位科学家都必须具有严谨性，因此我们需要解释这种差异。对于计算机内存而言，存在着一些额外的度量前缀（参见表 3-4），我们很快就会使用到这些前缀。

表 3-4　SI 二进制前缀和内存规模示例

前缀	文字描述	字节数	示例
KiB	kibi（千字节）	2^{10}	大约 1000 个数的列表
MiB	mebi（兆字节）	2^{20}	一首较短的 MP3 格式的歌曲的大小
GiB	gibi（吉字节，千兆字节）	2^{30}	一部正片电影的大小
TiB	tebi（太字节，百万兆字节）	2^{40}	一个家庭所有照片和电影的备份大小

因此，2MiB 是两个 mebi 字节，等于 2^{21} 个字节。读者可能会注意到以 2 为基数（二进制）的前缀的发音也不同。读者可能想知道为什么这些值会增加以 2 为基数的 10 次方，而不是以 10 为基数的 3 次方。这是因为 $2^{10}=1024 \approx 1000$，而 1000 等于 10^3，十个 2 相乘就相当于三个 10 相乘。不幸的是，这些由大型标准机构定义的二进制前缀不一定会在日常会

⊖ SI 是国际科学缩略语标准（International Standard of scientific abbreviations）的简称，但是由于是来自罗曼语系，形容词在名词之后，因此 I 和 S 的顺序被交换。

话中使用。好消息是，至少在一个度量系统中，可能只看到 MiB 或者 MB，而不是两者。当看到 MiB 时，只需知道它与 MB 并不完全一致。

3.7.2.4 时间

在 Jupyter Notebook 中，对于执行时间的度量，存在一些非常好的工具。对于度量小的代码片段所消耗的时间，这些工具非常有用。在解决同一个问题时，如果存在两种不同的编码方法，并且想要比较这两种不同编码的速度，或者只是想度量一段代码的执行需要多长时间，那么可以使用 Python 的 timeit 模块。Jupyter 的单元格魔法指令（cell magic）%timeit，为我们提供了一个度量执行一行代码所需时间的方便接口。

In [12]:

```
%timeit -r1 datasets.load_iris()
```

```
1000 loops, best of 1: 1.4 ms per loop
```

其中，选项 –r1 告诉 timeit 度量执行代码段一次所需的时间。如果给定一个更高的 r（r 代表重复）值，那么代码将运行多次，我们将得到统计结果数据。最新版本的 Jupyter 默认计算统计结果的均值和标准差。幸运的是，对于一个结果，我们只得到一个值。如果读者关心 1000 次循环的结果，请参考本章末尾的注释。

%%timeit（前面的两个百分号使之成为一个单元格魔法指令），即对单元格中的整个代码块都应用相同的策略。

In [13]:

```
%%timeit -r1 -n1
(iris_train_ftrs, iris_test_ftrs,
 iris_train_tgt,  iris_test_tgt) = skms.train_test_split(iris.data,
                                                          iris.target,
                                                          test_size=.25)
```

```
1 loop, best of 1: 638 µs per loop
```

现在把计时器（timeit）应用到机器学习工作流程。

In [14]:

```
%%timeit -r1

nb    = naive_bayes.GaussianNB()
fit   = nb.fit(iris_train_ftrs, iris_train_tgt)
preds = fit.predict(iris_test_ftrs)

metrics.accuracy_score(iris_test_tgt, preds)
```

```
1000 loops, best of 1: 1.07 ms per loop
```

In [15]:

```
%%timeit -r1

knn   = neighbors.KNeighborsClassifier(n_neighbors=3)
fit   = knn.fit(iris_train_ftrs, iris_train_tgt)
preds = fit.predict(iris_test_ftrs)

metrics.accuracy_score(iris_test_tgt, preds)
```

```
1000 loops, best of 1: 1.3 ms per loop
```

例如，如果只想对单元格中的一行进行计时，即我们只想知道拟合模型所需的时间，就可以使用一个称为“行魔法指令”的单一百分号版本的 timeit。

In [16]:

```
# 拟合
nb = naive_bayes.GaussianNB()
%timeit -r1 fit   = nb.fit(iris_train_ftrs, iris_train_tgt)

knn = neighbors.KNeighborsClassifier(n_neighbors=3)
%timeit -r1 fit = knn.fit(iris_train_ftrs, iris_train_tgt)
```

```
1000 loops, best of 1: 708 μs per loop
1000 loops, best of 1: 425 μs per loop
```

In [17]:

```
# 预测
nb    = naive_bayes.GaussianNB()
fit   = nb.fit(iris_train_ftrs, iris_train_tgt)
%timeit -r1 preds = fit.predict(iris_test_ftrs)

knn   = neighbors.KNeighborsClassifier(n_neighbors=3)
fit   = knn.fit(iris_train_ftrs, iris_train_tgt)
%timeit -r1 preds = fit.predict(iris_test_ftrs)
```

```
1000 loops, best of 1: 244 μs per loop
1000 loops, best of 1: 644 μs per loop
```

结果孰是孰非似乎有点难以权衡。k－最近邻分类器的拟合速度较快，但是预测的速度较慢。相反，朴素贝叶斯分类器的拟合需要耗费一点时间，但是预测的速度更快。如果读者想知道为什么我们没有重用前面单元格中的 knn 和 nb，那是因为当使用 %timeit 时，变量赋值被局限于 timeit 魔法指令中，不会返回主代码中。例如，在前面的单元格中尝试使用 preds 作为“普通”代码将导致 NameError（名称错误）。

3.7.2.5 内存

我们也可以做一个非常相似的步骤序列来快速（但是存在一些瑕疵，是一种并不完善的解决方法）度量内存的使用情况。然而，这里需要注意以下两个问题：（1）我们的工具没有内置到 Jupyter 中，所以需要安装这些工具；（2）还存在一些技术细节，接下来我们马上就要讨论这一点。在安装过程中，请在终端命令行中使用 pip 或者 conda 安装 memory_profiler 模块。

```
pip install memory_profiler
conda install memory_profiler
```

然后，在 Jupyter Notebook 中，我们就能够使用 %load_ext 命令。这是 Jupyter 的命令，类似于 Python 的 import 导入语句，用来加载一个 Jupyter 的扩展模块。对于 memory_profiler，使用以下指令导入该模块。

```
%load_ext memory_profiler
```

具体代码如下所示。

In [18]:

```
%load_ext memory_profiler
```

其使用方法与 %%timeit 类似。下面是朴素贝叶斯分类器的单元格魔法指令版本。

In [19]:

```
%%memit
nb    = naive_bayes.GaussianNB()
fit   = nb.fit(iris_train_ftrs, iris_train_tgt)
preds = fit.predict(iris_test_ftrs)
```

```
peak memory: 144.79 MiB, increment: 0.05 MiB
```

对应的 k – 最近邻分类器版本的实现如下所示。

In [20]:

```
%%memit
knn   = neighbors.KNeighborsClassifier(n_neighbors=3)
fit   = knn.fit(iris_train_ftrs, iris_train_tgt)
preds = fit.predict(iris_test_ftrs)
```

```
peak memory: 144.79 MiB, increment: 0.00 MiB
```

3.7.2.6 复杂因素

读者可能从来没有考虑过计算机内存中所发生的具体情况。在 2017 ～ 2019 年期间，笔记本计算机上可能只有 4GiB 到 8GiB 的系统内存（RAM）。而目前在作者的强大工作站上有 32GiB 的系统内存。不管怎样，系统内存是由计算机上每个正在运行的程序所共享的。Windows、OSX 和 Linux 操作系统的工作就是管理内存并响应应用程序的使用请求。操作系统不得不充当管理员的角色，以强制管理不同程序之间的共享。

即使是我们自己编写的小小的Python程序，也在操作系统的管理之下。我们必须与他人分享资源。当我们请求诸如内存或者时间之类的资源时，操作系统会做出响应，并分配给我们一块内存来使用。实际上，我们可能会得到比所要求的更多的内存（一秒钟内就会得到更多）。同样，当使用完一块内存后，我们会将内存返回到操作系统。在对内存的请求和返回中，这个过程都会产生管理开销。操作系统简化调度过程和减少开销的两种方法是：（1）以块的形式分配内存，这些块可能超出我们的需要；（2）在声明已经用完内存之后，我们将继续使用内存，直到其他人主动申请需要使用这些内存。这样做的最终结果是，确定实际使用的内存量与操作系统为我们提供的内存量可能非常困难。在一个正在运行的程序中估测额外的请求甚至更为困难。

另一个问题使事情变得更加复杂。Python是一种内存管理语言，它在操作系统之上有自己的内存管理功能。如果要在Jupyter Notebook中重新运行上述单元格，可能会看到0.00MiB的内存增量，读者可能会疑惑究竟发生了什么。在这种情况下，我们使用的旧内存被释放，而操作系统并未将这些内存分配给其他程序。因此，当需要更多的内存时，我们能够重用旧内存，并且不需要操作系统中的任何新内存。这几乎就像内存被释放和回收的速度非常之快，以至于内存从来没有真正消失！因此，无论是否看到增量也取决于以下几点：（1）Jupyter Notebook单元格正在做什么；（2）我们的程序声明了哪些其他内存，以及这些内存正在如何被使用；（3）运行在计算机上的所有其他程序；（4）操作系统内存管理器的确切细节。为了了解更多的信息，请查阅操作系统的相关课程或者教科书。

3.7.3 独立资源评估

为了尽量减少所需要考虑的问题并且减少混淆变量，在测试内存使用情况时，编写小型的独立运行的程序是非常有用的。我们可以使程序脚本尽量通用，以便用于独立计时。

In [21]:

```
!cat scripts/knn_memtest.py
```

```
import memory_profiler, sys
from mlwpy import *

@memory_profiler.profile(precision=4)
def knn_memtest(train, train_tgt, test):
    knn   = neighbors.KNeighborsClassifier(n_neighbors=3)
    fit   = knn.fit(train, train_tgt)
    preds = fit.predict(test)

if __name__ == "__main__":
    iris = datasets.load_iris()
    tts = skms.train_test_split(iris.data,
                                iris.target,
```

```
                                      test_size=.25)
    (iris_train_ftrs, iris_test_ftrs,
     iris_train_tgt,  iris_test_tgt) = tts
    tup = (iris_train_ftrs, iris_train_tgt, iris_test_ftrs)
    knn_memtest(*tup)
```

存在若干种方法来使用 memory_profiler。我们已经在上一节看到了行魔法指令和单元格魔法指令。在 knn_memtest.py 中，使用了 @memory_profiler.profile 装饰器。这一行额外的 Python 代码告诉内存分析器需要逐行跟踪 knn_memtest 的内存使用情况。当运行程序脚本时，会看到 knn_memtest 代码中每一行的内存使用情况输出结果。

In [22]:

```
!python scripts/knn_memtest.py
```

```
Filename: scripts/knn_memtest.py
# 为了格式化的目的调整输出格式和内容

Line #    Mem usage    Increment   Line Contents
================================================
     4 120.5430 MiB 120.5430 MiB   @memory_profiler.profile(precision=4)
     5                             def knn_memtest(train, train_tgt, test):
     6 120.5430 MiB   0.0000 MiB       knn   = neighbors.
                                           KNeighborsClassifier(n_neighbors=3)
     7 120.7188 MiB   0.1758 MiB       fit   = knn.fit(train, train_tgt)
     8 120.8125 MiB   0.0938 MiB       preds = fit.predict(test)
```

以下是另一个独立的程序脚本，用于度量朴素贝叶斯的内存使用情况。

In [23]:

```
import functools as ft
import memory_profiler
from mlwpy import *

def nb_go(train_ftrs, test_ftrs, train_tgt):
    nb    = naive_bayes.GaussianNB()
    fit   = nb.fit(train_ftrs, train_tgt)
    preds = fit.predict(test_ftrs)

def split_data(dataset):
    split = skms.train_test_split(dataset.data,
                                  dataset.target,
                                  test_size=.25)
    return split[:-1] # 不需要测试目标

def msr_mem(go, args):
    base = memory_profiler.memory_usage()[0]
```

```
    mu = memory_profiler.memory_usage((go, args),
                                      max_usage=True)[0]
    print("{:<3}: ~{:.4f} MiB".format(go.__name__, mu-base))

if __name__ == "__main__":
    msr = msr_mem
    go = nb_go

    sd = split_data(datasets.load_iris())
    msr(go, sd)
```

```
nb_go: ~0.0078 MiB
```

注意，nb_go 包含前面讨论的 model-fit-predict（构建 – 拟合 – 预测）模式。split_data 只是封装了 train_test_split，以方便与 nb_go 一起使用。新增的代码是包含在 msr_mem 中的，用于设置计时封装器。基本上，如果需要查询目前使用的内存情况，那么就运行 nb_go，然后查看使用过程中的最大内存。然后，获取最大值，减去之前使用的内存（max-baseline），这就是 nb_go 使用的峰值内存。nb_go 通过参数 go 传递给 msr_mem，然后传递给 memory_usage 函数。

我们可以编写一个类似的 msr_time 驱动程序来评估时间，还可以编写一个类似的 knn_go 来启动一个 *k* – 最近邻分类器来度量时间和内存。以下是一个程序脚本中的所有四个实现部分。

In [24]:

```
!cat scripts/perf_01.py
```

```
import timeit, sys
import functools as ft
import memory_profiler
from mlwpy import *

def knn_go(train_ftrs, test_ftrs, train_tgt):
    knn   = neighbors.KNeighborsClassifier(n_neighbors=3)
    fit   = knn.fit(train_ftrs, train_tgt)
    preds = fit.predict(test_ftrs)

def nb_go(train_ftrs, test_ftrs, train_tgt):
    nb    = naive_bayes.GaussianNB()
    fit   = nb.fit(train_ftrs, train_tgt)
    preds = fit.predict(test_ftrs)

def split_data(dataset):
    split = skms.train_test_split(dataset.data,
                                  dataset.target,
                                  test_size=.25)
    return split[:-1] # 不需要测试目标
```

```
def msr_time(go, args):
    call = ft.partial(go, *args)
    tu = min(timeit.Timer(call).repeat(repeat=3, number=100))
    print("{:<6}: ~{:.4f} sec".format(go.__name__, tu))

def msr_mem(go, args):
    base = memory_profiler.memory_usage()[0]
    mu = memory_profiler.memory_usage((go, args),
                                      max_usage=True)[0]
    print("{:<3}: ~{:.4f} MiB".format(go.__name__, mu-base))

if __name__ == "__main__":
    which_msr = sys.argv[1]
    which_go = sys.argv[2]

    msr = {'time': msr_time, 'mem':msr_mem}[which_msr]
    go = {'nb' : nb_go, 'knn': knn_go}[which_go]

    sd = split_data(datasets.load_iris())
    msr(go, sd)
```

经过以上详细的分析，最终让我们看看如何度量朴素贝叶斯的时间和空间消耗情况。

In [25]:

```
!python scripts/perf_01.py mem nb
!python scripts/perf_01.py time nb
```

```
nb_go: ~0.1445 MiB
nb_go : ~0.1004 sec
```

以及看看如何度量 k – 最近邻分类器的时间和空间消耗情况。

In [26]:

```
!python scripts/perf_01.py mem knn
!python scripts/perf_01.py time knn
```

```
knn_go: ~0.3906 MiB
knn_go: ~0.1035 sec
```

总而言之，我们的机器学习算法和资源消耗的性能指标如表 3-5 所示（结果数值可能略有不同）。

表 3-5 机器学习算法和资源消耗的性能指标

方法	准确率	大约时间（s）	大约内存（MiB）
k– 最近邻分类	0.96	0.10	0.40
朴素贝叶斯分类	0.80	0.10	0.14

请读者不要对准确率值过度解读！稍后我们会分析其原因。

3.8 本章参考阅读资料

3.8.1 局限性和尚未解决的问题

针对在本章中所做的工作，我们还有以下几个警告。

- 只是在同一个数据集上比较了这些机器学习算法。
- 使用了一个非常简单的数据集。
- 并没有对数据集进行预处理。
- 使用了单一的训练 – 测试集拆分。
- 使用了准确率度量来评估性能。
- 没有尝试过不同数量的近邻。
- 只比较了两个简单的模型。

上述每一个警告都非常重要！这意味着在接下来的章节中还有更多的内容需要进一步讨论。事实上，讨论这些问题的原因并找出解决方法是本书的重点。其中一些问题没有固定的答案。例如，没有任何一个机器学习算法会在所有的数据集上都表现为最佳。因此，为了找到一个好的机器学习算法来解决某个特定的问题，通常会尝试几个不同的机器学习算法，然后选择一个在这个特定问题上效果最好的机器学习算法。这听起来像是在应试教育，但事实正是如此！必须非常小心谨慎地从许多潜在的模型中选择我们所要使用的模型。其中一些问题，比如对准确率度量的使用，将引发一个关于如何量化和可视化分类器性能的长时间讨论。

3.8.2 本章小结

总结本章的讨论，我们在本章中阐述了以下内容。

（1）iris，一个简单的真实数据集。

（2）最近邻分类器和朴素贝叶斯分类器。

（3）训练数据和测试数据的概念。

（4）使用准确率度量来衡量机器学习的性能。

（5）使用一个 Jupyter Notebook 和通过独立的脚本来度量不同算法在时间和空间上的使用情况。

3.8.3 章节注释

如果读者碰巧是植物学家，或者是一个有强烈好奇心的人，那么可以阅读 Anderson 关于鸢尾花的原始论文：www.jstor.org/stable/2394164。sklearn 的 iris 数据版本来自 UCI 数据库：https://archive.ics.uci.edu/ml/datasets/iris。

闵可夫斯基距离并不像看上去那么可怕。还有一个距离叫作曼哈顿距离。如果在像曼哈顿那样的呈固定网格的街道上，那么从一个地点走到另一个地点，尽可能径直地步行所走的距离就是曼哈顿距离。曼哈顿距离只是简单地将特征差异的绝对值相加，而不使用平方或者平方根。闵可夫斯基则全面扩展了距离公式，这样就可以通过改变 p 值来选择计算曼哈顿距离、欧几里得距离或者其他距离。当把 p 变得非常大的时候（$p \to \infty$），会出现一个奇怪的现象，这种情况下的距离有一个特定的名称：切比雪夫距离。

如果读者以前阅读过算法资源分析相关理论的文章，那么可能还记得这个术语：复杂度分析（complexity analysis）或者大 –O 表示法。大 –O 分析使用类似于 $O(n^2)$ 这样的数学语句简化了随着输入规模大小的增长，对资源使用上限的描述，因此得名大 –O。

我们简要地提到了图形处理单元（Graphics Processing Units，GPU）。当读者阅读计算机图形学中的有关数学知识时，就像现代电子游戏中的视觉效果一样，完全是阅读关于描述空间中的点的有关知识。当处理数据时，经常把样例当作空间中的点来讨论。描述这些点的“自然”数学语言是矩阵代数（matrix algebra）。图形处理单元被设计成以星际速度执行矩阵代数。所以，机器学习算法可以在图形处理单元上非常有效地运行。像 Theano、TensorFlow 和 Keras 这样的现代项目都是为了充分利用图形处理单元来完成各自的学习任务而设计的，通常使用一种称为神经网络的学习模型。我们将在第 15 章简要介绍这些方法。

在本章中，在离散数据上使用了朴素贝叶斯分类方法。因此，机器学习过程需要制作一个表格，列出不同目标类别的出现频率。当数值数据是连续的时候，处理方法就会有所不同。在这种情况下，机器学习过程意味着找出值分布的中心和离散程度。通常，假设一个正态分布对数据很有效，这个过程被称为高斯朴素贝叶斯。高斯和正态在本质上是同义词。请注意，假设高斯朴素贝叶斯方法可能会运转得很好，但也有可能假设是错误的。我们将在第 8.5 节中详细讨论高斯朴素贝叶斯方法。

在所有讨论性能的章节中，如果没有告诉读者“在程序设计过程中，过早的优化是万恶的根源……”，那我们就失职了。这句名言摘自唐纳德 · 克努斯（Donald Knuth）在 1974 年的图灵奖（计算机界的诺贝尔奖）获奖感言。毫无疑义，克努斯是计算机学科的巨人。他的这句名言包括两重含义。第一，在计算机系统中，大部分的执行时间通常被代码的一小部分所占用。这种观察是帕累托原理（Pareto principle）或者 80-20 法则的一种形式。第二，优化代码很难，容易出错，并且使代码更难理解、维护和适应。这两点声明，意味着可能会浪费程序员大量的时间来优化代码，而这些代码对系统的整体性能并没有贡献。那么还有什么更好的办法呢？（1）编写一个好的可靠的工作系统，然后度量该系统的性能；（2）找出程序中执行缓慢和 / 或者计算密集部分的瓶颈所在；（3）优化这些瓶颈。我们只做我们需要做的工作，并且有机会实现目标。我们也尽可能少做这种紧张的工作。注意：内部循环（嵌套循环语句中的最内部嵌套）通常是最有效的优化目标，因为根据定义，最内部嵌套语句是重复次数最多的代码。

在最新版本的 Jupyter Notebook 中，会显示 %timeit 执行结果的均值和标准差。然而，

Python 核心开发人员和文档编制人员更喜欢使用不同的策略来分析 timeit 的执行结果。他们更倾向于以下几点：（1）以最少次数的重复运行来得到最佳性能，这更加有利于今后对运行结果的一致性比较；（2）将所有结果作为一个整体来看待，而不进行汇总。作者认为第（2）点在数据分析中是一种不错的选择。均值和标准差的鲁棒性较差，它们受异常值的影响很大。此外，虽然均值和标准差完全代表正态分布数据的特征，但其他分布可以以各种不同的方式来描述数据特征，具体可参见切比雪夫不等式。如果 Jupyter 报告给出了数据的中位数和四分位区间（即第 50 百分位数和第 75-25 百分位数），那么结果会更加令人满意。这些数据对异常值具有鲁棒性，并且不是基于数据的分布假设。

timeit 结果中的 1000 次循环究竟是怎么回事呢？从本质上讲，我们将一个接一个地对同一个可能是短期任务的多个运行进行叠加，这样就得到了一个运行时间更长的伪任务。这个运行时间较长的任务与操作系统的计时功能所支持的详细程度配合得更好。想象一下使用日晷仪计量 100yd[⊖]的短跑时间。这将非常困难，因为时间尺度不匹配。当多次重复这个任务时，短跑运动员可能会筋疲力尽，但幸运的是，Python 的运行是不知疲倦的，因此可能会得到更有意义的测量结果。如果不指定一个 number（数字），timeit 将尝试为我们找到一个合适的数字。当然，这可能需要一段时间，因为它将尝试增加 number 的值。还有一个 repeat（重复）值可以与 timeit 一起使用。重复值是一个围绕整个过程的外循环。这就是在上一段中讨论的计算统计结果。

3.8.4　练习题

读者可能有兴趣自己尝试一些分类问题。读者可以按照本章中示例代码的模型使用 sklearn 中的其他一些分类数据集，也可以从 datasets.load_wine 和 datasets.load_breast_cancer 分类数据集中开始学习。读者还可以从以下在线资源下载大量数据集。

- ❑ UCI 机器学习库：https://archive.ics.uci.edu/ml/datasets.html。
- ❑ Kaggle：www.Kaggle.com/datasets。

⊖ yd（码），1yd=0.9144m。——编辑注

Chapter 4 第 4 章

预测数值：回归入门

In [1]:

```
# 环境设置
from mlwpy import *
%matplotlib inline
```

4.1 一个简单的回归数据集

回归是根据输入来预测一个具有精细分级的数值数据的过程。为了演示，我们需要使用一个简单的具有数值结果的数据集。sklearn 提供了糖尿病数据集（diabetes），可以很好地满足我们的要求。该数据集由若干生物特征和人口统计测量数据组成。sklearn 中包含的版本中，对原始的数值特征进行了处理，方法是减去平均值，然后除以每一列的标准差。这个过程被称为特征的标准化（standardizing）或者零 – 均值（z-scoring）规范化。稍后将讨论标准差。简而言之，标准差用于衡量一组值的离散程度。

将列进行标准化的最终结果是，每列的平均值为 0，标准差为 1。对数据进行标准化（或者重新缩放数据），以使特征范围如身高（例如指定在 50 ～ 100 英寸之间）或者收入（指定在 20 000 ～ 200 000 美元之间）的差异不会导致无效的权重惩罚，或者仅从值范围中得到增益。我们将在第 10.3 节中详细讨论数据的标准化和数据的缩放。糖尿病患者的分类值被记录为数值形式 {0, 1}，然后进行了标准化。之所以讨论标准化是为了解释为什么存在负数的年龄（标准化后的平均年龄为 0）以及为什么性别被编码或者记录为 {0.0507，−0.0446} 而不是 {M, F}。

In [2]:

```
diabetes = datasets.load_diabetes()

tts = skms.train_test_split(diabetes.data,
                            diabetes.target,
                            test_size=.25)

(diabetes_train_ftrs, diabetes_test_ftrs,
 diabetes_train_tgt,  diabetes_test_tgt) = tts
```

可以使用一个 DataFrame 来封装糖尿病数据集，并查看数据集前几行的内容（表 4-1）。

In [3]:

```
diabetes_df = pd.DataFrame(diabetes.data,
                           columns=diabetes.feature_names)
diabetes_df['target'] = diabetes.target
diabetes_df.head()
```

Out[3]:

表 4-1 糖尿病数据集前几行的内容

	age	sex	bmi	bp	s1	s2	s3	s4	s5	s6	target
0	0.04	0.05	0.06	0.02	−0.04	−0.03	−0.04	0.00	0.02	−0.02	151.00
1	0.00	−0.04	−0.05	−0.03	−0.01	−0.02	0.07	−0.04	−0.07	−0.10	75.00
2	0.09	0.05	0.04	−0.01	−0.05	−0.03	−0.03	0.00	0.00	−0.03	141.00
3	−0.09	−0.04	−0.01	−0.04	0.01	0.02	−0.04	0.03	0.02	−0.01	206.00
4	0.01	−0.04	−0.04	0.02	0.00	0.02	0.01	0.00	−0.03	−0.05	135.0

除了像年龄和性别这样分类度量的值比较奇怪之外，其他两列很容易解释；其余列则更为专业化。输出列具体的描述如下。

- bmi（body mass index，身体质量指数（体重身高指数，简称体质指数，又称体重指数））：根据身高和体重计算出来的体重指数，是体脂百分比的近似值。
- bp（blood pressure）：血压值。
- s1-s6：六个血清测量值。
- target：目标值是衡量一个患者病情进展的数字评估。

正如前文对 iris 数据集的研究方法，我们也可以使用 Seaborn 的 pairplot 函数来研究该数据集的双变量关系。我们将为这张图保留一部分测量值。生成的迷你图虽然相当小，但仍然可以浏览这些图并从中查找其总体模式。如果想缩小以获得一个更全局的视图（图 4-1），那么可以针对所有的特征重新调用 pairplot 函数。

In [4]:

```
sns.pairplot(diabetes_df[['age', 'sex', 'bmi', 'bp', 's1']],
             size=1.5, hue='sex', plot_kws={'alpha':.2});
```

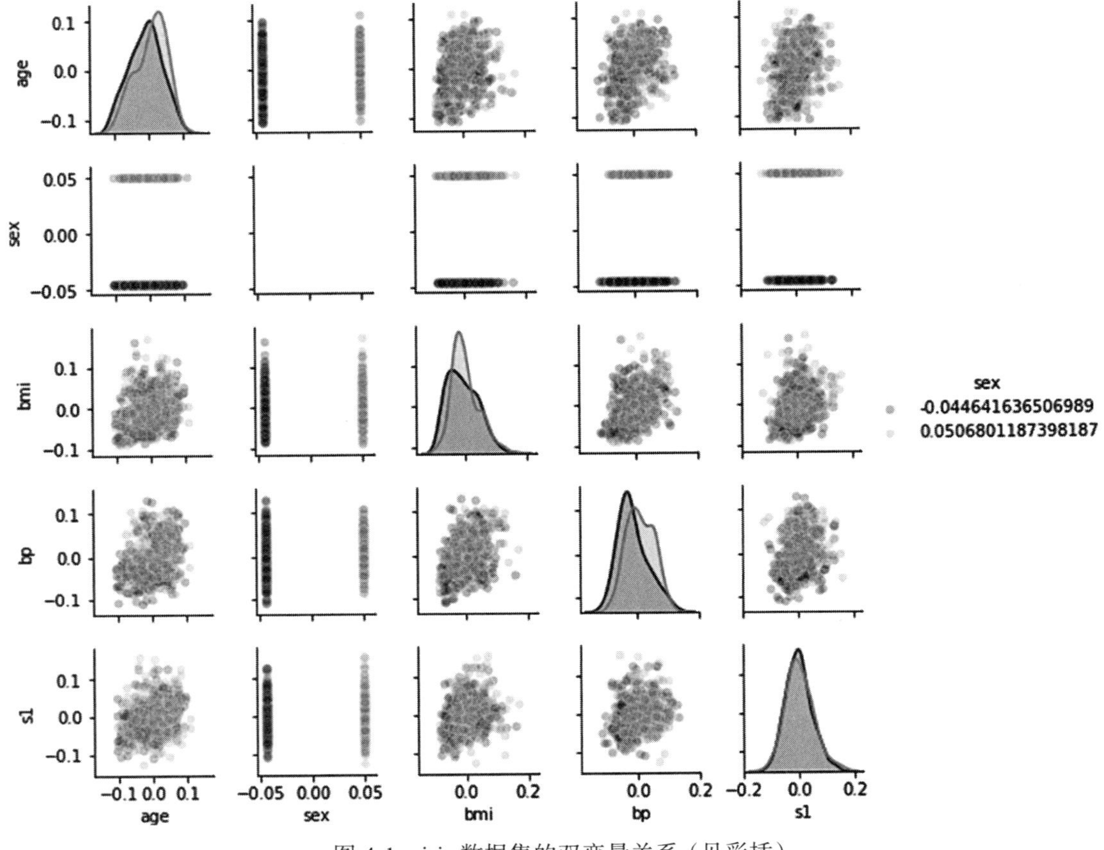

图 4-1 iris 数据集的双变量关系（见彩插）

4.2 最近邻回归和汇总统计

在上一章中讨论了最近邻分类法，并提出了以下的操作步骤。

（1）描述各个样例对之间的相似性。

（2）挑选几个最相似的样例。

（3）把挑选的若干样例组合成一个单一的答案。

当我们将注意力从预测一个类或者类别转移到预测一个数值时，步骤（1）和步骤（2）可以保持不变。我们所讨论的所有方法仍然适用。然而，当进入步骤（3）时，必须做出调整。现在需要考虑输出所代表的数量，而不是简单地投票决定候选答案。为了实现这个功能，需要将这些数值组合成一个单一的、有代表性的答案。幸运的是，的确存在几种简便的方法，用于从一组值中计算出一个单一的汇总值。从一组数据中计算得到的值称为统计值（statistic）。如果试图使用统计值表示（或者称之为汇总）整个数据集，那么我们称之为汇总统计（summary statistic）。接下来将重点讨论其中的两个统计值：中位数和均值。

4.2.1　中心度量方法：中位数和均值

读者可能熟悉均值，也被称为算术平均值。但这里我们将首先讨论从数学的角度上看起来比均值更简单的一个统计值：中位数。一组数字的中位数是按顺序位于中间位置的数值。例如，如果我们有三个数字，按顺序排列为 [1, 8, 10]，那么 8 是中位数：其前面有一个数值，其后面也有一个数值。在一组数值中，中位数的前后包含相同数量的数值。换一种说法，如果所有的数值都有相等的权重，不管它们的数值是多少，那么位于中间的那个数据将是整个数据集的平衡点（图 4-2）。不管右边的最大值是 15 还是 40，中位数都保持不变。

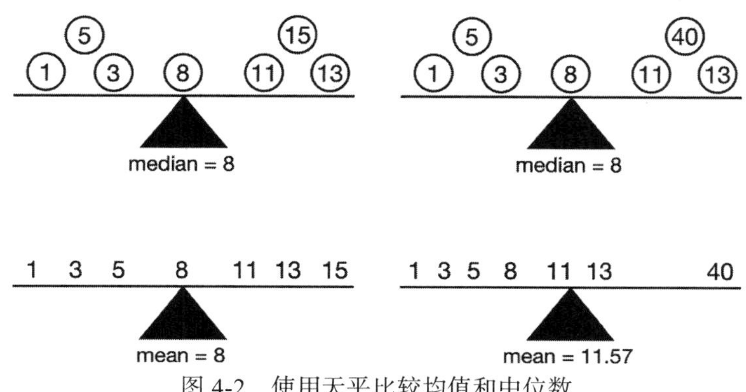

图 4-2　使用天平比较均值和中位数

读者可能会提出疑问，当数据集中存在偶数个数值时，如何计算中位数？例如 [1, 2, 3, 4]。在这种情况下，计算中位数的方法通常是取中间的两个值 2 和 3，然后取这两个数的平均值，因此结果为 2.5。注意，仍然有相同数量（两个）的值高于和低于这个中位数。

使用中位数作为汇总统计有一个很好的特性。如果在排序数据的两端处理数值，中位数保持不变。例如，如果处理尾部的数据（即远离中位数的值），把 [1, 8, 10] 调整为 [2, 8, 11] 时，中位数保持不变！这种面对不同测量值的弹性称为鲁棒性（robustness，又被称为强壮性、健壮性）。中位数是一个具有鲁棒性的中心度量值。

现在，有些情况下，我们关心的是实际数值，而不仅仅是这些数值的顺序位置。另一种常见的中心度量方法是均值（mean）。如果说中位数平衡了左右两边值的个数，而均值则平衡了左右两边值的总距离。所以，均值（mean）是一个值，满足 sum(distance(s, mean)，for s in smaller) 等于 sum(distance(s, mean)，for b in bigger)。满足这个约束的唯一值是 mean= sum(d)/len(d)，或者，用数学的术语表示为 $\text{mean} = \bar{x} = \frac{\sum_i x_i}{n}$。仍然使用图 4-2 中的数值作为示例，如果使用 15 替换 40，就得到了一个不同的平衡点：均值增加了，因为所有值的累加和增加了。

均值的优点是可以使用均值解释数值的具体值：值 3 比均值 8 小 5。与将距离抽象为有利于排序的中位数相比：值 3 比中位数 8 小。均值存在的问题是，如果数据集中存在一个异常值（一个出现在数据末端附近的罕见数据），那么这个异常值就会严重扭曲计算结果，因为具体值的大小对于计算均值而言很重要。

举个例子，如果将数据集其中一个值做了很大的变动，然后重新计算均值和中位数，结果如下所示。

In [5]:

```
values = np.array([1, 3, 5, 8, 11, 13, 15])
print("no outlier")
print(np.mean(values),
      np.median(values))

values_with_outlier = np.array([1, 3, 5, 8, 11, 13, 40])
print("with outlier")
print("%5.2f" % np.mean(values_with_outlier),
      np.median(values_with_outlier))
```

```
no outlier
8.0 8.0
with outlier
11.57 8.0
```

除了均值和中位数之外，还有许多可能的方法可以将最近邻答案组合成一个测试示例的答案。一个建立在均值思想上的组合器是我们在第 2.5.1 节中讨论的加权平均值。在最近邻的上下文中，作为权重因子我们有一个完美的候选：从新样例到邻居的距离。因此，之前我们考虑的是邻居的值 [4.0, 6.0, 8.0]，现在还可以考虑每个邻居与所选样例之间的距离。假设这些距离是 [2.0, 4.0, 4.0]，即第 2 个和第 3 个训练样例距离测试样例的距离是第一个样例的两倍。考虑距离的一个简单方法是使用以下代码计算加权平均值（weighted average）。

In [6]:

```
distances = np.array([2.0, 4.0, 4.0])
closeness = 1.0 / distances                # 逐个元素相除
weights = closeness / np.sum(closeness)  # 将和标准化为一
weights
```

Out[6]:

```
array([0.4, 0.2, 0.2])
```

或者，使用以下数学公式作为权重。

$$\frac{\frac{1}{\text{distances}}}{\sum\left(\frac{1}{\text{distances}}\right)}$$

我们使用了 1/distances，因为距离越接近（closer），权重越高（higher）；如果距离越远（further），但还属于一个最近邻，那么权重越低（lower）。我们把整个和放入分子中，以实现值的标准化，也就是使其和为 1。阅读以下代码，请比较这些值的均值和加权平均值。

In [7]:

```
values = np.array([4, 6, 8])

mean = np.mean(values)
wgt_mean = np.dot(values, weights)

print("Mean:", mean)
print("Weighted Mean:", wgt_mean)
```

```
Mean: 6.0
Weighted Mean: 6.4
```

如图 4-3 所示，我们的天平图示法现在看起来有些不同。那些权重较低（贡献率低于公平份额）的样例更接近轴心，因为它们的机械杠杆较短。权重较高的样例会远离轴心，从而获得更多的影响。

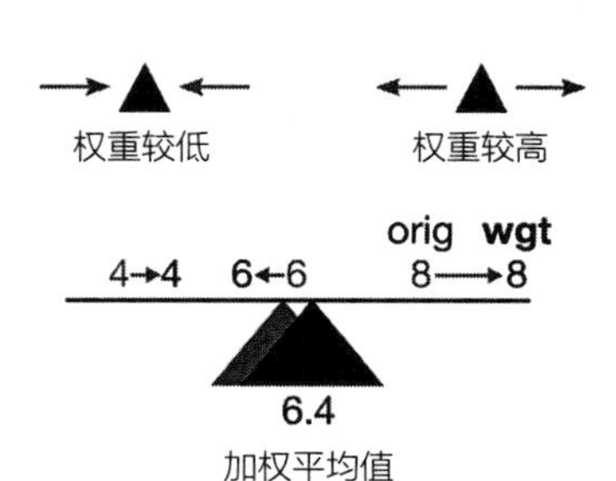

图 4-3　加权对平均值的影响

4.2.2　构建一个 *k* – 最近邻回归模型

至此，我们已经讨论了一些知识概念，以支持对 *k* – 最近邻回归的理解，我们可以回到基本 sklearn 的工作流程：构建、拟合、预测、评估。

In [8]:

```
knn   = neighbors.KNeighborsRegressor(n_neighbors=3)
fit   = knn.fit(diabetes_train_ftrs, diabetes_train_tgt)
preds = fit.predict(diabetes_test_ftrs)

# 根据保留的测试目标，评估预测结果
metrics.mean_squared_error(diabetes_test_tgt, preds)
```

Out[8]:

```
3471.41941941942
```

如果读者对比上一章讨论的 *k* – 最近邻分类，就会发现其中只有如下两个不同之处。

（1）构建了一个不同的模型：这次使用了 KNeighborsRegressor 回归器而不是 KNeighborsClassifier 分类器。

（2）使用了不同的评估指标：这次使用了 mean_squared_error（均方误差），而不是 accuracy_score（准确率度量）。

这两点不同之处都反映出了我们试图预测的目标之间的差异：本章目标为数值，而不是布尔类别。我们还没有解释 mean_squared_error（均方误差，MSE）的含义；这是因为均方误差与下一个机器学习方法（线性回归）有着紧密的联系，一旦理解了线性回归，我们基本上就会自动理解均方误差了。所以，此处可以暂且使用均方误差来评估回归器。不过，如果读者迫切地需要了解均方误差的原理，可以快速查看第 4.5.1 节中的相关内容。

为了在上下文中使用均方误差的数值，让我们先处理两件事。首先，均方误差大约是 3500。取均方误差的平方根——由于是将平方值做了累加，因此需要重新缩放到非平方值。

In [9]:
```
np.sqrt(3500)
```

Out[9]:
```
59.16079783099616
```

接下来，查看目标值的可接受范围。

In [10]:
```
diabetes_df['target'].max() - diabetes_df['target'].min()
```

Out[10]:
```
321.0
```

因此，目标值大约跨越 300 个单位的数据范围，我们的预测在某种平均意义上偏差了 60 个单位，偏差率大约是 20%。具有这种偏差的预测结果是否“足够好”，则取决于将在第 7 章中讨论的许多其他因素。

4.3 线性回归和误差

我们将深入研究线性回归（Linear Regression，LR）。线性回归只是通过给定一组数据点，绘制一条直线的名称而已。线性回归在数学领域和科学领域都有着悠久的历史。读者以前可能接触过。读者可能在代数课或者统计学课上学习过线性回归。本节将从不同的角度对线性回归进行阐述。

4.3.1 地面总是不平坦的：为什么需要斜坡

拿支笔在一张纸上画一堆点。现在，通过这些点画一条直线。我们可能已经遇到问题了。如果有两个以上的点，我们可能会画出很多不同的直线。通过许多点画出一条直线的想法只是一个大致的想法，但并没有给出一个指定或者完成任务的可供反复使用的具体方式。

从这些点中选择一条特定直线的方法是选择一条最佳（best）直线，这样问题就能得到解决。首先我们要明确最佳的含义。我们想要一条最靠近所有点的直线，“靠近”的衡量标准是基于点到线的垂直距离。现在有了一定的进展。我们可以计算出一些结果来比较不同的直线。

在上述标准下，哪条直线最佳呢？让我们首先简化一下。假设只能绘制与纸张底部平行的直线。读者可以想象如下的操作：像升高或者降低奥运会跳高杆一样移动直线，使得直线保持与地面平行。如果开始上下滑动这条直线，我们会从远离所有点的地方开始，靠近一些点，向上滑动到一个位置正好的中间地带，再靠近其他点，最后远离所有点。是的，刚刚好在中间位置的思想正好适用于这里。稍后将在代码和图形中看到这个示例。为了避免过快进入太过抽象概念的风险，我们局限于绘制 $y=c$ 这样的直线。在英语中，这意味着跳高杆的高度总是等于某个固定的常量值。

让我们绘制出几个跳高杆，看看结果究竟是什么。

In [11]:

```
def axis_helper(ax, lims):
    '清除轴信息'
    ax.set_xlim(lims); ax.set_xticks([])
    ax.set_ylim(lims); ax.set_yticks([])
    ax.set_aspect('equal')
```

我们将使用一些简单的数据来说明接下来将发生什么事情。

In [12]:

```
# 数据非常简单：两个(x, y)点
D = np.array([[3, 5],
              [4, 2]])

# 把x作为“输入”，y作为“输出”
x, y = D[:, 0], D[:, 1]
```

现在，让我们采用图形化的方式，来描述当使用不同的值向上移动一条水平线时会发生什么。我们将这些值称为预测值。可以将每个向上移动的水平线想象为示例数据点的一组可能的预测。在此过程中，还将跟踪计算误差值。误差是水平线和数据点之间的差异。我们还将从误差中计算一些值：误差之和、误差的平方和（缩写为 SSE）以及误差平方和的平方根（square root of the sum of squared errors）。在试图理解代码之前，读者可能需要先查看输出结果（图 4-4）。

In [13]:

```
horizontal_lines = np.array([1, 2, 3, 3.5, 4, 5])

results = []
fig, axes = plt.subplots(1, 6, figsize=(10, 5))
for h_line, ax in zip(horizontal_lines, axes.flat):
    # 设置样式
    axis_helper(ax, (0, 6))
    ax.set_title(str(h_line))

    # 绘制数据
    ax.plot(x, y, 'ro')
```

```
    # 绘制预测的直线
    ax.axhline(h_line, color='y') # ax坐标；默认为100%

    # 绘制误差
    # 水平线“是”我们的预测；重命名以明确其含义
    predictions = h_line
    ax.vlines(x, predictions, y)

    # 计算误差量及其平方和
    errors = y - predictions
    sse = np.dot(errors, errors)

    # 把一些结果放在一个元组中
    results.append((predictions,
                    errors, errors.sum(),
                    sse, np.sqrt(sse)))
```

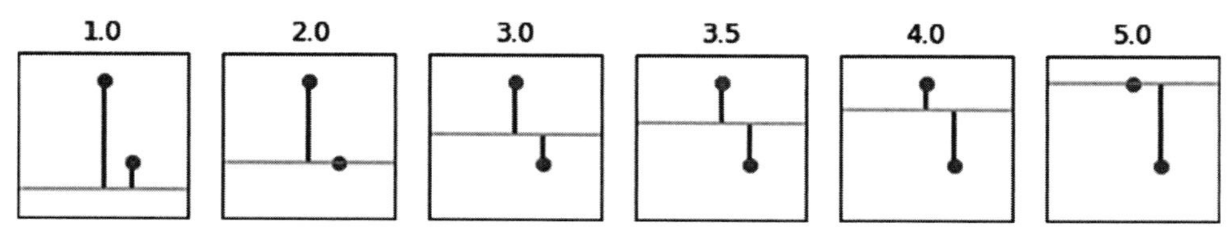

图 4-4 使用不同的值向上移动一条水平线时所发生的现象（见彩插）

一开始，水平直线距离其中一个点比较远，但离另一个点不太远。当向上滑动水平直线时，在两个点之间找到了一个位置不错的中间地带。然后，一直向上滑动水平直线，最终到达了顶部的点，并离底部的点相当远。也许理想的水平直线应该位于中间位置。让我们查看一些结果数值（输出结果如表 4-2 所示）。

In [14]:

```
col_labels = "Prediction", "Errors", "Sum", "SSE", "Distance"
display(pd.DataFrame.from_records(results,
                                  columns=col_labels,
                                  index="Prediction"))
```

表 4-2 查看一些结果数值

Prediction	Errors	Sum	SSE	Distance
1.0000	[4.0, 1.0]	5.0000	17.0000	4.1231
2.0000	[3.0, 0.0]	3.0000	9.0000	3.0000
3.0000	[2.0, −1.0]	1.0000	5.0000	2.2361
3.5000	[1.5, −1.5]	0.0000	4.5000	2.1213
4.0000	[1.0, −2.0]	−1.0000	5.0000	2.2361
5.0000	[0.0, −3.0]	−3.0000	9.0000	3.0000

表 4-2 中包含了原始误差，这些误差可能是正值，也可能是负值，即可能会高估或者低估数值。这些原始误差的总和并不能很好地作为评估直线的指标。相反方向的误差，例如 [2, −1]，其总和为 1。就整体预测能力而言，我们不希望这些误差值被相互抵消掉。解决这个问题的最佳方法之一是使用总距离（total distance），就像在前文的最近邻方法中使用的距离一样。这意味着需要使用类似于 $\sqrt{(\text{预测值}-\text{实际值})^2}$ 的公式。SSE 列是误差平方的总和（sum of squared errors），这使我们在计算距离方面有了更多的方法。剩下的工作就是求平方根了。基于目前为止的规则，最佳的直线是这样的一条水平线，该水平线基于两个点垂直分量的均值 $\frac{5+2}{2}=3.5$。这里的均值是最好的答案，原因与我们前面展示的天平的轴心效果一样：这条水平直线完美地平衡了两边的误差。

4.3.2　倾斜直线

如果保留绘制直线的限制，但直线不再保持水平，结果会怎么样？现在不再只能绘制水平直线了，我们可以根据需要绘制向上或者向下倾斜的直线。所以，如果绘制的一组点具有整体上升或者下降的趋势（像一架飞机起飞或者降落的姿势），那么一条倾斜的直线可以比一条水平的直线更好地拟合数据点。这些斜线是代数学中的经典方程 $y=mx+b$。我们将调整 m 和 b，这样当知道一个点在 x 轴上的值时，就可以尽可能接近地得到该点在 y 轴上的值。

我们如何定义两个点接近的程度呢？可以采用前文相同的方法：使用距离。然而，在这里，我们有一条带斜率的直线。点到直线的距离是多少？可以简单使用以下公式 distance(prediction, y)=distance(m*x+b, y)。那么总距离是多少？把所有点到直线的距离加起来，也就是说，对于 D 中的所有 x 和 y，我们有 sum(distance(mx+b, y))。如果使用数学表述，可以书写为以下公式：

$$\sum_{x,y\in D}((mx+b)-y)^2$$

接下来我们将讨论实现代码并展示相应的图形。请注意：对于一组点而言，最佳拟合直线可能是水平的。这意味着我们需要一个简单的答案（即一条水平直线），就像在上一节中讨论的那样。当这种情况发生时，只需将 m 设置为零。关于水平直线，完全可以参考上一节中的具体内容。本节将讨论最佳拟合直线是斜线的情况。

接下来，让我们使用倾斜的直线重复类似于上一节中水平直线的实验。为了稍微分解一下问题，我们把绘制图形和计算直线对应的表条目的代码重构到一个名为 process 的函数中。可能将 process 作为一个函数实现有些夸张，因为“处理”一词本身可以包含很多内容。然而，这里考虑的是我们对小数据集和一条简单直线的处理而已。

In [15]:

```
def process(D, model, ax):
    # 使用以下有意义的缩写或者名称
```

```
    # y是真实的值
    x, y = D[:, 0], D[:, 1]
    m, b = model

    # 设置样式
    axis_helper(ax, (0, 8))

    # 绘制数据
    ax.plot(x, y, 'ro')

    # 绘制预测直线
    helper_xs = np.array([0, 8])
    helper_line = m * helper_xs + b
    ax.plot(helper_xs, helper_line, color='y')

    # 绘制误差
    predictions = m * x + b
    ax.vlines(x, predictions, y)

    # 计算误差值
    errors = y - predictions

    # 点积操作，结果采用元组方式

    sse = np.dot(errors, errors)
    return (errors, errors sum(), sse, np sqrt(sse))
```

接下来，我们将调用 process 函数处理多条不同的预测直线，输出值如表 4-3 所示，所绘制的图形如图 4-5 所示。

In [16]:

```
# 数据非常简单：两个(x, y)点
D = np.array([[3, 5],
              [4, 2]])

#                     m  b -->预测直线 = mx + b
lines_mb = np.array([[ 1,  0],
                     [ 1,  1],
                     [ 1,  2],
                     [-1,  8],
                     [-3, 14]])

col_labels = ("Raw Errors", "Sum", "SSE", "TotDist")
results = []

# 注意：在process()中执行绘制图形的功能
```

```
fig, axes = plt.subplots(1, 5, figsize=(12, 6))
records = [process(D, mod, ax) for mod,ax in zip(lines_mb, axes.flat)]
df = pd.DataFrame.from_records(records, columns=col_labels)
display(df)
```

表 4-3 调用 process 函数处理多条不同的预测直线

	Raw Errors	Sum	SSE	TotDist
0	[2, −2]	0	8	2.8284
1	[1, −3]	−2	10	3.1623
2	[0, −4]	−4	16	4.0000
3	[0, −2]	−2	4	2.0000
4	[0, 0]	0	0	0.0000

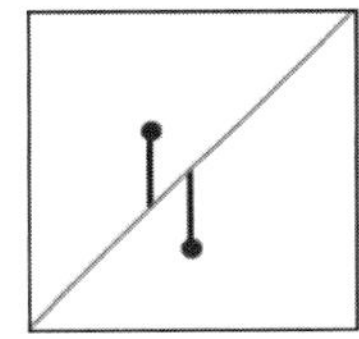
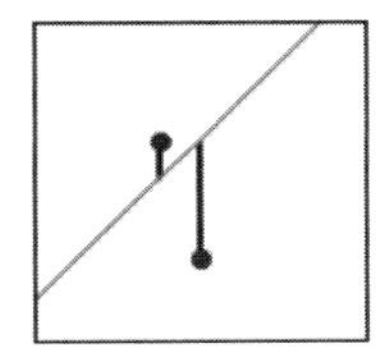
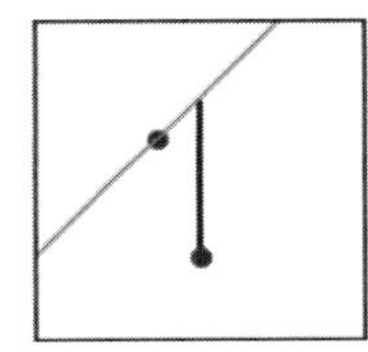
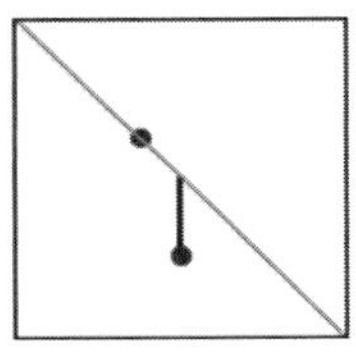

图 4-5 使用不同的可能值移动斜线时所发生的现象（见彩插）

因此，利用如下公式，我们不断地向计算成功度量值的方向前进。

- predicted= m*x + b
- error= (m*x + b) - actual = predicted - actual
- SSE=sum(errors**2) = sum(((m*x+b) - actual)**2 for x, actual in data)
- total_distance= sqrt(SSE)

最后一条直线与两个数据点精确相交。该直线的预测正确率是 100%；两个数据点到该直线的垂直距离均为零。

4.3.3 执行线性回归

到目前为止，我们只考虑了单个预测特征 x 的情况。当在模型中添加更多的特征、更多的列和更多的维度时会发生什么情况？现在需要为每个特征处理一个斜率，而不是只处理一个斜率 m。每个输入特征都会对结果产生影响。正如前文讨论了输出会随着一个特征而变化一样，现在必须考虑不同特征对结果的不同贡献。

由于我们必须跟踪许多不同的斜率，每个特征对应一个斜率，因此将不再使用 m，而是使用术语权重（weights）来描述每个特征的贡献。现在，可以创建一个由权重和特征构成的线性组合（正如在第 2.5 节中所采取的方法），以得到对一个样例的预测结果。有趣的是，如果 weights_wo 不包含 b 部分，那么我们的预测结果是 rdot(weights_wo, features)+wgt_b。如果使用加 1 技巧，那么结果是 rdot(weights, features_p1)，其中 weights 包括一个 b（作为 weights[0]），并且 features_p1 包括一列 1。我们的误差结果类似于 distance(prediction, actual)，其中 prediction=rdot(weights, features_p1)。预测结果的数学形式（使用著名的点积公式）如下所示。

$$y_{\text{pred}} = \sum_{\text{ftrs}} w_f x_f = w \cdot x$$

In [17]:

```
lr    = linear_model.LinearRegression()
fit   = lr.fit(diabetes_train_ftrs, diabetes_train_tgt)
preds = fit.predict(diabetes_test_ftrs)

# 使用未使用的测试目标，评估我们的预测结果
metrics.mean_squared_error(diabetes_test_tgt, preds)
```

Out[17]:

```
2848.2953079329427
```

我们将暂时回到 mean_squared_error（均方误差），但读者已经了解了均方误差的相关背景知识。均方误差是预测中误差平方的平均距离。

4.4 优化：选择最佳答案

选取最佳直线意味着选取 m 和 b 的最佳值或者权重的最佳值。反过来，这意味着将机器旋钮设置为最佳值。如何才能以一种明确的方式选择这些最佳值呢？

我们可以采取以下四种策略。

（1）随机猜测：随机尝试多种可能性，然后选择最佳值。

（2）随机调整：尝试随机选择一条直线（也就是随机选择一个 m 值和一个 b 值），进行几次随机调整，选择最有帮助的调整。重复上述步骤。

（3）智能调整：随机尝试一条直线，检查拟合效果如何，然后使用智能的方法进行调整。重复上述步骤。

（4）计算的捷径：使用复杂的数学方法证明，如果事实 A、事实 B 和事实 C 都是真的，那么同时符合这三个事实的直线一定是最佳值。代入一些数值，并使用同时符合这三个事实的直线。

让我们使用一个非常简单的纯常量模型来处理这些问题。读者可能会提出疑问，为什么要使用常量？原因有两个。首先，常量是一条简单的水平线。计算这个常量的值后，这个常量在任何地方都是一样的。其次，这是一个简单的比较基准。如果所实现的一个简单常量预测器拟合效果良好，那么就可以不用再尝试复杂模型。另一方面，如果一个更复杂的模型拟合的最终效果和一个简单的常量模型一样完美，那么我们可能会质疑这个更复杂模型的价值。正如尤达所说，“永远不要低估一个简单的模型。”

4.4.1 随机猜测

首先创建一些用于预测的简单数据。

In [18]:

```
tgt = np.array([3, 5, 8, 10, 12, 15])
```

让我们把策略 1（随机猜测）实现为如下的代码。

In [19]:

```
# 基于某些约束条件的随机猜测
num_guesses = 10
results = []

for g in range(num_guesses):
    guess = np.random.uniform(low=tgt.min(), high=tgt.max())
    total_dist = np.sum((tgt - guess)**2)
    results.append((total_dist, guess))
best_guess = sorted(results)[0][1]
best_guess
```

Out[19]:

```
8.228074784134693
```

不要对这个具体的答案过度解读。只要记住，因为只需要估计一个简单的值，因此只需要采取少量猜测就能得到一个最佳答案。

4.4.2 随机调整

策略 2 从一个随机猜测开始，然后随机向上或者向下走一步。如果这一步效果有所改进，会保留这一步的结果。否则，就回溯到上一步。

In [20]:

```
# 使用一种随机选择方式，随机向上或者向下走一步：
# 如果取得进展，则继续走下去
num_steps = 100
step_size = .05

best_guess = np.random.uniform(low=tgt.min(), high=tgt.max())
best_dist  = np.sum((tgt - best_guess)**2)

for s in range(num_steps):
    new_guess = best_guess + (np.random.choice([+1, -1]) * step_size)
    new_dist = np.sum((tgt - new_guess)**2)
    if new_dist < best_dist:
        best_guess, best_dist = new_guess, new_dist
print(best_guess)
```

```
8.836959712695537
```

我们从一个猜测开始，然后尝试通过随机调整来改进这个猜测。如果调整次数足够多，而且这些调整都足够小，应该能够找到一个可靠的答案。

4.4.3 智能调整

读者可以想象一下，蒙着眼睛，穿过布满岩石的田野或者一个孩子的房间。当我们尝试四周走动时，可能会采取试探性的探测步伐。走一步之后，我们还会用脚去探测周围的区域，以寻找一个空的落脚点。当找到一个空的落脚点之后，才敢迈出那一步。

In [21]:

```
# 假设性地执行两个步骤（向上移动和向下移动）
# 然后从中选择最佳的步骤
# 如果取得进展，则继续走下去
num_steps = 1000
step_size = .02

best_guess = np.random.uniform(low=tgt.min(), high=tgt.max())
best_dist  = np.sum((tgt - best_guess)**2)
print("start:", best_guess)
for s in range(num_steps):
    # np.newaxis用于对齐负值
    guesses = best_guess + (np.array([-1, 1]) * step_size)
    dists   = np.sum((tgt[:,np.newaxis] - guesses)**2, axis=0)

    better_idx = np.argmin(dists)

    if dists[better_idx] > best_dist:
        break

    best_guess = guesses[better_idx]
    best_dist  = dists[better_idx]
print("  end:", best_guess)
```

```
start: 9.575662598977047
  end: 8.835662598977063
```

现在，除非陷入一个不利的境地，否则相对于随机调整方法，应该有一个更好的成功机会：在任何给定的点上，检查出合法的替代答案，并采用最佳值。通过有效地剔除那些毫无帮助的随机调整，我们应该可以朝着一个更好的答案前进。

4.4.4 计算的捷径

如果读者去阅读一本统计学教科书，那么就会发现，对于误差平方和评估标准，存在该答案的一个公式。为了得到最小的误差平方和，需要的正是均值。如前文所示，均值是到这些值的距离的平衡点，我们只是以不同的方式表述同样的事情。因此，实际上不需要通过搜索来查找最佳值。巧妙的应对策略是使用在数学中已经被证明了的均值作为这个问题的正确答案。

In [22]:

```
print("mean:", np.mean(tgt))
```

```
mean: 8.833333333333334
```

4.4.5　线性回归的应用

我们可以将这些相同的思想应用于拟合一条斜线，或者为数据点找到许多权重（每个特征一个权重）。模型将变得稍微复杂一些，因为必须同时或者按照顺序处理更多的值。然而，事实证明，与策略 4（计算捷径）等效的方法是用于找到最佳直线的标准经典方法。当拟合一条直线时，这个方法被称为最小二乘拟合法（least-squares fitting）。最小二乘拟合法由正规方程（normal equations）求解，读者不必记住这一点，而只需要求均值。我们的策略 3（智能调整）使用一些数学公式来限制演算步骤的方向，这在处理非常大的数据时很常见，因为我们无法运行标准方法所需的所有计算。这种方法称为梯度下降法（gradient descent）。梯度下降法使用一些智能计算而不是探测步骤来确定改进的方向。

另外两种策略通常不用于寻找线性回归的最佳直线。然而，由于一些额外的细节，策略 2（随机调整）接近于遗传算法的技术。那么方法 1（随机猜测）呢？好吧，该方法本身不是很有用。但是，当与其他方法相结合时，随机选择起点的思想是有用的。本小节的讨论只是对这些思想的简要介绍。有关这些思想的讨论将贯穿全书，并且在第 15 章中进行深入讨论。

4.5　回归器的简单评估和比较

本书之前的章节中承诺会重新讨论有关均方误差（MSE）的思想。既然已经讨论了平方误差之和以及与回归直线的总距离，现在可以很好地把这些思想联系起来。

4.5.1　均方根误差

如何量化回归预测的性能呢？我们将使用一些数学方法，这些方法与求最佳直线的标准几乎相同。基本上，将取平方误差的平均值。记住，不能简单地把误差累加起来，因为 a+3 和 a−3 会互相抵消，这样当实际总误差为 6 时，我们会误认为这些预测是完美的。把这两个误差值先平方，然后再相加，结果总误差为 18。求平均值结果为均方误差 9。我们将采取另外一个步骤，取这个值的平方根，使我们回到与误差相同的度量单位。结果为均方根误差，通常缩写为 RMSE（Root Mean Squared Error）。请注意，在这个例子中，均方根误差是 3，这正好是单个预测中的误差量。

这让作者想起了一个无法找到具体出处的老笑话：

两个统计学家外出打猎时，其中一个统计学家看到了一只鸭子。第一个统计学家就瞄准射击，但子弹飞出偏高 6 英寸。第二个统计学家也瞄准射击，但这次子弹飞出偏低 6 英寸。两位统计学家然后就互相击掌，大声说道："射中鸭子啦！"

读者想抱怨什么就抱怨什么吧，但这正是我们处理均值时所做的基本权衡。

4.5.2 机器学习的性能

有了数据、方法和评估标准，现在可以对两个算法 k – 最近邻回归（k-NN-R）和线性回归（LR）进行一个简单的比较。

In [23]:

```
# 独立代码
from sklearn import (datasets, neighbors,
                     model_selection as skms,
                     linear_model, metrics)

diabetes = datasets.load_diabetes()
tts =  skms.train_test_split(diabetes.data,
                             diabetes.target,
                             test_size=.25)
(diabetes_train, diabetes_test,
 diabetes_train_tgt, diabetes_test_tgt) = tts

models = {'kNN': neighbors.KNeighborsRegressor(n_neighbors=3),
          'linreg' : linear_model.LinearRegression()}

for name, model in models.items():
    fit   = model.fit(diabetes_train, diabetes_train_tgt)
    preds = fit.predict(diabetes_test)

    score = np.sqrt(metrics.mean_squared_error(diabetes_test_tgt, preds))
    print("{:>6s} : {:0.2f}".format(name,score))
```

```
   kNN : 54.85
linreg : 46.95
```

4.5.3 回归过程中的资源消耗

参照第 3.7.3 节，本节编写了一些独立的测试脚本，以深入了解回归过程中的资源消耗。如果读者将这里的代码与前面的代码进行比较，那么将会发现这两处的代码仅仅存在两个不同之处：（1）不同的学习方法，（2）不同的机器学习性能评估标准。下面是适用于 k –

最近邻回归和线性回归的代码脚本。

In [24]:

```
!cat scripts/perf_02.py
```

```
import timeit, sys
import functools as ft
import memory_profiler
from mlwpy import *

def knn_go(train_ftrs, test_ftrs, train_tgt):
    knn = neighbors.KNeighborsRegressor(n_neighbors=3)
    fit   = knn.fit(train_ftrs, train_tgt)
    preds = fit.predict(test_ftrs)

def lr_go(train_ftrs, test_ftrs, train_tgt):
    linreg = linear_model.LinearRegression()
    fit   = linreg.fit(train_ftrs, train_tgt)
    preds = fit.predict(test_ftrs)

def split_data(dataset):
    split = skms.train_test_split(dataset.data,
                                  dataset.target,
                                  test_size=.25)
    return split[:-1] # don't need test tgt

def msr_time(go, args):
    call = ft.partial(go, *args)
    tu = min(timeit.Timer(call).repeat(repeat=3, number=100))
    print("{:<6}: ~{:.4f} sec".format(go.__name__, tu))

def msr_mem(go, args):
    base = memory_profiler.memory_usage()[0]
    mu = memory_profiler.memory_usage((go, args),
                                      max_usage=True)[0]
    print("{:<3}: ~{:.4f} MiB".format(go.__name__, mu-base))

if __name__ == "__main__":
    which_msr = sys.argv[1]
    which_go = sys.argv[2]

    msr = {'time': msr_time, 'mem':msr_mem}[which_msr]
    go = {'lr' : lr_go, 'knn': knn_go}[which_go]

    sd = split_data(datasets.load_iris())
    msr(go, sd)
```

如果执行上述代码，那么结果如下所示。

In [25]:

```
!python scripts/perf_02.py mem lr
!python scripts/perf_02.py time lr
```

```
lr_go: ~1.5586 MiB
lr_go : ~0.0546 sec
```

In [26]:

```
!python scripts/perf_02.py mem knn
!python scripts/perf_02.py time knn
```

```
knn_go: ~0.3242 MiB
knn_go: ~0.0824 sec
```

表 4-4 是对 k – 最近邻回归和线性回归的比较结果，注意，在不同的机器上运行结果可能会有所不同。

表 4-4 k – 最近邻回归和线性回归的比较

方法	均方根误差	时间（s）	内存（MiB）
k – 最近邻回归	55	0.08	0.32
线性回归	45	0.05	1.55

令人惊讶的是，线性回归占用了如此多的内存，特别是考虑到 k – 最近邻回归需要保留所有的数据。这一意外凸显了内存测量方式中存在的一个问题：（1）将整个拟合和预测过程作为一个统一的任务进行了测量；（2）对该统一任务的内存峰值使用率进行了测量。即使线性回归有一个短暂的高利用率时刻，这也就是我们将要看到的结果。在底层，这种线性回归的形式，虽然通过策略 4（计算捷径）进行了优化，但是对其所做的计算并没有超级高的领悟力。这其中的一个关键部分就是需要求解上面提到的那些正态方程，而这个求解过程需要消耗大量的内存。

4.6 本章参考阅读资料

4.6.1 局限性和尚未解决的问题

有关本章中所讨论的问题，需要注意以下几个事项，其中许多注意事项与前一章相同。

- ❑ 在单个数据集上比较了这些机器学习算法。
- ❑ 使用了一个非常简单的数据集。
- ❑ 对数据集没有进行预处理。
- ❑ 使用了一个单一的训练 – 测试数据集拆分。

- ❑ 使用了准确率度量来评估性能。
- ❑ 没有尝试不同数量的邻居。
- ❑ 只比较了两个简单的模型。

此外，线性回归对使用标准化的数据非常敏感。虽然糖尿病数据集是一个预先标准化的数据集，但需要记住，对于其他的机器学习问题，可能需要完成标准化的步骤。另一个问题是，限制线性回归模型中所使用的权重（$\{m, b\}$ 或者 w）往往可以改进性能。我们将在第 9.1 节中讨论为什么会出现这种情况，以及如何在 sklearn 使用该方法。

4.6.2　本章小结

总结本章的讨论，我们在本章中阐述了以下内容。

（1）diabetes（糖尿病数据集）：一个简单的真实世界数据集。

（2）线性回归和最近邻自适应回归。

（3）不同的中心度量方法：均值和中位数。

（4）使用均方根误差（RMSE）来度量机器学习的性能。

4.6.3　章节注释

糖尿病数据集来自几位著名统计学家的一篇论文，读者可以通过以下网址阅读该论文：http://statweb.stanford.edu/~tibs/ftp/lars.pdf。

4.6.4　练习题

读者有兴趣可以自己尝试一些分类问题。读者可以使用 sklearn 中的另一个回归数据集：`sklearn: datasets.load_boston`，并参照本章中示例代码的模型进行尝试！

第二部分 Part 2

通用评估技术

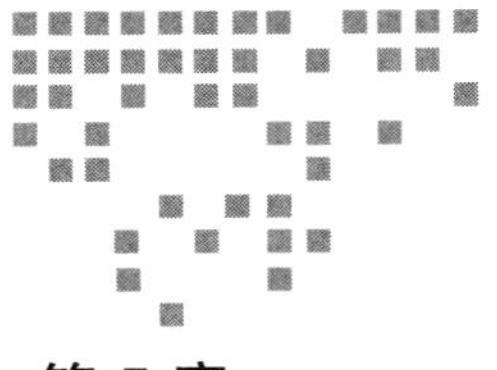

Chapter 5 第 5 章

机器学习算法的评估和比较分析

In [1]:

```
# 环境设置
from mlwpy import *
diabetes = datasets.load_diabetes()
%matplotlib inline
```

5.1 评估和大道至简的原则

老子曰：知人者智，自知者明。

开发机器学习系统的最大风险在于高估它在实际使用时的表现。本书曾在第一次讨论分类器的时候提到了这个风险。如果读者曾经为了考试而学习，并自认为很好地掌握了所学的知识，但是却在考试中惨败，有这种经历的读者将非常熟悉这种风险。我们很容易陷入以下困境：我们自认为掌握了很多知识，并且会在考试中取得好成绩，但是在考试中成绩不太好。在考试过程中，当发现需要知识的细节时，而我们只记得一些基本概念。也许我们知道某事件发生在 19 世纪中叶，但无法确认具体年份是 1861 年还是 1862 年！更糟糕的是，我们可能会把注意力集中在一些知识点上，而忽略了其他知识点：可能会完全错过某些信息。就比如，我们需要知道他的名字，而不是他的出生年份。

在机器学习系统中，我们面临两个同样的问题。当为考试而学习时，我们所能记住的东西是有限的。简单地说，我们的大脑被填满了，因此没有能力去掌握每一个细节。解决这个问题的方法之一是记住整体概念，而不是许多小细节。这是一个伟大的战略，直到需要这些细节的时候！我们许多人都曾经历过的另一种痛苦是，当我们在为考试而学习时，我们的朋友、配偶、孩子等，他们中的任何人都会对我们大喊大叫，“我现在需要你的关心！”或者，刚好有一款新的电子游戏问世，这些人就会缠住我们叫喊：“哦，看吧，多么有趣的小玩意儿啊！”简单地说，我们会被各种噪声分散注意力。没有人是圣人，我们都是普通人。

上文所述的两个陷阱——有限的能力和易受噪声干扰，也是机器学习系统所共有的。通常情况下，机器学习系统不会因最新的 YouTube 热点或者 Facebook 话题而分心。在机器学习的世界里，使用不同的名称来称呼这些噪声源。对于急切想知道答案的人来说，偏差（bias）对应于能够塞进大脑的容量，而方差（variance）则对应于被噪声分心的程度。现在，请读者把那点直觉藏起来，不要被噪声分心。

回到过度自信的问题上，我们能做些什么来保护自己免受自己的干扰？最根本的防御措施“请勿应试教育”。在第一次讨论分类器（第 3.3 节）时介绍了这个思想。为了避免“应试教育”，我们采用了如下非常实用的三步解决方案。

- 第一步：将数据拆分成单独的训练数据集和测试数据集。
- 第二步：在训练数据集上进行学习。
- 第三步：在测试数据集上进行评估。

并没有使用全部的数据进行学习似乎违反直觉。有些人（肯定不包括本书的读者）会争辩，“在更多的数据上建立一个模型，不是会导致更好的结果吗？”谦虚的怀疑论者有一个很好的观点。使用更多的数据应该会让学习器做出更好的估计。学习器应该有更好的参数，就像在工厂机器上有更多更好的旋钮设置一样。然而，使用所有的数据进行学习会产生一个很严重的后果。我们怎么知道根据更多的数据所得到的模型会比根据更少的数据所得到的模型好呢？必须以某种方式评估这两种模型。如果通过“应试教育”的方式，对所有的数据进行学习和评估，那么一旦将系统应用到庞大、可怕、复杂的现实世界中，很可能会高估自己的能力。这个情景类似于学习去年的一次特定的考试内容——多项选择题。简单！然后参加今年的考试，但是今年的考试内容都是写论文。请问考试房间里有医生吗？一个学生刚刚受不了这个打击昏倒啦！

在本章中，我们将深入研究既适用于回归又适用于分类的通用评估技术。其中的一些技术将帮助我们避免“应试教育”。另外的一些技术则会给我们提供比较和对比分析不同机器学习算法的各种方法。

5.2 机器学习阶段的术语

这里需要花几分钟介绍一些词汇。需要区分机器学习过程中的几个不同阶段。在前面谈到了训练（training）和测试（testing）。这里要介绍另一个阶段：验证（validation）。由于一些原因，需要清楚地阐述这三个术语（训练、验证和测试）的含义。不同学科领域的人都可以使用这些术语，但其含义略有不同，这可能会使得粗心的学生感到困惑。接下来将为读者阐述这些概念的具体含义。

5.2.1 有关机器的重新讨论

这里请读者在脑海中重新回想一下在第 1.3 节中讨论的工厂机器。这台机器是一个由若干旋钮、若干输入和若干输出所组成的大黑匣子。第 1 章之所以引入这台机器是为了让读者构思一个关于学习算法在做什么以及如何控制这些机器的具体图像。本章将继续讲述这个故事。虽然机器本身似乎是工厂的一部分，但实际上，我们是一个公司对公司（对于 21 世纪初的商务专业的学生而言，即术语 B2B）的供应商。其他公司想使用我们的机器。然而，这些公司需要一个完全不需要动手的解决方案。我们将按照图 5-1 所示的方式，构建机器、设置所有旋钮，然后将机器发送给客户。这些客户不会做任何事情，除了给机器输入信息，然后查看另一边所输出的内容。这种交付模式意味着，当我们把机器交给客户时，这台机器需要完全调整好，并准备好正常工作。我们的挑战是确保这台机器在交付后能够正确工作。

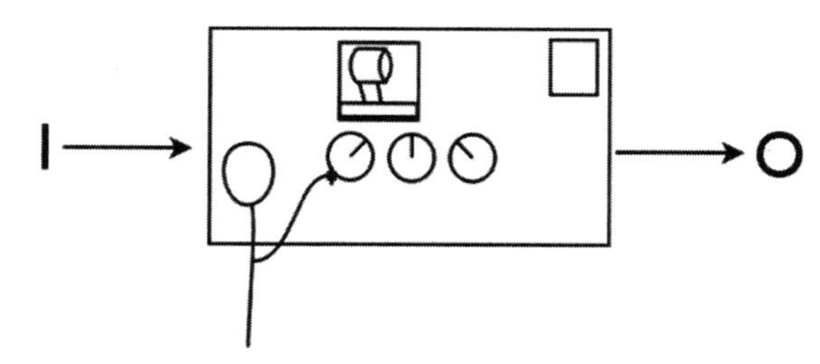

图 5-1 机器学习算法实际上是调整或者优化输入和输出之间的关系

在之前对机器的讨论中，我们讨论了通过设置机器侧面的旋钮和开关来将输入与输出关联起来。建立这种关系是因为存在一些我们期待的已知结果。现在，当在机器上设置旋钮时，我们希望避免“应试教育”。希望这台机器能表现良好，但更重要的是希望这台机器能为客户表现良好。我们的策略是保留一些输入 – 输出对，并保存这些输入 – 输出对以备将来使用。我们不会使用保存的数据来设置旋钮。学习训练之后，将使用保存的数据来评估旋钮的设置情况。这样做非常棒！现在已经完全设置好按钮和开关了，并且具备一个良好的为客户制造机器的流程。

读者一定知道接下来将会发生什么。就等着看精彩的结果吧……且慢，我们遇到麻烦了。存在有许多不同类型的机器可以将输入与输出联系起来。我们已经介绍了两个分类器和两个回归器。客户可能对他们想要什么样的机器有一些先入为主的想法，因为他们听说硅谷技术公司正在使用一种机器。FSVT 有限公司可能会允许我们全权挑选机器。有时，我们（或者我们的企业霸主）会根据输入和输出的特性在不同的机器之间进行选择。有时我们会根据资源使用情况进行选择。一旦选择了一大类的机器（例如，我们决定需要一个小部件制造商），就可以选择几个物理机器（例如，Widget Works 5000 或者 Widgy Widgets Deluxe Model W 都可以很好地工作）。通常，会根据机器的学习性能来选择所使用的机器（图 5-2）。

暂时抛开这个比喻不谈。工厂机器的一个具体例子是 k – 最近邻（k-NN）分类器。对于 k – 最近邻，不同的 k 值对应着完全不同的物理机器。k 不是我们在机器上调节的一个旋钮。k 是机器的内部机制。无论我们看到的是什么样的输入和输出，都不能在一台机器上直接调

整 k（具体情况参见第 11.1 节的相关内容）。这就像看着一辆汽车的变速器，却想要一个不同的传动装置。这种改变超出了大多数人的能力范围。但是别灰心，还有一线生机！我们不能改装汽车的变速器，但可以买一辆不同的汽车。我们可以自由地选择拥有两种不同的机器，比如 3 – 最近邻和 10 – 最近邻。可以进无止境，随意选择 k 的值。所选择的机器也可能完全不同。可以买两辆轿车和一辆面包车。对于机器学习模型，它们不一定都是 k – 最近邻的变体。可以选择拥有一个 3 – 最近邻、一个 10 – 最近邻和一个朴素贝叶斯。为了从中挑选，在模型中运行输入 – 输出对来训练这些模型。然后，在保留数据（没有在测试数据上做过训练的数据）上评估这些模型的表现，以便更好地了解客户使用机器时的表现（如图 5-3 所示）。

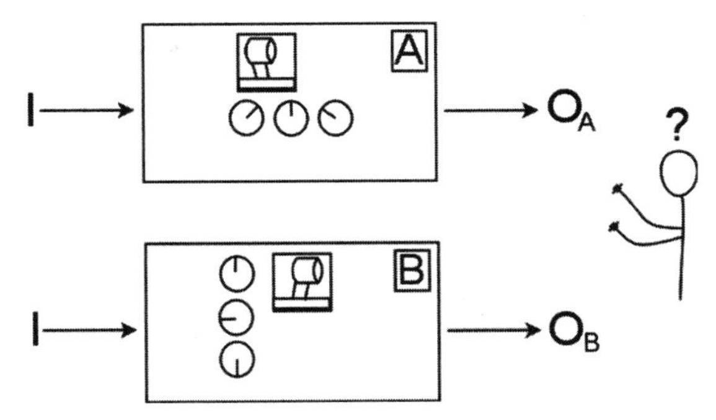

图 5-2　如果可以创建和优化不同的机器，那么就为客户从中选择一台机器

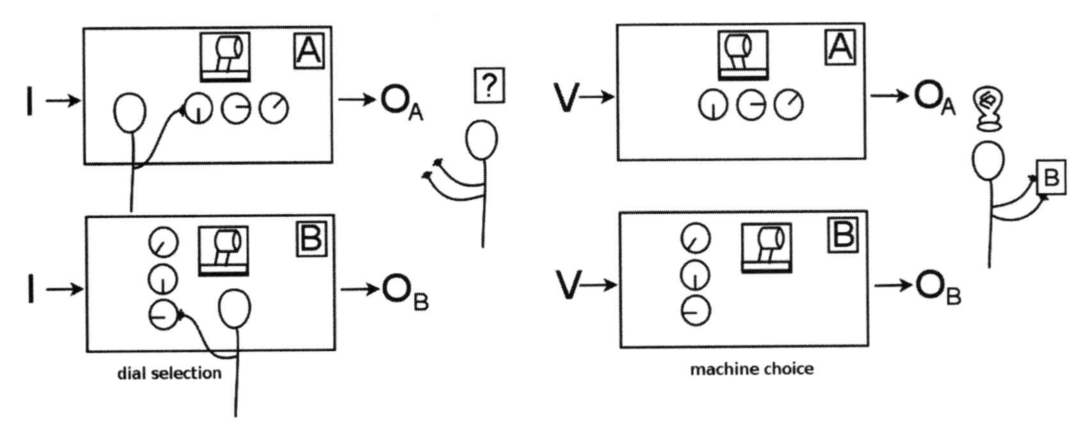

图 5-3　优化（旋钮设置）和选择（机器选择）是为客户创建一台完美机器的两个步骤

我们的任务完成啦。

但还有一个问题没有解决呢。就像我们可以在设置机器上的旋钮时实现“应试教育”一样，也可以在挑选机器时实现“应试教育”。想象一下，使用保留的数据作为挑选最佳机器的基础。对于 k – 最近邻，这意味着选择最好的 k。可以尝试 k 的所有值，直到 k 的值等于数据集的大小。假设有 50 个样例，因此 k 的取值可以是 1 到 50 之间的任意数，假设我们发现 27 是最好的 k。能够找到最好的 k 当然很好，除非每次尝试不同的 k 时都会看到相同的数据。此时，对于提供给客户的机器，将不再有一个未使用的测试能够提供给我们一个公平的评估。因为我们将保留测试集（hold-out test set）都使用殆尽，并且也不能对其性能进

行微调。那么现在的答案是什么？

对给定机器进行旋钮调整，这样的“应试教育”的答案是要有一组单独的数据，这些数据不能用于设置旋钮。既然通过设置旋钮后的机器工作效果很好，那就再输入一组数据做一次测试吧。我们将使用两组数据来处理两个独立的步骤。第一套数据将用于挑选机器。第二套数据将用于评估机器将如何以公平的方式为客户工作，而不是通过偷看测试数据来妄断结论。请记住，我们还有一些用于调整机器的非保留数据。

5.2.2 更规范的阐述

让我们回顾一下前文所述。现在有三组不同的数据。可以根据需要，将讨论分成三个不同的阶段。我们将从外部开始讨论直到其内部机制，也就是说，从最终目标到拟合基本模型。

（1）需要为客户提供一台调整良好的机器。我们想对这台机器进行一个最终的基于事实的评估，以确定该机器对客户的表现。

（2）在对问题进行思考之后，我们选择了一些候选机器。对于这些候选机器，我们希望用于最终评估的数据是未知数据，来进行评估和比较。

（3）对于每台候选机器，需要将旋钮设置为最佳可能的设置。为了实现这一点，我们不能偷看用于其他阶段的任何一个数据集。一旦选择了一台机器，就回到了基本的机器学习步骤：设置该机器的旋钮。

5.2.2.1 学习阶段和训练集

在这三个阶段中，每一个阶段都要进行评估。反过来，每个不同的评估都使用一组特定的数据，其中包含不同的已知输入 – 输出对。下面给各阶段和数据集赋予一些有意义的名称。请记住，模型（model）表示我们的隐喻工厂机器。这三个阶段分别如下所示。

（1）评估（assessment）：机器在实际应用操作时最后一次评估。

（2）选择（selection）：评估和比较不同的机器，这些机器可能代表相同类型的机器（具有不同 k 值的 k – 最近邻）或者完全不同的机器（k – 最近邻和朴素贝叶斯）。

（3）训练：将旋钮设置为各自的最佳值，并且提供辅助侧托盘信息。

这三个阶段使用如下的数据集。

（1）保留测试集。

（2）验证测试集。

（3）训练集。

我们可以将这些阶段和数据集与工厂机器场景相关联。此时，按照从里到外的顺序进行讨论。

（1）训练集用于设置工厂机器上的旋钮。

（2）验证测试集用于评估精细优化机器的“非应试教育”，并帮助我们在不同的优化机器之间进行选择。

（3）保留测试集用于确保一台或者多台工厂机器的制造、优化、评估和选择的整个过程可以得到公正的评估。

最后一个数据集非常重要：存在很多种窥视方法，也存在很多种因为外界干扰而被误导的方法。如果一遍又一遍地进行训练和验证测试，那么对于验证测试集中哪些有效、哪些无效，我们就会形成一个强有力的概念。这可能是间接的，但我们正在有效地窥视验证测试集。保留测试集（以前从未在针对这个问题的任何训练或者验证测试中使用过的数据集）非常必要，因为它可以保护我们免受这种间接窥视，并让我们公平地评估最终的系统将如何处理新的数据。

5.2.2.2　有关测试数据集的术语

如果读者查阅了大量关于机器学习的书籍，就会发现“验证数据集（validation set）”在“选择”阶段使用得相当一致。然而，当我们和从业人员交谈时，对于“选择”阶段和“评估”阶段的数据集，人们会口头上使用短语“测试数据集”。为了避免出现类似的问题，如果正文涉及“评估”这个术语，那么它包括以下含义之一：（1）从上下文中可以明确判断其具体含义；（2）具体含义并不是特别重要。本文将使用通用短语“测试”，以表述“评估”阶段或者“选择”阶段中所使用的数据。最有可能发生的情况是，当不处于模型的“选择”阶段时，只是简单地使用一个基本的训练 - 测试数据拆分对模型进行训练，然后使用保留数据对模型进行评估。

如果术语真的很重要，就像将这两个阶段一起加以讨论时，本文会更加精确一点，使用更具体的术语。如果需要区分这些数据集，本文将使用以下术语两个：保留测试集（Hold-Out Test Set，HOT）和验证集（Validation Set，ValS）。由于“评估”阶段是一个“一步到位”的过程，通常在机器学习所有工作的最后才进行评估，并且 HOT 保留测试集使用的频率相对也不高。这并不是说 HOT 保留测试集不重要，恰恰相反它非常重要。一旦使用了 HOT 保留测试集，那么就不能再次使用 HOT 数据集了，因为我们已经偷看了数据。严格地说，我们已经污染了连同我们自己在内的机器学习系统。此时可以删除一个机器学习系统，然后从头开始，但却很难抹去自己的记忆。如果反复这样做，就会回到“应试教育”的模式。打破 HOT 保留测试数据集密码箱的唯一解决方案是收集新的数据。另一方面，我们没有必要一次性使用完所有的 HOT 数据集。可以使用 HOT 保留测试数据集的一半，如果发现结果不符合要求，那么可以回到原点重新开始。当开发一个新的系统时，需要在部署前进行评估时，至少还有另一半的 HOT 保留测试数据集可以用于评估。

5.2.2.3　关于数据集大小的说明

一个明显的实际问题是要弄清楚各个数据集的大小。这是一个很难回答的问题。如果有很多数据，那么这三组数据集可以都非常大，因此不存在任何问题。但是如果只有很少的数据，就必须考虑以下几点：（1）在训练中使用足够的数据来建立一个好的模型；（2）为测试阶段留下足够的数据。引用《统计学习的基本要素》（*Elements of Statistical Learning*）（这是机器学习和统计学习领域中一本高质量的教科书）中的一句话：“很难给出一个关于如何选择三个部分中各部分样本数量的一般规则。”幸运的是，黑斯蒂（Hastie）和他的朋友们非常同情我们这些可怜的从业者，并给出了如下的一般建议：训练、验证测试和保留测试的占比为 50%-25%-25%。这是我们能得到的最好的基线分割。通过交叉验证，可以考虑一个 75%-25% 占比的数据拆分比例。其中 75% 的数据用于交叉验证，这将被反复拆分为训练和验证测试集，而 25% 的数据则被保存在一个密码箱中或者用于最终评估。稍后我们将展开讨论。

如果回到 50%-25%-25% 的数据拆分比例，那么让我们深入研究一下 50% 这一部分的数据。我们很快就会讨论到名为“学习曲线”的评估工具。当我们在越来越多的样例中进行训练时，这些评估工具将给出一个关于验证测试性能的指示。通常，如果存在有一些足够多的训练样例，我们会看到性能将处于一个稳定期。如果这个稳定期发生在 50% 的数据分割范围内，对我们来说一切都很好。然而，想象一下这样的一个场景：我们需要 90% 的可用数据才能获得良好的性能。然而，我们的 50-25-25 数据拆分却不能提供足够好的分类器，因为需要更多的训练数据。我们需要一个更有效地使用数据的机器学习算法。

5.2.2.4 参数和超参数

现在是讨论另外两个术语的最佳时机（这样说可能有些夸张）：参数和超参数。工厂机器上的各个旋钮分别表示在训练阶段通过一个学习方法而设置的模型参数。在同一类机器（k – 最近邻）中的不同机器（3 – 最近邻或者 10 – 最近邻）之间进行选择则是选择一个超参数。选择超参数，就像选择模型一样，是在选择阶段完成的。请牢记以下区别：参数是在训练阶段作为学习方法的一部分而设置的，而超参数是学习方法所无法控制的，是学习方法之外的行为。

对于给定的一个机器学习方法，可用参数（旋钮）及其使用方式（工厂机器的内部机制）是固定的。我们只能调整这些参数的值。从概念上讲，这个限制可能有点难以描述。如果把上面描述的各个阶段从外到内，与一个计算机程序中的外循环和内循环相类比，则依次是评估、选择、训练。然后，调整超参数意味着从调整参数中走出一个层次，也就是从训练阶段走向选择阶段。如果读者愿意的话，可以想象我们正在黑盒子外进行思考。同时，从另一个角度来看，我们像机械师一样潜入机器的内部工作机制。就像重建汽车引擎一样，训练阶段并没有进入该层次。

对超参数的详细讨论暂且告一个段落，在接下来的几个章节中我们将尽量减少关于超参数的讨论。如果读者现在想了解有关超参数的更多信息，请跳转到第 11.1 节。表 5-1 总结了机器学习的各个阶段和所使用的数据集。

表 5-1 机器学习的各个阶段和所使用的数据集

阶段	名称	所使用的数据集	机器	目的
内部	训练阶段	训练集	设置按钮	优化参数
中间	选择阶段	验证测试集	选择机器	选择模型、超参数
外部	评估阶段	保留测试集	评估性能	评估未来的性能

对于中间阶段（也就是选择阶段），必须强调一下我们是多么容易误导自己。到目前为止，我们只考虑了两种分类器：朴素贝叶斯 NB 和 k – 最近邻。虽然 k 可以增大到任意值，

但我们通常将其限制在小于20或者20左右的相对较小的值。因此，也许需要考虑21个可能的模型（20个k-最近邻变种和1个朴素贝叶斯模型）。不过，还有许多其他方法。在这本书里，我们将讨论大约6个模型。其中一些具有几乎无限的可调性。有些模型没有在3、10或者20等k值之间进行选择，而是用一个C值表示从0到无穷大的任意值。在许多模型和许多调整选项中，可以想象，我们可能会中大奖，找到一个组合，该组合非常适合内部阶段和中间阶段。然而，我们一直在通过系统猜测的方式间接地窥视目标。希望读者现在已经很清楚为什么外部阶段（评估阶段）是非常必要的，此阶段可以防止我们“应试教育”。

5.3 过拟合和欠拟合

现在我们已经为机器学习阶段（训练阶段、选择阶段和评估阶段）制定了一些术语，本书将深入探讨机器学习中可能出现的问题。让我们回到考试场景。假设我们参加了一场考试，但是结果并不尽如人意。如果能把失败归因于比“太糟糕了！以后再不能那样做了”更具体的事情，那会更令人满意的。首先，两个明显的失败之处在于：（1）没有给考试带来足够的原始马力（领悟能力和学习动力），（2）过于关注不相关的细节。为了使这个故事与我们之前的讨论保持一致，第二个事实上只是一个被噪声分散注意力的例子，但这个原因会让我们感觉比沉迷于网络游戏更好。这两个误差的来源都拥有对应的术语：欠拟合和过拟合。为了研究欠拟合和过拟合，我们将创建一个简单的实践数据集。

5.3.1 合成数据和线性回归

通常，本书更倾向于使用真实世界的数据集，即使这些数据集很小。但在这种情况下，我们将使用一些人工合成的数据。创建合成数据是工具箱中的一个必备工具。当开发一个机器学习系统时，可能需要一些能够完全控制的数据。创建自定义的数据使我们能够控制输入和输出之间真正的潜在关系，并操纵噪声如何影响这种关系。我们可以指定噪声的类型和数量。

在这里，将创建一个包含一个特征和一个目标的普通数据集，如表5-2所示，并对其进行训练-测试集拆分。其中的噪声是从值−2到值2之间的均匀分布（读者可能需要重新阅读在第2.4.4节中有关数据分布的讨论）。

In [2]:

```
N = 20
ftr = np.linspace(-10, 10, num=N)                # 特征值
tgt = 2*ftr**2 - 3 + np.random.uniform(-2, 2, N) # 目标值= func(特征值)

(train_ftr, test_ftr,
 train_tgt, test_tgt) = skms.train_test_split(ftr, tgt, test_size=N//2)

display(pd.DataFrame({"ftr":train_ftr,
                      "tgt":train_tgt}).T)
```

表 5-2 包含一个特征和一个目标的普通数据集

	0	1	2	3	4	5	6	7	8	9
ftr	−1.58	−6.84	−3.68	1.58	−7.90	3.68	7.89	4.74	5.79	−0.53
tgt	2.39	91.02	22.38	3.87	122.58	23.00	121.75	40.60	62.77	−1.61

接下来，可以可视化地查看这些数据，如图 5-4 所示。已知的数据点（也就是训练集）用蓝点表示。红色的加号表示测试集的输入特征值。我们需要弄清楚这些值的取值范围。

In [3]:

```
plt.plot(train_ftr, train_tgt, 'bo')
plt.plot(test_ftr,  np.zeros_like(test_ftr), 'r+');
```

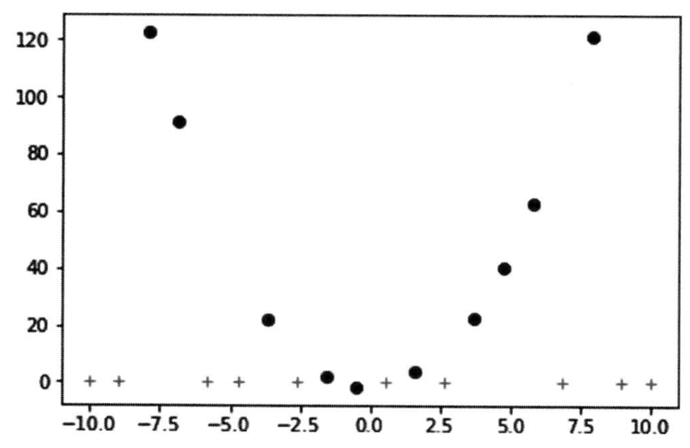

图 5-4 可视化查看包含一个特征和一个目标的普通数据集（见彩插）

这些数值是回归任务中的一个相当简单的例子。我们需要根据一个输入值预测一个数值目标。接下来，只需要使用工具箱中的一些回归工具。首先使用线性回归（LR），并观察输出结果。

In [4]:

```
# 注意：sklearn *实际上* 使用两维输入（一个表格）
# 因此这里可以使用rehape调整数据
sk_model = linear_model.LinearRegression()
sk_model.fit(train_ftr.reshape(-1, 1), train_tgt)
sk_preds = sk_model.predict(test_ftr.reshape(-1, 1))
sk_preds[:3]
```

Out[4]:

```
array([53.218 , 41.4552, 56.8374])
```

我们不会以任何方式评估这些预测。但至少和我们的训练目标一样，结果都是正值。

5.3.2　手动操控模型的复杂度

到目前为止，我们完全依靠 sklearn 完成所有的重要工作。基本上，sklearn 的方法负责设置所有机器上的旋钮值，而这些机器是用于演示学习系统的机器。但是，还有许多其他的软件包可以用于设置这些理想的旋钮值。其中一些软件包专门针对机器学习，另一些软件包则面向数学和工程的专业领域。

其中一个替代方案是使用 NumPy 中的 polyfit 例程。polyfit 例程需要输入值和输出值（即若干特征和一个目标），以及一个与数据相匹配的多项式的阶数。该例程会计算出正确的旋钮值，实际上就是在第 2.8 节中讨论的多项式的系数，然后 np.poly1d 将这些系数转换成一个可以接受的输入并产生输出的函数。让我们探索一下其工作方式。

In [5]:

```
# 拟合-预测-评估一个一维多项式（一条直线）
model_one = np.poly1d(np.polyfit(train_ftr, train_tgt, 1))
preds_one = model_one(test_ftr)
print(preds_one[:3])
```

```
[53.218   41.4552 56.8374]
```

结果非常有趣。前三个预测与我们的线性回归模型相同。那么，根据这些输入所生成的所有预测都一样吗？答案是肯定的。接下来演示并计算模型的均方根误差 RMSE。

In [6]:

```
# 预测结果保持一致
print("all close?", np.allclose(sk_preds, preds_one))

# 同样可以使用sklearn来进行评估
mse = metrics.mean_squared_error
print("RMSE:", np.sqrt(mse(test_tgt, preds_one)))
```

```
all close? True
RMSE: 86.69151817350722
```

非常棒！因此，这表明了以下两点信息。第一点信息是：我们可以使用替代系统，而不仅仅是 sklearn，来构建机器学习模型。甚至可以使用这些替代系统同时结合 sklearn 来进行评估。第二点信息是：np.polyfit，顾名思义，可以很容易地被用于构建满足要求的任意阶多项式。我们只拟合了一条相对简单的直线，实际上还可以拟合更加复杂的曲线。接下来继续展开探讨。

处理线性回归复杂度的一种方法是解决以下问题：“如果打破只拟合直线的限制，同时允许拟合曲线，那么会发生什么？”可以通过观察添加单个曲线时会发生什么来开始回答这个问题。对于非数学恐惧症的人而言，一条有一个弯的曲线（称为抛物线）可以用一个二次多项式来描述。我们不需要将直线拟合到所有的点上，并选取一条具有最小平方误差的直线，而是将抛物线曲线与训练数据进行单次弯曲，然后找到最适合的曲线。这与数学上惊人地相似，或者至少令人欣慰地相似。因此，代码只需要稍加调整即可。

In [7]:

```
# 拟合-预测-评估一个二次多项式（一条抛物线）
model_two = np.poly1d(np.polyfit(train_ftr, train_tgt, 2))
preds_two = model_two(test_ftr)
print("RMSE:", np.sqrt(mse(test_tgt, preds_two)))
```

```
RMSE: 1.2765992188881117
```

测试误差改善了不少。请记住，误差就像冬天从窗户里冒出来的热量一样，越少越好！如果只有一个弯的线条能够拟合得那么好，那么是不是可以尝试拟合具有更多弯的线条呢？假设允许线条最多有 8 个弯。如果具有一个弯的线条拟合效果不错，那么具有 8 个弯的线条一定也会拟合得很好！可以使用一个 9 次多项式来表示一条具有 8 个弯的线条。如果告诉宴会上的客人，9 次多项式有时被称为 nonic，那么会给他们留下更深刻的印象。以下是计算 9 次多项式模型均方根误差 RMSE 的实现代码。

In [8]:

```
model_three = np.poly1d(np.polyfit(train_ftr, train_tgt, 9))
preds_three = model_three(test_ftr)
print("RMSE:", np.sqrt(mse(test_tgt, preds_three)))
```

```
RMSE: 317.3634424235501
```

误差比使用抛物线进行拟合的结果要大得多。这可能出乎意料。让我们研究一下其中的原因。

5.3.3 金凤花姑娘（“恰到好处”原则）：可视化过拟合、欠拟合和“最佳拟合”

结果并没有完全按照计划进行。结果不仅仅是变得更糟，而是变得非常糟糕。哪里出了问题呢？借助图 5-5，我们可以直观地分析训练数据和测试数据中发生的情况。

In [9]:

```
fig, axes = plt.subplots(1, 2, figsize=(6, 3), sharey=True)

labels = ['line', 'parabola', 'nonic']
models = [model_one, model_two, model_three]
train = (train_ftr, train_tgt)
test  = (test_ftr, test_tgt)

for ax, (ftr, tgt) in zip(axes, [train, test]):
    ax.plot(ftr, tgt, 'k+')
    for m, lbl in zip(models, labels):
        ftr = sorted(ftr)
        ax.plot(ftr, m(ftr), '-', label=lbl)

axes[1].set_ylim(-20, 200)
axes[0].set_title("Train")
axes[1].set_title("Test");
axes[0].legend(loc='upper center');
```

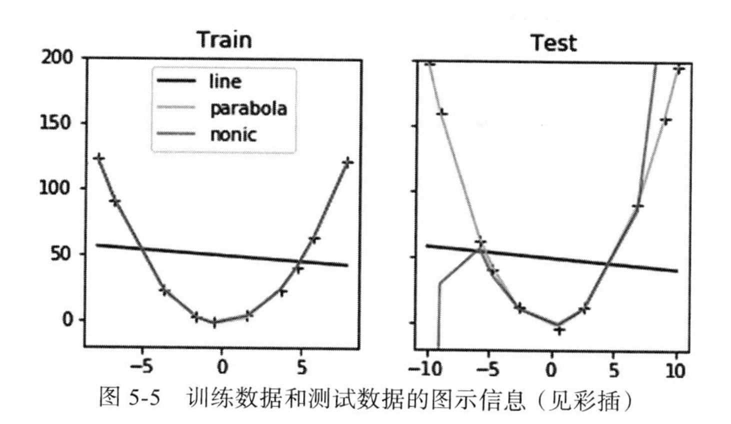

图 5-5　训练数据和测试数据的图示信息（见彩插）

model_one（模型一）是一条直线，其拟合结果误差很大，因为真实的模型遵循一条曲线轨迹。model_two（模型二）减少了误差：因为它几乎完美地沿着曲线走。当我们进行训练时，model_three（模型三）似乎效果非常好，它基本上与模型二和实际输出重叠。但是，当我们进行测试时，模型三会出现问题。它在“特征值 =−7”附近处开始失控。为了便于比较，我们可以重新运行模型并将结果汇总到一个表中。因为添加另一个中间模型非常容易，所以我们还将添加了一个 6 阶模型。不同复杂度下的训练误差值和测试误差值如表 5-3 所示。

In [10]:

```
results = []
for complexity in [1, 2, 6, 9]:
    model = np.poly1d(np.polyfit(train_ftr, train_tgt, complexity))
    train_error = np.sqrt(mse(train_tgt, model(train_ftr)))
    test_error = np.sqrt(mse(test_tgt, model(test_ftr)))
    results.append((complexity, train_error, test_error))
columns = ["Complexity", "Train Error", "Test Error"]
results_df = pd.DataFrame.from_records(results,
                                       columns=columns,
                                       index="Complexity")

results_df
```

Out[10]:

表 5-3　训练误差和测试误差

Complexity	Train Error	Test Error
1	45.4951	86.6915
2	1.0828	1.2766
6	0.2819	6.1417
9	0.0000	317.3634

接下来分别讨论上述模型一（复杂度为 1）、模型二（复杂度为 2）以及模型三（复杂度为 9）的具体情况。

- 模型一（复杂度为 1——一条直线）。模型一被完全淘汰了。该模型如同把一辆三轮车带到了一级方程式赛车场。从一开始就注定了会被淘汰。该模型没有足够的原始马力或者容量来捕捉目标的复杂度。该模型太偏向于平直。该模型所对应的术语被称为欠拟合（underfitting）。
- 模型三（复杂度为 9——一个 9 次多项式曲线）。模型三的马力当然足够大。我们看到该模型在训练数据上表现得非常好。事实上，该模型在训练数据上达到了完美的程度。但当涉及测试数据时，该模型完全崩溃了。为什么呢？因为该模型记住了噪声——数据中的随机性。数据变化太大了。模型三所对应的术语被称为过拟合（overfitting）。
- 模型二（复杂度为 2——一条抛物线）。这是一个“金凤花姑娘”解决方案：不太热，不太冷，刚刚好——就是所谓的“恰到好处”原则。我们有足够的马力，但也不是大到无法控制该马力。在训练数据上表现得很好，测试误差也最小。如果设置了一个完整的验证步骤，在三台具有不同复杂度的机器之间进行选择，那么会对模型二会非常满意。模型二没有准确地捕捉到训练模式，因为训练模式包含噪声。

接下来绘制训练集和测试集上的结果图（图 5-6）。

In [11]:

```
results_df.plot();
```

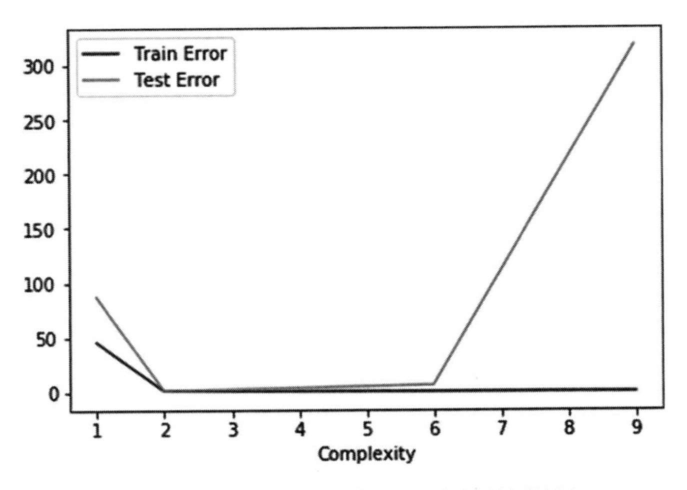

图 5-6 训练集和测试集上的误差（见彩插）

从图 5-6 中可以看出，当提高模型的复杂度时，可以使训练误差非常非常小，甚至为零。这是一场得不偿失的胜利。在真正依赖测试集的地方，结果会变得更糟。然后，结果会变得更加糟糕。最后不得不放弃。为了突显该图中的重要部分，图 5-7 中显示了一个带有标识意义标签的版本。

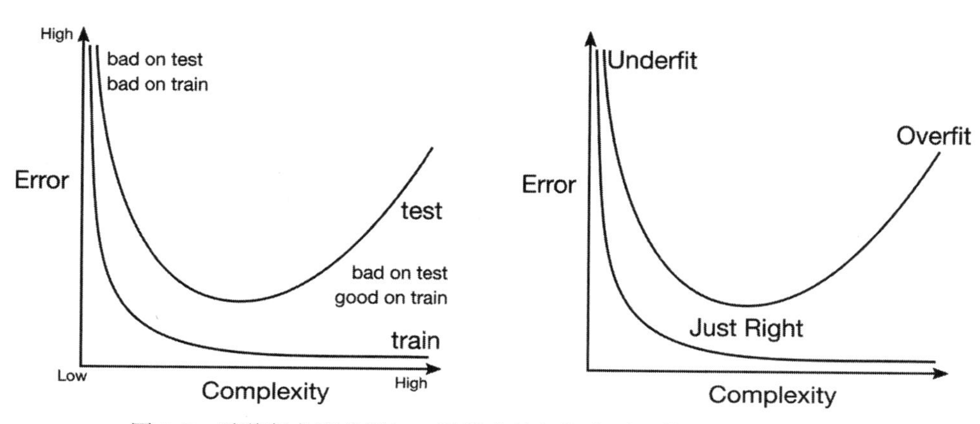

图 5-7　随着复杂度的增加，通常会从欠拟合到最佳拟合再到过拟合

5.3.4　简单性

让我们再花一点时间来讨论复杂度和简单性（注意，简单性与复杂度是密切相关的）。我们刚刚讨论了一个具体的例子，通过增加复杂度，结果使性能更差。这是因为增加的复杂度并没有被正确地利用。增加的复杂度被用来跟踪噪声而不是跟踪真实的模式。当然，我们不能真正地选择机器学习模型如何使用复杂度。模型的复杂度可以用来做好事也可以用来做坏事。因此，如果有几个机器学习模型均表现相同但是各自的复杂度不同，那么潜在的权力滥用（这里指的是复杂度）可能会导致我们在这些具有相同表现的模式中，倾向于选择其中最简单的那个模式。

简单性是一条重要的经验法则，这个基本思想在整个科学界和哲学界中被称为奥卡姆剃刀（Occam's razor）原理（对于历史学家们，则称为 Ockham's razor）。该经验法则来自奥卡姆的威廉（William of Ockham）的一句名言，“如无必要，勿增实体”，即“简单有效原理”。其表达的信息是，除非有正当的理由，否则不增加模型的复杂度。更具体地说，我们不想要一个高次多项式，除非该多项式所产生的结果会导致较低的测试误差。套用爱因斯坦的一句名言：“事情应该力求简单，但是不能过于简单。”

有一种想法可能会让读者今晚辗转难眠。这是一种学习方法（将在后面的第 12.4 节中讨论），它可以继续改进该方法的测试集性能，即使该方法已经明显地掌握了训练集。对于机器学习的学生而言，是指机器学习已经把训练误差降到了零，但仍在继续改进。那么，现实生活中的等价说法是什么呢？读者可以想象要在一场公开演出中打磨并改进自己的瑕疵。即使我们已经成功排练完一个场景或者已经为朋友和家人准备好了一道美味菜肴，在我们准备好真正面对公众之前，还可以做更多的事情以进一步完善自己。在舞台上的首演之夜之前，还需要站在最严厉的评论家面前。令人惊奇的是，的确存在有一个学习系统可以帮助我们将一场朋友和家人的排练提升为一场百老汇的演出。

5.3.5 关于过拟合必须牢记的注意事项

本节需要讨论很多内容。以下是讨论的要点。

- 欠拟合：一个过于简单的模型可能无法在训练数据中学习模型中的模式，这样的模型在测试数据上表现也很差。
- 过拟合：一个非常复杂的模型可以很好地学习训练数据。然而，由于这种模型同时还学习了训练数据中的不相关关系，因此对测试数据的处理效果较差。
- 最佳拟合：中等复杂度的模型在训练数据和测试数据中都表现良好。

我们需要在简单性和复杂度之间进行适当的权衡，才能找到一个最佳拟合的模型。

5.4 从误差到成本

在讨论过拟合和欠拟合时，我们比较了模型的复杂度和误差率。从中可以观察到，当改变一类模型的复杂度（也就是多项式的阶数）时，所得到的训练性能和测试性能各不相同。误差率和复杂度这两个方面是紧密地联系在一起的。当深入研究各种机器学习方法时，会发现有些方法可以显式地使用训练误差换取复杂度。就工厂的机器而言，可以考虑复制输入输出关系和在旋钮上设定的值，以成功得到训练性能和测试性能。先撇开不谈关于“模型的优点”这两个方面，我们从普遍意义上讨论回归问题和分类问题。更进一步地说，也可以使用一些特定的选择来描述许多不同的算法。判断一个方法如何处理误差率和复杂度是其中的两种选择。

5.4.1 损失

那么，我们会面临哪些故障和失败的情况呢？首先，将构造一个损失函数（loss function）来量化当模型在一个样例中出错时会发生什么。我们将构造一个训练损失函数，该函数度量模型在整个训练集上的表现。更多的技术报告称之为经验损失（empirical loss）。“经验”的简单意思是“通过观察”或者“正如所见”，所以这是一种基于所看到的数据的损失。训练损失是每个样例上的损失的总和。训练损失的实现代码如下所示。

In [12]:

```
def training_loss(loss, model, training_data):
    '使用模型model基于损失函数loss的总的训练损失'
    return sum(loss(model.predict(x.reshape(1, -1)), y)
                            for x, y in training_data)
def squared_error(prediction, actual):
    '在单个样例上的平方误差'
    return (prediction - actual)**2

# 同样可以使用以下方法:
# my_training_loss = training_loss(squared_error, model, training_data)
```

一种通用的数学描述方法如下所示：

$$\text{TrainingLoss}_{\text{Loss}}(m, D_{\text{train}}) = \sum_{x,y \in D_{\text{train}}} \text{Loss}(m(x), y)$$

对于 3 – 最近邻的平方误差（SE）的具体情况，其中 3-NN(x) 表示对于一个样例 x 的 3 – 最近邻的预测结果，其公式如下所示：

$$\text{TrainingLoss}_{\text{SE}}(3\text{-NN}, D_{\text{train}}) = \sum_{x,y \in D_{\text{train}}} \text{SE}(3\text{-NN}(x), y) = \sum_{x,y \in D_{\text{train}}} (3\text{-NN}(x) - y)^2$$

可以将上述公式用于以下代码中。

In [13]:

```
knn = neighbors.KNeighborsRegressor(n_neighbors=3)
fit = knn.fit(diabetes.data, diabetes.target)

training_data = zip(diabetes.data, diabetes.target)

my_training_loss = training_loss(squared_error,
                                 knn,
                                 training_data)
print(my_training_loss)
```

```
[863792.3333]
```

如果使用 sklearn 的均方误差乘以训练样例的个数，就可以得到相同的答案。

In [14]:

```
mse = metrics.mean_squared_error(diabetes.target,
                                 knn.predict(diabetes.data))
print(mse*len(diabetes.data))
```

```
863792.3333333333
```

看起来比较复杂的 TraingingLoss 训练损失公式是我们所使用的评估计算的一个基本原则。我们还将使用该公式以处理如何确定良好模型复杂度的问题。

5.4.2 成本

正如在过拟合讨论中所看到的，如果使模型越来越复杂，那么可以捕捉到任何需要拟合的模式，甚至是实际的噪声模式。所以，需要一些能对抗复杂度，同时又能奖赏简单性的机制。通过给训练损失增加一个值来创建一个总成本（cost）的概念。从概念上而言，成本 = 损失 + 复杂度，但必须补充一些细节。用来表示复杂度的术语有如下几个技术名称：正则化、平滑化、惩罚因子或者收缩因子。我们将这些技术名称统称为复杂度（complexity）。简而言之，在某些数据上使用一个模型所付出的总成本取决于以下两点：（1）该模型的性能表现，（2）该模型的复杂度。我们可以将这里所谓的复杂度视为一个基本投资。如果初始投资非常高昂，那么希望该模型最好不要出现很多误差。相反，如果初始投资很低，那么可能会有一些允许误差的空间。所有这些的目的都是因为希望在未知的数据上有良好的性能。在新的、未知数据上的性能术语称之为泛化（generalization）。

最后补充一点：对如何权衡误差和复杂度并没有固定的构思。可以把这种权衡作为一个悬而未决的问题，并将成为构建机器学习过程中的一部分。从技术角度而言，这种权衡只是另一个超参数。我们将使用一个小写的希腊字母 λ（发音为“Lambda”，就像在“it's a lamb，duh”中发音类似）代表这种权衡。尽管严格按照损失和复杂度来表达某些机器学习模型可能并不是很自然，但这在很大程度上是可能的。我们将在第 15 章中详细讨论这个思想。可以通过执行几轮验证测试来选择一个好的 λ 值，并将具有最低成本的 λ 作为最终取值。

In [15]:

```
def complexity(model):
    return model.complexity

def cost(model, training_data, loss, _lambda):
    return training_loss(m,D) + _lambda * complexity(m)
```

在数学上，上述代码类似于以下公式：

$$\text{Cost}(m, D_{\text{train}}, \text{Loss}, \lambda) = \text{TrainingLoss}_{\text{Loss}}(m, D_{\text{train}}) + \lambda\,\text{Complexity}(m)$$

也就是说，在以下两种情况下成本会上升：（1）如果出现更多的误差，（2）如果把资源投入到更昂贵但更灵活的模型上。如果取 λ 值等于 2，那么一个单位的复杂度就相当于两个单位的损失。如果取 $\lambda=0.5$，那么两个单位的复杂度相当于一个单位的损失。调整 λ 的值可以调整我们对误差和复杂度的关注程度。

5.4.3 评分

我们还将看到术语评分（score）或者评分函数（scoring function）。至少在 sklearn 的词典中，评分函数是一种量化损失的变体，其中值越大越好。为了实现目标，我们可以考虑损失和评分是互逆值：当一个值上升，另一个值则下降。所以，我们通常想要一个高的评分或者一个低的损失。到底想获取高评分还是低损失仅仅取决于使用哪一种测量方法；因为损失和评分是表达同一事物的两种不同方式。另一组相反的观点是：我们希望最小化损失或者损失函数，但将最大化评分或者评分函数。上述思想可以总结如下：

- 评分：越高越好，尽量最大化。
- 损失、误差和成本：越低越好，尽量最小化。

同样，如果有两个模型，那么可以比较这两个模型的成本。如果有许多不同的模型，那可以使用暴力法、盲目或者聪明的搜索以及数学技巧的一些组合，选择成本最低的模型（在第 4.4 节讨论过这些替代方法）。当然，也可能会判断失误。可能存在一些我们没有考虑到的更低成本的模型。成本可能不是评估模型在现实世界中性能的理想方法。复杂度度量方法，或者对复杂度的权衡，可能过高或者过低。当我们迟疑不决地说，“我们选择了最好的模型和超参数”时，所有这些因素都在幕后起作用。目前我们的确做到了，至少达到了所使用的猜测、假设和约束等条件。

我们将在第 11.2 节中讨论如何挑选好的或者至少更好的模型超参数的实际方法。我们将看到的是，使用像 sklearn 这样的现代机器学习软件，可以使得尝试许多模型和超参数组合变得非常容易。

5.5 （重新）抽样：以少胜多

如果满足于单一的训练 – 测试集拆分，那么这个单一的步骤提供并决定了训练的数据和测试环境。当然，这肯定是一个简单的方法。然而，我们可能会幸运地得到一个非常好的训练 – 测试集拆分，但是也可能没有那么幸运。想象一下，假设我们得到了非常难以处理的训练数据和非常简单的测试数据。突然之间，我们高估了自己在这个巨大而糟糕的现实世界中的表现。如果过度自信是我们真正关心的问题，那么实际上希望看到最坏的情况：容易的训练和困难的测试会导致我们低估机器学习系统在现实世界的性能表现。不过，单评估场景就够了。有没有其他办法可以做得更好呢？如果让人们估计一个罐子里的豆子数量，作为个体每个人都有可能会出错。但是如果我们得到很多的估计，就能得到一个更好的整体答案。为群体的智慧而欢呼吧。那么，如何为评估生成多个估计值呢？我们需要多个数据集。但目前只有一个数据集可用。如何将一个数据集转换为多个数据集呢？

5.5.1　交叉验证

在机器学习社区，生成多个数据集的基本答案称为交叉验证（cross-validation）。交叉验证就像一个纸牌游戏，把所有的纸牌分为三套发放给三个玩家，玩一轮游戏，然后每个人各自把手头的纸牌换手给右手边的玩家……重复这个过程，直到玩了这三套不同的纸牌中的每一个。为了计算出总得分，从所玩的每一手不同的牌上获取个人分数，并将这些分数组合起来（一般取均值）。

让我们直接来讨论一个例子。交叉验证需要很多折（folds），这与上面所说的玩家数量一样。如果有三个玩家，或者说交叉验证有三个折，就得到了三个不同的尝试来玩这场比赛。对于 3 – 折交叉验证，将获取一整套有标记的数据并对其进行摇号。我们将让数据尽可能均匀地随机地落入图 5-8 中的三个桶中，这些桶中标记有罗马数字 B_I、B_{II} 和 B_{III}。

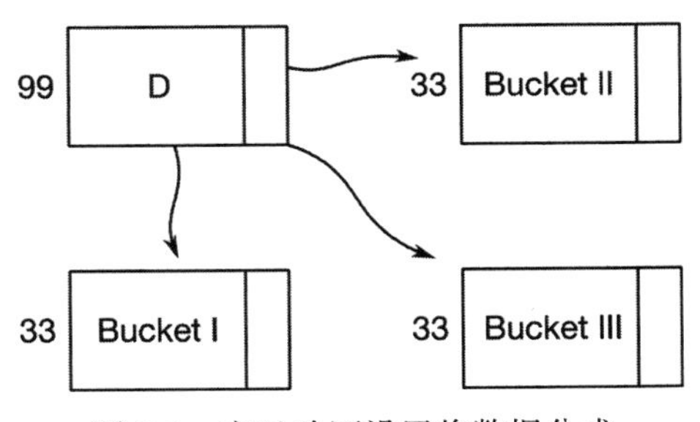

图 5-8　交叉验证设置将数据分成大致相等的数据桶

接下来，执行以下步骤（图 5-9）。

（1）获取数据桶 B_I 并其放在一边。把 B_{II} 和 B_{III} 组合在一起作为训练集。基于组合训练集来训练一个模型（我们称之为 ModelOne（模型一））。然后，在数据桶 B_I 上评估 ModelOne 并将性能记录为 EvalOne。

（2）获取数据桶 B_{II} 并其放在一边。把 B_I 和 B_{III} 组合在一起作为训练集。基于组合训练集来训练一个模型（我们称之为 ModelTwo（模型二））。然后，在数据桶 B_{II} 上评估 ModelTwo 并将性能记录为 EvalTwo。

（3）获取数据桶 B_{III} 并其放在一边。把 B_I 和 B_{II} 组合在一起作为训练集。并基于组合训练集来训练一个模型（我们称之为 ModelThree（模型三））。然后，在数据桶 B_{III} 上评估 ModelThree 并将性能记录为 EvalThree。

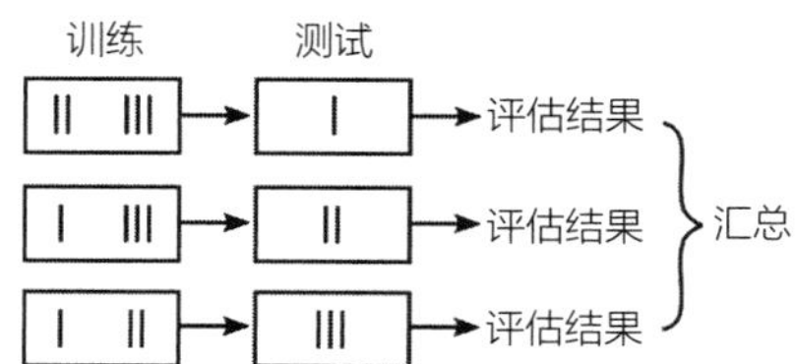

图 5-9 轮流使用每一个交叉验证数据桶，依次作为测试数据，对剩余的其他数据进行训练

至此，我们记录了三个性能值。可以使用这些值完成以下处理工作，包括绘制这些性能值的图形以及对性能值进行统计汇总。绘制这些性能值的图形可以帮助我们了解不同训练集和测试集的性能差异。图形还将告诉我们，模型、训练集和测试集是如何相互作用的。如果在性能度量中发现有一个非常广泛的分布，就有理由怀疑系统中的任何一个性能分数。另一方面，如果性能分数都是相似的，那么可以肯定的是，与具体的训练 – 测试集拆分无关，系统性能都是相似的。一个警告：随机抽样是在没有替换的情况下进行的，训练 – 测试集的拆分都是相互依赖的。这就打破了在统计领域通常所做的一些假设。如果读者对此感到担忧，那么可以参阅第 5.5.3 节。

这里所描述的是 3 – 折交叉验证。交叉验证技术的总称是 k – 折交叉验证，通常将其缩写为 k – 折 CV 或者 k-CV。交叉验证的数量取决于几个因素，包括所拥有的数据总量。通常推荐使用 3 – 折、5 – 折和 10 – 折交叉验证。但对这些的讨论还为时过早。下面是一个使用 sklearn 进行 5 – 折交叉验证的简单示例。

In [16]:

```
# 数据、模型、拟合和交叉验证-评分
model = neighbors.KNeighborsRegressor(10)
skms.cross_val_score(model,
                     diabetes.data,
                     diabetes.target,
                     cv=5,
                     scoring='neg_mean_squared_error')
# 注意:
# cross_val_score的默认参数为
# cv=3折、无数据混淆、如果是分类器则数据是分层抽样
# model.score为默认值（回归器：r2，分类器：accuracy）
```

Out[16]:

```
array([-3206.7542, -3426.4313, -3587.9422, -3039.4944, -3282.6016])
```

cross_val_score 的参数 cv 的默认值是 None。为了理解这意味着什么，必须查看 cross_val_score 的说明文档。以下是说明文档的相关部分，经过了一定的清理和简化。

cv：int 或者 None 或者其他值。用于确定交叉验证拆分策略。

cv 具有以下的可能取值。

- None，使用默认的 3 – 折交叉验证。
- 整数，指定分层 k – 折中的折数。
- 其他。

对于输入是整数或者 None，如果估计器是分类器且 y 是二元分类或者多元分类，那么就使用分层 k – 折交叉验证 StratifiedKFold。在所有其他情况下，使用 k – 折交叉验证 KFold。

我们还没有讨论分层抽样的概念，将在下一章节中加以讨论。但这里需要牢记以下两点：（1）默认情况下，执行的是 3 – 折交叉验证，（2）对于分类问题，sklearn 使用分层抽样。

那么，参数 scoring='neg_mean_squared_error' 是怎么回事？读者可能还记得均方误差（MSE）的概念。这里的概念大概类似。然而，必须调整以下的概念：把“误差越高，结果越差”替换为“评分越高，结果越好”。为了做到这一点，sklearn 把均方误差 MSE 的值取反，从而从一个误差度量转变成一个评分值。评分值都是负数，但评分值越大越好。可以把负数评分值想象成损失更少的钱：不是损失 100 美元，而只是损失了 7.50 美元。

关于回归和评分的最后一点说明事项：回归的默认评分是 r2（数学上的意义是 R^2）。这个评分在统计学中被称为*决定系数*（coeffcient of determination）。我们将在第 7.2.3 节中展开讨论，但这里需要简单说明一下：R^2 非常容易被误用和滥用。

到目前为止还没有讨论 k 的取值。k – 折交叉验证的最难点是需要平衡以下三个问题。第一个问题：训练和测试模型需要多长时间？更大的 k 值意味着更多的数据桶，这反过来意味着更多的训练阶段和测试阶段。存在有一些增量式 / 减量式学习方法可以用来最小化训练和测试不同模型所需的工作量。不幸的是，目前大多数常见的模型还不能提供可以满足这种效率方式的实现或者与交叉验证例程的接口。更有趣的是，在较小的数据集上进行训练比在较大的数据集上进行训练要快。所以，本文将许多小训练（和大测试）与较少的大训练（和较小的测试）进行了比较。运行时间将取决于所使用的特定学习方法。

第二个需要平衡的问题是：k 的取值在两个极端值之间上下滑动。最小的有用值是 $k=2$，它会产生两个数据桶和两个测试误差估计。k 的最大值可以是所拥有的数据点的数量，即 $k=n$。这将导致每个样例都在自己的数据桶中，总共 n 个模型和估计值。此外，当有 2 个数据桶时，我们绝不会使用相同的数据进行训练。当有 3 个数据桶时，则会存在一些重叠，用于创建 B_I 上的测试模型的训练集，其中有一半与用于创建 B_{II} 上的测试模型的训练集是相同的。具体而言，共同的数据是 B_{III} 中的内容。在任何两个模型之间，如果有 n 个数据桶，则都在同一个 n 上训练相同的 $n-2$ 个样例（具体请参见图 5-10）。为了获得完整的 n 个样例，在两个交叉验证折中存在两个不同的数据桶，一个用于训练，另一个保留用于测试。

其最终的影响是，当 $k=2$ 时，不同训练折中的数据会非常不同；而当 $k=n$ 时，不同训练折中的数据几乎相同。这意味着，如果需要找出区别，那么从 $k=2$ 中得到的估计值将有明显的区别。而 $k=n$ 的估计值则非常相似，因为所执行的处理基本上是相同的！

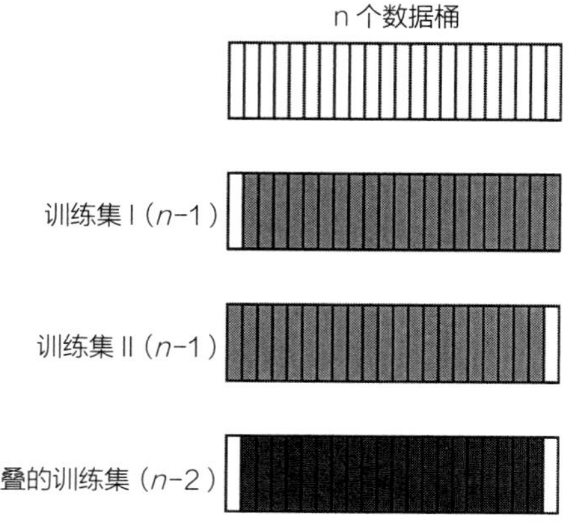

图 5-10 n – 折交叉验证中的重叠

第三个问题是，当 k 值较小时（也就是意味着存在相对较少的折）将导致训练集的大小范围从 50% 的数据（$k=2$）变到 90% 的数据（$k=10$）。这种情况是否可以接受呢？是否需要充分地学习那么多数据取决于实际要处理的问题。我们可以使用学习曲线以图形方式评估，如第 5.7.1 节所示。如果学习曲线基于学习数据的百分比的比例衰减，并且如果这些数据足够使我们达到足够的性能阈值，那么就可以使用相关的折数。

5.5.2 分层抽样

接下来讨论一个分类上下文中的交叉验证的快速示例。在这个示例中，传递参数给 cross_val_score，使用 5 – 折交叉验证。

In [17]:

```
iris = datasets.load_iris()
model = neighbors.KNeighborsClassifier(10)
skms.cross_val_score(model, iris.data, iris.target, cv=5)
```

Out[17]:

```
array([0.9667, 1.    , 1.    , 0.9333, 1.    ])
```

如上所述，交叉验证是以分层抽样的方式进行的，因为这是 sklearn 中分类器的默认设置。那么分层抽样是什么意思呢？基本上，分层抽样意味着当进行交叉验证的训练测试数据被拆分时，需要考虑数据中目标的比例。让我们举个例子吧。下面是一个针对猫和狗的小型数据集，我们将从中获取两折训练样本（两个训练样本集）。

In [18]:

```
# 未分层抽样
pet = np.array(['cat', 'dog', 'cat',
                'dog', 'dog', 'dog'])
list_folds = list(skms.KFold(2).split(pet))
training_idxs = np.array(list_folds)[:, 0, :]
```

```
print(pet[training_idxs])
```

```
[['dog' 'dog' 'dog']
 ['cat' 'dog' 'cat']]
```

喜欢猫的读者会注意到，在第一折训练集里没有猫。很显然这不符合要求。如果这是我们的目标，就没有学习猫的样例了。简单地说，这不可能是件好事。分层抽样加强了猫和狗之间的公平竞争。

In [19]:

```
# 分层抽样
# 注意：通常是在幕后处理的
# 使用分层K折StratifiedKFold将创建可读性好的输出
# 这需要一些技巧，读者可以忽略
pet = np.array(['cat', 'dog', 'cat', 'dog', 'dog', 'dog'])
idxs = np.array(list(skms.StratifiedKFold(2)
                     .split(np.ones_like(pet), pet)))
training_idxs = idxs[:, 0, :]
print(pet[training_idxs])
```

```
[['cat' 'dog' 'dog']
 ['cat' 'dog' 'dog']]
```

现在，这两折训练集中的猫和狗的数量是平衡的，相当于它们在整个数据集中的比例。分层抽样确保在每个训练集中的狗和猫的百分比与在整个可用群体中的百分比相同（或者几乎相同，当对不均匀的分割取整时）。如果没有分层抽样，那么可能存在较少（甚至没有）的一个目标类别，在未分层抽样的例子中，第一个训练集就没有猫。期望这样的训练数据会产生一个好的模型肯定是不可能的。

分层抽样主要用于以下两种情形：（1）数据总体数量有限，（2）某些类别在数据集中的数量比较少。某些类别在数据集中的数量比较少的原因可能是罕见性（例如如果我们讨论的是一种罕见的疾病或者彩票）；也可能是由于数据收集过程有问题。在某种意义上而言，如果拥有有限的数据总量将会使得一切都变得罕见。我们将在第 6.2 节中讨论有关稀有类别的更多问题。

如何将默认分层抽样应用于第 3 章中的 iris 数据集？这意味着，当执行交叉验证数据拆分时，可以确保每个训练集都有来自三个可能的目标鸢尾花的平衡数量。如果不想分层抽样呢？这稍微有点困难，但可以通过以下方式来实现。

In [20]:

```
# 运行未分层抽样交叉验证
iris = datasets.load_iris()
model = neighbors.KNeighborsClassifier(10)
non_strat_kf = skms.KFold(5)
```

```
skms.cross_val_score(model,
                     iris.data,
                     iris.target,
                     cv=non_strat_kf)
```

Out[20]:

```
array([1.    , 1.    , 0.8667, 0.9667, 0.7667])
```

我们可以做出一个有根据的猜测，最后生成的一个（一折）训练集可能存在不均衡的鸢尾花类别分布。可能是缺少某种鸢尾花的足够样本来学习识别它的模式。

5.5.3 重复的训练 – 测试集拆分

接下来讨论另一种变体的训练 – 测试数据拆分示例。这里采用一个与之前不同的训练 – 测试方法，就是采用反复投掷硬币（随机）的方法来产生几个训练 – 测试数据拆分。为什么要重复基本的训练 – 测试数据拆分步骤呢？任何时候当依赖随机性时，都会受到变化的影响：几个不同的训练 – 测试数据拆分可能会给出不同的结果。其中，有些结果可能非常好，有些结果可能非常糟糕。在某些情况下，例如就像买彩票，绝大多数的结果非常相似（就是你没有赢得钱！）。在其他情况下，我们无法提前知道结果是什么。幸运的是，我们有一个非常有用的工具，在遇到未知的随机性时，可以使用这个工具。将随机的事情执行很多次，然后看看结果会发生什么。请注意，接下来我们将要尝试科学方法了！

在训练 – 测试数据拆分的情况下，通常无法预知期望的表现会如何。也许这个问题真的很容易，因为几乎所有的训练 – 测试数据拆分都会导致一个好的机器学习模型，该模型将在测试集上表现良好。或者，这是一个非常困难的问题，我们碰巧选择了一个简单的训练数据子集，结果在训练中表现出色，但在测试中却表现糟糕。我们可以通过进行多次训练 – 测试数据拆分，并通过查看不同的结果来研究由不同的训练 – 测试数据拆分所引起的变化。通过随机重复几次拆分来评估结果。如果真的希望得到技术性的结果，甚至可以计算结果的均值、中位数或者方差等统计信息。然而，本书总是倾向于先查看分析数据，然后再使用统计方法对数据进行汇总。

多个结果值（每种训练 – 测试数据拆分都会产生一个结果值）为我们提供了结果的分布以及这些结果发生的频率。就像在教室里画一张学生身高的图表，可以得到这些身高的分布一样，重复地进行训练 – 测试数据拆分，可以得到评估度量指标（不管是准确率、均方根误差还是其他指标）的分布。这种分布并不能覆盖所有可能的变异源，而只是考虑了一个由于随机性而产生的差异：我们如何选择训练数据和测试数据。可以观察到，由于训练 – 测试数据拆分的随机性，所得到的结果也将产生变化。重复进行训练 – 测试数据拆分得到的均方根误差如表 5-4 所示。

In [21]:

```
# 友情提醒:
# 许多imports隐藏在以下语句中: from mlwpy import *
# from sklearn import (datasets, neighbors,
#                      model_selection as skms,
#                      linear_model, metrics)
# 详细信息，请参见附录A。

linreg   = linear_model.LinearRegression()
diabetes = datasets.load_diabetes()

scores = []
for r in range(10):
    tts = skms.train_test_split(diabetes.data,
                                diabetes.target,
                                test_size=.25)
    (diabetes_train_ftrs, diabetes_test_ftrs,
     diabetes_train_tgt,  diabetes_test_tgt) = tts

    fit   = linreg.fit(diabetes_train_ftrs, diabetes_train_tgt)
    preds = fit.predict(diabetes_test_ftrs)

    score = metrics.mean_squared_error(diabetes_test_tgt, preds)
    scores.append(score)

scores = pd.Series(np.sqrt(sorted(scores)))
df = pd.DataFrame({'RMSE':scores})
df.index.name = 'Repeat'
display(df T)
```

表 5-4　重复进行训练 – 测试数据拆分得到的均方根误差

Repeat	0	1	2	3	4	5	6	7	8	9
RMSE	49.00	50.19	51.97	52.07	53.20	55.70	56.25	57.49	58.64	58.69

当然，读者可以非常仔细地观察上述数据，但原始列表只适用于较少值的情况，当存在太多数值的时候，人们并不能很好地阅读结果数据。所以将绘制一张相应的图（图 5-11）。来自 Seaborn 库的 swarmplot 非常适用于这种情况。该函数会生成一个单值图（也称为分类散点图、类别散布图），并以水平方式堆叠重复的值，这样就可以很容易观察到哪里存在着一堆值。

In [22]:

```
ax = plt.figure(figsize=(4, 3)).gca()
sns.swarmplot(y='RMSE', data=df, ax=ax)
ax.set_xlabel('Over Repeated\nTrain-Test Splits');
```

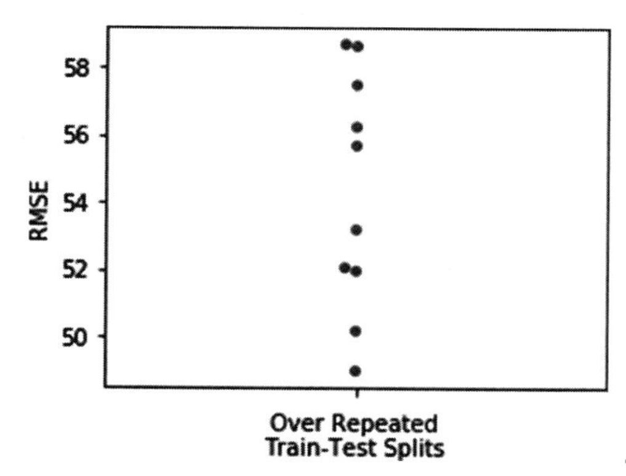

图 5-11 重复的训练 – 测试拆分所生成的分类散点图（见彩插）

重复进行训练 – 测试数据拆分后得到有关计数、均值、标准差、最小值、第 25 百分位数（又被称为第一个四分位数）、第 50 百分位数（又被称为第二个四分位数，或者中位数）、第 75 百分位数（又被称为第三个四分位数）以及最大值等统计数据的均方根误差如表 5-5 所示。

In [23]:

```
display(df.describe().T)
```

表 5-5 重复进行训练 – 测试数据拆分后得到相关统计值的均方根误差

	Count	mean	std	min	25%	50%	75%	max
RMSE	10.000	54.322	3.506	49.003	51.998	54.451	57.182	58.694

在评估这样的绘图时，请始终根据数据的比例确定自己的研究方向。起初，我们可能认为这些数据分布是相当广泛的，但是经过进一步的回顾，可以看到这些数据（均方根误差）都聚集在 55 ～ 59 左右的范围。这是否“很大程度上”取决于均方根误差 RMSE 值的大小，均值接近 55，所以在 ± 10% 的数据范围内呢？这个 ± 10% 的数据范围比较大，值得我们注意。

作为一个快速的 Python 课程，下面是一种方法，可以使用一个列表解析（list comprehension）而不是循环语句重写上面的评分计算代码。基本策略是：（1）将循环的内容转换为函数；（2）在一个列表解析中反复调用该函数。这种代码重写方式可以让我们获得一些性能的提高，但我们并不是为了资源优化而做的代码重写。这种代码重写方式最大的收货就是为之前的训练 – 测试拆分、拟合、预测和评估过程实现了合理的命名。正如《创世纪》中所说，命名是我们在计算机程序中能做的最强大的事情之一。定义函数还为我们提供了一个单一实体，该实体可以用于测试资源使用以及在其他代码中重用。

In [24]:

```
def tts_fit_score(model, data, msr, test_size=.25):
```

```
    '应用一个训练-测试数据拆分来拟合模型，并使用MSR进行评估'
    tts = skms.train_test_split(data.data,
                                data.target,
                                test_size=test_size)

    (train_ftrs, test_ftrs, train_tgt,  test_tgt) = tts

    fit   = linreg.fit(train_ftrs, train_tgt)
    preds = fit.predict(test_ftrs)

    score = msr(test_tgt, preds)
    return score

linreg   = linear_model.LinearRegression()
diabetes = datasets.load_diabetes()
scores = [tts_fit_score(linreg, diabetes,
                        metrics.mean_squared_error) for i in range(10)]
print(np.mean(scores))
```

```
3052.540273057884
```

关于重复的训练 – 测试数据拆分和交叉验证，这里做最后一点讨论。使用 k – 折交叉验证，每个样例都将得到一个且只有一个的预测结果。每个样例正好位于一个测试桶中。基于不同数据集开发的 k 个模型均有各自的预测值，而整个数据集的预测值将对这些预测值进行聚合。对于重复的训练 – 测试数据拆分，我们可能完全忽略某些样例的训练或者预测，而对其他样例则进行重复预测，如图 5-12 所示。在重复的训练 – 测试数据拆分中，会受到所选择过程的随机性的影响。

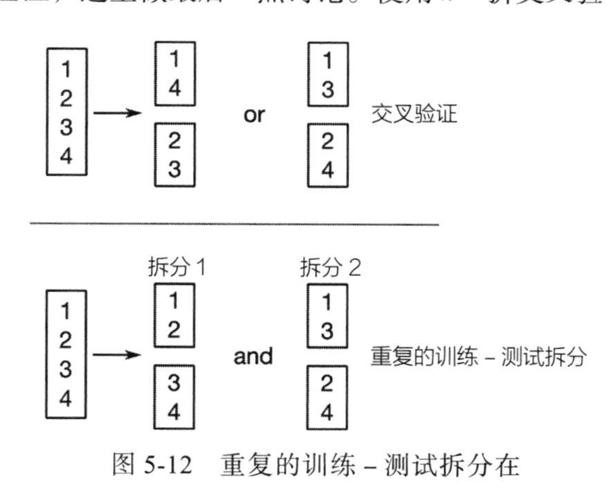

图 5-12　重复的训练 – 测试拆分在重复之间可能存在重叠

5.5.4　一种更好的方法和混排

管理重复的循环以进行多次训练 – 测试数据拆分的确有点麻烦。而且有很多地方我们可能会犯错误。如果可以把这个过程封装在一个单独的函数中就好了。幸运的是，sklearn 做到了这一点。如果将一个 ShuffleSplit 数据拆分器传递给 cross_val_score 函数的 cv 参数，就可以精确地得到上面手工编码的算法。改进后得到有关计数、均值、标准差、最小值、第 25 个百分位数（又被称为第一个四分位数）、第 50 个百分位数（又被称为第二个四分位数，或者中位数）、第 75 个百分位数（又被称为第三个四分位数）以及最大值等统计数据的均方根误差如表 5-6 所示，相应的均方根误差如图 5-13 所示。

In [25]:

```
linreg   = linear_model.LinearRegression()
diabetes = datasets.load_diabetes()

# 非默认值cv= 参数
ss = skms.ShuffleSplit(test_size=.25) # 默认值，10次拆分
scores = skms.cross_val_score(linreg,
                              diabetes.data, diabetes.target,
                              cv=ss,
                              scoring='neg_mean_squared_error')

scores = pd.Series(np.sqrt(-scores))
df = pd.DataFrame({'RMSE':scores})
df.index.name = 'Repeat'
display(df.describe().T)

ax = sns.swarmplot(y='RMSE', data=df)
ax.set_xlabel('Over Repeated\nTrain-Test Splits');
```

表 5-6 （改进后）重复进行训练 – 测试数据拆分后得到相关统计值的均方根误差

	count	mean	std	min	25%	50%	75%	max
RMSE	10.000	55.439	3.587	50.190	52.966	55.397	58.391	60.543

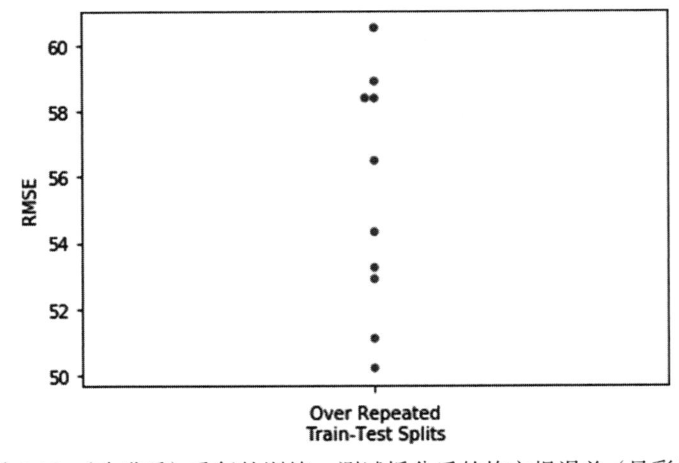

图 5-13 （改进后）重复的训练 – 测试拆分后的均方根误差（见彩插）

与我们的手工编码版本略有不同之处在于，此版本随机选择了训练 – 测试数据拆分。

现在，我们来讨论随机性对那些能够勇敢地学习机器学习的学生们的另一种影响。随机性就是要求计算机做随机的事情。下面是 ShuffleSplit 的幕后工作原理。别担心，稍后我们会解释 random_state 的具体含义。

In [26]:

```
ss = skms.ShuffleSplit(test_size=.25, random_state=42)

train, test = 0, 1
next(ss.split(diabetes.data))[train][:10]
```

Out[26]:

```
array([ 16, 408, 432, 316,   3,  18, 355,  60, 398, 124])
```

顺便说一下，这里之所以使用 next 方法，这是因为 ShuffleSplit 依赖于 Python 生成器来依次生成各个数据拆分。调用 next 方法将为我们提供下一次的数据拆分结果。在获取下一个数据拆分结果后，再挑选训练数据 [train]，然后通过 [:10] 挑选前十个样例。

非常棒，让我们再尝试一次吧。

In [27]:

```
ss = skms.ShuffleSplit(test_size=.25, random_state=42)
next(ss.split(diabetes.data))[train][:10]
```

Out[27]:

```
array([ 16, 408, 432, 316,   3,  18, 355,  60, 398, 124])
```

本次运行结果和上一次的运行结果居然是一模一样的！请不要紧张，让我们来分析一下吧。按理说，结果不应该是随机的吗？答案是肯定的，但也是否定的，计算机上所谓的随机性通常是伪随机的。这是一个很长的数字列表，当把这些列表放在一起的时候，这种随机足以伪造出数据的随机性。我们从列表中的某个点开始随机地取值。在外界的观察者看来，这些数值似乎非常随机。但如果知道列表的这种布局机制，就可以提前知道接下来是什么值。因此伪随机数有以下两个特点：（1）生成的值看起来大部分是随机的，但是（2）生成这些伪随机数的过程实际上是确定的。这种确定性具有一个很好的副作用，我们可以充分利用这种确定性。如果为伪随机数序列指定一个起始点，就可以得到一个可复制的非随机值列表。当我们使用 random_state 时，就为 ShuffleSplit 设置了一个起点，以便在要求随机性时使用。最终会得到同样的结果。可重复的训练－测试数据拆分，对于创建可重复的测试用例、与学生共享样例，以及在跟踪误差时消除一些自由度等方面都非常有用。

关于随机性的问题得到完美解决，现在又出现了另外一个类似的问题。让我们再分别运行两次 k－折交叉验证。

In [28]:

```
train, test = 0, 1
kf = skms.KFold(5)
next(kf.split(diabetes.data))[train][:10]
```

Out[28]:

```
array([89, 90, 91, 92, 93, 94, 95, 96, 97, 98])
```

In [29]:

```
kf = skms.KFold(5)
next(kf.split(diabetes.data))[train][:10]
```

Out[29]:

```
array([89, 90, 91, 92, 93, 94, 95, 96, 97, 98])
```

在真正需要随机性的时候，缺乏随机性开始变得有些力不从心了。这里的问题出在 KFold 的默认参数上。

```
skms.KFold(n_splits=3, shuffle=False, random_state=None)
```

shuffle=False 是默认值，这意味着在将样例分发到不同的折之前，我们不会对其进行混排。如果想对其进行混排，则必须明确指定参数。为了使样例更具可读性，我们将切换回简单的 pet 宠物目标。

In [30]:

```
pet = np.array(['cat', 'dog', 'cat',
                'dog', 'dog', 'dog'])

kf = skms.KFold(3, shuffle=True)

train, test = 0, 1
split_1_group_1 = next(kf.split(pet))[train]
split_2_group_1 = next(kf.split(pet))[train]

print(split_1_group_1,
      split_2_group_1)
```

```
[0 1 4 5] [0 1 3 5]
```

如果设置了参数 random_state，则该参数将由拆分器共享。

In [31]:

```
kf = skms.KFold(3, shuffle=True, random_state=42)

split_1_group_1 = next(kf.split(pet))[train]
split_2_group_1 = next(kf.split(pet))[train]
print(split_1_group_1,
      split_2_group_1)
```

```
[2 3 4 5] [2 3 4 5]
```

5.5.5　留一交叉验证

如前文所述，我们可以采取一种极端的方法进行交叉验证，并使用尽可能多的交叉验证数据桶作为样例。因此，如果有了 20 个样例，我们就有可能进行 20 次训练 – 测试数据拆分，进行 20 次训练拟合，进行 20 次测试，得到 20 次结果评估。这个版本的交叉验证称为留一交叉验证（Leave-One-Out Cross-Validation，LOOCV），这非常有趣，因为生成的所有模型几乎都有共同的训练数据。在 20 个样本中，90% 的数据在任意两次训练过程中共享。

20 次训练 – 测试数据拆分得到有关计数、均值、标准差、最小值、第 25 个百分位数（又被称为第一个四分位数）、第 50 个百分位数（又被称为第二个四分位数，或者中位数）、第 75 个百分位数（又被称为第三个四分位数）以及最大值等统计数据的均方根误差如表 5-7 所示。通过图 5-14 可以以可视化的方式观察其效果。

In [32]:

```
linreg   = linear_model.LinearRegression()
diabetes = datasets.load_diabetes()

loo = skms.LeaveOneOut()
scores = skms.cross_val_score(linreg,
                              diabetes.data, diabetes.target,
                              cv=loo,
                              scoring='neg_mean_squared_error')

scores = pd.Series(np.sqrt(-scores))
df = pd.DataFrame({'RMSE':scores})
df.index.name = 'Repeat'

display(df.describe().T)

ax = sns.swarmplot(y='RMSE', data=df)
ax.set_xlabel('Over LOO\nTrain-Test Splits');
```

表 5-7　20 次训练 – 测试数据拆分后得到相关统计值的均方根误差

	count	mean	std	min	25%	50%	75%	max
RMSE	442.000	44.356	32.197	0.208	18.482	39.547	63.973	158.236

奇怪的是，有三个明显的点具有较高的均方根误差 RMSE，大约有二十个点在误差主体（RMSE>100）上方形成一个明显的峰值。这意味着有大约 20 个点不符合预测模型，而构建预测模型使用了几乎所有的数据。因此有必要研究导致出现这些问题样例的共同原因。

留一交叉验证是一种确定性评估方法。在选择中不存在随机性，因为每次运行留一交叉验证时都以相同的方式使用所有的数据内容。这种确定性可以用来比较和测试机器学习算法的正确性。然而，运行留一交叉验证可能会很昂贵，因为需要为每个留一的样例训练一次

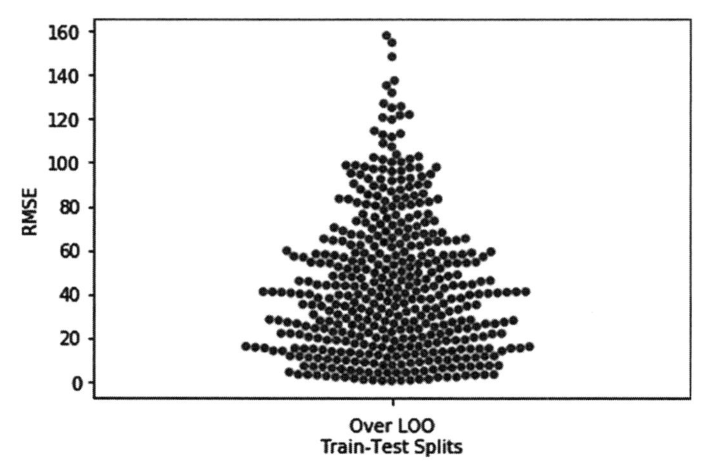

图 5-14 留一交叉验证的训练 – 测试拆分（见彩插）

模型。有些模型具有数学技巧，可以用来大大减少重复训练的开销。在评估方面，将大量训练数据（除一个样例外）合并到每个交叉验证分区中的最终效果是：留一交叉验证对实际误差率给出了相对无偏的评估。由于单个样例的预测是如此的密切相关，大部分的训练数据都被共享并通过管道传输到同一个学习算法中，对新样例的性能误差的评估可能会有很大的不同。总的来说，一般建议选择 5 – 折或者 10 – 折交叉验证，而不是选择留一交叉验证。

5.6 分解：将误差分解为偏差和方差

假设我们在一个赛道上，开始做一些基本的测量，如表 5-8 所示。我们看到赛车在跑道上飞驰，我们测量赛车的位置和速度。假设总共记录了总距离 $d=2$ 的两圈时间，同时还记录了一个平均速度 s。如果有一张这些数值的表格，但我们忘记了中学所学的所有物理知识，那么可以开始尝试将不同的列联系在一起。例如，从这两个时间和总时间中，可能会得出这样一个事实：$t_1+t_2=t_{total}$。再次，假设我们忘记了中学学到的所有物理知识，甚至四年级所学的一切数学知识。

表 5-8 记录赛道上赛车手的相关信息

赛车手	时间 1	时间 2	总时间	速度	距离
Mario	35	75	110	0.018	2
Luigi	20	40	60	0.033	2
Yoshi	40	50	90	0.022	2

现在考虑一下试图关联不同列的一些变化。首先，测量是否完美，或者记录这些测量数据的方式是否存在误差呢？其次，允许使用什么数学运算来关联列？为了让事情在可控范围内，我们将只允许使用如下两个简单的操作：加法和乘法，然后观察应用这两个操作后结

果如何。最后，我们考虑将不同列之间的关系作为输入和输出。

在表 5-9 中，我们列出了不同的可能性，以及如何使用表中的信息完美地描述对数据和误差的评估。

表 5-9　学习过程中误差的根源

输入	输出	测量误差	真实关系	尝试创建的关系	是否完美	原因
t_1, t_2	t_{total}	无	加法	加法	是	
t_1, t_2	t_{total}	有	加法	加法	否	测量误差
t_{total}, s	d	无	乘法	加法	否	无法获得正确的形式

表中有三个案例，其中有两个是不合格的。其中两个案例的“是否完美？”列对应的结果是“否”，分别对应于在开发机器学习系统时必须解决的两个误差源。第三个误差来源是训练数据和机器学习模型之间的交互作用。当观察到在不同训练集上进行训练后得到的结果不相同时，就是这种交互作用的暗示。总之，这三个误差的样例为我们避免在预测中犯错误奠定了基础。测量误差（表 5-9 中的第三列）降低了我们将数据进行清晰地关联的能力，而且这些误差可能难以控制。这些测量误差甚至可能不是我们的错，而是其他人测量的结果；而我们仅仅是在构建模型。但是第三种情况（表格中的第三个案例），我们所选择的模式与实际的模式不相匹配，则是我们自己造成的问题。

5.6.1　数据的方差

当我们犯了一个错误（存在不正确的类别，或者均方误差 MSE 大于 0）时，可能有几个不同的原因所造成。其中一个原因是，输入特征和输出目标之间的关系实际上是随机的，而我们对此并没有真正的控制权。例如，不是每个主修经济学并有五年专业工作经验的大学毕业生都能挣到同样金额的钱。他们的收入范围可能相差很大。如果事先了解到更多的信息，比如毕业生本科学校的选择，也许可以缩小这个收入范围。然而，随机性仍然存在。类似地，根据计时设备和赛道上的用户误差，我们记录的时间可能比精确值偏高或者偏低（可重复）。

输出是一个范围值，这是与高中数学函数和随机过程之间的根本区别。与一个输入有且只有一个输出不同，一个输入可以有多个输出（位于一个分布范围内）。我们又绕回到了抛掷骰子或者抛掷硬币的主题：处理随机性。数据在多大程度上受到随机性的影响，无论是在测量中还是在现实世界中的差异，都被称为数据的方差（variance of the data）。

5.6.2　模型的方差

在机器学习系统中，可以控制一些误差的来源，但控制可能是有限的。当选择一个单一的模型（比如线性回归）并经过一个训练步骤时，我们设置了该模型的参数值。我们正在设置工厂机器旋钮上的数值。如果随机选择训练集和测试集（这是我们应该做的），就失去了对结果的一些控制。模型的参数（就是机器上的旋钮）值取决于对训练数据的随机选择。如果重新抛掷硬币，我们会得到不同的训练数据。通过不同的训练数据，会得到了不同的训练模型。由于训练数据的随机选择性，模型将会随之变化，因此被称为模型的方差（variance of the model）。

一个经过训练的模型，在测试用例和实际使用该模型时会给出不同的答案。下面是一个具体的例子。如果有一个非常糟糕的数据点（具有 1 – 最近邻），那么大多数训练样例和测试样例都不会受到这个数据点的影响。然而，对于任何一个最接近该误差样例的数据点而言，事情都会出错。相反，如果使用大量的近邻，这个误差样例的影响效果会在许多其他训练样例中被淡化。最终得到了一个折中的结果，并且能够在即使存在误差样例的情况下解决困难的问题。我们的赛道示例不包括由于模型训练而导致的差异示例。

5.6.3 模型的偏差

最后的一种误差来源于我们在哪里拥有最高的控制权。当在两个模型中进行选择时，其中一个模型可能会对输入和输出之间的关系产生更好的共鸣。我们已经在第 5.3.2 节中看到了一个不良共振的例子：使用一条直线是很难拟合一条抛物线路径的。

让我们把这种思想和目前的讨论联系起来。我们将从消除噪声（前面讨论过的固有随机性）开始。对于任何给定的输入，消除噪声的方法是只考虑一个最佳猜测输出。因此，如果输入样本包括教育程度、所获学位和毕业后的年数等，{college, economics, 5} 实际上有一系列可能的收入预测，我们将取一个最佳值来表示可能的输出。然后，提出如下一系列问题："模型 1 与该值的拟合程度如何？"和"模型 2 与该值的拟合程度如何？"然后，把这个过程扩展到所有的输入 {secondary, vocational, 10}，{grad, psychology, 8}，并询问模型与每个可能输入的单个最佳猜测的拟合程度。

请读者不要担心，稍后我们将把该思想具体化。

如果在忽略了数据中固有的噪声后，一个模型无法匹配输入和输出之间的实际关系，则会有更高的偏差（bias）。具有高偏差的一个模型很难捕捉复杂的模式。具有低偏差的一个模型可以拟合更复杂的模式。在赛车的例子中，当我们想把速度和时间关联起来计算距离时，不能使用加法（addition），因为它们之间的真正关系是乘法（multiplication）。

5.6.4 结合所有的因素

前面三个小节的内容从根本上分解了预测中的误差来源。这三个小节的主要内容分别是：（1）数据的内在可变性，（2）从训练数据创建预测模型的可变性，以及（3）模型的偏差。这三项内容和总体误差之间的关系被称为偏差 – 方差分解（bias-variance decomposition），其数学公式如下所示。

$$\text{误差} = \text{偏差}_{\text{机器学习模型}} + \text{方差}_{\text{机器学习模型（训练）}} + \text{方差}_{\text{数据}}$$

上述公式隐藏了很多细节。请读者不要灰心丧气！即使是在研究生水平的数学方面的教科书也会隐藏这个特殊方程式的细节。当然，这种处理方式被称为"删除不必要的细节"，在这一点上我们也不会持反对意见。本书对这个特殊方程式的细节也不加讨论。在讨论一些例子之前，让我们再重申一遍。预测中的误差原因在于以下几个方面：数据的随机性、从训练数据构建模型的可变性，以及模型所能表达的关系与实际真实关系之间的差异。

5.6.5　偏差 – 方差权衡示例

接下来让我们讨论一些具体例子，研究如何将偏差 – 方差的权衡应用于 k – 最近邻、线性回归和朴素贝叶斯。

5.6.5.1　k – 最近邻的偏差 – 方差权衡

让我们思考一下，当改变邻居的数量时，k – 最近邻会发生什么结果。从最极端的情况开始。我们能用的邻居最少是一个。这相当于说，“如果有一个新的样例，那么查找哪一个与该样例最相似，然后标记该样例目标作为最相似邻居的目标呢？”作为一种战略，1 – 最近邻的边界有可能非常锯齿化或者一直摆动。每个训练的样例都有自己的发言权，而不必向其他任何人询问意见！从相反的角度来看，一旦找到最接近的样例，就会忽略其他人所陈述的意见。如果有 10 个训练的样例，一旦找到了最接近的邻居，那么就与其他 9 个样例没有任何关系了。

现在，再走到另一个相反的极端。假设有 10 个样例，那么选择 10 – 最近邻。我们的策略是“对于一个新的样例，找到离该样例最接近的 10 个邻居，根据它们的目标值计算均值，然后把这个结果作为预测的目标。”好吧，只要有 10 个样例，我们遇到的每一个新样例又都会有 10 个最接近的邻居。所以，不管怎样，结果都是对每个样例的目标值计算均值。这就相当于以下的说法：“让预测目标成为整个训练的均值。”我们的预测没有边界：预测的结果都完全相同。无论输入值是多少，都预测相同的值。唯一偏差更大的预测是预测一些常数，比如说 42，这个常量根本不是根据数据计算出来的结果。

图 5-15 总结了 k – 最近邻的偏差 – 方差权衡。增加邻居的数量会增加偏差，但会减少方差。减少邻居的数量会增加方差，但会减少偏差。

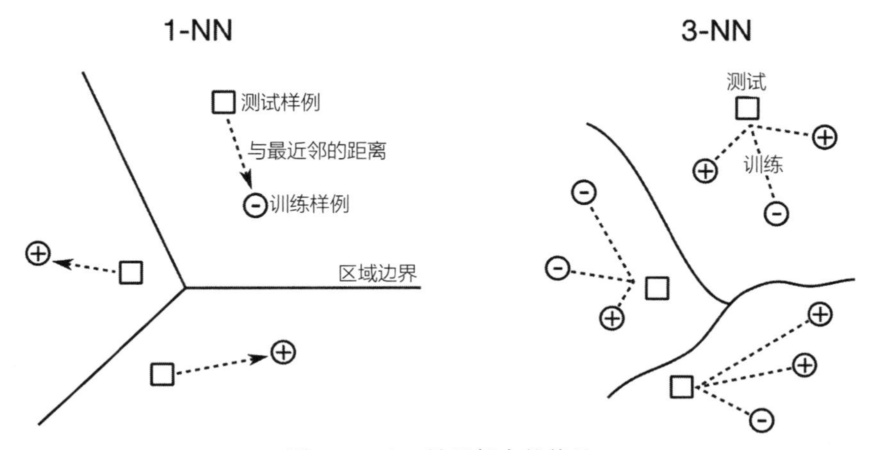

图 5-15　k – 最近邻中的偏差

5.6.5.2 线性回归的偏差 – 方差

什么是线性回归的可比分析？有两种不同的方法来考虑这个问题，这里想把它们都简化一下。我们使用如下的两种方法对普通的线性回归进行修改。

- 限制所包含的特征。
- 添加与原始特征具有简单关系的新的伪特征。

我们将从两个可能的线性回归模型开始。第一个模型（ConstantLinear，常数线性模型）只是预测一条水平直线或者一个平面。第二个模型（PlainLinear，纯线性模型）是标准直线或者类似平面的模型，可以倾斜。根据在第 4.3.2 节中讨论的权重，第一个模型将除 w_0 之外的所有权重设置为零，并给出相同的输出值，而不考虑输入。该模型声称："我害怕改变，所以千万不要把我和数据混淆了。"第二个模型声称："这是一个聚会，邀请所有人来参会！"读者可以想象这两个极端之间的一个中间地带：挑选并有选择地邀请可以来参加聚会的人。也就是说，将某些权重设置为零。因此，线性回归模型有如下四种变化。

- 恒定线性：不包括任何特征，对所有 $i \neq 0$，$w_i=0$。
- 少量特征：包括少量特征，大多数 $w_i=0$。
- 大量特征：包含大量特征，少数 $w_i=0$。
- 纯线性：包括所有特征，没有任意一个 $w_i=0$。

这些为线性回归模型提供了类似的复杂度谱，正如我们在 k – 最近邻中看到的那样。当通过将更多权重设置为零来包含更少的特征时，就失去了区分丢失的特征所代表的差异的能力。换而言之，我们的世界在缺失的维度上变得更加混乱。设想一下，拿一个苏打罐，然后把它压成煎饼一样的形状。关于罐子的任何高度信息都完全丢失了。即使是罐子里的不规则部分（比如收集溢出的苏打水的小缝隙）也不见了。把一束光线照在不同的物体上（如图 5-16 所示），我们就得到了一个类比，并告知我们，当丢失信息时，这些差异是如何被隐藏起来的。

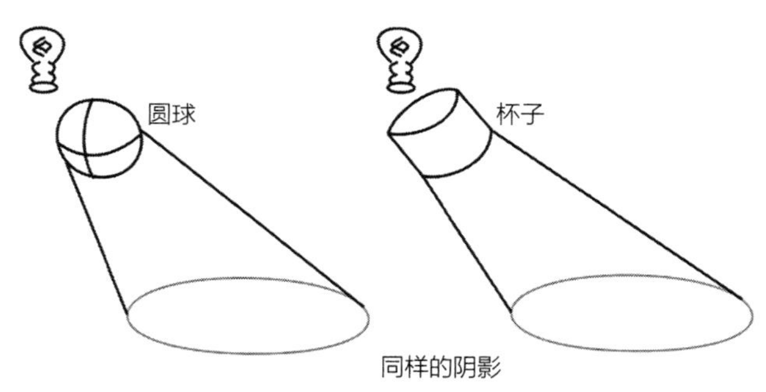

图 5-16 失去特征（维度）限制了对世界的看法，增加了偏差

通过将 w_i 设置为零，完全取消一些特征是非常极端的情况。我们将在第 9.1 节中看到一个更为渐进的过程，使权重更小，但并不一定为零。

现在让我们来扩展所包含的特征。正如在本章前面所看到的，通过添加更多的多项式项（x^2、x^3 等），可以在数据中容纳更多的弯曲或者摆动（如图 5-17 所示）。可以使用这些曲线来捕捉那些看起来很奇怪的实例。正如所观察到的一样，这意味着可能会被噪声愚弄。

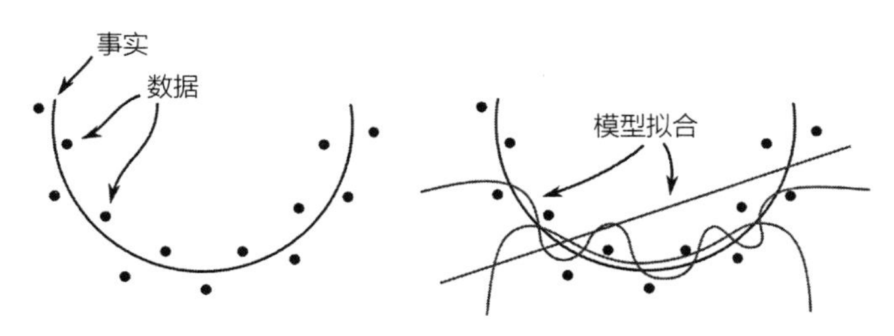

图 5-17 添加复杂项可以让模型更加摇摆，但这种变化可能会拟合噪声

在线性回归中，添加类似于多项式项等的特征可以减少偏差，但会增加方差。相反地，将特征的权重强制为零会增加偏差，但会减少方差。

关联 *k* – 最近邻和线性回归

不同的线性回归模型和 *k* – 最近邻之间存在密切的联系。常数线性模型是一种最简单、偏差最大的模型，该模型永远只会预测一个值，就是均值。类似地，一个 *k* – 最近邻系统（*k* 等于训练数据集中的样例数）会考虑所有数据并对其进行汇总。汇总结果可以是均值。偏差最大的线性回归和最近邻模型都会预测均值。

在算法谱的另一端，即具有最少偏差的那一端，我们以两种截然不同的方式获得复杂度。纯线性模型 PlainLinear 包含来自所有特征的信息，但基于参数的权重对特征值进行调整，以得到一个“中心”的预测值。1 – 最近邻在距离计算中包含了所有特征的信息，但它只考虑最近的样例来得到预测值。

令人惊奇（至少对作者本人而言）的有趣现象是，在最近邻中查阅更多的样例会导致更多的偏差，而在线性回归中查阅更多的特征会导致更少的偏差。一种解释是，在诸多最近的邻居中，当我们咨询其他人时，我们所做的唯一事情就是将样例之间的差异进行平均化处理，结果就是平滑粗糙的边缘。因此，这种方法与结合信息的方法有很大关系，就像它与参考更多样例的事实有很大关系一样。

5.6.5.3 朴素贝叶斯的偏差 – 方差

现在有一个显而易见但未被谈及的问题。目前为止，除了朴素贝叶斯（NB）之外，我们讨论了第一部分中介绍的每种方法。那么，朴素贝叶斯的偏差 – 方差如何呢？使用朴素贝叶斯来描述权衡效果稍有不同，因为朴素贝叶斯在一系列假设中更像是一个单一的点。朴素贝叶斯的作用范围是具有条件独立假设的变量。朴素贝叶斯几乎尽可能使以下条件成立：如果给定类，那么所有的事件都具有条件独立性（请参见图 5-18）。

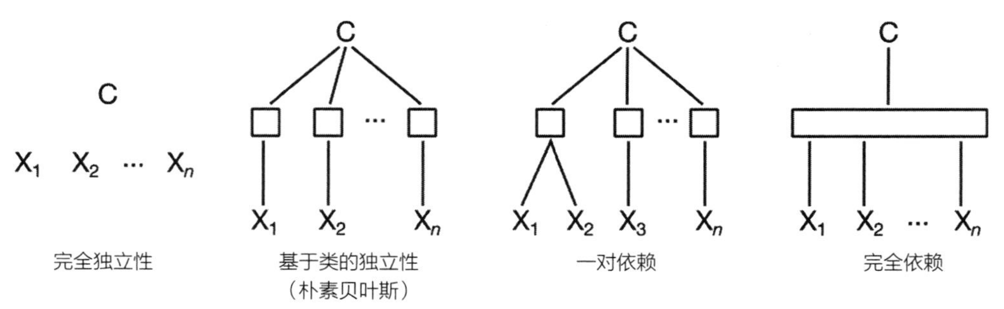

图 5-18 朴素贝叶斯是概率谱上的一个偏差 - 方差点

如果类别独立于所有的特征，那么最终的独立性假设我们所能做的就是根据类别的分布进行猜测。对于一个连续的目标，就意味着我们猜测均值。对于一类模型中最不复杂、偏差最大、具有最多假设的模型，我们又回到了一个均值模型。该模型非常方便。其他一些更复杂的模型试图增加朴素贝叶斯的复杂度，它们可能会做出越来越少的独立性假设。这些假设将伴随着越来越复杂的依赖性声明。最终，我们得到了最复杂的依赖类型：非常复杂的完全联合分布（full joint distribution）。在其他问题中，如果想充分地捕捉一个完全相关联合分布中的差异，所需要的数据量是数据的特征数量的指数级别。对于每一个额外的特征，都需要一些大约 10 倍的样例（这里的数值并不十分严格）。如果两个特征需要 100 个样例，那么三个特征就需要 1000 个样例。总而言之，这对我们并不是好事。

5.6.5.4 汇总表

令人惊讶的是，三种学习方法（每种方法都是基于数据的不同优先级和概念化）都有一个共同的出发点：在一个足够简单的场景中，三种方法都预测均值。如果每个样例都有最近的邻居，则预测一个均值，这是对 N - 最近邻的计算总结。对于只有 w_0 的线性回归，那么 w_0 就是最后的均值！如果是朴素贝叶斯的一种更简单的形式（比朴素贝叶斯更朴素），那么结果也正是输出目标的均值（或者是一个分类问题中出现频数最高的值）。然而，每种方法都以不同的方式扩展了基本方法。表 5-10 显示了这些模型在偏差 - 方差、欠拟合和过拟合方面的不同权衡。

表 5-10 偏差和方差之间的权衡

方案	示例	好	差	风险
高偏差、低方差	更多邻居 低次多项式 较小或者零的线性回归系数 更多独立性假设	抗噪声 强制泛化	缺失模式	欠拟合
低偏差、高方差	较少邻居 高次多项式 较大的线性回归系数 较少的独立性假设	拟合复杂模式	拟合噪声 记忆训练数据	过拟合

5.7 图形可视化评估和比较

上述讨论有点偏向理论化。读者可能已经发现，因为我们已经有一段时间没有看到任何代码了。接下来将通过可视化评估性能的方式，来弥补上述的问题。除了有趣之外，对机器学习模型进行可视化的评估，还可以回答一些很难归结为单个数值的重要问题。记住，单个数值（均值、中位数）可能会高度误导结果。

5.7.1 学习曲线：到底需要多少数据

对于一个机器学习系统，我们可以提出的最简单的一个问题是：当给机器学习系统更多的训练样本时，系统的学习性能是如何提高的。如果机器学习模型永远得不到好的表现，即使我们给它提供了大量的数据，结果也可能是在胡编乱造。我们还可以看到，当使用更多或者全部的训练数据时，会继续改进模型的表现。这可能会让我们有信心花费一些实际的努力来获得更多的数据来训练我们的模型。下面是一些代码，我们可以从这些代码开始进行研究。sklearn 提供 learning_curve 函数，可以执行所需要的计算。交叉验证折数与所使用的数据量的关系如表 5-11 所示。

In [33]:

```
iris = datasets.load_iris()

# 10种数据集大小: 10%-100%
# （指定大小的数据被馈送到5-折交叉验证）
train_sizes = np.linspace(.1, 1.0, 10)
nn = neighbors.KNeighborsClassifier()

(train_N,
 train_scores,
 test_scores) = skms.learning_curve(nn, iris.data, iris.target,
                                    cv=5, train_sizes=train_sizes)

# 汇总5-折交叉验证的评分：每个数据集大小有一个结果
df = pd.DataFrame(test_scores, index=(train_sizes*100).astype(np.int))
df['Mean 5-CV'] = df.mean(axis='columns')
df.index.name = "% Data Used"

display(df)
```

表 5-11　折数与所使用数据量的关系

%Data Used	0	1	2	3	4	Mean 5-CV
10	0.3333	0.3333	0.3333	0.3333	0.3333	0.3333
20	0.3333	0.3333	0.3333	0.3333	0.3333	0.3333
30	0.3333	0.3333	0.3333	0.3333	0.3333	0.3333

（续）

%Data Used	0	1	2	3	4	Mean 5-CV
40	0.6667	0.6667	0.6667	0.6667	0.6667	0.6667
50	0.6667	0.6667	0.6667	0.6667	0.6667	0.6667
60	0.6667	0.6667	0.6667	0.6667	0.6667	0.6667
70	0.9000	0.8000	0.8333	0.8667	0.8000	0.8400
80	0.9667	0.9333	0.9000	0.9000	0.9667	0.9333
90	0.9667	1.0000	0.9000	0.9667	1.0000	0.9667
100	0.9667	1.0000	0.9333	0.9667	1.0000	0.9733

Learning-curve 返回两个维度的数组：训练大小的数目以及交叉验证折的数目。我们称这个二维数组为 (percents, folds)。在上面的代码中，返回值是 (10, 5)。不幸的是，将上表中的值转换成图形可能有些麻烦。

幸运的是，Seaborn 提供了一个帮助函数（但已经过时）。我们将把结果发送到 tsplot.tsplot，以创建多个覆盖图，每个条件对应一个图，该函数根据我们的重复测量给出了一个中心和一个范围。还记得大学毕业生可能的收入位于某个范围吗？此处的想法也是一样的。tsplot 是用来绘制时间序列数据。它期望数据包含三个组成部分：时间（times）、条件（conditions）和重复（repeats）方式。反过来，这三个组成部分分别构成 x 轴、分组（一条直线）和重复方式（线周围的宽度）。分组用于将某些数据点保持在一起；因为我们要在一个图形上绘制多个绘图，所以我们需要知道哪些数据属于同一个组。重复方式是对同一情景的多次评估，受到一些随机变化的影响。重复执行一次，我们会得到一个稍微不同的结果。tsplot 期望这些组成部分的顺序为 (repeats, times, conditions)。

如果获取 learning_curve 的结果，并把 train_scores 和 test_scores 叠加在最外层的维度上，所得到的数据结构类似于 (train/test condition, percents, folds)。只需要把这些维度反过来，因为 (folds, percents, conditions) 和 tsplot 的 (repeats, times, conditions) 是一致的。可以采用 np.transpose 函数来完成这个反转操作。5 – 最近邻分类器的学习曲线如图 5-19 所示。

In [34]:

```
# tsplot要求数组数据具有以下维度:
# (repeats, times, conditions)
# 对于我们的场景，这三个维度分别对应于:
# (交叉验证评分，百分百，训练/测试)
joined = np.array([train_scores, test_scores]).transpose()

ax = sns.tsplot(joined,
                time=train_sizes,
                condition=['Train', 'Test'],
                interpolate=False)
```

```
ax.set_title("Learning Curve for 5-NN Classifier")
ax.set_xlabel("Number of Samples used for Training")
ax.set_ylabel("Accuracy");
```

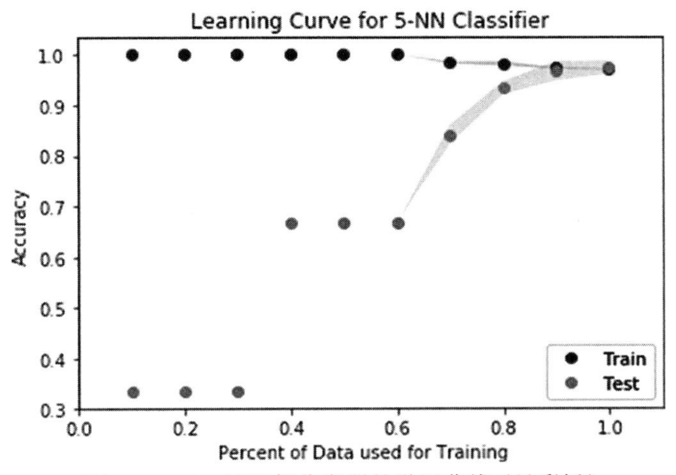

图 5-19　5 – 最近邻分类器的学习曲线（见彩插）

我们在测试误差中观察到了一些不同的训练和测试结果。使用高达 30% 的数据进行训练会产生非常差的测试性能（准确率略高于 30%）。将训练数据提高到 40% ～ 50%，则测试性能会提高到 70%，这是朝着正确方向迈出的一大步。当我们将 70% 到 100% 的数据用于训练时，测试性能将趋近于高于 90% 的可观百分比。训练方面呢？为什么准确率会减少？如果只有少数几个的样例，那么很显然 5 – 最近邻可以捕获所有的训练数据的一个简单模式，直到得到大约 60% 的准确率。在那之后，我们开始在训练性能上失去一些优势。但请记住，我们真正关心的是测试性能。

另一个要点是：我们可以将这个百分比转化为足够训练所需要的最少样例数量。例如，需要几乎 100% 的联合训练折（joined training folds）来获得合理的 5 – 折交叉验证测试结果。这意味着需要 80% 的完整数据集用于训练。如果这还是不够，可以考虑较少的交叉验证拆分，以适合训练所需的数据量。

5.7.2　复杂度曲线

本书前面章节中，当讨论欠拟合和过拟合时，曾经绘制了一个图，以显示当改变模型的复杂度时，训练性能和测试性能会发生什么变化。这些绘图位于某些嵌套循环和绘图函数中。我们可以使用 `tsplot`（就像对示例曲线所进行的处理一样），使流程简化为 5 行逻辑代码。既然我们不是在玩代码高尔夫——也就是说，不是为了尽量减少代码的行数来赢得奖品，因此也没有必要把实现流程写成 5 行代码。用于 k – 最近邻的 5 – 折交叉验证的性能如图 5-20 所示。

In [35]:

```
num_neigh = [1, 3, 5, 10, 15, 20]
KNC = neighbors.KNeighborsClassifier
tt = skms.validation_curve(KNC(),
                           iris.data, iris.target,
                           param_name='n_neighbors',
                           param_range=num_neigh,
                           cv=5)

# 堆叠和转置技巧（如前所述）
ax = sns.tsplot(np.array(tt).transpose(),
                time=num_neigh,
                condition=['Train', 'Test'],
                interpolate=False)

ax.set_title('5-fold CV Performance for k-NN')
ax.set_xlabel("\n".join(['k for k-NN',
                         'lower k, more complex',
                         'higher k, less complex']))
ax.set_ylim(.9, 1.01)
ax.set_ylabel('Accuracy');
```

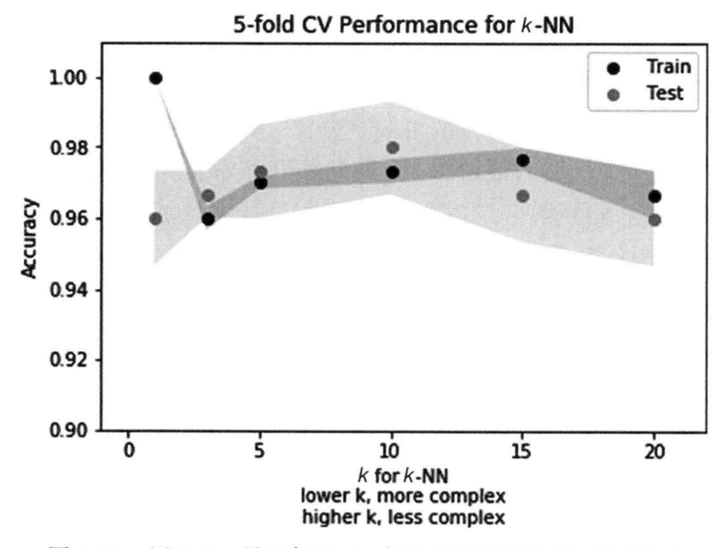

图 5-20 用于 k – 最近邻的 5 – 折交叉验证的性能（见彩插）

现在，我们给读者留下一个思考题。为什么 1 – 最近邻能获得 100% 的训练准确率？这是一件好事情吗？什么时候可能会是一个不好的结果呢？似乎最好的验证测试性能在曲线的中间（接近 10 – 最近邻），这意味着什么呢？

现在我们揭晓答案。如果读者希望自己去独立思考，就不要阅读以下内容。使用 1 – 最近邻，所有的训练点都被精确地分类为它们自己的目标值：这些点正是自己的最近邻。这可能是极端的过拟合。如果噪声很小或者没有，其结果可能是好的。10－最近邻对于我们向客户提供的最终系统而言，可能是一个很好的值，它似乎可以在欠拟合（偏差）和过拟合（方差）之间进行很好的权衡。我们应该在一个保留测试集上对其进行评估。

5.8　使用交叉验证比较机器学习模型

交叉验证的优点之一在于：我们可以观察到不同训练集上训练的可变性。只有将每个评估作为一个独立的值，才能做到这一点，因为需要相互比较各个值。也就是说，需要保持每一个折的分离并在图形上不同。我们可以使用一个简单的绘图（图 5-21）来实现。

In [36]:

```
classifiers = {'gnb' : naive_bayes.GaussianNB(),
               '5-NN' : neighbors.KNeighborsClassifier(n_neighbors=5)}

iris = datasets.load_iris()

fig, ax = plt.subplots(figsize=(6, 4))
for name, model in classifiers.items():
    cv_scores = skms.cross_val_score(model,
                                     iris.data, iris.target,
                                     cv=10,
                                     scoring='accuracy',
                                     n_jobs=-1) # 使用所有评分
    my_lbl = "{} {:.3f}".format(name, cv_scores.mean())
    ax.plot(cv_scores, '-o', label=my_lbl) # marker=next(markers)
ax.set_ylim(0.0, 1.1)
ax.set_xlabel('Fold')
ax.set_ylabel('Accuracy')
ax.legend(ncol=2);
```

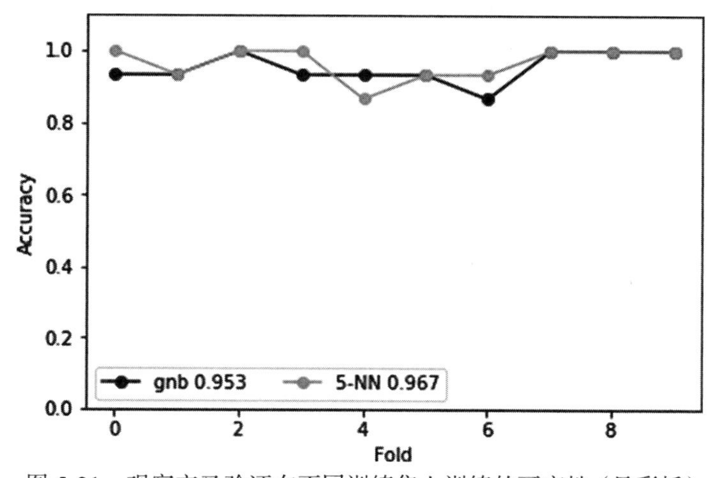

图 5-21　观察交叉验证在不同训练集上训练的可变性（见彩插）

我们观察到很多类似的结果。结果表明：5 – 最近邻赢了三次，而高斯朴素贝叶斯 GNB 赢了一次。其他的可视化结果相同。我们将无法在分类散点图上或者计算的平均值上进行这种“谁赢了”的比较。分类散点图丢失了与折的联系信息，而均值压缩了各个折中的所有比较信息。

5.9 本章参考阅读资料

5.9.1 本章小结

我们在比较不同的机器学习模型时，所使用的机制已经变得非常复杂：我们不再进行单次训练 – 测试数据拆分，而是进行多次训练 – 测试数据拆分。我们还深入研究了机器学习中的一个基本理论问题：偏差 – 方差权衡。最后，还讨论了两种图形化的方法：学习曲线和复杂度曲线，并通过多折交叉验证来比较机器学习模型。然而，我们仍然只使用了一个较小的方法工具箱，并没有以结构化的方式为这些方法选择超参数。后续章节将展开阐述！

5.9.2 章节注释

评估中的外部问题

当建造一座桥时，我们需要确保其安全性。我们要确保这座桥能够承受的重量和大风的强度。然而，在开始建设桥梁之前，需要有人提出问题：“我们是否应该建造一座桥？”还有其他更好的选择吗？我们能在海湾周围修建一条路吗？我们能在海峡下面建造一条隧道吗？我们可以使用日班渡船吗？现在是不是应该什么都不做，而是等到技术进步，或者更多的用户有通过海峡的需求时。当以不同的方式衡量时，这些选项中的每一个都可能是不同的：施工成本、耐久性、维护成本、每辆车的最大重量、车辆的最大吞吐量、总的预期寿命、扩充成本和最终用户的通行时间。有很多方法可以比较不同的选择。

在工程术语中，这两种评估有特定的名称。当询问“假设我们需要建造一座桥，这座桥安全吗？”时，我们讨论的是验证（verifying）这座桥是安全的。当询问“我们应该建造一座桥、一条路还是一条隧道？”时，我们正在确认（validating）应该使用哪种解决方案。

- 确认（validation）：我们是否构建了解决问题的正确方法？我们应该建造别的东西，还是使用不同的方法解决这个问题？
- 验证（verification）：我们构建的东西是否按正确的方式工作？这种方法是否具有低误差、或者很少犯错误、或者没有崩溃的可能性？

在本章中，我们讨论了工程师们所称的验证问题（issue of verification）。假设我们想要构建一个机器学习系统，我们应该如何评估它的能力？在本章中，我们提醒过读者要跳出黑盒子（意指读者正在构建的系统）进行思考：也许可以寻找一个更好的替代解决方案。这里还需要补充一个说明，来澄清“验证”和“确认”这两个术语的具体含义。验证和确认这两个术语来自一个特定的工程环境。但是在机器学习和相关社区中，我们用来“验证”系统的一些技术的名称中包含了“确认”的含义。例如，我们刚刚介绍的机器学习评估技术——交叉验证——如果使用工程术语而言，就是“验证”系统的运行。请读者自己仔细理解这两个术语的含义吧。

一般注释

我们所说的训练，也就是在幕后解决某种优化问题。在机器上设置刻度盘实际上是为了在某些限制条件下为刻度盘找到一些合适的最佳值。

学习系统的表现力（偏差和方差）和现有的原始数据之间存在着相互作用。例如，两点定义一条直线。如果只有两个数据点，就无法证明任何东西会比一条直线更扭曲。但是，事实上确实可以使用无数种方法生成两个数据点。几乎所有这些方法都不是一条简单的直线。

最近邻偏差的另一个有趣的方面在于，当有很多特征时，请考虑 1 – 最近邻会发生什么。我们可能听说过，在太空中没有人能听到人们的尖叫声。当我们拥有很多特征时，就像那些酷酷的孩子们所说的那样：“当我们在高维空间时……”——这是真的。在高维空间中，每个人都离其他所有人很远，所以没有人足够近到可以听到对方说话。这种现象是维度灾难（curse of dimensionality）的一个方面。在机器学习方面，这意味着没有人足够接近，能够真正知道下一步应该采用什么值。我们的预测不够精确：偏差太大。

为了评估，存在有许多不同的方法来重新采样数据。我们讨论了交叉验证和重复训练 – 测试数据拆分（Repeated Train-Test Splitting，RTTS）方法。重复训练 – 测试数据拆分也称为蒙特卡罗交叉验证（Monte Carlo cross-validation）。当读者在一个机器学习或者统计学中看到蒙特卡罗（一个著名的赌博小镇）时，可以将其替换为短语“重复随机投掷”。在本书中，蒙特卡罗指的是选择训练 – 测试数据拆分的重复随机性，而不是标准交叉验证“一步到位（one-and-done）”的随机性。每个重新采样评估器都在估计目标的数量。令人震惊的是，这意味着这些评估器自己就有偏差和方差。亲爱的读者，我们不小心又进入了元世界！如果读者想了解有关元的更多信息，建议可以从科哈维（Kohavi）的这篇涉及大量数学知识的论文开始：“A study of cross-validation and bootstrap for accuracy estimation and model selection（准确率评估和模型选择的交叉验证和引导研究）”。

还有其他相关的重新采样方法，称为刀切法（jackknife）和自举法（bootstrap）。刀切法非常类似于留一法交叉验证。在第 12.3.1 节中，我们将在稍微不同的上下文中讨论自举法，基本上使用带替换的重复采样来构建模型。当需要考虑超参数时，还需要另一个级别的交叉验证——嵌套交叉验证（nested cross-validation）。我们将在第 11.3 节中讨论。

《统计学习基础》（*Elements of Statistical Learning*，ESL）的引文源自第一版第 196 页。同样，如果读者想了解偏差 – 方差公式中被掩盖的细节，同样可以阅读《统计学习基础》从 196 页开始的内容。非常有趣，但阅读有一定的难度。关于交叉验证的一个很好的答案，可以参考在线统计和机器学习社区的讨论：https://stats.stackexchange.com/a/164391/1704。

如果读者还想知道为什么本书花那么多的时间来研究如何使用 tsplot，那么读者可以查看如何生成一条学习曲线的 sklearn 文档示例：http://scikit-learn.org/stable /auto_examples/model_selection/plot_learning_curve.html。

5.9.3 练习题

我们引入了许多评估技术，但并没有直接对这些技术进行比较。如果在一个机器学习问题上分别使用 2 – 折、3 – 折、5 – 折和 10 – 折交叉验证的留一方法，请问读者可以直接比较这些方法吗？随着折的增加，请问读者能够观察到什么模式？

模型估计中方差的一个快速例子是训练（计算）较大数据集随机样本的均值和中位数的差异。请制作一个包含 20 个随机值的小数据集。要求随机选择其中 10 个值，并计算这 10 个值的均值和中位数。然后，随机选择 10 个值，重复 5 次，并分别计算均值和中位数。请问这 5 个均值有多大区别？ 5 个中位数的差别有多大？这些值与最初 20 个值的均值和中位数相比结果又如何？

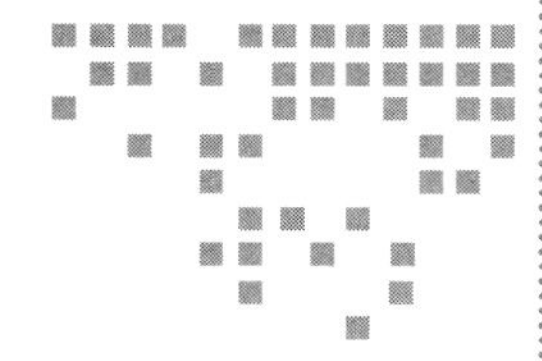

第 6 章 Chapter 6

评估分类器

In [1]:

```
# 环境设置
from mlwpy import *
%matplotlib inline

iris = datasets.load_iris()

tts = skms.train_test_split(iris.data, iris.target,
                            test_size=.33, random_state=21)

(iris_train_ftrs, iris_test_ftrs,
 iris_train_tgt,  iris_test_tgt) = tts
```

在上一章中，我们讨论了与分类器和回归器相关的评估问题。本章我们将注意力转向适合分类器的评估技术。我们将首先讨论基线模型来作为比较的标准。然后，将进一步讨论不同的度量指标，这些度量指标可以用于帮助识别分类器不同类型的误差。我们还将研究一些用于评估和比较分类器的图形方法。最后，将在一个新的数据集上应用这些评估方法。

6.1 基线分类器

我们已经强调了（而且上一章也强调了）这样一个观点：在评估机器学习系统时，我们不能欺骗自己。我们讨论了单个模型的公平评估，并比较了两个或者多个备选模型。这些步骤非常有效。不幸的是，这些步骤中错过了一个重要的一点（这是一个容易错过的要点）。

一旦我们花时间构建了一个花哨的机器学习系统（注意是一个新的且改进过的系统），我们会觉得有责任使用这个新系统。这种责任可能是为了我们的老板，或者项目投资者，或者我们自己投入的时间和创造力。然而，将一个机器学习系统投入到生产使用中，就意味着需要一个闪亮的、新的、改进过的系统。但也可能不是这样的。有时，简单的老式技术比花哨的新产品更有效、并且性价比更高。

我们如何判断究竟是需要篝火还是工业炉呢？可以通过与我们能想到的最简单的想法［就是基线方法（baseline methods）］进行比较，然后得出结论。sklearn 称基线方法为哑方法（dummy methods）。

我们可以假设存在如下四个层次的机器学习系统。

（1）基线方法：基于简单统计或者随机猜测的预测。

（2）简单的、现成的机器学习方法：通常是资源密集度较低的预测方法。

（3）复杂的、现成的机器学习方法：通常是资源密集度较高的预测方法。

（4）定制的、精品的机器学习方法。

本书中的大多数方法属于第二类。这些方法是简单的、现成的系统。我们将在第 15 章中介绍更复杂的系统。如果读者需要特别定制的精品解决方案，那么就应该雇用一个对机器学习和统计领域有更资深造诣的研究人员（比方说本书的谦逊作者）。最基本的基线系统帮助我们决定是否需要一个复杂的系统，以及这个系统是否比原始系统更好。如果我们的花里胡哨系统并不比基线系统好，那么可能需要重新审视一些基本的假设。我们可能需要收集更多的数据或者改变表示数据的方式。我们将在第 10 章和第 13 章讨论如何调整数据的表示方式。

在 sklearn 中，存在有四种基线分类方法。实际上，我们将给出基线分类的五个代码，但其中两个是重复的。当给定一个测试样例时，每种方法都会做出一个预测。其中有两种基线方法是随机的；它们采用投掷硬币的方法（随机方法）对样例进行预测。另外两个基线方法返回一个常量值；这些基线方法总是预测同样的事情。其中两个随机方法分别为：（1）uniform：根据类别的数目在目标类别中均匀选择；（2）stratified：根据类别的频率在目标类别中均匀选择。其中两个常量方法分别为：（1）constant：返回我们挑选的一个目标类别；（2）most_frequent：返回最可能的那个类别。most_frequent 方法对应的代码名称是 prior。

在数据集出现罕见事件（例如罕见疾病）时，这两种随机方法的行为会有所不同。如果有两个类别：大量的健康人和罕见的病人，uniform 方法在病人和健康人之间均匀挑选 50%-50%。结果导致选择出比实际情况更多的病人。而对于 stratified，我们采用类似于分层抽样的方式进行挑选。该方法根据数据中健康人和病人的百分比分别选择一定数量的健康人或者病人作为目标。如果有 5% 的病人，该方法会选择 5% 左右的病人和 95% 的健康人。

下面是最常用的基线方法的简单用例。

In [2]:

```
# 一般用法：构建-拟合-预测-评估
baseline = dummy.DummyClassifier(strategy="most_frequent")
baseline.fit(iris_train_ftrs, iris_train_tgt)
base_preds = baseline.predict(iris_test_ftrs)
base_acc = metrics.accuracy_score(base_preds, iris_test_tgt)
print(base_acc)
```

```
0.3
```

让我们比较一下这些简单的基线策略的性能，结果如表 6-1 所示。

In [3]:

```
strategies = ['constant', 'uniform', 'stratified',
              'prior', 'most_frequent']

# 设置参数以创建不同的DummyClassifier哑分类器策略
baseline_args = [{'strategy':s} for s in strategies]
baseline_args[0]['constant'] = 0 # class 0 is setosa

accuracies = []
for bla in baseline_args:
    baseline = dummy.DummyClassifier(**bla)
    baseline.fit(iris_train_ftrs, iris_train_tgt)
    base_preds = baseline.predict(iris_test_ftrs)
    accuracies.append(metrics.accuracy_score(base_preds, iris_test_tgt))

display(pd.DataFrame({'accuracy':accuracies}, index=strategies))
```

表 6-1　简单基线策略的性能比较

	准确率
constant	0.3600
uniform	0.3800
stratified	0.3400
prior	0.3000
most_frequent	0.3000

当在固定的训练 – 测试数据拆分上多次重复运行时，uniform 方法和 stratified 方法将返回不同的结果，因为这两种方法都是随机方法。对于一个固定的训练 – 测试数据拆分，其他的策略将始终返回相同的值。

6.2　准确率以外：分类器的其他度量指标

到目前为止，我们总共讨论了两个指标：分类的准确率和回归的均方根误差（RMSE）。

sklearn 还提供了很多其他度量指标。

In [4]:

```
# 辅助标准库(stdlib)工具:用于清理打印输出
import textwrap
print(textwrap.fill(str(sorted(metrics.SCORERS.keys())),
                    width=70))
```

```
['accuracy', 'adjusted_mutual_info_score', 'adjusted_rand_score',
'average_precision', 'balanced_accuracy', 'brier_score_loss',
'completeness_score', 'explained_variance', 'f1', 'f1_macro',
'f1_micro', 'f1_samples', 'f1_weighted', 'fowlkes_mallows_score',
'homogeneity_score', 'mutual_info_score', 'neg_log_loss',
'neg_mean_absolute_error', 'neg_mean_squared_error',
'neg_mean_squared_log_error', 'neg_median_absolute_error',
'normalized_mutual_info_score', 'precision', 'precision_macro',
'precision_micro', 'precision_samples', 'precision_weighted', 'r2',
'recall', 'recall_macro', 'recall_micro', 'recall_samples',
'recall_weighted', 'roc_auc', 'v_measure_score']
```

这些度量指标并不全是为分类器而设计的，因此我们不会全部讨论。但是，这里有一个稍微不同的问题：我们如何识别用于特定分类器（比如 k - 最近邻）的评分器？这不太难，尽管答案有一点冗长。读者可以通过查看命令 help(knn.score) 的全部输出。本书将帮助文档做了适当的精简，内容如下所示。

In [5]:

```
knn = neighbors.KNeighborsClassifier()

# help(knn.score) # 输出结果冗长，但是完整

print(knn.score.__doc__.splitlines()[0])
print('\n---and---\n')
print("\n".join(knn.score.__doc__.splitlines()[-6:]))
```

```
Returns the mean accuracy on the given test data and labels.

---and---

        Returns
        -------
        score : float
            Mean accuracy of self.predict(X) wrt. y.
```

上述帮助信息中的关键内容表明：k - 最近邻的默认评估是平均准确率。准确率有一些基本的限制，根据刚才看到的列表所列出的大量指标，我们将讨论其中的以下指标：precision（准确率）、recall（召回率）、roc_auc（ROC 曲线下的面积）和 f1（分数）。读

者可能会质疑为什么要讨论这些度量指标呢？准确率会有什么问题呢？是不是准确率不够准确吗？很高兴读者能提出疑问，让我们马上回答读者的问题吧。

下面是一个关于准确率问题的快速例子。请记住，准确率基本上就是指正确的次数。假设有一个数据集，其中包含 100 个病人和一种罕见的疾病。万幸的是这种罕见病虽然非常致命，但同时也非常罕见。在我们的数据集中，有 98 个健康人和 2 个病人。让我们采取一个简单的基线策略，预测每个人都是健康的。准确率是 98%。结果看起来相当不错，对吧？好吧，其实并不是这样的。事实上，当需要识别出病人的时候，由于我们没有识别出任何一个病人，因此没有病人能够得到适当的医疗护理。这是一个非常现实的问题。如果有一个更复杂的学习系统以同样的方式失败，那么我们无法对该学习系统的性能表示满意。

6.2.1　从混淆矩阵中消除混淆

如果有一个数据集，并且构建了一个分类器，该分类器根据各个特征来预测一个目标，那么我们就有了预测值和实际值。任何一个家里有小孩的人都知道，理想和现实并不总是一致的。孩子们（实际上大人也一样）总是喜欢以一种自我为中心的方式来诠释身边的事物。对于如何评估预测值或者猜测值与实际值的吻合程度，我们目前采用的度量标准是准确率：预测值与实际值在何处相同？如果预测一场曲棍球比赛的结果，我们会预言："我的球队会赢"，而结果他们输了，那么就出现了一个错误，我们的准确率为零。

可以使用两种方法来分析错误。下面是一个例子。我们看见炉子上有一口锅，锅有金属把手。如果锅是热的并且我们去尝试握住金属把手，那么结果将非常糟糕。那是一个令人痛苦的错误。但是，如果锅是冷的，并且，我的爱人要求我去刷锅，但是我偷懒没去把锅清理干净，这种情况我同样会陷入麻烦。这又是一个错误。但是，可以委婉地向爱人解释："亲爱的，我觉得锅是烫的。"这听起来很像是一个不错的借口。这两种类型的错误以许多不同的形式出现：冷的时候猜测它是热的，热的时候猜测它是冷的。两个错误都会给我们带来麻烦。

当我们谈论机器学习中的抽象问题时，冷和热将分别成为正结果和负结果。这些术语不一定必须是道德评判。通常，我们所说的正结果具有以下特点之一：（1）风险大，（2）可能性小，（3）结果更值得关注。例如在医学上，当一项测试结果呈阳性时，就意味着发生了一些值得关注的事情。这可能是一个好的结果，也可能是一个坏的结果。这种含糊不清是许多医学笑话的根源。"哦，不，测试结果是阴性的。我快要进坟墓了。"马克听到后几乎要昏厥。"不是这样的，马克，我们希望测试结果是阴性的，您没有病！"。虚惊一场！

让我们回到关于冷锅和热锅的例子。我们可以选择哪种结果为正结果。虽然我不希望惹我的爱人生气，但我更担心的是手会被烫伤。所以，选择热锅为正结果。就像在医疗案例中一样，我们不希望看到一个测试结果表明身体状况不佳。

6.2.2　错误的方式

关于冷锅和热锅的例子，其中的错误和正确的方式如表 6-2 所示。

表 6-2 关于冷锅和热锅错误和正确的方式

	我认为：锅是热的	我认为：锅是冷的
锅是热的	我认为锅是热的 锅是热的 结果正确	我认为锅是冷的 锅是热的 结果错误
锅是冷的	我认为锅是热的 锅是冷的 结果错误	我认为锅是冷的 锅是冷的 结果正确

现在，我们要使用一些通用术语来代替那些特定于锅的术语。我们要使用真和假（True/False）来代替对和错（right/wrong）。真（True）表示我们做得很好，做得正确，符合世界的真实状态。假（False）表示愁眉苦脸，我们犯了一个错误。我们还将介绍术语正（Positive）和负（Negative）。请记住，我们认为热锅（锅是热的）是正（Positive）。所以，可以将“正的声明”表达为：“我认为锅是热的”，并将关联单词“正（Positive）”。对应的关系如表 6-3 所示。

表 6-3 关于冷锅和热锅关联的通用术语

	我认为：锅是热的（正）	我认为：锅是冷的（负）
锅是热的	真（预测的）正	假（预测的）负
锅是冷的	假（预测的）正	真（预测的）负

把内容抽象处理：左上角的真正（True Positive）表示当我认为锅是热的（正）时我是正确的（真）。同样地，真负（True Negative）表示当我认为锅是冷的（负）时我是正确的（真）。在右上角，假负（False Negative）表示当我认为锅是冷的（负）时我错了（假）。

现在，让我们移除所有的关于训练的内容，并创建一个如表 6-4 所示的通用表，称为混淆矩阵（confusion matrix），它将适用于所有的二元分类问题。

表 6-4 混淆矩阵

	预测为正（PredP）	预测为负（PredN）
实际为正（ReadP）	真正（TP）	假负（FN）
实际为负（RealN）	假正（FP）	真负（TN）

与表相对应，T、F、P、N 分别代表真（True）、假（False）、正（Positive）、负（Negative）。这里存在一些数学关系。表中的行表示了现实世界的状态。例如，当现实世界是正（Positive）时，我们处理的情况位于第一行。在现实世界中，存在以下关系式：RealP=TP+FN 和 RealN=FP+TN。表中的列表示与预测相关的细节。例如，第一列描述了当预测为正时的情况。根据预测结果，存在以下的关系式：PredP=TP+FP 和 PredN=FN+TN。

6.2.3 基于混淆矩阵的度量指标

我们可以根据混淆矩阵中值提出问题和回答问题。例如，如果我们是医生，我们关心能够有效地找到那些实际上生病的人。因为我们把病人定义为正，所以他们位于第一行。我们在RealP上询问有关结果：在现实世界的病人中，有多少是正确检测到的结果，计算公式为$\frac{TP}{TP+FN}=\frac{TP}{RealP}$。这个术语被称为灵敏度（sensitivity）。我们可以把灵敏度想象成“这个测试对寻找病人的帮助有多大”——测试重点放在病人身上。信息检索领域的专业人士把灵敏度也称为召回率（recall）。

不同的社区独立地提出了这种实现，所以他们给灵敏度和召回率起了不同的名称。召回率可以想象为从一个网络搜索中获得点击，在真正有价值或者相关的点击（RealP）中，有多少是正确找到的（或者是召回的）结果。同样，对于敏感性和召回率，我们关心的是现实世界中正的或者有相关的案例的正确性。敏感性还有一个其他常用的同义词：真阳性率（True Positive Rate，TPR）。读者不用着急用铅笔写下来，稍后我们将列出一份术语表。真阳性率TPR是相对于现实的真实阳性率。

关于我们得到的判断正确的病人或者相关的病例还有一个补充说明：判断错误的病人。这个错误称为假阴性（false negative）。使用缩写，判断错误的病人的计算公式是$\frac{FN}{TP+FN}$。我们可以把判断正确的病人和判断错误的病人加起来，就会得到所有病人的总数。从数学上讲，其公式为$\frac{TP}{TP+FN}+\frac{FN}{TP+FN}=\frac{TP+FN}{TP+FN}=1=100\%$。这些公式表明，我们可以把所有的病人分成两部分：（1）被判断为病人的病人，（2）被判断为健康人的病人。

我们也可以提出这样的一个问题：“关于健康人的判断结果如何？”现在关注的是混淆矩阵表中的第二行（RealN）。如果我们是医生，想知道当人们健康的时候，我们的测试有什么价值。虽然风险是不同的，但是仍然存在有误诊健康人的风险。我们暂时扮演医生角色，并且不希望当人们是健康的时候却误诊断为生病了。这样不仅给病人带来恐惧和担忧，而且还有可能最终使用病人并不需要的手术或者药物来治疗他们！这个错误是假阳性（False Positive，FP）的情况。可以通过观察如何判断健康人的准确程度来评估这种情况$\frac{TN}{FP+TN}+\frac{TN}{RealN}$。这种情况下的诊断术语是测试的“特异度（specificity）”，也就是测试是否只在我们希望的特定情况下做出了判断。特异度也称为真阴性率（True Negative Rate，TNR）。事实上，这是相对于现实的实际负率。

混淆矩阵单元中的最后一种组合是以预测为主、而现实为辅。这种情况下相当于是在回答以下问题：“当测试结果为阳性时，测试值是多少？”或者更简单地说，“命中率是多少？”命中率被称为PredP。在PredP中，我们将计算正确的数值TP。然后得到$\frac{TP}{PreaP}=\frac{TP}{TP+FP}$，这被称为精确率（precision）。试着重复以下语句10次：“正预测有多精确呢？”。

图 6-1 显示了混淆矩阵以及用于评估混淆矩阵的度量指标。

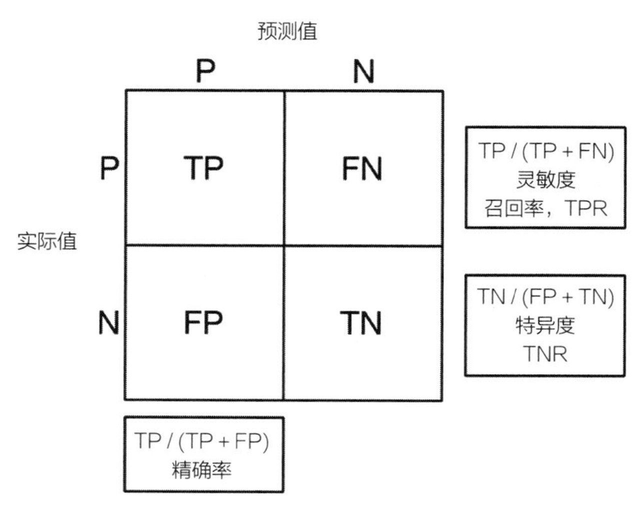

图 6-1 正确预测和错误预测所对应的混淆矩阵

关于混淆矩阵的最后一点说明。当读者阅读到这篇文章时，可能会注意到有些作者会交换坐标轴：他们会在列中放置实际值，而在行中放置预测值。这样的话，TP 和 TN 还将位于表中原来的位置，但 FP 和 FN 在表中的位置将相互对调。没有任何思想准备的读者最终可能会感觉非常困惑。当读者阅读有关混淆矩阵的其他讨论时，请注意这些区别之处。

6.2.4 混淆矩阵编码

接下来让我们讨论这些评估在 `sklearn` 中是如何工作的。我们将返回到可靠的 iris 数据集，并进行一个简单的训练 – 测试数据拆分，以消除一些复杂的问题。作为一种替代方法，可以将这些计算封装到一个交叉验证中，以获得不太依赖于特定训练 – 测试数据拆分的估计值。稍后我们将展开讨论。

下面代码的第 1-3 行中采用了链式书写格式，如果读者第一次看到这种书写方法，那么一开始可能会有点不习惯。但是，对于较长的链式方法调用，这是作者推荐的首选格式。使用这种链式书写格式，需要在整个表达式周围添加括号，以满足 Python 对内部换行符的要求。当编写这样的链式方法调用代码时，本书更喜欢采用缩进到方法访问点（.）的方式，因为这种方式允许我们直观地将方法 1 连接到方法 2，以此类推。接下来，可以快速阅读实现代码，从 `neighbors` 到 `KNeighborsClassifiers`，再到 `fit` 以及 `predict`。可以使用几个临时变量赋值重写代码，并获得相同的结果。然而，在 Python 社区中，使用链式格式可以省略非必要的变量，这种方法正在成为一种常见的编码方式。暂且不讨论编程风格，具体实现代码如下所示。

In [6]:

```
tgt_preds = (neighbors.KNeighborsClassifier()
                      .fit(iris_train_ftrs, iris_train_tgt)
                      .predict(iris_test_ftrs))

print("accuracy:", metrics.accuracy_score(iris_test_tgt,
                                          tgt_preds))

cm = metrics.confusion_matrix(iris_test_tgt,
                              tgt_preds)
print("confusion matrix:", cm, sep="\n")
```

```
accuracy: 0.94
confusion matrix:
[[18  0  0]
 [ 0 16  1]
 [ 0  2 13]]
```

是的，混淆矩阵实际上是一张表。让我们创建一个美观的图，结果如图 6-2 所示。

In [7]:

```
fig, ax = plt.subplots(1, 1, figsize=(4, 4))
cm = metrics.confusion_matrix(iris_test_tgt, tgt_preds)
ax = sns.heatmap(cm, annot=True, square=True,
                 xticklabels=iris.target_names,
                 yticklabels=iris.target_names)
ax.set_xlabel('Predicted')
ax.set_ylabel('Actual');
```

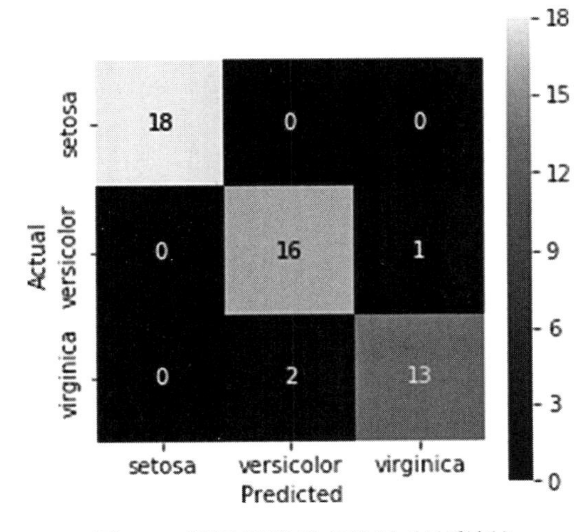

图 6-2　混淆矩阵对应的图（见彩插）

现在我们可以看到发生了什么。在某些方面，山鸢尾花 setosa 是很容易被区分的，结果完全正确。虽然杂色鸢尾花 versicolor 和弗吉尼亚鸢尾花 virginica 有些重合，但结果也并不差。同时，杂色鸢尾花 versicolor 和弗吉尼亚鸢尾花 virginica 的错误也会导致这两个类别之间的错误分类。山鸢尾花 setosa 没有任何交叉类别，因此可以认为山鸢尾花 setosa 是一个独立纯净的类别。两个 v 字母开头的类别——杂色鸢尾花 versicolor 和弗吉尼亚鸢尾花 virginica 则有一些重叠，很难区分开来。

6.2.5 处理多元类别：多元类别平均

有了这些完美的分析和处理结果，如果读者忘记了精确率和召回率，也许会被原谅。但如果读者还记得精确率和召回率，那么现在可能已经睁大了眼睛。不止存在两个类别。这意味着我们的二分法、双色调公式不再合适，甚至一败涂地，也就意味着出现了新的问题。如何将多值混淆矩阵中的丰富信息压缩成更简单的值？

我们在分类上犯了三个错误。我们把一个 versicolor 错误地预测为 virginica，并且把两个 virginica 错误地预测为 versicolor。让我们考虑一下预测的值。在二元类别度量指标中，精确率的任务是从正的预测列中提取信息。当预测 versicolor 时，预测结果正确为 16 次，而预测结果错误为 2 次。如果把 versicolor 作为一方，其他的作为另一方，那么可以计算出非常类似于精确率的值。对于 versicolor 而言，其“一对其他”（或者说是我对全世界）的精确率的计算公式为 $\frac{16}{18} \approx 0.89$。同样地，对于 virginica 而言，其“一对其他”的精确率的计算公式为 $\frac{13}{14} \approx 0.93$。

这些分析看起来很不错，但是如何将这些分析组合成一个单一的值呢？我们已经讨论了一些用于汇总数据的选项；让我们继续使用均值。既然预测 setosa 的结果是百分百，那么其贡献值为 1.0。因此 $\left\{\frac{16}{18}, \frac{13}{14}, 1\right\}$ 的均值是 0.9392。这种汇总预测的方法被 `sklearn` 称为 `macro`（宏）。我们可以通过为每列计算一个值，然后除以列数来计算宏精确率（macro precision）。为了计算一列的值，在列中取对角线所对应的数据项（就是 TP 和 TN 这两个位置上的值），然后除以列中所有值的和。

In [8]:

```
macro_prec = metrics.precision_score(iris_test_tgt,
                                     tgt_preds,
                                     average='macro')
print("macro:", macro_prec)

cm = metrics.confusion_matrix(iris_test_tgt, tgt_preds)
n_labels = len(iris.target_names)
```

```
print("should equal 'macro avg':",
      # correct（正确值）   column（列）          # columns（所有列）
      (np.diag(cm) / cm.sum(axis=0)).sum() / n_labels)
```

```
macro: 0.9391534391534391
should equal 'macro avg': 0.9391534391534391
```

因为这个方法被称为 macro 平均法，所以读者很可能想查找有关 micro 平均法的信息。实际上作者本人觉得术语 micro 有点违反直觉。甚至 sklearn 文档都说 micro “在全局球范围内计算度量指标”！作者本人也认为，这一点也没有 micro 的含义。不管怎样，micro 貌似是一个更广泛的结果。micro 接受所有正确的预测并除以所做的所有预测。计算数据来自（1）混淆矩阵对角线上的值之和（2）混淆矩阵中所有值的和。

In [9]:

```
print("micro:", metrics.precision_score(iris_test_tgt,
                                        tgt_preds,
                                        average='micro'))

cm = metrics.confusion_matrix(iris_test_tgt, tgt_preds)
print("should equal avg='micro':",
      # TP.sum()          / (TP&FP).sum() -->
      # 所有正确预测        / 全部预测
      np.diag(cm).sum() / cm.sum())
```

```
micro: 0.94
should equal avg='micro': 0.94
```

classification_report 将其中的几个部分封装在一起。它计算“一对所有”的统计数据，然后计算值的一个加权平均值（类似于 macro，但使用不同的权重）。权重来自支持度（support）。在机器学习上下文中，一个分类规则的支持度是该规则（例如，如果 x 是猫科动物并且 x 是有条纹的并且 x 是体型较大的动物，那么 x 是一只老虎）所使用的样本数量。所以，如果 100 个样例中有 45 个符合约束条件，那么支持度是 45。在 classification_report 中，支持度是样例对“实际值的支持”。所以，就相当于混淆矩阵中每一行的总计数。

In [10]:

```
print(metrics.classification_report(iris_test_tgt,
                                    tgt_preds))
# 均值是一个加权宏均值（具体参见正文）

# 计算并验证各行的求和
cm = metrics.confusion_matrix(iris_test_tgt, tgt_preds)
print("row counts equal support:", cm.sum(axis=1))
```

```
              precision    recall  f1-score   support

           0       1.00      1.00      1.00        18
           1       0.89      0.94      0.91        17
           2       0.93      0.87      0.90        15

   micro avg       0.94      0.94      0.94        50
   macro avg       0.94      0.94      0.94        50
weighted avg       0.94      0.94      0.94        50

row counts equal support: [18 17 15]
```

在结果中，我们发现并确认了几个与手工计算相一致的值。

6.2.6 F_1 分数

我们还没有讨论分类报告中的 `f1-score`。F_1 分数根据混淆矩阵中的数据项计算不同类型的均值。这里所说的均值，是指一个中心的度量值。读者已经知道均值（算术平均值或者算术均值）和中位数（若干排序数据中间位置的值）。还存在其他类型的均值。古希腊人实际上关心三种平均值或者均值：算术平均值、几何平均值、调和平均值。如果读者上网搜索这些术语，就会发现有关圆和三角形的几何图形。从我们的观点来看，这对理解这些问题是毫无帮助的。在某种程度上，困难在于古希腊人还没有把几何和代数联系起来。后来是笛卡尔在几个世纪后发现（或者创造，取决于读者的数学进步观）几何和代数之间的联系。

一个对我们更有帮助的观点是，几何平均值以及调和平均值，作为一种特殊的均值，只是一个转换算术平均值的封装。几何平均值是通过取数值的对数来计算算术平均值，然后对数值进行指数化来计算的。现在我们知道为什么这种平均值有一个特别的名称（非常拗口）。因为这里讨论的是调和平均值，等价的计算方法是：（1）取倒数的算术平均值，然后（2）把结果取倒数。当需要汇总速率（例如速度）或者比较不同的分数时，调和平均值非常有用。

F_1 分数是一个做了略微调整的调和平均值。F_1 分数的计算公式最前面有一个常数（请不要被这个常数所迷惑）。我们只是做了一个调和平均。F_1 分数的计算公式具体如下：

$$F_1 = 2 \times \frac{1}{\frac{1}{\text{precision}} + \frac{1}{\text{recall}}}$$

如果应用如下的一些代数变换：取公分母，然后取反和做乘法，就得到了 F_1 如下的常用教科书式的公式：

$$F_1 = 2\frac{\text{precision} \times \text{recall}}{\text{precision} + \text{recall}}$$

这个公式表示精确率和召回率之间的一种权衡。使用自然语言的表述方式，则意味着我们希望无论是预测时得到的值，还是从现实世界得到的值，同样都是正确的。我们还可以做出其他的权衡，具体请参见本章末注释中的关于 F_β 的阐述。

6.3 ROC 曲线

我们还没有明确讨论过 ROC 曲线，但是我们的分类方法不仅仅可以给一个样例贴上标签，还可以给每一个预测计算出一个概率（或者一些分数），以表述判断一个动物的确是一只猫的确定性程度。想象一下，在训练之后，一个分类器会为 10 个可能患有这种疾病的人给出各自的分数。这些分数分别是 0.05、0.15、…、0.95。根据训练的结果，确定 0.7 是患病人群（得分较高）和健康人群（得分较低）之间的最佳分割点。如图 6-3 所示。

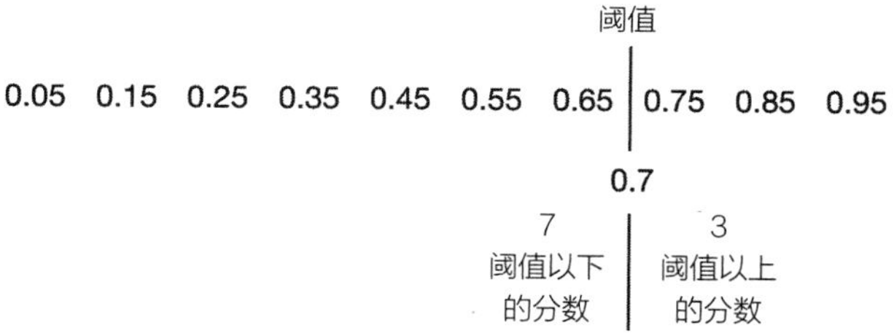

阈值

0.05　0.15　0.25　0.35　0.45　0.55　0.65 | 0.75　0.85　0.95

0.7

7 阈值以下 的分数	3 阈值以上 的分数

图 6-3　一个中高阈值意味着命中数（判断为疾病）

如果我们把分割线移到左边，结果会怎么样（具体情况参见图 6-4）？这是否可以判断有更多的人生病了还是保持健康？

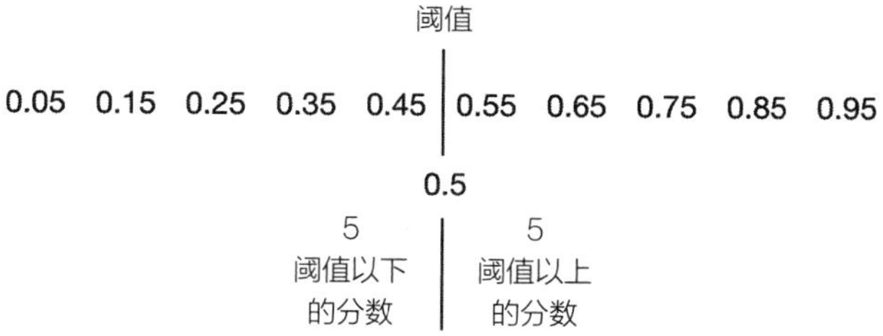

阈值

0.05　0.15　0.25　0.35　0.45 | 0.55　0.65　0.75　0.85　0.95

0.5

5 阈值以下 的分数	5 阈值以上 的分数

图 6-4　一个较低的阈值（靠近左侧的分割线）意味着命中数（判断为疾病）

向左移动分割线，也就是降低分割点的数值，也就意味着会增加命中（判断为疾病）的次数。到目前为止，我们还没有谈论过这些人是否真的生病或者健康。让我们通过添加一些事实来扩充这个场景。表 6-5 中的数据项是来自分类器的每个个体的得分。

表 6-5　分类器每个个体的得分

	PredP	PredN
RealP	.05 .15 .25	.55 .65
RealN	.35 .45	.75 .85 .95

请读者稍微回想一下前面介绍过的混淆矩阵。想象一下，我们可以在预测为正PredP和预测为负PredN之间，向左或者向右移动分割线。这里称这条分割线为预测线（PredictionBar）。预测线将PredP与PredN分开：PredP位于分割线的左侧，PredN位于分割线的右侧。如果将预测线向右移动到足够远，我们可以将落在右边的样例推到分割线的左边。样例的流动将预测的否定变为预测的肯定。如果把预测线移动到最右侧，那么意味着我们把所有的一切都当作PredP来预测。但有一个副作用，没有PredN。没有绝对的假阴性数据。

作为提醒，下面再重温一下关于混淆矩阵的各个数据项，如表6-6所示。

表6-6 混淆矩阵的各个数据项

	PredP	PredN
RealP	TP	FN
RealN	FP	TN

希望读者中有一些人可以扬眉吐气啦。我们可能还记得那句古训，“天下没有免费的午餐”，或者“一分价钱一分货”，或者“没有耕耘就没有收获”。事实上，如果此时读者扬起眉毛，也就表明读者明智地持怀疑态度。请仔细看看混淆矩阵底部的那一行数据。这一行中有真阴性（real negative）样例。通过将预测分割线一直向右移动，我们将所有内容推到假阳性桶中，从而清空了真阴性桶中的内容。每一个真阴性数据现在都是一个假阳性数据！通过预测所有的PredP样例，我们在真阳性方面的预测做得很好，在真阴性方面的预测做得很糟糕。

读者可以通过将这根预测线一直向左移动来想象一下相应的场景。现在，没有PredP。所有的数据都被预测为阳性的。对于混淆矩阵第一行（真阳性数据）而言，这是一场灾难！至少最下面一行的数据看起来更好：所有那些真阴性的数据都被正确地预测为阴性，它们的确是真阴性数据。读者可能想知道：如果在真阳性数据和真阴性数据之间添加一条水平线，那么其等效设置是什么？这是一个存有陷阱的问题，并且是无解的。对于我们正在讨论的各种数据，一个特定的样例不能从真阳性变成真阴性。真正的猫不能变成真正的狗。我们的预测可以改变；但是现实却不行。所以，谈论移动那条分割线会带来什么后果是没有意义的。

读者现在可能已经感觉到了一种模式。在机器学习系统中，经常需要做一些权衡。在本文中，权衡是在我们能容忍多少假阳性数据以及多少假阴性数据。我们可以通过移动预测线（通过设置一个阈值）来控制这种权衡。我们可以高度规避风险，给每一个病人贴上生病的标签，这样就不会错过筛选任何一个病人的机会。或者，我们可以给每个人贴上健康的标签，这样就不必治疗任何人。不管怎样，都存在有以下两个问题。

（1）如何评估和选择阈值？如何在假阳性和假阴性之间选择一个特定的权衡？

（2）如何比较两种不同的分类系统，这两个分类系统都有一系列种类齐全的可能的权衡？

幸运的是，存在有一个很好的图形工具可以让我们回答这些问题：ROC 曲线（ROC curve）。ROC 曲线有一个非常冗长的名字：接收者操作特性曲线（Receiver Operating Characteristic curve），在分类上有着悠久的历史。ROC 曲线最初是在第二次世界大战期间，用来量化雷达跟踪轰炸机前往英国。这项任务当然比我们对鸢尾属植物 irises 的分类更为重要。不管怎样，ROC 曲线需要确定雷达屏幕上的某个点是否是真正的威胁（轰炸机）或者不是（飞机的幽灵回声或者一只鸟），也就是区分真阳性和假阳性。

ROC 曲线通常根据灵敏度（sensitivity，也称为真阳性率，True Positive Rate，TPR）来绘制。1 – 特异度（specifcity）被称为假阳性率（False Positive Rate，FPR）。请记住，这两种方法都是根据对现实世界中的分析来衡量性能的。也就是说，这两种方法关心的是我们在现实中是如何做的。我们希望真阳性率越高越好，1.0 是完美值。我们希望假阳性率越低越好，0 是完美值。我们已经看到，可以欺骗系统，使得预测线尽量低，从而使得所有的样本都是阳性的，这就确保了一个高的真阳性率。但这对假阳性率有什么影响？当然有影响，结果将导致失败。在相反的情况，如果欺骗大家说没有人生病，从而使得假阳性率为完美值 0。没有被误诊为病人的健康人。但真阳性率结果是不好的，它也是 0，而我们希望这个值接近 1.0。

6.3.1　ROC 模式

在图 6-5 中，显示了一个 ROC 曲线的抽象图。图的左下角表示假阳性率为 0，真阳性率为 0。右上角表示真阳性率和假阳性率都等于 1。这两种情况都不是很理想。左上角表示假阳性率为 0，真阳性率为 1——完美的情况！在 `sklearn` 中，低阈值意味着将预测线一直移动到混淆矩阵的右侧：我们使所有的内容都是阳性。这发生在 ROC 图的右上角。高阈值意味着我们会将很多样例判断为阴性，也就是说，预测线一直移动到混淆矩阵的左侧。如果预测线移动到最左边，就很难判断样例为阳性了（所有的样例都是阴性）。这是 ROC 图左下角发生的事情。我们没有假阳性，因为根本没有阳性样例！随着阈值的降低，判断样例为阳性就变得更容易了。在图 6-5 中我们从左下角到右上角移动。

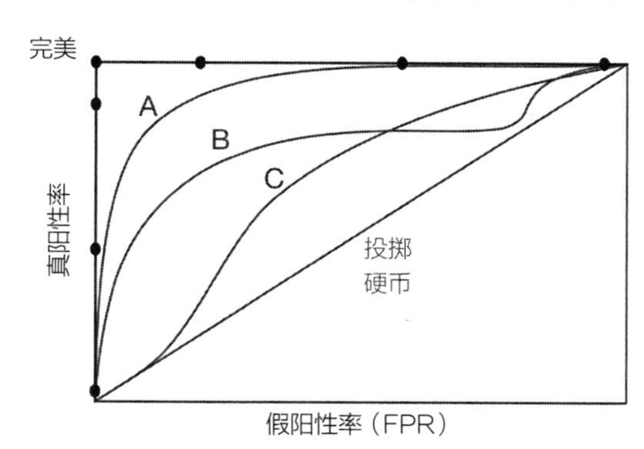

图 6-5　对 ROC 曲线的一种抽象观察

在 ROC 图中显示了以下 4 种现象。

（1）从左下角到右上角的 $y=x$ 直线代表投掷硬币方式：随机猜测目标类别。任何一个像样的分类器都应该做得更好。更好的方法位于图的左上角方向。

（2）一个完美的分类器与图中框的左侧和顶部对齐。

（3）分类器 A 严格地优于 B 和 C。在任何位置，分类器 A 比 B 和 C 更靠近左上角。

（4）分类器 B 和 C 表现结果刚好相反。阈值越高，B 表现得越好；阈值越低，C 表现得越好。

第（2）点（关于一个完美的分类器）让人有点困惑。当移动阈值时，不是应该有些预测从正确走向错误吗？事实上，我们讨论过阈值为 0 的优点，因为一切都是阳性。真正的阳性都被正确判断，但是实际的真阴性都被判断错误了。阈值为 1 也有优点，因为所有的预测都是阴性的。真正的阴性都被正确判断，但是实际的真阳性都被判断错误了。这些错误是由于设置了极端的阈值而不是分类器的错误。任何分类器都会受到这些特定阈值的影响。它们只是每一个 ROC 图上的“不动点”。

让我们沿着 ROC 曲线来寻找完美的分类器。如果阈值是 1，即使我们给出了一个正确的评分，不管分数是多少，都会被判断为阴性。我们被困在 ROC 曲线的左下角。如果把阈值降低一点，一些样例就会变成阳性。然而，因为分类器是完美的，所以没有一个是假阳性。真阳性率将逐渐上升，而假阳性率保持在 0：我们正在沿着 ROC 框的左侧向上攀升。最终，我们将在理想的阈值处将假阳性率平衡为 0，并实现真阳性率为 1。这个平衡点就是完美分类器的正确阈值。如果超越了这个阈值，那么阈值本身就变成了一个问题。现在，真阳性率将保持恒定在 1，但是假阳性率将增加——我们现在正沿着 ROC 框向顶部移动，因为阈值迫使我们声称更多的样例是阳性的，而不管它们的实际情况如何。

6.3.2 二元分类 ROC

至此，有关概念的讨论已经告一段落。我们应该如何实现 ROC 呢？有一个非常简单的调用 `metrics.roc_curve`。在完成了几个设置步骤之后，该调用就可以完成复杂的工作了。但是需要先完成一些设置步骤。首先，将把鸢尾花问题转换成一个二元分类任务，从而简化对结果的解释。我们将把目标类别从标准的三元分类问题转换成一个二元分类的是 / 否问题。这个三元分类问题是：“它是 virginica、setosa 还是 versicolor ？”答案是这三个类别中的一个。二元分类的问题是：“它是不是 versicolor ？”答案是肯定的还是否定的。

其次，我们需要调用分类器的分类评估机制，这样就可以判断哪些样例位于预测线的哪一边。我们不需要输出像 versicolor 这样的类别，而是需要知道一些分数或者概率，例如 0.7 的概率属于 versicolor。我们通过使用 `predict_proba` 而不是典型的 `predict.predict_proba` 来实现。`predict.predict_proba` 在两列中返回假概率和真概率。我们需要计算取值为真的列的概率。

In [11]:

```
# 注意：下面的赋值语句中是数值1而不是字母l
is_versicolor = iris.target == 1

tts_1c = skms.train_test_split(iris.data, is_versicolor,
                               test_size=.33, random_state = 21)
```

```
(iris_1c_train_ftrs, iris_1c_test_ftrs,
(iris_1c_train_ftrs, iris_1c_test_ftrs,
 iris_1c_train_tgt,  iris_1c_test_tgt) = tts_1c

# 为朴素贝叶斯模型执行构建、拟合、预测（概率分数）操作
gnb = naive_bayes.GaussianNB()
prob_true = (gnb.fit(iris_1c_train_ftrs, iris_1c_train_tgt)
                .predict_proba(iris_1c_test_ftrs)[:, 1]) # [:, 1]=="True"
```

完成设置后，我们可以计算ROC曲线并显示曲线，如图6-6所示。不要被 auc（曲线下的面积）所分心，稍后我们将展开讨论。

In [12]:

```
fpr, tpr, thresh = metrics.roc_curve(iris_1c_test_tgt,
                                     prob_true)
auc = metrics.auc(fpr, tpr)
print("FPR : {}".format(fpr),
      "TPR : {}".format(tpr), sep='\n')

# 创建主图形
fig, ax = plt.subplots(figsize=(8, 4))
ax.plot(fpr, tpr, 'o--')
ax.set_title("1-Class Iris ROC Curve\nAUC:{:.3f}".format(auc))
ax.set_xlabel("FPR")
ax.set_ylabel("TPR");

# 额外的工作：使用各自的阈值标注一些点
investigate = np.array([1, 3, 5])
for idx in investigate:
    th, f, t = thresh[idx], fpr[idx], tpr[idx]
    ax.annotate('thresh = {:.3f}'.format(th),
                xy=(f+.01, t-.01), xytext=(f+.1, t),
                arrowprops = {'arrowstyle':'->'})
```

```
FPR : [0.     0.     0.     0.0606 0.0606 0.1212 0.1212 0.1818 1.    ]
TPR : [0.     0.0588 0.8824 0.8824 0.9412 0.9412 1.     1.     1.    ]
```

请注意，大多数假阳性率值都在0.0到0.2之间，而真阳性率值很快跳转到0.9到1.0的范围内。让我们深入研究这些值的计算。请记住，每个点代表一个基于其自己唯一阈值的不同混淆矩阵。下面是第2个、第4个和第6个阈值的混淆矩阵，它们也被标记在前面的图中。由于基于0的索引，这些索引出现在索引1、3和5处，我们将这些索引分配给上一个单元格中的变量 investigate。我们可以从 sklearn 发现的8个阈值中选择任何一个。从字面意义上理解，可以称之为疾病的高、中、低标准，或者在本示例下，对应于阳性的类别 is_versicolor（预测为真），如表6-7所示。

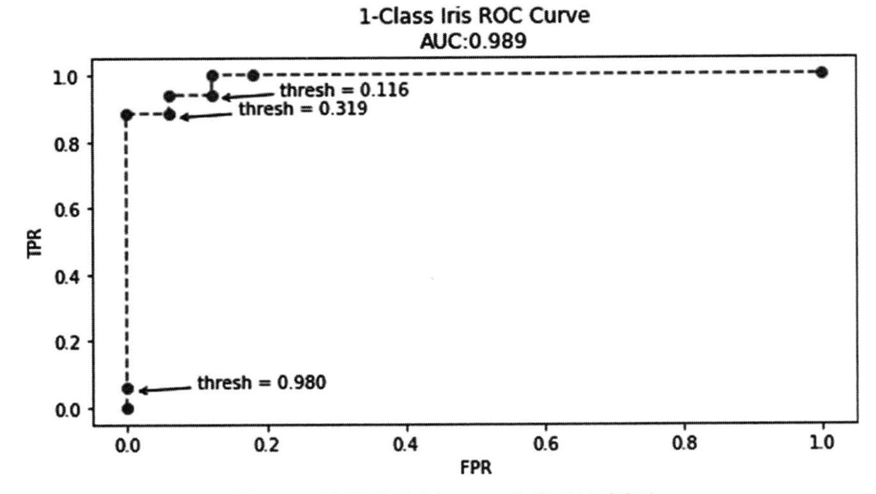

图 6-6 计算并绘制 ROC 曲线（见彩插）

表 6-7 医学诊断与预测性

预测线	医学诊断	预测性
低（Low）	容易判断生病	容易预测为真
中（Mid）		
高（High）	不容易判断生病	不容易预测为假

让我们观察这些值，结果如图 6-7 所示。

In [13]:

```
title_fmt = "Threshold {}\n~{:5.3f}\nTPR : {:.3f}\nFPR : {:.3f}"

pn = ['Positive', 'Negative']
add_args = {'xticklabels': pn,
            'yticklabels': pn,
            'square':True}

fig, axes = plt.subplots(1, 3, sharey = True, figsize=(12, 4))
for ax, thresh_idx in zip(axes.flat, investigate):

    preds_at_th = prob_true < thresh[thresh_idx]
    cm = metrics.confusion_matrix(1-iris_1c_test_tgt, preds_at_th)
    sns.heatmap(cm, annot=True, cbar=False, ax=ax,
                **add_args)

    ax.set_xlabel('Predicted')
    ax.set_title(title_fmt.format(thresh_idx,
                                  thresh[thresh_idx],
                                  tpr[thresh_idx],
                                  fpr[thresh_idx]))
```

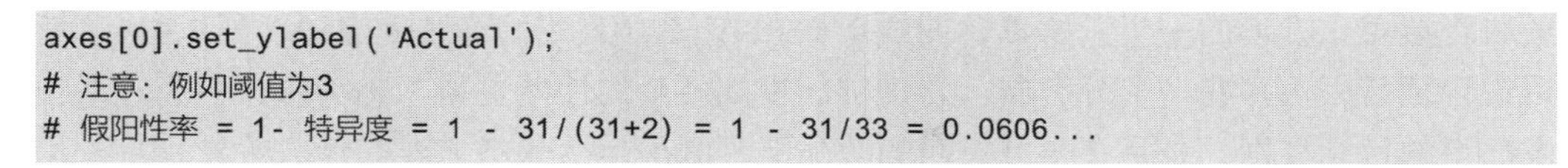

```
axes[0].set_ylabel('Actual');
# 注意：例如阈值为3
# 假阳性率 = 1- 特异度 = 1 - 31/(31+2) = 1 - 31/33 = 0.0606...
```

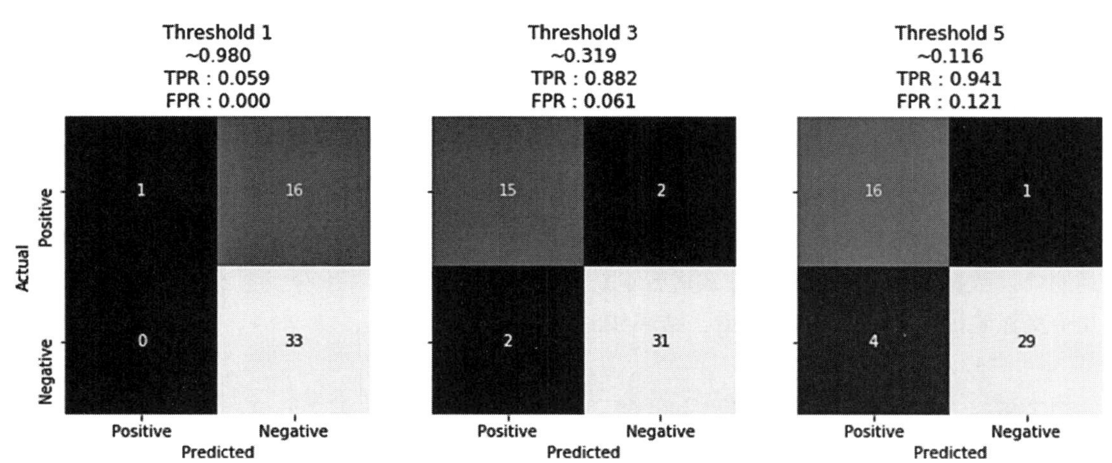

图 6-7　医学诊断与预测性的图示（见彩插）

将这些值排列起来需要一些技巧。当 `prob_true` 低于阈值时，预测的结果是 not-versicolor。因此，必须使用 `1-iris_1c_test_tgt` 来否定目标类别，以获得正确的对齐格式。我们还手动标记坐标轴，这样就不会将 0 作为阳性类别。结果看起来有点奇怪。请注意，当降低阈值时，也就是将预测线往右侧移动，就会有预测值从混淆矩阵的右侧流动到左侧。当降低阈值时，会预测到更多的阳性数据。读者可以把这些样例看作是通过预测线上溢出的。这是按照样例的 `proba`（概率值）的顺序排列的。

6.3.3　AUC：（ROC）曲线下的面积

到目前为止，关于 ROC，还遗留了一个待解释的问题。读者可能会注意到，前面我们计算了 `metrics.auc`（曲线下的面积），并在上面的图标题中打印出曲线下各面积的值。这里还需要做哪些进一步的解释呢？作为人类，我们有对简化有着永无止境的追求，这就是为什么中心的均值和度量被如此使用甚至滥用的部分原因。在这里，我们想通过提出一个如下的问题“如何将 ROC 曲线汇总为一个单一值”来实现简化，答案是通过计算刚刚绘制的曲线下的面积（Area Under the Curve，AUC）。

回想一下，完美的 ROC 曲线大多只是左上角的一个点。如果包括极端的阈值，还可以得到左下角和右上角的点。这些点的轨迹位于 ROC 框线的左边界和上边界。连接这些点所形成的线下面的面积是 1.0——对应于一个边长等于 1 的正方形面积。当覆盖整个真阳性率 TPR/ 假阳性率 FPR 正方形的面积减少时，ROC 曲线下的面积也就减小了。我们可以把正方形未覆盖的部分看作是缺陷。如果分类器变得像随机抛掷硬币一样糟糕，那么从左下到右上的线将覆盖正方形的一半。所以，曲线下面积 AUC 值的合理范围是从 0.5 到 1.0。这里之所以说合理是因为存在一个分类器，它确实比投掷硬币的性能更差。想一想，一个经常预测低发病率的目标类别，总是在罕见疾病的情况下预测出生病状态，会有什么效果。

曲线下面积 AUC 是一系列阈值下分类器性能的一个总体度量。它将大量的信息和微妙的细节汇总为一个数值。因此，应该谨慎处理。我们在抽象的 ROC 图中看到，在不同的阈值下，分类器的行为和排序方式可能会发生变化。这种情况就像两个赛跑者之间的赛跑（龟兔赛跑的故事）：领先者可以来回跑。野兔很快就跑出了大门，但跑着跑着累坏了，就躺在大树下休息。缓慢而稳健的乌龟沿着赛道锲而不舍地爬行，并且经过了在树下睡大觉的兔子，一直前行，最后赢得了比赛。另一方面，单值摘要的好处是，我们可以非常轻松地计算其他统计数据，并以图形化的方式进行汇总。例如，以下是在一个分类散点图上同时显示的几个交叉验证的曲线下面积 AUC，结果如图 6-8 所示。

In [14]:

```
fig,ax = plt.subplots(1, 1, figsize=(3, 3))
model = neighbors.KNeighborsClassifier(3)
cv_auc = skms.cross_val_score(model, iris.data, iris.target==1,
                              scoring='roc_auc', cv=10)
ax = sns.swarmplot(cv_auc, orient='v')
ax.set_title('10-Fold AUCs');
```

许多折都有完美的效果。

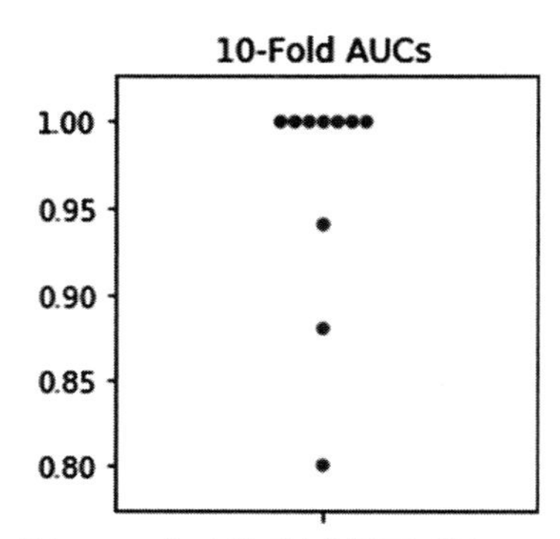

图 6-8 交叉验证的曲线下面积 AUC 的分类散点图（见彩插）

6.3.4 多元分类机器学习模型、“一对其他”和 ROC

metrics.roc_curve 不适合处理多个类的问题：如果我们非要尝试，结果会很糟糕。我们可以通过将三元分类问题重新编码成一系列“我对世界（me-versus-the-world）”或者“一对其他”(一对多法，One-versus-Rest，OvR）的备选方案来解决问题。“一对多法”意味着我们要比较以下每一个二元分类问题：0 和 [1, 2]、1 和 [0, 2] 以及 2 和 [0, 1]。在字面意义上而言，这是一个目标类别与所有其他类别的比较。这与我们在第 6.3.2 节中所采用的方法相似：1 和 [0, 2]。这里的区别是，我们将处理所有的三种可能性情况。我们使用一个基本工具 label_binarize，将这些比较编码到数据中。让我们观察原始多元分类数据中的样例 0、50 和 100。

In [15]:

```
checkout = [0, 50, 100]
print("Original Encoding")
print(iris.target[checkout])
```

```
Original Encoding
[0 1 2]
```

因此，样例0、50和100对应于类别0、1和2。当我们进行二值化处理后，类别将变成如下代码所示。

In [16]:

```
print("'Multi-label' Encoding")
print(skpre.label_binarize(iris.target, [0, 1, 2])[checkout])
```

```
'Multi-label' Encoding
[[1 0 0]
 [0 1 0]
 [0 0 1]]
```

可以将新编码解释为“请问它是类别x吗?”的布尔标志（yes/no或者true/false）列，第1列需要回答“它是类别0吗?”对于第1行数据（样例0），这个问题的答案是yes、no和no。将“我是类别0”分解为三个问题需要一个非常复杂的方法：“我是类别0吗?”Yes。“我是类别1吗?”No。“我是类别2吗?”No。现在，我们给分类器增加了一层复杂度。我们将为每个目标类创建一个分类器，而不是单个分类器，也就是说，为三个新的目标列中的每个列创建一个分类器。这些分类器成为（1）类别0与其他类别的分类器，（2）类别1与其他类别的分类器，以及（3）类别2与其他类别的分类器。然后，我们可以观察这三个分类器的各自表现，如图6-9所示。

In [17]:

```
iris_multi_tgt = skpre.label_binarize(iris.target, [0, 1, 2])

# im --> "iris multi"

(im_train_ftrs, im_test_ftrs,
 im_train_tgt,  im_test_tgt) = skms.train_test_split(iris.data,
                                                     iris_multi_tgt,
                                                     test_size=.33,
                                                     random_state=21)

# “k-最近邻”被封装为“一对其他”（三个分类器）
knn        = neighbors.KNeighborsClassifier(n_neighbors=5)
ovr_knn    = skmulti.OneVsRestClassifier(knn)
pred_probs = (ovr_knn.fit(im_train_ftrs, im_train_tgt)
                     .predict_proba(im_test_ftrs))

# 创建ROC绘图
lbl_fmt = "Class {} vs Rest (AUC = {:.2f})"
fig,ax = plt.subplots(figsize=(8, 4))
for cls in [0, 1, 2]:
    fpr, tpr, _ = metrics.roc_curve(im_test_tgt[:,cls],
                                    pred_probs[:,cls])
    label = lbl_fmt.format(cls, metrics.auc(fpr,tpr))
    ax.plot(fpr, tpr, 'o--', label=label)
```

```
ax.legend()
ax.set_xlabel("FPR")
ax.set_ylabel("TPR");
```

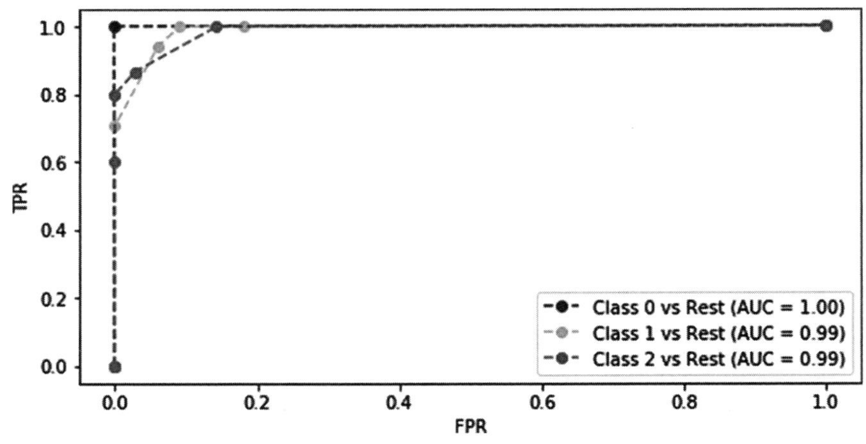

图 6-9 三个分类器的表现（见彩插）

所有这三个分类器的效果都是相当不错的：与沿着图形边界的完美分类器相比，它们几乎没有缺陷。如前所述，类别 0（setosa）非常容易与其他类别区分开来，所以我们对它在这里的良好分类结果并不感到惊讶。其他每一个分类器都能以非常低的假阳性率（低于 0.18 左右）获得非常好的真阳性率。顺便说一句，我们正好可以采用这种分析方法来作为选择阈值的一种策略。我们可以确定一个可接受的真阳性率，然后选择一个阈值来获得该真阳性率的最好的假阳性率。如果我们更关心假阳性率而不是真阳性率，我们也可以相反的方式运作。例如，我们可能只想确定那些最有可能患病的人，以防止不必要的、需要开刀动手术的以及昂贵的医疗程序。

6.4 多元分类的另一种方法："一对一"

6.4.1 "一对一"方法

还有另一种方法来处理多分类问题和学习系统之间的消极互动。在"一对其他"的问题中，我们在一个大的二元问题中，把苹果和所有其他水果区分开来。对于苹果，我们创建一个"一对其他"分类器。

另一种方法是分别区分苹果和香蕉、苹果和橘子、苹果和菠萝等。不是一次性地逻辑比较苹果和其他水果，而是比较 $n-1$ 次，其中 n 是需要分类的类别数量。我们称这种方法为"一对一"（one-versus-one）法。那么如何将那些在"一对一"分类法中的获胜者封装成一个总的获胜者来给出一个最终的单一预测结果呢？一个简单的答案是，就像我们在一场循环赛中所做的那样，计算个人获胜的总次数。sklearn 在这方面做了一些规范化的工作，所以很难发现其内部的工作原理，但关键的是具有最多获胜次数的那个类就是我们预测的最终类别。

"一对一"包装器为我们提供了每个类的分类分数。这些值不是概率。我们可以以最大分类得分为指标来寻找单个最佳预测类别，结果如表 6-8 所示。

In [18]:

```
knn         = neighbors.KNeighborsClassifier(n_neighbors=5)
ovo_knn     = skmulti.OneVsOneClassifier(knn)
pred_scores = (ovo_knn.fit(iris_train_ftrs, iris_train_tgt)
                      .decision_function(iris_test_ftrs))
df = pd.DataFrame(pred_scores)
df['class'] = df.values.argmax(axis=1)
display(df.head())
```

表 6-8 根据最大分类得分寻找单个最佳预测类别

	0	1	2	class
0	−0.5000	2.2500	1.2500	1
1	2.0000	1.0000	0.0000	0
2	2.0000	1.0000	0.0000	0
3	2.0000	1.0000	0.0000	0
4	−0.5000	2.2500	1.2500	1

为了了解预测结果与投票结果的一致性，我们可以将实际类别放在"一对一"方法的分类分数旁边，结果如表 6-9 所示。

In [19]:

```
# 注意：请合理设置列标题
mi = pd.MultiIndex([['Class Indicator', 'Vote'], [0, 1, 2]],
                   [[0]*3+[1]*3,list(range(3)) * 2])
df = pd.DataFrame(np.c_[im_test_tgt, pred_scores],
                  columns=mi)
display(df.head())
```

表 6-9 预测结果与投票结果

	Class Indicator			Vote		
	0	1	2	0	1	2
0	0.0000	1.0000	0.0000	−0.5000	2.2500	1.2500
1	1.0000	0.0000	0.0000	2.0000	1.0000	0.0000
2	1.0000	0.0000	0.0000	2.0000	1.0000	0.0000
3	1.0000	0.0000	0.0000	2.0000	1.0000	0.0000
4	0.0000	1.0000	0.0000	−0.5000	2.2500	1.2500

读者可能会疑惑，为什么“一对其他”方法和“一对一”方法都有 3 个分类器。如果我们有 n 个类别，那么“一对其他”方法将有 n 个分类器，每个类别对应于一个分类器；这就是为什么有 3 个分类器的原因。而对于“一对一”方法，每对类别对都有一个分类器。n 个类别的类别对数量的计算公式为 $\frac{n(n-1)}{2}$。对于 3 个类别的情况，结果为 $\frac{3\times 2}{2}=3$。读者可以这样理解该计算公式：假设总共有 n 个人，我们需要从中选择一个人，为这个人挑选所有可能的舞伴（$n-1$ 个舞伴。注意：自己不能和自己跳舞），然后删除重复项（除以 2），因为克里斯与萨姆跳舞与萨姆与克里斯跳舞是同一种情况。

6.4.2 多元分类 AUC 第二部分：寻找单一值

我们可以采用稍微不同的方式来使用“一对一”方法。在“一对一”方法中，采用不同的分类器相互竞争，就像少儿空手道锦标赛（Karate Kid style tournament），而本节中，我们将采用一个单独的分类器应用于整个数据集。然后，将挑选目标对，并查看这个单一分类器在每个可能的目标对上的表现。因此，计算一系列类别对的最小混淆矩阵，其中一个类别 i 作为阳性（Positive），另一个类别 j 作为阴性（Negative）。然后，可以从中计算出曲线下的面积 AUC。我们将使用两种方法来处理，分别从阳性类别和阴性类别中各取一值构成一组类别对，然后取所有这些类别对曲线下面积 AUC 的均值。基本上，曲线下的面积 AUC 被用来对概率进行量化，例如，一个真正的猫不太可能被称为一只狗，这种情况下的概率要比把一只随机出现的狗判断为一只狗的概率要低得多。有关这项技术（汉德和蒂尔的多元分类法，简称为 Hand and Till M（在程序中使用 H&T Ms 表示）背后逻辑的全部细节，请参考本章末尾的参考文献。

代码本身有点复杂，但下面的一些伪代码可以帮助读者理解代码背后的思想。

1. 训练一个模型。
2. 获取每个样例的分类分数。
3. 为每对类别创建一个空白表。
4. 对于由类别 c_1 和类别 c_2 所构成的每对类别。

（1）找出 c_1 对 c_2 的曲线下面积 AUC。

（2）找出 c_2 对 c_1 的曲线下面积 AUC。

（3）对应于 c_1 和 c_2 的数据项是这些曲线下面积 AUC 的均值。

5. 总体取值是表中所有数据项的均值。

最复杂的代码是选择出这样的样例，它们所在的两个类利益相关。对于控制循环的一次迭代，需要为这两个类生成一个 ROC 曲线。所以，只要这两个类中任何一个类满足条件，就取该类中的数据作为样例。通过执行一个 `label_binarize` 操作来获取指标值 1s 和 0s，然后从中提取所需的特定列来跟踪这些值。

In [20]:

```
def hand_and_till_M_statistic(test_tgt, test_probs, weighted=False):
def auc_helper(truth, probs):
    fpr, tpr, _ = metrics.roc_curve(truth, probs)
    return metrics.auc(fpr, tpr)

classes   = np.unique(test_tgt)
n_classes = len(classes)

indicator = skpre.label_binarize(test_tgt, classes)
avg_auc_sum = 0.0

# 比较类别i和类别j
for ij in it.combinations(classes, 2):
    # 使用sum，其作用类似于逻辑或
    ij_indicator = indicator[:,ij].sum(axis=1,
                                       dtype=np.bool)

    # 有些丑陋，不能使用索引进行广播
    # 可以使用.ix_来挽回局面

    ij_probs    = test_probs[np.ix_(ij_indicator, ij)]
    ij_test_tgt = test_tgt[ij_indicator]

    i,j = ij
    auc_ij = auc_helper(ij_test_tgt==i, ij_probs[:, 0])
    auc_ji = auc_helper(ij_test_tgt==j, ij_probs[:, 1])

    # 与汉德和蒂尔的多元分类技术相比较
    # no / 2 ... 该因子被踢除，因为它最终会被取消
    avg_auc_ij = (auc_ij + auc_ji)

    if weighted:
        avg_auc_ij *= ij_indicator.sum() / len(test_tgt)
    avg_auc_sum += avg_auc_ij

# 与汉德和蒂尔的多元分类技术相比较
# no * 2 ... 因子被踢除，因为它们最终会被取消
M = avg_auc_sum / (n_classes * (n_classes-1))
return M
```

为了使用我们定义的“汉德和蒂尔的多元分类方法”，需要拿出“评分/排序/计算概率（scoring/ordering/probaing）”的技巧。我们把类别的实际目标和评分作为参数传递给 hand_and_till_M_statistic 方法，结果返回一个值。

In [21]:

```
knn = neighbors.KNeighborsClassifier()
knn.fit(iris_train_ftrs, iris_train_tgt)
test_probs = knn.predict_proba(iris_test_ftrs)
hand_and_till_M_statistic(iris_test_tgt, test_probs)
```

Out[21]:

```
0.9915032679738562
```

我们编写的 hand_and_till_M_statistic 方法有一个很大的优点。可以使用 sklearn 的帮助函数将我们编写的“汉德和蒂尔的多元分类方法”代码转换成一个评分函数（scoring function)，该函数可以很好地与 sklearn 交叉验证函数配合使用。然后，使用新的评估指标来执行一个类似于 10 – 折交叉验证的处理就非常简单了（运行结果如图 6-10 所示)，简直可以说是就像公园里散步一样简单。

In [22]:

```
fig,ax = plt.subplots(1, 1, figsize=(3, 3))
htm_scorer = metrics.make_scorer(hand_and_till_M_statistic,
                                 needs_proba=True)
cv_auc = skms.cross_val_score(model,
                              iris.data, iris.target,
                              scoring=htm_scorer, cv=10)

sns.swarmplot(cv_auc, orient='v')
ax.set_title('10-Fold H&T Ms');
```

当我们想传递一个没有使用 sklearn 预定义默认值的 scoring 参数时，还将使用 make_scorer。稍后我们会看到这样的示例。

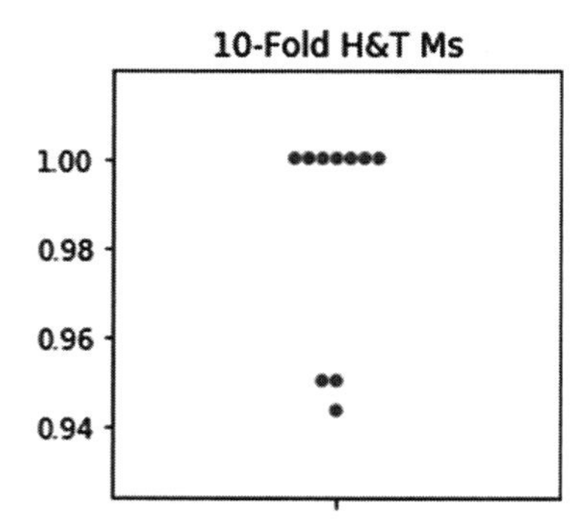

图 6-10 10 – 折交叉验证与H&T方法相结合（见彩插）

由于“汉德和蒂尔的多元分类方法”使用（并且只使用）一个分类器进行评估，因此分类器的性能与分类器本身有着直接的联系。当我们使用“一对其他”方法来封装一个分类器时，分类器的性能与分类器本身就失去了直接联系；相反，可以看到像我们感兴趣的分类器在共享数据集上一个类似场景中的行为。简而言之，这里的“多元分类方法”与一个多元分类预测用例有着一个更强的关联。另一方面，有些机器学习方法不能直接用于多元分类问题。这些方法需要“一对其他”或者“一对一”分类器来进行多类预测。在这种情况下，“一对 X”方法的设置为我们提供了分类器性能对的更详细信息。

6.5　精确率 – 召回率曲线

正如可以使用 ROC 曲线来观察灵敏度（sensitivity）和特异度（specificity）之间的权衡，我们可以评估精确率（precision）和召回率（recall）之间的权衡。请回忆第 6.2.3 节中的讨论，精确率是一个阳性的预测值，而召回率是我们对现实中阳性样例的判断效果。读者可以大声朗读以下句子："精确率是阳性的预测值"和"召回率是阳性的实际值"。

6.5.1　关于精确率 – 召回率权衡的说明

灵敏度 – 特异度曲线和精确率 – 召回率曲线之间存在一个非常重要的区别。对于灵敏度 – 特异度，这两个值表示行总计的一部分。在现实世界的阳性和阴性方面的性能之间进行权衡。在精确率 – 召回率中，我们处理的是混淆矩阵中的一个列块和一个行块的信息。因此，精确率和召回率可以彼此独立地变化。更重要的是，精确率的提高并不意味着召回率的提高。注意，灵敏度和 1 – 特异度也是一种权衡：当从左下角绘制 ROC 曲线时，我们可以向上或者向右移动。我们从不向下或者向左移动。一条精确率 – 召回率曲线可能会倒退：它可能会下降而不是上升。

下面是一个具体的例子。初始状态时，精确率为 5/10，召回率为 5/10，如表 6-10 所示。

表 6-10　混淆矩阵的初始状态

	PredP	PredN
RealP	5	5
RealN	5	5

考虑当我们提高判断一个样例为阳性的阈值时，会发生什么情况。假设各有两个被预测为阳性的样例（两个为实际阳性，另外两个预测为阳性而实际为阴性）移动到预测阴性，如表 6-11 所示。

表 6-11　混淆矩阵的变化状态（1）

	PredP	PredN
RealP	3	7
RealN	3	7

现在，精确率是 3/6=0.5（和移动之前的结果相同），但召回率已经上升到 3/10，小于 0.5。情况变得更糟了。

为了比较，这里我们提高了阈值，这样只有一个样例从 TP 转移到 FN，如表 6-12 所示。

表 6-12　混淆矩阵的变化状态（2）

	PredP	PredN
RealP	4	6
RealN	5	5

精确率变成 4/9，大约是 0.44。召回率是 4/10=0.4。所以，两者的结果都比原来样例的小。

想象这种行为的最简单方法可能是通过思考移动预测线时会发生什么情况。非常重要的是，移动预测线根本不会影响现实的状态。没有样例会在行之间上下移动。但是，移动预测线可能会（根据定义！）移动预测：样例可能在列之间移动。

6.5.2 构建精确率 – 召回率曲线

撇开这些细节不谈，精确率 – 召回率曲线（PRC）的计算和显示技术与 ROC 曲线非常相似。一个实质性的区别是，精确率和召回率都应该取值比较高——在 1.0 附近，如图 6-11 所示。因此，精确率 – 召回率曲线右上角的一个点对我们而言是完美的。从视觉上看，如果一个分类器比另一个分类器更好，那么样例点将被更多地推向右上角。

In [23]:

```
fig,ax = plt.subplots(figsize=(6, 3))
for cls in [0, 1, 2]:
    prc = metrics.precision_recall_curve
    precision, recall, _ = prc(im_test_tgt[:,cls],
                               pred_probs[:,cls])
    prc_auc = metrics.auc(recall, precision)
    label = "Class {} vs Rest (AUC) = {:.2f})".format(cls, prc_auc)
    ax.plot(recall, precision, 'o--', label=label)
ax.legend()
ax.set_xlabel('Recall')
ax.set_ylabel('Precision');
```

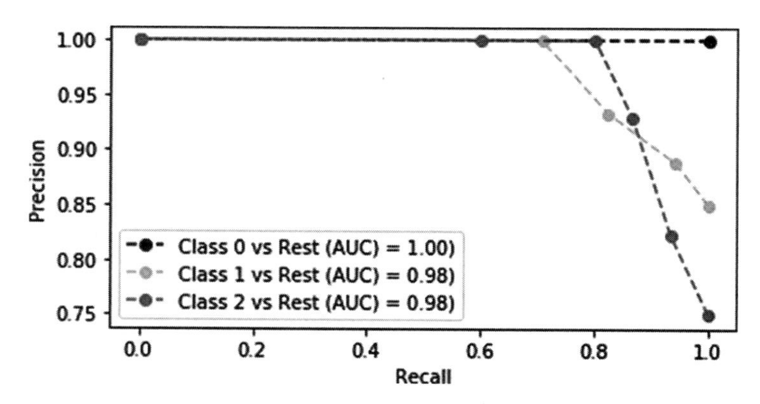

图 6-11 精确率和召回率的比较（见彩插）

类别 0（setosa）对其他类别的精确率 – 召回率曲线仍然是很完美的。

6.6 累积响应和提升曲线

到目前为止，我们讨论了一个相当独立的环境设置的性能度量指标。当现实世界侵入我们的象牙塔时会发生什么？现实世界中最大的因素之一是有限的资源，特别是非计算的资源。当我们将一个系统部署到现实世界中时，通常无法完成系统可能向我们推荐的所有操作。例如，如果决定治疗所有预计患病概率大于20%的人，那么这种情况可能会导致某些医疗机构的瘫痪。可能有太多的病人需要治疗，或者有太多的机会需要去寻找和争取。我们该如何选择？累积响应（Cumulative Response）和提升曲线（Lift Curve）为我们做出这些决定提供了一个很好的视觉方式。这里先将暂缓文字描述，因为言语不能正确地表述其含义。我们稍后将看到的代码是一个更加精确、紧凑的定义。

生成这些图形的代码非常简短。基本上只需要计算分类的分数，并根据这些分数对预测进行排序。也就是说，我们希望最有可能被判断为猫的是第一个我们称之为猫的东西。我们稍后将展开讨论。为了实现该这个功能，完成以下操作：（1）找到测试样例的首选顺序，从概率（proba）最高的样例开始向下移动直线，然后（2）使用该顺序对已知的实际结果进行排序，以及（3）计算在这些实际值方面的总体表现的运行总和（running total）。将预测的运行总和（按分数排序）与真实世界进行比较。将运行成功百分比与到目前为止使用的数据总量进行对比。另一个技巧是，将已知的目标视为零一值，然后将它们相加。当加入越来越多的样例时，这让我们得到了一个运行计数（running count）。将这个计数值除以最后的总和，将其转换成一个百分比。这样，就有一个运行百分比（running percent）。具体的代码如下所示，运行结果如图6-12所示。

In [24]:

```
# 将b/c取反，以保证大的值位于前面
myorder = np.argsort(-prob_true)

# 计算累积和，然后将其转换为百分比（最后一个值为总计）
realpct_myorder = iris_1c_test_tgt[myorder].cumsum()
realpct_myorder = realpct_myorder / realpct_myorder[-1]

# 把数据的计数转换为百分比
N = iris_1c_test_tgt.size
xs = np.linspace(1/N, 1, N)

print(myorder[:3])
```

```
[ 0 28 43]
```

也就是说，我们选择的前3个命中的样例分别为0、28和43。

In [25]:

```
fig, (ax1, ax2) = plt.subplots(1, 2, figsize=(8, 4))
fig.tight_layout()

# 累积响应
ax1.plot(xs, realpct_myorder, 'r.')
```

```
ax1.plot(xs, xs, 'b-')
ax1.axes.set_aspect('equal')

ax1.set_title("Cumulative Response")
ax1.set_ylabel("Percent of Actual Hits")
ax1.set_xlabel("Percent Of Population\n" +
               "Starting with Highest Predicted Hits")
# 提升值
# 如果除数为零则替换为1.0
ax2.plot(xs, realpct_myorder / np.where(xs > 0, xs, 1))

ax2.set_title("Lift Versus Random")
ax2.set_ylabel("X-Fold Improvement") # 并不是交叉-折!
ax2.set_xlabel("Percent Of Population\n" +
               "Starting with Highest Predicted Hits")
ax2.yaxis.tick_right()
ax2.yaxis.set_label_position('right');
```

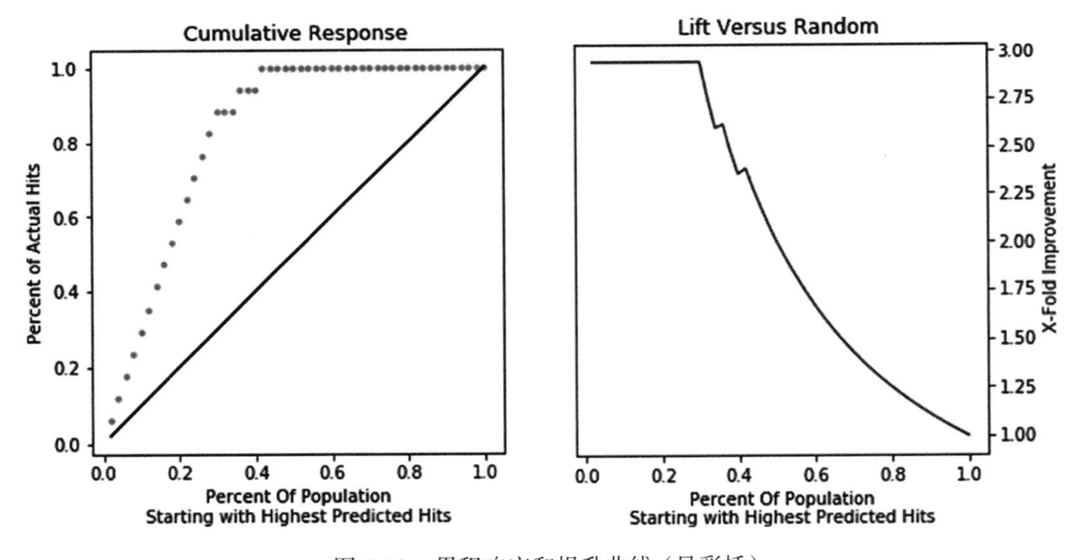

图 6-12 累积响应和提升曲线（见彩插）

首先，让我们来讨论累积响应曲线。*y* 轴实际上是真正的阳性比率：衡量我们在现实中做得有多好。*x* 轴的读数要复杂一些。在 *x* 轴上的某个给定点，我们的目标是“预测最佳”的 *x*%（占总样例数的百分比），并询问我们做得效果如何。例如，可以看到，当我们被允许使用前 40% 的样例数（前 40% 的预测），就得到 100% 的命中率。这可以表示大大地节省现实世界的开销。

想象一下，我们正在进行一场募捐活动，并向可能的捐赠者邮寄相关的通知信件。有些收件人会阅读我们的信件，然后把信件扔进垃圾箱。其他收件人也会阅读我们的信件，并回信寄上令人感激不尽的某个数额的支票或者 PayPal 捐赠。如果我们的邮件有一个好的预测模型（就像我们这里所描述的模型一样好），就可以节省不少邮票费用。不必为给每个人发送邮件从而花费 10 000 美元的邮费，我们可以花费 4000 美元邮费，并将目标锁定在预期最佳的 40% 上。如果这个预测模式真的那么好，可能会命中所有愿意捐款的目标捐赠者。

"提升 vs 随机（Lift Versus Random）"曲线有时称为推升曲线或者增益曲线，该曲线只是将我们的智能分类器的性能与基线随机分类器的性能分开。读者可以把该曲线想象成从累积响应图上下取一个垂直切片，抓取红点值，然后除以蓝线值。令人欣慰的是，当刚刚开始时，我们做得远远好于随机方法。随着我们引进更多的样本（相当于我们在邮费上花费了更多的钱），要想赢得随机方法就变得越来越难了。在我们把所有的实际目标都锁定之后，我们只能失去优势。实际上，此时应该停止发送出更多的捐款请求，否则就是白白浪费邮费。

6.7 更复杂的分类器评估：第二阶段

关于分类器，我们已经讨论了很多内容并且取得了很多进展。让我们应用所学的知识，以二元分类鸢尾花问题为例，看看当前的分类器如何使用更复杂的评估技术来处理这个问题。然后，我们将转向一个不同的数据集。

6.7.1 二元分类

针对二元分类鸢尾花问题，各种分类器的评估结果如图 6-13 所示。

In [26]:

```
classifiers = {'base'  : baseline,
               'gnb'   : naive_bayes.GaussianNB(),
               '3-NN'  : neighbors.KNeighborsClassifier(n_neighbors=10),
               '10-NN' : neighbors.KNeighborsClassifier(n_neighbors=3)}
```

In [27]:

```
# 定义只有一个类别的鸢尾属植物分类问题，因此就不存在random ==1的情况
iris_onec_ftrs = iris.data
iris_onec_tgt  = iris.target==1
```

In [28]:

```
msrs = ['accuracy', 'average_precision', 'roc_auc']

fig, axes = plt.subplots(len(msrs), 1, figsize=(6, 2*len(msrs)))
fig.tight_layout()
```

```
for mod_name, model in classifiers.items():
    # 缩略
    cvs = skms.cross_val_score
    cv_results = {msr:cvs(model, iris_onec_ftrs, iris_onec_tgt,
                          scoring=msr, cv=10) for msr in msrs}

    for ax, msr in zip(axes, msrs):
        msr_results = cv_results[msr]
        my_lbl = "{:12s} {:.3f} {:.2f}".format(mod_name,
                                               msr_results.mean(),
                                               msr_results.std())
        ax.plot(msr_results, 'o--', label=my_lbl)
        ax.set_title(msr)
        ax.legend(loc='lower center', ncol=2)
```

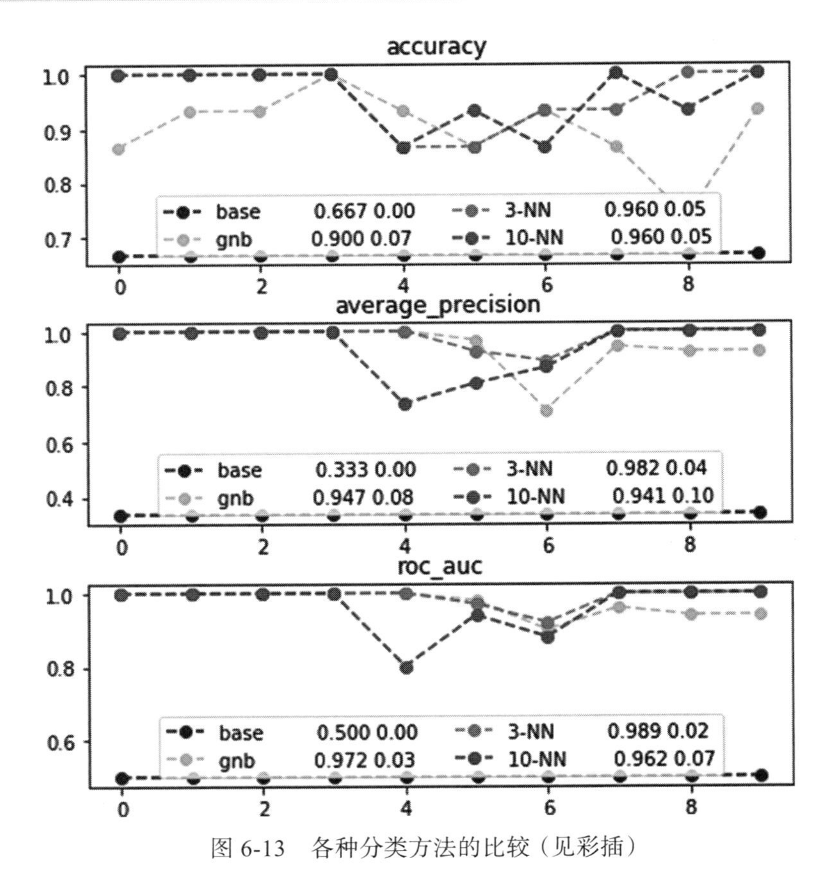

图 6-13 各种分类方法的比较（见彩插）

关于这三张图，我们做一个总结。令人振奋的是，投掷硬币式的基线方法在曲线下的面积 AUC 度量指标上获得了 50%。关于这一点，此处没有什么特别有趣的地方，但我们确实看到有一个交叉验证 - 折，其中朴素贝叶斯方法的表现很差。

为了更详细地了解图中的精确率从何而来，或者 ROC 曲线看起来到底是什么样子，我们需要进一步展开做详细的分析，结果如图 6-14 所示。

In [29]:

```
fig, axes = plt.subplots(2, 2, figsize=(4, 4), sharex=True, sharey=True)
fig.tight_layout()
for ax, (mod_name, model) in zip(axes.flat, classifiers.items()):
    preds = skms.cross_val_predict(model,
                                   iris_onec_ftrs, iris_onec_tgt,
                                   cv=10)

    cm = metrics.confusion_matrix(iris.target==1, preds)
    sns.heatmap(cm, annot=True, ax=ax,
                cbar=False, square=True, fmt="d")

    ax.set_title(mod_name)

axes[1, 0].set_xlabel('Predicted')
axes[1, 1].set_xlabel('Predicted')
axes[0, 0].set_ylabel('Actual')
axes[1, 0].set_ylabel('Actual');
```

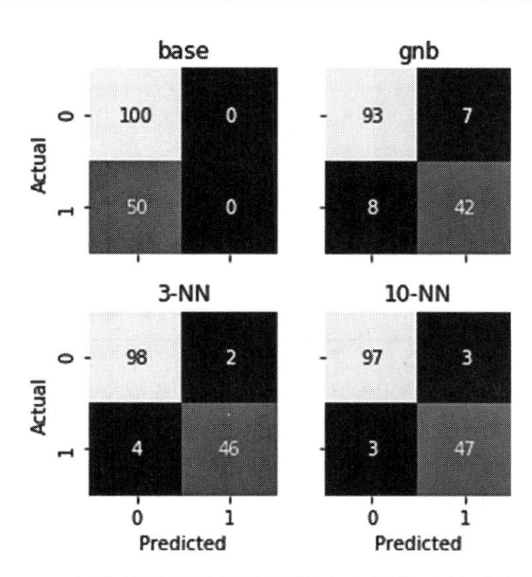

图 6-14　各种分类方法的预测值和实际值比较（见彩插）

为了深入研究 ROC 曲线，我们可以使用一个参数来进行交叉验证预测，这种方法可以让我们直接从聚合交叉验证分类器中提取分类分数。我们使用下面的方法 method=

'predict_proba'。结果返回类别的分数，而不是返回单个类别，结果如图 6-15 所示。

In [30]:

```
fig, ax = plt.subplots(1, 1, figsize=(6, 4))

cv_prob_true = {}
for mod_name, model in classifiers.items():
    cv_probs = skms.cross_val_predict(model,
                                      iris_onec_ftrs, iris_onec_tgt,
                                      cv=10, method='predict_proba')
    cv_prob_true[mod_name] = cv_probs[:, 1]

    fpr, tpr, thresh = metrics.roc_curve(iris_onec_tgt,
                                         cv_prob_true[mod_name])

    auc = metrics.auc(fpr, tpr)
    ax.plot(fpr, tpr, 'o--', label="{}:{}".format(mod_name, auc))

ax.set_title('ROC Curves')
ax.legend();
```

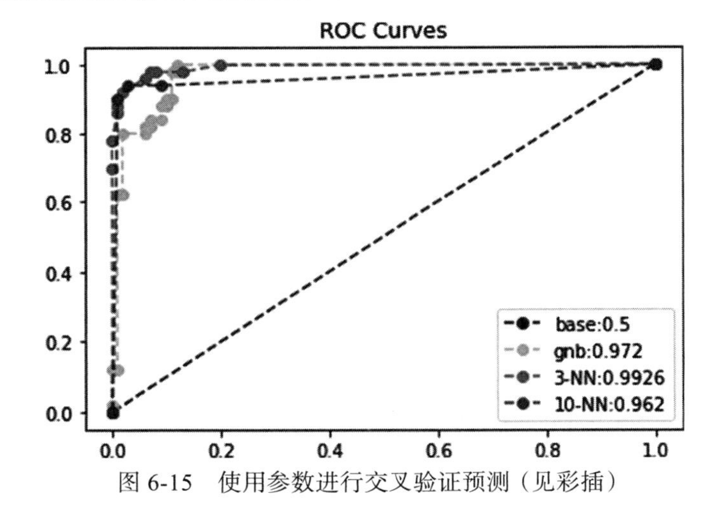

图 6-15 使用参数进行交叉验证预测（见彩插）

基于 ROC 曲线图，我们可能会最关注 3 – 最近邻模型，因为它的曲线下面积 AUC 稍好一些。我们将利用上一个示例中的 cv_prob_trues 创建提升曲线，如图 6-16 所示。

In [31]:

```
fig, (ax1,ax2) = plt.subplots(1, 2, figsize=(10, 5))

N = len(iris_onec_tgt)
```

```
xs = np.linspace(1/N, 1, N)

ax1.plot(xs, xs, 'b-')

for mod_name in classifiers:
    # 取负值，使得较大的值位于前面
    myorder = np.argsort(-cv_prob_true[mod_name])

    # 累积和，然后转换为百分比（最后一个值为总计）
    realpct_myorder = iris_onec_tgt[myorder].cumsum()
    realpct_myorder = realpct_myorder / realpct_myorder[-1]

    ax1.plot(xs, realpct_myorder, '.', label=mod_name)

    ax2.plot(xs,
             realpct_myorder / np.where(xs > 0, xs, 1),
             label=mod_name)
ax1.legend()
ax2.legend()

ax1.set_title("Cumulative Response")
ax2.set_title("Lift versus Random");
```

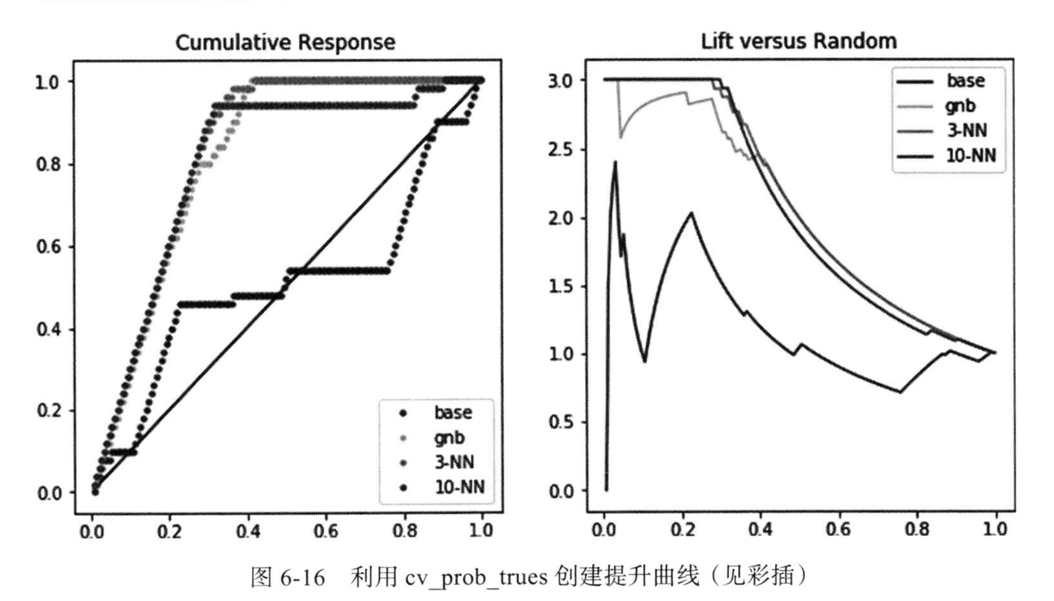

图 6-16　利用 cv_prob_trues 创建提升曲线（见彩插）

通过以上图中的展示，我们看到的增益与之前的提升图相似。在锁定了 40% 的总样例数之后，我们也许可以停止寻找更多的 veritosa 了。在不同的时间各个方法的优势各不相同：高斯朴素贝叶斯 GNB 优势下降，随着时间的推移，然后其优势超过 10 – 最近邻方法。高斯朴素贝叶斯方法和 3 – 最近邻方法都在针对 40% 的总样例数时达到峰值。10 – 最近邻方法似乎进入了一个平静期，直到 x 轴上接近 100% 的目标率时，才达到 100% 的成功率（y 轴）。

6.7.2 一个新颖的多元分类问题

本节我们把注意力转向一个新的问题。处理该问题的时候，我们将解决（而不是忽略）多元分类问题中存在的问题。数据集是由 Cortez 和 Silva 收集的（完整的参考信息请参见本章末尾的注释），可以从 UCI 数据存储库下载该数据集：https://archive.ics.uci.edu/ml/datasets/student+performance。

这些数据测量的是学生在两个中等教育科目（数学和语言）上的成绩。这两个科目的成绩保存在不同的 CSV 文件中；本节我们只研究并展示数学科目的有关数据。数据属性包括学生成绩、人口统计信息、社会信息与学校相关信息等特征，这些特征是通过使用学校报告和调查问卷的形式来收集的。针对这些样例，我们对数据进行了以下预处理：（1）去除了非数值特征，（2）生成了一个离散的目标类别进行分类。在本章的末尾提供了重现上述预处理结果的代码。

In [32]:

```
student_df = pd.read_csv('data/portugese_student_numeric_discrete.csv')
student_df['grade'] = pd.Categorical(student_df['grade'],
                                     categories=['low', 'mid', 'high'],
                                     ordered=True)
```

In [33]:

```
student_ftrs = student_df[student_df.columns[:-1]]
student_tgt  = student_df['grade'].cat.codes
```

我们将从一个简单的 3 – 最近邻分类器开始，并使用准确率进行评估，结果如图 6-17 所示。我们已经讨论了该方法的局限性，但它仍然是一个可以作为研究起点的简单方法和度量指标。如果目标类别不是太不平衡的话，就可以保证准确率。

In [34]:

```
fig,ax = plt.subplots(1, 1, figsize=(3, 3))
model = neighbors.KNeighborsClassifier(3)
cv_auc = skms.cross_val_score(model,
                              student_ftrs, student_tgt,
                              scoring='accuracy', cv=10)
ax = sns.swarmplot(cv_auc, orient='v')
ax.set_title('10-Fold Accuracy');
```

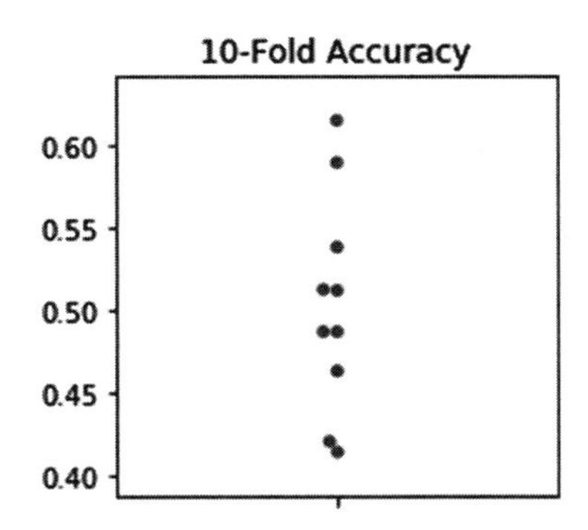

图 6-17 3 – 最近邻分类器的准确率（见彩插）

现在，如果我们想继续讨论精确率，我们必须超越这个简单的参数 scoring="average_precision"，这是 sklearn 提供给 cross_val_score 接口的参数。这个平均值实际上是二元分类问题的一个均值。如果多个目标类别，我们需要指定如何对最终的结果求均值。在本章前面讨论了“宏（macro）”策略和“微（micro）”策略。这里我们将使用“宏”策略，并将其作为一个参数传递给 make_scorer 调用，结果如图 6-18 所示。

In [35]:

```
model = neighbors.KNeighborsClassifier(3)
my_scorer = metrics.make_scorer(metrics.precision_score,
                                average='macro')
cv_auc = skms.cross_val_score(model,
                              student_ftrs, student_tgt,
                              scoring=my_scorer, cv=10)
fig,ax = plt.subplots(1, 1, figsize=(3, 3))
sns.swarmplot(cv_auc, orient='v')
ax.set_title('10-Fold Macro Precision');
```

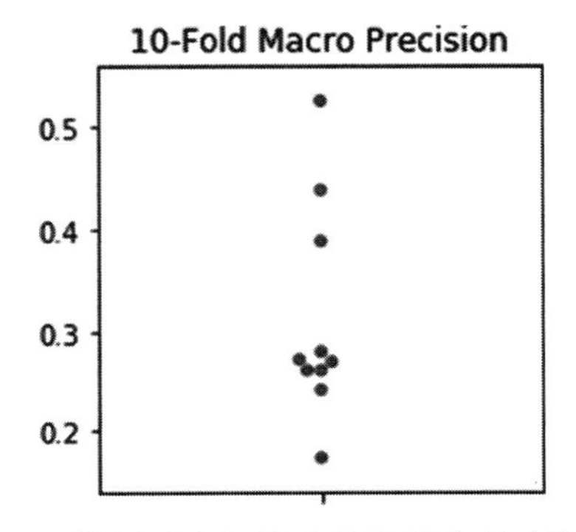

图 6-18 使用“宏”策略获取精确率（见彩插）

遵循一个非常相似的策略，我们可以使用“汉德和蒂尔的多元分类”评估器，结果如

图 6-19 所示。

In [36]:

```
htm_scorer = metrics.make_scorer(hand_and_till_M_statistic,
                                 needs_proba=True)
cv_auc = skms.cross_val_score(model,
                              student_ftrs, student_tgt,
                              scoring=htm_scorer, cv=10)

fig,ax = plt.subplots(1, 1, figsize=(3, 3))
sns.swarmplot(cv_auc, orient='v')
ax.set_title('10-Fold H&T Ms');
```

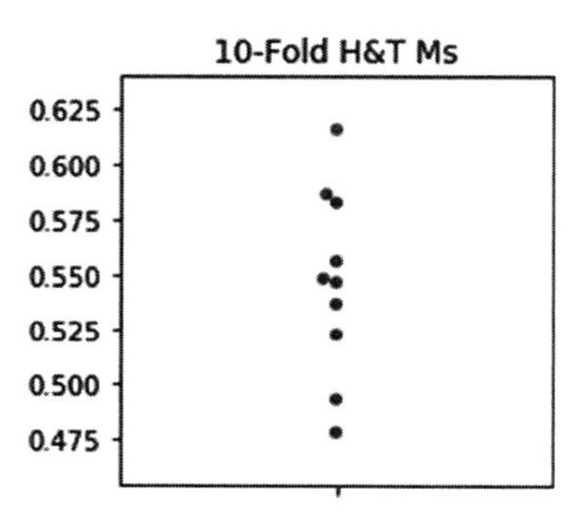

图 6-19 使用 H&T 多元分类评估器（见彩插）

接下来，我们可以比较几个不同的分类器和几个不同的度量指标，结果如图 6-20 所示。

In [37]:

```
classifiers = {'base'  : dummy.DummyClassifier(strategy="most_frequent"),
               'gnb'   : naive_bayes.GaussianNB(),
               '3-NN'  : neighbors.KNeighborsClassifier(n_neighbors=10),
               '10-NN' : neighbors.KNeighborsClassifier(n_neighbors=3)}
```

In [38]:

```
macro_precision = metrics.make_scorer(metrics.precision_score,
                                      average='macro')
macro_recall    = metrics.make_scorer(metrics.recall_score,
                                      average='macro')
htm_scorer = metrics.make_scorer(hand_and_till_M_statistic,
                                 needs_proba=True)

msrs = ['accuracy', macro_precision,
        macro_recall, htm_scorer]
```

```
fig, axes = plt.subplots(len(msrs), 1, figsize=(6, 2*len(msrs)))
fig.tight_layout()

for mod_name, model in classifiers.items():
    # 缩略
    cvs = skms.cross_val_score
    cv_results = {msr:cvs(model, student_ftrs, student_tgt,
                          scoring=msr, cv=10) for msr in msrs}

    for ax, msr in zip(axes, msrs):
        msr_results = cv_results[msr]
        my_lbl = "{:12s} {:.3f} {:.2f}".format(mod_name,
                                               msr_results.mean(),
                                               msr_results.std())
        ax.plot(msr_results, 'o--')
        ax.set_title(msr)
        # 读者可以取消以下语句的注释，以查看汇总统计信息（结果图会显得杂乱）
        #ax.legend(loc='lower center')
```

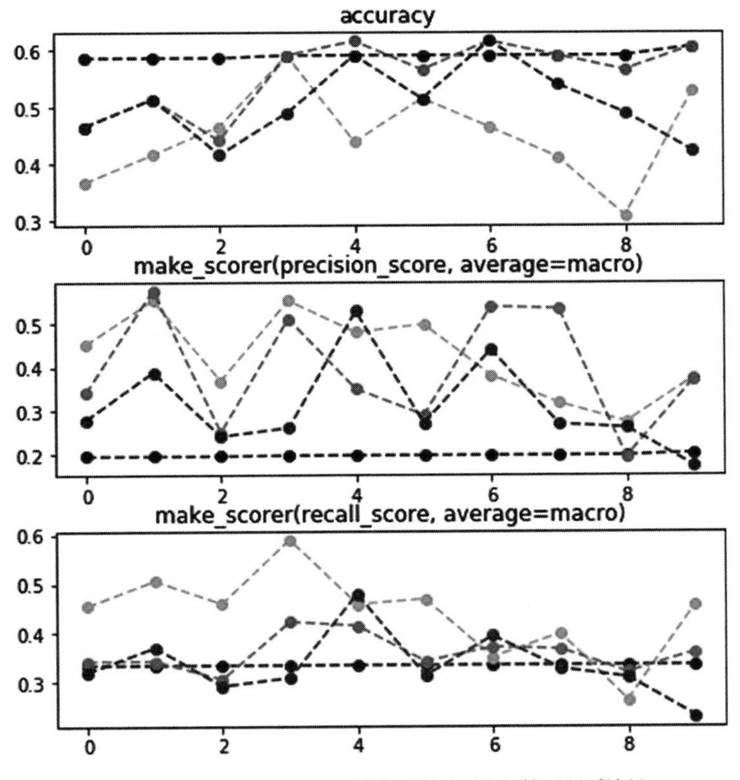

图 6-20　不同分类器不同度量指标的比较（见彩插）

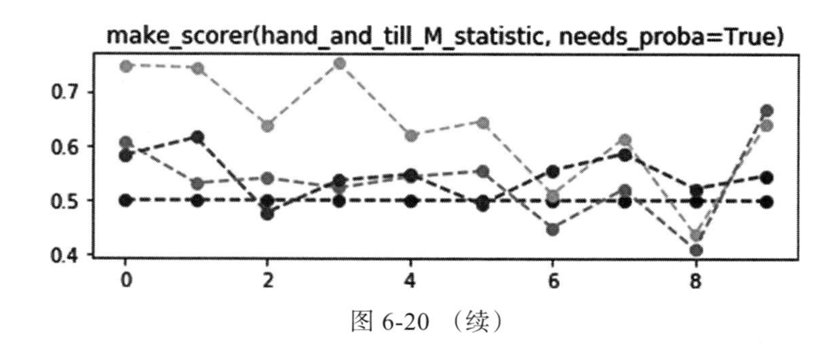

图 6-20 （续）

结果看来我们给自己出了一个难题。准确率、精确率和召回率似乎都非常糟糕。这提醒我们，对“汉德和蒂尔的多元分类法”值的解释需要小心谨慎。对于高斯朴素贝叶斯方法，某些折的值并不糟糕，但是一半折的值最终都接近 0.6。还记得我们所做的预处理吗？通过抛弃特征和离散化，我们已经把问题变成了一个非常困难的问题。

我们知道情况并不好，但还是有一线希望，也许我们在某些课程上表现不错，而在总体上表现有些差。各种分类器在预测值和实际值上的比较参见图 6-21 所示。

In [39]:

```
fig, axes = plt.subplots(2, 2, figsize=(5, 5), sharex=True, sharey=True)
fig.tight_layout()

for ax, (mod_name, model) in zip(axes.flat,
                                 classifiers.items()):
    preds = skms.cross_val_predict(model,
                                   student_ftrs, student_tgt,
                                   cv=10)


    cm = metrics.confusion_matrix(student_tgt, preds)
    sns.heatmap(cm, annot=True, ax=ax,
                cbar=False, square=True, fmt="d",
                xticklabels=['low', 'med', 'high'],
                yticklabels=['low', 'med', 'high'])


    ax.set_title(mod_name)
axes[1, 0].set_xlabel('Predicted')
axes[1, 1].set_xlabel('Predicted')
axes[0, 0].set_ylabel('Actual')
axes[1, 0].set_ylabel('Actual');
```

结果没那么糟糕。我们的问题很大一部分在于，在很多时候只是简单地预测低级类别（即使使用非基线方法）。为了区分目标类别的显著特征，我们需要更多的信息。

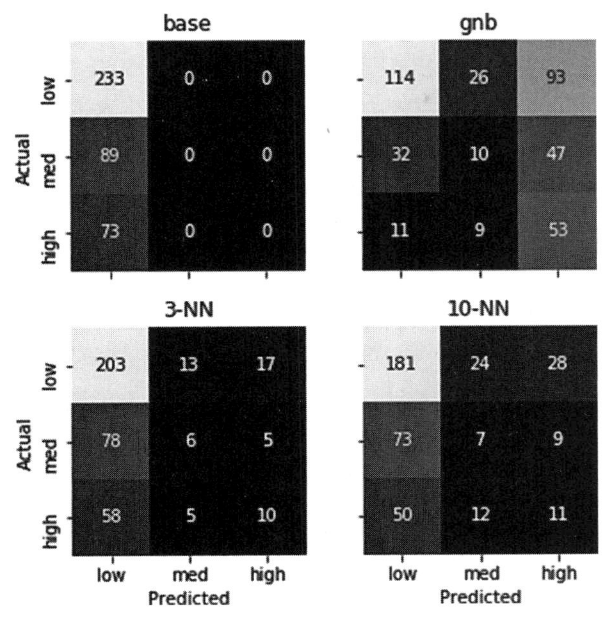

图 6-21　各种分类器在预测值和实际值上的比较（见彩插）

6.8　本章参考阅读资料

6.8.1　本章小结

我们在分类评估工具的框架中添加了许多技术。我们现在可以考虑目标类别数量的不平衡情况，根据现实和预测（单独和联合）评估机器学习模型，我们可以深入到各种类别具体的错误。对于一个分类系统，我们还可以不再是猜测一个随机的目标，从而可以确定该分类系统的总体好处。

6.8.2　章节注释

如果读者需要查阅 ROC 曲线的相关学术参考文献，请参考以下的文献：

- Fawcett, Tom (2004). "ROC Graphs: Notes and Practical Considerations for Researchers." Pattern Recognition Letters 27 (8): 882-891.

曲线下的面积 AUC 与众所周知的统计度量指标有一些直接的关系。特别是，基尼指数（Gini index，是一种度量指标，用于衡量两个结果范围之间的差异）与曲线下面积 AUC 的关系式为 $\text{Gini}+1=2\times\text{AUC}$。曼 – 惠特尼 U 检验（Mann-Whitney U，又被称为“曼 – 惠特尼秩和检验”）统计量与曲线下面积 AUC 相关，即 $\frac{U}{n_1 n_2}=\text{AUC}$，其中 n_i 是类别 i 中的元素的数量。如果读者不是统计专家，则无须考虑这些细节。

我们讨论了 F_1 分数，并解释说它是结合精确率和召回率的一个平衡方式。存在一系列被称为 F_β 的替代方案，可以或多或少地增加精确率的权重，这取决于我们是更关心与现实相关的性能，还是更关心一个预测的性能。

这里有两个非常棒的事实：（1）一种称为提升方法（boosting）的机器学习方法，它可以接受任何一个比抛掷硬币这种随机方法稍好的机器学习模型，使得该机器学习模型可以变得优秀，前提是我们要有足够好的数据。（2）如果一个布尔问题的机器学习模型确实很糟糕（比抛掷硬币这种随机方法更糟糕），那么可以通过抛掷硬币这种随机方法来进行预测以使该学习模型变得更好。综合上述两点，也就是说我们可以采用任何一个初始的机器学习系统，然后使之成为我们想要的好结果。事实上，这里有一些数学上的警告，但这种可能性的存在是相当惊人的。我们将在第 12.4 节讨论提升方法（boosting）的一些实际用途。

一些分类器方法不能很好地处理多个目标类别。这些分类器方法要求我们通过“一对一”方法或者“一对其他”方法来封装预测，以便适用于多元分类的场景。支持向量机分类器是一个重要的例子，我们将在第 8.3 节讨论。

汉德和蒂尔的多元分类法的定义请参考以下文献：

- Hand, David J. and Till, Robert J. (2001). “A Simple Generalisation of the Area Under the ROC Curve for Multiple Class Classification Problems.” Machine Learning 45 (2): 171-186.

虽然，当我们想使用一种研究方法时，会经常不得不深入研究该方法的实现，以解决一些含糊不清的问题。似乎同样的技术也可以用于“精确率 - 召回率”曲线。如果读者碰巧在撰写一篇相关的硕士论文，或者想提高自己的名望，或者仅仅想提高自己的声誉和荣誉，那么请和自己的导师或者经理多加讨论以获取进一步的启发。

我们看到准确率（accuracy）是 k - 最近邻的默认度量指标。事实上，准确率是所有 `sklearn` 分类器的默认度量。在通常情况下，请注意以下事项：如果分类器继承自 `ClassifierMixin` 类，那么它们使用平均准确率（mean accuracy）；否则，可以使用其他的度量指标。`ClassifierMixin` 是一个内部 `sklearn` 类，它定义了 `sklearn` 分类器的基本共享功能。继承是面向对象程序设计（Object-Oriented Programming，OOP）的概念，用于与其他类共享行为。`sklearn` 文档没有提供有关分类器和记分器的一览列表。

我们使用的学生成绩数据来自以下的参考文献：

- Cortez, P. and Silva, A. “Using Data Mining to Predict Secondary School Student Performance.” In: A. Brito and J. Teixeira (eds), Proceedings of 5th FUture Business TEChnology Conference (FUBUTEC 2008), pp. 5-12, Porto, Portugal, April, 2008, EUROSIS.

读者可以下载学生成绩数据并将其预处理为本章中所使用格式，处理代码如下所示。

In [40]:

```
student_url = ('https://archive.ics.uci.edu/' +
               'ml/machine-learning-databases/00320/student.zip')
def grab_student_numeric_discrete():
    # 下载压缩文件，并解压
    # 注意：解压未知文件可能存在安全隐患
    import urllib.request, zipfile
    urllib.request.urlretrieve(student_url,
                               'port_student.zip')
    zipfile.ZipFile('port_student.zip').extract('student-mat.csv')

    # 预处理
    df = pd.read_csv('student-mat.csv', sep=';')

    # g1和g2与g3高度相关;
    # 丢弃它们会使问题变得更加困难
    # 我们还删除所有非数字列
    # 对最终分数使用0-50-75-100百分位数进行离散化
    # 这些数据均由手工确定
    df = df.drop(columns=['G1', 'G2']).select_dtypes(include=['number'])
    df['grade'] = pd.cut(df['G3'], [0, 11, 14, 20],
                         labels=['low', 'mid', 'high'],
                         include_lowest=True)
    df.drop(columns=['G3'], inplace=True)

    # 保存结果
    df.to_csv('portugese_student_numeric_discrete.csv', index=False)
```

6.8.3 练习题

尝试对葡萄酒或者乳腺癌数据集应用我们的分类评估技术，读者可以使用 datasets.load_wine 和 datasets.load_breast_cancer 导入数据。

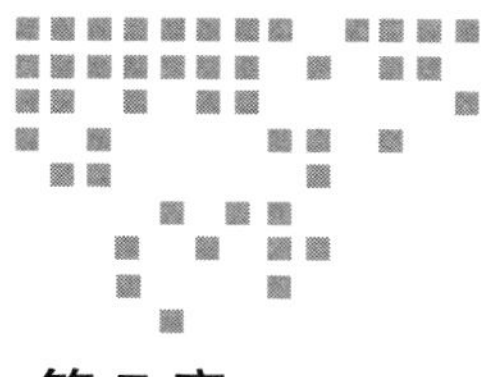

Chapter 7 第7章

评估回归器

In [1]:

```
# 环境设置
from mlwpy import *
%matplotlib inline

diabetes = datasets.load_diabetes()

tts = skms.train_test_split(diabetes.data,
                            diabetes.target,
                            test_size=.25,
                            random_state=42)

(diabetes_train_ftrs, diabetes_test_ftrs,
 diabetes_train_tgt,  diabetes_test_tgt) = tts
```

我们已经讨论了机器学习系统的评估和用于特定分类器的评估技术。现在，是时候把重点转向评估回归器了。与评估分类器相比，评估回归器的特殊技术相对较少。例如，没有混淆矩阵和ROC曲线，但是会在残差图中看到一个有趣的替代方法。既然我们有足够的兴趣和能力，我们将在本章中讨论一些辅助评估技术：我们将创建自己的sklearn可插入式评估度量指标，并首次讨论处理管道的方法。当机器学习系统需要多个步骤时，可以使用管道。在尝试从数据中学习之前，我们将使用管道技术来标准化一些数据。

7.1　基线回归器

与分类器一样，回归器也需要简单的基线策略以方便进行比较。我们已经接触过中间值的预测，了解了有关中间值的各种定义。在 sklearn 的包中，我们可以轻松创建用以预测均值和中位数的基线模型。这些是一个给定训练集的固定值，一旦对数据集进行训练，就得到一个单一的值，作为对所有样例的预测。也可以挑选任意常数。我们可能有背景知识或者领域知识，这些知识让我们有理由认为某些值（最小值、最大值，或者 0.0）是一个合理的基线。例如，如果一种罕见的疾病导致发烧，而大多数人都很健康，那么接近 98.6°F（37℃）的温度可能是一个很好的基准温度预测。

最后一个选项是分位数（quantile），分位数是对中位数概念的泛化。当数学家说“泛化”时，他们的意思是一个特定的东西可以使用一个更通用的模板来表达。在第 4.2.1 节中，我们看到中位数（median）是排序数据的中间值。中位数有一个有趣的特性：一半的数据值小于中位数，一半的数据值大于中位数。更一般地说，中位数是一个特定的百分位数，称为第 50 个百分位数。我们可以采用中位数的思想，把中间值拓展到任意位置的值。例如，第 75 个百分位表示 75% 的数据小于该值，有 25% 的数据大于该值。

使用分位数策略，我们可以选择一个任意的百分比作为分隔点。为什么称之为分位数而不是百分位数（percentile）？这是因为分位数是指从 0 到 100 的任意一组均匀分布的分隔点。例如，四分位数（quartile）在发音上与四分之一（quarter）相似，分别是 25%、50%、75% 和 100%。百分位数是从 1% 到 100% 的 100 个值。分位数可以比单个百分比步长具有更细的粒度，例如，0.1%、0.2%、…、1.0%、…、99.8%、99.9%、100.0% 这 1000 个值。常量、分位数、均值、中位数的均方误差如表 7-1 所示。

In [2]:

```
baseline = dummy.DummyRegressor(strategy='median')
```

In [3]:

```
strategies = ['constant', 'quantile', 'mean', 'median', ]
baseline_args = [{"strategy":s} for s in strategies]

# 常量constant和分位数quantile的其他参数
baseline_args[0]['constant'] = 50.0
baseline_args[1]['quantile'] =  0.75

# 与第5章类似，但会用一个列表解析处理单个参数包（一个字典）
def do_one(**args):
    baseline = dummy.DummyRegressor(**args)
    baseline.fit(diabetes_train_ftrs, diabetes_train_tgt)
    base_preds = baseline.predict(diabetes_test_ftrs)
```

```
    return metrics.mean_squared_error(base_preds, diabetes_test_tgt)

# 通过一个列表解析收集所有的结果
mses = [do_one(**bla) for bla in baseline_args]

display(pd.DataFrame({'mse':mses}, index=strategies))
```

表 7-1 统计量的均方误差

	mse
constant	14 657.6847
quantile	10 216.3874
mean	5 607.1979
median	5 542.2252

7.2 回归器的其他度量指标

到目前为止，我们已经使用均方误差（Mean Squared Error，MSE）作为衡量回归问题成功与否的标准，或者更准确地说，均方误差是衡量回归问题失败与否的标准。我们还将均方误差修正为均方根误差（Root Mean Squared Error，RMSE），因为与预测相比，均方误差 MSE 的取值范围有点大。均方误差 MSE 与误差平方具有相同的尺度范围，而均方根误差 RMSE 将回到与误差相同的尺度范围。可通过对不同的对象应用平方根，以一种特殊的方式完成这种转换。然而，均方根误差 RMSE 被广泛采用。因此，与其一直手工编写代码，不如将均方根误差 RMSE 更深入地集成到 sklearn 中。

7.2.1 创建自定义的评估指标

一般来说，sklearn 希望与分数一起工作，分数越大越好。因此，我们将分三个步骤开发新的回归评估指标。我们将定义一个误差度量指标，使用该误差定义一个分数，并使用该分数创建一个评分器（scorer）。一旦定义了评分器函数，就可以简单地将该评分器函数作为一个 scoring 参数传递给 cross_val_score。请记住：（1）对于误差和损失函数，值越低越好；（2）对于分数，值越高越好。所以，需要误差度量和分数之间的某种逆关系。最简单的处理方法之一就是取误差的负数。这需要动一番脑筋。对于均方根误差 RMSE 来言，所有基于它的分数都是负数，均方根误差越好就意味着越接近零，但仍然是负数。读者第一次接触到均方根误差这个概念的时候，肯定会感到有点困扰。只需记住，这就像我们损失的钱比我们本来拥有的要少。如果我们必须损失一些钱，那我们的理想是零损失。

让我们继续讨论实现的细节。误差和评分函数必须接受三个参数：拟合模型、预测值和目标值。是的，下面的名称有点奇怪：sklearn 有一个命名约定，以 _error 或者

_loss 结尾的名称其取值“越小越好”，以 _score 结尾的名称其取值“越大越好”。*_scorer 形式的名称用于对特征应用模型来进行预测，并将其与实际已知的值进行比较。它使用误差或者评分函数来量化成功率。没有必要定义这三个部分的全部参数值，可以选择使用我们自己实现的均方根组件。然而，为这三个部分编写代码可以演示它们之间的关系。

In [4]:

```
def rms_error(actual, predicted):
    '均方根误差函数'
    # 值越小表示越好（a < b表示a更好）
    mse = metrics.mean_squared_error(actual, predicted)
    return np.sqrt(mse)

def neg_rmse_score(actual, predicted):
    '基于均方根误差的评分函数'
    #  值越大表示越好（a < b表示b更好）
    return -rms_error(actual, predicted)

def neg_rmse_scorer(mod, ftrs, tgt_actual):
    '适合scoring评分参数的均方根误差评分器（scorer）函数'
    tgt_pred = mod.predict(ftrs)
    return neg_rmse_score(tgt_actual, tgt_pred)

knn = neighbors.KNeighborsRegressor(n_neighbors=3)
skms.cross_val_score(knn,
                     diabetes.data, diabetes.target,
                     cv=skms.KFold(5, shuffle=True),
                     scoring=neg_rmse_scorer)
```

Out[4]:

```
array([-58.0034, -64.9886, -63.1431, -61.8124, -57.6243])
```

第 6.4.2 节中的 hand_and_till_M_statistic 方法就像一个分数，使用 make_scorer 将其变成了一个评分器（scorer）。在这里，我们列出了均方根误差 RMSE 的所有 sklearn 子组件：误差度量、分数和评分器。使用 greater_is_better 参数，可以指示 make_scorer 把越大的值作为越好的结果。

7.2.2 其他内置的回归度量指标

我们在上一章中列举了详细的度量指标清单。作为提醒，度量指标清单可以通过 metrics.SCORERS.keys() 获得。可以通过命令 help(lr.score)，查看线性回归的默认度量指标。

In [5]:

```
lr = linear_model.LinearRegression()

# help(lr.score) # 显示全部输出结果
print(lr.score.__doc__.splitlines()[0])
```

```
Returns the coefficient of determination R^2 of the prediction.
```

线性回归的默认度量指标是 R^2。事实上，R^2 是所有回归器的默认度量指标。稍后我们会讨论有关 R^2 的更多内容。回归器的其他主要内置性能评估指标包括：平均绝对误差、均方误差（我们一直在使用）和中位数绝对误差。

我们可以从实际的角度比较平均绝对误差（Mean Absolute Error，MAE）和均方误差（Mean Squared Error，MSE）。暂时忽略 M（Mean，平均）部分，因为在这两种情况下，平均只是表示均值，也就是除以样例的数量。平均绝对误差 MAE 根据误差的大小对那些与实际值的差异非常大或者非常小的值进行惩罚。如果误差超过 10 分，那么会被惩罚 10 分。然而，在均方误差 MSE 中，误差越大，则惩罚越多，例如，如果误差超过 10，那么会被惩罚 100 分。在平均绝对误差 MAE 中，从 2 分到 4 分的误差会被惩罚 2 分到 4 分；在均方误差 MSE 中，从 2 分到 4 分的误差则会被惩罚 4 分到 16 分，其净影响是误差越大，惩罚会变得非常大。最后一个例子：如果两个预测相差 5，也就是说它们的误差各为 5，则对平均绝对误差的贡献为 5+5=10。对于均方误差，两个误差 5 的贡献为 $5^2+5^2=25+25=50$。对于平均绝对误差，则可以对应 10 个误差为 5 的数据点 5（因为 5*10=50），两个误差为 25 的数据点，或者一个误差为 50 的数据点。而对于均方误差，则只能有一个误差为 7 的数据点，因为 $7^2=49$。更糟糕的是，对于均方误差，一个误差为 50 的数据点将花费 $50^2=2500$ 个平方误差点。这样的话我们就破产了。

中位数绝对误差采用了稍微不同的方式。回想一下在第 4.2.1 节中对均值和中位数的讨论。使用中位数的原因是为了保护我们不受单个大误差压倒性地对其他表现良好的误差的影响。如果能接受一些夸张的误差，只要其余的预测都在轨道上，平均绝对误差可能是一个好的拟合方法。

7.2.3 R^2

R^2 是一个固有的统计概念。它包含有大量的统计包。关于统计包，我们不加以展开讨论。R^2 在概念上也与线性回归有关（读者如果感兴趣的话，可以自己去阅读相关资料）。所以，本书仅仅简单讨论 R^2。为什么还要讨论 R^2 呢？因为 R^2 是 sklearn 中默认的回归度量指标。

什么是 R^2？本书将使用 sklearn 的计算方式来定义它。首先我们要计算出两个量。注意，这不是我们在统计教科书中看到的确切描述，但我们将使用两个模型来描述 R^2。模型 1 是我们感兴趣的模型。从模型 1 中，我们可以利用 2.5.3 节中讨论的误差平方和来计算模型的性能。

$$SSE_{ours} = \sum_i our\_errors_i^2 = \sum_i (our\_preds_i - actual_i)^2$$

第二个模型是一个简单的基线模型，该模型总是预测目标的均值。均值模型的误差平方和为：

$$SSE_{mean} = \sum_i mean\_errors_i^2 = \sum_i (mean\_preds_i - actual_i)^2 = \sum_i (mean - actual_i)^2$$

很抱歉上面公式中包含很多 Σ。实现代码如下所示。

In [6]:

```
our_preds  = np.array([1, 2, 3])
mean_preds = np.array([2, 2, 2])
actual     = np.array([2, 3, 4])

sse_ours = np.sum(( our_preds - actual)**2)
sse_mean = np.sum((mean_preds - actual)**2)
```

有了这两个组件，我们可以像 sklearn 在其文档中描述的那样计算 R^2。严格地说，我们的处理方式稍有不同，稍后将进行讨论。

In [7]:

```
r_2 = 1 - (sse_ours / sse_mean)
print("manual r2:{:5.2f}".format(r_2))
```

```
manual r2: 0.40
```

sklearn 文档中所引用的公式如下所示。

$$R^2 = 1 - \frac{SSE_{ours}}{SSE_{mean}}$$

公式中的第二项表示什么含义呢？当两个模型都以误差平方和的方式来衡量时，$\frac{SSE_{ours}}{SSE_{mean}}$ 表示模型的性能与一个简单均值模型的性能的比值。事实上，特定的基线模型是本章开头讨论的 dummy.DummyRegressor(strategy='mean')。例如，如果预测器的误差是 2500，而简单预测均值的误差是 10 000，那么两者之间的比率将是 $\frac{1}{4}$，因此得到 $R^2 = 1 - \frac{1}{4} = \frac{3}{4} = 0.75$。我们正在对模型的性能进行标准化或者重新缩放，使其成为一个能够预测平均目标值的模型。这很公平。但是，1 减去这个比率是什么含义呢？

7.2.3.1 机器学习世界中 R^2 的解释

在线性回归的情况下，第二项 $\frac{SSE_{ours}}{SSE_{mean}}$ 的值在 0 到 1 之间。在高端，如果线性回归只使用一个常数项，它将与均值相同，因此第二项的值将为 1。在低端，如果线性回归完全拟合数据，则第二项的值将为0。线性回归模型在拟合训练数据并对训练数据进行评价时，不会比均值模型更差。

然而，这种限制对我们来说不一定成立，因为我们不一定使用线性模型。最简单的方法就是认识到我们的“花哨”模型可能会比均值更糟。虽然很难想象在训练数据上失败得那么严重，但在测试数据上似乎是合理的。如果有一个比均值更坏的模型，并且使用了 `sklearn` 的 R^2 公式，突然之间我们得到了一个负值。对于一个标记为 R^2 的值，负值真的会让人困惑。平方数通常是正数，大家还记得吧？

所以，采用“1 - 某个值”形式的公式，看起来可以把它读成“100% 减去某个值”，结果为剩余值。但我们不能这样理解，因为其中的“某个值”可能是正的或者负的，我们不知道该怎么称呼一个超过100%真实最大值的值，这个值可以解释所有的可能性。

考虑到上述讨论，该如何以一种合理的方式来理解 sklearn 中的 R^2 呢？误差平方和 SSE 之间的比率为我们提供了一个标准化的性能，该性能与标准的基线模型相比较。实际上，误差平方和 SSE 与均方误差是一样的，但是没有均值。有趣的是，我们可以采用一些出乎意料的代数变换。如果把比率中的两个误差平方和 SSE 均除以 n，于是得到：

$$R^2 = 1 - \frac{\frac{\text{SSE}_{\text{ours}}}{n}}{\frac{\text{SSE}_{\text{mean}}}{n}} = 1 - \frac{\text{MSE}_{\text{ours}}}{\text{MSE}_{\text{mean}}}$$

可以发现，我们实际上一直在变相地研究均方误差 MSE 有关的比率。为了方便对这个等式右边内容的理解，使用如下的“1-”形式：

$$R^2 = 1 - \frac{\text{SSE}_{\text{ours}}}{\text{SSE}_{\text{mean}}} = 1 - \frac{\text{MSE}_{\text{ours}}}{\text{MSE}_{\text{mean}}}$$

$$1 - R^2 = \frac{\text{SSE}_{\text{ours}}}{\text{SSE}_{\text{mean}}} = \frac{\text{MSE}_{\text{ours}}}{\text{MSE}_{\text{mean}}}$$

结果表明，$1-R^2$（对于任意机器学习模型）可以看作一个 MSE，这个 MSE 是由一个简单的基线模型归一化后得到的，而这个简单的基线模型用于预测均值。如果有两个感兴趣的模型，并且如果我们比较（通过使用除法运算）模型1的 $1-R^2$ 和模型2的 $1-R^2$，结果得到：

$$\frac{1 - R^2_{\text{M1}}}{1 - R^2_{\text{M2}}} = \frac{\frac{\text{MSE}_{\text{M1}}}{\text{MSE}_{\text{mean}}}}{\frac{\text{MSE}_{\text{M2}}}{\text{MSE}_{\text{mean}}}} = \frac{\text{MSE}_{\text{M1}}}{\text{MSE}_{\text{M2}}}$$

这正是两个模型的均方误差 MSE（或者误差平方和 SSE）的比率。

7.2.3.2 残酷的现实：sklearn 中的 R^2

接下来让我们使用 `sklearn` 手动计算几个简单的 R^2 值。使用实际值和测试集预测值（通过一个简单的预测均值模型得到该测试集预测值）来计算 `r2_score`。

In [8]:

```
baseline = dummy.DummyRegressor(strategy='mean')

baseline.fit(diabetes_train_ftrs, diabetes_train_tgt)
base_preds = baseline.predict(diabetes_test_ftrs)

# r2不是对称的，因为真的值具有高优先级，并且被用于计算目标平均值
base_r2_sklearn = metrics.r2_score(diabetes_test_tgt, base_preds)
print(base_r2_sklearn)
```

```
-0.014016723490579253
```

接下来，让我们通过手动计算来查看这些值。

In [9]:

```
# sklearn-train-mean训练-均值来预测测试目标
base_errors     = base_preds - diabetes_test_tgt
sse_base_preds = np.dot(base_errors, base_errors)

# train-mean训练-均值来预测测试目标
train_mean_errors = np.mean(diabetes_train_tgt) - diabetes_test_tgt
sse_mean_train    = np.dot(train_mean_errors, train_mean_errors)

# test-mean训练-均值来预测测试目标（有危险！）
test_mean_errors = np.mean(diabetes_test_tgt) - diabetes_test_tgt
sse_mean_test    = np.dot(test_mean_errors, test_mean_errors)

print("sklearn train-mean model SSE(on test):", sse_base_preds)
print(" manual train-mean model SSE(on test):", sse_mean_train)
print(" manual test-mean  model SSE(on test):", sse_mean_test)
```

```
sklearn train-mean model SSE(on test): 622398.9703179051
 manual train-mean model SSE(on test): 622398.9703179051
 manual test-mean  model SSE(on test): 613795.5675675676
```

究竟为什么要做第三种选择呢？我们计算了测试集的均值，并根据测试目标查看了误差。这很正常，因为我们是“应试教育”，我们做得比其他情况好一点。让我们看看如果使用“应试教育”的值作为计算 r2 的基线会发生什么。

In [10]:

```
1 - (sse_base_preds / sse_mean_test)
```

Out[10]:

```
-0.014016723490578809
```

难道出问题了吗？让我们再测试一次。

In [11]:

```
print(base_r2_sklearn)
print(1 - (sse_base_preds / sse_mean_test))
```

```
-0.014016723490579253
-0.014016723490578809
```

确切地说，sklearn 中的 R^2 是根据测试的真实值来计算它的基线模型（也就是均值模型）。我们不是在比较 `my_model.fit(train)` 和 `mean_model.fit(train)` 的性能。通过 sklearn 中的 R^2，我们通过 `mean_model.fit(test)` 并在 test 上以评估的形式比较 `my_model.fit(train)`。由于这违反直觉，那就让我们从长远来看。不同回归器的参数比较请参见表 7-2。

In [12]:

```
#
# 警告! 请大家不要自己尝试这种方法!
# 我们在*测试*数据上拟合，其目的是模拟sklearn R^2的行为。
#
testbase = dummy.DummyRegressor(strategy='mean')
testbase.fit(diabetes_test_ftrs, diabetes_test_tgt)
testbase_preds = testbase.predict(diabetes_test_ftrs)
testbase_mse = metrics.mean_squared_error(testbase_preds,
                                          diabetes_test_tgt)

models = [neighbors.KNeighborsRegressor(n_neighbors=3),
          linear_model.LinearRegression()]
results = co.defaultdict(dict)
for m in models:
    preds = (m.fit(diabetes_train_ftrs, diabetes_train_tgt)
              .predict(diabetes_test_ftrs))

    mse = metrics.mean_squared_error(preds, diabetes_test_tgt)
    r2  = metrics.r2_score(diabetes_test_tgt, preds)
    results[get_model_name(m)]['R^2'] = r2
    results[get_model_name(m)]['MSE'] = mse

print(testbase_mse)
df = pd.DataFrame(results).T
df['Norm_MSE'] = df['MSE'] / testbase_mse
df['1-R^2'] = 1-df['R^2']
display(df)
```

```
5529.689797906013
```

表 7-2 不同回归器的参数比较

	MSE	R^2	Norm_MSE	1-R^2
KNeighborsRegressor	3 471.4194	0.3722	0.6278	0.6278
LinearRegression	2 848.2953	0.4849	0.5151	0.5151

所以，由 sklearn 计算而得的 $1-R^2$ 相当于模型通过“拟合测试样本”均值模型进行归一化后的均方误差。如果知道测试目标的均值，那这个值会告诉我们与预测已知的均值相比，我们的预测结果会做得有多好。

7.2.3.3　关于 R^2 的建议

尽管如此，我们还是建议读者不要使用 R^2，除非读者是一个高级用户并且可以确信自己在做什么。以下是我们的理由。

（1）R^2 有很多科学和统计的软件包。当谈及 R^2 时，人们可能会认为我们所表达的内容比这里给出的计算更多。如果读者在网上查找 R^2 所对应的统计术语——决定系数（coefficient of determination），就会发现网上有成千上万的表述，而且并不适用于我们这里的讨论。当应用于 `sklearn` 的 R^2 时，对于任何包含“百分比”、“线性”或者“解释”的表述，我们都应该以怀疑的态度看待。在某些情况下，有些说法是正确的，但并不总是正确的。

（2）R^2 有许多计算公式，而 `sklearn` 使用了其中一个公式。当使用一个带有截距的线性模型时，R^2 的多个计算公式都是等效的，但在其他情况下这些计算公式并不是完全等效的。这一连串的公式与前面描述的内容产生了混淆。我们对 R^2 有一个计算，在某些情况下，意味着超出我们在 `sklearn` 中使用它的意义。我们现在不关心那些额外的事情。

（3）R^2 与一件非常奇怪的事情有着一个简单的关系：在“测试 - 样本 - 训练”的均值模型上计算的归一化均方误差。我们可以直接选择使用替代方法，从而避免理解和使用 R^2 沉重的软件包。

我们将使用均方误差 MSE 或者均方根误差 RMSE 来代替 R^2。如果真的想将这些分数标准化，则可以将我们的回归模型与训练集训练的均值模型进行比较。

7.3　误差图和残差图

前面章节中，我们深入研究了一些数学问题。让我们后退一步，讨论一些用于评估回归器的图形技术。我们将开发一个适用于回归分析的混淆矩阵。

7.3.1　误差图

首先，让我们绘制一个对比图，该对比图将实际的、真实的目标值与预测值进行比较。两者之间的图形距离代表了误差。所以，如果一个特定样例的实际值为 27.5，而预测值是 31.5，我们需要绘制出一个点 $(x=27.5, y=31.5)$，对应于坐标轴的标题“Actual Value”（实际值）和“Predicted Value”（预测值）。一个简短的提示：完美的预测应该是沿着 $y=x$ 直线上的点，因为对于每个输出，我们都会精确地预测出这个值。由于我们通常不是完美的，所以可以计算出预测值和实际值之间的误差。通常，通过平方或者取绝对值的方式来消除误差的正负符号。在这里，我们暂时保留误差的方向。如果预测过高，误差值将是正的；如果预测得太低，误差值将是负的。第二个图形将简单地交换预测值 - 实际值的坐标轴，这样上面讨

论的点将变成 (x=31.5, y=27.5)，即（预测值，实际值）。这听起来可能太容易了，请读者继续关注。预测值、实际值和误差值请参见表 7-3 所示，预测值和实际值的拟合如图 7-1 所示。

In [13]:

```
ape_df = pd.DataFrame({'predicted' : [4, 2, 9],
                       'actual'    : [3, 5, 7]})

ape_df['error'] = ape_df['predicted'] - ape_df['actual']

ape_df.index.name = 'example'
display(ape_df)
```

表 7-3　预测值、实际值和误差值

example	predicted	actual	error
0	4	3	1
1	2	5	−3
2	9	7	2

In [14]:

```
def regression_errors(figsize, predicted, actual, errors='all'):
    ''' figsize -> subplots;
        predicted/actual data -> DataFrame 中的列
        errors -> "all" 或者索引的系列 '''
    fig, axes = plt.subplots(1, 2, figsize=figsize,
                             sharex=True, sharey=True)
    df = pd.DataFrame({'actual':actual,
                       'predicted':predicted})

    for ax, (x,y) in zip(axes, it.permutations(['actual',
                                                'predicted'])):
        # 将数据绘制为点 '.'; 完美拟合为直线 y=x
        ax.plot(df[x], df[y], '.', label='data')

        ax.plot(df['actual'], df['actual'], '-',
                label='perfection')
        ax.legend()

        ax.set_xlabel('{} Value'.format(x.capitalize()))
        ax.set_ylabel('{} Value'.format(y.capitalize()))
        ax.set_aspect('equal')

    axes[1].yaxis.tick_right()
    axes[1].yaxis.set_label_position("right")

    # 为所有的数据或者指定的数据显示完美拟合线的连接线
```

```
    if errors == 'all':
        errors = range(len(df))
    if errors:
        acts  = df.actual.iloc[errors]
        preds = df.predicted.iloc[errors]
        axes[0].vlines(acts, preds, acts, 'r')
        axes[1].hlines(acts, preds, acts, 'r')

regression_errors((6, 3), ape_df.predicted, ape_df.actual)
```

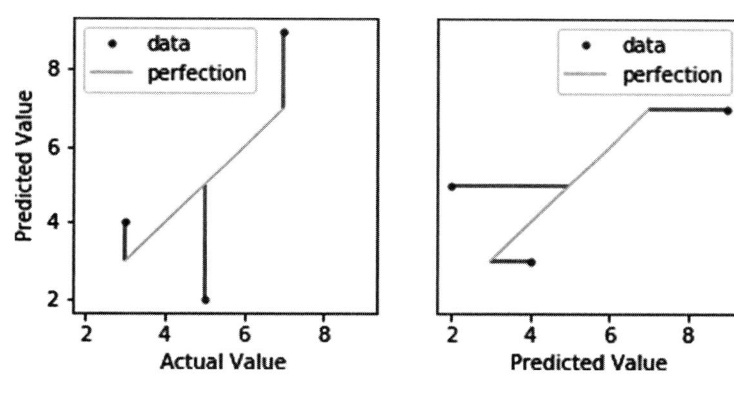

图 7-1　预测值和实际值的拟合（见彩插）

在这两种情况下，橙色线（直线 $y=x$，在本例中是 predicted=actual）在概念上是一个无所不知的模型（omniscient model），其中预测值是真实的实际值。这条线上的误差是零。在图 7-1 的左图中，预测值和实际值之间的差异是垂直的。在图 7-1 的右图中，预测值和实际值之间的差异是水平的。翻转轴会导致数据点沿着 $y=x$ 直线上翻转。由于重用的良好习惯，我们可以将其应用于糖尿病数据集，结果如图 7-2 所示。

In [15]:

```
lr  = linear_model.LinearRegression()
preds = (lr.fit(diabetes_train_ftrs, diabetes_train_tgt)
           .predict(diabetes_test_ftrs))

regression_errors((8, 4), preds, diabetes_test_tgt, errors=[-20])
```

这些图之间的区别在于，左边的图是对“与现实（实际值）相比，我们做了什么？”问题的回答，右边的图是对“对于给定的预测（预测值），我们怎么做？”问题的回答。这种差异类似于根据疾病的实际情况来计算灵敏度（和特异度），与根据疾病的预测来计算准确率之间的差异。例如，当实际值位于 200 到 250 之间时，我们似乎总是预测低值。当预测值接近 200 时，实际值位于 50 到 300 之间。

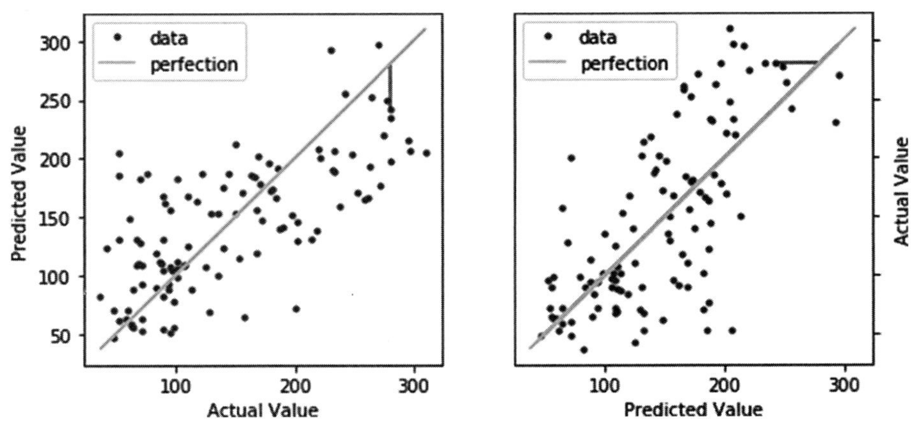

图 7-2 糖尿病数据集的预测值和实际值（见彩插）

7.3.2 残差图

现在，我们准备引入残差图（residual plot）。不幸的是，我们即将碰到一堵术语问题的墙。我们讨论了预测的误差值：误差值 = 预测值 – 实际值。但对于残差图，我们需要这些值的镜像：残差值 = 实际值 – 预测值。以下是相应的实现代码，结果如表 7-4 所示。

In [16]:

```
ape_df = pd.DataFrame({'predicted' : [4, 2, 9],
                       'actual'    : [3, 5, 7]})

ape_df['error'] = ape_df['predicted'] - ape_df['actual']
ape_df['resid'] = ape_df['actual'] - ape_df['predicted']
ape_df.index.name = 'example'
display(ape_df)
```

表 7-4 预测值、实际值、误差值和残差值

emample	predicted	actual	error	resid
0	4	3	1	−1
1	2	5	−3	3
2	9	7	2	−2

当谈论到误差时，可以把这个误差值解释为我们被高估了多少或者低估了多少。误差值为 2 表示预测值超过了 2。我们可以考虑一下这种情况意味着什么。对于残差值，我们正在考虑需要做什么调整来修正预测。残差值为 – 2 表示需要减去 2 才能得到正确的答案。

残差图是绘制预测值相对于该预测的残差值的图。所以，我们需要对图 7-2 中的右图稍加修改（预测值 vs 实际值），使用残差值而不是误差值来表示。我们要根据残差值（从预测

值到实际值的有符号距离）相对于预测值来绘图。

例如，一个样例的预测值为 31.5，而实际值是 27.5，残差是 −4.0。因此我们得到一个点，位于（x= 预测值 =31.5，y= 残差 =−4.0）。顺便说一句，这些可以被认为是我们做出预测后剩下的值。

好的，下面绘制两张图（如图 7-3 所示）：（1）实际值 vs 预测值，（2）预测值 vs 残差值。

In [17]:

```
def regression_residuals(ax, predicted, actual,
                         show_errors=None, right=False):
    ''' figsize -> subplots;
        predicted/actual data -> DataFrame 的列
        errors -> "all" 或者索引的系列 '''
    df = pd.DataFrame({'actual':actual,
                       'predicted':predicted})
    df['error'] = df.actual - df.predicted
    ax.plot(df.predicted, df.error, '.')
    ax.plot(df.predicted, np.zeros_like(predicted), '-')

    if right:
        ax.yaxis.tick_right()
        ax.yaxis.set_label_position("right")
    ax.set_xlabel('Predicted Value')
    ax.set_ylabel('Residual')

    if show_errors == 'all':
        show_errors = range(len(df))
    if show_errors:
        preds = df.predicted.iloc[show_errors]
        errors = df.error.iloc[show_errors]
        ax.vlines(preds, 0, errors, 'r')

fig, (ax1, ax2) = plt.subplots(1, 2, figsize=(8, 4))

ax1.plot(ape_df.predicted, ape_df.actual, 'r.', # pred vs actual
         [0, 10], [0, 10], 'b-')                # 完美拟合线
ax1.set_xlabel('Predicted')
ax1.set_ylabel('Actual')
regression_residuals(ax2, ape_df.predicted, ape_df.actual,
                     'all', right=True)
```

现在，我们可以根据残差图来比较两个不同的机器学习模型。我们将转向使用一个适当的训练 – 测试数据拆分，所以这些残差值被称为预测残差。在传统的统计学课程中，普通的简单残差是根据训练集（有时称为样本内）计算出来的。这不是我们通常的评估方法：我们更喜欢根据测试集来进行评估，结果如图 7-4 所示。

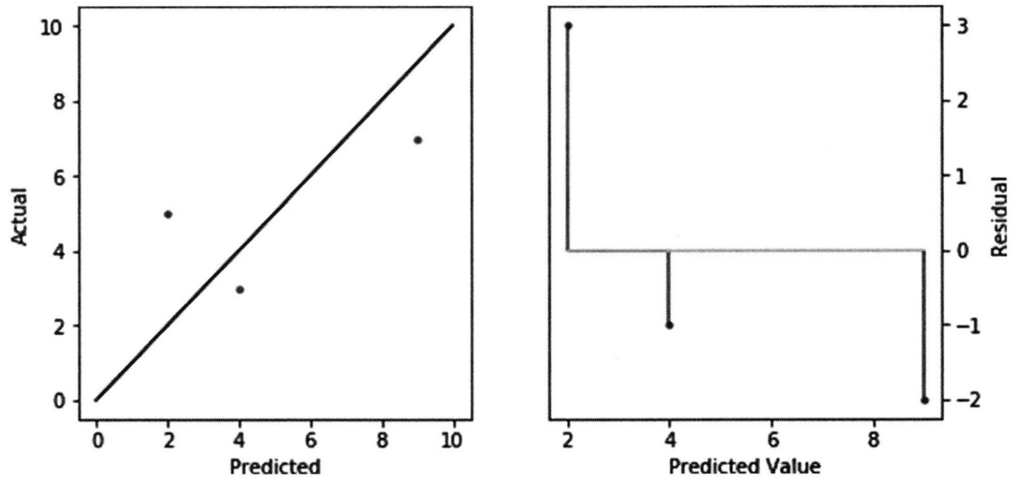

图 7-3 实际值 vs 预测值以及预测值 vs 残差值（见彩插）

In [18]:

```
lr  = linear_model.LinearRegression()
knn = neighbors.KNeighborsRegressor()

models = [lr, knn]

fig, axes = plt.subplots(1, 2, figsize=(10, 5),
                         sharex=True, sharey=True)
fig.tight_layout()

for model, ax, on_right in zip(models, axes, [False, True]):
    preds = (model.fit(diabetes_train_ftrs, diabetes_train_tgt)
                  .predict(diabetes_test_ftrs))

    regression_residuals(ax, preds, diabetes_test_tgt, [-20], on_right)

axes[0].set_title('Linear Regression Residuals')
axes[1].set_title('k-NN-Regressor Residuals');
```

这里有以下几点说明。由于这两个模型预测了我们所关心的点的不同值，它显示在水平 x 轴上的不同点上。使用线性回归模型，预测值低于 250。使用 k – 最近邻 – 回归器模型，预测值略高于 250。在这两种情况下，预测值都偏低（请记住，残差值告诉我们如何修正预测值：需要在这些预测中添加一个值）。实际值为如下代码所示。

In [19]:

```
print(diabetes_test_tgt[-20])
```

```
280.0
```

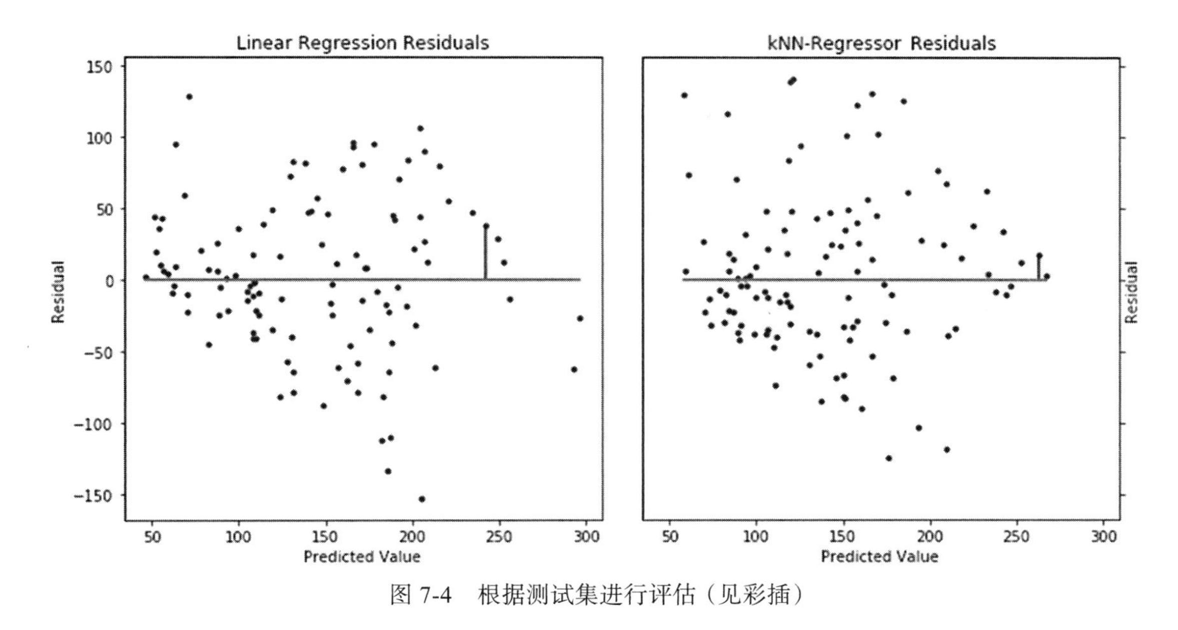

图 7-4　根据测试集进行评估（见彩插）

如果任何一个模型的预测值是 280，那么残差值将为 0。

在经典的统计学课程中，当查看残差图时，会试图诊断该残差图是否违反了线性回归的假设。因为我们使用线性回归作为黑盒子预测方法，所以不太关心该残差图是否满足假设。然而，可以重点关注残差值与预测值之间的趋势。潜在的趋势正是这些图提供给我们一个评估的机会。在线性回归模型预测值的较低端，我们有相当一致的负误差值（正残差值）。这意味着当预测一个很小的值时，很可能预测失败。我们还看到预测值在 200 到 250 之间也出现了预测失败。对于 k – 最近邻 – 回归器模型，我们看到负误差值的分布范围更广，而正误差值在零误差线周围更密集。我们将在第 10 章讨论通过诊断残差值来改进模型预测的一些方法。

7.4　标准化初探

本节分析一个不同的回归数据集。为此，需要引入规范化（normalization）的概念。一般来说，规范化是把不同的测量数据置于直接可比基础上的过程。通常，规范化涉及两个步骤：（1）调整数据的中心；（2）调整数据的取值范围。这里有一个注意事项，就是读者可能已经习惯了以下说法：一些人会在一般意义上使用规范化这个术语，而另一些人会在更特定的意义上使用规范化这个术语，还有一些人甚至两者兼而有之。

我们将在第 10.3 节中对规范化和标准化（standardization）进行更一般性的讨论。如果读者想进行更深入的讨论，请先稍微耐心等待，或者实在是迫不及待的话，可以提前阅读第 10.3 节的内容。就目前而言，有两件事是非常重要的。首先，有些机器学习方法需要规范化，然后才能合理地按“开始”键继续处理数据。其次，我们将使用一种通用的规范化形式，称为标准化。当对数据进行标准化操作时，需要做两件事：（1）把数据中心定位在 0 附近；（2）缩放数据，使其标准差为 1。这两个步骤具体的实现方法分别为：（1）减去均值；（2）除以标准差。标准差与第 5.6.1 节讨论的方差紧密相关：通过取方差的平方根得到标准差。在开始计算之前，先以表格的形式（表 7-5）和图形的形式（图 7-5）向读者展示一下其含义。

In [20]:

```
# 一维标准化
# 在一个数据帧中放置等间距的值
xs = np.linspace(-5, 10, 20)
df = pd.DataFrame(xs, columns=['x'])

# 中心化（减去均值）和缩放（除以标准差）
df['std-ized'] = (df.x - df.x.mean()) / df.x.std()

# 显示原始值和新数据；计算统计量
fig, ax = plt.subplots(1, 1, figsize=(3, 3))
sns.stripplot(data=df)
display(df.describe().loc[['mean', 'std']])
```

表 7-5 数据标准化

	x	std-ized
mean	2.5000	0.0000
std	4.6706	1.0000

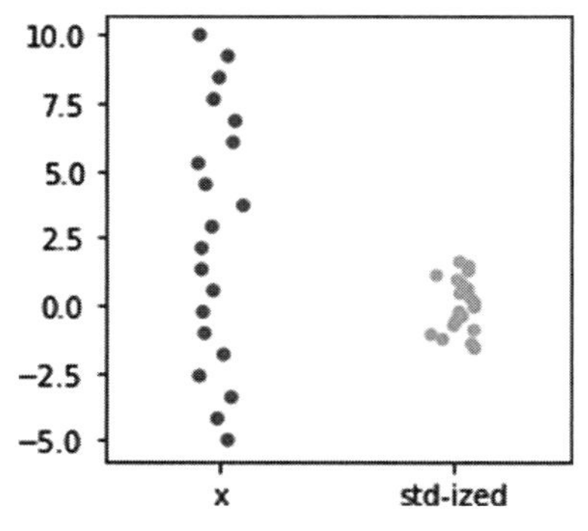

图 7-5 数据标准化的图示（见彩插）

结果非常不错，而对于二维数据的情况，结果（如表 7-6 所示）会变得更加有趣。

In [21]:

```
# 两个一维标准化
xs = np.linspace(-5, 10, 20)
ys = 3*xs + 2 + np.random.uniform(20, 40, 20)
```

```
df = pd.DataFrame({'x':xs, 'y':ys})
df_std_ized = (df - df.mean()) / df.std()

display(df_std_ized.describe().loc[['mean', 'std']])
```

表 7-6　二维数据标准化

	x	y
mean	0.0000	-0.0000
std	1.0000	1.0000

我们可以在两种不同的缩放比例上查看原始数据和标准化数据：一种是 matplotlib 处理数据时所使用的自然缩放比例，另外一种是简单的、固定的、缩小的缩放比例，结果如图 7-6 所示。

In [22]:

```
fig, ax = plt.subplots(2, 2, figsize=(5, 5))

ax[0,0].plot(df.x, df.y, '.')
ax[0,1].plot(df_std_ized.x, df_std_ized.y, '.')
ax[0,0].set_ylabel('"Natural" Scale')

ax[1,0].plot(df.x, df.y, '.')
ax[1,1].plot(df_std_ized.x, df_std_ized.y, '.')

ax[1,0].axis([-10, 50, -10, 50])
ax[1,1].axis([-10, 50, -10, 50])

ax[1,0].set_ylabel('Fixed/Shared Scale')
ax[1,0].set_xlabel('Original Data')
ax[1,1].set_xlabel('Standardized Data');
```

从网格图中，可以发现以下现象。数据经过标准化操作后，数据的形状保持不变。我们可以在最上面一行清楚地观察到这一现象，数据位于不同的尺度和不同的位置。在第一行中，我们让 matplotlib 使用不同的缩放比例来强调数据的形状是相同的。在最下面的一行中，使用一个固定的缩放比例来强调数据的位置和分布是不同的。标准化操作将数据移到中心值为 0 的地方，并缩放数据，使得结果值的标准差和方差均为 1.0。

在 sklearn 中，我们可以使用一个名为 StandardScaler 的特殊“机器学习模型”来执行标准化操作。在这种情况下，机器学习有一种特殊的含义：机器学习模型计算出训练数据的平均值和标准差，并应用这些值来转换训练数据或者测试数据。在 sklearn 中，这些工具的名称是变换器（transformer）。fit 的工作方式与目前所看到的机器学习模型相同。然而，我们使用的不是 predict，而是 transform。

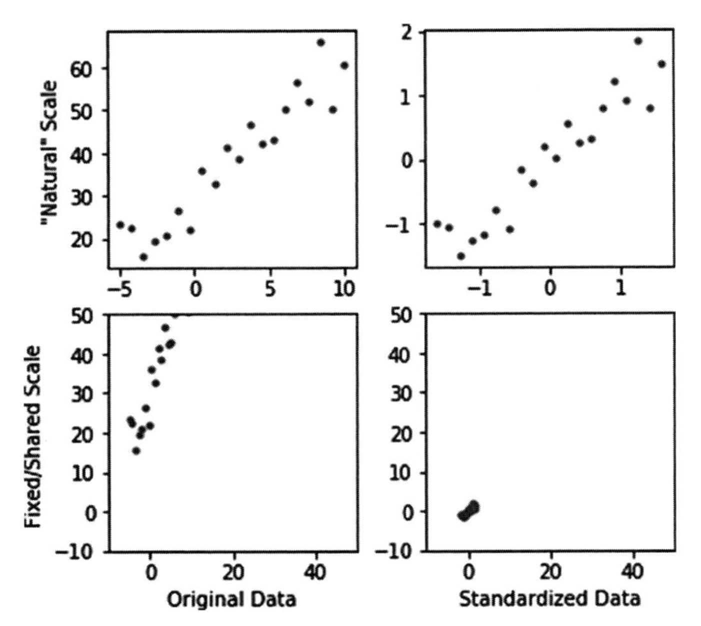

图 7-6 在不同的缩放比例上查看原始数据和标准化数据（见彩插）

In [23]:

```
train_xs, test_xs = skms.train_test_split(xs.reshape(-1, 1), test_size=.5)

scaler = skpre.StandardScaler()
scaler.fit(train_xs).transform(test_xs)
```

Out[23]:

```
array([[ 0.5726],
       [ 0.9197],
       [ 1.9608],
       [ 0.7462],
       [ 1.7873],
       [-0.295 ],
       [ 1.6138],
       [ 1.4403],
       [-0.1215],
       [ 1.0932]])
```

现在，对训练 – 测试数据拆分和多个拟合步骤进行管理，然后手动对多个步骤进行预测就变得非常麻烦。将其扩展到交叉验证将会更加痛苦。幸运的是，sklearn 支持构建一系列训练和测试步骤。这些序列被称为管道（pipeline）。下面代码演示了如何使用一个管道对一个模型进行标准化操作，然后再进行拟合的过程。

In [24]:

```
(train_xs, test_xs,
 train_ys, test_ys)= skms.train_test_split(xs.reshape(-1, 1),
                                           ys.reshape(-1, 1),
                                           test_size=.5)

scaler = skpre.StandardScaler()
lr  = linear_model.LinearRegression()

std_lr_pipe  = pipeline.make_pipeline(scaler, lr)

std_lr_pipe.fit(train_xs, train_ys).predict(test_xs)
```

Out[24]:

```
array([[17.0989],
       [29.4954],
       [41.8919],
       [36.9333],
       [61.7263],
       [24.5368],
       [31.9747],
       [49.3298],
       [51.8091],
       [59.247 ]])
```

管道本身就像我们讨论的任何其他机器学习模型一样，它也有 fit 和 predict 方法。我们可以使用一个管道作为任何其他机器学习模型的插件替代工具。为机器学习模型提供一致的界面可能是 sklearn 最大的成功之处。无论机器学习模型是独立组件，还是由原始组件所构建的组合组件，我们都使用相同的接口。这种一致性是 sklearn 最大成功之处的具体体现。

关于管道，有一个细节：尽管 StandardScaler 在被独立应用时会使用 transform，但是整个管道使用 predict 来应用转换。也就是说，调用 my_pipe.predict() 将进行必要的转换，以进入最后的 predict 步骤。

最后，我们会给读者一个警告。读者可能已经注意到，我们正在学习用于标准化操作的参数（训练均值和标准差）。我们是在训练集上进行处理的。就像我们不想偷看一个成熟的机器学习模型一样，我们也不想偷看预处理。有关偷看的确切构成要素可能有一些回旋的空间。不过，为了安全起见，我们建议读者永远不要以任何方式偷看，但是以下情况除外：（1）有充分的证据证明偷看不会使结果产生偏差或者无效；（2）我们非常了解充分证据的局限性，以及不使用的情况。因此，我们又回到了不应该偷看的场景中。保持冷静，请记住：为了安全，不要偷看。

7.5 使用更复杂的方法评估回归系数：第二阶段

作为更复杂的例子，我们将回到葡萄牙学生的数据。使用与第 6 章中相同的数据，只是保留了目标特征作为一个数值数据。所以，我们只需要将原始数据集的数值特征和 G3 列作为目标，结果如表 7-7 所示。

In [25]:

```
student_df = pd.read_csv('data/portugese_student_numeric.csv')
display(student_df[['absences']].describe().T)
```

表 7-7 葡萄牙学生的数据统计结果

	count	mean	std	min	25%	50%	75%	max
absences	395.00	5.71	8.00	0.00	0.00	4.00	8.00	75.00

In [26]:

```
student_ftrs = student_df[student_df.columns[:-1]]
student_tgt  = student_df['G3']
```

7.5.1 多个度量指标的交叉验证结果

下面的代码使用 skms.cross_validate 对多个度量指标进行评估。这是一个非常方便的函数，该函数允许我们通过一个调用来评估多个度量指标。该函数还做了一些工作，以捕获使用给定的模型进行拟合和预测所花费的时间。我们将忽略其他部分，只使用该函数返回的多个度量评估值，评估结果如图 7-7 所示。与 skms.cross_val_score 一样，该函数需要将 scorers 传递给 scoring 参数。

In [27]:

```
scaler = skpre.StandardScaler()

lr     = linear_model.LinearRegression()
knn_3  = neighbors.KNeighborsRegressor(n_neighbors=3)
knn_10 = neighbors.KNeighborsRegressor(n_neighbors=10)

std_lr_pipe    = pipeline.make_pipeline(scaler, lr)
std_knn3_pipe  = pipeline.make_pipeline(scaler, knn_3)
std_knn10_pipe = pipeline.make_pipeline(scaler, knn_10)

# 经过标准化的均值和未经过标准化的均值结果应该相同
regressors = {'baseline'  : dummy.DummyRegressor(strategy='mean'),
              'std_knn3'  : std_knn3_pipe,
              'std_knn10' : std_knn10_pipe,
              'std_lr'    : std_lr_pipe}

msrs = {'MAE'  : metrics.make_scorer(metrics.mean_absolute_error),
        'RMSE' : metrics.make_scorer(rms_error)}

fig, axes = plt.subplots(2, 1, figsize=(6, 4))
fig.tight_layout()
```

```
for mod_name, model in regressors.items():
    cv_results = skms.cross_validate(model,
                                     student_ftrs, student_tgt,
                                     scoring = msrs, cv=10)

    for ax, msr in zip(axes, msrs):
        msr_results = cv_results["test_" + msr]

        my_lbl = "{:12s} {:.3f} {:.2f}".format(mod_name,
                                               msr_results.mean(),
                                               msr_results.std())
        ax.plot(msr_results, 'o--', label=my_lbl)
        ax.set_title(msr)
        # ax.legend() # 如果取消这一行注释，可以显示汇总统计结果
```

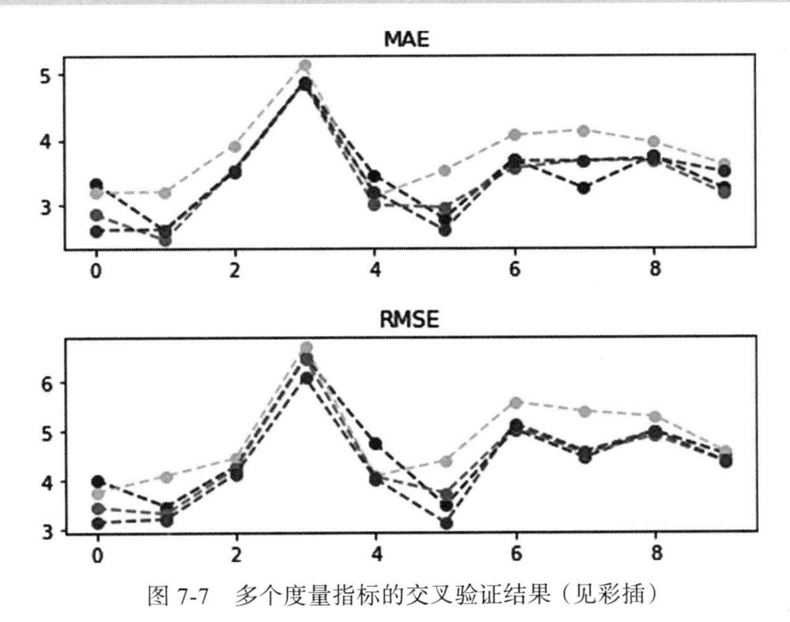

图 7-7　多个度量指标的交叉验证结果（见彩插）

以上结果特别强调了以下几个现象。在这个问题上，3 – 最近邻并不能很好地完成任务：基线方法通常比 3 – 最近邻误差小。对于基于折的交叉验证、10 – 最近邻和线性回归方法，它们的效果十分相似，整体性能彼此大致相当，都略好于基线方法。

我们可以梳理出一些接近的值，并通过查看均方根误差 RMSE 的比率 $\frac{\text{RMSE}_{\text{me}}}{\text{RMSE}_{\text{baseline}}}$，将各种模型与基线回归器进行更直接的比较，结果如图 7-8 所示。

In [28]:

```
fig,ax = plt.subplots(1, 1, figsize=(6, 3))
```

```
baseline_results = skms.cross_val_score(regressors['baseline'],
                                        student_ftrs, student_tgt,
                                        scoring = msrs['RMSE'], cv=10)

for mod_name, model in regressors.items():
    if mod_name.startswith("std_"):
        cv_results = skms.cross_val_score(model,
                                          student_ftrs, student_tgt,
                                          scoring = msrs['RMSE'], cv=10)

        my_lbl = "{:12s} {:.3f} {:.2f}".format(mod_name,
                                              cv_results.mean(),
                                              cv_results.std())

        ax.plot(cv_results / baseline_results, 'o--', label=my_lbl)
ax.set_title("RMSE(model) / RMSE(baseline)\n$<1$ is better than baseline")
ax.legend();
```

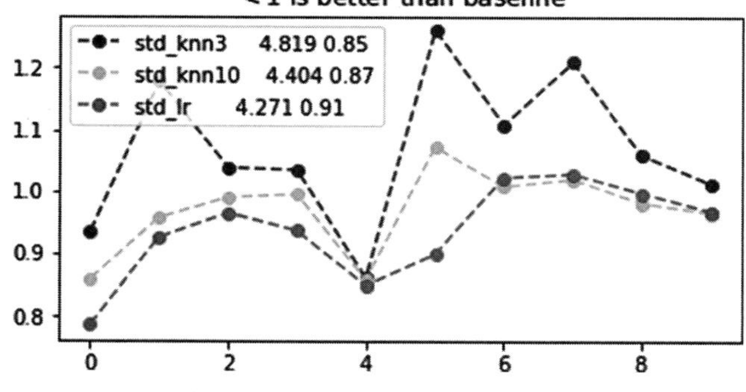

图 7-8 各种模型与基线回归器的比较（见彩插）

在这里，很明显 3 – 最近邻产生的误差比基线方法大得多（其比率大于 1），并且比其他两个回归器更差。我们还看到，线性回归似乎在具有更多的折时有一定的优势，虽然 10 – 最近邻确实在 6 ～ 9 折上失去了一些优势。

尽管 R^2 很容易被滥用（正如在第 7.2.3 节中所讨论的那样），让我们看看这个问题的默认 R^2 评分，结果如图 7-9 所示。

In [29]:

```
fig, ax = plt.subplots(1, 1, figsize=(6, 3))
for mod_name, model in regressors.items():
    cv_results = skms.cross_val_score(model,
                                      student_ftrs, student_tgt,
```

```
                                  cv=10)
        my_lbl = "{:12s} {:.3f} {:.2f}".format(mod_name,
                                                cv_results.mean(),
                                                cv_results.std())

        ax.plot(cv_results, 'o--', label=my_lbl)
ax.set_title("$R^2$");
# ax.legend(); # 如果取消这一行注释，可以显示汇总统计结果
```

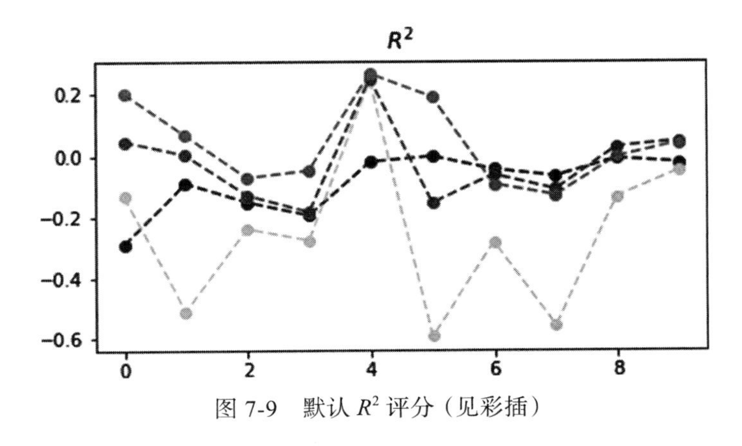

图 7-9　默认 R^2 评分（见彩插）

这里出现了两种有趣的模式。第一个模式，线性回归似乎始终优于 k – 最近邻回归（k-NN-R）。两个度量指标之间的模式似乎相当一致。当然，每个折的赢家的顺序都是一样的，记住 R^2 接近 1 是一个更好的值。考虑到上面所看到的 R^2 和均方误差之间的关系，我们可能不会对此感到太惊讶。

第二个模式，如果读者一直在密切关注，就可能会想，为什么作为均值预测模型的基线模型的 R^2 不为零。读者是否已经注意到了这个现象？读者能找出原因吗？正如我们所讨论的，对于训练集和测试集的方法，会有不同的均值。因为我们把训练 – 测试的数据拆分封装在交叉验证中，所以训练方法和测试方法会有一些不同，但只是略为不同。读者还会注意到，均值模型的大多数 R^2 值都在零附近。这就是我们为随机性和使用 R^2 所付出的代价。

7.5.2　交叉验证结果汇总

交叉验证预测的另一种方法是将整个交叉验证过程视为一个机器学习模型。如果读者仔细回顾前文所述的内容，就可能会发现，当进行交叉验证时，每个样例都在并且只在一个测试场景中。因此，我们可以简单地收集所有的预测（由一系列机器学习模型在不同数据分区上实现），并将其与已知的目标进行比较。对这些预测和目标应用一个评估度量指标，可

以得到每个模型和度量指标的单一值的净结果。我们使用 cross_val_predict 来读取这些预测结果，如表 7-8 所示。

In [30]:

```
msrs = {'MAD'  : metrics.mean_absolute_error,
        'RMSE' : rms_error} # 不是评估器，没有模型

results = {}
for mod_name, model in regressors.items():
    cv_preds = skms.cross_val_predict(model,
                                      student_ftrs, student_tgt,
                                      cv=10)
    for ax, msr in zip(axes, msrs):
        msr_results = msrs[msr](student_tgt, cv_preds)
        results.setdefault(msr, []).append(msr_results)
df = pd.DataFrame(results, index=regressors.keys())
df
```

Out[30]:

表 7-8 每个模型和度量指标单一值的净结果

	MAD	RMSE
baseline	3.4470	4.6116
std_knn3	3.7797	4.8915
std_knn10	3.3666	4.4873
std_lr	3.3883	4.3653

7.5.3 残差

因为我们之前讨论过基本的残差图，下面通过以下两种方式展现其更加有趣的方面：（1）查看基线模型的残差；（2）使用标准化的预处理数据。代码运行结果如表 7-9 和图 7-10 所示。

In [31]:

```
fig, axes = plt.subplots(1, 4, figsize=(10, 5),
                         sharex=True, sharey=True)
fig.tight_layout()
for model_name, ax in zip(regressors, axes):
    model = regressors[model_name]
    preds = skms.cross_val_predict(model,
                                   student_ftrs, student_tgt,
                                   cv=10)

    regression_residuals(ax, preds, student_tgt)
```

```
    ax.set_title(model_name + " residuals")
pd.DataFrame(student_tgt).describe().T
```

Out[31]:

表 7-9 关于残差图的统计结果

	count	mean	std	min	25%	50%	75%	max
G3	395.00	10.42	4.58	0.00	8.00	11.00	14.00	20.00

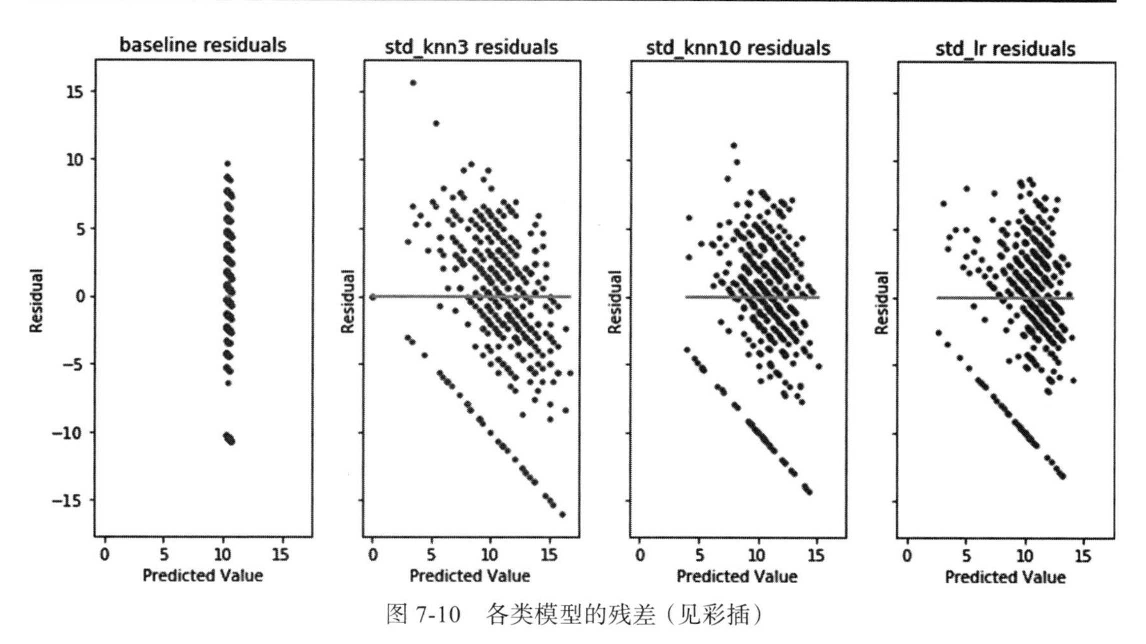

图 7-10 各类模型的残差（见彩插）

以上代码和图示展现出关于残差的如下几个有趣现象。

- 尽管使用均值模型作为基线模型，但还存在多个均值（每个训练拆分数据集有一个均值）。但请记住，对于均值模型，预测值只有微小变化。
- 对于先标准化然后再拟合的模型，其残差存在着一些显著的模式。

（1）所有的残差都呈带状。带状是由于目标的整数值造成的：目标值为 17 和 18，但不是 17.5。因此，存在明显的数据间隔。

（2）每个非基线模型的总体模式似乎非常相似。

（3）存在一整段的“误差异常值”，其中所有的残差均为负值，并随着预测量的增加而不断减少。负残差是正误差。这些值表明我们做了过度预测。在图 7-10 中各图的右侧，预测值为 15，此时预测值超过了实际值大约 15，因为实际值接近于零。在图 7-10 中各图的左侧，预测值接近 5，此时预测值超过了实际值大约 5，因为实际值接近于零。所以，我们看到这个带状的原因在于，这张图展示了每个可能的预测值的最大误差（也就是最小残差）。如果预测值为 x，而实际值为 0，那么误差值为 x（残差值为 $-x$）。

7.6 本章参考阅读资料

7.6.1 本章小结

本章在工具箱中添加了一些用于评估回归方法的工具：基线回归模型、残差图以及一些合适的度量指标。本章还解释了使用这些度量指标的一些困难之处。本章初次讨论了管道和标准化，稍后我们将详细介绍这些内容。

7.6.2 章节注释

在残差图中，读者可能已经注意到，点（实际值，预测值）在水平方向和垂直方向上与 $y=x$ 线的距离相等。这种规律性，如果出乎意料的话，可能表明什么地方出了问题。然而，事实证明，我们应该期待这种规律性。

任何由一个 90° 角和两个 45° 角组成的三角形，其短边（即底边，而非斜边）的长度相同。（读者可以回想一下记忆中的初中几何知识。）从概念上讲，这意味着“从实际值到预测值”的距离与“从预测值到实际值”的距离相同。这个结论并不奇怪。从匹兹堡到费城的距离与从费城到匹兹堡的距离是相同的。关于这一点并没有什么需要进一步讨论的，让我们继续吧。

当在残差图中看到那些有问题的模式时，我们可能会问：“应该怎么做才能修复这些有问题的模式？”以下是来自统计学界的一些建议［例如，请参见 Kutner 等人编著的《应用线性统计模型》（*Applied Linear Statistical Models*）第 3 章］。但需要注意的是，这些建议通常是针对线性回归提出的，并且仅仅是一些基础的知识点。每种模型都有各自的特点和处理方法。

- 如果残差的分布非常均匀，则变换输入（而不是输出）。
- 如果残差的分布越来越大（它们看起来像一个漏斗），则取输出的对数，这样可以把残差转换回到均匀分布。
- 如果残差中存在明确的函数关系［例如，如果尝试使用一个线性回归对真实的 x^2 建模，残差将看起来类似于 $x^2-(mx+b)$，其结果就像一条抛物线］，然后转换输入可能会有所帮助。

我们将在第 10 章讨论执行这些任务。

统计学家们喜欢研究所谓的学生化残差（studentized residuals）。学生化取决于使用一个线性回归（LR）模型。由于我们不一定有一个线性回归模型，因此可以使用半学生化残差（semi-studentized residuals），只需将误差除以残差的均方根误差 RMSE 即可，也就是 $\frac{\text{errors}}{\text{RMSE}}$。基本上，我们将数值大小标准化为平均误差大小。

如果读者坚持使用统计学的方法来比较算法，例如 t－检验、比较均值等，可以参阅以下文献。

- Dietterich, Thomas G. (1998). " Approximate Statistical Tests for Comparing Supervised Classification Learning Algorithms." Neural Computation 10 (7): 1895-1923.

我们将在第 11.3 节中利用该论文中的另一个思想：5×2 交叉验证。

Richard Berk 在 2010 年发表的一篇文章《回归可以做什么和不能做什么》中描述了线性回归的三个应用级别。

- 第一个级别是纯粹的描述性模型。这就是在本书中通常使用模型的方式。"我们将使用线性模型获得预测因子和目标之间关系的最佳描述。"对数据是如何产生的没有任何假设，也没有对这种关系的先入为主的想法。我们只是举起一把尺子，看看这把尺子能否很好地测量所看到的东西。
- 第二个级别是统计推断：计算置信区间和构造统计假设的正式测试。为了访问第二个级别，数据必须是对更大总体样本的适当随机抽样。
- 第三个级别涉及对因果关系的断言：预测因素导致目标。接下来，如果操纵预测值，就可以告诉读者目标的变化是什么。这是一个非常强烈的断言，我们将不再讨论这个级别。如果能够干预变量并生成测试用例来查看结果 [也称为执行实验（performing experiments）]，就有可能排除诸如混杂因素和虚幻相关性之类的事情。

关于 R^2 的更多注释

严格来说，R^2 是 `sklearn` 对继承自 `sklearn` 父回归类 `RegressorMixin` 的默认度量指标。讨论继承超出了本书的范围，简单的总结是，可以在父类中放置公共行为并访问该行为，而无须在子类中重新实现这些行为。这个想法类似于遗传特征是可以从父母遗传给孩子的。

如果读者想深入了解 R^2 的一些限制，请从阅读以下参考文献开始。

- Kvalseth, Tarald O. (1985). " Cautionary Note about R2." The American Statistician 39 (4): 279-285.
- Anscombe, F. J. (1973). " Graphs in Statistical Analysis." American Statistician 27 (1): 17-21.

是的，以上都是统计学期刊。第一篇参考文献主要是关于 R^2 的计算，第二篇参考文献是关于解释其值的含义。如上所述，我们对 R^2 的批评仅限于它在机器学习系统预测性评估中的应用。但是在更大的统计背景下，即使在完全适合使用 R^2 的情况下，人们对其解释往往有强烈的误解，它经常被不恰当地应用。基本上，这种情况就像很多人都拿着剪刀到处乱跑，只是等着绊倒并让自己受伤。如果读者想强化自己的理解，同时防止出现一些最常见的误用，请查阅 Shalizi 的《高级数据分析》(*Advanced Data Analysis*) 第 2 章。

R^2，正如许多科学家所使用的那样，其含义比本章在这里给出的具体计算要多得多。对于广大学术界的许多人士来说，R^2 与线性模型（即线性回归）有着内在的联系。除此之外，通常还有其他的假设。因此，读者通常会听到诸如 " R^2 是由预测因子和目标之间的线性关系解释的方差百分比”之类的陈述。如果读者正在使用线性模型作为预测模型，则该陈述是正确的。我们对超越典型线性回归的模型感兴趣。

获取学生成绩数据

以下是如何下载和预处理我们在最后一个示例中所使用数据的代码。

In [32]:

```
student_url = ('https://archive.ics.uci.edu/' +
               'ml/machine-learning-databases/00320/student.zip')
def grab_student_numeric():
    # 下载压缩文件并解压
    # 解压未知文件可能会带来安全隐患
    import urllib.request, zipfile
    urllib.request.urlretrieve(student_url,
                               'port_student.zip')
    zipfile.ZipFile('port_student.zip').extract('student-mat.csv')

    # 预处理
    df = pd.read_csv('student-mat.csv', sep=';')

    # g1和g2均与g3高度相关;
    # 丢弃它们会使问题变得更加困难
    # 我们还删除所有的非数字列
    df = df.drop(columns=['G1', 'G2']).select_dtypes(include=['number'])

    # 另存为
    df.to_csv('portugese_student_numeric.csv', index=False)

# grab_student_numeric()
```

7.6.3 练习题

尝试对 boston 数据集应用回归评估技术，读者可以使用 `datasets.load_boston` 获取该数据集。

这里有一个更发人深省的问题：真实值和预测值之间的什么关系会给出一个线性残差图作为结果？

第三部分 Part 3

更多方法和其他技术

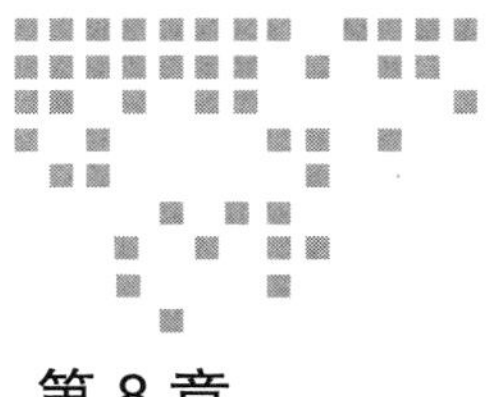

Chapter 8 第 8 章

更多分类方法

In [1]:

```
# 环境配置
from mlwpy import *
%matplotlib inline

iris = datasets.load_iris()

# 标准鸢尾花（iris）数据集
tts = skms.train_test_split(iris.data, iris.target,
                            test_size=.33, random_state=21)
(iris_train_ftrs, iris_test_ftrs,
 iris_train_tgt,  iris_test_tgt) = tts

# 1-类别变体
useclass = 1
tts_1c = skms.train_test_split(iris.data, iris.target==useclass,
                               test_size=.33, random_state = 21)
(iris_1c_train_ftrs, iris_1c_test_ftrs,
 iris_1c_train_tgt,  iris_1c_test_tgt) = tts_1c
```

8.1 重温分类知识

到目前为止，我们已经讨论了两种分类器：朴素贝叶斯（NB）和 k – 最近邻（k-NN）。本章将添加新的分类器到我们的分类工具包中。但首先让我们回顾一下在对数据进行分类时发生的情况。在某些方面，分类很容易。读者可能会提出质疑，如果分类如此简单，那么世界上为什么还有数百本书和数千篇研究文章在研究分类呢？为什么作者还要写这本书呢？好吧，大家说得对。让我们更具体一点，这里所说的简单是什么意思？如果让我的儿子伊森（今年 12 岁）在图 8-1 中画一些圆圈、线或者框来分隔 X 和 O 符号，他可以像图 8-1 所示那样做。如果一个 12 岁的孩子能做到，那一定很容易。因此证明了分类是一件很容易的事情。Q.E.D.（Quod Erat Demonstrandum，证明完毕）。或者，也许不是。那么这里到底隐藏了什么细节呢？

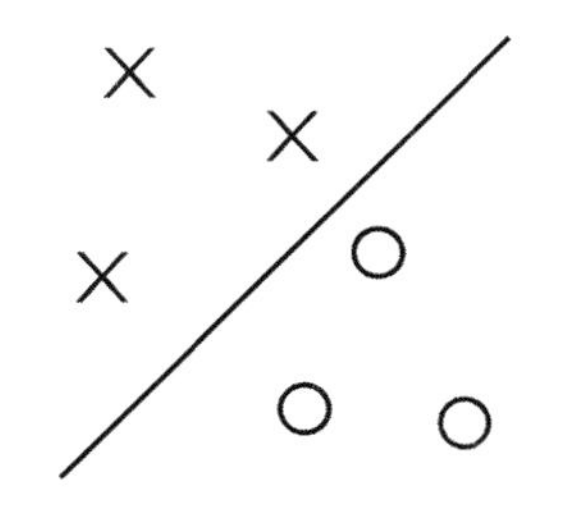
图 8-1 在空间中分隔形状

在分类过程中，我们需要指定许多细节。我们可以把这些细节当作给伊森的如下指示。

（1）伊森开始画画时，我们应该给他制定什么规则呢？他能使用直线吗？他能使用多条直线吗？直线必须与纸张边缘平行吗？他能使用曲线吗？如果能的话，曲线允许几个弯？他能中途拿起铅笔吗？还是他必须在停下来之前画一个（而且只有一个）连续的边界？

（2）我们如何评估伊森所做的分隔？如果 X 和 O 符号出现在同一个区域，那么在他的画中显然存在问题，那么问题归因于我们给伊森的规则，还是 X 和 O 的性质，或者两者兼而有之？

分类方法之间的区别主要体现在两个基本的方面：（1）不同的分类方法对如何绘制边界有不同的限制；（2）不同的分类方法使用不同的方法来评估这些边界。这些差异是这些方法背后的数学知识的副作用。事实上，一位数学炼金术士（mathematical alchemist）创造了一种新的方法，对数据发生了什么以及如何分离数据做出了一些假设或者限制。然后，这位数学炼金术士创造了一些或多或少有点复杂的数学公式。最后，得出一些定义分割边界（separating boundary，又称为分离边界、分隔边界）的方程。反过来，边界允许我们将一个样例分类为 X 或者 O。由于代数和几何之间的良好联系使我们能够将方程和样例转化为几何的、可绘制的对象，因此我们可以直接从几何图形的角度来讨论这些方法。存在一些奇妙的数学方法来讨论这些方法之间的关系。正如我们所说的，本书不想依赖那些数学知识来描述这些方法，但是如果读者感兴趣的话，我们会在第 15 章中给出一些数学知识。

一旦画出了好的分隔边界（读者可以把分隔边界看作分隔绵羊和不守规矩的奶牛的栅栏），就可以问一些简单的问题来找出一个新样例的类别："我们是在栅栏区内还是在栅栏区外？"或者"我们在栅栏的哪一边？"这些问题很简单，可以通过将一个根据样例计算得到的值与一个常数进行如下的数学比较来得出答案。

（1）我们在栅栏的哪一边？是否有某个值大于 0？

（2）两种可能性中哪一种是答案？答案是值 0 还是值 1？答案是值 −1 还是值 1？

（3）在两个事件中，其中一个事件发生的概率更大吗？某个值是否大于 1/2？

（4）几种选择中最有可能的选择是什么？某个值是否一组值中最大的值？

前两个问题非常相似。在通常情况下，这个选择与简化我们暂时搁置的基础数学有关。

第三个问题更普遍化，我们不仅可以说更喜欢哪种结果，而且可以说我们有多喜欢某个结果。如果没有严格的概率（而是通用的分数），可能会有一个不同于 1/2 的阈值。当在两个以上的类中进行选择时，第四个问题就起作用了。这些问题在形式上最简单。有时候，在询问这些问题之前会做一些额外的处理。

在本章中，我们将研究四种不同的分类方法：决策树、支持向量分类器、逻辑回归和判别分析（discriminant analysis）。这四种分类方法按照排列顺序，依次引入了越来越多的假设。正如在朴素贝叶斯中看到的那样，这些假设并不妨碍任何一种方法的应用：我们可以自由地对任何数据使用任何方法。通常，在应用该方法之前，并不知道数据会满足哪些假设。方法的假设与数据中的模式之间的一致性越好，方法的性能就越好。由于不知道哪种方法更合适，因此我们可以尝试多种方法，然后进行交叉验证，最后使用具有最佳交叉验证结果的方法作为最终工具。

8.2 决策树

请问读者知道退休间谍喜欢打网球吗？说实话，其实作者本人也不知道。但他们确实如此。尽管这些退休间谍可能希望人身安全（Personal Security，知情人士称其为 PerSec）受到严格保护，但是他们仍然更喜欢户外运动，而户外运动受天气的影响。由于很难找到老间谍，关于间谍何时会打几局网球赛的信息对朋友和敌人都很有价值。假设我们在一家网球俱乐部里的一个球童（我们称呼她为贝拉）无意中听到一个间谍在谈论一个古老的战争故事。她决定自己当侦探，并预测间谍何时会现身去打网球。贝拉开始记录间谍是否在某一天以及在何种天气情况下去打网球。我们可以根据天气去预测网球比赛。这个分类例子是由罗斯·昆兰（Ross Quinlan）提出的。他开发了决策树机器学习系统的两个主要分支之一。

我们的间谍记录包含以下信息：Cloudy（是否多云）、Precip（Precipitation，是否下雨）、Windy（是否刮风）、Temp（Temperature，温度）和 Play（PlayedTennis，是否打网球）。贝拉记录的一些数据如表 8-1 所示。

表 8-1 间谍记录所包含的信息

是否多云	是否下雨	是否刮风	温度	是否打网球
Yes	Yes	Yes	45	No
Yes	No	No	75	Yes
No	No	No	30	No
No	No	Yes	85	Yes
No	No	No	85	No
No	No	No	65	Yes

在记录了一段时间的数据后，贝拉注意到间谍决定是否会打网球的最重要的单一预测因素是天气是否晴朗（Cloudy=No）；其他一切似乎都无关紧要。然后，在将数据分为晴天

和非晴天之后，出现了其他类似的模式。贝拉记录了一系列问题，这些问题导致间谍是否会打网球。结果如图 8-2 所示。

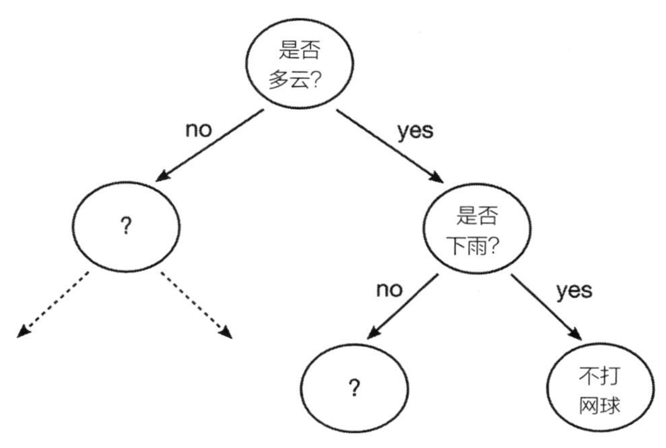

图 8-2 一个简单的决策树

请问应该如何理解这张图呢？首先，这张图被称为决策树（Decision Tree，DT）。是的，决策树是上下颠倒的：它是自上而下生长的。这是学术上定义的树，虽然有点违反直觉。但想想爷爷奶奶家里的悬挂式花盆，花盆从两边向下生长。

决策树最上面的一个问题 [Cloudy（是否多云）] 被称为树根（root）。决策树最底部各个分散的节点称为叶子（leaf）。在每一片叶子上，我们都有一些（也可能是混合的）结果。想象一下，在贝拉所记录的数据（天气晴朗、温度在 60 到 75 之间、不下雨、不刮风）中，30 个样例打网球，5 个样例不打网球。据说那些条件对打网球而言几乎是最理想的。在另一方面，如果是多云天气、温度 <60、下雨、刮风时，0 个样例打网球，20 个样例不打网球。有些人可能会说这是最糟糕的情况，我们可以打网球，但永远不会想打网球。当天气更冷或者风更大时，俱乐部会关闭球场，所有人都会去休息室。

如果读者观察图 8-2 中决策树中的大部分叶子节点，就会发现结果是混合的：存在打网球和不打网球的样例。之所以得到有争议的结果，是因为存在以下几个因素。

- 打网球的实际决策存在一些内在的随机性。即使在所有可观察的方式都相同的两天里，所做的决策也可能具有偶然性。
- 可能存在可以测量的可观察特征，但是我们并没有测量这些特征。例如，如果我们有过去一周打了多少天网球的记录，就可能会发现，在某个临界值以上，间谍们会感到疲劳，选择休息。或者，在和医生有约的日子里，他们根本不会去打网球。
- 测量可能有误差。贝拉可能在对天气做记录时出错了。如果笔误把多云天气记成了晴天，那么可能会产生相对较大的影响。如果将 67 度的温度记录为 66 度，那么可能产生相对较小的影响。

还有一个有趣的现象存在于几种不同的机器学习方法中，但它在决策树中表现得非常突出。想象一下，所记录的数据中还有一列，用于标识贝拉记录天气的总天数。其值为一个系列递增值：1，2，3，4，…，100。我们可以使用该标识完美地学习训练数据。只需在决策树中进行拆分，就可以为每个唯一编号的日子生成相应的叶子节点。结果会生成一个在树中有编码记录的查找表（请参见图 8-3）。第 17 天，没有打网球。完美的结果。

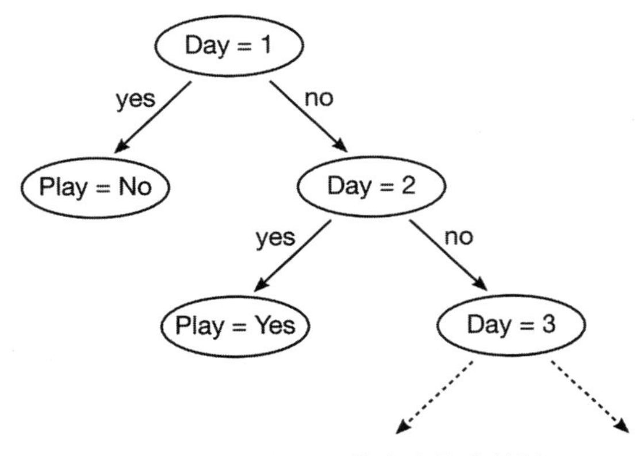

图 8-3 有日期记录信息表的决策树

想一想泛化到未来某一天的结果会如何。唯一标识符是不重复的。这些标识符并没有告知我们关于一个不同样例的任何性质。当需要预测一个值为 101 的新的一天时，这个唯一的标识列会有帮助吗？使用不代表数据中测量值的标签时需要特别小心谨慎。如果可以将列中的值与我们最喜欢的唯一名称列表（例如 Fido、Lassie 等）交换，而不添加或者丢失任何信息，则应考虑将该列从训练数据中排除。

顺便说一句，之所以树特别容易受到唯一标识符的影响，原因在于，它们具有非常高的容量和非常低的偏差。其结果是，它们容易过拟合。我们主要通过限制一棵树可以生长的深度来减少这种趋势。

8.2.1 树构建算法

树构建方法所产生的模型可以被认为是常数预测因子的拼凑结果。不同决策树（DT）方法之间的差异在于：（1）如何将整个数据空间分解为越来越小的区域；（2）何时停止分解。以下是决策树分类器（DTC）在只考虑前两个特征 [萼片长度和萼片宽度（sepal length 和 sepal width）] 时如何分解鸢尾花数据的处理代码和运行结果（如图 8-4 所示）。

In [2]:

```
tree_classifiers = {'DTC' : tree.DecisionTreeClassifier(max_depth=3)}

fig, ax = plt.subplots(1,1,figsize=(4,3))
for name, mod in tree_classifiers.items():
    # plot_boundary仅使用以下指定的各列
    # [0,1] [萼片长度/萼片宽度]来预测和创建图形
    plot_boundary(ax, iris.data, iris.target, mod, [0,1])
    ax.set_title(name)
plt.tight_layout()
```

红色区域（图 8-4 中右侧）为山鸢尾花 setosa。蓝色（左上）和灰色（中下）是两个 v 类鸢尾属植物（杂色鸢尾花 versicolor 和弗吉尼亚鸢尾花 virginica）。请注意，边界均由平行于 x 轴或者 y 轴的直线构成。此外，我们还偷偷地将一个 max_depth=3 参数引入决策树构造函数中。稍后将对此进行更详细的讨论。目前为止，只要理解 max_depth 是在对任何样例进行分类之前可以问的最大问题数。读者可能还记得曾经玩过一个叫作二十个问题的游戏。这有点类似于 max_depth=20 的约束。

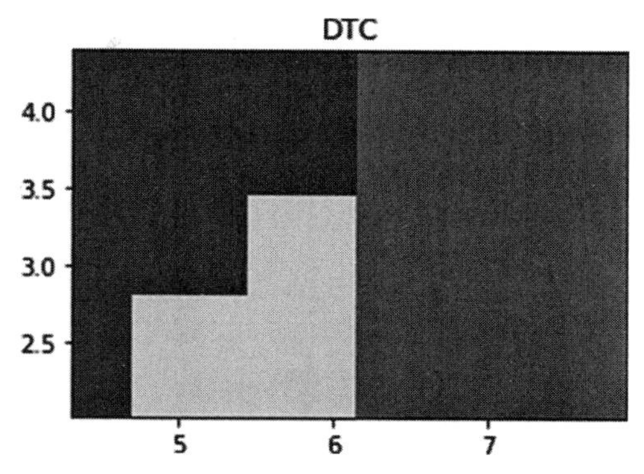

图 8-4　决策树分类器（见彩插）

将整个空间分割会创建一个分区。根据样例所属区域的颜色来预测样例所属的类别。从数学上讲，可以书写以下的公式：

$$\text{target} = \sum_{R \in P} c_R I(\text{example} \in R)$$

上述公式符号混杂在一起。很抱歉这里展示了该公式，但我们可以用几句话来证明，该公式就是一个看起来非常奇怪的点积而已。让我们从定义字母开始。R 是图的一个区域；P 是所有区域的组。对所有的 $R \in P$ 求和意味着对整个图上的一些值求和。c_R 是区域 R 的预测类别：例如，鸢尾花的类别之一。I 是一个指示函数（indicator function），表示如果一个样例在 R 中，则结果为返回值 1，否则为返回值 0。综上所述，当一个样例在 R 中时，c_R 和 I（样例$\in R$）返回结果 c_R；否则返回结果 0。结合在一起，这些部分类似于 $\sum c_R I$，这正是一个卷积的点积。

树通过特征创造出块状的彩色空间，就如乐高或者俄罗斯方块区域。从某种角度上来看，划分（区域的形状）是非常有限的。划分由重叠的矩形块组成，其中只有最上面的矩形才是最终结果。如图 8-5 所示的重叠卡片为我们提供了如图 8-6 所示的边界。读者可以想象在一张长方形的桌子上整齐地摊开几副扑克牌。扑克牌大小不同，并且必须与桌子的侧面水平对齐和垂直对齐。扑克牌可以重叠。当同一种花色（梅花、红桃、钻石、黑桃）的扑克牌相互接触时，它们就形成了该种花色的较大区域。为了从空间中的点创建这些区域，我们通过阈值创建简单的是 / 否答案。例如，根据值 55 测试特征 Temp。选择需要拆分的值是手动实现决策树最困难的地方。

有许多主要的树构建算法。ID3、C4.5 和 C5.0 是由昆兰（Quinlan）发明的。CART 是独立开发的算法。通常，树构建算法使用以下的步骤。

1. 评估特征集，然后进行分割，并选择一个“最佳”特征 – 分割。

2. 在树中添加一个节点表示该特征 – 分割。

3. 对于每个子树，使用对应的数据并执行以下操作之一。

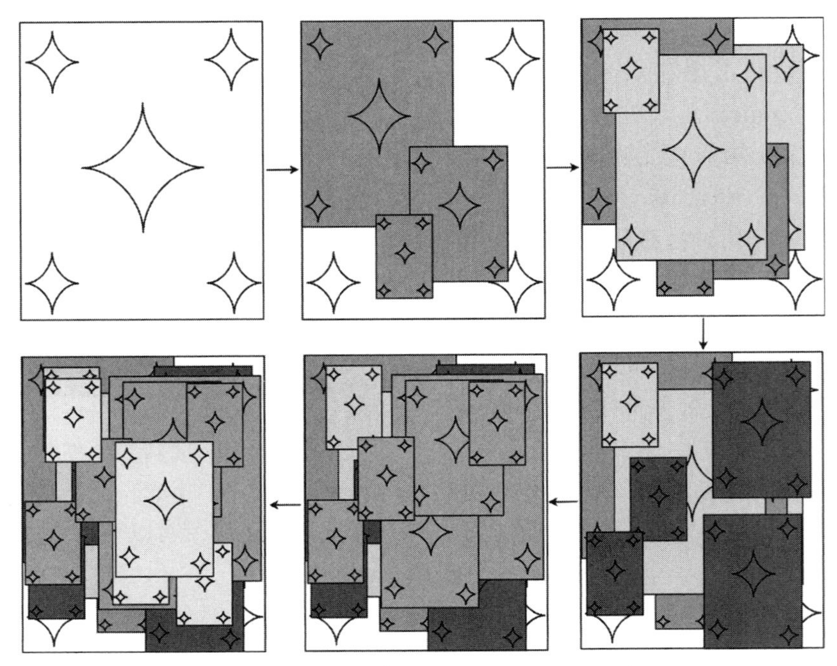

图 8-5 决策树边界形成重叠的矩形区域

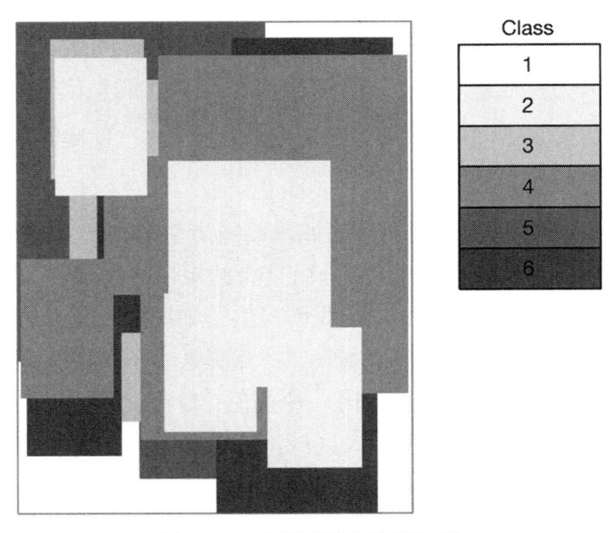

图 8-6 重叠矩形的最终结果

（1）如果目标足够相似，则返回一个预测目标值。

（2）否则，返回步骤 1 并重复操作步骤。

这些步骤中的每一步都能够以不同的方式实施和限制。决策树算法控制以下几个方面：（1）允许哪些分割和分区，（2）如何评估特征 - 分割，（3）使一个组中的目标足够相似以形成一个叶子节点，以及（4）其他限制。其他限制通常包括对树的深度的绝对限制，以及在一个叶子节点上进行预测的最小样例数，而不管相似性如何。这些约束有助于防止过拟合。与识别标签一样，如果能够不断地分解特征空间，直到每个数据桶中都只有单一的样例，那我们将获得完美的训练准确率，但同时将失去泛化能力。无约束树的偏差很小，但它们确实受到高方差的影响。稍后将讨论这方面的例子。

8.2.2 让我们开始吧：决策树时间

我们可以快速查看一下树在基本 iris 数据集上的表现。

In [3]:

```
dtc = tree.DecisionTreeClassifier()
skms.cross_val_score(dtc,
                     iris.data, iris.target,
                     cv=3, scoring='accuracy') # sorry
```

Out[3]:

```
array([0.9804, 0.9216, 0.9792])
```

总的来说，树在基本 iris 数据集上的表现非常不错。

如果有一个拟合树，我们可以使用两种不同的方法之一以图形方式查看这个拟合树。第一种方法需要一个额外的 Python 库 pydotplus，读者可能还没有在计算机上安装这个库。第二种方法需要一个额外的命令行程序 dot，读者可能必须安装这个程序。dot 是一个程序，用于绘制由文本文件指定的图，有点像使用 HTML 来指定屏幕上的内容。这些输出列出了一个基尼（Gini）值（我们将在第 13 章末尾讨论基尼值）。至少到目前为止，只需将基尼值视为衡量在这一点上类别分割的纯净程度。如果只表示一个类别，则其基尼值为 0.0。

我们将在这里使用简化的单类别鸢尾花问题。这个问题只会导致一次分割，即使允许树自由地、更深地生长。结果如图 8-7 所示。

In [4]:

```
iris_1c_tree = (tree.DecisionTreeClassifier()
                    .fit(iris_1c_train_ftrs, iris_1c_train_tgt))
```

In [5]:

```
# 使用一个额外的库:
# conda install pydotplus
# pip install pydotplus
import pydotplus
dot_data = tree.export_graphviz(iris_1c_tree, out_file=None)
graph = pydotplus.graph_from_dot_data(dot_data)
graph.write_png("outputs/iris_1c.png")
Image("outputs/iris_1c.png", width=75, height=75)
```

Out[5]:

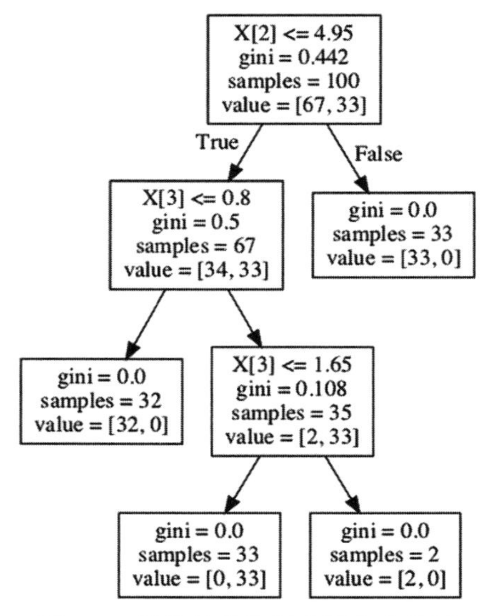

图 8-7 简化的单类别鸢尾花分类树

我们还可以查看更复杂的树是什么样子。此处将使用另一种绘制树的方法。我们将为 export_graphviz 指定额外的参数，以便使输出更加美观。结果如图 8-8 所示。

In [6]:

```
iris_tree = (tree.DecisionTreeClassifier()
                 .fit(iris_train_ftrs, iris_train_tgt))
```

In [7]:

```
# 创建.dot文件不需要附件库
with open("outputs/iris.dot", 'w') as f:
    dot_data = tree.export_graphviz(iris_tree, out_file=f,
                                    feature_names=iris.feature_names,
                                    class_names=iris.target_names,
                                    filled=True, rounded=True)
# 下面以'!'开始的行是"shell"命令
# 使用'dot'程序实现转换: dot -> png
!dot -Tpng outputs/iris.dot -o outputs/iris.png
!rm outputs/iris.dot

Image("outputs/iris.png", width=140, height=140)
```

Out[7]:

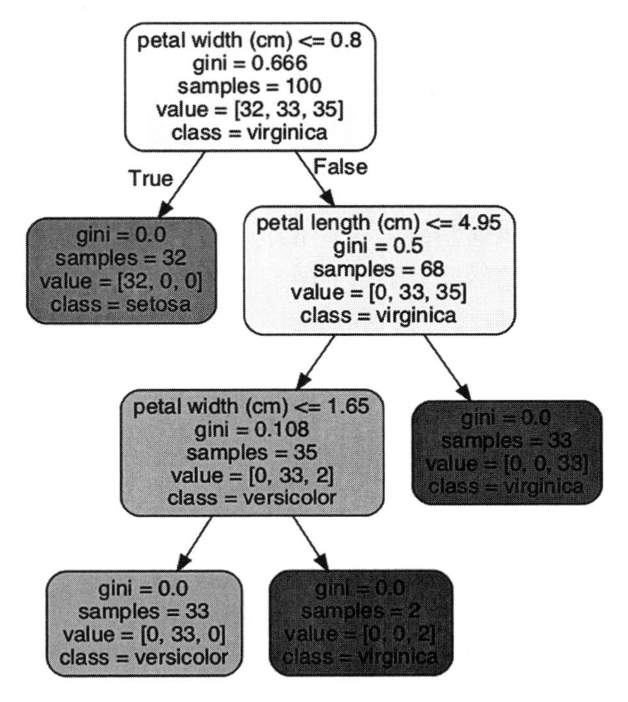

图 8-8　更加美观的鸢尾花分类树（见彩插）

我们还可以了解随着决策树深度的增加会发生什么情况。首先看一看 DecisionTree-Classifier 中的默认树以及深度限制为 1、2 和 3 的树，如图 8-9 所示。请记住，即使在 max_depth=2 的情况下，也会有三次分割：根节点分割一次，两个子节点各分割一次。我们希望看到这三个分割对应于特征空间中的三个切面。默认设置 max_depth=None 意味着根本不约束深度，就好像 max_depth=∞。

In [8]:

```
fig, axes = plt.subplots(2,2,figsize=(4,4))

depths = [1, 2, 3, None]
for depth, ax in zip(depths, axes.flat):
    dtc_model = tree.DecisionTreeClassifier(max_depth=depth)
    # plot_boundary仅使用指定的列[0,1]
    # 所以我们只预测萼片的长度和宽度
    plot_boundary(ax, iris.data, iris.target, dtc_model, [0,1])
    ax.set_title("DTC (max_depth={})".format(dtc_model.max_depth))

plt.tight_layout()
```

关于树如何映射到空间中的分离，读者可以查看图 8-9 右上角的图形，以检测主观直觉的合理性。红色在右侧，蓝色在左上角，灰色是剩余部分。图中有我们期望的三条边界线：一条边界线在灰色和红色之间，一条水平边界线位于灰色和蓝色之间，另一条垂直边界线位于灰色和蓝色之间。两条灰蓝色边缘来自两个不同的分割。另外，再看看图 8-9 右下角的图（就是 DCT(max_depth=None) 所对应的那张图）有多少个小区域。请读者测试一下：随着最大深度的增加，结果是朝着过拟合还是欠拟合的方向发展呢？

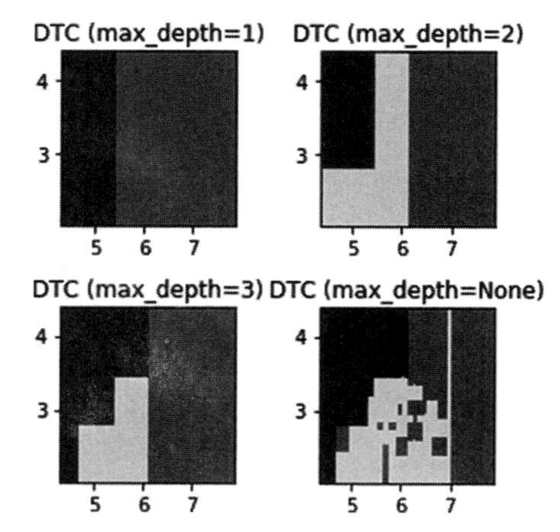

图 8-9 具有不同最大深度的决策树分类器（见彩插）

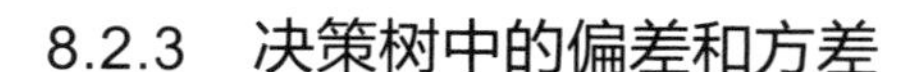

8.2.3 决策树中的偏差和方差

如果从一个完全开放的、没有深度限制的树开始，就将得到一个非常灵活的模型，并且可以捕捉到任何没有类似于投币随机性的有限模式。虽然这看起来很理想，但读者已经学到了足够多的知识，知道这是一种权衡。如果使用无约束树，结果就有可能会过拟合，并且当尝试泛化时，测试性能会很差。如果读者需要复习一下有关权衡的知识，请参阅第 5.6 节。那么，怎样才能控制树的偏差或者对其加以限制，以防止过拟合呢？可以采取以下几个步骤。

（1）可以限制树的深度。在分类之前，所允许的问题越少越好。

（2）可以要求叶子节点包含更多的样例。这种限制迫使我们将可能不同的样例组合在一起。由于不允许将这些样例分开，这样可以有效地消除一些界限。

（3）当询问有关样例的问题时，可以限制所考虑的特征的数量。这种限制还可以加快学习过程。

8.3 支持向量分类器

稍后将看到一个非常奇怪的逻辑回归分类器：基本的数学方法在完全可分离的数据中失败。如果在纸上画一条 X 和 O 之间的分割线尽可能简单的话，那么数学计算就会崩溃。这是一个虽然在沙漠中但却被淡水淹死的例子。让我们仔细看一看这个可以完全分离的例子。如果所有数据点整齐地落在一组轨迹的两侧，请问读者会怎么做呢？

以下是三条可能的直线，结果如图 8-10 所示。

In [9]:

```
fig, ax = plt.subplots(1,1,figsize=(4,3))
```

```
# 得到所有点的叉积的奇特方法
left  = np.mgrid[1:4.0, 1:10].reshape(2, -1).T
right = np.mgrid[6:9.0, 1:10].reshape(2, -1).T

# 所有数据点
ax.scatter(left[:,0] , left[:,1] , c='b', marker='x')
ax.scatter(right[:,0], right[:,1], c='r', marker='o')

# 三条分割线
ax.plot([3.5, 5.5], [1,9], 'y', label='A')
ax.plot([4.5, 4.5], [1,9], 'k', label='B')
ax.plot([3.5, 5.5], [9,1], 'g', label='C')
ax.legend(loc='lower center');
```

可以通过从绿线（指向左上）逐渐移动过渡到黄线（指向右上）来创建无限多的直线。所有这些直线都将提供完美的分割结果，并在各种（训练）评估度量指标上获得完美的分数。也可以在保持垂直的同时，逐渐向左和向右移动中间的黑线——这么少的时间，得到这么多的分割直线。也许除了简单的正确性之外，还可以使用另一个标准来比较这些分割线。

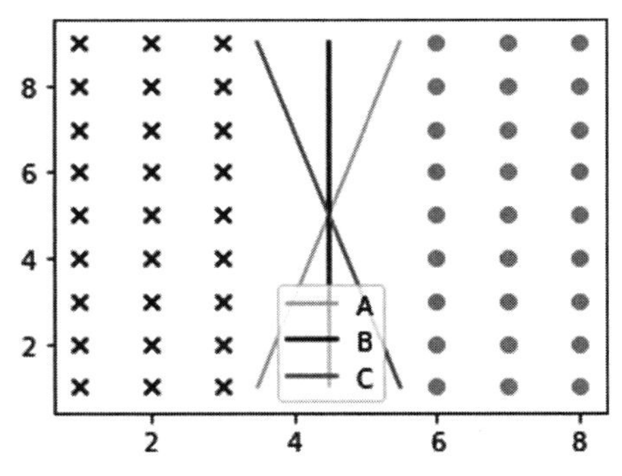

图 8-10　所有数据点整齐地落在一组轨迹的两侧（见彩插）

哪一条线有充分的理由成为最好的分割线呢？作者本人更倾向于认为那条黑线 B 是最好的分割线。为什么呢？因为这条线在远离所有数据方面做得最好。在某些方面，这条黑线是最谨慎的分割线：它总是在分割 X 和 O 之间的差异。可以把类别之间空旷的中间地带想象成无人区，或者，想象成两国之间的一条河流。这个空旷区域在机器学习社区中有一个别致的名字：这是两个国家（这里是两个类别）之间的边界。直线 B 有一个特殊的名称：它被称为两个类别之间的最大边界分割线（maximum margin separator)，因为它使两个类别尽可能远离这条分割线。

这里有一个相关的观点。如果稍微改变一下这个问题，只保留两个类别簇边界上的点，就会得到如下结果，如图 8-11 所示。

```
In [10]:
```

```
fig, ax = plt.subplots(1,1,figsize=(4,3))

# 得到所有点的叉积的奇特方法
left  = np.mgrid[1:4:2, 1:10].reshape(2, -1).T
right = np.mgrid[6:9:2, 1:10].reshape(2, -1).T
```

```
ax.scatter(left[:,0] , left[:,1] , c='b', marker='x')
ax.scatter([2,2], [1,9], c='b', marker='x')
ax.scatter(right[:,0], right[:,1], c='r', marker='o')
ax.scatter([7,7], [1,9], c='r', marker='o')
ax.set_xlim(0,9);
```

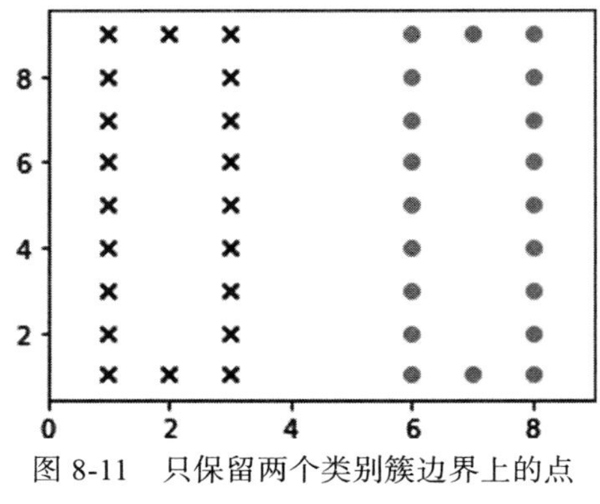

图 8-11 只保留两个类别簇边界上的点（见彩插）

从某种角度来看，我们没有丢失任何东西。此处仍然保留着类别的轮廓线（通常被称为外壳，就是与轮船的船体相类似的概念）不变。可以继续减少所需的数据，以形成最大边界分割线。实际上，此处不需要两个类之间的整个边界。只有面对另一个类别的边界点才会对类别分割真正起作用。所以，也可以去掉那些并非面对面的所有点（图 8-12）。就像在一场比赛前，只留下两排对立的选手面对着对手。

In [11]:

```
fig, ax = plt.subplots(1,1,figsize=(4,3))

left  = np.mgrid[3:4, 1:10].reshape(2, -1).T
right = np.mgrid[6:7, 1:10].reshape(2, -1).T

ax.scatter(left[:,0] , left[:,1] , c='b', marker='x')
ax.scatter(right[:,0], right[:,1], c='r', marker='o')
ax.set_xlim(0,9);
```

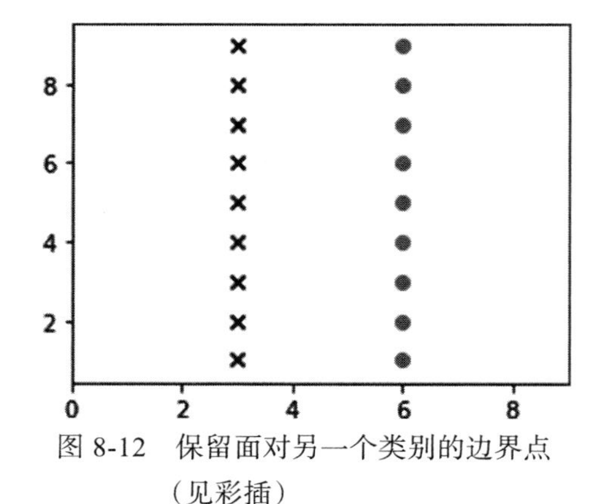

图 8-12 保留面对另一个类别的边界点（见彩插）

我们已经找到了潜在的更小的数据点集。从本质上而言，可以丢弃大量数据，只关注那些重要的点。这些重要的点被称为支持向量（support vector）。不过，作者本人认为，如果这些重要的点被称为支持样例（supporting example），那么就更容易理解了，可惜的是没有人征询作者的意见就直接采用了“支持向量”这个术语。我们将在第 13.3 节中更详细地讨论向量作为样例的有关内容。

我们已经准备好讨论支持向量分类器（Support Vector Classifier，SVC）了。支持向量分类器的核心在于：找到所有边界点的支持向量，然后进行必要的数学运算，以计算出这些点之间的最大边界分割线。支持向量分类器试图平衡以下两个相互竞争的问题：到底是在样例类别之间获得最大的边界呢，还是最小化训练误差的数量？上面的例子没有经过严格的训练，所有的数据都落在了自己的一边。但稍后我们将深入探讨更麻烦的情况。

这里给出另外两个注释。第一，我们需要一个很大的边界，因为在某些假设下，大的边界将会导致良好的泛化和良好的测试集误差。第二，确实有两件事驱动了对更多支持向量的需求：类别之间边界的额外复杂度和与建议的边界不协调的样例。

到目前为止，我们对支持向量分类器及其资格更老的同类术语支持向量机（Support Vector Machine，SVM）的概念进行了很好的介绍。我们将在第13.2.4节中进一步讨论支持向量机。虽然我们已经远离了支持向量分类器通常的数学密集型表示，但它们确实具有一些非常好的数学特性和实用特性，具体如下所示。

（1）稀疏性：支持向量分类器专注于边缘附近的苛刻的训练样例。如有必要，支持向量分类器可以通过存储更多的样例进行调整。与此相比，k－最近邻总是需要存储所有训练样例以进行预测。

（2）支持向量分类器分类边界的形式很简单：它是一条直线。边界可以通过一种方便的方式变得更加复杂，我们将在讨论支持向量机时再进一步讨论。

（3）支持向量分类器可以很好地泛化新的测试数据，因为它们试图在各个类之间留下尽可能多的缓冲，这也是最大边界应该遵循的原则。

（4）在我们的约束条件下，寻找最佳分割线的潜在优化问题一定会产生最佳分割线。不存在一条次优分割线。

8.3.1　执行支持向量分类器

当使用支持向量分类器时有以下一些实用的细节。

- 从本质上而言，支持向量分类器不适合多元类别的分类问题。多元类别的分类问题通常被封装在一对一（OvO）方法或者一对其他（OvR）方法中。我们在第6.3.4节和第6.4节中讨论了这两种方法之间的差异。注意，读者不必将此功能添加到支持向量机。支持向量机在幕后为我们实现了这些功能。从scikit-learn 0.19版本开始，这些方法都是使用OvR进行标准化操作的。在此之前，存在OvO和OvR的混合方法。
- 在`sklearn`中，有四种方法（实际上更多）可以实现支持向量分类器：（1）使用线性支持向量分类器`LinearSVC`；（2）使用一个带线性核（linear kernel）的支持向量分类器；（3）使用带一个多项式核（polynomial kernel）的支持向量分类器（一条伪装的直线）；（4）使用带线性核的NuSVC。由于在数学上、实现上以及默认参数的不同，这四种方法不一定会产生完全相同的结果。调和这四种方法之间的分歧非常麻烦；本章的结尾提供了一些相关注释可供读者参阅。此外，我们还没有讨论核（kernel），我们将在第13.2.4节讨论核的相关知识。目前，我们将核当成编码细节即可，尽管有关核的知识远不止这些。

8.3.1.1 查清事实：运行支持向量分类器

在这里，我们将只关注其中两个支持向量分类器选项：SVC 和 NuSVC。稍后我们将讨论 nu 参数，但这里我们选择其值为 0.9，以获得最接近支持向量分类器 SVC 的结果（如图 8-13 所示）。

In [12]:

```
sv_classifiers = {"SVC(Linear)"   : svm.SVC(kernel='linear'),
                  "NuSVC(Linear)" : svm.NuSVC(kernel='linear', nu=.9)}
```

In [13]:

```
fig, axes = plt.subplots(1,2,figsize=(6,3))
for (name, mod), ax in zip(sv_classifiers.items(), axes.flat):
    plot_boundary(ax, iris.data, iris.target, mod, [0,1])
    ax.set_title(name)
plt.tight_layout()
```

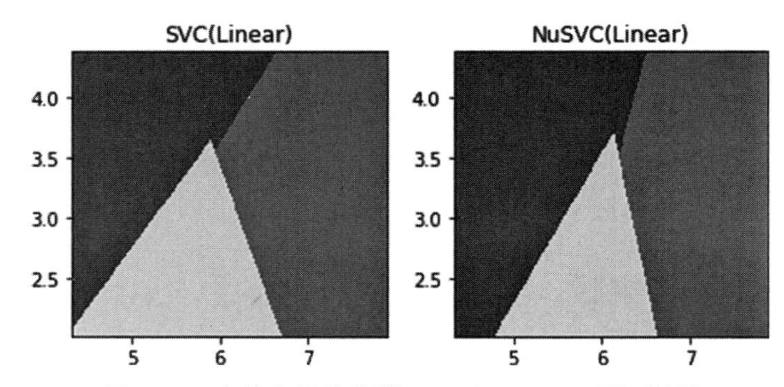

图 8-13 支持向量分类器 SVC 和 NuSVC（见彩插）

快速观察以上实现代码和运行结果，我们可以发现 SVC 和 NuSVC 非常相似，但区域边界的精确角度并不相同。

8.3.1.2 SVC 的参数

SVC 依靠一个主要参数 C 来控制其偏差 – 方差权衡。参数 C 很难直接解释清楚。NuSVC 解决了与 SVC 相同的任务，但它依赖于不同的数学知识。我们之所以讨论 NuSVC，原因在于：NuSVC 的主要参数 ν（读音类似于 new，英语拼写为 nu）具有一个简单的含义：至少保留 ν% 的数据作为一个支持向量。这个参数也会对误差产生影响，但此处的误差是一种特殊类型的误差：边界误差（margin error，又称为边际误差）。边界误差是指位于分割线错误的一侧（分类误差）或者位于分割线正确的一侧（正确分类）但在边界内的点。因此，ν 的另一个影响是，我们在训练数据中最多容忍 ν% 的边界误差。在某些情况下，边界误差增加到 ν，支持向量将减少到 ν。ν 的取值范围为 [0，1]，我们将其解释为从 0% 到 100% 的一个百分比值。虽然难以解释，但 SVC 比 NuSVC 具有更好的运行时特性。

SVC 的各个参数有一点神秘：这些秘密就像是只有炼金术士才知道的隐藏秘密。事实上，我们必须深入研究一些复杂的数学才能明白 SVC 各个参数的含义。尽管如此，我们还是可以通过一些小例子来探讨这些参数的影响。(这里所说的小例子，实际上并不是那么简单的例子。) 让我们看一看不同的 C 和 v 是如何影响各个类之间的边界的。结果如图 8-14 所示。

In [14]:

```
def do_linear_svc_separators(svc_maker, pname, params, ax):
    '创建svc(params)并绘制分割边界'
    xys = (np.linspace(2,8,100),
           np.linspace(2,8,100))

    for p in params:
        kwargs = {pname:p, 'kernel':'linear'}
        svc = svc_maker(**kwargs).fit(ftrs, tgt)
        # plot_separator包括在mlwpy.py中
        plot_separator(svc, *xys,
                       '{}={:g}'.format(pname, p), ax=ax)
```

In [15]:

```
ftrs = np.array([[3,3],
                 [3,6],
                 [7,3],
                 [7,6],
                 [6,3]])
tgt  = np.array([0,0,1,1,0])
colors = np.array(['r', 'b'])

Cs = [.1, 1.0, 10]
nus = [.3, .4, .5]

fig, axes = plt.subplots(1,3,figsize=(12,4),
                         sharex=True, sharey=True)
for ax in axes:
    ax.scatter(ftrs[:,0], ftrs[:,1], c=colors[tgt])
ax.set_xlim(2,8); ax.set_ylim(2,7)

do_linear_svc_separators(svm.SVC,   "C",  Cs, axes[1])
do_linear_svc_separators(svm.NuSVC, "nu", nus, axes[2])

axes[0].set_title("No Boundary")
```

```
axes[1].set_title("C Boundaries")
axes[2].set_title(r"$\nu$ Boundaries");

# 最右边的两个点是蓝色的
# 剩下的三个点是红色的
```

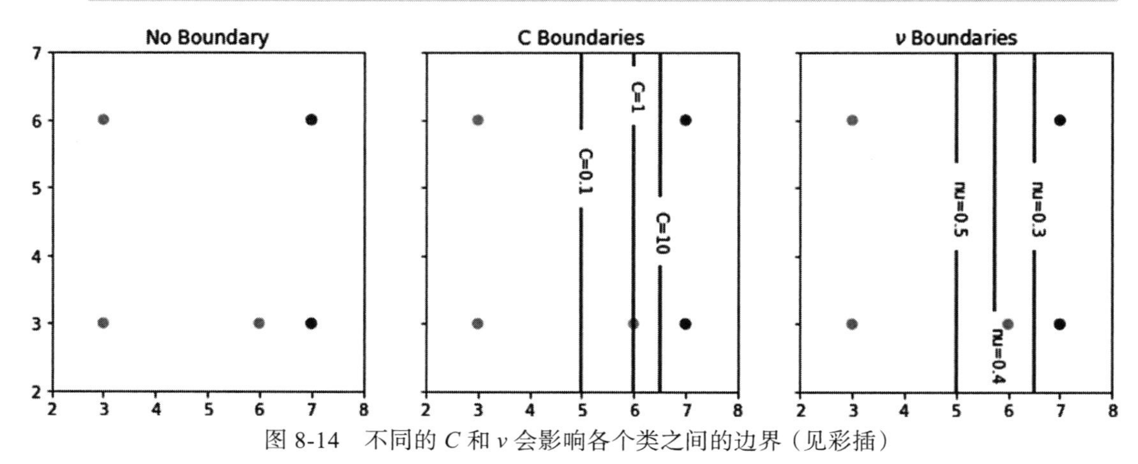

图 8-14 不同的 C 和 ν 会影响各个类之间的边界（见彩插）

读者需要牢记以下两条信息。

（1）较大的 ν 值和较小的 C 值具有大致相同的效果。然而，两者的取值范围是完全不同的。我们在 C 中使用数量级，在 ν 中使用线性步长（十分之一）。

（2）较大的 ν 值和较小的 C 值可以得到一个支持向量分类器，它在某种程度上忽略了错误分类。

8.3.2 SVC 中的偏差和方差

最后一组注释适用于此处。让我们看一看参数（NuSVC 的参数 ν 与 SVC 的参数 C）与偏差和方差的关系。首先创建如下的一些数据，结果如图 8-15 所示。

In [16]:

```
ftrs, tgt = datasets.make_blobs(centers=2,
                                n_features=3,
                                n_samples=200,
                                center_box = [-2.0, 2.0],
                                random_state=1099)

# 注意：使用三个特征，但仅绘制二维图形
fig, ax = plt.subplots(1,1,figsize=(4,3))
ax.scatter(ftrs[:, 0], ftrs[:, 1],
           marker='o', c=tgt, s=25, edgecolor='k')
ax.axis('off');

# 通常黄色类别位于顶部，紫色类别位于底部
```

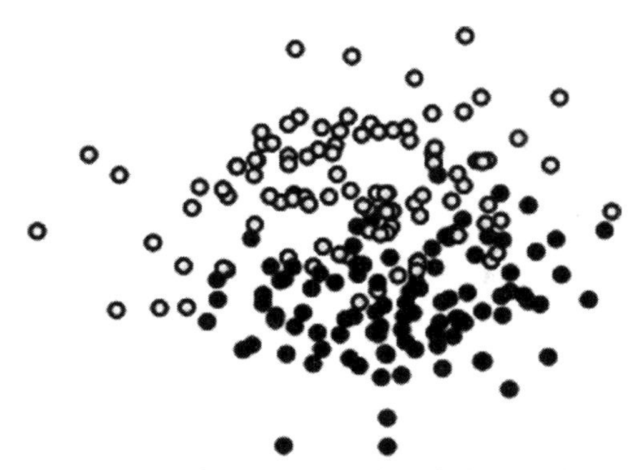

图 8-15 创建一些需要分类的数据（见彩插）

接下来，我们将观察 ν 对分类器的影响。NuSVC 的 5 – 折交叉验证性能如图 8-16 所示。

In [17]:

```
nus = np.linspace(0.05, 1.0, 10)
tt = skms.validation_curve(svm.NuSVC(kernel='linear'),
                           ftrs, tgt,
                           param_name='nu',
                           param_range=nus,
                           cv=5)

fig,ax = plt.subplots(1,1,figsize=(4,3))
ax = sns.tsplot(np.array(tt).transpose(),
                time=nus,
                condition=['Train', 'Test'],
                interpolate=False)

ax.set_title('5-fold CV Performance for NuSVC')
ax.set_xlabel("\n".join([r'$\nu$ for $\nu$-SVC']))
ax.set_ylim(.3, 1.01)
ax.legend(loc='lower center');
```

这里我们看到，对于训练和测试来说，非常大的 ν 值基本上是很糟糕的。我们无法捕捉到足够的模式来做任何事情，因为偏差太大。另外，减少 ν 值可以让我们捕获一些模式，但当进行测试时，结果却并不理想。由于已经过拟合了训练数据，因此泛化结果不佳。广义而言，一个小的 ν 值相当于一个大的 C 值，尽管取值范围不同。SVC 的 5 – 折交叉验证性能如图 8-17 所示。

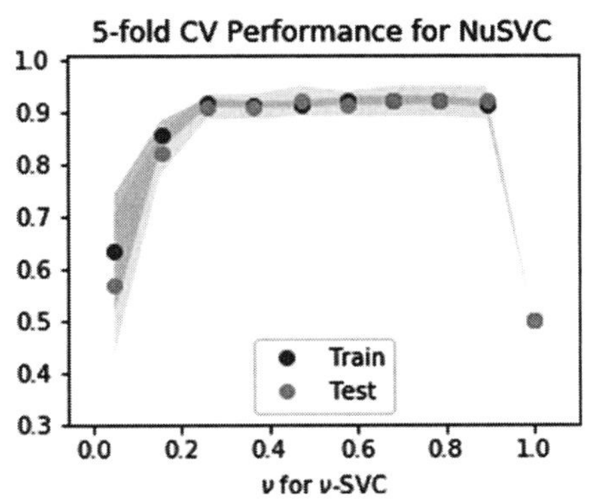

图 8-16 NuSVC 的 5 – 折交叉验证性能（见彩插）

In [18]:

```
cs = [0.0001, 0.001, 0.01, .1, 1.0, 10, 100, 1000]
tt = skms.validation_curve(svm.SVC(kernel='linear'),
                           ftrs, tgt,
                           param_name='C',
                           param_range=cs,
                           cv=5)

fig,ax = plt.subplots(1,1,figsize=(4,3))
ax = sns.tsplot(np.array(tt).transpose(),
                time=cs,
                condition=['Train', 'Test'],
                interpolate=False)

ax.set_title('5-fold CV Performance for SVC')
ax.set_xlabel("\n".join([r'C for SVC']))
ax.set_ylim(.8, 1.01)
ax.set_xlim(.00001, 10001)
ax.set_xscale('log')
```

在图 8-17 的左边，在较小的 C 值下，训练性能和测试性能都相对较差。在图 8-17 的右边，在较大的 C 值下，训练性能表现比我们的测试性能要好。综上所述，较高的 C 值会导致过拟合，较低的 C 值会导致欠拟合。虽然 C 值比 v 更难解释，但它用于在模型的复杂度和所生成的误差之间进行权衡。与复杂度相比，更大的 C 值意味着我们更关心误差值的大小。对于一个非常大的 C 值，即使是最小的误差也很重要。因此，我们构建了一个非常复杂的模型来覆盖这些误差。我们将在第 15 章中更具体地阐述关于这一权衡的观点。

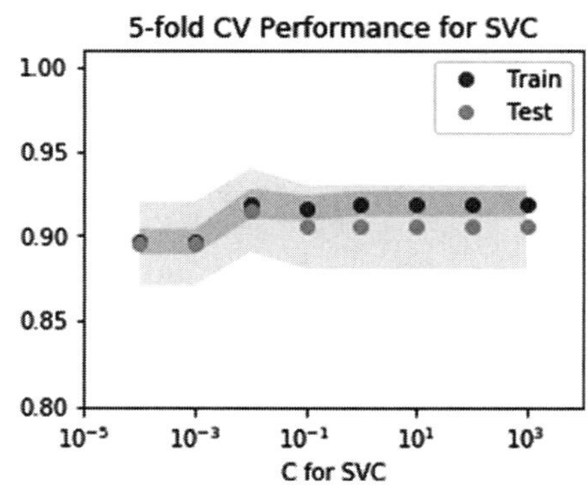

图 8-17 SVC 的 5 – 折交叉验证性能（见彩插）

8.4 逻辑回归

首先，让我们指出一些非常显而易见可是却一直被忽略的问题。逻辑回归（logistic regression）是一种线性分类技术。情况变得更复杂了。逻辑回归既是一种回归技术，同时也是一种分类技术。在数学中，一种叫作红鲱鱼（red herring）的东西可能不是红色的，甚至可能不是鱼！（俚语 red herring 可不是红色的鲱鱼，意思是为了转移注意力而提出的不相干甚至错误或者伪造的事实或论点。）除此之外，逻辑回归是一种将回归作为一个内部组成部分的分类方法。逻辑回归的实现分为两个阶段：（1）计算与每个目标类别中存在的概率密切相关的事物；（2）使用最高概率类别来标记一个样例。第一步是从预测值到不完全概率（not-quite-probability）的回归。根据不完全概率取一个阈值，或者在几个值中取一个最大值，就得到了一个类别。

我们必须深入研究一下数学原理来解释发生了什么。一旦这样做了，读者就会看到线性回归和逻辑回归之间的紧密关系。需要将两者联系起来的关键概念是所谓的对数几率（log-odd）。现在，我们不是在谈论伐木工游戏（lumberjack game）的结果，而是从打赌开始。对数几率属于在上一段中提到的不完全概率。

8.4.1 投注几率

我的朋友们喜欢在地下室的扑克游戏、赌场或者赛马场的赛马上下注，他们非常熟悉用几率来思考问题。这一点作者本人非常不擅长。所以，让我们花几分钟来讨论概率和几率。下面是一个概率和几率之间关系的简单例子。想象一下，我们获胜的概率是10%。这意味着如果玩一场游戏十次，我们期望会赢一次。可以用另一种方式来进行分析解释：在总共十次尝试中，我们预期一胜九负。如果生成这两个数字的比率，结果就得到 $1/9 \approx 0.1111$，这是获胜的几率。还可以将几率记为 1∶9。这里要非常注意的是：尽管这是几率，我们根据一个比率来计算几率，但这个值并不是几率比（odd-ratio，又称为优势比、比值比，这是一个不同的概念）。

现在回到几率的概念：我们应该如何解释几率呢？为什么那些喜欢下赌注的朋友们喜欢用几率来思考呢？为了回答这个问题，我们再提出一个问题。对于给定的一组几率，这些几率的公平赌注是多少？具体来说，如果获胜的几率为 0.1111，那么参与者需要下注多少钱，以便从长远来看，游戏是公平的？为了避免变得过于抽象，让我们设计一个与 10% 概率或者 1/9 获胜几率相匹配的一个游戏。

我们先从一副牌中取出九张黑桃和一张红心。我和我的朋友安迪坐下来。我们先洗牌，然后我的朋友发给我一张牌。如果是红心，那么我就赢了！如果不是，那么安迪赢了。这个游戏规则给了我们一个让我以 10% 的概率，或者说 1∶9 的几率赢的游戏（MarkWins）。如果想有一个公平的结果，安迪和我应该在这个简单的游戏上投注多少钱呢？从长远来看，我们都希望赢得同样数量钱的盈亏平衡点是什么？请注意，我们多次谈论玩游戏，以减少机会变化的影响。如果我们只玩一轮，那么只有一个人会赢得那一轮，很可能是安迪！如果我们玩 100 次，那么希望看到安迪获胜的比分接近 90 比 10。不过，这并不能保证。

为了找出收支平衡点，让我们从一些具体数字开始。这里有一个例子，我们都下注 10 美元。

$$\text{MarkWinnings} = 0.1 \times (+10) + 0.9 \times (-10) = 1 - 9 = -8$$
$$\text{AndyWinnings} = 0.9 \times (+10) + 0.1 \times (-10) = 9 - 1 = 8$$

为了计算输赢，我们取两种可能的结果——赢和输，并使用点积将以下内容相结合：（1）这些结果的两种概率，（2）这些结果的两种货币结果。其数学公式为：$\Sigma_{outcome} p_{outcome} v_{outcome}$，其中 p 和 v 是每个结果的概率和美元值。当有人玩游戏时，这种特殊的点积被称为预期输赢值。

注意，由于没有钱会凭空消失，因此这是一个真正的零和游戏，我们的输赢款之和必须平衡到 0。所以，如果我们两人都冒同样的风险（我们每人投注 10 美元），那么我就会真的输得很惨。让我们检查一下结果，这些数字有意义吗？请记住，我获胜的几率只有 1：9。遗憾的是，我没有很好的获胜机会。为了平衡局面，我应该比安迪少下注，因为我赢的几率较低。打赌的盈亏平衡点是多少？我们可以执行一些代数运算来计算答案，但是让我们使用一些代码来进行实验。我们将研究从 1 美元到 11 美元的成对赌注，以 2 美元为递增单位，计算我的赢款。

我们将使用如下两个辅助函数。

In [19]:

```
def simple_argmax(arr):
    '将np.argmax转换为可用格式的辅助函数'
    return np.array(np.unravel_index(np.argmax(arr),
                                     arr.shape))

def df_names(df, idxs):
    '辅助函数将index/column索引/列标签转换为数值'
    r,c = idxs
    return df.index[r], df.columns[c]
```

然后，将为几种赌注组合创建一个结果表（表 8-2）。

In [20]:

```
base_bets = np.arange(1,12,2)
mark_bet, andy_bet = np.meshgrid(base_bets, base_bets)

mark_winnings = .1 * andy_bet + .9 * -mark_bet

df = pd.DataFrame(mark_winnings,
                  index   =base_bets,
                  columns=base_bets)
df.index.name = "Andy Bet"
df.columns.name = "Mark Bet"

print("Best Betting Scenario (for Mark) for These Values:")
print("(Andy, Mark):", df_names(df, simple_argmax(mark_winnings)))

display(df)
```

```
Best Betting Scenario (for Mark) for These Values:
(Andy, Mark): (11, 1)
```

表 8-2　几种赌注组合所生成的结果表

Andy Bet \ Mark Bet	1	3	5	7	9	11
1	−0.8000	−2.6000	−4.4000	−6.2000	−8.0000	−9.8000
3	−0.6000	−2.4000	−4.2000	−6.0000	−7.8000	−9.6000
5	−0.4000	−2.2000	−4.0000	−5.8000	−7.6000	−9.4000
7	−0.2000	−2.0000	−3.8000	−5.6000	−7.4000	−9.2000
9	0.0000	−1.8000	−3.6000	−5.4000	−7.2000	−9.0000
11	0.2000	−1.6000	−3.4000	−5.2000	−7.0000	−8.8000

结果非常有趣。回想一下我们上面的讨论：如果我的预期总赢款为 0，安迪的总赢款也一样。毫不奇怪，对我来说最好的结果是在表格的左下角。这种结果发生在我下赌注 1 美元，安迪下赌注 11 美元的时候。这是我的最低赌注，对于安迪而言，是他的最高赌注。现在，如果安迪愿意玩一个“我赌 1 美元，他赌 99 美元”的游戏，对我来说情况就大不相同了。这一次我将赢得 10%，所以我的目标是：$0.1\times99+0.9\times(-1)=9$ 美元。如果我们使用这些赌注玩这个游戏很多次，我就会开始领先。

那么盈亏平衡点在哪里呢？这就是我们两人赢款相同的地方，0.00 美元。这个值靠近表中左下角：我下赌注 1 美元，安迪下赌注 9 美元。这种情况对应于我的获胜几率 1∶9。盈亏平衡点是所下赌注的金额等于获胜几率的赌注。安迪是 9∶1 的宠儿：我每下赌注 1 美元，安迪就赌 9 美元。我下的是一个 1∶9 高风险的赌注，安迪每赌 9 美元，我只赌 1 美元。

下面是关于赌注最后一条需要牢记的要点。如果两名玩家获胜的概率相等，则概率都为 0.5。这些值对应于 1∶1 的几率，我们将其记为 odds=1。这些值是赢家和输家之间的转折点。较高的值（0.75，几率 3∶1）使一个玩家更有可能成为赢家，而另一个玩家成为赢家的概率变小。

8.4.2　概率、几率和对数几率

希望读者现在对几率的工作方式有所了解了。在前面，我们提及所关心的是对数几率。我们将马上解释其中的原因。首先创建一个包含一些概率及其相应几率和对数几率的表格（表 8-3）。对数几率实际上就是对几率求数学对数，也就是 log(odds)。

In [21]:

```
tail_probs = [0.0, .001, .01, .05, .10, .25, 1.0/3.0]

lwr_probs = np.array(tail_probs)
upr_probs = 1-lwr_probs[::-1]
cent_prob = np.array([.5])

probs = np.concatenate([lwr_probs, cent_prob, upr_probs])

# 比geterr/seterr/seterr更好
```

```
with np.errstate(divide='ignore'):
    odds     = probs / (1-probs)
    log_odds = np.log(odds)

index=["{:4.1f}%".format(p) for p in np.round(probs,3)*100]

polo_dict = co.OrderedDict([("Prob(E)",        probs),
                            ("Odds(E:not E)", odds),
                            ("Log-Odds",       log_odds)])
polo_df = pd.DataFrame(polo_dict, index=index)
polo_df.index.name="Pct(%)"
polo_df
```

表 8-3 概率及其相应的几率和对数几率

Pct（%）	Prob（E）	Odds（E: not E）	Log-Odds
0.0%	0.0000	0.0000	–inf
0.1%	0.0010	0.0010	–6.9068
1.0%	0.0100	0.0101	–4.5951
5.0%	0.0500	0.0526	–2.9444
10.0%	0.1000	0.1111	–2.1972
25.0%	0.2500	0.3333	–1.0986
33.3%	0.3333	0.5000	–0.6931
50.0%	0.5000	1.0000	0.0000
66.7%	0.6667	2.0000	0.6931
75.0%	0.7500	3.0000	1.0986
90.0%	0.9000	9.0000	2.1972
95.0%	0.9500	19.0000	2.9444
99.0%	0.9900	99.0000	4.5951
99.9%	0.9990	999.0000	6.9068
100.0%	1.0000	inf	inf

如果读者喜欢图形化的视图，让我们看看概率和几率（均表示为分数）之间的关系，如图 8-18 所示。

In [22]:

```
def helper(ax,x,y,x_name,y_name):
    ax.plot(x,y, 'r--o')
    ax.set_xlabel(x_name)
    ax.set_ylabel(y_name)

# 注意，我们将所有的值都截取到90% [index -5] b/c 之上
# 所绘制图形的取值范围被极度压缩
#（对数尺度经常会考虑和使用这种操作方式！很有趣吧）
fig, (ax0, ax1) = plt.subplots(1,2, figsize=(9,3))
helper(ax0, probs[:-5], odds[:-5], 'probability', 'odds')
helper(ax1, odds[:-5], probs[:-5], 'odds', 'probability')
```

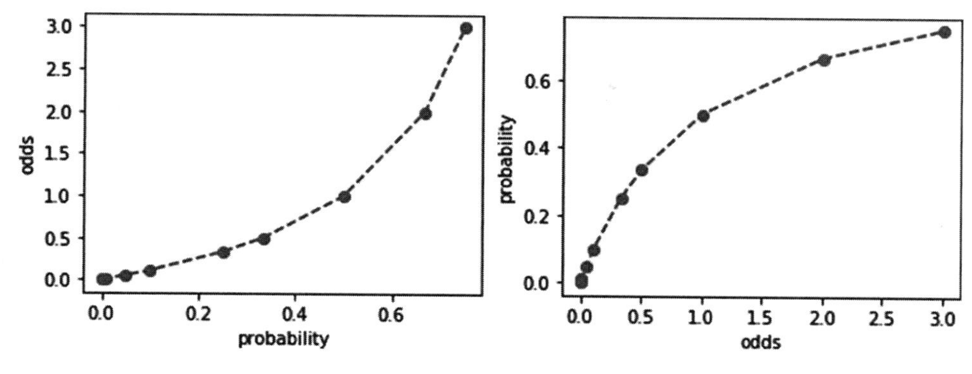

图 8-18 概率和几率之间的关系（见彩插）

以及概率和对数几率之间的关系，如图 8-19 所示。

In [23]:

```
fig, (ax0, ax1) = plt.subplots(1,2, figsize=(9,3))
helper(ax0, probs, log_odds, 'probability', 'log-odds')
helper(ax1, log_odds, probs, 'log-odds', 'probability')
```

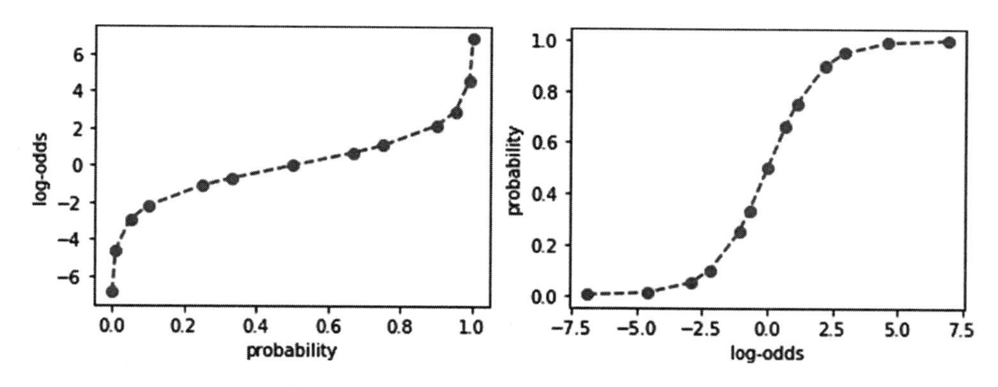

图 8-19 概率和对数几率之间的关系（见彩插）

如果查看表 8-3 的第一行和最后一行，可以看到每个概率、几率和对数几率的极值。最小概率对应于不可能的事件，而最大概率则对应于有保证的事件。当然，我们知道很少有这样的事情（读者现在可以冥想那些不可能事件的不可能性，然后再回到快乐的地方吧）。

以下是各值的取值范围，结果如表 8-4 所示。

In [24]:

```
pd.DataFrame([polo_df.min(axis=0),
              polo_df.max(axis=0)], index=['min', 'max']).T
```

```
Out[24]:
```

表 8-4 概率、几率和对数几率的取值范围

	min	max
Prob（E）	0.0000	1.0000
Odds（E: not E）	0.0000	inf
Log-Odds	−inf	inf

这里有几个要点。当我们从概率到几率再到对数几率时，所对应值的取值范围从 [0，1] 至 (0, ∞) 到 (−∞, ∞)。现在，我们准备向读者宣布一个出人意料的消息。如果根据输入特征来预测对数几率，那么逻辑回归和线性回归的结果“基本上”是一样的！此处之所以使用“基本上”这个含糊其词的词，是因为存在一些陷阱。

读者可能还记得第 4.3.3 节对预测线性回归值的计算 `predicted_value=rdot(w, x)`。对于逻辑回归，预测的等效计算值为 `predicted_log_odds = rdot(w, x)`。现在读者应该理解了为什么逻辑回归的名称里有“回归”这两个字。其对应的数学公式为 $\text{LO} = \sum_{\text{ftrs}} w_f x_f$。事实上，统计学家喜欢使用 $\widehat{\text{LO}}$ 来表示预测值或者估计值。

在线性回归中，我们预测的是一个目标输出值，其取值范围可以从任意大的负值 (−1 000 000 或者以下）到任意大的正值（+1 000 000 或者以上）。概率则不是这样的，概率的取值范围从 0 到 1。几率也不是这样的，几率的范围从 0 到任意大的正值。但对数几率呢？是的，对数几率的取值范围能够满足！对数几率是概率值的一个版本，可以从非常小的负值变为非常大的正值。对数几率只是线性回归所需要的值的类型，用于一个表现良好的目标。我们可以利用这一点进行迂回的逻辑回归。

当然，我们通常不会满足于获得对数几率。对于分类问题，我们希望预测结果类别：{cat, dog} 或者 {False, True}。所以，需要进一步处理。我们将问题简化，假设需要处理的是一个二元分类问题，只有两个类别，所以如果某个类别不是猫，那么它一定是狗。我们关心以下两点：（1）一个样例属于一个目标类别的概率；（2）一个样例属于一个目标类别的对数几率。可以把它们记作：

- 一个样例 x 属于某个目标的概率：$P(x$ 属于 $\text{tgt}) = \text{P}_{\text{tgt}}(x)$。
- 一个样例 x 属于某个目标的对数几率：$\text{LO}(x$ 属于 $\text{tgt}) = \text{LO}_{\text{tgt}}(x)$。

假设每个 x 为一个样例。我们可以只关注一个类别，因为如果某个目标不是这个类别，那么它一定是另一个类别。去掉 tgt 下标，只剩下 $P(x)$ 和 $\text{LO}(x)$。根据对下赌注的讨论和相对应的等值表，我们知道当 $P(x) > 0.5$ 或者 $\text{LO}(x) > 0$ 时，将倾向于所选择的类别。

我们可以完成 `rdot(w, x)` 的数学公式，并记为：

$$\sum_{\text{ftrs}} w_f x_f = \text{LO}(x) = \log \frac{P(x)}{1 - P(x)} = \text{logit}(P(x))$$

第二个等式来自对数几率的定义：它是几率的对数，而几率是等式右边的内部分数。logit 只是一个将概率转换为对数几率的函数名称，传入参数为一个概率（比如 $P(x)$），返回

值为其对数几率 LO(x)。因为作者本人喜欢箭头，所以 logit 可以记为 $P(x) \to \log \frac{p(x)}{1-P(x)}$。事实上在创建概率、几率和对数几率表格时，我们使用了上面的代码。以下是对数几率作为独立函数的代码。

In [25]:

```
def logit(probs):
    odds = probs / (1-probs)
    log_odds = np.log(odds)
    return log_odds
```

我们也可以求解 $P(x)$，看看结果是什么。注意 exp 和 log 互为反函数：一个函数抵消另一个函数。像这样写出 exp（指数函数）有点笨重，但它可以防止由于太多上标而造成混淆。

$$\log \frac{P(x)}{1-P(x)} = \mathrm{LO}(x)$$

$$\frac{P(x)}{1-P(x)} = \exp(\mathrm{LO}(x))$$

$$P(x) = (1-P(x))\exp(\mathrm{LO}(x))$$

$$P(x) = \exp(\mathrm{LO}(x)) - P(x)\exp(\mathrm{LO}(x))$$

$$P(x) + P(x)\exp(\mathrm{LO}(x)) = \exp(\mathrm{LO}(x))$$

$$P(x)(1+\exp(\mathrm{LO}(x))) = \exp(\mathrm{LO}(x))$$

$$P(x) = \frac{\exp(\mathrm{LO}(x))}{1+\exp(\mathrm{LO}(x))} = \mathrm{logistic}(\mathrm{LO}(x)) \quad \bigstar$$

回归函数是一个特殊的名称，其形式为 $\mathrm{LO}(x) \to \frac{\exp(\mathrm{LO}(x))}{1+\exp(\mathrm{LO}(x))} = P(x)$。现在我们有两个函数，它们的作用方向相反。

- logit($P(x)$) 将概率转换为对数几率。
- logistic(LO(x)) 将对数几率转换为概率。

这里为什么会详细讨论呢？因为我们必须做出决定。如果对数几率大于 0($\mathrm{LO}(x)>0$)，则几率有利于 tgt。这意味着几率大于 1，概率大于 50%。如果对数几率小于 0($\mathrm{LO}(x)<0$)，则几率有利于两个目标中的另一个（not-tgt 或者 $\neg$tgt）。这意味着当 $\mathrm{LO}(x)=0$ 时，我们处于两者之间的边界。其边界正好是：

$$\sum_{\mathrm{ftrs}} w_f x_f = \mathrm{LO}(x) = 0$$

当左边和（点积和）为 0 时，我们基本上无法在 tgt 和 $\neg$tgt 之间进行选择。

8.4.3　实现操作：逻辑回归版本

sklearn 有几种方法用于执行逻辑回归。通过 LogisticRegression 和 SGDClassifier

调用逻辑回归。在第 4.4 节中，我们讨论了选择一个“首选”参数集的四种方法。sklearn 用于逻辑回归的方法是智能的分步法：从一个起点开始，进行一些调整，必要时重复，直到答案足够好。SGD 代表随机梯度下降（Stochastic Gradient Descent），是执行智能步骤的一种方法。随机梯度下降通过查看当前猜测中的误差值，并使用能降低误差的步骤作为下一次猜测值。我们告诉 `SGDClassifier` 使用一个误差的对数损失模型，以提供一个类似逻辑回归的行为。其他损失函数会导致其他分类方法，我们将在第 15 章中讨论。`SGDClassifier` 可以处理规模非常大的问题，但需要多次迭代才能完成，而且由于其内部使用的随机性，每次运行都可能导致不同的答案。基于足够多的数据和足够小的误差容限，`SGDClassifier` 应该在不同的运行中达到或者收敛到类似的答案。

我们将使用的另一种逻辑回归方法是使用参数 `method='saga'` 的逻辑回归，结果如图 8-20 所示。我们将在本章末尾注释部分中进一步讨论 `saga` 参数，但是简而言之，`saga` 参数允许我们使用一个完整的多类模型，而不是采用“一对其他”方法封装的二元分类。

In [26]:

```
# 两种选项中，都设置"regularization"为ON
# 我们暂时忽略这一点，但更多细节请参见第9章
LogReg = linear_model.LogisticRegression
SGD    = linear_model.SGDClassifier
logreg_classifiers = {'LogReg(saga)': LogReg(solver='saga',
                                             multi_class='multinomial',
                                             max_iter=1000),
                      'LogReg(SGD)' :  SGD(loss='log', max_iter=1000)}

fig, axes = plt.subplots(1,2,figsize=(12,4))
axes = axes.flat
for (name, mod), ax in zip(logreg_classifiers.items(), axes):
    plot_boundary(ax, iris.data, iris.target, mod, [0,1])
    ax.set_title(name)
plt tight_layout()
```

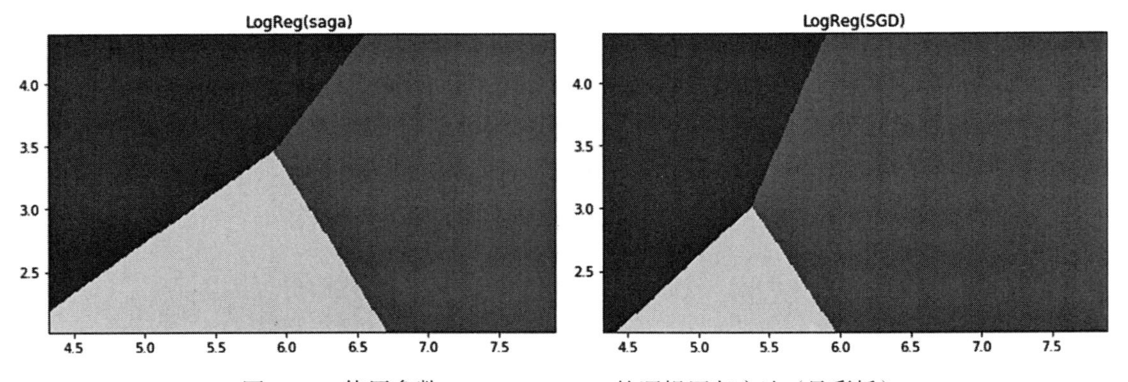

图 8-20 使用参数 `method='saga'` 的逻辑回归方法（见彩插）

8.4.4 逻辑回归：空间奇异性

逻辑回归的一个奇异之处是：如果所有数据都可以被很好地分为两个聚类，那么我们可以在这两个聚类之间画出无数条分割线。逻辑回归没有一个内在的答案来选择这些无限的备选方案之一。试图使用逻辑回归来解决一个完全可分离的分类问题可能会导致有问题的答案。幸运的是：（1）统计学家更关心这个问题，而我们使用逻辑回归作为一个黑盒预测方法则没那么严重，（2）对于有趣问题的实际目的，我们永远不会有完全可分离的数据。下面是这个有趣问题的样例，结果如图 8-21 所示。

In [27]:

```
fig, ax = plt.subplots(1,1,figsize=(4,1))

x = np.array([1,2,5,10]).reshape(-1, 1)
y = ['red', 'blue', 'red', 'blue']
ax.scatter(x,np.zeros_like(x), c=y);
```

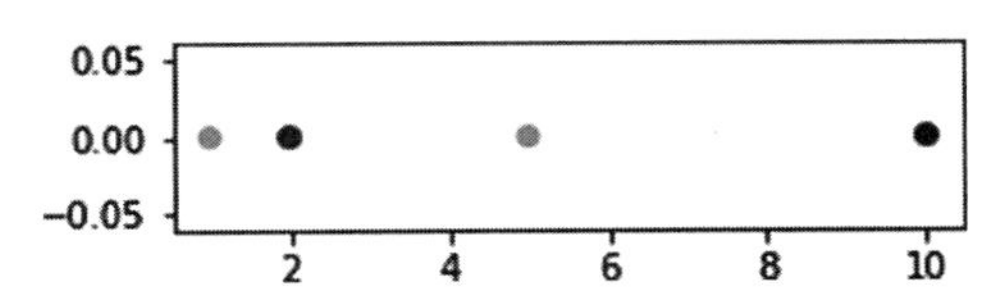

图 8-21　不能完全分离的两类数据（见彩插）

这是一个典型的场景：这两个类别的数据相互交织在一起。我们将使用非 sklearn 方法执行逻辑回归。这种方法虽然有点老套，但它会清楚地暴露出我们的问题所在。

In [28]:

```
import statsmodels.formula.api as sm

x = np.c_[x, np.ones_like(x)] # 加1技巧
tgt = (np.array(y) == 'red')

# sm.Logit是逻辑回归的统计模型的名称
(sm.Logit(tgt, x, method='newton')
   .fit()
   .predict(x))  # 训练预测
```

```
Optimization terminated successfully.
         Current function value: 0.595215
         Iterations 5
```

Out[28]:

```
array([0.7183, 0.6583, 0.4537, 0.1697])
```

到目前为止，一切似乎都表现得很好。现在，让我们看看微小的数据变化会产生什么

结果（如图8-22所示）。

In [29]:

```
fig, ax = plt.subplots(1,1,figsize=(4,1))

x = np.array([1,4,6,10]).reshape(-1, 1)
y = ['red', 'red', 'blue', 'blue']
ax.scatter(x, np.zeros_like(x), c=y);
```

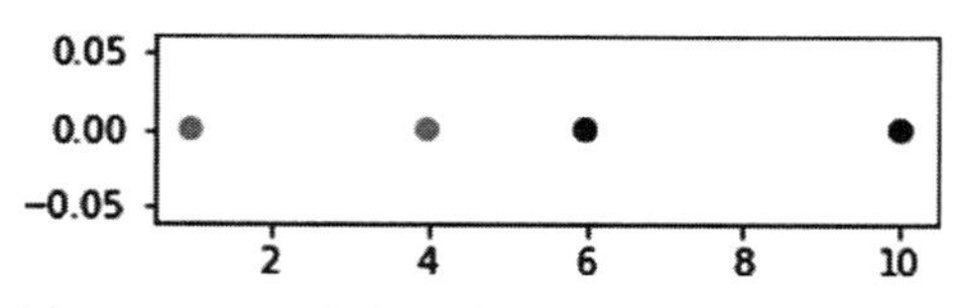

图8-22 可以完全分离的两类数据（见彩插）

In [30]:

```
x = np.c_[x, np.ones_like(x)] # 加1技巧
tgt = (np.array(y) == 'red')
try:
    sm.Logit(tgt, x, method='newton').fit().predict(x) # 样本内预测
except Exception as e:
    print(e)
```

```
Perfect separation detected, results not available
```

令人惊讶的是，Logit 拒绝为我们解决这个问题。这种情况也就是警告我们，虽然类别之间存在完美的分离，但是却没有结果可供使用。看来似乎画一条完美的线很容易，但事实并非如此。问题是，我们可以画出无数条线，而我们的老式逻辑回归没有内在的方法在这些线之间进行选择。反过来，一些方法不能很好地处理这种不确定性，并且可能给出非常糟糕的答案。因此，Logit 会以失败而停止。

8.5 判别分析

有一组来自统计学领域的分类器，一般称为判别分析（Discriminant Analysis，DA）方法。这里，“判别”的含义是“格洛丽亚具有很好的鉴赏力”：她能分辨出不同口味的细微差别。我们希望找到细微的差别，使我们能够对事物进行分类。

判别分析方法非常有趣，至少有以下三个原因。

（1）判别分析方法与连续特征上的朴素贝叶斯（高斯朴素贝叶斯，Gaussian Naive Bayes，GNB）有着极其清晰的数学联系。

（2）与高斯朴素贝叶斯一样，判别分析方法将特征和目标建模在一起。

（3）判别分析方法产生于关于数据的特别简单的（或者数学上方便的）假设。不同的判别分析方法做出的假设略有不同。

在不深入具体数学细节的情况下，我们将讨论四种不同的判别分析方法。目前我们还不会介绍这四种方法的名称。这四种方法中的每一种都是通过对数据的真实性质进行假设来工作的。这些假设可能是错误的！我们使用的每一种方法都会做出这样或者那样的假设。然而，判别分析方法对特征之间的关系及其与目标之间的关系做出了一系列越来越强的假设。假设有三个朋友：特征 1、特征 2 和类别。这三个朋友之间并不能随心所欲地进行交谈，所以它们对彼此的了解并不深入。以下是这些方法做出的各种假设。

（1）特征 1 和特征 2 互相交流。这两个特征关心类别要说什么。

（2）特征 1 和特征 2 互相交流。这两个特征不关心类别要说什么。

（3）特征 1 不直接和特征 2 互相交流。任何特征知道的信息都来源于类别。这些知识反过来可能会给我们一些关于特征 2 的信息。

（4）可以将上述 2 和 3 结合起来：特征 1 不直接与特征 2 交流，也不关心类别要说什么。

事实上，这些假设不仅仅是关于特征 1 和特征 2 之间的。它们是关于所有特征对 $\{\mathrm{Ftr}_i, \mathrm{Ftr}_j\}$ 的。

这些假设导致了不同的模型。请读者千万不要搞错了：我们可以假设这些场景中的任何一种，并根据其假设构建数据模型。结果也许会成功，也可能不会成功。我们可能拥有完美的知识，从而正确地选择这些假设中的一组。如果是这样的话，希望这一组假设比其他的假设更好。如果没有预知，可以尝试每一种假设。实际上，这意味着我们要拟合几个不同的判别分析模型，并进行交叉验证，然后看一看哪个性能最好。随后，在保留测试集上进行评估，以确保我们没有误导自己。

8.5.1 协方差

为了了解判别分析方法之间的差异，需要了解*协方差*（covariance）的概念。协方差是描述特征之间是否相互关联的一种方式。例如，如果我们研究的是医疗患者的生理数据，模型可能会很好地利用身高和体重有着密切关系这一事实。协方差对不同特征之间隐喻性沟通的不同方式进行了编码。

一个快速要点：在本节以及本章中，我们将讨论协方差作为机器学习模型的内部小部件的使用方法。对协方差的不同约束会导致各种不同的机器学习模型。另一方面，我们可能已经了解到，当特征关系过于密切时，某些模型会遇到一些困难。这里不会讨论这些问题，我们将在第 13.1 节讨论特征选择时阐述这些问题。

我们将从讨论*方差*（variance）开始。如果读者还记得在第 2 章中的讨论，就会记得方差是预测均值模型的平方误差之和。我们甚至可以得出一个公式。在拿起铅笔和纸张书写该公式之前，先了解一下如下关于特征 X 的一个公式：

$$\mathrm{Var}(X) = \frac{1}{n}\sum_{x \in X}(x - \bar{X})^2$$

请记住，$\bar{X}=\frac{1}{n}\sum x$ 是数据集 X 的均值。上述公式就是我们所说的方差通用公式（注意：这里忽略了随机变量的方差、总体方差和有限样本方差之间的差异。如果读者感到不安，请深呼吸并查看章末的注释。）读者可能会在方差公式中识别出一个点积：var_X = dot(x-mean_X, x-mean_X) / n。如果把方差写成均值误差平方和的代码，读者可能会更加熟悉。

In [31]:

```
X = np.array([1,3,5,10,20])
n = len(X)

mean_X = sum(X) / n
errors = X - mean_X
var_X = np.dot(errors, errors) / n

fmt = "long way: {}\nbuilt in: {}\n   close: {}"
print(fmt.format(var_X,
                 np.var(X),
                 np.allclose(var_X, np.var(X)))) # phew
```

```
long way: 46.16
built in: 46.16
   close: True
```

8.5.1.1 经典方法

现在，如果有两个变量，就不会得到与均值模型相比较的简单的语言表达。不过，如果使用两个模型预测两个变量的均值，然后将结果相乘，就可能会得出如下结论：

$$\mathrm{Cov}(X,Y)=\frac{1}{n}\sum_{\substack{x\in X\\y\in Y}}(x-\bar{X})(y-\bar{Y})$$

很抱歉这里使用了 X 和 Y 作为两个潜在特征。也可以使用下标，但下标很容易在混排中丢失。这种表述方式只在本节中使用。在代码中，这将变成：

In [32]:

```
X = np.array([1,3,5,10,20])
Y = np.array([2,4,1,-2,12])

mean_X = sum(X) / n
mean_Y = sum(Y) / n

errors_X = X - mean_X
errors_Y = Y - mean_Y

cov_XY = np.dot(errors_X, errors_Y) / n
print("long way: {:5.2f}".format(cov_XY))
```

```
print("built in:", np.cov(X,Y,bias=True)[0,1])
# 注意:
# np.cov(X,Y,bias=True) 将得到 [Cov(X,X), Cov(X,Y)
#                               Cov(Y,X), Cov(Y,Y)]
```

```
long way: 21.28
built in: 21.28
```

现在，如果询问有关一个特征与其本身协方差的关系，结果是什么呢？这意味着可以设置 $Y=X$，使用 X 代替 Y，得到：

$$\mathrm{Cov}(X, X)=\frac{1}{n}\sum_{x\in X}(x-\bar{X})(x-\bar{X})=\frac{1}{n}\sum_{x\in X}(x-\bar{X})^2=\mathrm{Var}(X)$$

结果一切看起来都很令人满意，但实际上已经偏离了正常的轨道相当远，让我们来分析一下关于这里所发生事情的一些直觉感受吧。由于方差是平方和，我们知道它是正值之和，因为对单个正数或者负数进行平方运算总是得到正值。将许多正值相加结果也会得到一个正值。因此，方差总是正的（严格地说，方差的值也可以是零）。协方差有点不同。如果 x 和 y 均大于其均值，或者如果 x 和 y 均小于其均值，则协方差和中的单个项将为正（请参见图 8-23）。如果它们位于其均值的不同侧面（例如，$x>x'$ 和 $y<y'$），则该项的符号将为负号。总的来说，可以有一堆负值的项，或者一堆正值的项，或者一堆正值和负值的混合。总体协方差可以是正值或者负值，可以接近 0 或者远离 0。

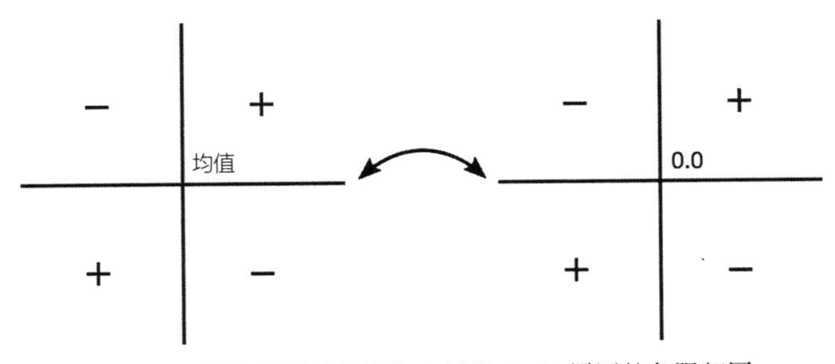

图 8-23 均值周围的象限与坐标点 (0, 0) 周围的象限相同

8.5.1.2 替代方法

到目前为止，我们所讨论的内容与统计学教科书中的内容没有太大区别。虽然结果还不错，但我更喜欢其他方法。协方差有一个不同但是却等价的公式。这个等价的替代形式可以让我们对协方差所表示的内容有一些了解。基本上，我们将获取所有唯一的 X 值对，计算它们之间的差异，并求这些差异的平方值。然后，将这些值相加。对于方差，该过程类似于以下代码。

In [33]:

```
var_x = 0
```

```
n = len(X)
for i in range(n):
    for j in range(i, n): # 变量X的其他值
        var_x += (X[i] - X[j])**2
print("Var(X):", var_x / n**2)
```

```
Var(X): 46.16
```

此处代码所计算的值与之前得到的值相同。太好了。但读者可能会注意到 Python 代码中的一些令人不满意之处：使用索引来访问 $X[i]$ 值。我们没有在 X 上使用直接迭代方法。稍后我们会改正。

下面是计算协方差的等效代码片段。我们将获取每对特征的 X 值和 Y 值，并进行类似的计算。我们将计算 X 值之间的差异以及 Y 值之间的差异，并将得到的差异值相乘，然后把所有这些相乘的项累加起来。

In [34]:

```
cov_xy = 0
for i in range(len(X)):
    for j in range(i, len(X)): # 变量X和变量Y的其他值
        cov_xy += (X[i] - X[j])*(Y[i]-Y[j])
print("Cov(X,Y):", cov_xy / n**2)
```

```
Cov(X,Y): 21.28
```

同样，我们得到了相同的答案，尽管 Python 代码仍然严重依赖 `range` 和 `[i]` 索引。稍后我们将继续改进。

让我们再仔细看一看这些协方差替代形式的公式。这种替代形式假设我们会保持 X 值和 Y 值的顺序，并使用下标访问这些值，就像我们对上面的代码所做的那样。这种下标在数学以及 C 语言和 Fortran 语言等程序设计语言中非常常见。但这在良好代码规范的 Python 中不太常见。

$$\mathrm{Var}(X)=\frac{1}{n^2}\sum_i\sum_{j>i}(x_i-x_j)^2$$

$$\mathrm{Cov}(X,Y)=\frac{1}{n^2}\sum_i\sum_{j>i}(x_i-x_j)(y_i-y_j)=\frac{1}{2n^2}\sum_{i,j}(x_i-x_j)(y_i-y_j) \quad \bigstar$$

我们编写 Python 代码是为了最直接地复制这些公式。如果观察下标，就会发现这些下标彼此间互不相同。$j>i$ 的含义表示：“对于不同的 x 和 y 数值对。”这里我们不希望进行重复计算。当把上述标有★符号的等式取出来时，确实对总和进行了双重计数，所以必须除以 2 才能得到正确的答案。最后一种形式的好处是，可以简单地将所有的 X 值对相加，然后将结果再相加。不过，这是有代价的：我们正在添加一些即将丢弃的东西。别担心，我们也会解决这个问题。

对于最后一个等式，Python 实现代码要干净利落得多。

In [35]:

```
cov_XY = 0.0
xy_pairs = it.product(zip(X,Y), repeat=2)
for (x_i, y_i), (x_j, y_j) in xy_pairs:
    cov_XY += (x_i - x_j) * (y_i - y_j)
print("Cov(X,Y):", cov_XY / (2 * n**2))
```

```
Cov(X,Y): 21.28
```

实际上我们可以做得更好。`it.product` 获取所有 `zip(X, Y)` 对的完整元素对 [是的，这是元素对的对（pairs of pairs）]。`it.combinations` 可以确保我们使用一个，而且只有一个，每对的副本来对比另一对。这样做可以在循环中减少 1/2 次重复。所以在这里，不必将结果除以 2。

In [36]:

```
cov_XX = 0.0
for x_i, x_j in it.combinations(X, 2):
    cov_XX += (x_i - x_j)**2
print("Cov(X,X) == Var(X):", cov_XX / (n**2))
```

```
Cov(X,X) == Var(X): 46.16
```

In [37]:

```
cov_XY = 0.0
for (x_i, y_i), (x_j,y_j) in it.combinations(zip(X,Y), 2):
    cov_XY += (x_i - x_j) * (y_i - y_j)
print("Cov(X,Y):", cov_XY / (n**2))
```

```
Cov(X,Y): 21.28
```

回到最后一个公式 $\frac{1}{2n^2}\sum_{i,j}(x_i-x_j)(y_i-y_j)$。使用这种形式，我们得到了一种解释协方差的好方法。请问读者是否可以想出一个简单的计算方法，获取所有的 x 值和 y 值，把它们相减，然后再相乘呢？请读者花片刻的时间来思考一下这个问题。这里有一个提示：两个值相减通常可以解释为距离：从英里标记为 5 的点到英里标记为 10 的点之间的距离是 10−5=5 英里[⊖]。

好了，给读者预留的思考时间到了。让我们通过忽略前导分数来重写公式 $\mathrm{Cov}(X,Y)=c_{\text{magic}}\Sigma_{i,j}(x_i-x_j)(y_i-y_j)$。可以看出，我们又一次发现了一个无处不在的点积。这个公式有一个很好的解释。如果有一个由两个点 $\{x_i, y_i\}$ 和 $\{x_j, y_j\}$ 定义的矩形，可以得到 length（长）=$x_i - x_j$ 和 height（高）=$y_i - y_j$。通过这些值，可以得到 area（面积）=length（长）×height（高）= $(x_i-x_j)(y_i-y_j)$。因此，如果忽略 c_{magic}，协方差只是矩形面积的和或者距离乘积之和。结果还不错，对吧？协方差与将每一对点视为一个矩形的角所产生的面积之和密切相关。

⊖ 1 英里约为 1609 米。——编辑注

我们之前看到过 c_{magic}，所以现在可以处理最后一个令人感到痛苦的疑点。让我们快速揭开谜底：c_{magic} 就是 $1/(2n^2)$。如果有 n 个项加起来，就得到 $1/2n$，我们可能更热衷于谈论平均面积。事实上，这里所讨论的正是平均面积。平方值 $1/n^2$ 来自双重求和。将 i 从 1 循环到 n，同时将 j 从 1 循环到 n，意味着总共有 n^2 个部分。均值就意味着所得到的总和需要除以总数 n^2。1/2 源于不想重复计算矩形面积。

如果考虑 $c_{\text{magic}}=1/(2n^2)$，协方差就是所有矩形（由各个点对所定义）的平均面积。该面积是有符号的值，它具有符号 + 或者 -，这取决于当连接各个点的线从左向右移动时，是指向上方还是指向下方，这与在图 8-23 中看到的模式相同。如果带有正负符号的面积（也就是一个标记了正负符号的面积）的想法让读者感到迷惑不解，大可不必那么惊慌，因为很多人都有类似的疑惑。在下一节中，我们将通过示例和图形对此进行深入探讨来答疑解惑。

8.5.1.3 协方差的可视化

让我们对这些矩形面积的协方差进行可视化展示。如果把协方差看作矩形的面积，那就完全可以绘制这些矩形。我们将使用一个简单示例，这个示例仅仅包含三个数据点和两个特征。对于三个矩形，将绘制每个矩形的对角线，并在网格的每个区域对总体协方差进行着色。红色表示总体协方差为正；蓝色表示总体协方差为负。较暗的颜色表示正方向或者负方向的协方差较大：较亮的颜色（最后变成白色）表示协方差不足。我们获得正确着色的技术是：（1）使用适当的值构建一个 NumPy 数组，（2）使用 matplotlib 的 matshow（matrix show）来显示该矩阵。

我们还提供一些用于“绘制”矩形的辅助函数。这里之所以使用了引号，是因为我们实际上是在数组中填充值。稍后，我们将在实际图形中使用该数组。

In [38]:

```
# 颜色编码
# -inf -> 0; 0 -> .5; inf -> 1
# 在两端缓慢变化；在中间（接近0）快速变化
def sigmoid(x):
    return np.exp(-np.logaddexp(0, -x))

# 为了得到所需要的颜色，
# 必须使用正确的值构建一个原始数组；
# 实际上是在一个numpy数组中“绘制”，而不是在屏幕上
def draw_rectangle(arr, pt1, pt2):
    (x1,y1),(x2,y2) = pt1,pt2
    delta_x, delta_y = x2-x1, y2-y1
    r,c = min(y1,y2), min(x1,x2)  # x,y -> r,c
    # 把 +/-1 赋值给矩形中的每个块
    # 总和值等于矩形的面积（符号表示向上/向下）
    arr[r:r+abs(delta_y),
        c:c+abs(delta_x)] += np.sign(delta_x * delta_y)
```

现在，我们将创建三个数据点并“绘制”（实际上是在数组中填充）由这些点定义的矩形，结果如图 8-24 所示。

In [39]:

```
# 我们的数据点:
pts = [(1,1), (3,6), (6,3)]
pt_array = np.array(pts, dtype=np.float64)

# 正在“绘制”的数组:
draw_arr = np.zeros((10,10))
ct = len(pts)
c_magic = 1 / ct**2 # 避免双重计数

# 使用巧妙的不重复计数法
for pt1, pt2 in it.combinations(pts, 2):
    draw_rectangle(draw_arr, pt1, pt2)
draw_arr *= c_magic
```

In [40]:

```
# 显示我们所绘制的数组
from matplotlib import cm
fig, ax = plt.subplots(1,1,figsize=(4,3))

ax.matshow(sigmoid(draw_arr), origin='lower', cmap=cm.bwr, vmin=0, vmax=1)
fig.tight_layout()

# 在每个矩形上显示对角线
# 所有数组元素均位于每个网格正方形的当中
ax.plot([ .5, 2.5],[ .5, 5.5], 'r')  # 从1,1到3,6
ax.plot([ .5, 5.5],[ .5, 2.5], 'r')  # 从1,1到6,3
ax.plot([2.5, 5.5],[5.5, 2.5], 'b');  # 从3,6到6,3
```

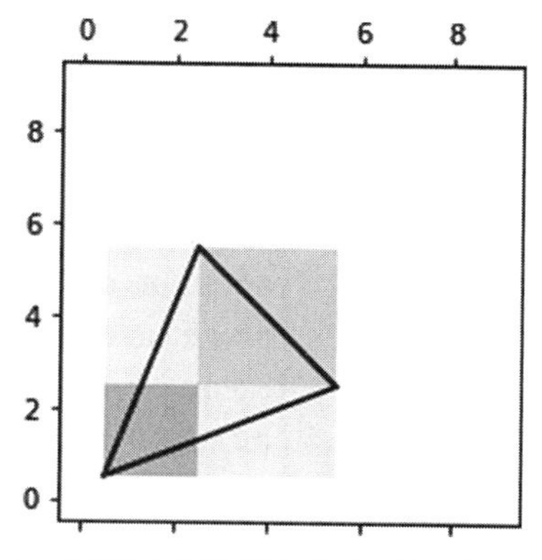

图 8-24　创建三个数据点定义的矩形（见彩插）

该图形表示三个数据点，每个数据点由两个特征所定义。

In [41]:

```
np_cov = np.cov(pt_array[:,0], pt_array[:,1], bias=True)[0,1]
print("Cov(x,y) -   from numpy: {:4.2f}".format(np_cov))

# 显示根据绘图计算的协方差
print("Cov(x,y) - our long way: {:4.2f}".format(draw_arr.sum()))
```

```
Cov(x,y) -   from numpy: 1.22
Cov(x,y) - our long way: 1.22
```

在图 8-24 中，红色表示两个数据点之间的正相关关系：当 x 上升时，y 随之上升。请注意，如果翻转各个数据点并向后绘制直线，这就等同于当 x 向下时，y 随之向下。在任何一种情况下，数据项的符号都是相同的。红色有助于得到正的协方差。蓝色表示 x 和 y 之间存在着一种对立关系：当 x 向上时，y 将向下；当 x 向下时，y 将向上。最后，颜色的强度表示定义该矩形的两个点之间正关系或者负关系的强度。所有点对的总协方差在矩形的平方中平均分配。为了得到最终的颜色，将所有的总协方差累加起来。深红色表示大的正协方差，浅蓝色表示小的负协方差，纯白色表示一个零协方差。最后，将总和除以点的数量。

以下是原始数据的内容（如图 8-25 所示）。网格正方形中的值正是控制该网格正方形中颜色的值。

In [42]:

```
plt.figure(figsize=(4.5,4.5))
hm = sns.heatmap(draw_arr, center=0,
                 square=True, annot=True,
                 cmap='bwr', fmt=".1f")
hm.invert_yaxis()
hm.tick_params(bottom=False, left=False)
```

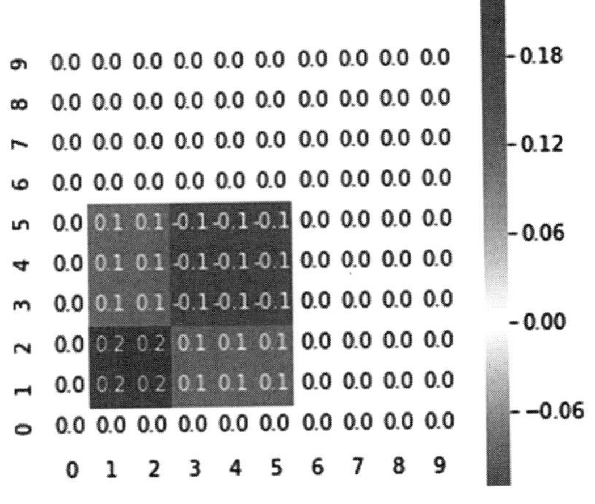

图 8-25　原始数据的内容（见彩插）

我们的讨论仅限于两个特征 X 和 Y 之间的协方差。在我们的数据集中，可能存在有许多特性：X，Y，Z，…，所以可以得到所有特征对之间的协方差 Cov(X, Y)、Cov(X, Z)、Cov(Y, Z)，等等。请注意以下一个重要的观点：前面使用的关于两个特征的协方差公式依赖于这两个特征的成对数据点 $\{(x_1, y_1), (x_2, y_2)\}$。当讨论所有的协方差时，讨论的是所有特征对之间的关系，因此需要将这些关系都记录在某种表格中。这个表格被称为协方差矩阵。读者不必为这个表格而感到困惑。协方差矩阵只是一个这样的表格：列出了不同变量对之间矩形面积平均和的协方差。X 和 Y 之间的协方差与 Y 和 X 之间的协方差是相同的，因此该表格中将有重复的数据项。

下面是一个数据结构相对较少的实例。这里所说的数据结构是什么意思呢？当我们查看协方差矩阵时，其中并没有太多的模式。但是这里确实存在一个有用的模式，我们将想办法找到该模式（如表8-5所示）。

In [43]:

```
data = pd.DataFrame({'X':[ 1, 3, 6],
                     'Y':[ 1, 6, 3],
                     'Z':[10, 5, 1]})
data.index.name = 'examples'

# 这些例子并不重要，但Pandas的cov是"无偏的"，
# 我们一直在研究"有偏的"协方差
# 详情请参阅本章末尾的参考阅读资料
display(data)
print("Covariance:")
display(data.cov())
```

表8-5　一个有用的模式

examples	X	Y	Z
0	1	1	10
1	3	6	5
2	6	3	1

各个协方差值如表8-6所示。

表8-6　协方差值

	X	Y	Z
X	6.3333	1.8333	−11.1667
Y	1.8333	6.3333	−5.1667
Z	−11.1667	−5.1667	20.3333

我们将讨论该矩阵中主对角线上的值，即6.3、6.3和20.3。（当然，该矩阵中存在两条对角线。我们所关心的“主”对角线是指从左上角到右下角的那条对角线。）

读者可能注意到两件事。首先，矩阵元素在主对角线上产生镜像。例如，右上角和左

下角的值相同（均为 −11.1667）。这不是巧合，因为所有协方差矩阵都是对称的，正如上文所指出的结论，"$Cov(X, Y)=Cov(Y, X)$"适用于所有特征对。第二，读者可能已经意识到 X 和 Y 都有相同的方差。方差的值在这里显示为 $Cov(X, X)$ 和 $Cov(Y, Y)$。

现在，假设不同特征彼此之间没有方向性的关联。不同特征之间不存在固定的模式：当一个特征上升时，另一个特征可以上升或者下降。我们可能会尝试将三个根本不希望相关的测量值联系起来：身高、SAT 分数和对抽象艺术的热爱程度。我们得到如表 8-7 所示的结果。

In [44]:

```
data = pd.DataFrame({'x':[ 3, 6, 3, 4],
                     'y':[ 9, 6, 3, 0],
                     'z':[ 1, 4, 7, 0]})
data.index.name = 'examples'
display(data)
print("Covariance:")
display(data.cov()) # 有偏方差，请参见本章末尾的参考阅读资料
```

表 8-7 三个测量值（身高、SAT 分数和对抽象艺术的热爱程度）

examples	x	y	z
0	3	9	1
1	6	6	4
2	3	3	7
3	4	0	0

各个协方差值如表 8-8 所示。

表 8-8 三个测量值之间的协方差

	x	y	z
x	2.0000	0.0000	0.0000
y	0.0000	15.0000	0.0000
z	0.0000	0.0000	10.0000

结果数据看起来并没有什么特别之处，但这是一个奇怪的协方差矩阵。到底是怎么回事呢？让我们来绘制如图 8-26 所示的数据值以查看事实的真相。

In [45]:

```
fig, ax = plt.subplots(1,1,figsize=(4,3))
data.plot(ax=ax)
ax.vlines([0,1,2,3], 0, 10, colors=".5")

ax.legend(loc='lower center', ncol=3)

plt.box(False)
ax.set_xticks([0,1,2,3])
ax.set_ylabel("values");
```

结果发现永远不会得到一个一致的模式。这并不像“如果 X 上升，那些 Y 也随之上升”那么简单。我们也看不到 X 和 Z 或者 Y 和 Z 之间有任何的一致性：没有简单的“如果你上升，那些我将随之下降”的模式。总有一些数据段是相反的走向。例如，蓝色和绿色在第一段中一起上升，但在第二段和第三段中是相反的走向。我们精心地构造了数据，这样不仅协方差值很低，而且协方差值或多或少地相互抵消了：矩阵中除了对角线，所有其他位置上的协方差值都为零。唯一的非零数据项均位于矩阵的对角线上。我们称这样的矩阵为对角协方差矩阵。X、Y 和 Z 都有各自的方差，但它们没有成对的方差。如果它们自身的方差为零，则意味着矩形大小之和为零。只有当所有值都相同时才会发生这种情况。例如，对于 $x_1=x_2=x_3=42.314$，根据这些 x 值所构造的不完全矩形将是一个没有长度或者宽度的单点。

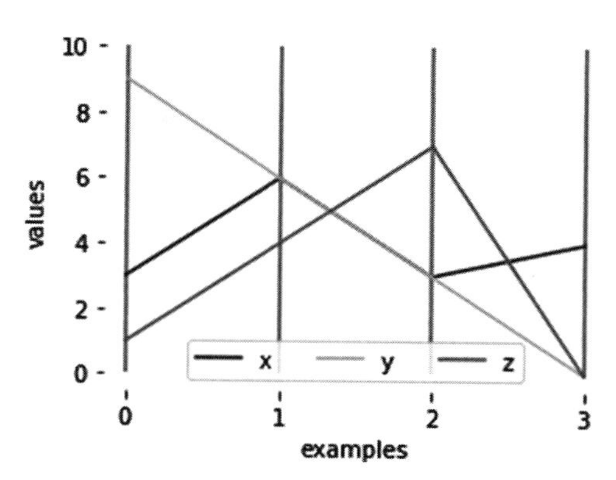

图 8-26 绘制协方差矩阵（见彩插）

所有这些讨论都是关于协方差矩阵的讨论。稍后，我们将讨论该矩阵如何影响判别分析（DA）方法。但不能总是依靠一个矩阵来携带我们需要的所有信息。如果存在多个类别，就可以想象两种情况：一种情况是，每个类别都有一个相同的协方差矩阵，也就是说，一个协方差就足以描述一切。第二种情况是，需要为每个类别提供不同的协方差矩阵。我们将忽略中间地带，要么总体上有一个矩阵，要么每个类别有一个矩阵。

让我们总结一下对协方差的理解。在一种解释中，协方差只是对由两个特征构成的成对矩形的大小进行平均。较大的矩形意味着较大的值。如果矩形是通过向上和向右移动所构建的，则其值为正值。如果一对特征基本上彼此独立地移动，则任何协调的增加总是由相应的减少来抵消，最终这些特征的协方差为零。

8.5.2 方法

现在，我们将讨论判别分析（DA）四种变体之间的差异：QDA、LDA、GNB 和 DLDA。Q 代表二次，L 代表线性，DL 代表对角线性，GNB 是我们熟悉的高斯朴素贝叶斯。这是基于平滑值特征的朴素贝叶斯。这些技术对矩形平均尺寸的协方差做出了不同的假设。

（1）二次判别分析 QDA 假设不同特征之间的协方差不受约束。协方差矩阵之间可能存在类别差异。

（2）线性判别分析 LDA 添加了一个约束。它假设各个特征之间的协方差都是相同的，不管目标类别是什么。换而言之，LDA 假设无论目标类别如何，同一个协方差矩阵都能很好地描述数据。在单个矩阵中的数据项不受约束。

（3）高斯朴素贝叶斯 GNB 的假设有点不同：它假设不同的特征（例如特征 1 和特征 2）之间的协方差都是零。协方差矩阵的主对角线上存在不为零的数据项，主对角线以外的所有数据项都有零。作为一个技术说明，GNB 确实假设在类别中，特征对是相互独立的，这意味着，或者说这将导致特征 1 与特征 2 的协方差为零。每个不同的目标类别可能有不同的矩阵。

（4）对角线性判别分析 DLDA 结合了 LDA 和 GNB 各自的特性：假设每个类别的协方差相同，则只有一个协方差矩阵，并且在非相同特征对之间 Cov(X, Y) 为零（其中 $X \neq Y$）。

此处的确强调了“假设”在判别分析过程中的作用。希望这里表述得很清楚：这是一种方法的假设，而不一定是产生数据的实际状况。请问读者把这些都弄明白了吗？如果还是不清楚也没有关系。下面是关于这些假设的概述。

（1）QDA：每个类别可能有不同的协方差矩阵。

（2）LDA：对于所有的类别，其协方差矩阵相同。

（3）GNB：每个类别的对角协方差矩阵不同。

（4）DLDA：所有类别的对角协方差矩阵均相同。

让我们把类别的“协方差矩阵”和“每个类别的不同协方差矩阵”这两个概念具体化。假设有一个对猫和狗的特征进行测量的简单数据表。目标类别是猫或者狗。特征是体长和体重。读者可能会想出两种不同的方法来计算体重的方差：要么一次计算所有宠物的方差，要么分别计算猫和狗的方差，这样我们就可以跟踪这两个值。计算总体方差与计算 LDA 和 DLDA 中的协方差类似。我们使用 QDA 和 GNB 的协方差分别计算猫和狗的方差。也就是说，在 LDA 和 DLDA 中，将计算所有猫以及所有狗的长度和重量的协方差；在 QDA 和 GNB 中，将分别计算每种宠物类别的协方差。

汇总表如表 8-9 所示，其中有一些偏爱数学知识的人士所喜爱的数学表述。

表 8-9 判别分析方法和假设概述。$\sum$ 是协方差矩阵（CM），$\sum_c$ 是类别 c 的协方差矩阵

缩写	名称	假设	描述
QDA	二次判别分析	任意 Σ_c	每个类别，任意 CM
LDA	线性判别分析	$\Sigma_c = \Sigma$	共享的、任意 CM
GNB	高斯朴素贝叶斯	$\Sigma_c = \text{diag}_c$	每个类别、对角线 CM
DLDA	对角线性判别分析	$\Sigma_c = \text{diag}$	共享的、对角线 CM

8.5.3 执行判别分析

现在让我们看一看判别分析方法的相关操作。我们将进行一个简单的训练 - 测试数据拆分，并查看四种方法中每种方法的混淆矩阵，如图 8-27 所示。

In [46]:

```
qda  = discriminant_analysis.QuadraticDiscriminantAnalysis()
lda  = discriminant_analysis.LinearDiscriminantAnalysis()
```

```
nb   = naive_bayes.GaussianNB()
dlda = DLDA() # 来自于mlwpy.py

da_methods = [qda, lda, nb, dlda]
names = ["QDA", "LDA", "NB", "DLDA"]

fig, axes = plt.subplots(2,2, figsize=(4.5, 4.5),
                         sharex=True, sharey = True)
for ax, model, name in zip(axes.flat, da_methods, names):
    preds = (model.fit(iris_train_ftrs, iris_train_tgt)
                  .predict(iris_test_ftrs))
    cm = metrics.confusion_matrix(iris_test_tgt, preds)
    sns.heatmap(cm, annot=True, cbar=False, ax=ax)
    ax.set_title(name)

axes[0,0].set_ylabel('Actual')
axes[1,0].set_xlabel('Predicted');
```

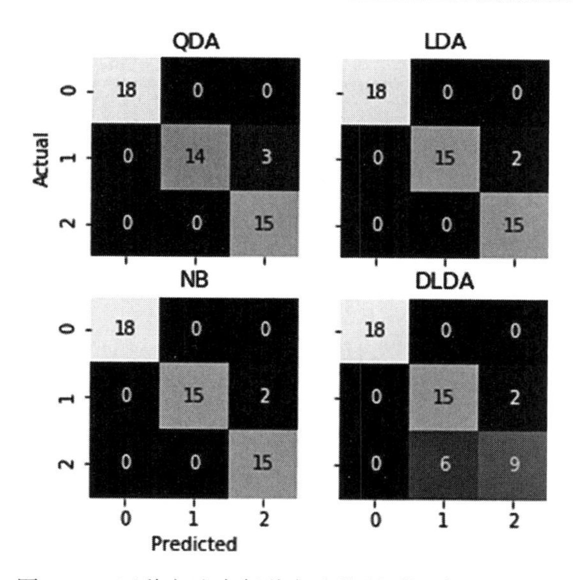

图 8-27　四种方法中每种方法的混淆矩阵（见彩插）

注意，请读者不要过度解读这里的“差异”，因为它们并不是实质性的差异。然而，基于“奥卡姆剃刀原理”——就是所谓的“如无必要，勿增实体”，即“简单有效”原理，关于 LDA 的假设，似乎存在一个最佳的结论，就是所做的假设最少，就越有可能完成任务。当使用多个训练 - 测试数据拆分重新运行程序时，结果会有一些变化，因此绝不建议这里大力鼓吹 LDA 的成功。然而，在一个更大的问题中，则值得更详细地探讨 LDA 的实现方法。让我们观察通过这些方法所创建的绘图边界，如图 8-28 所示。

In [47]:

```
fig, axes = plt.subplots(2,2,figsize=(4.5, 4.5))
axes = axes.flat

for model, ax, name in zip(da_methods, axes, names):
    # 绘图边界仅使用指定的(两个)维度来预测
    plot_boundary(ax, iris.data, iris.target, model, [0,1])
    ax.set_title(name)
plt.tight_layout()
```

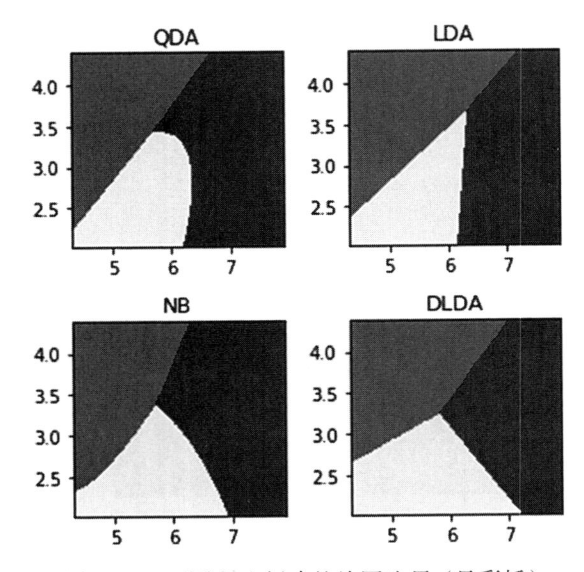

图 8-28 不同方法创建的绘图边界（见彩插）

QDA 和 GNB 两种方法都有非线性边界，并且它们的边界都有点弯曲。LDA 和 DLDA 在类之间都有线性边界。

8.6 假设、偏差和分类器

在我们进行分类器最后的总结比较之前，首先总结一下到目前为止所讨论的分类方法之间的差异。

目前为止还没有讨论的一个问题是线性（linearity）。这是一个技术术语，但读者可能会发现它的词根是 line（线）。这意味着在二维空间中，比如在一个普通的 *xy* 图上，可以绘制一条直线，并将该图所在的平面分成两半：线的上 / 下部分或者左 / 右部分。这个想法也适用于更高的维度。我们可以使用一个二维物体（也就是一个平面）来分割一个三维空间。可以在越来越高的维度上重复同样的过程，即使无法使用直觉来绘制或者构思这些东西。直线、平面和它们的高维近亲在特定的数学意义上都是线性的形式。这些图形和划分都很简单，笔直向前，没有扭曲。

但是如果需要扭曲怎么办？也许我们知道，此时需要一个带有曲线、抛物线或者圆的模型。这些形式把我们带到了非线性技术领域。我们实际上已经看到了一些非线性技术，只是没有对它们进行深入研究而已。最近邻和决策树都可以捕获比线性形式更灵活的关系。许多（甚至大多数）其他技术可以自然地扩展以处理非线性数据：线性回归、逻辑回归和支持向量分类。如果读者想在数学家说到“自然”的时候逃跑和躲藏，那是有道理的。在这种情况下，“自然”意味着使用另一个称为核（kernel）的概念取代了基于协方差矩阵的相似性概念。我们将在第 13.2 节详细讨论核。

我们已经从一个非常无偏的分类器决策树过渡到了各种分类器，这些分类器主要是线性边界（尽管 GNB 和 QDA 允许曲线边界）。下面是关于各种决策树 DT 和支持向量分类器 SVC 如何处理一个简单示例（满足 $y>x$）的代码，结果如图 8-29 所示。

In [48]:

```
ftrs = np.mgrid[1:10, 1:10].T.reshape(-1,2)
tgt  = ftrs[:,0] > ftrs[:,1]

fig, axes = plt.subplots(1,3,figsize=(9,3))
axes = axes.flat

svc = svm.SVC(kernel='linear')
dt_shallow = tree.DecisionTreeClassifier(max_depth=3)
dt_deep    = tree.DecisionTreeClassifier()
models = [svc, dt_shallow, dt_deep]

for model, ax in zip(models, axes):
    # 绘图边界仅使用指定的（两个）维度来预测
    plot_boundary(ax, ftrs, tgt, model, [0,1])
    ax.set_title(get_model_name(model))
plt.tight_layout()
```

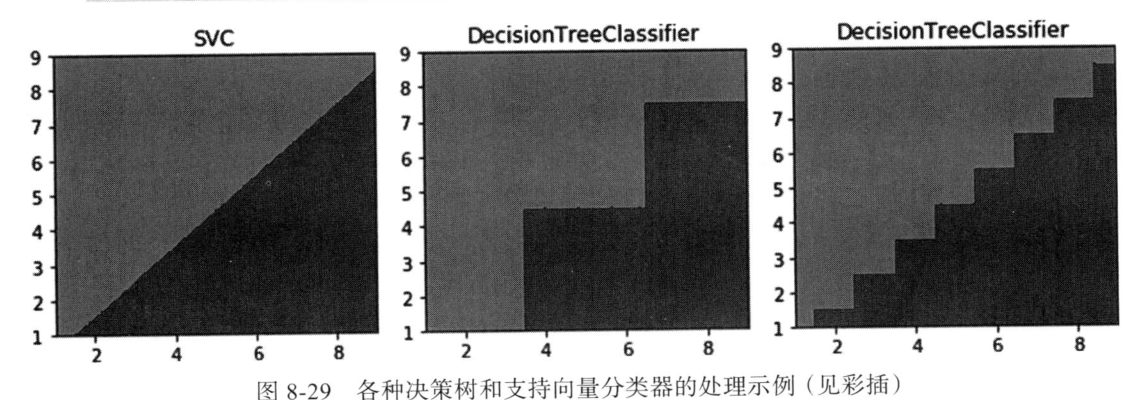

图 8-29　各种决策树和支持向量分类器的处理示例（见彩插）

第一个决策树被如下的事实所限制：只允许该决策树在中间的窗格中进行一些分割。当该决策树的 max_depth 变得越来越大时，将形成阶梯状向上沿升。如果提供足够多的数据，那么其形状就会越来越像一条直线，也就是说阶梯台阶的高度变得非常小。

与逻辑回归和其他各种判别分析方法不同，支持向量分类器 SVC 没有任何潜在的概率概念。这意味着支持向量分类方法与判别方法相比，既没有更好，也没有更坏，这两种方法只是不同的方法而已。如果一些数据恰好符合高斯朴素贝叶斯 GNB 的特征独立性假设（即对角协方差矩阵），那么 GNB 将是一种比较好的方法。遗憾的是，我们几乎永远不会提前知道会有什么样的假设。相反，我们所做的只是应用一种建模方法（例如 GNB），该方法带有一些假设；如果假设越符合实际，那么该方法对问题的处理效果就越好。但同时也存在很多的问题并没有满足这些假设。如果满足这些假设，我们更倾向于使用 GNB 方法，并且可能会看到该方法执行更好的分类。如果不满足这些假设，我们可以继续使用 SVC。从某种角度来看，SVC 对这三种模型（判别分析方法、逻辑回归和支持向量分类器）的假设最少，因此是最灵活的方法。然而，这也意味着当满足假设时，其他方法可能会做得更好。

当我们的讨论从支持向量分类器到逻辑回归再到判别分析方法时，我们将从（1）关于数据的最小假设到（2）关于特征和目标的原始数据模型，再到（3）关于特征如何分布、这些特征与目标的关系以及目标的基本比率的不同程度的假设。逻辑回归试图捕捉输入和输出之间的关系。特别地，逻辑回归捕获了已知输入的输出概率。但是，逻辑回归会忽略来自目标类别的任何自包含信息。例如，逻辑回归会忽略数据中关于某种疾病非常罕见的知识。相反，判别分析方法对输入和输出之间的关系以及输出的基本概率进行建模。特别地，判别分析方法将：（1）如果知道一个给定的输出，则捕获其输入概率，以及（2）关于输出的独立信息。读者是不是觉得很奇怪呢？这里有意对这些关系含糊其词，感兴趣的读者可以查看本章末尾的注释，以了解到底发生了什么。

8.7 分类器的比较：第三阶段

通过使用本文提供的分类工具箱中的重要新工具，让我们来解决一个比鸢尾花更困难的问题。

这里我们将使用 sklearn 附带的手写数字数据集。

In [49]:

```
digits = datasets.load_digits()
```

该数据表示手写数字的简单图像。例如，第一个数字如图 8-30 所示。

In [50]:

```
print("Shape:", digits.images[0].shape)
plt.figure(figsize=(3,3))
plt.imshow(digits.images[0], cmap='gray');
```

```
Shape: (8, 8)
```

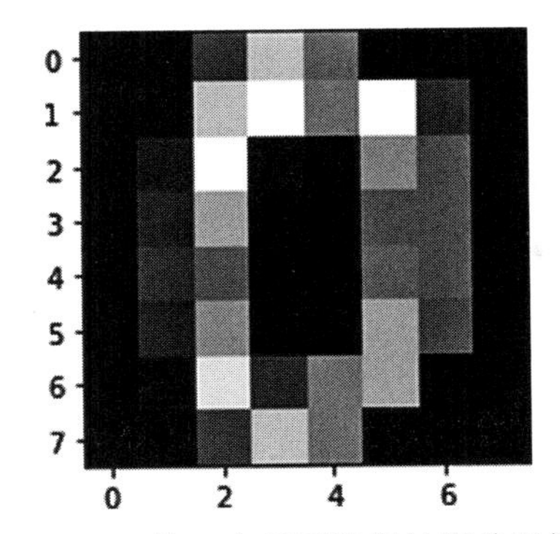

图 8-30　第一个手写数字的简单图像

该数字的目标值为 0。

In [51]:

```
digits.target[0]
```

Out[51]:

```
0
```

数据集具有两种形式。一种形式（digits.images）适用于显示目的；上面的代码中就使用了这种形式。另一种形式（digits.data）适合用于机器学习。该形式是 64×64 正方形图像中像素排列成一行的信息。

现在我们可以构建机器学习问题了。

In [52]:

```
classifier_parade = \
    {'LogReg(1)' : linear_model.LogisticRegression(max_iter=1000),
     'LogReg(2)' : linear_model.SGDClassifier(loss='log',
                                              max_iter=1000),

     'QDA' : discriminant_analysis.QuadraticDiscriminantAnalysis(),
     'LDA' : discriminant_analysis.LinearDiscriminantAnalysis(),
     'GNB' : naive_bayes.GaussianNB(),

     'SVC(1)' : svm.SVC(kernel="linear"),
     'SVC(2)' : svm.LinearSVC(),

     'DTC' : tree.DecisionTreeClassifier(),
     '5NN-C' : neighbors.KNeighborsClassifier(),
     '10NN-C' : neighbors.KNeighborsClassifier(n_neighbors=10)}
```

```
baseline = dummy.DummyClassifier(strategy="uniform")

base_score = skms.cross_val_score(baseline,
                                  digits.data, digits.target==1,
                                  cv=10,
                                  scoring='average_precision',
                                  n_jobs=-1)
```

我们使用手写数字数据集上的交叉验证来评估解决方案，结果如图 8-31 所示。

In [53]:

```
fig, ax = plt.subplots(figsize=(6,4))
ax.plot(base_score, label='base')
for name, model in classifier_parade.items():
    cv_scores = skms.cross_val_score(model,
                                     digits.data, digits.target,
                                     cv=10,
                                     scoring='f1_macro',
                                     n_jobs=-1) # 所有CPUs
    my_lbl = "{} {:.3f}".format(name, cv_scores.mean())
    ax.plot(cv_scores, label=my_lbl, marker=next(markers))
ax.set_ylim(0.0, 1.1)
ax.set_xlabel('Fold')
ax.set_ylabel('Accuracy')
ax.legend(loc='lower center', ncol=2);
```

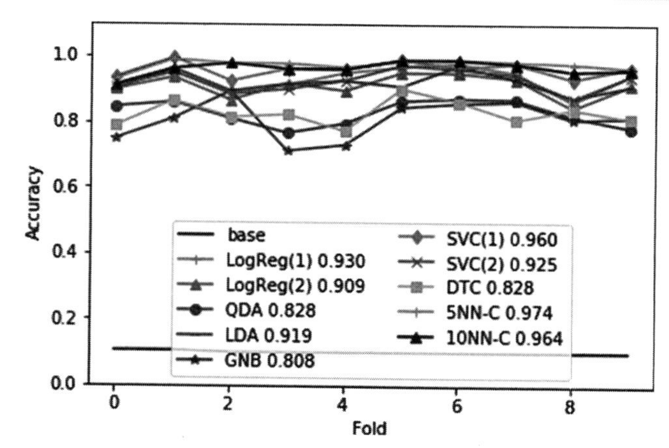

图 8-31 使用手写数字数据集上的交叉验证评估解决方案（见彩插）

坦率地说，这个评估验证结果中所发生的事情实在太多了，一言难尽。尽管如此，还是有一些总体趋势。可以发现，逻辑回归这个经典方法可以与非常现代的方法——支持向量分类器很好地竞争。相比而言，本文所提出的超级简单的近邻方法做得更好。对于这个问题，采用不同的度量方式去深入比较不同的分类器将是一个很好的实践。读者可能还对比较手写数字数据集上不同方法的资源利用率感兴趣。

8.8 本章参考阅读资料

8.8.1 本章小结

现在，我们在分类工具箱中添加了多种方法。决策树是一种高度灵活的模型，通过这种模型可以找到空间所在的公共区域。逻辑回归和判别分析的变体则使用不同的数据概率模型来分配类别的可能性。支持向量分类器直接寻找各个类之间的线性分离。除了朴素贝叶斯和最近邻分类器外，我们还可以使用八种不同类型的分类器。

应该如何挑选分类器呢？有时，外界的考虑驱使我们做出选择。其中，决策树通常易于人们理解。逻辑回归模型可以解释为基于变量值的对数几率变化。支持向量分类器实际上采取了不同的方式进行解释。我们可以使用支持向量分类器，但它们的黑匣子里包含了太多的内容。现在，即使我们知道需要使用决策树来理解问题，却仍然可以使用其他模型来观察决策树的性能与其他模型的性能对比。

8.8.2 章节注释

“没有一种方法可以适用于所有数据（并且在黑暗中约束他们）”[⊖]的想法被称为“没有免费午餐定理”。作者本人更倾向于称之为“没有至尊魔戒定理”，可惜的是，他们没有征询《魔戒》作者多托尔金本人的意见或者作者本人的意见。

决策树

当我们讨论关于一个类别的决策树时，也可以询问关于决策树中叶子节点的概率分布。然后，如果愿意的话，还可以使用投掷硬币的方法来获得类似于在每个叶子节点上所看到的概率分布。当然，如果不愿意的话，也不必做出具体的决定。

对于“随着决策树最大深度的增加，请问是走向过拟合还是欠拟合？”问题的答案是过拟合。

树的一些特性并不是决策树的基础，这些特性只是碰巧是决策树的本来特性。例如，我们可以允许根据特性的函数结果值进行决策。除其他外，这将允许对非平行或者非垂直的值进行拆分。我们可以在 $2x+3>5$ 上拆分，而不是在 $x>5$ 上拆分：现在有了一个离轴（off-axis）比较。我们还可以按以下方式进行比较，例如 is color in {red, blue, green}? (no)。我们可以使用一系列二元问题来描述这种关系：is red? (no), is green? (no), is blue? (no)。但这是以细分区域为代价的，而这些区域可能一开始就没有数据。不同的作者在表达方式采用简洁

⊖ 此处作者的说法源自《魔戒》：One Ring to rule them all, One Ring to find them, One Ring to bring them all and in the darkness bind them.（至尊戒驭众戒，至尊戒寻众戒，至尊戒引众戒，禁锢众戒黑暗中。）——译者注

还是冗长之间存在着不同的权衡。本文作者将采取一种务实的方法：如果认为确实需要一种奇特的技术，那么就大胆地去尝试，然后进行交叉验证。

对于本书的高级读者，可能会对 2015 年的一篇论文感兴趣：Norouzi 等人所编著的“Efficient non-greedy optimization of decision trees（高效非贪心决策树的优化）”。作者在本章中描述的决策树构建方法是贪心的：这些方法采取看起来似乎是最好的单独步骤。但是，当然，如果没有一个整体的布局，个别的步骤可能会让读者误入歧途。那篇论文描述了构建决策树的一种非贪心方法。

支持向量分类器

我们将在第 13 章进一步讨论支持向量机的特别之处。简单地说，通过引入核（kernel），我们可以从支持向量分类器过渡到支持向量机。为了帮助读者理解这些概念，此处需要提到 `sklearn` 有一个 `liblinear` 接口，这个接口是一个非常强大的程序，用于计算支持向量分类（线性支持向量机）以及逻辑回归模型。至少，为了将其作为一个标准的支持向量分类器来运行，与上面所使用的方法类似，我们将进行如下的调用：`svm.LinearSVC(loss='hinge')`。`LinearSVC` 在处理大型数据集（超过 10000 个样例）时，具有非常不错的优势。

`SVC` 和 `NuSVC` 在内部使用另一个程序 `libsvm`。`libsvm` 非常接近于在机器学习社区中的 SVC 和 SVM 事实上的实现标准。当谈论 `NuSVC` 时，人们经常会在训练误差方面，把 v 作为训练误差（training error）。v 与边界误差（margin error）相关。v 与训练误差没有直接的关系。如果读者想阅读原始文献，请阅读 Scholkpf 的 *New Support Vector Algorithms*（《新支持向量算法》）第 1225 ～ 1226 页。

试图使用 `LinearSVC`、`SVC` 和 `NuSVC` 来生成相同的边界是相当困难的。从数学的角度和线性的角度上，`libsvm` 和 `liblinear` 执行一些不同的操作。`LinearSVC` 在执行正则化时至少包括“加 1 技巧”列。此外，`LinearSVC` 和 `SVC` 将他们各自的默认设置放在基础默认设置之上。如果读者想对这些方法进行比较，就要做好深入研究的准备。读者可以从以下参考资料入手。

- https://stackoverflow.com/a/23507404/221602。
- https://stackoverflow.com/q/33843981/221602。
- https://stackoverflow.com/q/35076586/221602。

逻辑回归

数学清晰度有时候可能相当不透明。例如，以下公式 $\frac{1}{1+e^{-x}}=\frac{e^x}{1+e^x}$ 将导致编写逻辑函数的两种截然不同的方法。这反过来又会导致表达逻辑回归的不同方式。感兴趣的读者可以自己尝试。

逻辑回归的假设与线性回归的假设密切相关，他们之间的区别在于目标类别的对数几率与输入特征之间存在线性关系。否则，我们仍然需要误差较小，并且需要避免特征中的冗余。详见第10章。

目前为止，本书还没有真正讨论逻辑回归的工作原理。我们已经解释了对数几率，并根据对数几率建立了一个类似线性回归的模型，但其工作原理究竟是什么呢？找到答案（也就是找到最佳系数）的经典方法被称为迭代加权最小二乘法（Iteratively Reweighted Least Squares，IRLS）。基本上，迭代加权最小二乘法遵循与经典线性回归相同的方法，但必须多次重复该过程。这个过程最终等效于牛顿法（Newton's Method）：如果我们在山上，朝着山下的方向，瞄准一个穿过 x 轴的地方，然后根据坡度继续走一步。牛顿的方法被称为二阶方法，因为我们需要在一个函数中找到一个极值点，这个点位于一个峰顶或者一个谷底，为了找到这一点，首先需要找到将我们带到那个点的斜率。所以，接着需要计算一个斜率，如果读者熟悉的话，也就是计算“二阶”或者“二阶导数”。另一类主要的方法，称为梯度下降法（Gradient Descent），其基本上可以表述为：把自己的目标放在下坡，然后朝着下坡方向迈出一小步。

上面使用的 `statsmodels` 方法采用了老式经典的迭代加权最小二乘法技术。在 `sklearn` 中，我们可以使用几种方法进行逻辑回归。`liblinear` 使用了牛顿法的一个非常奇特的版本，称为信赖域牛顿法（Trust Region Newton's Method）。这是对 `LogisticRegression` 的默认调用。`SGDClassifier` 使用梯度下降的快速版本，这个版本不会在下坡的每一步处理所有数据。`LogisticRegression` 的 `saga` 参数使用了SAGA方法，其性能类似于SGD，但也能记住之前步骤的一些历史记录。梯度下降法在每一步使用所有的数据，而随机梯度下降法在每一步使用一些或者仅一个样例，SAGA在每一个新步骤中，仅当使用一些数据时会记住一些步骤的历史信息。

更令人不安的是，读者可能已经注意到，我们没有使用逻辑回归讨论偏差和方差的作用。我们将在第15章中重新讨论这一点。

判别分析方法

冒着让统计学家失望的风险，这里大胆地掩盖了一些关于方差的细节。实际上，我们讨论的是总体方差或者有偏样本方差。有几种不同的方法来处理偏差；最常见的是除以 $n-1$ 而不是 n。

必须感谢StackOverflow的一位成员whuber所提供的评论和图片，让本书作者注意到了探索协方差的图形方法。感兴趣的读者可以阅读这篇文章：https://stats.stackexchange.com/a/18200/1704。通过探索这篇文章中的一些想法和思路，引导本书作者找到了2011年Hayes的一篇文章，标题为“A Geometrical Interpretation of an Alternative Formula for the Sample Covariance（样本协方差替代公式的几何解释）”。

有许多方式可以将不同的方法相互关联。例如，一种称为最近邻收缩质心（Nearest Shrunken Centroids，NSC）的技术与对角线性判别分析DLDA相关：如果将数据居中并标准化，然后执行NSC，则应该得到与正则化（平滑的）DLDA形式相等效的结果。具体内容请参见黑斯蒂等编著的 *Elements of Statistical Learning*（《统计学习要素》），第二版，第 651 页。与往常一样，可能存在数学意义上和具体实施上的差异，从而妨碍我们获取完全等效的结果。值得注意的是，sklearn 目前（截至 2019 年 5 月）实施的最近邻质心 NearestCentroids 并没有完全考虑到距离度量，并且好像也不会考虑专门为本书解决这一问题。

如果读者熟悉朴素贝叶斯，并且想知道为什么朴素贝叶斯会被称为线性方法，原因是对于离散（技术上而言，是指多项式）朴素贝叶斯所创建的边界都是线性的。然而，对于连续的高斯朴素贝叶斯，正如我们在本章中看到的，其边界都是非线性的。

8.8.3 练习题

1. 在什么情况下，对变量进行识别（例如标识每天的唯一数字）有助于目标值的学习？当需要对真正从未见过的数据（甚至超过一个保留测试集）进行预测时，应该如何应用变量标识法呢？

2. 玩转支持向量机 SVM 边界和样例点。创建一些正样例和负样例，当然，还可以将这些正样例和负样例分别涂成红色和蓝色以示区分。使用这些样例绘制一些图案。现在，绘制并查看训练 SVM 时所生成的线性边界。当从分离良好的类别过渡到具有明显分界但却存在离群点（outliers，又称为逸出值、孤立点）的情形时，这些线性边界是如何变化的？

3. 比较在不同机器学习场景和参数下 NuSVC 方法和 SVC 方法的运行时。

4. 将不同的判别分析方法与 20 次重复训练 – 测试数据拆分进行比较。对每种方法使用相同的 TTS。统计胜利者的次数。尝试使用不同的数据集。

5. 现在我们有了一个更大的工具箱。尝试为第 6 章最后提供的学生成绩数据找到更好的预测模型。

6. 本书中关于持向量分类器 SVC 偏差和方差的例子有点薄弱。如果读者想看到非常清晰的偏差 – 方差过拟合和欠拟合的样例，请使用高斯核（Gaussian kernel）对这些样例重新计算偏差和方差。如果对所得到的结果感到疑惑不解，请继续阅读或者直接跳转到第 13 章。

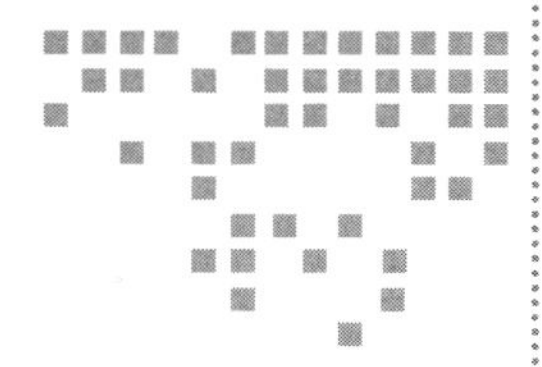

第 9 章 Chapter 9

更多回归方法

In [1]:

```
# 环境设置
from mlwpy import *
%matplotlib inline

diabetes = datasets.load_diabetes()

d_tts = skms.train_test_split(diabetes.data,
                              diabetes.target,
                              test_size=.25,
                              random_state=42)

(diabetes_train_ftrs, diabetes_test_ftrs,
 diabetes_train_tgt,  diabetes_test_tgt) = d_tts
```

本章将深入探讨一些用于回归的其他技术。所有这些技术都是我们以前见过的技术的变体。其中两种技术是线性回归的直接变体，一种技术是将支持向量分类器与线性回归相融合以创建支持向量机回归器，另一种技术是使用决策树进行回归而不是进行分类。因此，对于将要讨论的很多内容，其实读者或多或少都有些熟悉。本章还将讨论如何构建一个直接使用 sklearn 使用模式的机器学习模型。

9.1 惩罚框中的线性回归：正则化

9.1.1 正则化回归概述

正如本书在第 5.4 节中简要讨论的那样，可以在概念上将模型的优点定义为如下的两部分：（1）当我们犯错误时，损失了什么，或者花费了什么；（2）为模型的复杂度投资了什么，或者花费了什么。如上表述所对应的数学公式非常简单：成本 = 损失（误差）+ 复杂度。把误差保持在低水平可以使我们保持准确率。如果保持低的复杂度，那些也会保持模型简单。反过来，也提高了泛化的能力。过拟合具有较高的复杂度和较低的训练损失。欠拟合具有较低的复杂度和较高的训练损失。在最佳状态下，我们使用了恰到好处的复杂度来降低训练和测试的损失。

控制复杂度项（从而保持低复杂度和模型简单化）被称为正则化（regularization）。在前面的章节中，当讨论过拟合时，曾经讨论过一些曲线过于扭曲：这些曲线过拟合并遵循噪声而不是模式。如果适当减少曲线的扭曲度，就可以更好地跟踪信号，获取更有趣的模式，并且可以忽略噪声数据。

当谈到对模型正则化或者进行平滑时，实际上是在整合一些思想。数据是嘈杂的，这就意味着这些数据将嘈杂的干扰和真正有用的信号结合起来。有些模型功能强大，足以捕获信号和噪声。我们希望信号中的模式是合理平滑和规则的。如果两个样例的特征非常接近，就意味着希望这两个样例具有相似的目标值。在两个相近的样例之间，目标值相差过大的原因可能是存在噪声。我们并不想捕获噪声。所以，当看到模型函数的形状变得过于参差不齐时，我们想要迫使该模型函数回到平滑的状态。

那么，如何降低函数模型的粗糙度呢？本节中只限于讨论一种模型：线性回归。估计此时会有读者想提出如下的疑问了：“如果我们在不同的直线之间进行选择，这些直线似乎都是同样粗糙的！”这的确是一个合理的观点。接下来将讨论一条直线比另一条直线更简单的含义。读者可能需要复习一下第 2.6.1 节中关于直线的一些几何和代数知识。请记住，直线的基本形式为 $y=mx+b$。如果去掉 mx，那么就可以得到更简单的直线形式，虽然简单但仍然是一条直线 $y=b$。一个具体的例子是 $y=3$。也就是说，对于 x 的任何值：（1）忽略 x 的值（x 的值现在完全不起作用）；（2）只取右边的值 3。$y=b$ 之所以比 $y=mx+b$ 简单，有如下两个原因。

- 对于单个数据点而言，$y=b$ 是一个 100% 正确的预测器，除非其他目标值是相关的。如果一个对手获得了对目标值的控制权，那么他们可以通过选择任意与 3 不相同的值（例如 42）作为第二个点，来轻松否定 $y=3$。
- 为了完全确定模型 $y=b$，此处需要一个值 b。为了完全确定模型 $y=mx+b$，则需要两个值 m 和 b。

一个简单的观点是，如果（1）通过设置 $m=0$，则得到 $y=b$，或者（2）通过设置 $b=0$，则得到 $y=mx$，就降低了跟踪数据中真实模式的能力。我们简化了所要考虑的模型。如果

$m=0$，实际上就回到了 $y=b$ 的情况：此时只能捕获一个对抗点。如果 $b=0$，此时的情况略有不同，但同样，我们只能捕获一个对抗点。第二种情况的不同之处在于，还存在有一个隐式的 y 截距，通常由一个显式的 b 值（此时 $b=0$）来确定直线。具体来说，该直线将从坐标点 (0, 0) 而不是坐标点 (0, b) 处开始。在这两种情况下，如果以零为给定值，则只需要记住另一个值。这里所蕴含的关键思想是：尽量减少线性模型可以遵循的点的数量，同时减少必须估计的权重的数量，也就是说，将权重设置为零可以简化线性模型。

现在，当有多个输入特征时，将会发生什么现象呢？线性回归现在类似于 $y=w_2x_2+w_1x_1+w_0$。这个方程描述的是一个三维平面，而不是二维直线。简化模型的一种方法是选择一些 w，比如 w_1 和 w_0，然后将它们的值设置为 0。结果模型简化为 $y=w_2x_2$，这有效地表明我们并不关心 x_1 的值，并且满足于截距为 0。完全清除值似乎有点过于武断。是否存在更循序渐进的替代方案呢？

我们可以要求权重的合计大小（total size）相对较小，而不是引入 0。当然，这一限制带来了新的问题，或者，也许带来了机会。我们必须定义合计大小和相对较小（relatively small）的概念。幸运的是，“总和（total）”提示我们需要把几个值累加起来。不幸的是，我们必须选择并提供用于求和的值。

我们希望总和代表一个数量，并且希望远离零的值被平等地计算，就像我们对误差数据进行同样的公平处理。我们希望 9 和 −9 应该平等地参与计算。因此，可以通过（1）计算平方值，或者（2）取绝对值的方式来处理这个问题。事实证明，这两种方式都可以为我们提供合理的处理结果。

In [2]:

```
weights = np.array([3.5, -2.1, .7])
print(np.sum(np.abs(weights)),
      np.sum(weights**2))
```

```
6.3 17.15
```

现在我们必须为“相对较小”定义一些标准。让我们回到最终的目标：希望简化模型，从过拟合走向恰到好处。恰到好处的价值观是无法在真空中独立运作的。所谓的恰到好处，必须与拟合数据的完美程度有关，我们只是想淡化过拟合中的“过”这一部分内容。让我们回到对拟合质量的解释方式。为了更好地实施调查研究，首先创建一些数据，专门控制其中的误差。

In [3]:

```
x_1 = np.arange(10)
m, b = 3, 2
w = np.array([m,b])

x = np.c_[x_1, np.repeat(1.0, 10)] # “加一”技巧

errors = np.tile(np.array([0.0, 1.0, 1.0, .5, .5]), 2)
```

```
print(errors * errors)
print(np.dot(errors, errors))

y_true = rdot(w,x)
y_msr  = y_true + errors

D = (x,y_msr)
```

```
[0.   1.   1.   0.25 0.25 0.   1.   1.   0.25 0.25]
5.0
```

以下代码实现真实数据点与带噪声的数据点的对比，对比结果如图 9-1 所示。

In [4]:

```
fig, ax = plt.subplots(1,1,figsize=(4,3))
ax.plot(x_1, y_true, 'r', label='true')
ax.plot(x_1, y_msr , 'b', label='noisy')
ax.legend();
```

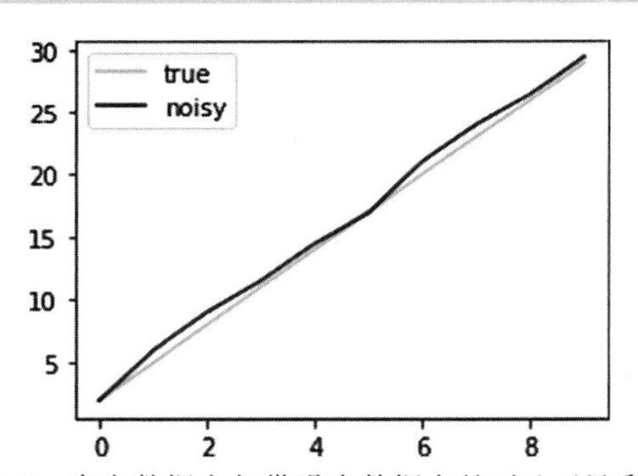

图 9-1 真实数据点与带噪声数据点的对比（见彩插）

现在要走一段捷径。接下来不会经历拟合的过程，也不会从数据中寻找最佳参数。我们不会重新运行线性回归来提取一系列 w 的值（或者 $\{m, b\}$ 值）。但是想象一下，虽然如此，还是得到了完美的参数值，使用这些参数值创建了以上的数据。如下代码展示了我们的平方误差和。

In [5]:

```
def sq_diff(a,b):
    return (a-b)**2
```

In [6]:

```
predictions = rdot(w,x)
np.sum(sq_diff(predictions, y_msr))
```

Out[6]:

```
5.0
```

提醒一下，上述代码来自以下公式。

$$\text{loss} = \sum_{x,y \in D} (wx - y)^2$$

接下来需要考虑关于保证权重较小的思想。反过来，该约束是简化（正则化）模型的替代项。这也意味着需要设置一个与模型相关的总成本，而不仅仅是进行预测。相关实现代码如下所示。

In [7]:

```
predictions = rdot(w,x)

loss = np.sum(sq_diff(predictions, y_msr))

complexity_1 = np.sum(np.abs(weights))
complexity_2 = np.sum(weights**2) # == np.dot(weights, weights)

cost_1 = loss + complexity_1
cost_2 = loss + complexity_2

print("Sum(abs) complexity:", cost_1)
print("Sum(sqr) complexity:", cost_2)
```

```
Sum(abs) complexity: 11.3
Sum(sqr) complexity: 22.15
```

请记住，此处使用了两个快速方法。首先，实际上并没有从数据返回到权重。相反，只是使用相同的权重来创建数据，并做出不完全正确的预测。第二个快速方法是，在这两种情况下使用了相同的权重，因此导致这两种成本具有相同的损失。这两个方法孰好孰坏很难做出比较。通常，会同时使用这两个方法来计算成本，以帮助我们在损失和复杂度的计算中找到一组好的权重。

在展示机器学习的基本关系之前，还需要介绍最后一点概念。一旦定义了一个成本，并且决定想要一个较低的成本，其实就是在做另一种权衡比较。可以通过减少误差从而减少损失，或者通过降低复杂度来降低成本。这两种方法是应该被平等地对待，还是应该侧重于其中一种方法呢？如果将复杂度减半，是否会导致误差翻倍呢？我们真正的目标是在未来尽量减少误差。这是通过在训练数据上减少误差和降低模型复杂度来实现的。

为此，有必要增加一种方法，以减少误差或者降低复杂度。实现代码如下所示。

In [8]:

```
predictions = rdot(w,x)
errors = np.sum(sq_diff(predictions, y_msr))
complexity_1 = np.sum(np.abs(weights))

C = .5
cost = errors + C * complexity_1
cost
```

Out[8]:

```
8.15
```

这个实现代码表明，仅仅就成本而言，复杂度增加一点只相当于损失增加这一点的1/2。也就是说，损失的代价是复杂度的两倍，或者说是复杂度重要性的两倍。如果使用 C 来表示这个权衡，就会得到以下的数学公式：

$$\text{Cost}_1 = \sum_{x,y \in D} (wx - y)^2 + C\sum_j |w_j|$$

$$\text{Cost}_2 = \sum_{x,y \in D} (wx - y)^2 + C\sum_j w_j^2$$

寻找到具有成本 Cost_1 的最佳直线称为 L_1 – 正则化回归（L_1-regularized regression），或者称为套索回归（lasso regression）。寻找到具有成本 Cost_2 的最佳直线称为 L_2 – 正则化回归（L_2-regularized regression），或者称为岭回归（ridge regression）。

9.1.2 执行正则化回归

执行正则化线性回归并不比老式经典（Good Old-Fashioned，GOF）线性回归困难。

C 的默认值，即复杂度惩罚的总权重，对于 `Lasso` 和 `Ridge` 都是 `1.0`。在 `sklearn` 中，C 的值由参数 `alpha` 设置。所以，对于 C=2，其调用方法为 `linear_model.Lasso(alpha=2.0)`。在正则化的讨论中，将会看到参数 λ、α 和 C；这些参数都扮演着类似的角色，但必须注意这些参数在意思上的细微变化。就本文的研究而言，基本上可以认为这些参数是完全相同的。

In [9]:

```
models = [linear_model.Lasso(),            # L1正则化回归; C=1.0
          linear_model.Ridge()]            # L2正则化回归; C=1.0

for model in models:
    model.fit(diabetes_train_ftrs, diabetes_train_tgt)
    train_preds = model.predict(diabetes_train_ftrs)
    test_preds  = model.predict(diabetes_test_ftrs)
    print(get_model_name(model),
          "\nTrain MSE:",metrics.mean_squared_error(diabetes_train_tgt,
                                                     train_preds),
          "\n Test MSE:", metrics.mean_squared_error(diabetes_test_tgt,
                                                      test_preds))
```

```
Lasso
Train MSE: 3947.899897977698
 Test MSE: 3433.1524588051197
Ridge
Train MSE: 3461.739515097773
 Test MSE: 3105.468750907886
```

这些方法的使用非常简单，对于何时以及为什么要使用这些方法，我们将不予讨论。由于线性回归的默认操作是不使用正则化，因此可以轻松地切换到正则化的版本，以确定正则化是否改善了所讨论的问题。当在一些数据上进行训练时，如果发现过拟合失败，就有可能会尝试进行正则化。然后，可以尝试不同程度（也就是使用不同的 C 值）的正则化，以确定哪种程度的正则化在交叉验证运行中效果会最好。在第 11.2 节中将讨论帮助我们选择 C 值的各种工具。

对于噪声非常大的数据，将试图建立一个可能过拟合的复杂模型。我们必须容忍模型中的一些误差，以降低模型的复杂度。也就是说，我们为复杂度付出更少的代价，而为误差付出更多的代价。对于捕获线性模式的无噪声数据，几乎不需要控制复杂度，就应该能够看到老式经典线性回归的良好结果。

9.2　支持向量回归

前文已经介绍了机器学习中的基本权衡：机器学习的成本来自机器学习模型的误差和复杂度。支持向量回归（Support Vector Regression，SVR）以“看似相同实际上有所不同”的方式利用了这一点。通过在老式经典线性回归的损失中增加一个复杂度因子来对其进行正则化。可以采用这种方法进一步调整线性回归。当然，也可以修改老式经典线性回归的损失。请记住：cost（成本）=loss（损失）+complexity（复杂度）。线性回归中的标准损失是被称为平方误差损失（squared error loss）的平方误差之和。正如我们刚才看到的，这种形式也被称为 L_2（对于本例中的 L_2 损失）。所以，读者可能会想，“啊哈！那让我们使用 L_1（绝对值之和）吧”。读者的想法是正确的，我们也将使用 L_1，但会对其进行调整。调整方法是使用 L_1 但是忽略小的误差。

9.2.1　铰链损失

在第 8.3 节中，我们第一次讨论支持向量分类器（Support Vector Classifiers，SVC）时，并没有讨论让支持向量分类器发挥作用的内在魔法。事实证明，支持向量分类器和支持向量回归的神奇之处非常相似：它们都利用了与线性回归（无论哪一种线性回归）略有不同的损失。本质上，我们想要衡量当犯错时会发生什么，而且想要忽略小的误差。把这两个想法结合一起，于是就得到了铰链损失（Hinge Loss）的思想。首先，误差的绝对值计算如下代码所示，结果如图 9-2 所示。

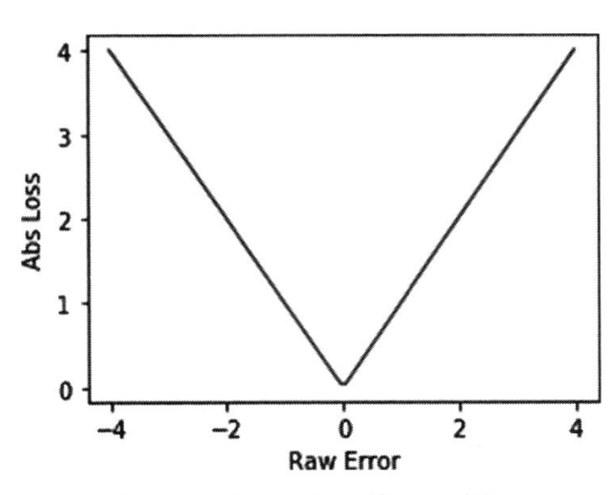

图 9-2　误差的绝对值（见彩插）

In [10]:

```
#  此处，我们没有忽略小的误差
error = np.linspace(-4, 4, 100)
loss = np.abs(error)
```

```
fig, ax = plt.subplots(1,1,figsize=(4,3))
ax.plot(error, loss)

ax.set_xlabel('Raw Error')
ax.set_ylabel('Abs Loss');
```

如何忽略某个特定阈值以下的误差呢？例如，以下代码将忽略小于 1.0 的绝对误差。

In [11]:

```
an_error = .75
abs_error = abs(an_error)
if abs_error < 1.0:
    the_loss = 0.0
else:
    the_loss = abs_error
print(the_loss)
```

```
0.0
```

这段代码可能会让读者陷入幻想。实际上，我们可以借助数学知识重写这段代码。以下是我们的实现策略。

（1）从绝对误差中减去阈值。

（2）如果结果大于零，则保留该值作为误差值。否则，将误差值设置为零。

In [12]:

```
an_error = 0.75
adj_error = abs(an_error) - 1.0
if adj_error < 0.0:
    the_loss = 0.0
else:
    the_loss = adj_error
print(the_loss)
```

```
0.0
```

请问可以使用一个数学表达式来加以概括吗？首先观察一下调整后的误差会发生什么现象。如果 `adj_error < 0.0`，得到误差值为 0。如果 `adj_error >= 0.0`，得到误差值为 `adj_error`。将这两个结果合并分析，相当于取较大的调整 `adj_error` 或者 0。因此，我们可以编写如下的代码，结果如图 9-3 所示。

In [13]:

```
error = np.linspace(-4, 4, 100)

# 在这里，我们通过取更大的值来忽略1.0以下的误差
loss = np.maximum(np.abs(error) - 1.0,
```

```
                      np.zeros_like(error))

fig, ax = plt.subplots(1,1,figsize=(4,3))
ax.plot(error, loss)

ax.set_xlabel("Raw Error")
ax.set_ylabel("Hinge Loss");
```

从数学上而言，我们可以采用如下的式子进行编码 loss=max(|error|−threshold, 0)。让我们再花点时间来解析这个公式。首先，从原始误差中减去需要忽略的误差量。如果结果为一个负值，那么相对于 0 取最大值的结果就是舍弃这个负值。例如，如果绝对误差为 0.5（即原始误差为 0.5 或者 −0.5），然后减去 1，得到调整后的误差为 −1.5。取 −1.5 和 0 的最大值，结果为 0，也就是得到零成本。如果读者稍微眯起眼睛，把头转向一边，可能就会看到一对大门，就像在前面的图中，门的纽结处有铰链。这就是铰链损失这一名称的来源。当我们在一个已知目标的周围应用铰链损失时，就得到了一个忽略微小差异的频带，如图 9-4 所示。

In [14]:

```
threshold = 2.5

xs = np.linspace(-5,5,100)
ys_true = 3 * xs + 2

fig, ax = plt.subplots(1,1,figsize=(4,3))
ax.plot(xs, ys_true)
ax.fill_between(xs, ys_true-threshold, ys_true+threshold,
                color=(1.0,0,0,.25))

ax.set_xlabel('Input Feature')
ax.set_ylabel('Output Target');
```

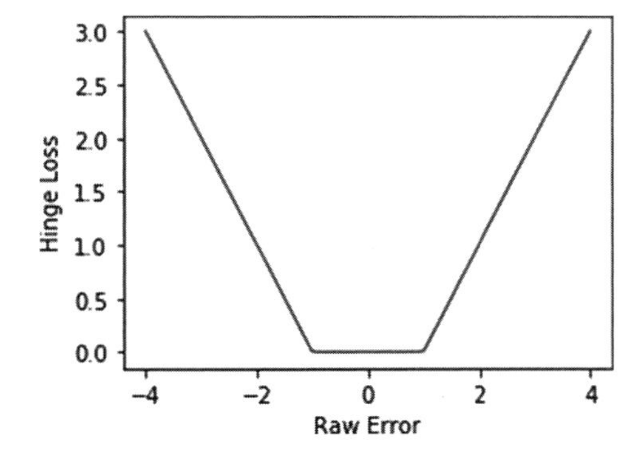

图 9-3　原始误差和铰链损失的关系（见彩插）

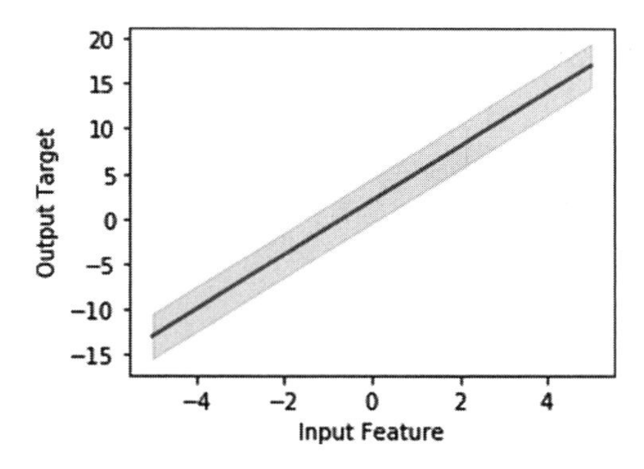

图 9-4　忽略微小差异的频带（见彩插）

现在，假设我们不知道这种关系（图 9-4 中的蓝线，就是频带当中的那根线），我们只有一些来自真实线周围带噪声的测量数据，结果如图 9-5 所示。

In [15]:

```
threshold = 2.5

xs = np.linspace(-5,5,100)
ys = 3 * xs + 2 + np.random.normal(0, 1.5, 100)
fig, ax = plt.subplots(1,1,figsize=(4,3))
ax.plot(xs, ys, 'o',  color=(0,0,1.0,.5))
ax.fill_between(xs, ys_true - threshold, ys_true + threshold,
                color=(1.0,0,0,.25));
```

我们可能会考虑许多潜在的直线来拟合这些数据。然而，围绕中心线的频带捕获了数据中的大部分噪声，并将所有这些小误差都丢弃。频带的覆盖率接近完美，100 分中只有少数几分误差比较严重，但这并不影响全局。诚然，我们在绘制这条频带的时候作弊了：这条线是基于通常不可用的信息（真实的线）而绘制的。中心线可能会提醒用户支持向量分类器中的最大边界分隔符。

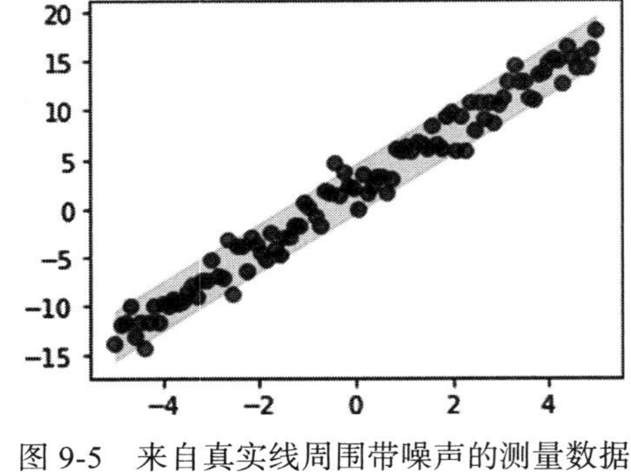

图 9-5 来自真实线周围带噪声的测量数据（见彩插）

9.2.2 从线性回归到正则化回归再到支持向量回归

我们可以研发一个进程，依次从老式经典线性回归到正则化回归再到支持向量回归。在每个步骤中，添加或者调整基本配方的某些部分。使用上面一系列的 x 值和 y 值，可以定义一些术语并查看进度。我们将加以想象，估计 w_1 参数值为 1.3，并且取 C 值为 1.0。我们所忽略的频带（也就是所能容忍的误差量的阈值）$\varepsilon=0.25$。这是一个小写的希腊字母 epsilon。

In [16]:

```
# 这个场景的超参数
C, epsilon = 1.0, .25

# 参数
weights = np.array([1.3])
```

可以从这个 w 中做出预测，然后查看 3 个损失：平方误差、绝对损失和铰链损失。从此以后将不再使用绝对损失，此处之所以再次使用，只是为了比较的目的。

In [17]:

```
# 预测值、误差值、损失值
predictions = rdot(weights, xs.reshape(-1, 1))
errors = ys - predictions

loss_sse   = np.sum(errors ** 2)
loss_sae   = np.sum(np.abs(errors))
loss_hinge = np.sum(np.max(np.abs(errors) - epsilon, 0))
```

还可以计算 L_1 – 正则化和 L_2 – 正则化所需的两个复杂度惩罚值。请注意，与各种损失的计算方法非常相似，只是我们根据权重而不是误差来计算复杂度。

In [18]:

```
# 正则化所需复杂度惩罚值
complexity_saw = np.sum(np.abs(weights))
complexity_ssw = np.sum(weights**2)
```

最后，我们得到总的成本。

In [19]:

```
# 成本
cost_gof_regression   = loss_sse   + 0.0
cost_L1pen_regression = loss_sse   + C * complexity_saw
cost_L2pen_regression = loss_sse   + C * complexity_ssw
cost_sv_regression    = loss_hinge + C * complexity_ssw
```

现在，正如代码所示，只计算一组权重的每种回归类型的成本。必须使用不同的权重集反复运行该代码，以找到好的、更好的或者最好的权重集。

表 9-1 显示了隐藏在该代码中的数学公式。如果使用 $L_1 = \sum|v_i|$ 和 $L_1 = \sum v_i^2$ 分别表示绝对值之和和平方值之和，那么就可以把这些值总结为表 9-2 中更小的、更可读的形式。请记住，损失适用于原始误差。惩罚适用于参数或者权重。

通过阅读表 9-2，读者就可以看到这四种回归方法之间的根本区别。实际上，我们并不知道在机器学习方法（例如，判别方法或者这些不同的回归方法）之间进行选择的正确假设，因此我们并不知道数据的噪声和潜在复杂度是否最适合这些技术中的一种或者另一种。但是通过交叉验证可以回避这个问题，为给定的数据集选择一个首选方法。实际上，这些模型之间的选择可能取决于外部约束。对于一些统计目标（例如显著性测试，在本书中并未涉及），我们可能更偏向于不使用支持向量回归方法。在非常复杂的问题上，我们甚至可能不去理会老式经典线性回归，尽管这种回归方法可能是一个很好的基线比较。如果我们有很多特征，就可以选择套索（L_1 – 惩罚）来完全消除这些特征。岭回归方法采取一个更温和的方法来减少（但并不消除）这些特征。

表 9-1 惩罚回归和支持向量回归的不同数学形式

名称	惩罚	数学公式
老式经典线性回归	无	$\sum_i (y_i - wx_i)^2$
套索回归	L_1	$\sum_i (y_i - wx_i)^2 + C\sum_j w_j$
岭回归	L_2	$\sum_i (y_i - wx_i)^2 + C\sum_j w_j^2$
支持向量回归	L_1	$\sum_i \max(\|y_i - wx_i\| - \varepsilon, 0) + C\sum_j w_j$

表 9-2 回归模型中的常见损失和惩罚

名称	损失	惩罚
老式经典线性回归	L_2	0
套索回归	L_2	L_1
岭回归	L_2	L_2
支持向量回归	铰链	L_2

9.2.3 实践应用：支持向量回归风格

sklearn 中的支持向量回归有两个主要选项。我们将不深入探讨理论，但读者可以使用这两个不同的回归器控制不同的方面。

- ❑ ε-SVR（希腊字母 epsilon-SVR）：设置误差带容差（error band tolerance）。该选项隐式确定 v。这是 sklearn 中 SVR 的默认参数。
- ❑ v-SVR（希腊字母 nu-SVR）：设置 v，即所保留的支持向量相对于样例总数的比例。误差带容差 ε 由该选项目隐式确定。

In [20]:

```
svrs = [svm.SVR(),    # 默认值epsilon=0.1
        svm.NuSVR()] # 默认值nu=0.5
```

```
for model in svrs:
    preds = (model.fit(diabetes_train_ftrs, diabetes_train_tgt)
                  .predict(diabetes_test_ftrs))
    print(metrics.mean_squared_error(diabetes_test_tgt, preds))
```

```
5516.346206774444
5527.520141195904
```

9.3 分段常数回归

我们所研究的所有线性回归技术都有一个共同的主题：它们都假设所输入的适当小变

化将会导致输出的小变化。可以使用几种不同的方式来表达这一假设，但这些表达方式都与平滑性（smoothness）的概念有关。输出不会跳跃变化。在分类中，我们期望输出会有飞跃：在某个关键点，从对狗的预测转向对猫的预测。逻辑回归等方法具有从一个类别到下一个类别的平稳过渡；决策树分类器则可以显著地区分狗或者猫。在数学中，如果有一个不够平滑的数值输出值，那么就称之为有一个不连续的目标（discontinuous target）。

让我们举出一个具体的例子。假设有一个热狗摊，这个摊位只想收取现金，但不想处理硬币找零。摊位只收取纸币。因此，当客户收到一张 2.75 美元的账单时，摊位只需取整并向客户收取 3 美元。此处关于客户对这种处理方式的感受将不予讨论。图 9-6 是将原始账单转换为已收取账单的示意图。

In [21]:

```
raw_bill = np.linspace(.5, 10.0, 100)
collected = np.round(raw_bill)

fig, ax = plt.subplots(1,1,figsize=(4,3))
ax.plot(raw_bill, collected, '.')
ax.set_xlabel("raw cost")
ax.set_ylabel("bill");
```

图 9-6 看起来类似于一组阶梯。我们的平滑回归线不可能捕捉到具有这种关系中的模式。通过此数据集所生成的单条直线将出现问题。可以把这些台阶的前面、后面、中间连接起来：但这样做不是完全正确的方式。还可以将底部台阶的前部连接到顶部台阶的后部。当然，这样的做法仍然无法使图形完美地工作。如果使用老式经典线性回归，就会很好地捕捉到中间点，但是会错过每一台阶的终点。直截了当地说，线性回归的偏差给我们遵循模式的能力带来了根本性的限制。

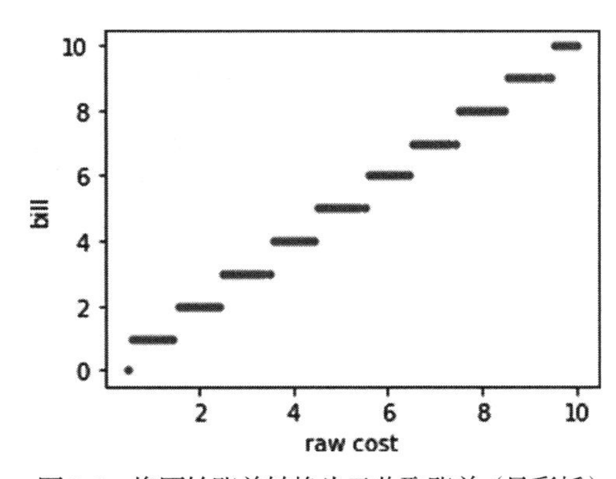

图 9-6　将原始账单转换为已收取账单（见彩插）

读者可能会认为决策树可以将输入分解成小的数据桶。这个结论是完全正确的，我们将在下一节讨论这个问题。但是这里想在使用线性回归和修改决策树来执行回归之间取得一个折中。我们将使用最简单的方法进行分段线性回归：分段常数回归。对于输入特征的每个区域，将预测一条简单的水平线。这意味着预测的是该区域的一个常数。

我们的原始成本与账单图表，就是该模型的一个合适的示例。再举另一个关系不太一致的例子。假设我们不是不断地往上爬，而是随着 x 的增加而上下移动。首先定义一些分割点。如果想要四条直线，就要定义三个分割点（记住，当分割一根绳子时，会将一根绳子变成两根绳子）。想象一下在 a、b 和 c 处拆分。然后，将在数据上拟合四条线：（1）从非常小

到 a，（2）从 a 到 b，（3）从 b 到 c，（4）从 c 到非常大。更具体一点，想象 a、b、c 分别等于 3、8、12，那么结果可能如图 9-7 所示。

In [22]:

```
fig, ax = plt.subplots(1,1,figsize=(4,3))
ax.plot([0,3],   [0,0],
        [3,8],   [5,5],
        [8,12],  [2,2],
        [12,15], [9,9])
ax.set_xticks([3,8,12]);
```

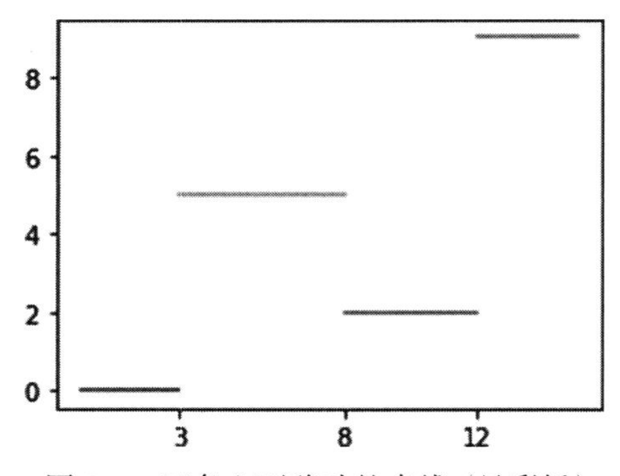

图 9-7 四条上下移动的直线（见彩插）

读者也许可以对拆分的数量与偏差的关系做出一些有根据的猜测。如果没有拆分，我们只是简单地执行无斜率直线的线性回归，即使用均值预测一个常数值。如果走到另一个极端，如果有 n 个数据点，将生成 $n-1$ 条迷你线段。该模型是否具有良好的训练性能？如果应用该模型来预测测试集时结果怎么样？这个模型在训练中会表现很好，但在测试中会表现很糟糕，因为该模型过拟合了数据。

在某些方面，分段常数回归类似于 k – 最近邻回归（k-Nearest Neighbors Regression，k-NN-R）。然而，k – 最近邻回归基于相对距离而不是原始数值来考虑样例。我们声称新的测试样例与训练样例 3、17 或者 21 类似，因为它们与新样例非常接近，而与原始数值无关。分段常数回归根据预设的分割范围为样例提供相同的目标值：作者本人更喜欢值在 5 到 10 之间的样例，因为目前拥有的值是 6，即使作者本人更倾向于选择值为 4 的样例。

在数据科学中，我们倾向于“让数据为自己说话”。此种情况下，这是一个非常重要的想法：使用 k – 最近邻回归，由数据决定预测之间的边界，并且这些边界随着数据的密度而移动。密度较大的区域具有更多的潜在边界。使用分段常数回归，我们的分割是预先确定的。对于数据密度高或者低的区域，没有回旋的余地。有效的效应就是，如果我们对数据有一些强有力的背景信息，那么在为分段回归选择拆分时就可能会做得很好。例如，在美国，税率等级由预先确定的拐点设置。如果没有正确的信息，所得到的拆分可能比 k – 最近邻回归糟糕得多。

9.3.1 实施分段常数回归器

到目前为止，我们只使用了预构建的模型。本着开诚布公的精神，在上一章的末尾，本书偷偷地使用了一个定制的对角线性判别分析模型，但是根本没有讨论其具体的实现。由于 `sklearn` 没有内置的分段回归功能，这里将借此机会实现一个我们自己的机器学习模型。实现该算法的代码并不是太复杂：算法大约包含 40 行代码，并且使用了两个主要思想。第一个思想相对简单：为了对单个片段执行各自的常量回归，需要在数据的重写形式上重新使用 sklearn 的内置线性回归。第二个思想是，需要将输入特征（现在将限制为一个输入特征）映射到（需要分段的）线段的适当部分。这个映射的实现具有一定的难度，因为该映射存在有如下两个步骤。

第一步涉及使用 np.searchsorted。searchsorted 本身有点复杂，但我们可以总结一下它的作用，即它在一个排好序的值序列中找到新元素的插入点。换而言之，就是想将一个新人插入一排按高矮排序的队列中，并且保持队列的高矮顺序。我们希望能够将 60 的特征值转换为 3 个线段（以下称为绳段 rope piece）。我们需要在训练阶段和测试阶段都执行该操作。

第二步是将各个绳段转换为真 / 假指示器。因此，没有使用 Piece=3 的表达方式，而是使用 $Piece_1$=False，$Piece_2$=False，$Piece_3$=True。然后，学习一个从绳段指标到结果目标的回归模型。当想要预测一个新的样例时，只需在映射过程中运行该样例，以获得正确的绳段指示，然后将其导入到常数线性回归。重新映射的所有步骤被全部封装在 _recode 成员函数中，如下一节中的代码所示。

9.3.2 模型实现的一般说明

sklearn 文档讨论了如何实现自定义模型。我们将忽略一些可能的替代方案，并制定一个如下所示的简化流程。

- 由于正在实现一个回归器，所以回归器将继承自 BaseEstimator 和 RegressorMixin。
- 不会对 __init__ 中的模型参数执行任何操作。
- 将定义 fit(X, y) 方法和 predict(X) 方法。
- 可以使用 check_X_y 和 check_array 来验证参数是否满足 sklearn 的要求。

关于实现代码有如下两个快速注释。

- 以下代码仅适用于单个特征。将实现代码扩展到多个特征将是一个有趣的项目。我们将在第 10 章中讨论一些可能有用的技术。
- 如果没有指定分割点，则每 10 个样例使用一个分割点，并在数据的等距百分位数处选择分割点。

如果我们有两个区域，那么一个分割点将为 50%，即中位数。如果有三到四个区域，那么分割点将为 33%-67% 或者 25%-50%-75%。回想一下，百分位数是指 *x*% 的数据小于该值。例如，如果 50% 的数据小于 5'11"，则 5'11" 是第 50 个百分位值。具有讽刺意味的是，如果数据都集中在中间的话，在 50% 处的一个单独的分割可能特别糟糕，就像对身高数据进行处理的情况一样。

In [23]:

```
from sklearn.base import BaseEstimator, RegressorMixin
from sklearn.utils.validation import (check_X_y,
```

```
                                      check_array,
                                      check_is_fitted)

class PiecewiseConstantRegression(BaseEstimator, RegressorMixin):
    def __init__(self, cut_points=None):
        self.cut_points = cut_points

    def fit(self, X, y):
        X, y = check_X_y(X,y)
        assert X.shape[1] == 1 # 只有一个变量

        if self.cut_points is None:
            n = (len(X) // 10) + 1
            qtiles = np.linspace(0.0, 1.0, n+2)[1:-1]
            self.cut_points =  np.percentile(X, qtiles, axis=1)
        else:
            # 确保分割点有序排列，并且位于X的范围内
            assert np.all(self.cut_points[:-1] < self.cut_points[1:])
            assert (X.min() < self.cut_points[0] and
                    self.cut_points[-1] < X.max())

        recoded_X = self._recode(X)
        # 即使_inner_模型没有截距，拟合效果很好，
        # 我们的分段模型的确具有一个常量项（具体请参见注释）
        self.coeffs_ = (linear_model.LinearRegression(fit_intercept=False)
                                     .fit(recoded_X, y).coef_)
    def _recode(self, X):
        cp = self.cut_points
        n_pieces = len(cp) + 1
        recoded_X = np.eye(n_pieces)[np.searchsorted(cp, X.flat)]
        return recoded_X

    def predict(self, X):
        check_is_fitted(self, 'coeffs_')
        X = check_array(X)
        recoded_X = self._recode(X)
        return rdot(self.coeffs_, recoded_X)
```

为了测试和演示该代码，让我们生成一个简单的样例数据集（图 9-8），以便进行训练。

In [24]:

```
ftr = np.random.randint(0,10,(100,1)).astype(np.float64)
cp = np.array([3,7])
tgt = np.searchsorted(cp, ftr.flat) + 1

fig, ax = plt.subplots(1,1,figsize=(4,3))
ax.plot(ftr, tgt, '.');
```

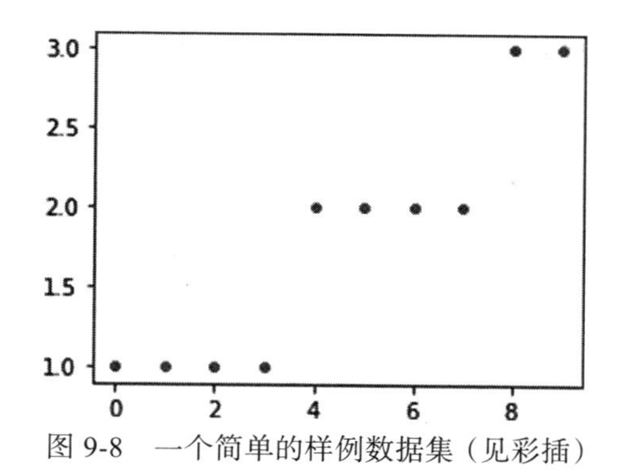

图 9-8　一个简单的样例数据集（见彩插）

由于我们遵循规则，编写了一个直接插入到 sklearn 使用模式（也称为 API 或者应用程序编程接口）的机器学习模型，因此我们对代码的使用将非常熟悉。

In [25]:

```
# 在这里，我们通过使用与生成数据相同的分割点，
# 为自己提供了力所能及的帮助
model = PiecewiseConstantRegression(cut_points=np.array([3, 7]))
model.fit(ftr, tgt)
preds = model.predict(ftr)
print("Predictions equal target?", np.allclose(preds, tgt))
```

```
Predictions equal target? True
```

如前所述，PiecewiseConstantRegression（分段恒常回归）由一些超参数（分割点）和一些参数（与每个片段相关的常数）定义。这些常数是在调用 fit 时计算出来的。模型的整体拟合对分割点的数量和位置非常敏感。如果考虑使用分段方法，要么希望了解跳跃位置的背景知识，要么愿意花时间尝试不同的超参数并交叉验证结果，以获得更好的最终产品。

现在，即使这里使用了简单的方法，讨论分段常数（每条直线都有一个 b，但没有 mx），我们也可以把这种方法推广到分段直线、分段抛物线等，还可以要求端点相交。这一要求会给我们带来一定程度的连续性，但不一定是平滑性。可以连接各个不同的分段，但仍可能有急转弯。可以在转弯必须稍微平缓的地方增强平滑性。在分段组件中允许更多的弯曲可以减少偏差。对汇集点加强约束条件可以使模型规则化（也就是更加平滑）。

9.4　回归树

决策树的一个重要方面是其灵活性。由于决策树在概念上很简单（利用决策树，可以找到具有类似输出的区域，并且以某种方式标记该区域中的所有内容），因此决策树可以轻松地适应其他任务。在回归的情况下，如果可以找到一个单一数值很好地代表整个区域，那么我们就找到了最佳方案。所以，我们使用 27.5（而不是使用猫或者狗）表示决策树的叶子节点。

接下来讨论如何使用决策树实现回归。

从分段常数回归到决策树是一个简单的概念步骤。为什么这样说呢？因为我们已经完成了最困难的部分。决策树为我们提供了一种放大足够相似区域的方法，在选择了一个区域后，我们去预测一个常数。当分割空间中的多个区域时，就会发生放大现象。

最终，我们得到一个足够小的区域，具有一种非常均匀的方式。基本上，使用决策树进行回归为我们提供了一种自动选择分割点数量和位置的方法。当某个拆分将节点上的当前数据集拆分为两个子集时，通过计算损失来确定这些拆分。导致直接最小平方误差的拆分是为该节点选择的分割点。请记住，树构建是一个贪心的过程，该过程不能保证是一个全局最佳步骤，但贪心步骤的序列通常足以满足日常使用的需求。

In [26]:

```
dtrees = [tree.DecisionTreeRegressor(max_depth=md) for md in [1, 3, 5, 10]]

for model in dtrees:
    preds = (model.fit(diabetes_train_ftrs, diabetes_train_tgt)
                  .predict(diabetes_test_ftrs))
    mse = metrics.mean_squared_error(diabetes_test_tgt, preds)
    fmt = "{} {:2d} {:4.0f}"
    print(fmt.format(get_model_name(model),
                     model.get_params()['max_depth'],
                     mse))
```

```
DecisionTreeRegressor  1 4341
DecisionTreeRegressor  3 3593
DecisionTreeRegressor  5 4312
DecisionTreeRegressor 10 5190
```

请注意增加深度的优点和缺点。可以说“过拟合”既是优点也是缺点！如果允许太大的深度，就会将数据分割成太多的部分。如果数据分割得太细，就会做出不必要的区分，从而导致过拟合，测试误差就会逐渐增加。

9.5 回归器比较：第三阶段

我们将返回到学生数据集，并将在该数据集上应用一些更酷的机器学习模型。

In [27]:

```
student_df = pd.read_csv('data/portugese_student_numeric.csv')
student_ftrs = student_df[student_df.columns[:-1]]
student_tgt  = student_df['G3']
```

In [28]:

```
student_tts = skms.train_test_split(student_ftrs, student_tgt)

(student_train_ftrs, student_test_ftrs,
 student_train_tgt,  student_test_tgt) = student_tts
```

我们将引入第 7 章中介绍的回归方法。

In [29]:

```
old_school = [linear_model.LinearRegression(),
              neighbors.KNeighborsRegressor(n_neighbors=3),
              neighbors.KNeighborsRegressor(n_neighbors=10)]
```

并将本章中介绍的一些新的回归器应用到其中。

In [30]:

```
# L1-惩罚、L2-惩罚（绝对值、平方），两种惩罚都取C=1.0
penalized_lr = [linear_model.Lasso(),
                linear_model.Ridge()]

# 默认值分别为epsilon=0.1并且nu=0.5
svrs = [svm.SVR(), svm.NuSVR()]

dtrees = [tree.DecisionTreeRegressor(max_depth=md) for md in [1, 3, 5, 10]]

reg_models = old_school + penalized_lr + svrs + dtrees
```

我们将基于均方根误差（RMSE）对实际值和预测值进行比较。

In [31]:

```
def rms_error(actual, predicted):
    ' root-mean-squared-error function '
    # 值越小，结果越完美（如果a<b，则a比较令人满意）
    mse = metrics.mean_squared_error(actual, predicted)
    return np.sqrt(mse)
rms_scorer = metrics.make_scorer(rms_error)
```

在应用模型之前，我们将对数据进行标准化操作，结果如表 9-3 所示。

In [32]:

```
scaler = skpre.StandardScaler()

scores = {}
for model in reg_models:
    pipe = pipeline.make_pipeline(scaler, model)
    preds = skms.cross_val_predict(pipe,
                                   student_ftrs, student_tgt,
                                   cv=10)
    key = (get_model_name(model) +
           str(model.get_params().get('max_depth', "")) +
           str(model.get_params().get('n_neighbors', "")))
    scores[key] = rms_error(student_tgt, preds)
```

```
df = pd.DataFrame.from_dict(scores, orient='index').sort_values(0)
df.columns=['RMSE']
display(df)
```

表 9-3 各类回归器的均方根误差

	RMSE		RMSE
DecisionTreeRegressor1	4.3192	Lasso	4.4375
Ridge	4.3646	KNeighborsRegressor10	4.4873
LinearRegression	4.3653	DecisionTreeRegressor5	4.7410
NuSVR	4.3896	KNeighborsRegressor3	4.8915
SVR	4.4062	DecisionTreeRegressor10	5.3526
DecisionTreeRegressor3	4.4298		

对于前四种机器学习模型，让我们按折（fold-by-fold）比较其性能细节，结果如图 9-9 所示。

In [33]:

```
better_models = [tree.DecisionTreeRegressor(max_depth=1),
                 linear_model.Ridge(),
                 linear_model.LinearRegression(),
                 svm.NuSVR()]
fig, ax = plt.subplots(1, 1, figsize=(8,4))
for model in better_models:
    pipe = pipeline.make_pipeline(scaler, model)
    cv_results = skms.cross_val_score(pipe,
                                      student_ftrs, student_tgt,
                                      scoring = rms_scorer,
                                      cv=10)

    my_lbl = "{:s} ({:5.3f}$\pm${:.2f})".format(get_model_name(model),
                                                cv_results.mean(),
                                                cv_results.std())
    ax.plot(cv_results, 'o--', label=my_lbl)
    ax.set_xlabel('CV-Fold #')
    ax.set_ylabel("RMSE")
    ax.legend()
```

每一个模型都会来回波动。这些模型的机器学习性能都非常接近。均值的范围 (4.23, 4.29) 并不是很宽，也比标准差小一点。这说明还有进一步改进的空间。实际上并没有通过不同的值进行正则化。当然也可以手动完成，方式类似于在第 5.7.2 节中看到的复杂度曲线。但是，我们将在第 11.2 节中以一种更便捷的方式来处理这个问题。

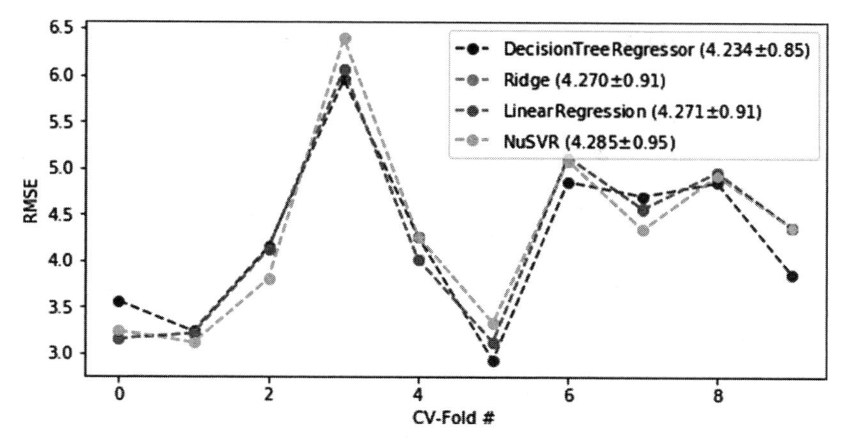

图 9-9　按折比较机器学习模型的性能（见彩插）

9.6　本章参考阅读资料

9.6.1　本章小结

至此，我们已经添加了一些与前几节明显不同的回归器到我们的模型中。决策树具有高度灵活性；正则化回归和支持向量回归改进了线性回归。

9.6.2　章节注释

我们讨论了 L_1 – 正则化和 L_2 – 正则化。`sklearn` 中有一种称为 `ElasticNet` 的方法，允许我们将两者混合在一起使用。

虽然我们对决策树叶子节点上每个区域的常量值预测感到满意，但我们（虽然标准方法并没有提供）可以在每个叶子节点上创建迷你回归线（或者曲线）。

树是加法模型（additive model）的一个例子。分类树的工作原理是：（1）选择一个区域，（2）为该区域的样例指定一个类别。如果为每个样例仅选择一个区域，就可以将其作为一个特殊的总和，正如在第 8.2.1 节中所处理的那样。对于回归而言，这个综合是关于区域选择和目标值的总和。存在有许多类型的模型属于加法模型范畴，例如我们构建的分段回归线，或者一种更通用的被称为样条曲线（splines）的分段回归，以及更复杂的同类模型。样条曲线很有趣，因为样条曲线的高级变体可以将决策点的选择从超参数转变为参数：决策点成为最佳解决方案的一部分，而不是输入。样条曲线也有与正则化相结合的很好的方法，通常被称为平滑性（smoothness）。

谈到平滑性、连续性（continuity）和不连续性（discontinuity），这些都属于非常深入的话题。作者本人在日常生活中通常使用平滑性这个术语。然而，在数学中，我们可以使用许多不同的方式定义平滑性。因此，在数学中，某些连续函数可能不是平滑的。除了连续性之外，平滑性还可以作为一个额外的约束，以确保函数表现良好。

有关如何实现用户自己的、与 sklearn 相兼容的机器学习模型的更多详细信息，请参阅 http://scikit-learn.org/stable/developers/contributing.html#rolling-your-own-estimator。请注意，文献中所讨论的类别参数并不是我们所讨论的模型参数。相反，那些类别参数是模型的超参数。问题的一部分在于参数在计算机科学（用于传递信息到函数中）和数学（用于调整机器模型的旋钮）中具有双重含义。有关更多详细信息，请参见第 11.2.1 节。

在讨论第 10 章之后，还将介绍一些额外的技术，这些技术可以让我们对多个特征进行更一般的分段线性回归。

9.6.3 练习题

1. 在同一个数据集上分别构建一个老式经典线性回归、一个岭回归和一个套索回归，然后检查回归系数。请问发现了什么模式吗？如果对岭回归和套索回归更改正则化数量，结果会怎么样？

2. 创建表示一个阶跃函数（step function）的数据：从 0 到 1，函数取值为 0；从 1 到 2，函数取值为 1；从 2 到 3，函数取值为 2，依此类推。当使用一个老式经典的线性回归来估计该函数时，拟合线是哪条线？从概念上讲，如果在这些阶梯线的正面画一条线，结果会发生什么？如果在这些阶梯线的后面画一条线呢？从误差或者残差的角度来看，这些线条中有没有明显的更佳选择？

3. 这里有一个概念性问题。如果我们正在进行分段线性回归，那么分割点对数据欠拟合或者过拟合意味着什么？请问如何评估是否发生了欠拟合或者过拟合想象？进一步的思考是：分段回归的复杂度曲线是什么样的？这种曲线将评估什么内容？

4. 评估学生数据集中不同机器学习模型的资源使用情况。

5. 比较我们的回归方法在其他数据集上的性能。可以通过 `dataset.load_digits` 导入手写数字数据集。

6. 制作一个简单的合成回归数据集。在构建核支持向量回归时，检查不同的 ν(nu) 值对回归器的影响。尝试对回归数据进行一些系统性的更改。再次改变 ν 的值。请问可以发现什么模式吗？（注意：在一维、两维或者几个维度（即，只有少量几个特征）中出现的模式，在更高维度中可能不适用。）

7. 概念问题。分段抛物线（piecewise parabolas）是什么样子的？如果我们要求分段抛物线在间隔端点处连接，会发生什么情况？

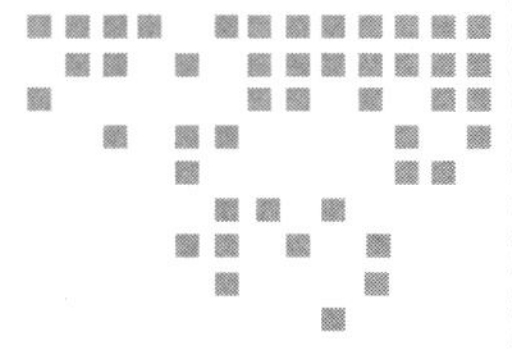

第 10 章 Chapter 10

手动特征工程：操作数据的乐趣和意义

In [1]:

```
# 环境设置
from mlwpy import *
%matplotlib inline

iris = datasets.load_iris()
(iris_train,     iris_test,
 iris_train_tgt, iris_test_tgt) = skms.train_test_split(iris.data,
                                                        iris.target,
                                                        test_size=.25)
# 从特征名称中移除单位'(cm)'
iris.feature_names = [fn[:-5] for fn in iris.feature_names]

# 为了便于操作的数据帧dataframe
iris_df = pd.DataFrame(iris.data, columns=iris.feature_names)
iris_df['species'] = iris.target_names[iris.target]
```

10.1 特征工程的术语和动机

我们将把注意力从扩展模型目录列表上移开，而是更仔细地查看数据。特征工程（feature engineering）是指对特征进行添加、删除、组合、转换等操作。请记住，特征是“属性 - 值”对，因此我们可以从数据表中添加或者删除列，并修改列中的值。特征工程既可以用于广义范畴，也可以用于狭义范畴。本文将在广义的、包容的范畴上使用特征工程，并在讨论过程中指出其存在的一些缺陷。以下是一些具体的例子。

- **缩放和规范化**（scaling and normalization）：这意味着调整数据的范围和中心，以便于学习和改进对结果的解释。读者可能还记得，sklearn 中的糖尿病数据集（diabete）（第 4.1 节）是预标准化的，这是缩放的一种形式。
- **填充缺失的值**（filling missing value）。由于收集完整数据集的困难以及数据收集过程中的误差，现实世界中的数据集可能会有缺失值。缺失的值可以根据专家知识、启发方法或者某些机器学习技术进行填充。
- **特征选择**（feature selection）。这意味着删除某些特征，因为这些特征不重要、冗余或者对学习完全起反作用。有时候，我们会拥有太多的特征，而实际上只需要其中的少部分特征。一个适得其反的特征的例子是，该特证是一个识别变量，但却对泛化毫无帮助。我们在第 8.2 节中曾看到，对于每一个训练样例，唯一标识符是如何引导决策树从根节点到唯一的叶子节点。问题是测试样例的新的唯一标识符不会出现在树中的任何位置，因此会导致失败。
- **特征编码**（feature coding）。包括选择一组符号值来表示不同的类别。我们早在第 1 章就讨论过这一知识点。WithPartner 的概念可以通过单独一列来表示，取值为 WithPartner 或者 Single；也可以通过 WithPartner 和 Single 这两列来表示，其中一列为 True，另一列则为 False。严格意义上而言，这是一种特征构造。
- **特征构造**（feature construction）。从一个或者多个其他特征创建新特征。例如，从花萼的长度和宽度，可以创建出花萼的面积。
- **特征提取**（feature extraction）。将不适合学习的低级特征转换为对学习有用的高级特征。通常，当需要将图像或者文本等特定数据格式转换为表格的行 – 列（样例 – 特征的格式）时，特征提取非常有价值。特征提取和特征构造在转换的复杂度上有所不同，但在概念上它们是在做同样的事情。

10.1.1 为什么选择特征工程

特征工程的两个驱动因素在于：（1）任务领域的背景知识，以及（2）数据值检查。第一种情况包括医生对重要血压阈值的了解，或者会计师对税收等级的了解。另一个例子是医疗服务提供方和保险公司所使用的身体质量指数（身高体重指数，简称体质指数、体重指数，（Body Mass Index，BMI）。虽然 BMI 有其局限性，但它可以根据体重和身高快速计算，并作为一个很难精确测量的特征的替代物：身高与体重的比例。检查特征值意味着查看其分布的直方图。对于基于分布的特征工程，我们可能会看到具有多个驼峰的多重模态分布（multimodal distribution，又被称为多峰分布）直方图，并决定将驼峰分解为不同的数据框。

10.1.2 何时开始特征工程

在特征工程中，必须确定何时开始实施特征工程。此时所面临的主要问题是特征工程是否在交叉验证循环中执行。在建模过程中完成的特征工程通常在交叉验证循环中完成。交叉验证可以防止过拟合。

我们还可以在开始建模过程之前修改特征。通常，这些修改是从存储系统（例如数据库）中所导出数据的一部分。操作过数据库的读者会比较熟悉 ETL（Extract-Transform-Load，提取 – 转换 – 加载）范式。特征工程也可以作为数据清洗的一部分，作为导出 / 导入数据和机器学习之间的中间步骤。如果在建立模型之前操纵数据，那么需要非常小心，不要偷看预测特征和目标之间的关系。我们还需要小心谨慎，以免无意中引入原始数据中不存在的关系。这其中存在着很多的陷阱，会导致最终的结果失败。

所以，如果要执行建模前的特征工程，那么在开始处理数据之前，就应该非常小心地保存一个保留测试集。测试集不仅允许我们去评估建模前的特征工程，而且还可以评估直接建模步骤的结果。可以使用保留测试集来保护我们免受交叉验证循环之外的危险特征工程的影响。我们按常规进行数据拆分，同时仔细观察训练误差和测试误差。如果训练误差较小，但却发现测试误差并没有改善，甚至变得更糟，那么就可以认为发生了过拟合。在这种情况下，我们可能希望将一些特征工程移到交叉验证循环中，以便更早地检测过拟合。

现在，存在两个相互矛盾的问题。如果特征工程需要处于交叉验证循环中，最简单的编程钩子（programming hooks）意味着可能希望使用 sklearn 执行特征工程。但是，如果特征工程很复杂，并且还没有在 `sklearn` 中实现，那么就可能不使用 `sklearn`，而是使用 `pandas` 或者其他自定义的 Python 工具。现在，对于真正的关键问题：如果特征工程非常复杂并且需要在交叉验证循环执行中，那么情况会比较复杂，需要仔细应对。同时满足这两个需求是非常困难的。认真地说，可能需要在预处理时处理一些最复杂的部分。尽管如此，仍然可以编写能够放置在交叉验证循环中的辅助函数代码。在第 9.3.1 节中，我们自定义了一个机器学习模型。当然还可以自定义一个转换函数，稍后将讨论如何实现。

特征工程的实际应用为我们提供了一个如下的总体时间表。

（1）从外部源获取数据，可能会使用到 Python 编写的辅助程序代码，并使用包与其他系统（例如数据库）进行接口。

（2）分离出一个保留测试集，并且留作后用。

（3）使用外部系统和 / 或者纯 Python 执行任何初始数据清洗。

（4）将数据放入 Pandas 的 `DataFrame`（数据帧，又译为数据框）中，并进行任何进一步的建模前的额外数据整理（data wrangling）。数据整理是在机器学习步骤之前完成的特征工程相关的一个常见术语。

（5）使用 `sklearn` 设计机器学习模型和交叉验证循环内的特征工程步骤。

（6）将数据从 `pandas` 传输到 `sklearn`，然后开始执行。

（7）评估结果。

（8）必要时重复上述步骤。

（9）当准备真正上线运行时，在保留测试集上验证系统。

（10）开始部署系统。

10.1.3 特征工程是如何发生的

另一个问题是特征工程是如何发生的。本章重点对明确定义并手动应用的特征工程进行阐述。明确定义的特征工程的一个任务示例是创建身高和体重之间的比率，以创建BMI值。如果我们真的负责计算该值并向数据集中添加一列，则将其称为手动应用的特征工程（在本例中为手动特征构造）。如果建立一个管道（如下一章所述）来构造特征对之间所有可能的比率，则将其称之为自动应用。

有一些机器学习方法将特征工程作为其操作的一部分。其中一些方法，例如支持向量机（第13.2.4节），在幕后使用特征工程调整后的特征，而无须人工干预。其他如主成分分析（第13.3节），则要求利用其输出作为另一种机器学习模型步骤的输入。在这两种情况下，所执行的步骤与我们所看到的机器学习算法类似：将模型与训练数据相匹配，然后转换测试数据。

10.2 特征选择和数据简化：清除垃圾

特征工程中最愚钝的工具之一是删除数据。我们可能会因为冗余、无关或者过载而删除数据[⊖]。

冗余之所以是一个问题，不仅有实际方面的原因，还有技术方面的原因。我们将在本章后面讨论一些技术原因。从实际的角度来看，如果数据集中的两列表示相同的概念（或者更糟糕的是，表示相同的字面值），我们需要传输和存储超过实际需要的更多数值。该信息以多种形式提供给机器学习系统。一些学习系统无法有效地处理这一问题。

不相关特征的存在使得情况更加糟糕。这些特征不仅占用了空间，还引导我们在训练上走下坡路，而当转向测试时，结果会表现不佳。想象一下数据集中存在着几列随机数据。我们可以在数据集中放入足够多的随机列，以唯一地标识每个样例。然后，我们可以从这些伪标识符中生成一个查找表来纠正目标。但是，如何处理一个新的样例呢？如果只填写几个随机值，目标将同样是随机的。在有用的特征（非随机特征）和目标之间没有任何关系。我们在第8.2节的决策树中讨论过这个问题。

关于过载，这里简单地表述如下：在一个非常大的数据集，具有很多很多的特征，由于处理时间和内存空间的限制，我们可能别无选择，只能减少需要处理的特征的数量。那么，如果需要转储一些数据，我们该如何处理呢？存在三种主要的策略：手动技术（基于对问题和数据的了解）、随机抽样技术（使用抛掷硬币的方式来保存或者丢弃数据），以及基于模型的技术（试图保留与机器学习模型具有良好互动的特征）。有时，这些方法可以相互结

⊖ 这里是从数据集中删除特征的角度来讨论这个问题。同样可以考虑删除数据集中的样例（就是行数据），而不是删除数据集中的列信息（也就是是删除特征）。

合在一起：可以使用随机特征选择来构建模型，然后组合所生成的模型。我们将在第 12 章讨论这个问题。

手动和随机特征选择在概念上很简单。根据原则参数（我们知道这两列测量的是同一事物）或者随机地从表中删除其中的一列。基于学习模型选择或者丢弃数据的方法弥补了其他两个选项的简单性。目前有很多关于这个话题的书籍和文章。我们只是做了肤浅的研究。然而，下文还将举一些相关的例子。

一些特征选择策略是机器学习技术的内部组成部分。例如，决策树必须在每个节点上选择一个需要拆分的特征。有一种类型的决策树是使用一种称为信息增益（information gain）的度量来判决一个最佳特征。我们可以将这个思想扩展到对更大数据集的特征进行排序。我们还可以使用建模的结果来评估特征。例如，在线性回归中，可以查找系数较小的特征，并声明这些特征对整个模型相对而言并不重要。这并不一定能在第一个模型的构建过程中节省工作量，但这种方法可能会为未来模型的构建节省大量的时间。我们还可以构建许多模型，并询问这些模型的共同点是什么。在许多模型中都会出现的特征可能与目标的关系更为密切。

线性回归的正则化形式（L_1 - 正则化回归，或者套索回归）有助于减小学习系数使之趋向于 0。结果是，使用套索回归构建的模型可能会丢失一些特征。因此，我们说套索回归方法将特征选择作为其操作的隐式部分。我们可以使用套索回归作为最终模型，也可以在使用其他模型之前将其作为特征选择阶段的处理方法。

10.3　特征缩放

我们将讨论两种方法来重新缩放特征和重新调整特征的中心位置，而不考虑与其他特征或者目标的任何关系。重新缩放意味着对值进行转换以使极值不同，并以某种一致的方式移动中间值。而重新调整数据的中心位置也意味着对值的转换，以使极值不同，并且中间值以某种一致的方式移动。通常，重新缩放也会导致数据中心位置的重新调整。重新缩放的两种主要方式为：通过在固定标度上更改，或者根据所计算的某些统计数据值进行更改。

下面是一个演示数据如何重新缩放的常用示例。如果在华氏温度和摄氏温度之间转换，遵循固定的规则，需要把 220°F 转换为 100℃，把 32°F 转换为 0℃，把中间温度例如 104°F 转换为 40℃。至少这是一种具体的转换，但是用来转换这些的固定值是什么呢？这来自转换温度的公式 $C=\dfrac{5(F-32)}{9}$。通过简单的代数变换可以得到 $C=\dfrac{5}{9}F-17.7$，这正是我们所熟悉的公式 $y=mx+b$ 的另一种形式。如果读者从未注意到，那么使用线性公式转换值只是对值进行拉伸和移动，其中，m 负责拉伸，b 负责移动。华氏温度和摄氏温度之间的转换如图 10-1 所示。

In [2]:

```
fig, ax = plt.subplots(1,1,figsize=(4,3))
f_temps = np.linspace(0, 212, 100)
c_temps = (5/9) * (f_temps - 32)
plt.plot(f_temps, f_temps, 'r',  # F -> F
         f_temps, c_temps, 'b');  # F -> C
```

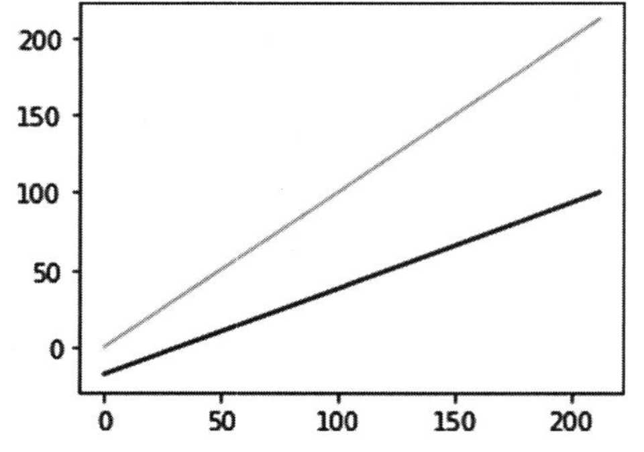

图 10-1 华氏温度和摄氏温度之间的转换（见彩插）

请读者仔细观察上面的红线是如何从 0 到 212 垂直压缩到下方蓝色线上的（取值大约为 −18 到 100）。中心值也从 106 移动到 59。除了单位转换（摄氏度转换为华氏度，或者米转换为英尺）之外，最常见的固定缩放是将 {min, max} 值映射到 {0, 1} 或者 {−1, 1}，并将其他值均匀分布在新的取值范围之间。

标准化（standardization）（一种统计上的重新缩放）操作有些复杂。它不是基于固定的先验值（例如将华氏温度转换为摄氏温度的那个系数 5/9），把源值拉伸为目标值，而是基于源值的分布（测量为方差或者标准差）来压缩值。这种差异最好使用图来解释。在这里，我们使用 sklearn 的 StandardScaler 来完成操作。fit_transform 评估训练数据并进行一次性修改。它与我们常用的 model.fit().predict() 类似，只是在 fit() 步骤中没有使用单独的目标。在这种情况下，它只是学习均值和标准差，然后应用均值和标准差。拟合之后，还可以转换测试数据。这里将数据点的数据桶容器上色，这样读者就可以看到这些点是如何由于转换而移动的，结果如图 10-2 所示。

In [3]:

```
fig, ax = plt.subplots(1,1,figsize=(4,3))
original = np.random.uniform(-5, 5, 100)
scaled = skpre.StandardScaler().fit_transform(original.reshape(-1,1))[:,0]
bins = np.floor(original).astype(np.uint8) + 5

df = pd.DataFrame({'original':original,
                   'scaled':scaled,
                   'hue':bins})
df = pd.melt(df, id_vars='hue', var_name='scale')

sns.swarmplot(x='scale', y='value', hue='hue', data=df).legend_.remove()
```

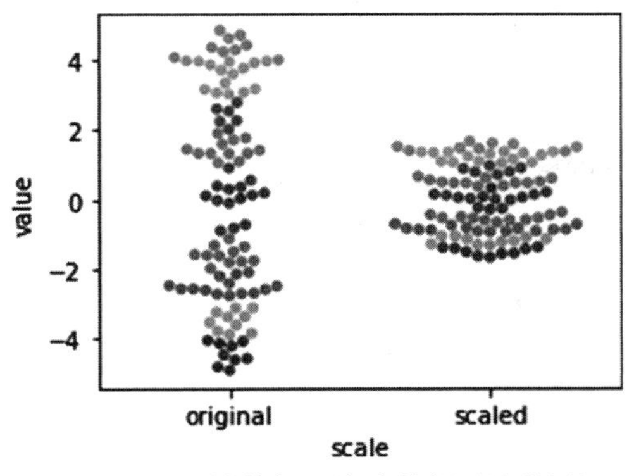

图 10-2　原始数据和缩放数据（见彩插）

在这里，测量单位不是华氏温度或者摄氏温度，而是标准差的单位。标准差告知我们数据的分布情况。数据越分散，标准差就越大。数据经过标准化后，仍然处于线性范围内。这可能有点令人惊讶。下面是缩放的公式

$$\text{scaled} = \frac{\text{orig} - \text{mean (orig)}}{\text{stddev (orig)}} = \frac{1}{\text{stddev (orig)}} - \frac{\text{mean (orig)}}{\text{stddev (orig)}}$$

该公式中隐藏了一个 $y=mx+b$ 的形式。数据的新中心是 0。

奇怪的是，标准化并没有改变数据的整体形状——第一眼看上去可能不一样，但这里有另一个例子。在这个例子中，我们的数据来自均匀分布或者扁平化分布。当我们将数据标准化时，数据仍然满足均匀分布。从视觉上看，数据形状的侧面相对扁平。它只是碰巧被压缩了。另一个例子是，如果数据看起来像一个双峰骆驼，将数据标准化后，那么该数据仍然会有两个驼峰。基本上，可以均匀地拉伸或者压缩数据的图形，但不能扭曲数据的形状。

下面分析一下缩放的工作原理。以下是 MinMaxScaler 和 StandardScaler 的简单示例。为了跟随示例点的移动，此处将根据示例点的百分位数为示例点着色。使用 Pandas 的 cut 方法来完成该任务。关于 cut 方法的具体使用，此处将不加以展开解释，但读者只需要知道，该方法与在第 9.3 节建立分段常数回归模型时所使用的编码技术相类似。在这里，我们将利用 Pandas 的分类功能创建着色值，结果如图 10-3 所示。

In [4]:

```
iris_df = pd.DataFrame(iris.data, columns=iris.feature_names)

bins = pd.cut(iris_df['sepal width'],
              np.percentile(iris_df['sepal width'],
                            [25, 50, 75, 100])).cat.codes

df = pd.DataFrame({'orig':iris_df['sepal width'],
```

```
                     'hue':bins})

scalers = [('std', skpre.StandardScaler()),
           ('01' , skpre.MinMaxScaler()),
           ('-1,1', skpre.MinMaxScaler((-1,1)))]

for name, scaler in scalers:
     # 使用[[]]来为sklearn保存二维数据
     #         使用reshape(-1)为seaborn重新生成一维数据
    df[name] = scaler.fit_transform(df[['orig']]).reshape(-1)

df = pd.melt(df, id_vars='hue', var_name='scale')
sns.swarmplot(x='scale', y='value', hue='hue', data=df).legend_.remove()
```

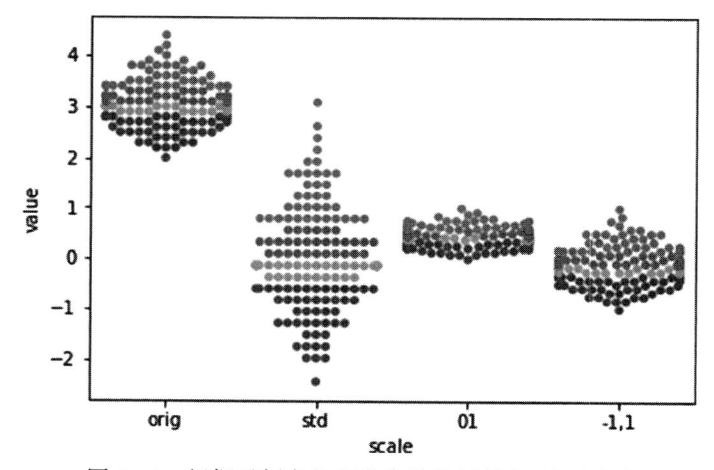

图 10-3 根据示例点的百分位数进行着色（见彩插）

重新缩放最常见的动机是不希望任意的测量尺度影响结果。例如，如果使用米来测量一个人的身高，而不是用纳米来测量，那么这个值会小得多 ($1\text{m}=1\ 000\ 000\ 000\text{nm}=10^9\text{nm}$)。但这不应该真正影响测量中的基本信息。在差异巨大的尺度上测量的值之间保持公平的最简单方法是将数据值重新缩放到一个大致相同的尺度。另一个例子是，在同一个模型中存在不同类型的测量。例如，家庭收入通常以万美元为单位，但每个家庭的汽车价格通常以美元为单位。从数值上看，这些值具有非常不同的权重。通过将这些数据放在一个共同的尺度上来设置数据值。当超越预测性建模，并开始做出统计或者因果性判断时，重新缩放的一些优点将变得更加突出。

10.4 离散化

当我们在实现分段常数回归时，已经讨论过离散化。离散化就是将一系列连续值排序为一些有限或者离散的数据桶的过程。在那个例子中，必须基于输入值的数据桶，选择一个输出值（就是一个线段）。离散化也显示为决策树值拆分的一部分：高度 >5'7" 为真或者假。有许多自动化方法可以用于数据离散化，其中一些方法研究了特征值之间的关系，以及拆分这些特征的理想分割点，如何找到良好分类的分割点等。在交叉验证中使用这些方法以防止训练数据的过拟合是至关重要的。读者可以把足够先进的离散化策略想象成自己的微型机器学习模型，想象一下，使用这些策略能够将数据离散化到正确的分类桶中，将是一件多么令人满意的事情！现在，让我们考虑使用一些手动方法来对鸢尾花数据进行离散化，结果如表 10-1 所示。

In [5]:

```
iris_df = pd.DataFrame(iris.data, columns=iris.feature_names)
iris_df['species'] = iris.target_names[iris.target]
display(iris_df.iloc[[0,50,100]])
```

表 10-1　使用手动方法对鸢尾花数据离散化

	sepal length	sepal width	petal length	petal width	species
0	5.1000	3.5000	1.4000	0.2000	setosa
50	7.0000	3.2000	4.7000	1.4000	versicolor
100	6.3000	3.3000	6.0000	2.5000	virginica

如果观察萼片长度的平滑图（图 10-4），就会发现这是一个非常好的凸型形状。

In [6]:

```
plt.subplots(1,1,figsize=(4,3))
ax = sns.distplot(iris_df['sepal length'], hist=False, rug=True)
ax.set_ylabel("Approximate %");
```

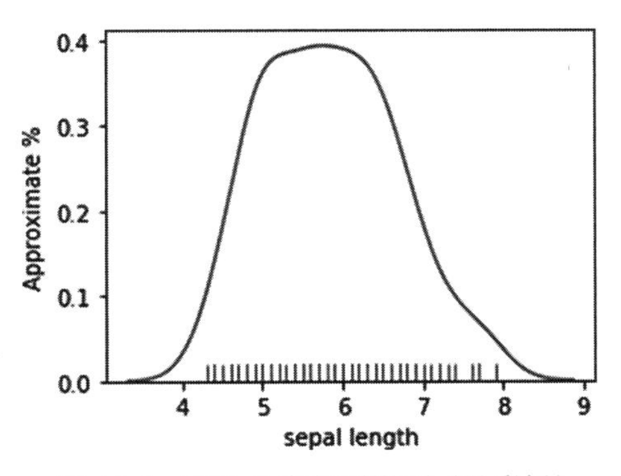

图 10-4　萼片长度的平滑图（见彩插）

离散化的一种简单方法是在均值或者中位数处将值分为低值和高值，结果如表 10-2 所示。

In [7]:

```
# 使用sklearn将二进制阈值应用于数值的方法有些复杂
column = iris_df[['sepal length']] # 保持二维数据结构，因为已满足sk要求
col_mean = column.mean().values    # sk不能处理Series/DF数据结构

both = column.copy()
both['> Mean'] = skpre.binarize(column, col_mean).astype(np.bool)

print('Column Mean:', col_mean)
display(both.iloc[[0,50,100]])
```

```
Column Mean: [5.8433]
```

表 10-2 在均值或者中位数处将值分为低值和高值

	sepal length	> Mean
0	5.1000	False
50	7.0000	True
100	6.3000	True

我们也可以使用前面描述的 pd.cut 函数进行相同的离散化。

In [8]:

```
sep_len_series = iris_df['sepal length']
breaks = [sep_len_series.mean(),
          sep_len_series.max()]

# 难以抽取
print(pd.cut(sep_len_series, breaks).cat.codes[[0, 50, 100]])
```

```
0      -1
50      0
100     0
dtype: int8
```

但是，坦率地说，使用原始 np 结果会产生一个相当可读的解决方案，其中涉及的幕后魔法最少。

In [9]:

```
# 一种简单的方法
np.where(column > column.mean(), True, False)[[0,50,100]]
```

Out[9]:

```
array([[False],
       [ True],
       [ True]])
```

即使我们执行了该计算，对这些表现良好的数据在中间位置进行拆分是否有意义呢？

两个非常相似的萼片长度值（一个比均值稍长一点，一个比均值稍短一点）被强制放入不同的数据桶中。大的峰值处意味着大多数值都在均值附近的区域。是把这些数值放在一起还是分开来？只有预测问题才能确切地给出答案。但是，就作者个人而言，更愿意将中间部分放在一起，并将特别长的和特别短的部分划分到它们各自的数据桶中。所以，结果有三个数据桶：短、中、长，并且大多数样例都属于中等范围的数据桶。

如果我们有相关领域的知识，那么就可能有其他理由选择某些分割点。例如，会计师可能会在税率等级阈值处引入分割点。此时有大量可用的信息，甚至可能不需要担心过拟合。我们总是可以进行交叉验证和比较。如果没有专家信息来源，可能会尝试一系列分割点的可能性，并进行交叉验证，以确保结果不会过拟合。

在具体的实际应用中，应该使用哪种技术？现在，作者又要故伎重演了！答案是视情况而定。对于不精通 NumPy 的人而言，技术的选择对其而言可能没有意义。但是如果用户拥有更复杂的数值数据，就可能会通过使用 NumPy 获得一些其他的优越性。选择 Pandas 和 sklearn 则需要进一步权衡。在交叉验证循环中放置 Pandas 选项并不会带来很大的便利。sklearn 方法将使用管道技术直接插入到交叉验证中。然而，如果需要进行数据探索和处理来得到分割点，最好使用 Pandas 方法。

10.5　分类编码

10.5.1　数据的编码技术

到目前为止，在使用鸢尾花数据集时，一直在直接使用该数据集提供给我们的具体格式：通过对鸢尾花的数值测量来预测其所属物种。但是，我们可以重新排列数据并执行其他的机器学习任务。例如，假设想从其他特征（包括物种）来预测花瓣长度。现在，我们将物种作为已知输入特征，将花瓣长度作为未知目标。以下是数据的格式，结果如表 10-3 所示。

In [10]:

```
# 请注意，下面的数据将没想象中的那么美观
# 以下Pandas魔法只是为了产生一个有标签的数据帧dataframe
# 其目的是便于读者可以了解作者在正文中描述的机器学习问题

new_iris_df = pd.DataFrame(iris_df, columns=['petal length',
                                             'petal width',
                                             'species'])

new_iris_df.columns = pd.MultiIndex([['input ftrs', 'target ftr'],
                                     new_iris_df.columns],
                                    [[1, 0, 0], [0,1,2]])

new_iris_df.sort_index(axis='columns', inplace=True)
display(new_iris_df.iloc[[0,50,100]])
```

表 10-3 鸢尾花数值集

	input ftrs	species	target ftr
	petal width		petal length
0	0.2000	setosa	1.4000
50	1.4000	versicolor	4.7000
100	2.5000	virginica	6.0000

关于物种没有直接的数值解释。没有定义一个明确的顺序来表示 setosa=1<versicolor=2。我们可以使用数字来表示类别 0、类别 1 和类别 2。但是，如果将此列传递给线性回归，物种系数乘以这些不同的值又有什么含义呢？当类别实际上只是类别的标识符时，我们将这些类别视为数值。我们不希望“两个数值相差 1”被解释为从预测的花瓣长度中增加或者减少任何东西。

对离散数据进行编码的一般技术称为编码分类变量（coding categorical variable）。稍后，我们将在更广泛的背景下讨论该问题。现在，让我们从一个实用的技术开始，学界的统计学家非常熟悉这种技术：独热编码（one-hot coding，又称一位有效编码）。该技术将具有多个值的单列转换为具有一个且只有一个 on 值的多列。样例的 on 值通常为二进制 1（或者 True），其他列的值为 0（或者 False）。以下是鸢尾花物种的独热编码。

In [11]:

```
# 从类别号开始
print("Numerical categories:",
      iris.target[[0, 50, 100]], sep='\n')

# 生成稀疏表示
sparse = skpre.OneHotEncoder().fit_transform(iris.target.reshape(-1,1))

# 去稀疏化
print("One-hot coding:",
      sparse[[0,50,100]].todense(), sep="\n")
```

```
Numerical categories:
[0 1 2]
One-hot coding:
[[1. 0. 0.]
 [0. 1. 0.]
 [0. 0. 1.]]
```

这里有几个技术要点值得一提。`OneHotEncoder` 要求输入参数为数字形式，它不接收字符串输入参数。同时，它还要求两维方式的输入，因此需要调用 `reshape` 方法调整格式。最后，如果进行独热编码，结果中将包含很多的 0。请记住，在所有扩展的列上，每个样例仅启用一个值。一个数据源列即使只有几个合法的值，也会导致大量的 0。除一个选项外，所有选项都不会用于每个样例。因此，`sklearn` 非常聪明，它以压缩格式存储数据，就能够很好地处理稀疏性（一个表示包含大量 0 的数据的技术术语）。sklearn 只记录非零项，并假设其他所有项都为零，而不需要记录所有的值。

有一些学习方法可以有效地处理稀疏数据；这些学习方法知道很多值都是零，并且很聪明，不做额外的工作。如果我们想看到数据通常的完整形式，就必须压缩数据。可以想象一下，当填写稀疏表格时，就像一张有点像瑞士奶酪的桌子：上面有很多洞。我们必须用实际的零来填充那些假设为零的空洞值。这样，就有一个到处都是数据项的实心密集表。通过最后一行中的 .todense() 调用来实现这一点。

还可以使用 pandas 执行独热编码。其优点之一是，可以要求 pandas 给独热的列设置有意义的名称标签，结果如表 10-4 所示。

In [12]:

```
# 可以先使用drop_first获得treatment编码（treatment coding）
# 可以请求稀疏存储
encoded = pd.get_dummies(iris_df, prefix="is")
encoded.iloc[[0,50,100]]
```

Out[12]:

表 10-4　使用 pandas 执行独热编码

	sepal length	sepal width	petal length	petal width	is_setosa	is_versicolor	is_virginica
0	5.1000	3.5000	1.4000	0.2000	1	0	0
50	7.0000	3.2000	4.7000	1.4000	0	1	0
100	6.3000	3.3000	6.0000	2.5000	0	0	1

可以将一个独热编码的物种与原始数据合并，这样做既有乐趣，又有意义。我们希望可视化编码和原始物种之间的关系。实现代码如下所示，结果如表 10-5 所示。

In [13]:

```
# 通过合并将数据帧拼接在一起
# 读者应该还记得：`iris.target`表示为0、1、2，而不是物种的符号表示（例如setosa，等）。
encoded_species = pd.get_dummies(iris.target)
encoded_df = pd.merge(iris_df, encoded_species,
                      right_index=True, left_index=True)
encoded_df.iloc[[0,50,100]]
```

Out[13]:

表 10-5　独热编码和原始物种值之间的关系

	sepal length	sepal width	petal length	petal width	species	0	1	2
0	5.1000	3.5000	1.4000	0.2000	setosa	1	0	0
50	7.0000	3.2000	4.7000	1.4000	versicolor	0	1	0
100	6.3000	3.3000	6.0000	2.5000	virginica	0	0	1

10.5.2 编码的另一种方式以及无截距的奇怪情况

本节介绍独热编码的另一种实现方法。在统计学领域，独热编码被称为 treatment coding（治疗编码）或者 dummy coding（哑变量编码，又被称为虚拟变量编码）。本节将详细介绍独热编码的另一种实现方法，但在本章末尾，作者会留下更多的注释以供读者参阅。patsy 是一个很好的系统，该系统允许我们以一种方便的方式指定许多特征工程和建模思想。下面是供我们稍后使用的一个“加长”版代码。

In [14]:

```
import patsy.contrasts as pc

levels = iris.target_names
coding = (pc.Treatment(reference=0)
            .code_with_intercept(list(levels)))
print(coding)
```

```
ContrastMatrix(array([[1., 0., 0.],
                      [0., 1., 0.],
                      [0., 0., 1.]]),
               ['[setosa]', '[versicolor]', '[virginica]'])
```

作者提出另一种方法的理由并不是想使用其他方法难倒读者。事实上，作者想继续讨论一些有用的特征工程任务，可以使用 patsy 来完成这些任务，并且加深读者对分类编码含义的理解。这里，作者认为这是一个很好的系统，非常适合进行独热编码。但是，这里还要郑重声明，上例中的代码是隐藏的。让我们介绍一种简单的使用方法，结果如表 10-6 所示。

In [15]:

```
encoded = patsy.dmatrix('species-1',
                        iris_df,
                        return_type='dataframe')
display(encoded.iloc[[0,50,100]])
```

表 10-6 使用 patsy 来完成独热编码任务

	species[setosa]	species[versicolor]	species[virginica]
0	1.0000	0.0000	0.0000
50	0.0000	1.0000	0.0000
100	0.0000	0.0000	1.0000

对于上述代码中的 'species-1'，-1 表示什么呢？让我们看看当忽略 -1 时会发生什么吧，结果如表 10-7 所示。

In [16]:

```
encoded = patsy.dmatrix('species',
                        iris_df,
                        return_type='dataframe')
display(encoded.iloc[[0,50,100]])
```

表 10-7 忽略 -1 时独热编码结果

	Intercept	species [T.versicolor]	species[T.virginica]
0	1.0000	0.0000	0.0000
50	1.0000	1.0000	0.0000
100	1.0000	0.0000	1.0000

结果得到两个显式编码的特征，并且名称为 Intercept（截距）的特征的值全为 1。顺便说一下，patsy 实际上是在为我们演示加 1 技巧，只不过将其取名为 Intercept。那么，为什么代码中需要使用 -1 来得到简单的结果呢？为什么 species 的 dmatrix 会给我们一列值为全 1 的结果，并且看起来忽略其中一个物种（因为没有为 setosa 提供结果列）？我们稍后再来讨论这个问题。

1. Patsy 模型

先仔细查看一下刚才发生的事情。我们正在构建设计矩阵（dmatrix critters），其中包含两个主要元素：（1）建模思想的一些规范，以及（2）希望通过该模型运行的数据。设计矩阵指示我们如何从原始数据切换到想要在建模过程的底层数字运算中运行的数据形式。这绝对是一个举例的好时机。

我们可以指定希望根据花瓣宽度和物种预测花瓣长度，并根据鸢尾花数据进行回归。如果列名使用下划线（petal_length）而不是空格（petal length），那么该规范将被书写为“petal_length ~ petal_width + C(species, Treatment)”。本规范要求运行一个线性回归，以波浪线的左侧作为目标，右侧数据项作为输入特征。C() 表示希望在运行线性回归之前对物种（species）进行编码。在名称中使用空格会使问题稍微复杂一些，但我们稍后会解决这个问题。

以下是可以使用 patsy 公式进行的基本操作的快速参考。

- tgt ~ ftr_1 + ftr_2 + ftr_3：使用右侧的特征对 tgt 进行建模。
- tgt ~ Q('ftr 1') + Q('ftr 2') + Q('ftr 3')：把不合规范的名称包含在引号中。
- tgt ~ ftr_1 + C(cat_ftr, Some_Coding)：基于 ftr_1 和分类编码 cat_ftr 对 tgt 进行建模。
- tgt ~ ftr_1 - 1：基于 ftr_1（但是无截距值）对 tgt 进行建模。默认情况下，公式包含一个截距。我们必须手动删除这个截距。还可以从 RHS 中删除特征：tgt ~ ftr_1 + ftr_2 - ftr_1 等价于 tgt ~ ftr_2。存在一些特征删除的实用案例。

现在，我们想研究包含或者不包含某些变量编码的情况。为了实现这个目标，需要一些仅仅通过大脑思考就可以轻松处理的简单数据。我们从以下代码开始，结果如表 10-8 所示。

In [17]:

```
pet_data = pd.DataFrame({'pet' :['cat', 'cat', 'dog'],
                         'cost':[20.0,   25.0,  40.0]})

pet_df = pd.get_dummies(pet_data)
display(pet_df)
```

表 10-8 关于猫和狗成本的简单数据

	cost	pet_cat	pet_dog
0	20.0000	1	0
1	25.0000	1	0
2	40.0000	0	1

在本例中，猫的成本分别是 20 和 25。一条狗的成本是 40。使用心算可以快速得出猫的平均成本是 22.50。

2. 无截距的模型（表面上）

我们几乎从未具体查看过工厂机器上设置的旋钮值。本节将进行查看。拟合后，线性回归将选择特定的旋钮值，若干 *w* 值或者 *m* 值、*b* 值。读者可能会注意到作者偷偷地将 `fit_intercept=False` 参数传递给了线性回归的构造函数。该参数的传递是非常有必要的，稍后将进行讨论。这个参数与默认的 `dmatrix` 密切相关，默认的 `dmatrix` 包含有一个所有值为 1 的列，而不是显式地对所有三个物种进行编码。请记住，我们没有明确地拟合 `b` 项（就是常数项或者称为截距）。

In [18]:

```
def pretty_coeffs(sk_lr_model, ftr_names):
    '用于在规范的数据帧dataframe中显示sklearn结果的辅助函数'
    lr_coeffs = pd.DataFrame(sk_lr_model.coef_,
                             columns=ftr_names,
                             index=['Coeff'])
    lr_coeffs['intercept'] = sk_lr_model.intercept_
    return lr_coeffs
```

让我们做一点数据处理（结果如表 10-9 所示），以使建模步骤进展更加顺利。

In [19]:

```
# 数据优化
sk_tgt  = pet_df['cost'].values.reshape(-1,1)
sk_ftrs = pet_df.drop('cost', axis='columns')

# 构建模型
sk_model = (linear_model.LinearRegression(fit_intercept=False)
                        .fit(sk_ftrs, sk_tgt))
display(pretty_coeffs(sk_model, sk_ftrs.columns))
```

表 10-9 猫和狗数据的处理结果

	pet_cat	pet_dog	intercept
Coeff	22.5000	40.0000	0.0000

此处不对截距进行拟合（等价于将截距值固定为 0）。关于解释宠物项的快速注释：两

个特征值（pet_cat 和 pet_dog）中只有一个不是零。基本上，我们会选择其中一个列，并将结果选择作为成本。读者可能还注意到猫的成本是两个 cat 案例的均值；狗的成本就是单个 dog 的值。对于这两种情况，我们已经将 0 和 1 的哑变量编码转换为一个可切换的权重（其中只有一个被打开）添加到宠物护理成本模型中。

回到我们的主线。这里有另一种生成相同模型和旋钮设置的方法，结果如表 10-10 所示。

In [20]:

```
import statsmodels as sm
import statsmodels.formula.api as smf
```

In [21]:

```
# 显式删除截距的patsy公式
formula = 'cost ~ pet - 1'
sm_model = smf.ols(formula, data=pet_data).fit()
display(pd.DataFrame(sm_model.params).T)
```

表 10-10　生成相同模型和旋钮设置

	pet[cat]	pet[dog]
0	22.5000	40.0000

这两种方法计算出的系数相同，我们对此非常满意。让我们回到缺失截距的问题。在 sklearn 示例中，使用 fit_intercept=False 表示对截距不予考虑。如果读者开始尝试这些 patsy 公式，就会发现很难为物种获得一个明确的三列哑变量编码，同时为截距获得一列所有的哑变量编码。最后作者会回答以下问题。

- 为什么在默认情况下，编码一个分类变量时会遗漏一个变量值？
- 为什么默认公式包含截距？

3. 具有明确截距的模型

让我们重新创建 sklearn 模型，这次带有一个截距，结果如表 10-11 所示。

In [22]:

```
sk_tgt  = pet_df['cost'].values.reshape(-1,1)
sk_ftrs = pet_df.drop('cost', axis='columns')
sk_model = (linear_model.LinearRegression()  # fit_intercept=True, 默认值!
                        .fit(sk_ftrs, sk_tgt))
display(pretty_coeffs(sk_model, sk_ftrs.columns))
```

表 10-11　带有一个截距的猫和狗数据

	pet_cat	pet_dog	intercept
Coeff	−8.7500	8.7500	31.2500

现在，让我们使用 patsy 和 statsmodels 进行相同的建模。我们必须采用一些策略，以使用 statsmodels 实现以下处理：（1）为宠物使用完全显式的一个独热编码，（2）也使用一个所有值为 1 的列。我们采用的方法是：（1）使用 pet-1 对既有猫又有狗的宠物进行编码，（2）使用一个人工列 ones 来强制实现截距，结果如表 10-12 所示。

In [23]:

```
pet_data_p1 = pet_data.copy()  # 不要弄脏原始数据
pet_data_p1['ones'] = 1.0      # 手工加1技巧

# 删除编码截距…，添加手动列ones==添加手动截距
formula = 'cost ~ (pet - 1)  + ones'
sm_model = smf.ols(formula, data=pet_data_p1).fit()
display(pd.DataFrame(sm_model.params).T)
```

表 10-12 带有一个 ones 列的猫和狗数据

	pet[cat]	pet[dog]	ones
0	1.6667	19.1667	20.8333

从结果上看，似乎哪里出了点问题。系数值不相同。让我们快速查看一下来自两个模型的预测，结果如表 10-13 所示。

In [24]:

```
# 行切片很麻烦，但必须处理一维数据
# 并且.flat在数据帧构造函数中给出了警告
df = pd.DataFrame({'predicted_sk' : sk_model.predict(sk_ftrs)[:,0],
                   'predicted_sm' : sm_model.predict(pet_data_p1),
                   'actual'       : sk_tgt[:,0]})
display(df)
```

表 10-13 来自两个模型的预测结果

	predicted_sk	predicted_sm	actual
0	22.5000	22.5000	20.0000
1	22.5000	22.5000	25.0000
2	40.0000	40.0000	40.0000

然而，预测结果是一样的。那么到底发生了什么事情？

4. 解开谜底

让我们来看看当指定一个没有截距的 pet 公式时会发生什么。以下是我们的数据，包括一个所有值为 1 的列，结果如表 10-14 所示。

In [25]:

```
display(pet_data_p1)
```

表 10-14　包含一列值均为 1 的猫和狗数据

	pet	cost	ones
0	cat	20.0000	1.0000
1	cat	25.0000	1.0000
2	dog	40.0000	1.0000

数据编码（没有截距的分类编码）如下代码所示。

In [26]:

```
print('pet - 1 coding')
print(patsy.dmatrix('pet - 1', data=pet_data_p1))
```

```
pet - 1 coding
[[1. 0.]
 [1. 0.]
 [0. 1.]]
```

如果将所有编码创建的列（按样本）相加，可以验证每个样例只有一个 on 值，结果如表 10-15 所示。

In [27]:

```
# 当我们将编码列相加时会发生什么
print("column sum:")
full_coding = patsy.dmatrix('pet - 1',
                            data=pet_data_p1,
                            return_type='dataframe')
display(pd.DataFrame(full_coding.sum(axis='columns')))
```

```
column sum:
```

表 10-15　将所有编码创建的列相加的结果

	0
0	1.0000
1	1.0000
2	1.0000

如果将两个宠物都有列的完全显式编码列相加，就会得到一个所有值为 1 的列。此外，两个模型（sklearn 在默认情况下的参数为 fit_intercept=True，而 statsmodels 具有显式的所有值为 1 的列）都已经有一个所有值为 1 的列。因此，我们的数据中有一列冗余的数据（这一列所有的值为 1）。这种冗余正是截距回归模型有两个不同但预测上是等价答案的原因。当删除截距但保留完整编码时，我们仍然从编码列的总和中得到一个类似截距的数据项。

对于线性模型，存在构成冗余的一些规则。如果某些列的线性组合等于其他列的线性组合，则存在冗余。然后，我们不能准确地得到线性回归系数的一个（并且是唯一的）答案，因为还有无数个同样正确的答案！我们可以在一个系数上加一点，在另一个系数上减去一点，这些系数就会平衡。读者会注意到，就预测而言，这对我们来说似乎不是什么大问题。从更长远的角度来看，冗余问题被称为共线性（collinearity）问题。当超越预测水平，开始进入统计和因果推理领域时，冗余问题更值得关注。正如我们所提到的，在本书中将这些问题隐藏起来不予展开讨论。然而，这些问题正是为什么 statsmodels 让我们在包含完整编码和显式截距方面走得更远的原因。

10.6 关系和相互作用

特征构造非常强大。事实上，特征构造强大到实际上可以取代通常在模型构建中所执行的步骤。适当构造的特征可以模拟使用模型进行预测时产生的目标。以下是两个例子。

（1）在分段常数回归示例中，最困难的步骤是确定每个输入值所属的区域或者切片。完成了该步骤之后，我们只需选择适当的常数。这几乎就像使用带有复杂键的 Python 字典。处理中最复杂的部分是如何生成键，字典的查找则非常容易。如果将数据预处理到正确的数据桶中，模型几乎不需要做其他的处理了。我们可以使用一个稍微复杂的预处理步骤和一个简单的模型构建步骤来代替之前的更复杂的模型构建过程。

（2）为了从线性回归过渡到多项式回归（使用曲线形状的建模），可以花费大量精力，定义将多项式拟合到数据的自定义方法，或者，也可以简单地创建多项式特征并将其传递给标准线性回归拟合器。

许多复杂的学习方法可以实现为以下两种模式：（1）复杂方法，或者（2）特征构造结合基本方法。通常，第二种方法的劳动密集度较低。如果我们将特征工程分离出来，就需要确保评估组合方法，就像评估独立方法（通常带有交叉验证）一样。

10.6.1 手动特征构造

之前已经声称特征工程可以非常强大，因为它可以替代机器学习。足够强大的离散化和特征构造方法可以为我们从根本上解决机器学习问题。但是不要高兴得太早。我们将更具体地阐述这个实现。下面是一个经典的复杂机器学习示例。我们将为 xor（异或）函数创建一个非常简单的示例表。xor 是一个布尔函数，只有当其输入中的其中一个（而不是两个）为真时才为真。以下是具体的数据（结果如表 10-16 所示）。

In [28]:

```
xor_data = [[0,0,0],
            [0,1,1],
            [1,0,1],
            [1,1,0]]
xor_df = pd.DataFrame(xor_data,
                      columns=['x1','x2','tgt'])
display(xor_df)
```

表 10-16　xor（异或）函数示例表

	x1	x2	tgt
0	0	0	0
1	0	1	1
2	1	0	1
3	1	1	0

如果试图使用一个简单的线性分类器对异或函数进行建模，事情就不那么顺利了。在训练集中的样本内预测中遇到了问题，甚至还没有看到任何新的测试数据。

In [29]:

```
model = linear_model.LogisticRegression().fit(xor_df[['x1', 'x2']],
                                              xor_df['tgt'])
model.predict(xor_df[['x1', 'x2']])
```

Out[29]:

```
array([0, 0, 0, 0])
```

结果为什么如此糟糕呢？好吧，让我们查看一个数据值的图，这些数据值根据输出结果进行着色，如图 10-5 所示。

In [30]:

```
fig, ax = plt.subplots(1,1,figsize=(2,2))
ax.scatter('x1', 'x2', data=xor_df, c='tgt')
ax.set_xlim(-1, 2)
ax.set_ylim(-1, 2);
```

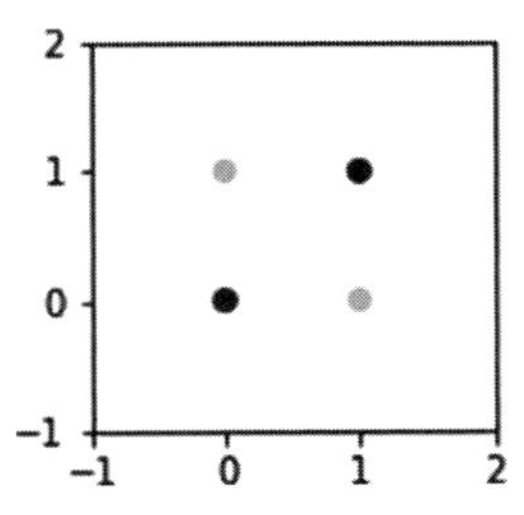

图 10-5　数据值根据输出结果着色（见彩插）

从根本上讲，不可能使用一条线来分隔这些点，并将这些点仅保留在相似的类中。至少，需要两条线将一条对角线上的点与另一条对角线上的点隔开。但是如果我们能创造出一个聪明的特征呢？结果如表 10-17 所示。

In [31]:

```
xor_df['new'] = (-1)**xor_df['x1'] * (-1)**xor_df['x2']
xor_df
```

Out[31]:

表 10-17 创建新特征

	x1	x2	tgt	new
0	0	0	0	1
1	0	1	1	−1
2	1	0	1	−1
3	1	1	0	1

现在情况看起来很好：即使是一个超级简单的规则（xor_df['new'] < 0 == True），也会给出目标。下面是发生的具体情况。

In [32]:

```
model = linear_model.LogisticRegression().fit(xor_df[['new']],
                                              xor_df['tgt'])
model.predict(xor_df[['new']])
```

Out[32]:

```
array([0, 1, 1, 0])
```

有时，我们需要发明一种新的词汇表（像 new 这样的构造列），以使机器学习系统能够正确学习。

10.6.2 相互作用

特征构造的一种特定类型是现有特征之间的交互。有两种主要的特征交互方式：（1）通过像字典中的键一样，选择类别或者目标值；（2）根据特征的乘积（乘法）而不是特征的总和（加法）来交互工作。第二种说法非常复杂，当我们将两个特征相乘时，就意味着正在考虑这些特征的交互方式。多层次的交互可以包含越来越多的特征。

在这里，我们考虑使用 sklearn 实现数值特征之间（所有数值特征对）的双向交互，结果如表 10-18 所示。

In [33]:

```
# 参数:
# degree: 项的阶数
# interaction_only: 不包含x**2, 仅包含x*y (以及x、y)
# include_bias: 常数项
quad_inters = skpre.PolynomialFeatures(degree=2,              # 项的阶数
                                       interaction_only=True, # 不包含x**2, 仅包含x*y
                                       include_bias=False)    # 常数项
subset = iris_df.loc[[0, 50, 100], ['sepal length', 'sepal width']]
new_terms = pd.DataFrame(quad_inters.fit_transform(subset),
                         index=[0, 50, 100])
```

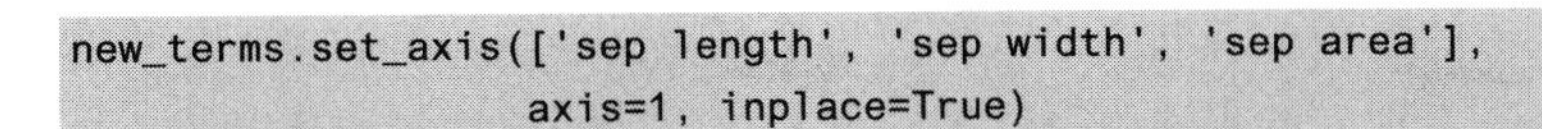

```
new_terms.set_axis(['sep length', 'sep width', 'sep area'],
                   axis=1, inplace=True)

# 注意：创建交互*同时*
# 也包含基本项在交互中
display(new_terms)
```

表 10-18　使用 sklearn 实现数值特征之间的双向交互

	sep length	sep width	sep area
0	5.1000	3.5000	17.8500
50	7.0000	3.2000	22.4000
100	6.3000	3.3000	20.7900

这种表示可能已经足够好了，特别是如果我们想让这些步骤成为 sklearn 管道的一部分。然而，我们可以使用 patsy 获得更细粒度的控制。

1. 通过 patsy 公式实现的相互作用

现在我们可以通过使用 patsy 公式获得一个巨大的优势。patsy 允许我们使用符号“:”或者“*”来指定交互。区别在于符号“:”仅仅包括两者之间的相互作用（sepal_width * sepal_length），就像 skpre.PolynomialFeatures 中的 interaction_only=True 一样。结果如表 10-19 所示。

In [34]:

```
design_df = patsy.dmatrix("Q('sepal length'):Q('sepal width') - 1",
                          data=iris_df.iloc[[0, 50, 100]],
                          return_type='dataframe')
design_df
```

Out[34]:

表 10-19　使用 patsy 公式指定交互

	Q('sepal length'):Q('sepal width')
0	17.8500
50	22.4000
100	20.7900

如果使用 patsy 的符号“*”连接两个特征（例如，ftr_1*ftr_2），将得到三列：ftr_1、ftr_2 以及乘积 ftr_1×ftr_2。在两个分类特性之间，patsy 的符号“*”表示采用笛卡尔乘积，即每个值的所有可能组合。接下来构建一个使用该符号的场景。

在讨论了萼片的长度和萼片的宽度之后，读者可能会开始思考，作为一个近似值，我们可以将两者相乘，得到一个萼片的面积。实际上，我们正在讨论创建一个新的特征：sepal area（萼片面积）= sepal width（萼片宽度）×sepal length（萼片长度）。当从长轴和短轴计算时，可以通过引用矩形的面积或者椭圆的近似面积来证明这一点。我们很乐意将宽度和长度这两个原始概念与更具表现力的想法联系起来。如果我们与一位植物学家交谈，她可能会更高兴，因为从她的专家眼光看来，近似值足够有效，并且面积在确定物种时更有用。这种方法是由背景知识驱动的，所以我们可能不需要花很多时间来交叉验证这种方法。然而，我们需要一个保留测试集，以确保不会在面积值方面误导自己。不像中世纪的经院派哲学家，他们满足于在没有证据的情况下争论不休，而我们则坚持使用数据和评估来证明自己的主张。

接下来将计算花的面积与离散化概念相结合，以确定较大的面积。最后，我们将创建各种大小花瓣和萼片的组合，结果如表10-20所示。使用patsy公式实现交互的结果如表10-21～表10-22所示。

In [35]:

```
# 创建一些面积
sepal_area = iris_df['sepal length'] * iris_df['sepal width']
petal_area = iris_df['petal length'] * iris_df['petal width']

# 离散化
iris_df['big_sepal'] = sepal_area > sepal_area.median()
iris_df['big_petal'] = petal_area > petal_area.median()
display(iris_df.iloc[[0,50,100]])
```

表10-20 创建各种大小花瓣和萼片的组合

	sepal length	sepal width	petal length	petal width	species	big_sepal	big_petal
0	5.10	3.50	1.40	0.20	setosa	True	False
50	7.00	3.20	4.70	1.40	versicolor	True	True
100	6.30	3.30	6.00	2.50	virginica	True	True

In [36]:

```
design_df = patsy.dmatrix("big_sepal:big_petal - 1",
                          data=iris_df.iloc[[0, 50, 100]],
                          return_type='dataframe')

# 拆分长的列名
display(design_df.iloc[:, :2])
display(design_df.iloc[:,2: ])
```

表10-21 使用patsy公式实现交互（1）

	big_sepal[False]:big_petal[False]	big_sepal[True]:big_petal[False]
0	0.0000	1.0000
50	0.0000	0.0000
100	0.0000	0.0000

表 10-22　使用 patsy 公式实现交互（2）

	big_sepal[False]:big_petal[True]	big_sepal[True]:big_petal[True]
0	0.0000	0.0000
50	0.0000	1.0000
100	0.0000	1.0000

样例 50 和样例 100 都有大的萼片和大的花瓣。样例 0 有一个大的萼片和一个小的花瓣。

当我们在分类特征和数值特征之间创建交互时，就能有效地为所考虑的每个类别的数值特征获得一个权重，结果如表 10-23 ～表 10-25 所示。

In [37]:

```
# 需要使用引号把sepal length括起来，因为名称中有空格
design_df = patsy.dmatrix("C(species,Treatment):Q('sepal length') - 1",
                          data=iris_df.iloc[[0, 50, 100]],
                          return_type='dataframe')

# 拆分长的列名
display(design_df.iloc[:,[0]])
display(design_df.iloc[:,[1]])
display(design_df.iloc[:,[2]])
```

表 10-23　在分类特征和数值特征之间创建交互（1）

	C(species, Treatment)[setosa]:Q('sepal length')
0	5.1000
50	0.0000
100	0.0000

表 10-24　在分类特征和数值特征之间创建交互（2）

	C(species, Treatment)[versicolor]:Q('sepal length')
0	0.0000
50	7.0000
100	0.0000

表 10-25　在分类特征和数值特征之间创建交互（3）

	C(species, Treatment)[virginica]:Q('sepal length')
0	0.0000
50	0.0000
100	6.3000

如果我们重新考察数据，就会看到这些值来自列值，而列值正是属于该类别的萼片长度的选定值。这些数据是以下两个数据项的逐项乘积：（1）物种的独热编码，乘以（2）萼片长度。

In [38]:

```
print(iris_df.iloc[[0, 50, 100]]['sepal length'])
```

```
0              5.1000
50             7.0000
100            6.3000
Name: sepal length, dtype: float64
```

2. 从 patsy 到 sklearn

我们还将讨论一个连接 patsy 公式和 sklearn 模型的快速示例。本质上，我们手动构建了一个设计矩阵（它是原始特征和数据之间的映射，我们使用这些数据来学习参数），手动应用参数，然后运行模型。

In [39]:

```
import statsmodels as sm
import statsmodels.formula.api as smf
```

In [40]:

```
# 我们可以建立一个设计矩阵并传递给sklearn
design = "C(species,Treatment):petal_area"
design_matrix = patsy.dmatrix(design, data=iris_df)

# 截距已经位于设计矩阵中
lr = linear_model.LinearRegression(fit_intercept=False)

mod = lr.fit(design_matrix, iris_df['sepal width'])
print(mod.coef_)
```

```
[ 2.8378  1.402  -0.0034  0.0146]
```

In [41]:

```
# 我们得到了同样的结果!
formula = "Q('sepal width') ~ C(species,Treatment):petal_area"
res1 = smf.ols(formula=formula, data=iris_df).fit()
print(res1.params)
```

```
Intercept                                          2.8378
C(species, Treatment)[setosa]:petal_area           1.4020
C(species, Treatment)[versicolor]:petal_area      -0.0034
C(species, Treatment)[virginica]:petal_area        0.0146
dtype: float64
```

幸运的是，不管我们是通过手动的方式将数据提供给 sklearn，还是使用自包含的 statsmodels 方法，都得到了相同的结果（有一些误差舍入）。

10.6.3 使用转换器添加特征

如果我们想与 sklearn 更紧密地集成，那么可以使用以下两种方式定义特征转换：使用 FunctionTransformer 作为独立函数，或者从 TransformerMaxin 中继承类。如果不需要记住或者学习从训练集到测试集的任何东西（如果转换是完全自包含的，例如取数据绝对值的对数），那么就不需要增加基于类的方法的复杂度。我们将首先在干净的 DataFrame 中重新创建初始面积特征。

In [42]:

```
iris_df = pd.DataFrame(iris.data, columns=iris.feature_names)
iris_df['species'] = iris.target_names[iris.target]

area_df = pd.DataFrame({"sepal_area" : iris_df['sepal length'] *
                                       iris_df['sepal width'],
                        "petal_area" : iris_df['petal length'] *
                                       iris_df['petal width']})
```

现在，如果只是想与整个数据集的中位数进行比较（不考虑训练和测试差异），就可以尽可能快地制作一个转换器。

In [43]:

```
def median_big_small(d):
    return d > np.median(d)

transformer = skpre.FunctionTransformer(median_big_small)
res = transformer.fit_transform(area_df)

print("Large areas as compared to median?")
print(res[[0, 50, 100]])
```

```
Large areas as compared to median?
[[ True False]
 [ True False]
 [ True  True]]
```

如果想在训练数据上学习中位数，然后基于学习的中位数，将离散化应用于测试数据，那么就需要更多的支持。我们必须计算训练数据的中位数，然后将这些中位数用作训练或者测试数据的阈值。

In [44]:

```
from sklearn.base import TransformerMixin
class Median_Big_Small(TransformerMixin):
    def __init__(self):
        pass
    def fit(self, ftrs, tgt=None):
        self.medians = np.median(ftrs)
        return self
    def transform(self, ftrs, tgt=None):
        return ftrs > self.medians
```

使用模式与内置转换器相同，与标准机器学习模型非常相似。因为我们使用了 train_test_split 函数，所以此处随机选择了一些样例。

In [45]:

```
# 训练-测试拆分
training, testing = skms.train_test_split(area_df)

# 创建并运行转换器
transformer = Median_Big_Small()
train_xform = transformer.fit_transform(training)
test_xform  = transformer.transform(testing)

# 最后的数据帧dataframes!

print('train:')
display(train_xform[:3])
print('test:')
display(test_xform[ :3])
```

train: # 训练数据上得到的结果如表10-26所示。

表 10-26 训练数据上得到的结果

	sepal_area	petal_area
39	True	False
142	True	False
64	True	False

test: # 测试数据上得到的结果如表10-27所示。

表 10-27 测试数据上得到的结果

	sepal_area	petal_area
147	True	False
78	True	False
133	True	False

10.7 对输入空间和目标的相关操作

在线性回归模型中，我们必须遵循以下的建议。

- ❑ 对输入特征的转换主要是为了纠正输入特征和目标之间的非线性关系。
- ❑ 对目标值的转换可以纠正输入特征和目标之间存在的未知差异问题。

这里还要补充几点建议。非线性校正意味着特征和目标之间的基本关系不是线性的。线性回归模型专用于寻找一条最佳直线。超越关于如何生成一条好直线的约束意味着解决线性回归的偏差。

无法解释的差异问题是预测和现实之间误差的特点。这些是第 7.3.2 节的残差。我们可能看到的两种模式是：（1）系统行为，例如输入值 x 越大，误差就越大；（2）以非正态方式分布。非正态意味着误差可能在预测线的上方和下方不平衡，或者误差不会迅速衰减。

我们可以超越细节并把这些总结为处理建模问题的一般经验法则。

- 对输入进行处理主要是为了解决模型中的偏差。
- 对目标进行处理主要是为了解决噪声如何影响输入和目标之间的关系。这种噪声发生在关系中，而不是估计参数的变化。

10.7.1 对输入空间的相关操作

让我们通过观察第一条规则（纠正非线性关系，或者更普遍的偏差）是如何实现的，来理解这些想法的具体内容。

In [46]:

```
x = np.linspace(1,10,50)
n1 = np.random.normal(size=x.shape)

comparison = pd.DataFrame({"x"  : x,
                           "d1" : 2*x+5    + n1,
                           "d2" : 2*x**2+5 + n1})

comparison['x'] = x
melted = pd.melt(comparison, id_vars=['x'])
```

两个数据列互相之间各不相同，结果如图 10-6 所示。

In [47]:

```
sns.lmplot(x='x', y='value',
           data=melted, col='variable', ci=None,
           size=3);
```

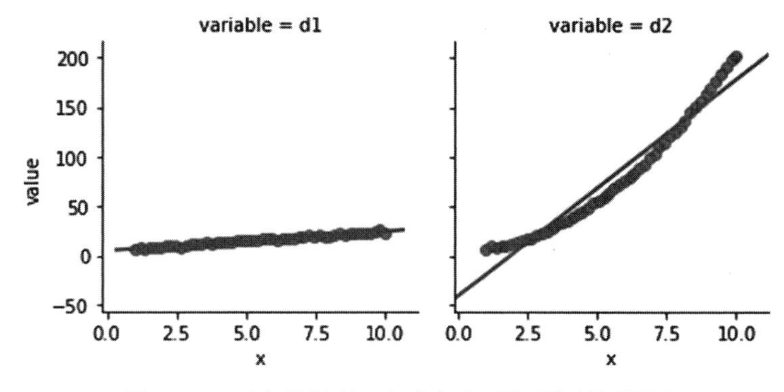

图 10-6 两个数据列互相之间各不相同（见彩插）

从以下代码以及运行结果（如图 10-7 所示）可以看出，为 d1 和 x 建立的模型表现良好。该模型的残差看起来满足正态分布（虽然只使用了 50 个数据点），所以没有看到一个超级平滑的正态分布形状。d2 模型的残差与正态曲线没有明显的关系。

In [48]:

```
fig, axes = plt.subplots(1,2,figsize=(8,3))
for ax, variable in zip(axes, ['d1', 'd2']):
    predicted = (smf.ols("{} ~ x".format(variable), data=comparison)
                    .fit()
                    .predict())
    actual = comparison[variable]
    sns.distplot(predicted - actual, norm_hist=True, rug=True, ax=ax)
    ax.set_xlabel(variable)
    ax.set_ylabel('residual')
fig.tight_layout();
```

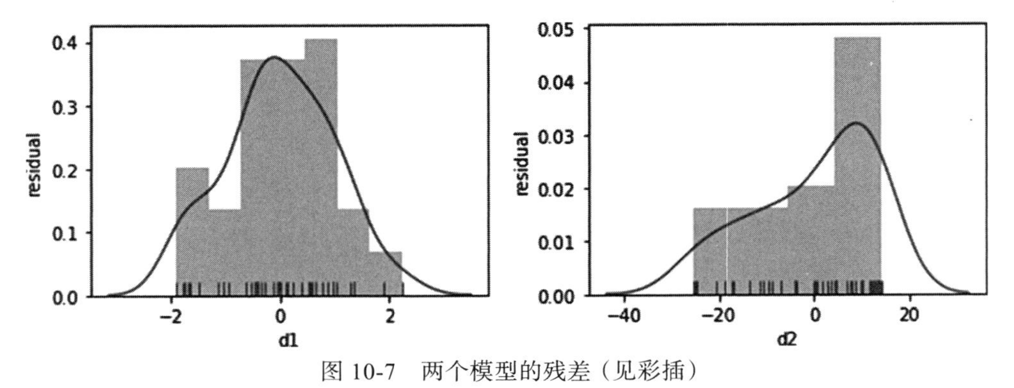

图 10-7 两个模型的残差（见彩插）

在我们对结果感到惊慌失措之前，先看一看当尝试将 x、x^2 和 d2 之间建立联系时会发生什么。同样也观察一下残差的值，结果如图 10-8 所示。

In [49]:

```
magic = pd.DataFrame({"d2"   : 2*x**2+5+n1,
                      "x_sq" : x**2})
melted = pd.melt(magic, id_vars=['x_sq'])

fig, (ax1, ax2) = plt.subplots(1,2,figsize=(8,3))
sns.regplot(x='x_sq', y='value',
            data=melted, ci=None, ax=ax1)

predicted = (smf.ols("d2 ~ x_sq", data=magic)
                .fit()
                .predict())
actual = comparison['d2']
sns.distplot(predicted - actual, rug=True,
             norm_hist = True, ax=ax2)
```

```
ax2.set_title('histogram')
ax2.set_xlim(-3,3)
ax2.set_ylim(0,.45)
ax2.set_ylabel('residual');
```

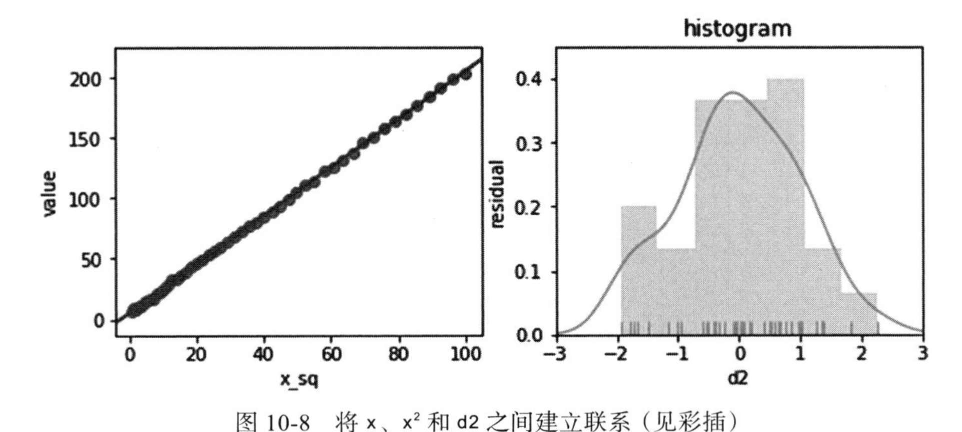

图 10-8　将 x、x^2 和 d2 之间建立联系（见彩插）

残差看起来很棒。通过对特征的相关操作，我们可以调整特征和目标之间不寻常的非线性关系。

10.7.2　对目标的相关操作

我们可以做一个类似的练习，明确何时应该尝试对目标进行操作。在这里，将在关系中注入明显属于不同类型的噪声。

In [50]:

```
x = np.linspace(1,10,50)

n1 = np.random.normal(size=x.shape)
n2 = .5*x*np.random.normal(size=x.shape)

comparison = pd.DataFrame({"x"  : x,
                           "d1" : 2*x+5+n1,
                           "d2" : 2*x+5+n2})

comparison['x'] = x
melted = pd.melt(comparison, id_vars=['x'])
```

同样，得到的两个结果各不相同，如图 10-9 所示。

In [51]:

```
sns.lmplot(x='x', y='value',
           data=melted, col='variable', ci=None,
           size=3);
```

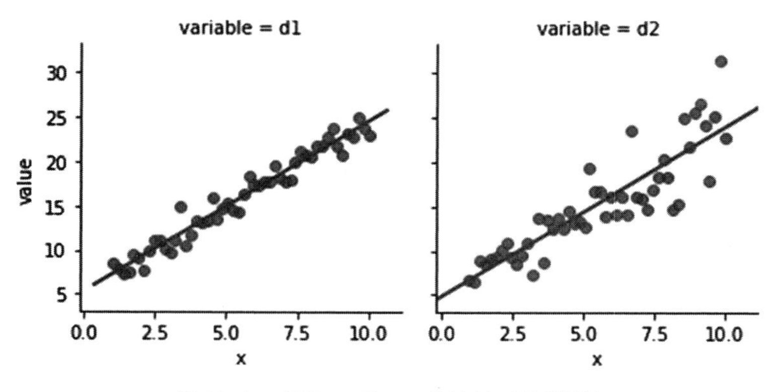

图 10-9 变量 d1 和 d2 的比较（见彩插）

图 10-9 右图中的 d2 似乎有明显的差异。这里并没有解释数据是如何生成的，但是先来关注一下所看到的结果。从点到直线的垂直距离的误差随着 x 的增加而增大。图 10-10 是 d1 和 d2 的残差直方图。

In [52]:

```
fig, axes = plt.subplots(1,2,figsize=(8,3))
for ax, variable in zip(axes, ['d1', 'd2']):
    predicted = (smf.ols("{} ~ x".format(variable), data=comparison)
                    .fit()
                    .predict())
    actual = comparison[variable]
    sns.distplot(predicted - actual, norm_hist=True, rug=True, ax=ax)
    ax.set_xlabel(variable)
    ax.set_ylabel('residual')

fig.tight_layout();
```

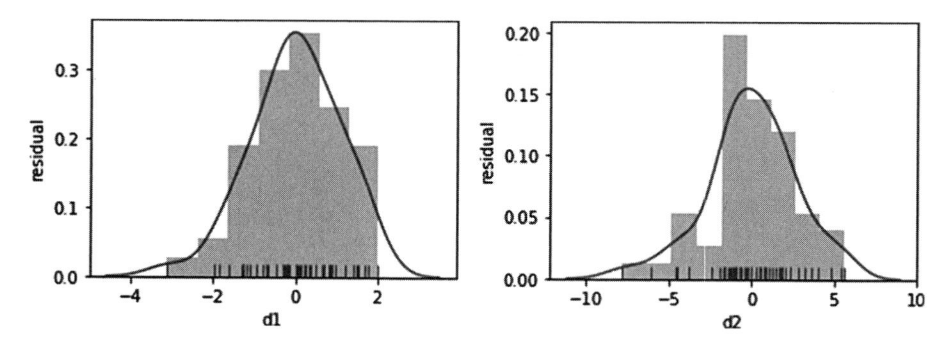

图 10-10 d1 和 d2 的残差直方图（见彩插）

同样，请读者不要惊慌，尽量保持镇定。相反，让我们尝试通过获取目标的对数来执行一些转换，如图 10-11 所示。

In [53]:

```
magic = pd.DataFrame({"log_d2" : np.log(comparison['d2']),
                      "x"      : x})
melted = pd.melt(magic, id_vars=['x'])

fig, (ax1, ax2) = plt.subplots(1,2,figsize=(8,3))
sns.regplot(x='x', y='value', data=melted, ci=None, ax=ax1)

predicted = (smf.ols("log_d2 ~ x", data=magic)
                .fit()
                .predict())
actual = magic['log_d2']
sns.distplot(predicted - actual, rug=True, ax=ax2)

ax2.set_title('histogram')
ax2.set_xlim(-.7, .7)
ax2.set_ylim(0,3)
ax2.set_ylabel('residual');
```

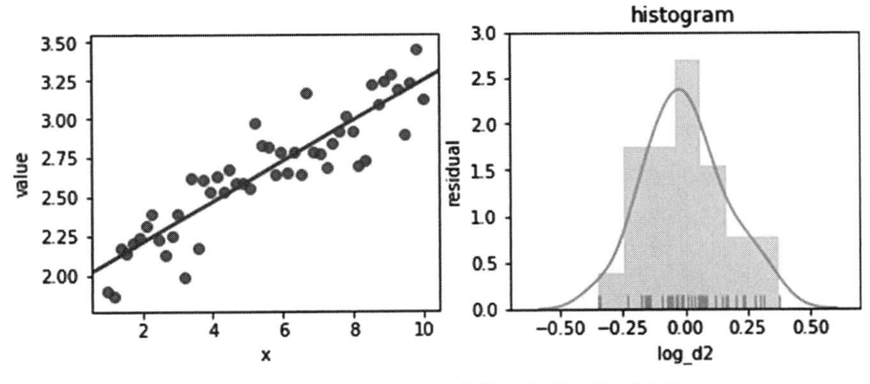

图 10-11　获取目标的对数执行转换（见彩插）

残差现在表现得很好。虽说这些例子有些人造的痕迹。在实际运用中，通过简单的转换并不一定总是会观察到这种改进。但是既然转换很易于实现，建议试一试，也许可能会从中得到一些改进。

10.8　本章参考阅读资料

10.8.1　本章小结

本节以非常不同的方式扩充了工具箱。现在可以解决数据本身的问题了。这些方法非常有用：无论采用何种机器学习方法，这些特征工程的实施步骤都是必要的。然而，这些方法也有一定的局限性。它们需要人工干预，并且需要注意这些方法所产生的过拟合现象，特征工程只是片面地解释了目标和特征之间的关系。当我们开始处理明显非表格形式的数据（例如图像和文本）时，也需要对这些方法做进一步的补充。

10.8.2 章节注释

`sklearn` 有一个规范化函数，其目的是使表格各行值的总和为 1。这与我们之前的处理方式有所不同：我们之前讨论的都是列的规范化。

我们简要地讨论了稀疏数据存储。可以编写一些机器学习方法来充分利用稀疏性，这些方法都将未填充的值视为 0，从而避免对这些数据项进行不必要的数学运算。目前为止，作者还没有在 `sklearn` 中找到一个可以处理稀疏数据的便捷的方法列表。读者必须在相关文档中自己查找这些方法。

我们已经讨论了独热编码（也称为哑变量编码，或者治疗编码）。还有其他编码分类变量的方法可以避免截距问题。这些方法被称为对照编码模式（contrast coding scheme）。对照编码模式不依赖一对一方法，而是将一个值作为基线，并将其他值与之进行比较。通过采用隐式基线，对照编码模式不存在上面讨论的共线性问题。

使用网络搜索引擎 Google 进行快速搜索，读者将获得有关 `patsy` 和 `statsmodels` 的相关文档。

- https://patsy.readthedocs.org/en/latest/quickstart.html。
- http://statsmodels.sourceforge.net/devel/example_formulas.html。
- http://statsmodels.sourceforge.net。

读者将在统计文献中找到大量关于特征工程数据转换的信息。通常仅限于讨论线性回归。以下是几个例子。

- *Data Transformation* from https://onlinecourses.science.psu.edu/stat501/node/318。
- Chapter 8 of *Practical Regression and Anova in R* by Faraway。
- Section 2.2.4 of *Advanced Data Analysis from an Elementary Point of View* by Shalizi。

10.8.3 练习题

1. 当试图预测目标时，哪些方式可能会在特征中引入意料之外的关系，从而带来不应有的优势？换而言之，如果特征代表了一种严重的过拟合，这种过拟合可能在训练中起作用，但在实践中却会严重失败，请问应该如何处理？

2. 哪些知识示例可能导致我们从数据集中手动选择特征？在一个大的数据集中，可能存在许多不同的预测问题，从不同的特征集到不同的目标。根据目标，我们可能会受到逻辑、法律、科学或者其他因素的不同约束。因此，请读者充分发挥创造力！

3. 基于一种方法的特征选择，然后使用其他方法进行机器学习，请研究其中的建模机制。例如，使用套索回归（L_1 - 正则化）执行特征选择，然后使用不是基于线性回归的方式建模（例如 k – 最近邻回归或者决策树回归器）。

4. 假设有多模态数据，即特征值形成双峰（或者更多）峰。标准化这些数据时会发生什么？请进行尝试！可以通过合并两个不同正态分布的结果（例如，一个均值为 5，一个均值为 10）来创建两个峰值。

5. 我们对 iris 数据做了一些基本的离散化处理。请问可以进一步改进吗？提示：尝试构建一个决策树分类器并查看该分类器所使用的分割点。手动应用其中一些离散化处理，然后尝试使用一个不同的分类器作对比。

6. 使用 `mystery_df`（如下代码所示），绘图以将特征 `x` 与其他特征进行对比。现在，尝试获取 `x` 或者其他变量的对数值（`np.log`），然后绘制这些值。通过这种方法，应该能够直观地评估线性回归是否适用于这些图形。请问在什么情况下线性回归会成功？

In [54]:
```
x = np.linspace(1,8,100)
n1 = np.random.normal(size=x.shape)
n2 = x * np.random.normal(size=x.shape)

mystery = {'m1':5 + n1,
           'm2':5 + n2,
           'm3':x + n1,
           'm4':x + n2,
           'm5':np.log2(x) + n1,
           'm6':np.log2(x) + n2,
           'm7':np.exp2(x + n1),
           'm8':np.exp2(x + n2)}

mystery_df = pd.DataFrame(mystery)
mystery_df['x'] = x
```

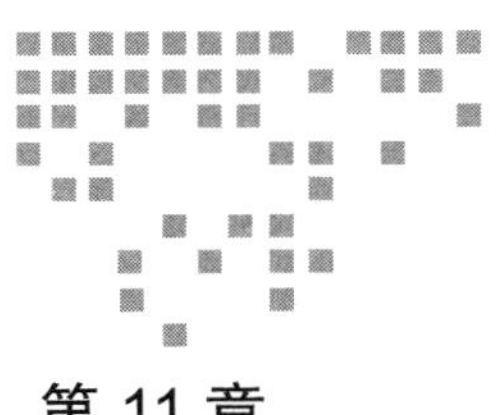

Chapter 11 第 11 章

调整超参数和管道技术

In [1]:

```
# 环境设置
from mlwpy import *
%matplotlib inline

iris     = datasets.load_iris()
diabetes = datasets.load_diabetes()
digits   = datasets.load_digits()
```

我们已经在第 5.2.2 节中介绍了模型、参数和超参数。本节将再次对这些概念进行讨论，主要有以下两个原因。首先，想让读者理解以下两点的具体类比：（1）如何通过改变代码和改变参数等不同方式编写简单的 Python 函数，以及（2）学习模型如何使用其中的参数和超参数。其次，我们将注意力转向选择良好的超参数。当对模型进行拟合时，选择的是良好的参数。我们需要某种良好定义的过程来选择良好的超参数。我们将介绍两种类型的搜索服务：GridSearch（网格搜索）和 RandomizedSearch（随机搜索）。搜索是解决问题或者优化问题的一种非常通用的方法。通常，在无法使用数学理论进行清晰表述的领域中，搜索是一种通用的方法。然而，经过权衡所得到的答案并不一定是绝对最佳答案。相反，与启发式方法一样，我们希望答案足够好。

所有这些讨论将使我们能够更深入地研究如何构建端到端连接的多个机器学习组件的管道（pipeline）技术。通常，如果要正确地使用管道，则需要为管道的组件找到良好的超参数。因此，在深入探讨管道技术的同时，本节还将讨论 sklearn API 搜索技术。

11.1　模型、参数、超参数

如果读者需要回顾与模型、参数和超参数相关的术语，请参阅第 5.2 节。本节借助一个从非常原始的 Python 函数所构建的具体类比，来扩展对模型、参数和超参数相关术语的讨论。

构造机器（包括物理计算机和软件程序）的困难之一是通常存在有多种方法，因而难以做出最终的抉择。下面是一个简单的例子。

In [2]:

```
def add_three(x):
    return 3 + x
def add(x, y):
    return x + y

add(10,3) == add_three(10)
```

Out[2]:

```
True
```

每当计算依赖于一个值（在本示例中为 3）时，可以采用以下两种处理方式：（1）对该值进行硬编码，例如 add_three，或者（2）在运行时通过传递参数提供该值，例如 add(10, 3) 中的 3。我们可以将这个想法与工厂机器学习模型及其旋钮联系起来。如果旋钮在机器的侧面，则在安装模型时可以调整该值。这个场景类似于 add(x, y)：及时提供信息。如果一个值固定在盒子内，那么它就是机器学习模型中固定内部组件的一部分，这种情况就类似于 add_three(x) 方法，其中 3 是实现代码中的固定部分。当安装这个特殊的学习机器时，我们不能调整这个组件。

接下来是另一种构造加 3 的加法器方法。我们可以创建一个返回函数的函数。方法是将内部组件的值传递给函数生成器。函数生成器将在构造我们想要使用的新函数时使用这个内部值。这个场景就像是建造一台工厂机器的过程。在机器制造过程中，可以组合任意数量的内部齿轮、小部件和小装置。一旦构建之后，该机器就是固定的、具体的、不变的；我们将不再对其内部进行任何修改。

下面是一些实现代码。

In [3]:

```
def make_adder(k):
    def add_k(x):
        return x + k
    return add_k

# 用于创建函数的函数调用
three_adder = make_adder(3)

# 使用创建的函数
three_adder(10) == add_three(10)
```

Out[3]:

```
True
```

所以，好消息是实现方法起了作用。坏消息可能是我们并不知道为什么实现方法能起作用。首先分析第7行中发生的事情：three_adder = make_adder(3)。当调用 make_adder(3) 时，会触发函数调用的常规机制。3与 make_adder 函数中的名称 k 相关联。然后，我们在 make_adder 中执行代码。该函数执行以下两种处理：定义函数 add_k()，然后返回值 add_k。这两个步骤几乎就像一个有两行代码的函数：m=10，然后 return 10。不同之处在于我们定义了一个名称 add_k，其值是一个函数，而不仅仅是一个简单的 int。

好的，那么定义 add_k 意味着什么呢？它是带一个参数 x 的函数。传递给 add_k 的任何值都将被累加到传递给 make_adder 的 k 值。但是这个特殊的 add_k 不能为 x 添加任何其他的内容。从这个函数的角度来看，k 是一个恒定不变的常量值。获得不同加法器的唯一方法是再次调用 make_adder 并创建不同的函数。

让我们总结一下从 make_adder 函数所获得的信息。

- 返回的内容（严格来说，返回的是一个 Python 对象）是一个带一个参数的函数。
- 当调用返回的函数时，该函数执行以下操作：（1）计算 k 与它所调用值的累加和，（2）返回该累加值。

可以将其与我们的机器学习模型联系起来。当调用 KNeighborsClassifier(3) 时，这与执行 make_adder(3) 的操作相类似。其结果返回一个具体的对象，该对象把3内置到其算法中，我们可以调用其 .fit 方法进行拟合。如果需要5-最近邻，那么需要使用不同的调用（KNeighborsClassifier(5)）构造一个新的学习机器，就像构造一个 five_adder 需要调用 make_adder(5) 一样。现在，在 three_adder 和 five_adder 的情况下，读者可能会强烈建议只需使用 add(x, y) 一个函数就可以实现所有功能。但是对于 k-最近邻而言，就不能使用一个函数实现所有的功能。算法内部不允许这样的设计方式。

那么到底需要注意哪些事项呢？作者提出了固定行为与参数驱动行为的概念，以说明以下几点内容。

（1）创建模型后，不要修改学习机器的内部状态，但是可以修改旋钮的值以及侧输入托盘的输入内容（如第1.3节所示）。

（2）训练步骤为我们提供了首选的旋钮设置和输入托盘内容。

（3）如果对训练后的测试结果不满意，也可以选择一台内部结构完全不同的学习机器。甚至可以从 k-最近邻转换为线性回归。或者，可以停留在同一类学习机器中，只是改变超参数：从3-最近邻切换到5-最近邻。这是第5.2.2节中所阐述的模型选择过程。

11.2 调整超参数

接下来我们将讨论如何在 sklearn 的帮助下选择好的超参数。

11.2.1　关于计算机科学和机器学习术语的说明

在计算机科学术语的一个不幸的怪癖中，当描述进行函数调用的过程时，术语 parameters 和 arguments 经常会互换使用。但是，从最严格的意义上讲，这两个参数有更具体的含义：arguments（实际参数）是传递到调用中的实际值，而 parameters（形式参数）是在函数中接收值的占位符。为了清楚这些术语，一些技术文档使用名称“实际参数（actual argument/parameter）”和“形式参数（formal argument/parameter）”。为什么我们要关心其区别呢？因为当开始谈论调整超参数时，读者很快就会听到人们谈论*参数调整*（parameter tuning）。然后，读者会认为我们一直在撒谎，说通过超参数选择设置的内部工厂机器部件与通过参数优化设置的外部工厂机器部件（旋钮）之间存在差异。

在本书中，我们专门使用了计算机科学家的术语*参数*（argument）。这是为了避免和机器学习参数（learning parameter）和超参数（hyperparameter）术语发生冲突。我们将继续使用参数（parameter，在训练时被优化）和超参数（hyperparameter，通过交叉验证进行调整）。请注意，sklearn 文档和函数参数名称通常具有以下约定：（1）将超参数缩写为 param，或者（2）在计算机科学意义上使用 param。无论这两种情况下的哪一种，在下面的代码中，我们都将讨论学习构造函数的实际参数（actual argument），例如在 k – 最近邻机器中为 $k=3$ 指定一个值。在机器学习领域，则表示将 k – 最近邻的超参数设置为 3。

11.2.2　关于完整搜索的示例

为了避免变得过于抽象，让我们看一个具体的例子。KNeighborsClassifier 有许多参数可供调用。大多数参数都是超参数，用于控制我们创建的 KNeighborsClassifier 的内部操作。示例代码如下所示。

In [4]:

```
knn = neighbors.KNeighborsClassifier()
print(" ".join(knn.get_params().keys()))
```

```
algorithm leaf_size metric metric_params n_jobs n_neighbors p weights
```

除了 n_neighbors 之外，我们还没有深入讨论过其他参数。参数 n_neighbors 控制 k – 最近邻学习模型中的 k。读者可能还记得，最近邻的一个关键问题是确定不同样例之间的距离。这个关键问题由 metric（度量）、metric_params（度量参数）和 p.weights（权重）的某些组合来精确控制。权重决定了如何将邻居们组织起来以得出最终答案。

1. 评估单个超参数

在第 5.7.2 节中，我们手动比较了 k 和 n_neighbors 的几个不同值。在例举更复杂的示例之前，首先使用内置 sklearn 支持的网格搜索 GridSearch 来重新编写该示例。

In [5]:

```
param_grid = {"n_neighbors" : [1,3,5,10,20]}
```

```
knn = neighbors.KNeighborsClassifier()
# 警告！此处代码必须按如下方式准确编写
grid_model = skms.GridSearchCV(knn,
                               return_train_score=True,
                               param_grid = param_grid,
                               cv=10)

grid_model.fit(digits.data, digits.target)
```

Out[5]:

```
GridSearchCV(cv=10, error_score='raise-deprecating',
    estimator=KNeighborsClassifier(algorithm='auto', leaf_size=30,
        metric='minkowski', metric_params=None,
        n_jobs=None, n_neighbors=5, p=2, weights='uniform'),
    fit_params=None, iid='warn', n_jobs=None,
    param_grid={'n_neighbors': [1, 3, 5, 10, 20]},
    pre_dispatch='2*n_jobs', refit=True, return_train_score=True,
    scoring=None, verbose=0)
```

幸运的是，skms.GridSearchCV 的结果只是一个模型，因此我们已经知道如何运行该模型：调用该模型的 fit 方法。现在，该模型需要的时间大约是单个 k – 最近邻运行时间的五倍，因为我们运行这个模型需要五个 k 值。fit 的结果是一个相当庞大的 Python 字典。该字典包含超参数和各个交叉验证的组合数据项。幸运的是，使用 pd.DataFrame(grid_model.cv_results_) 可以把这些数据快速转换为 pd.DataFrame，结果如表 11-1 所示。

In [6]:

```
# 在.cv_results_中包含多列值
# 所有的参数也保存params列中（数据格式为字典形式）
param_cols = ['param_n_neighbors']
score_cols = ['mean_train_score', 'std_train_score',
              'mean_test_score', 'std_test_score']

# 使用head()查看前五个参数
df = pd.DataFrame(grid_model.cv_results_).head()

display(df[param_cols + score_cols])
```

表 11-1 将数据字典转换为 pd.DataFrame

	param_n_neighbors	mean_train_score	std_train_score	mean_test_score	std_test_score
0	1	1.0000	0.0000	0.9761	0.0180
1	3	0.9933	0.0009	0.9777	0.0161
2	5	0.9907	0.0005	0.9738	0.0167
3	10	0.9861	0.0011	0.9644	0.0208
4	20	0.9806	0.0018	0.9610	0.0233

我们可以挑出一些感兴趣的列，并通过所操作的参数对 DataFrame（数据帧）进行索引，结果如表 11-2 所示。

In [7]:

```
# 选择感兴趣的列:
# param_* 有点冗长
grid_df = pd.DataFrame(grid_model.cv_results_,
                       columns=['param_n_neighbors',
                                'mean_train_score',
                                'mean_test_score'])
grid_df.set_index('param_n_neighbors', inplace=True)
display(grid_df)
```

表 11-2　对数据帧进行索引

param_n_neighbors	mean_train_score	mean_test_score
1	1.0000	0.9761
3	0.9933	0.9777
5	0.9907	0.9738
10	0.9861	0.9644
20	0.9806	0.9610

我们还可以通过图形方式查看结果，如图 11-1 所示。

In [8]:

```
ax = grid_df.plot.line(marker='.')
ax.set_xticks(grid_df.index);
```

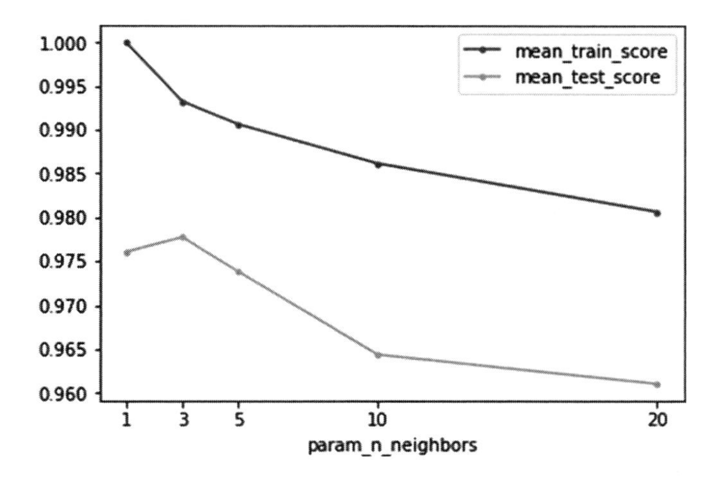

图 11-1　查看平均训练得分和平均测试得分（见彩插）

与第 5 章中手动操作相比，这种方法的一个好处是，我们不必手动管理任何结果收集。当我们开始尝试处理多个超参数时，就更能体现这种方法的优越性。

2. 对多个超参数进行评估

即使对于一个简单的 k - 最近邻模型，也存在很多可能性。如果读者查看相关文档，就将发现，n_neighbors 和 p 只要是整数即可。我们可以尝试许多不同的值。请记住，需要为所有这些组合管理训练集和测试集，这是一个整体交叉验证的过程。否则，就有可能使用某些特定的超参数对数据进行过拟合，因为我们从未对新数据进行过评估。

如果手动尝试一个包含三个参数的模型，并且使用简单而粗暴的 Pythonic 伪代码方式，那么代码如下所示。

In [9]:

```
def best_model_hyper_params(make_a_model,
                            some_hyper_params,
                            data):
    results = {}
    for hyper_params in it.combinations(some_hyper_params):
        for train,test in make_cv_split(data):
            model = make_a_model(*hyper_params).fit(train)
            key = tuple(hyper_params)
            if key not in results:
                results[key] = []
            results[key].append(score(test, model.predict(test)))
            # 或者，也可以使用这句话来代替前面的4行代码：
            # (results.setdefault(tuple(hyper_params), [])
            #          .append(score(test, model.predict(test)))

    best_hp = max(results, key=results.get)
    best_model = make_a_model(*best_hp).fit(data)
    return best_model

def do_it():
    model = pick_a_model # 例如：k-NN

    some_hyper_params = [values_for_hyper_param_1, # 例如：n_neighbors=[]
                         values_for_hyper_param_2,
                         values_for_hyper_param_3]

    best_model_hyper_params(model_type,
                            some_hyper_params,
                            data)
```

幸运的是，评估超参数是设计和构建机器学习系统的一项常见任务。因此，我们不必自己编写代码。假设需要尝试表 11-3 所示的超参数的所有组合。

表 11-3　超参数的所有组合

超参数	取值
n_neighbors	1, ⋯, 10
weights	*uniform*, *distance*
p	1, 2, 4, 8, 16

关于表 11-3 有如下两点注释。

（1）distance（距离）表示邻居的贡献是由这些邻居与当前点的距离来衡量的。uniform（均匀）表示所有的邻居都被认为是一样的，没有权重。

（2）p 是闵可夫斯基距离（Minkowski distance）构造函数的参数。我们在第 2 章的注释中进行过简单的讨论。只需知道 $p=1$ 是曼哈顿距离（类似于 L_1），$p=2$ 是欧几里得距离（类似于 L_2），更高的 p 接近一种称为无穷范数的概念。

下面的代码执行一些设置，以尝试对一个 k – 最近邻模型进行各种组合。该代码没有涉及实际的处理过程。

In [10]:

```
param_grid = {"n_neighbors" : np.arange(1,11),
              "weights"     : ['uniform', 'distance'],
              "p"           : [1,2,4,8,16]}

knn = neighbors.KNeighborsClassifier()
grid_model = skms.GridSearchCV(knn, param_grid = param_grid, cv=10)
```

这段代码将比我们以前的调用花费更长的时间来拟合带有网格搜索的 k – 最近邻，因为我们正在拟合 $10\times2\times5\times10=200$ 个总模型（最后 10 个来自交叉验证步骤中的多次拟合）。但好消息是所有的繁重处理都会自动完成。

In [11]:

```
# 在作者老旧的笔记本电脑上手写数字数据集需要大约30分钟
# %timeit -r1 grid_model.fit(digits.data, digits.target)
%timeit -r1 grid_model.fit(iris.data, iris.target)
```

```
1 loop, best of 1: 3.72 s per loop
```

调用 `grid_model.fit` 后，我们得到大量可以研究的结果。这可能有点难以处理。Pandas 可以让我们获取可能感兴趣的东西：哪些模型，也就是说，哪些超参数集表现得最好？这次我们将以一种稍微不同的方式提取值，结果如表 11-4 所示。

In [12]:

```
param_df = pd.DataFrame.from_records(grid_model.cv_results_['params'])
param_df['mean_test_score'] = grid_model.cv_results_['mean_test_score']
param_df.sort_values(by=['mean_test_score']).tail()
```

Out[12]:

表 11-4 以不同的方式提取值

	n_neighbors	p	weights	mean_test_score
79	8	16	distance	0.9800
78	8	16	uniform	0.9800
77	8	8	distance	0.9800
88	9	16	uniform	0.9800
99	10	16	distance	0.9800

仔细查看和分析一下结果最好的几项（而不仅仅结果最好的一项），因为在通常情况下，有几个模型具有类似的性能。这种启发是颇有益处的，因为当读者看到这一点时，就会明白不要在一个“最好”的分类器上投入太多。然而，在某些情况下，肯定会有一个明显的赢家。

我们可以通过拟合 grid_model 的属性来访问最佳模型、模型的参数和总体得分。关于结果的一个非常重要和微妙的警告：这是一个使用最佳超参数创建的新模型，然后重新拟合整个数据集。读者是否持怀疑态度？以下内容摘自 GridSearchCV 的 sklearn 文档中有关 refit 参数的描述：重新拟合的估计器包含在 best_estimator_ 属性中，并允许在此 GridSearchCV 实例上直接使用 predict。

因此，我们可以查看网格搜索过程的结果。

In [13]:

```
print("Best Estimator:", grid_model.best_estimator_,
      "Best Score:",     grid_model.best_score_,
      "Best Params:",    grid_model.best_params_, sep="\n")
```

```
Best Estimator:
KNeighborsClassifier(algorithm='auto', leaf_size=30, metric='minkowski',
                     metric_params=None, n_jobs=None, n_neighbors=8, p=4,
                     weights='uniform')
Best Score:
0.98
Best Params:
{'n_neighbors': 8, 'p': 4, 'weights': 'uniform'}
```

这个过程执行以下操作：（1）使用网格搜索查找好的超参数，然后（2）在整个数据集上训练使用这些超参数构建的单个模型。我们可以将此模型用于其他新数据，并执行最终的保留测试评估。

下面是 GridSearchCV 使用的随机化的简要说明。关于对 KFold 和相关技术进行混排，sklearn 文档强调了如下的内容：random_state 参数默认为 None，这意味着每次迭代 KFold(…, shuffle=True) 时，将得到不同的混排结果。但是，GridSearchCV 将对每组参数使用相同的混排，这些参数是通过对其 fit 方法的单个调用进行验证的结果。

一般来说，我们希望得到这种一致性。我们希望对参数进行比较，而不是可能的交叉验证数据分割上的随机样本。

11.2.3　使用随机性在大海捞针

如果有许多超参数，或者如果单个超参数的取值范围很大，那么可能无法完全尝试所有的组合。由于随机化的美妙之处，我们可以以不同的方式尝试所有的组合。可以指定超参数的随机组合（比如一副牌的不同组合），并要求尝试其中一些组合。有两种方法可以指定这些组合。一种方法是提供一个值列表；这些值都是均匀采样，就像投掷骰子一样。另一种方法稍微有点复杂：我们可以使用 scipy.stats 中的随机分布。

在不进行深入探讨的情况下，我们可以考虑以下四个具体的选项。

- 对于希望具有较小值而不是较大值的超参数，可以尝试 ss.geom。此函数使用几何分布，可以产生快速下降的正值。这取决于在投掷硬币时要等多久才能看到一个正面。很长一段时间看不到正面的概率很小。
- 如果有一个需要均匀采样的值范围（例如，任何介于 -1 和 1 的值，与任何范围值一样），那么可以使用 ss.uniform。
- 如果需要尝试正态分布的超参数值，请使用 ss.normal。
- 对于简单整数，请使用 randint。

sklearn 使用 RandomizedSearchCV 执行超参数值的随机滚动。在内部，该方法在 scipy.stats 分布上使用 .rvs(n) 方法。因此，如果定义了具有 .rvs(n) 方法的内容，则可以将其传递给 RandomizedSearchCV。请注意，作者本人对任何结果不负责任。

In [14]:

```
import scipy.stats as ss
knn = neighbors.KNeighborsClassifier()
param_dists = {"n_neighbors" : ss.randint(1,11), # 区间[1,10]中的值
               "weights"     : ['uniform', 'distance'],
               "p"           : ss.geom(p=.5)}

mod = skms.RandomizedSearchCV(knn,
                              param_distributions = param_dists,
                              cv=10,
                              n_iter=20) # 需要采样的次数?

# 拟合20个模型
%timeit -r1 mod.fit(iris.data, iris.target)
print(mod.best_score_)
```

```
1 loop, best of 1: 596 ms per loop
0.98
```

11.3　递归的神奇世界：嵌套交叉验证

聪明的读者（您可能是他们中的一员）也许在思考一些事情。如果我们考虑许多可能的超参数集合，有可能会导致过拟合吗？让作者来揭晓答案吧：答案是肯定的。但读者也许会说，“那保

留测试集会这样吗?”事实上，如果看到在保留测试集的表现不佳时，我们的研究就失败了。这意味着我们偷看了用于验证的保留数据。此时需要一个替代方案来处理超参数调整中的过拟合，同时深入了解评估的可变性和鲁棒性。关于具体将如何做，这里将给出两个提示。首先，*Search模型只是模型，可以像使用其他简单模型一样使用这些模型。我们给这些模型提供数据，对其进行拟合，然后使用这些模型进行预测。其次，通过交叉验证解决了评估性能相对于参数的可变性的问题。请读者尝试结合这些想法：首先把网格搜索作为一个模型，然后通过交叉验证进行评估。

首先需要重新清楚地定义这个问题。作为提醒，在开始考虑超参数和 *Search 之前，需要对参数、训练和验证进行设置。当使用 $C=1.0$ 对一个常用模型（3 – 最近邻或者支持向量机）进行拟合（例如，在训练集上），并在验证集上对其进行评估时，由于选择训练集和验证集的随机性，我们具有可变性。我们可能会选择表现好或者表现差的一对数据。我们真正想知道的是，对随机选择的其中一个数据的期望是什么。

这个场景类似于从一个班级中挑选一个学生，使用该学生的身高来代表整个班级的身高。结果不会太理想。然而，对班上许多学生的身高进行平均比随机选择的学生身高具有更好的估计结果。在我们的学习案例中，进行了多次训练 – 测试数据拆分，并对其结果进行平均，以了解系统在随机选择的训练 – 测试数据拆分上的表现。除此之外，还得到了可变性的度量。我们可能会看到性能结果的紧密聚类；在取得了一些良好的性能结果之后，可能会看到机器学习性能的急剧下降。

11.3.1 重温交叉验证

现在，我们感兴趣的是将整个方法（整个网格搜索过程）封装在交叉验证中。这似乎有点耗费脑力，但图 11-2 应该会有所帮助。该图显示了在通用模型上使用通常的扁平式交叉验证时的情况。如果决定对模型的交叉验证性能满意，就可以返回并使用所有非保留数据对其进行训练。最终的训练模型就是我们想要用来对未来做出新预测的模型。

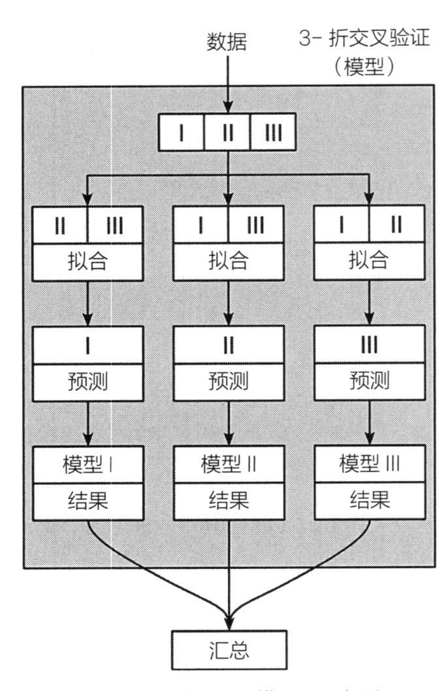

图 11-2 在通用模型上实施扁平式交叉验证

如果使用像线性回归（LR）这样的原始模型或者网格搜索产生的更复杂模型作为通过交叉验证评估的模型，则没有什么大的区别。如图 11-2 所示，两者都只是填写交叉验证运行的模型。然而，其内部执行的操作却截然不同。

复杂的部分发生在网格搜索框的内部。在一个框内，由一组超参数构建的内部机器学习模型使用一个完全独立的拟合过程。如果调用 GridSearchCV (LinearRegression)，那么在框中拟合线性回归参数。如果调用 GridSearchCV(3-NN)，那么在框中构建用于进行预测的邻居表。但无论哪种情况，网格搜索交叉验证 GridSearchCV 的输出都是一个可以评估的模型。

11.3.2　作为模型的网格搜索

调用 fit 的常用模型是完全定义的模型：通过选择模型和超参数使其具体化。那么，当在网格搜索交叉验证巨型模型上调用 fit 时会发生什么？当在线性回归模型上调用 fit 时，得到了一组内部参数权重的值，这些值是是给定训练集的首选最佳值。当调用 k – 最近邻的 n_neighbors 上的 GridSearchCV 时，将会得到一个 n_neighbors，它是给定训练数据的超参数的首选值。二者在不同的层面上做着同样的事情，如图 11-3 所示。

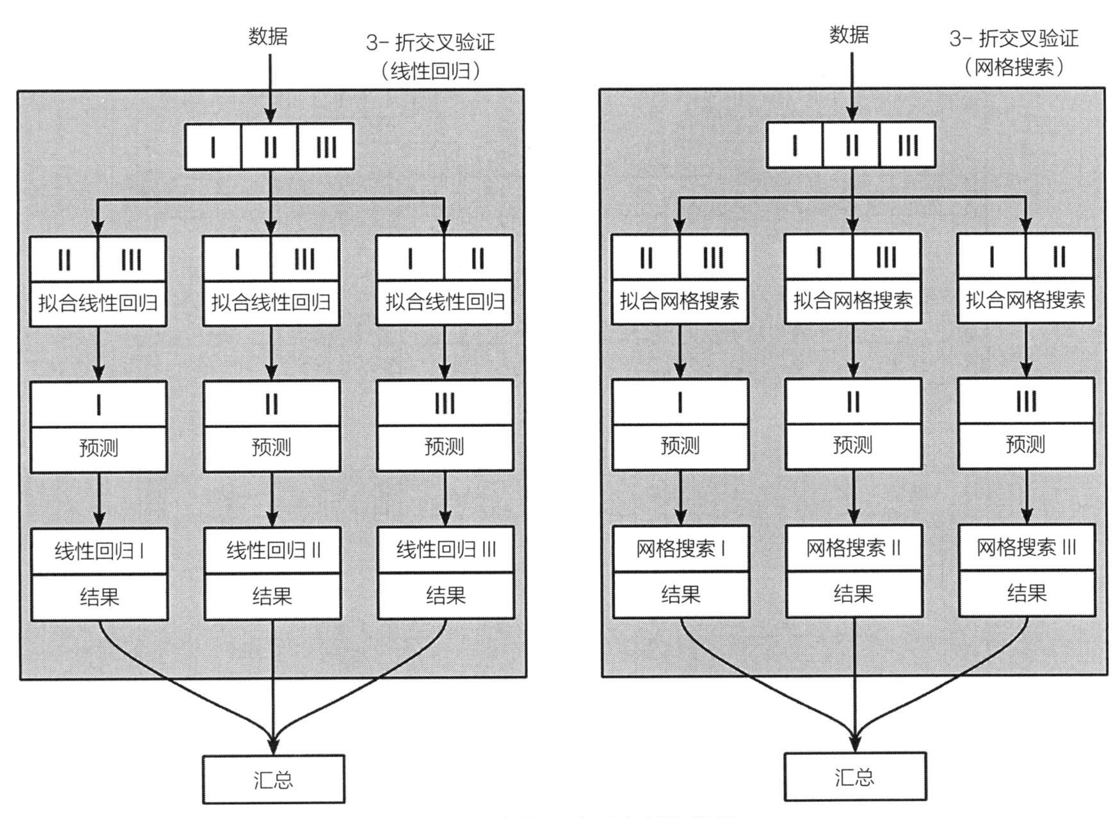

图 11-3　在交叉验证中封装模型

图 11-3 显示了一个双超参数网格搜索的图形视图，突出显示了方法的输出：拟合模型和良好的超参数。该图还显示了交叉验证作为网格搜索内部组件的使用方式。单个超参数的交叉验证会导致对该超参数和模型组合的评估。然后，比较几种此类评估，以选择一个首选的超参数。最后，首选超参数和所有的输入数据用于训练（相当于通常的拟合操作）最终模型。输出是一个拟合模型，就像调用 LinearRegression.fit 后同样的结果。

11.3.3 交叉验证中嵌套的交叉验证

*SearchCV 函数足够智能，可以对它们尝试的所有模型和超参数组合进行交叉验证。这种交叉验证非常棒：它可以避免我们在拟合单独的模型和超参数组合时，产生所谓的“应试教育”。然而，这不足以保护在测试网格搜索交叉验证本身时避免“应试教育”的影响。为了做到这一点，我们需要将这种交叉验证置于它自己的交叉验证封装器中。结果是一个嵌套的交叉验证（nested cross-validation）。图 11-4 显示了 5－折外交叉验证和 3－折内交叉验证的数据拆分。

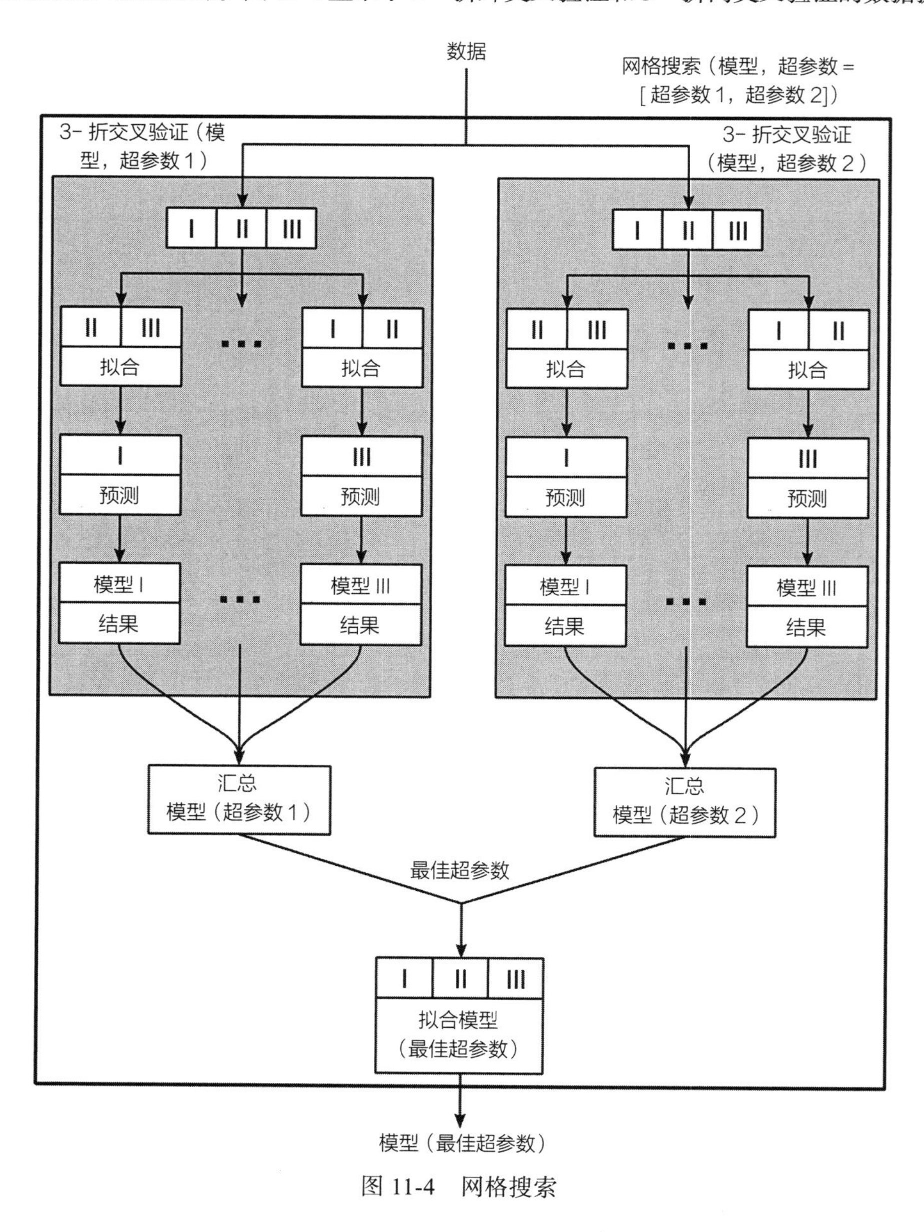

图 11-4 网格搜索

外部交叉验证使用大写字母表示。内部交叉验证拆分由罗马数字表示。外部交叉验证的一个序列工作流程如下：利用从部分外部交叉验证数据（B、C、D、E）中选择的内部交叉验证数据（Ⅰ、Ⅱ、Ⅲ），通过交叉验证找到一个好的模型，然后对剩余的外部交叉验证数据（A）进行评估。具有超参数值的好模型是一个单一模型，拟合所有的数据（Ⅰ、Ⅱ、Ⅲ），来自 grid_model.best_*。

我们可以在不走极端的情况下实现嵌套的交叉验证。假设在网格搜索中执行 3 – 折交叉验证，也就是说，每个模型和超参数的组合被计算三次。如图 11-5 所示。

In [15]:

```
param_grid = {"n_neighbors" : np.arange(1,11),
              "weights"     : ['uniform', 'distance'],
              "p"           : [1,2,4,8,16]}

knn = neighbors.KNeighborsClassifier()
grid_knn = skms.GridSearchCV(knn,
                             param_grid = param_grid,
                             cv=3)
```

正如在没有交叉验证的参数级别发生的那样，现在我们无意中缩小了对该数据集有效的超参数的范围。为了撤销此窥视，我们可以将 GridSearchCV(knn) 封装在包含 5 – 折的交叉验证的另一层中。

In [16]:

```
outer_scores = skms.cross_val_score(grid_knn,
                                    iris.data, iris.target,
                                    cv=5)
print(outer_scores)
```

```
[0.9667 1.     0.9333 0.9667 1.    ]
```

在上述例子中，我们对 5×3 嵌套交叉验证策略（也称为双交叉策略）使用了 3 – 折交叉验证的 5 – 折重复。这里之所以选择这些数字是为了让示例和图更清晰。然而，嵌套交叉验证最常见的是 5×2 交叉验证方案，该方案由 Tom Dieterich 推广。数字 5 和数字 2 本身并不神奇，但 Dieterich 确实为这两个数字提供了一些应用依据。为内部循环选择值 2 是因为它使训练集不相交：训练集完全不会重叠。选择值 5 是因为 Dieterich 发现重复次数越少，值的变异性差异就越大，因此需要多次重复才能得到可靠的、可重复的估计值。但是如果超过 5 次重复时，分割之间就会有太多的重叠，从而牺牲了训练集之间的独立性，因此估计值之间的相关性越来越大。所以，5 次重复是这两个相互竞争的标准之间的一个令人满意的折中选择。

11.3.4 关于嵌套交叉验证的注释

为了理解刚才发生的事情，首先扩展一下前面的 11.2.2 节中编写的网格搜索伪代码。

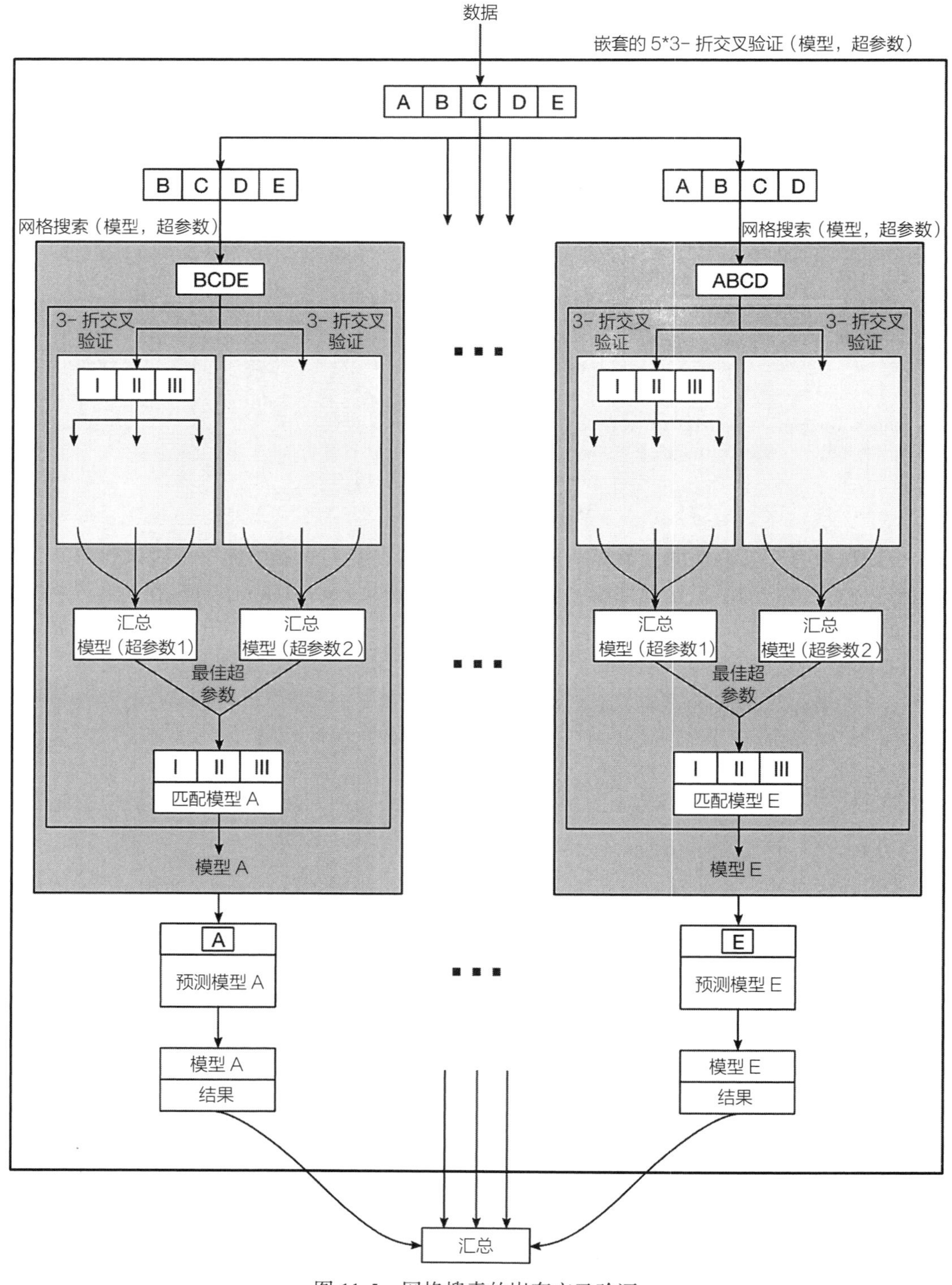

图 11-5 网格搜索的嵌套交叉验证

In [17]:

```
def nested_cv_pseudo_code(all_data):
    results = []
    for outer_train, test in make_cv_split(all_data):
        for hyper_params in hyper_parameter_possibilities:
            for train, valid in make_cv_split(outer_train):
                inner_score = evaluate(model.fit(train).predict(valid))
        best_mod = xxx # 选择inner_score最佳的模型
        preds = best_model.fit(outer_train).predict(test)
        results.append(evaluate(preds))
```

让我们回顾一下扁平式交叉验证的流程。在机器学习的训练阶段设置参数，需要一个训练验证步骤来评估这些参数的性能。但是，实际上，需要交叉验证（多个训练 - 验证数据拆分），通过计算均值以生成更好的估计值，并评估这些估计值的可变性。我们必须将这个想法扩展到网格搜索。

当使用网格搜索选择超参数的首选值时，我们有效地确定了（或者在不同层次上优化了）这些超参数值。至少，需要使用网格搜索的训练 - 验证步骤来评估这些结果。然而，在现实中，我们希望更好地估计整个流程的性能。我们也想知道结果的确定性。如果再重复执行一次这个过程，请问会得到类似的结果吗？相似性可以表现在几个不同的方面：（1）预测是否相似？（2）整体表现是否相似？（3）所选的超参数是否相似？（4）不同的超参数是否会导致类似的性能结果？

在嵌套的交叉验证中，外部交叉验证告诉我们在通过网格搜索选择超参数的过程中可以预期可变性。这类似于通常的交叉验证。通常的交叉验证会告知我们当估计参数时，性能是如何在不同的训练 - 测试数据拆分中变化的。

正如我们不使用交叉验证来确定模型的参数（因为这些参数是由交叉验证中的训练步骤所设置的），我们也不使用网格搜索的外部交叉验证来选择最佳超参数。最好的超参数是在网格搜索内部确定的。交叉验证的外部级别只是为我们提供了一个更现实的估计，即当将这些内部级别选定的超参数用于最终模型时，这些超参数将如何工作。

相对于概念描述，嵌套交叉验证的实际应用更加容易。我们可以使用嵌套的交叉验证，实现代码如下所示。

In [18]:

```
param_grid = {"n_neighbors" : np.arange(1,11),
              "weights"     : ['uniform', 'distance'],
              "p"           : [1,2,4,8,16]}

knn = neighbors.KNeighborsClassifier()
grid_knn = skms.GridSearchCV(knn,
                             param_grid = param_grid,
                             cv=2)
```

```
outer_scores = skms.cross_val_score(grid_knn,
                                    iris.data,
                                    iris.target,
                                    cv=5)
# 打印输出结果
print(outer_scores)
```

```
[0.9667 0.9667 0.9333 0.9667 1.    ]
```

当我们随机拆分数据并将其传递到较低级别的超参数和参数计算中时，这些值显示了我们可以期望的机器学习性能。重复几次，就会得到可以期待的答案。反过来，这也告诉我们估计值可能有多大的变化。现在，可以根据网格搜索交叉验证中的参数对首选模型进行实际训练。

In [19]:

```
grid_knn.fit(iris.data, iris.target)
preferred_params = grid_knn.best_estimator_.get_params()
final_knn = neighbors.KNeighborsClassifier(**preferred_params)
final_knn.fit(iris.data, iris.target)
```

Out[19]:

```
KNeighborsClassifier(algorithm='auto', leaf_size=30, metric='minkowski',
                     metric_params=None, n_jobs=None, n_neighbors=7, p=4,
                     weights='distance')
```

我们对其性能的评估是基于刚刚执行的外部 5 – 折交叉验证。现在可以使用 `final_knn` 并根据新的数据进行预测，但应该先花点时间将其指向一个保留测试集（参见本章练习题）。

11.4 管道技术

在特征工程（第 10 章的任务）中，最大的局限之一是如何组织计算和遵守避免“应试教育”的规则。幸运的是，管道技术让我们能够同时实现这两个方面的要求。在第 7.4 节中曾经简要介绍过管道。本节将进一步讨论有关管道的一些细节，并展示管道如何与网格搜索集成在一起。

如果回到我们的工厂类比，可以很容易地想象将一台机器的输出连接到下一台机器的输入。如果这些部件中有一些是特征工程的步骤（例如第 10 章），我们就有一条非常自然的传送带。传送带方便地将样例从一个步骤移动到下一个步骤。

11.4.1 一个简单的管道

在最简单的示例中，我们可以从多个模型和转换器创建机器学习组件的管道，然后将该管道用作模型。`make_pipeline` 将其简化为一行代码调用。

In [20]:

```
scaler = skpre.StandardScaler()
logreg = linear_model.LogisticRegression()

pipe = pipeline.make_pipeline(scaler, logreg)
print(skms.cross_val_score(pipe, iris.data, iris.target, cv=10))
```

```
[0.8    0.8667 1.     0.8667 0.9333 0.9333 0.8    0.8667 0.9333 1.    ]
```

如果我们使用快捷的 make_pipeline，那么管道中步骤的名称是从步骤的 __class__ 属性生成的。例如：

In [21]:

```
def extract_name(obj):
    return str(logreg.__class__).split('.')[-1][:-2].lower()

print(logreg.__class__)
print(extract_name(logreg))
```

```
<class 'sklearn.linear_model.logistic.LogisticRegression'>
logisticregression
```

名称被翻译成小写字母，并且只保留最后一个英文句点（.）后的字母。结果产生的名称是 logisticregression，我们可以从以下代码中看到该名称。

In [22]:

```
pipe.named_steps.keys()
```

Out[22]:

```
dict_keys(['standardscaler', 'logisticregression'])
```

如果我们想自定义这些步骤的名称，可以使用定制功能更强大的 Pipeline 构造函数。

In [23]:

```
pipe = pipeline.Pipeline(steps=[('scaler', scaler),
                                ('knn', knn)])

cv_scores = skms.cross_val_score(pipe, iris.data, iris.target,
                                 cv=10,
                                 n_jobs=-1) # 针对所有的CPU
print(pipe.named_steps.keys())
print(cv_scores)
```

```
dict_keys(['scaler', 'knn'])
[1.     0.9333 1.     0.9333 0.9333 1.     0.9333 0.9333 1.     1.    ]
```

管道可以像任何其他 sklearn 模型一样使用，我们可以借助管道进行拟合和预测，还可以将管道传递给 cross_val_score。这个通用接口是 sklearn 最出彩的地方。

11.4.2 更复杂的管道

当在学习任务中添加更多步骤时，我们会从使用管道中获得更多的优越性。以下是一个使用管道的示例，其中有四个主要的处理步骤。

（1）数据标准化。

（2）创建特征之间的交互项。

（3）将这些特征离散化为“大 – 小”。

（4）将机器学习方法应用于所生成的特征。

如果必须手工处理，除非我们是资深编程人员，否则结果将是一堆杂乱无章的代码。接下来看看如何使用管道来实现学习任务。

关于第 10.6.3 节中开发的离散化器，下面是其简单的“大 – 小”实现代码。

In [24]:

```
from sklearn.base import TransformerMixin
class Median_Big_Small(TransformerMixin):
    def __init__(self):
        pass
    def fit(self, ftrs, tgt=None):
        self.medians = np.median(ftrs)
        return self
    def transform(self, ftrs, tgt=None):
        return ftrs > self.medians
```

我们可以将其与其他预构建的 sklearn 组件一起插入到管道中，实现代码如下所示。

In [25]:

```
scaler = skpre.StandardScaler()
quad_inters = skpre.PolynomialFeatures(degree=2,
                                       interaction_only=True,
                                       include_bias=False)
median_big_small = Median_Big_Small()
knn = neighbors.KNeighborsClassifier()

pipe = pipeline.Pipeline(steps=[('scaler', scaler),
                                ('inter',  quad_inters),
                                ('mbs',    median_big_small),
                                ('knn',    knn)])

cv_scores = skms.cross_val_score(pipe, iris.data, iris.target, cv=10)

print(cv_scores)
```

```
[0.6    0.7333 0.8667 0.7333 0.8667 0.7333 0.6667 0.6667 0.8    0.8   ]
```

这里对这些结果不做太多的评论，但积极鼓励读者将这些结果与应用于鸢尾花数据集问题的一些更简单的学习系统进行比较。

11.5 管道和调参相结合

当机器学习系统不是一个单一的组件时，使用自动化（*SearchCV 方法）来调整超参数的最大好处之一就显现出来了。通过多个组件，我们可以调整多组超参数。手工管理这些超参数将会混乱不堪。幸运的是，管道与 *SearchCV 方法配合得非常好，因为它们只是另一个（多组件）模型。

在上面的管道中，我们有点武断地决定使用二次项（二次多项式，例如 xy）作为模型的输入。最好使用交叉验证为多项式选择一个好的阶数，而不是随便挑选。这里的主要难点是，我们必须在希望使用 pipelinecomponentname__ 设置的参数之前加上前缀。这是组件的名称，后跟两个下划线。除此之外，网格搜索的步骤是相同的。创建管道的代码如下所示。

In [26]:

```
# 创建管道组件和管道
scaler = skpre.StandardScaler()
poly   = skpre.PolynomialFeatures()
lasso  = linear_model.Lasso(selection='random', tol=.01)
pipe = pipeline.make_pipeline(scaler,
                              poly,
                              lasso)
```

我们指定超参数名称和值，前缀为管道步骤名称。

In [27]:

```
# 指定要比较的超参数
param_grid = {"polynomialfeatures__degree" : np.arange(2,6),
              "lasso__alpha" : np.logspace(1,6,6,base=2)}

from pprint import pprint as pp
pp(param_grid)
```

```
{'lasso__alpha': array([ 2.,  4.,  8., 16., 32., 64.]),
 'polynomialfeatures__degree': array([2, 3, 4, 5])}
```

我们可以使用正常拟合方法来拟合模型。

In [28]:

```
# 设置iid=False，以隐藏警告信息
mod = skms.GridSearchCV(pipe, param_grid, iid=False, n_jobs=-1)
mod.fit(diabetes.data, diabetes.target);
```

管道中的每个步骤都有结果。

In [29]:

```
for name, step in mod.best_estimator_.named_steps.items():
    print("Step:", name)
    print(textwrap.indent(textwrap.fill(str(step), 50), " " * 6))
```

```
Step: standardscaler
      StandardScaler(copy=True, with_mean=True,
      with_std=True)
Step: polynomialfeatures
      PolynomialFeatures(degree=2, include_bias=True,
      interaction_only=False)

Step: lasso
      Lasso(alpha=4.0, copy_X=True, fit_intercept=True,
      max_iter=1000,    normalize=False, positive=False,
      precompute=False, random_state=None,
      selection='random', tol=0.01, warm_start=False)
```

我们只对所考虑的最佳参数值感兴趣。

In [30]:

```
pp(mod.best_params_)
```

```
{'lasso__alpha': 4.0, 'polynomialfeatures__degree': 2}
```

11.6 本章参考阅读资料

11.6.1 本章小结

到目前为止，我们已经解决了构建更大的机器学习系统中剩下的两个问题。首先，可以构建多个模块化组件协同工作的系统。其次，可以系统地评估超参数并选择好的参数。我们可以避免“应试教育”的方式进行评估。

11.6.2 章节注释

本章讨论了关于闭包的示例，闭包是一个函数，用于定义函数并设置 k 值。当填充好 k 值后，就完成了关于函数 add_k 的定义。add_k 设置完毕后，就可以作为参数 x 的定义良好的函数用于代码实现。

有关混排的细节以及混排如何与网格搜索交互的说明来自以下文档：http://scikit-learn.org/stable/modules/cross_validation.html#a-note-on-shuffling。

除了通常的教科书演示之外，以下还罗列了一些关于交叉验证的很好的参考资料。

- *Approximate Statistical Tests for Comparing Supervised Classification Learning*

Algorithms by Dietterich

- *A Survey of Cross-Validation Procedures for Model Selection* by Arlot and Celisse
- *Cross-Validatory Choice and Assessment of Statistical Predictions* by Stone

性能评估最有趣、最令人费解的方面之一是如何评估系统的性能。就像我们的机器学习模型是通过拟合训练集来评估的一样，性能的评估也受到偏差和方差的影响。这意味着在拟合模型时出现的相同问题也适用于性能评估。这比在本书中所描述的内容还要复杂一点，但是 Cawley 和 Talbot 在“*On Over-fitting in Model Selection and Subsequent Selection Bias in Performance Evaluation*（模型选择中的过拟合以及随后在性能评估中的选择偏差）”解决了这个问题，如果读者感兴趣的话，可以参阅该文献。

11.6.3　练习题

1. 使用线性回归，调查在交叉验证折上构建模型和在整个数据集上构建模型时所得到的最佳参数之间的差异。读者还可以尝试使用一个简单的模型来计算这些交叉验证折和整个数据集的均值。

2. 从第 8 章或者第 9 章中选择一个读者自己感兴趣的例子，并使用适当的超参数重新实现该示例。可以对第 10 章中的一些特征工程技术进行同样的操作。

3. 可以想象，对于 10 折的数据，可以将这些数据拆分为 1×10、5×2 或者 2×5。针对这些不同的数据拆分方式，执行每个场景并比较结果。这些数据拆分在资源成本方面是否存在较大差异？所得到的指标可变性如何？完成本练习题后，请参阅以下文献 *Consequences of Variability in Classifier Performance Estimates*（分类器性能评估可变性的结果），该文献网址为 https://www3.nd.edu/~nchawla/papers/ICDM10.pdf。

4. 读者可能已经注意到，本文并没有在嵌套交叉验证示例中保存一个保留测试集（第 11.3 节）。所以，我们确实没有对所开发的系统进行独立的最终评估。请将在第 11.3 节中构建的整个过程封装在一个简单的训练 – 测试数据拆分中，以弥补这一缺陷。

第四部分 Part 4

高级主题

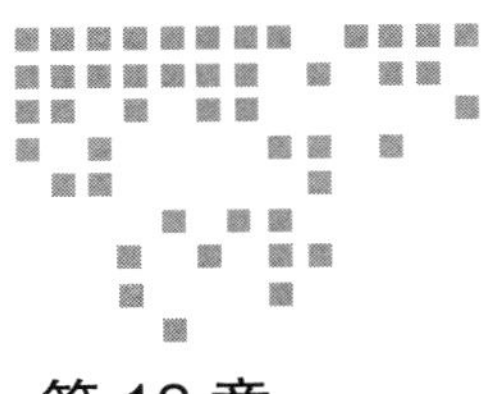

Chapter 12 第 12 章

组合机器学习模型

In [1]:

```
# 环境设置
from mlwpy import *

digits = datasets.load_digits()
digits_ftrs, digits_tgt = digits.data, digits.target

diabetes = datasets.load_diabetes()
diabetes_ftrs, diabetes_tgt = diabetes.data, diabetes.target

iris = datasets.load_iris()
tts = skms.train_test_split(iris.data, iris.target,
                            test_size=.75, stratify=iris.target)
(iris_train_ftrs, iris_test_ftrs,
 iris_train_tgt,  iris_test_tgt) = tts
```

12.1 集成

到目前为止，我们已经将学习方法作为独立的单一实体进行了讨论。例如，当使用线性回归（LR）或者决策树（DT）时，使用的就是单一的整体模型。我们可以将该模型与其他预处理步骤联系起来，但线性回归或者决策树本身就是模型。然而，在这个主题上可以尝试一个有趣的变化。就像一个团队利用其成员的不同角色创造功能性的成功，一个合唱团利用不同的声音创造音乐美一样，不同的学习系统可以结合起来改进各自的组成部分。在机器学习社区中，多个机器学习模型的组合称为集成（ensembles）。

与我们的工厂类比，想象一下我们正试图制造汽车之类的东西。可能有许多工厂制造汽车子部件：发动机、车身、车轮、轮胎和车窗。为了组装汽车，把所有这些部件送到一家大工厂，结果组装成一辆可以行驶的汽车。汽车本身仍然包含所有独立的部件，每个部件都有自己的功能：产生动力、转动车轮、降低车速。这些部件一起协作来完成汽车的功能，另一方面，如果正在大量生产意大利调味品（是的，作者本人也更喜欢自制产品），将各个调味品混合在一起就失去了每个调味品各自本身的味道。这是烘焙、烹饪和调味品学的奇迹之一：各种配料的混合会形成新的口味。虽然调味品工厂的规模可能比汽车工厂小一些，但我们仍然可以将其他机器生产的原料整合在一起。

这两个场景反映了集成方法的两个主要分支（图 12-1）。一些集成方法将工作划分为负责不同区域的不同组件，然后将这些组件结合起来，组件区域就涵盖了一切。在其他集成方法中，每个组件模型预测所有区域（此时没有区域划分），然后将这些组件预测合并为单个预测。

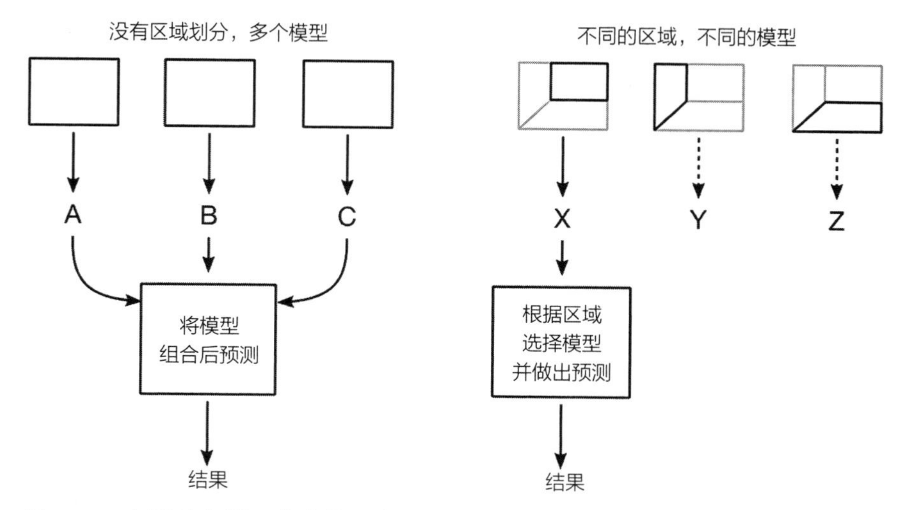

图 12-1　在图的左侧，多个模型为所有区域预测（每个模型都是全能专家）。在图的右侧，不同的区域由不同的专家模型进行预测

下面是对集成的另一种直观理解，这种理解强调了如何将组件进行组合的方式。这里将创建一个场景，图 12-2 显示了两种假设形式的民主立法。在第一种形式（Specialist-Representation，专家代表）中，每个代表都被指定一个专业领域方向，例如国外问题或者国内问题。当一个问题需要投票时，专家代表只对他们的专业领域进行投票。在国内问题上，外国专家将投弃权票。这种政府形式的期望在于，专家代表能够在他们特定的主题上接受更多的教育，从而能够做出更好的、更明智的决策。在另一种形式（GeneralistRepresentation，全能代表）中，每一位代表都会对每一件事进行投票，而我们只是采取多数票的行动。在这里，我们希望通过对许多相互竞争和不同的想法进行平均，最终得到一些合理的答案。

通常，集成是由相对原始的组件模型所构建的。当开始训练多个组件模型时，我们必须为每个组件模型支付训练成本。如果组件训练时间过长，那么总训练时间可能会很长。在机器学习性能表现方面，将许多简单的机器学习模型结合在一起的结果给了我们一个表现得更加强大的机器学习模型的净效果。虽然使用具有更强大组件的集成来创建一个全能的机器学习算法可能很有诱惑力，但我们不会采取这种行为。如果碰巧手头有无限的计算资源，这可能是一个有趣的周末项目。但请注意，我们并不总是会有那么好的机缘的。我们很少需要创建定制的集成，通常只是使用现成的集成方法。集成是几种强大技术的基础，如果需要组合多个机器学习系统，集成方法是组合机器学习系统的完美方式。

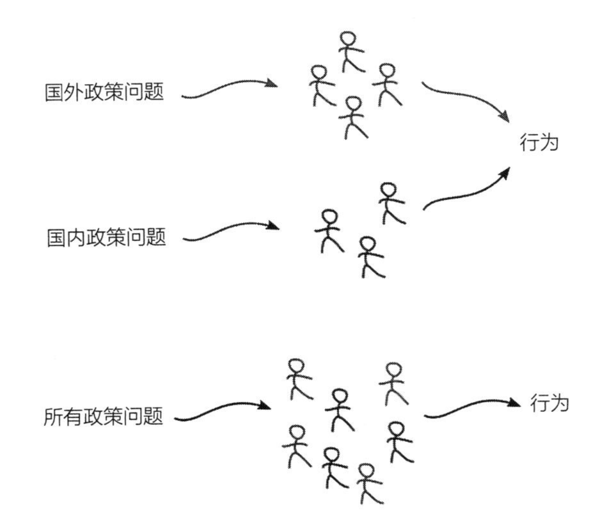

图 12-2 在图的上部：每位代表仅在其专业领域做出决策。在图的下部：每位代表都会就每一个主题做出决策，他们都是全能专家

12.2 投票集成

在概念上，形成集成的一种简单的方法是：在同一数据集上构建多个不同的模型，然后在一个新的样例上，组合来自不同模型的预测，以获得单个最终预测结果。对于回归问题，预测组合可以是所讨论过的任何汇总统计数据（例如，均值或者中位数）。当结合最近邻进行预测（第 3.5 节）时，我们使用了这些方法。与集成方法相类似是，我们只需创建和训练一些模型，得到一些预测，然后取这些预测的均值（无论字面意义上的算术平均值，还是一些更奇特的变化），作为最后的预测结果。对于分类，可以采取多数投票法，尝试从基本分类器中获得确定性度量，并进行加权投票，或者提出其他聪明的想法。

In [2]:

```
base_estimators = [linear_model.LogisticRegression(),
                   tree.DecisionTreeClassifier(max_depth=3),
                   naive_bayes.GaussianNB()]
base_estimators = [(get_model_name(m), m) for m in base_estimators]

ensemble_model = ensemble.VotingClassifier(estimators=base_estimators)
skms.cross_val_score(ensemble_model, digits_ftrs, digits_tgt)
```

Out[2]:

```
array([0.8571, 0.8397, 0.8742])
```

最后再给出两点总结。将不同类型的模型（例如，线性回归和决策树回归）进行结合，称为叠加（stacking）。将具有不同偏差的模型组合在一起，可以得到一个偏差较小的聚合模型。

12.3 装袋法和随机森林

让我们把注意力转向更复杂的模型组合方式。第一种称为随机森林（random forests），依靠一种称为装袋法（bagging）的技术。“装袋法”一词与装东西的实物袋（例如圆筒状帆布行李袋或者手提袋）没有多大关系；相反，它是短语“自举聚合法”（bootstrap aggregation）的合成词。聚合（aggregation）仅仅表示组合，但我们仍然需要弄清楚 bootstrap（自举）表示的含义。为此，接下来将描述如何使用自举技术计算一个简单的统计均值。

12.3.1 自举

自举的基本思想是从单个数据集中找到一个分布（一系列的可能性）。现在，如果读者正在考虑交叉验证，而交叉验证也需要一个数据集，并对数据集进行切片和切块运算以获得多个结果，那么就离目标不远了。交叉验证和自举都是重新采样技术的应用实例。稍后将展开讨论二者之间的关系。

回到关于自举的讨论。假设有一个简单的数据集，并且想从中计算一个统计数据。为了方便起见，假设想要计算均值。当然，存在一个简单的、直接的公式来计算均值：将所有数值求和然后除以值的个数。数学上，我们把该公式记作 $\text{mean}(x)=\frac{\Sigma x}{n}$。非常直观的方法。那为什么还要考虑其他的复杂计算方法呢？由于均值的单点估计（计算单个值）可能会产生误导。我们并不知道对均值的估计有多大变化。在很多情况下，我们想知道计算的误差是多少。我们不必满足于一个单一的值，而是可以询问从类似于此数据集的数据计算出的均值的分布是什么。现在，有一些理论上的答案描述了均值的分布，读者可以在任何一本统计学入门教材中找到这些理论。但是，对于其他统计数据（包括像训练有素的分类器这样奇特的数据），使用简单的公式并不能计算出的好的、预先准备好的答案。自举提供了一种直接的替代方法。为了弄清楚如何计算自举值，让我们对一些解释这个过程的代码和图形进行阅读和讨论。

有放回抽样和无放回抽样

在描述自举过程之前，我们还需要描述另一个概念。有两种方法可以从数据集合中抽样或者选择值。第一种是无放回抽样（sampling without replacement）。想象一下，我们把所有的数据都放在一个袋子里。假设希望从数据集中抽取五个样例中的其中一个样例。可以把手伸进袋子，拿出一个样例，记录下来，然后把这个样例放在一边。在这种情况（无放回）下，这个已被抽取的样例不会再被放回到袋子中。然后从袋子里抓取第二个样例，记录下来，放在一边。同样，第二个样例也不会再被放回到袋子里。重复这些从袋子里抓取选择的动作，直到总共记录了五个样例。很显然，在第一次抽取时选择的内容会影响在第二次、第三次和后续抽取时剩下的内容。如果一个样例从袋子中被拿出去了，就不能再选择这个样例。无放回抽样使当前选择取决于之前发生的情况（样例之间并非相互独立）。结果，这也影响了统计学家让我们谈论样本的方式。

我们从数据集中抽样的另一种方法是有放回抽样（sampling with replacement）：从数据集中取出一个样例，记录其值，然后将这个样例放回数据集中，然后再次抽样并重复，直到得到所需的样本数量。有放回抽样（图 12-3）为我们提供了独立的样本序列。

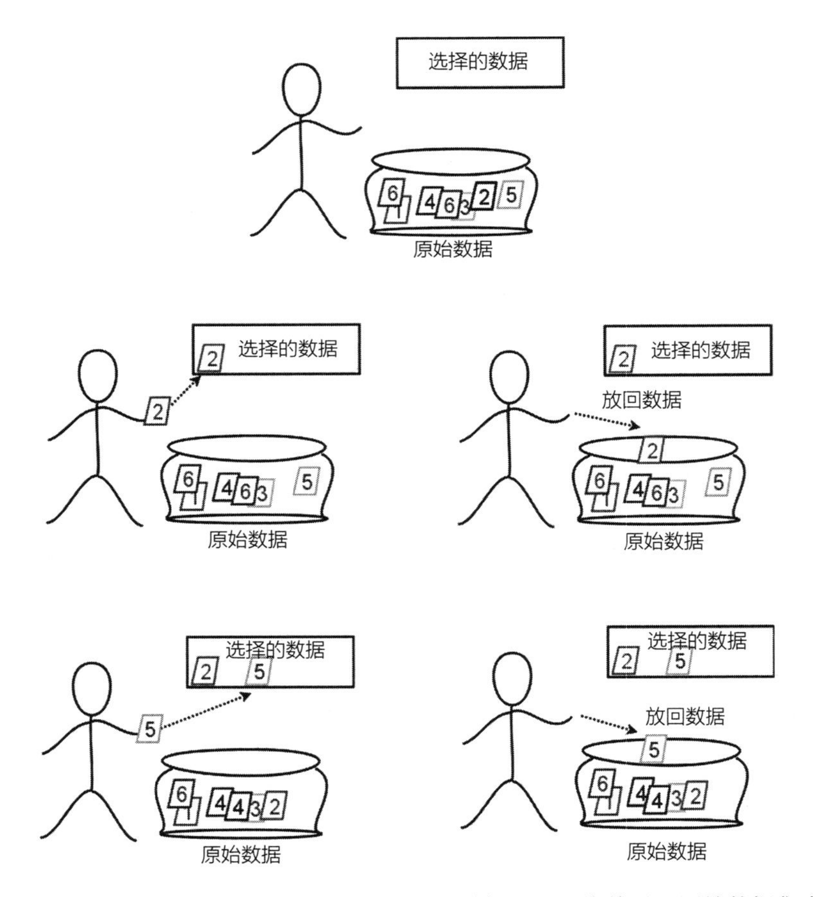

图 12-3 当采用有放回抽样时，选择并记录样例，然后将其返回原始数据集中

那么，如何使用自举来计算自举统计结果呢？随机抽样源数据集（有放回抽象），直到生成一个与原始数据集具有相同元素数的新自举样本（bootstrap sample）。根据该自举样本计算感兴趣的统计数据。重复该操作若干次，然后取这些独立的自举样本统计的均值。

图 12-4 直观地显示了计算自举均值的过程。

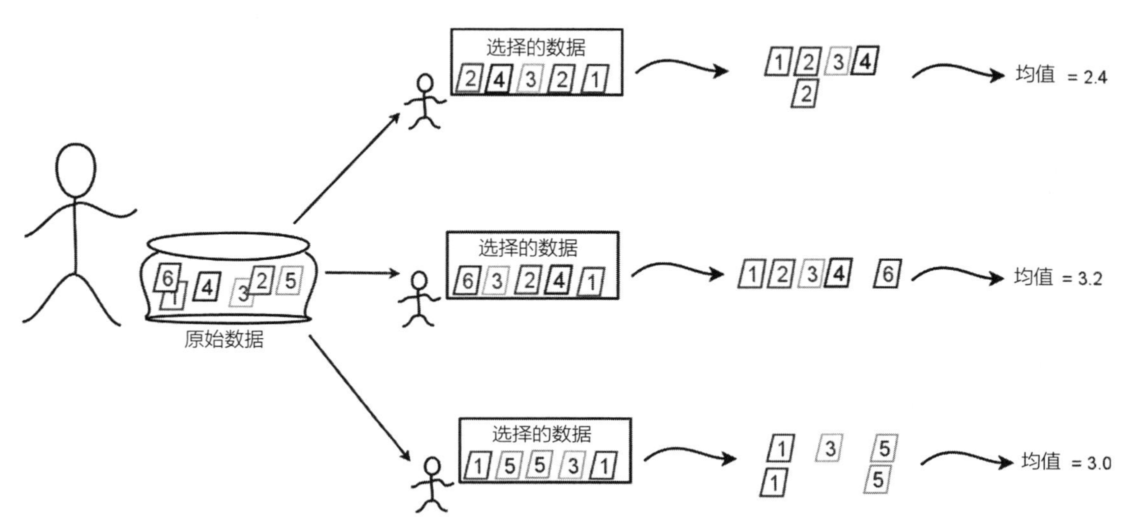

图 12-4 反复计算自举样本的均值。通过取样本的均值来组合这些值

我们将使用一些代码来描述上述思想。先从经典的非自举均值公式开始。

In [3]:

```
dataset = np.array([1,5,10,10,17,20,35])
def compute_mean(data):
    return np.sum(data) / data.size
compute_mean(dataset)
```

Out[3]:

```
14.0
```

到目前为止，一切都是十分简单。一个简短的提示：可以将该计算应用于整个数据集，并得到“均值是多少？”这一问题的常见答案。我们可以将 compute_mean 应用于该数据集的其他经过调整后的形式上。我们将得到不同问题的不同答案。

现在，让我们接着讨论自举技术。我们将定义一个辅助函数，该函数抽取并返回自举样本（请记住，采用有放回抽样）。

In [4]:

```
def bootstrap_sample(data):
    N   = len(data)
    idx = np.arange(N)
    bs_idx = np.random.choice(idx, N,
                              replace=True) # 默认值，添加该参数以显式说明
    return data[bs_idx]
```

现在可以观察到几轮自举采样的过程以及这些采样的方法是什么样的。

In [5]:

```
bsms = []
for i in range(5):
    bs_sample = bootstrap_sample(dataset)
    bs_mean = compute_mean(bs_sample)
    bsms.append(bs_mean)

    print(bs_sample, "{:5.2f}".format(bs_mean))
```

```
[35 10  1  1 10 10 10] 11.00
[20 35 20 20 20 20 20] 22.14
[17 10 20 10 10  5 17] 12.71
[20  1 10 35  1 17 10] 13.43
[17 10 10 10  1  1 10]  8.43
```

根据这些自举样本的均值，可以计算单个值，即均值的均值。

In [6]:

```
print("{:5.2f}".format(sum(bsms) / len(bsms)))
```

```
13.54
```

以下是汇总到单个函数中的自举计算逻辑。

In [7]:

```
def compute_bootstrap_statistic(data, num_boots, statistic):
    '重复计算num_boots次自举样本的统计信息'
    bs_stats = [statistic(bootstrap_sample(data)) for i in range(num_boots)]
    # 返回所计算统计信息的均值
    return np.sum(bs_stats) / num_boots

bs_mean = compute_bootstrap_statistic(dataset, 100, compute_mean)
print("{:5.2f}".format(bs_mean))
```

```
13.86
```

真正有趣的是，我们可以使用相同的过程计算几乎任何统计数据。我们将继续讨论该思想。

12.3.2 从自举到装袋法

当创建一个装袋法机器学习模型时，将构建一个更复杂的统计数据：一个以经过训练的模型形式出现的机器学习模型。从什么意义上讲，机器学习模型是一种统计量呢？广义而言，统计量是一组数据的任何函数。均值、中位数、最小值和最大值都是应用于数据集以获得结果的计算。这些计算都是统计量。创建和拟合机器学习模型并将其应用于新样例，虽然有点复杂，但本质上是根据数据集计算结果。

以下代码证明了上述观点。

In [8]:

```
def make_knn_statistic(new_example):
    def knn_statistic(dataset):
        ftrs, tgt = dataset[:,:-1], dataset[:,-1]
        knn = neighbors.KNeighborsRegressor(n_neighbors=3).fit(ftrs, tgt)
        return knn.predict(new_example)
    return knn_statistic
```

此处代码的一个奇怪之处在于，我们使用了第 11 章中讨论过的闭包。在这个代码中，统计数据是针对一个特定的新样例计算的。我们需要固定测试样例，这样就可以得到单个值。完成这个技巧后，可以使用与 compute_mean 完全相同的方法，在数据集上计算内部函数 knn_statistic。

In [9]:

```
# 在这种情况下，必须稍微调整数据
# 我们使用最后一个样例作为固定的测试样例
diabetes_dataset = np.c_[diabetes_ftrs, diabetes_tgt]

ks = make_knn_statistic(diabetes_ftrs[-1].reshape(1,-1))
compute_bootstrap_statistic(diabetes_dataset, 100, ks)
```

Out[9]:

```
74.00666666666667
```

正如计算均值会根据我们使用的确切数据集给出不同的答案一样，knn_statistic 的返回值将取决于传递给该函数的数据。

我们可以模拟该过程，并将其转化为装袋法的基本算法。

（1）对数据进行有放回的抽样。

（2）创建模型并根据所选数据对其进行训练。

（3）重复上述两步。

为了进行预测，将一个样例输入到每一个经过训练的模型中，并与这些模型的预测结果相结合。使用决策树作为组件模型的过程如图 12-5 所示。

下面是分类装袋法系统的有关伪代码。

In [10]:

```
def bagged_learner(dataset, base_model, num_models=10):
    # 伪代码：需要调整后才能运行
    models = []
    for n in num_models:
        bs_sample = np.random.choice(dataset, N, replace=True)
        models.append(base_model().fit(*bs_sample))
    return models
```

```
def bagged_predict_class(models, example):
    # 以最频繁（模式）的预测类作为结果
    preds = [m.predict(example) for m in models]
    return pd.Series(preds).mode()
```

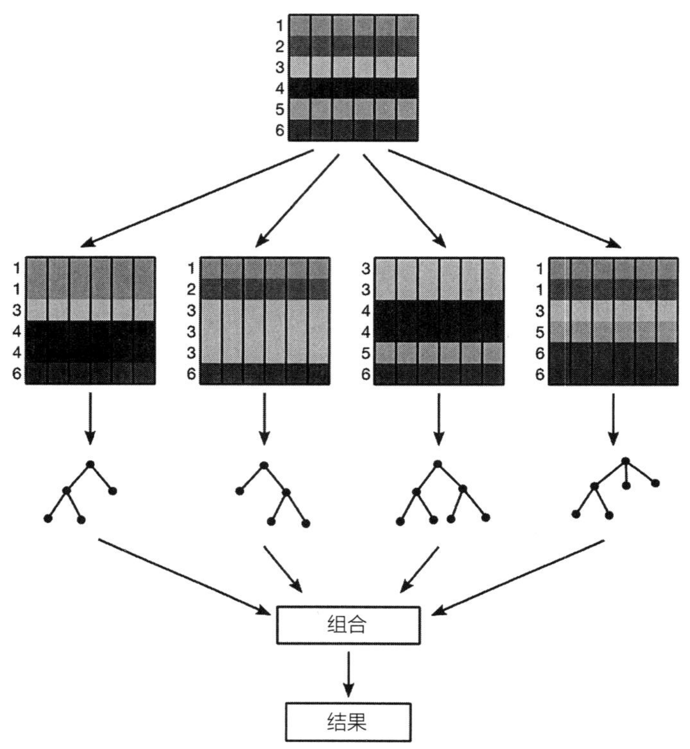

图 12-5 与自举均值一样，对数据集进行抽样，并为每个子数据集生成决策树。每棵树在最终预测中都有发言权

我们可以使用在第 5.6 节中介绍的偏差 – 方差术语讨论装袋法的一些实际问题（当初读者是否还以为仅仅是理论上的论断？）。将许多预测结果进行组合的过程很好地平衡了较高的方差：从概念上讲，可以容忍基础模型的过拟合。过拟合的模型通过计算均值（或者，在本例中使用最高选票获得者的模式）来平滑粗糙的边缘。装袋法并没有帮助消除偏差，但它可以帮助显著减少差异。实际上，我们期望 `base_model`（基本模型）具有较低的偏差。

从概念上而言，由于机器学习模型是从有放回的抽样样本中创建的，因此各个机器学习模型间彼此独立。如果真的愿意的话，可以在单独的计算机上训练每个不同的基础模型，最后将训练结果组合在一起。如果想使用并行计算来加速训练过程，可以利用这种分离带来的巨大计算效率。

12.3.3 随机森林

随机森林（Random Forests，RFs）是建立在决策树之上的一种特定类型的袋装机器学习模型。随机森林在我们讨论的决策树上使用了一种变体。标准决策树采用所有特征中评估最好的特征来创建决策节点。相比之下，随机森林的子树选择一组随机的特征，然后从该子集中选择最佳的特征。这样做的目的是迫使树木之间彼此不同。可以想象，即使在随机选择的样例中，单个特征也可能与目标紧密相关。这个 alpha 版本[⊖]的特征很可能会被选为每个树中的顶部分割点。让我们继续攻克难关吧。

与将单个特征作为许多自举树中的最高决策点的策略不同，我们将有选择地忽略一些特征，引入一些随机性来改变情况。随机性迫使不同的树去考虑各种特征。原始的随机森林算法依赖于多数投票，这一点与前文所描述的装袋方法相同。然而，`sklearn` 版本的随机森林从森林中的每棵树中提取类别概率，然后对这些概率进行平均，以得到最终答案：平均概率最高的类别是赢家。

如果从上面的 bagged_learner 代码开始，仍然需要根据第 8.2 节介绍的组件模型构建步骤来修改树创建代码。这是一个非常简单的修改，以下使用斜体字来表示。

（1）随机选择特征子集，作为这个树考虑的对象。

（2）评估所选特征和拆分，并选择最佳特征和拆分。

（3）向树中添加节点，以表示所要拆分的特征。

（4）对于每个子树，使用匹配的数据并执行以下操作之一：

- 如果目标足够相似，则返回预测目标；
- 否则，请返回步骤（2）并重复。

使用该伪代码作为基础估计器，再加上 `bagged_learner` 代码，就可以得到一个随机森林机器学习系统的快速原型。

极端随机森林与特征拆分

另一种变体：YABT（Yet Another Bagged-Tree，又是另一种袋装树），被称为极限随机森林（extreme random forest）。当然，这不是决策树运动的极限游戏（extreme game）。这里的极限（extreme）指的是在模型创建过程中增加另一个随机度。只要为计算机科学家提供一个想法，例如使用随机性代替确定性方法，科学家们就会在任何地方应用这种方法。在极限随机森林中，我们对组件树构建过程进行以下更改：随机选择分割点，并从中选择最佳分割点。

因此，除了随机选择所涉及的特征外，还通过投掷硬币随机确定哪些值是重要的。令人惊讶的是，这项技术居然能够奏效，而且确实可以很好地发挥作用。直到现在，本文还没有详细讨论数据拆分选择过程。其实根本无须展开讨论，因为有很多关于这个过程的讨论。本书作者特别推荐 Foster 和 Provost 在他们的书中阐述的方法。在本章末尾将提到有关参考书籍。

这里使用一个例子来告诉读者选择好的分割点背后的思想。假设想从简单的生物特征数据预测优秀的篮球运动员。不幸的是，对于像作者这样的非篮球专业人士来说，认为身高

⊖ Alpha 版本的产品一般是指仍然需要完整的功能测试，并且其功能亦未完善，但是可以满足一般需求。——译者注

是成为优秀篮球运动员的一个很好的预测指标。所以，我们可以从考虑身高与优秀的篮球运动员数据集以及非优秀的篮球运动员数据集的关系开始。如果把所有的身高进行排序，就可能会发现篮球运动员的身高范围从 4ft5in 到 6ft11in。如果在 5ft0in 处引入一个分割点，可能会有很多不成功的球员在较小的一侧。按是否为优秀篮球运动员分组，这是一个相对相似的群体。但是在数据的右侧，可能会有两个类别的真正混合。这表明在分割点的右侧具有较低的纯度，而在分割点的左侧具有较高的纯度。同样地，如果将分割点设为 6ft5in，那么在分割点的右侧也许会有很多优秀的篮球运动员，但在分割点的左侧，则会存在两个类别的混合。我们的目标是找到一个刚好合适的身高分割点，这个身高分割点能为我们提供尽可能多的关于高个子和矮个子成功标准的信息。把高个子和矮个子分隔开，我们得到了很多信息。当然在这个预测分析中，其他因素（诸如在打篮球上所花费的时间总量）也非常重要。

因此，极限随机森林不考虑所有可能的分割点，而仅仅选择一个随机的子集来考虑，评估这些分割点，并利用有限的子集来选择最佳值。

12.4 提升方法

12.4.1 提升方法的核心理念

作者本人曾经使用卡片来学习词汇和地理知识。不知道现在使用手机 APP 的这一代人是否知道这种学习方式。就是准备一张张双面的小纸片，一面写下一个单词、名词或者概念，另一面写下相关的定义或者重要特征。例如，小纸片的一面可能是 gatto，另一面是 cat（用于意大利词汇测试）；或者一面是 Lima，另一面是 capital of Peru（秘鲁首都，用于世界地理测试）。

使用卡片学习是一个简单的动作，就是浏览卡片：观看到卡片一面的内容，然后回忆卡片另一面上的内容。可以使用卡片的正反两面：从一个概念到其定义，或者从一个定义到其概念。通常情况下，我们不会把所有的卡片都放在卡片堆里。如果其中一些定义和概念对于我们而言变得容易了，就把这些卡片放在一边（图 12-6），这样接下来就可以专注于较难的概念。最后，把卡片缩减到一小堆（较难的部分），采用这种方式一直学习，直到考试为止。

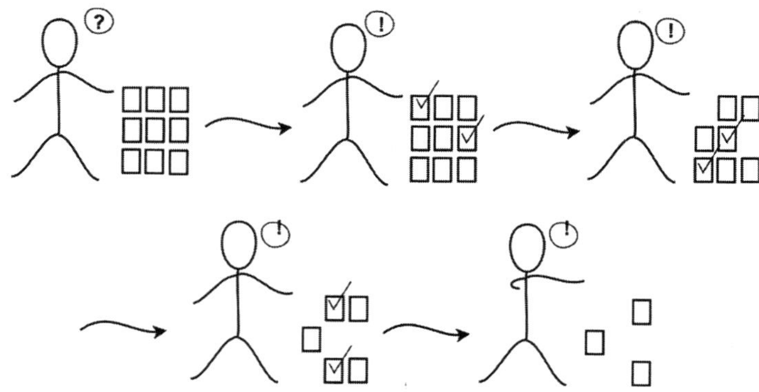

图 12-6 当使用卡片学习时，可以有选择地移除容易的卡片，并将注意力集中在较难的样例上。提升方法使用了类似的方法

从卡片堆中取出卡片的过程有点类似于对这些看到的卡片的可能性进行加权，但以一种极端的方式进行：将概率降低到零。现在，如果我们真的想做到更完美的话，就不是仅仅移除简单的卡片，而是可以添加较难卡片的副本。其效果是相似的：较难的卡片会被更多地看到，而容易的卡片会被更少地看到。不同之处在于，这一过程将是渐进的。

可以将同样的想法应用到机器学习系统中，重点放在较难的样例上。首先在一些较难的数据上拟合一个 Simple-McSimple 模型。毫无疑问，这将会得到许多错误的样例。但令人惊讶的是，同时也确实可以得到一些正确的样例。现在将研究重点重新放在更难的样例上，然后再尝试一次。反复把重心聚焦在更难样例的重复过程（即认为较容易的样例已经完成）是提升方法的核心理念。

12.4.2 提升方法实现细节

通过提升方法，我们学习了一个简单的模型。然后，将研究重点放在出错的样例上，并开发另一个模型，而不是从基本数据集中重新平均抽样。重复这个过程，直到得到满意的结果或者运行时间耗尽。因此，提升方法是一种循序渐进的方法，机器学习模型在后期的发展取决于早期发生的事情。虽然提升方法可以作为原始组件模型应用于任何机器学习模型，但我们通常使用决策树桩（decision stumps，只有一个分割点的决策树）。决策树桩的深度为 1。

我们还没有讨论使用加权数据均值的机器学习概念。可以使用两种不同的方式来对其思考。首先，如果想要执行加权训练，并且样例 A 的权重是样例 B 的两倍，那么只需在训练集中复制样例 A 两次就可以了。另一种方法是将权重纳入误差或者损失的度量中。可以通过样例权重对误差进行加权，得到加权误差（weighted error）。然后，根据加权误差而不是原始误差找到最佳旋钮设置。

在非常原始的伪代码形中，这些步骤如下所示。

1. 将样例的权重初始化为 $\frac{1}{N}$，将 m 初始化为零。

2. 重复以下步骤直到完成。

（1）递增 m。

（2）在加权数据上，拟合一个新的分类器 Cm（通常是树桩）。

（3）计算新分类器的加权误差。

（4）分类器权重（wgt_m）是加权误差的函数。

（5）基于旧的样例权重、分类器误差和分类器权重，更新样例的权重。

3. 对于新样例和 m 个重复，输出由 wgt 加权的 C 的多数票的预测。

我们可以编写一些如下的 Python 伪代码。

In [11]:

```
def my_boosted_classifier(base_classifier, bc_args,
                          examples, targets, M):
    N = len(examples)
```

```
data_weights = np.full(N, 1/N)
models, model_weights = [], []

for i in range(M):
    weighted_dataset = reweight((examples,targets),
                                data_weights)
    this_model = base_classifier(*bc_args).fit(*weighted_dataset)

    errors = this_model.predict(examples) != targets
    weighted_error = np.dot(weights, errors)
    # 神奇的重新加权步骤
    this_model_wgt = np.log(1-weighted_error)/weighted_error
    data_weights   *= np.exp(this_model_wgt * errors)
    data_weights   /= data_weights.sum() # 标准化为1.0

    models.append(this_model)
    model_weights.append(this_model_wgt)

return ensemble.VotingClassifier(models,
                                 voting='soft',
                                 weights=model_weights)
```

请读者仔细观察以上的代码。随机选定一个 M 的值。当然，这给了我们一个确定的停止点：示例代码将只进行 M 次迭代。但此处可以引入更多的灵活性。例如，当精确率达到 100% 或者 this_model 开始比投掷硬币的结果更差时，sklearn 会停止其离散 AdaBoost（一种特定的提升方法变体，类似于此处使用的提升方法）。此外，可以执行加权自举采样，而不是重新对样例进行加权，这只是一种选择某些数据的方式。

提升方法很自然地处理了机器学习系统中的偏差。通过结合许多简单的、具有高偏差的机器学习模型，提升方法减少了结果中的总体偏差。提升方法也可以减少方差。

与袋装方法不同，在提升方法中不能并行地构建原始模型。需要等待一个过程的结果，以便在开始下一个过程之前重新加权数据并专注于较难的样例。

通过提升方法迭代进行改进

sklearn 中的两个主要提升分类器是 GradientBoostingClassifier 和 AdaBoostClassifier。在这两种方法中，将明确告知分量估计器的最大数量（传递给 my_boosted_classifier 的 M 参数），可以用于 n_estimators。在章末尾注释中将详细讨论 boosters 的细节，但这里先给出一些花絮。AdaBoost 是现代提升算法的经典先驱。梯度提升（Gradient Boosting）是一种新的变体，允许插入不同的损失函数，从而得到不同的模型。例如，如果在 GradientBoostingClassifier 中设置 loss="exponential"，那么所得到的模型基本上是 AdaBoost。结果为我们提供了类似于 my_boosted_classifier 的代码。

由于提升方法是一个迭代过程，我们可以合理地询问模型在重新加权的周期中是如何进行改进的。sklearn 通过 staged_predict.staged_predict 可以相对容易地获得进展。staged_predict.staged_predict 的操作方式与 predict 类似，只是它遵循学习过程中每个步骤或者阶段对样例所做的预测。如果我们想量化机器学习的进展，就需要将这些预测转化为评估指标。结果如图 12-7 所示。

In [12]:

```
model = ensemble.AdaBoostClassifier()
stage_preds = (model.fit(iris_train_ftrs, iris_train_tgt)
                    .staged_predict(iris_test_ftrs))
stage_scores = [metrics.accuracy_score(iris_test_tgt,
                                       pred) for pred in stage_preds]
fig, ax = plt.subplots(1,1,figsize=(4,3))
ax.plot(stage_scores)
ax.set_xlabel('# steps')
ax.set_ylabel('accuracy');
```

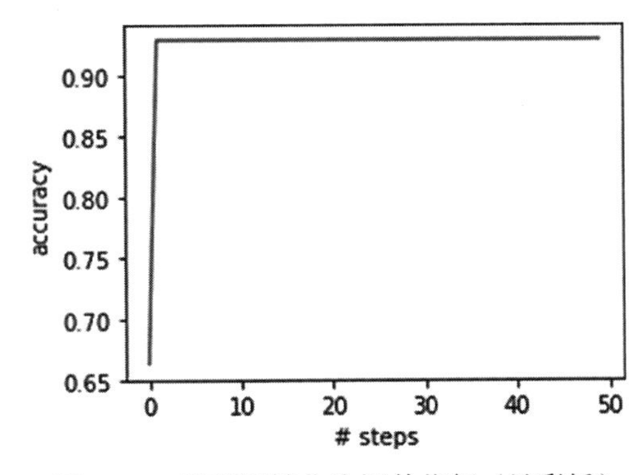

图 12-7 将预测转化为评估指标（见彩插）

12.5 各种树集成方法的比较

现在让我们比较一下这些基于团队的方法是如何处理手写数字数据集的。我们将从两个简单的基线开始：一个单一的决策树桩（相当于一棵 max_depth=1 的树）和一棵 max_depth=3 的树。我们还将创建 100 个不同的森林，这些森林的树桩数量分别从 1 个增加到 100 个。

In [13]:

```
def fit_predict_score(model, ds):
    return skms.cross_val_score(model, *ds, cv=10).mean()

stump  = tree.DecisionTreeClassifier(max_depth=1)
dtree  = tree.DecisionTreeClassifier(max_depth=3)
forest = ensemble.RandomForestClassifier(max_features=1, max_depth=1)
tree_classifiers = {'stump' : stump, 'dtree' : dtree, 'forest': forest}

max_est = 100
data = (digits_ftrs, digits_tgt)
stump_score   = fit_predict_score(stump, data)
tree_score    = fit_predict_score(dtree, data)
forest_scores = [fit_predict_score(forest.set_params(n_estimators=n),
                                   data)
                 for n in range(1,max_est+1)]
```

我们可以图形化的方式查看这些结果，如图 12-8 所示。

In [14]:

```
fig, ax = plt.subplots(figsize=(4,3))

xs = list(range(1,max_est+1))
ax.plot(xs, np.repeat(stump_score, max_est), label='stump')
ax.plot(xs, np.repeat(tree_score, max_est),  label='tree')
ax.plot(xs, forest_scores, label='forest')

ax.set_xlabel('Number of Trees in Forest')
ax.set_ylabel('Accuracy')
ax.legend(loc='lower right');
```

将所有森林与两条基线进行比较，发现单个树桩森林的行为非常像树桩（毫不奇怪，这也是这个名称的由来）。但是，随着树桩数量的增加，性能很快就超过了中等大小的树。

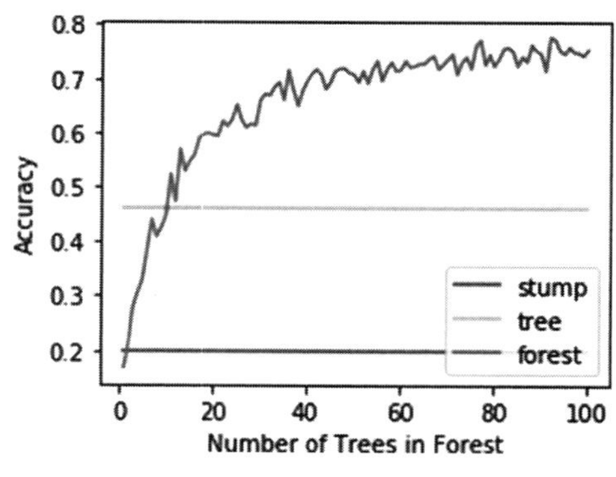

图 12-8 决策树桩和森林（见彩插）

现在，为了了解提升方法是如何随着时间的推移而演进的，以及如何利用交叉验证，我们需要手动管理一些交叉验证过程。这并不复杂。本质上，我们需要使用 StratifiedKFold 手动生成折索引（在第 5.5.2 节中讨论了这方面内容），然后使用这些索引选择数据集的适当部分。可以简单地嵌入这些代码，但这实际上掩盖了我们真正想要做的事情。

In [15]:

```
def my_manual_cv(dataset, k=10):
    '从数据集中手动交叉验证折'
    # 期望特征元组、目标元组
    ds_ftrs, ds_tgt = dataset
    manual_cv = skms.StratifiedKFold(k).split(ds_ftrs,
                                              ds_tgt)
    for (train_idx, test_idx) in manual_cv:
        train_ftrs = ds_ftrs[train_idx]
        test_ftrs  = ds_ftrs[test_idx]
        train_tgt  = ds_tgt[train_idx]
        test_tgt   = ds_tgt[test_idx]

        yield (train_ftrs, test_ftrs,
               train_tgt, test_tgt)
```

为了进行比较，我们将在梯度提升分类器中使用一个 deviance（偏差）损失函数。结果表明，我们的分类器行为类似于逻辑回归。我们修改了一个重要参数，为 AdaBoost-Classifier 在手写数字数据集上的成功提供了机会。我们调整了 learning_rate（学习率），这实际上是一个额外的因素（实际上是估计器权重的乘数因子）。读者可以把它想象成在 my_boosted_classifier 中乘以 this_model_weight。

In [16]:

```
AdaBC  = ensemble.AdaBoostClassifier
GradBC = ensemble.GradientBoostingClassifier
boosted_classifiers = {'boost(Ada)' : AdaBC(learning_rate=2.0),
                       'boost(Grad)' : GradBC(loss="deviance")}
mean_accs = {}
for name, model in boosted_classifiers.items():
    model.set_params(n_estimators=max_est)
    accs = []
    for tts in my_manual_cv((digits_ftrs, digits_tgt)):
        train_f, test_f, train_t, test_t = tts
        s_preds = (model.fit(train_f, train_t)
                        .staged_predict(test_f))
        s_scores = [metrics.accuracy_score(test_t, p) for p in s_preds]
        accs.append(s_scores)
    mean_accs[name] = np.array(accs).mean(axis=0)
mean_acc_df = pd.DataFrame.from_dict(mean_accs,orient='columns')
```

提取单独的、阶段性的准确率稍微有点麻烦。但最终的结果是，可以比较在不同集成之间组合的模型数量。如图 12-9 所示。

In [17]:

```
xs = list(range(1,max_est+1))
fig, (ax1, ax2) = plt.subplots(1,2,figsize=(8,3),sharey=True)
ax1.plot(xs, np.repeat(stump_score, max_est), label='stump')
ax1.plot(xs, np.repeat(tree_score, max_est),  label='tree')
ax1.plot(xs, forest_scores, label='forest')
ax1.set_ylabel('Accuracy')
ax1.set_xlabel('Number of Trees in Forest')
ax1.legend()

mean_acc_df.plot(ax=ax2)
ax2.set_ylim(0.0, 1.1)
ax2.set_xlabel('# Iterations')
ax2.legend(ncol=2);
```

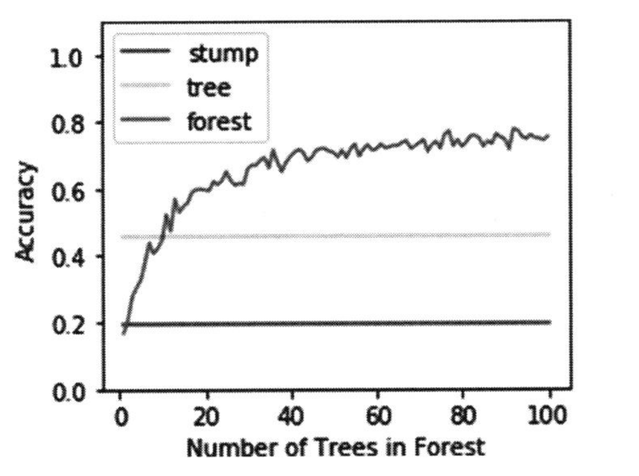

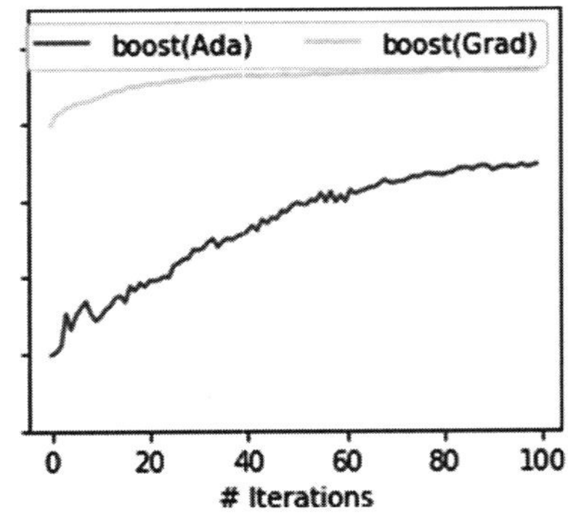

图 12-9 比较在不同集成之间组合的模型数量（见彩插）

在向森林中添加更多树，并且让 AdaBoost 通过更多次迭代后，森林和 AdaBoost 的性能大致相似（接近 80% 的准确率）。然而，AdaBoost 分类器的性能似乎不如 GradientBoosting 分类器。读者可以尝试使用一些超参数（网格搜索现在看起来非常有用），看看是否可以改进其中的任何一个参数或者所有参数。

12.6 本章参考阅读资料

12.6.1 本章小结

在本章中探索的技术为我们带来了一些现代机器学习实践者可以使用的更强大的模型。这些模型无论在概念上还是在应用上，都建立在我们的机器学习方法之旅中所讨论过的模型之上。集成技术将团队合作的最佳方面结合在一起，以提高与单个模型相比更高的机器学习性能。

12.6.2 章节注释

在机器学习中，专家学习场景的名称中通常包含叠加（additive）、混合（mixture）或者专家（expert）等术语。关键是组件模型只适用于所输入的某些区域。我们可以将其扩展到模糊专家（fuzzy specialist）场景，该场景不是通过简单的肯定或者否定，而是可以通过权重的指定来应用于某个区域。模型可以在不同的区域逐渐打开和关闭。

无须过于抽象描述，但是许多简单的机器学习模型（线性回归和决策树），可以被看作非常简单的机器学习组件组合在一起的集成。例如，将多个决策树桩进行组合来创建一个标准决策树。为了做出预测，决策树会对其决策树桩提出问题，并最终给出答案。类似地，线性回归会考虑每个特征的贡献，然后将这些单一特征预测加入（具体而言，就是组合其点积）到最终答案中。现在，我们通常不把决策树和线性回归作为集成来讨论。但请记住，与简单的回答或者预测相比，以一些有趣和有用的方式将它们结合起来并没有什么神奇之处。

我们计算了一系列统计数据的自举估计：首先是均值，然后是分类器预测。可以使用相同的技术计算变异性（方差）的自举估计（使用方差的常用公式），并且可以以类似的方式执行其他统计分析。这些方法广泛适用于不适合简单公式计算的场景。然而，这些方法确实依赖于一些相对较弱但技术性极强的假设［对谷歌来说，该术语被称为紧凑可微性（compact differentiability）］作为理论支持。通常，即使没有完全的理论支持，我们也会勇往直前。

提升技术

提升技术的确是一个神奇的方法。即使在其训练性能完美之后，提升技术也可以继续改进其测试性能。读者可以将其视为在继续迭代时平滑不必要的摆动。虽然人们都普遍认可袋装技术可以减少方差，提升技术可以减少偏差，但对提升技术可以减少方差的观点却不太一致。本文对这一点的主张是基于 Breiman 的技术报告《偏差、方差和 Arcing 分类器》（*Bias, Variance, and Arcing Classifiers*）。在这里，Arcing 是提升技术的近亲。该报告的另一个有用之处是：对于决策树等不稳定的高方差方法，袋装技术最为有用。

我们所讨论的提升技术称为 AdaBoost，用于自适应提升技术（adaptive boosting）。提升技术的最初形式（AdaBoost 之前）是非常理论化的，并且存在一些问题，使得它在许多场景中不切实际。AdaBoost 解决了这些问题，随后的研究将 AdaBoost 与指数损失（exponential loss）拟合模型联系起来。结果表明，替代其他损失函数会产生适合不同类型数据的提升技术。特别是，梯度提升可以替换不同的损失函数，从而得到不同的增强机器学习模型，例如提升逻辑回归。本文的提升技术伪代码基于 Russell 和 Norvig 的优秀教科书：《人工智能：现代方法》（*Artificial Intelligence: A Modern Approach*）。

除了 sklearn 之外，还有其他的提升技术实现。xgboost（extreme gradient boosting，极限梯度提升）是该领域的新方法。它使用一种技术（一种优化策略），在计算组件模型的权重时产生更好的权重。极限梯度提升还使用更小的组件模型。结合更好的权重和更复杂的组件模型，xgboost 在 Kaggle（一个为机器学习爱好者提供竞赛的社交网站）上拥有一批狂热的追随者。

xgboost 技术并不能适用所有场景，但我们可以在常见的学习场景中使用这个技术。下面是一个非常简单的代码演示。

In [18]:

```
# conda install py-xgboost
import xgboost
# 导入 xgboost.XGBRegressor, xgboost.XGBClassifier
# 与sklearn具有良好的交换接口
# 具体参见以下文档:
# http://xgboost.readthedocs.io/en/latest/parameter.html
xgbooster = xgboost.XGBClassifier(objective="multi:softmax")
scores = skms.cross_val_score(xgbooster, iris.data, iris.target, cv=10)
print(scores)
```

```
[1.     0.9333 1.     0.9333 0.9333 0.9333 0.9333 0.9333 1.     1.    ]
```

12.6.3 练习题

1. 集成方法是非常强大的，但它们需要计算成本。请评估和比较以下几种基于树的不同机器学习模型的资源使用情况（内存和时间）：树桩、决策树、提升树桩和随机森林。

2. 使用五个相对较老的经典基线机器学习模型（例如，线性回归）创建投票分类器，如果读者足够聪明的话，可以向基线机器学习模型提供交叉验证产生的数据集。（当然，读者也可以使用其他方式！）通过在训练集和测试集上评估并叠加结果，比较在整个训练集上开发的基线方法和投票方法的偏差与方差（欠拟合和过拟合）。现在，使用袋装机器学习模型重复相同的过程。如果读者使用的是决策树以外的其他工具，那么可能需要查看 sklearn.ensemble.BaggingRegressor。

3. 读者可以使用结合 sklearn 的 VotingClassifier 编写的代码来实现一个袋装分类器。该分类器允许用户选择如何使用选票：可以是 hard（硬方法，每个人都有一票，多数获胜）或者 soft（软方法，每个人都给一个类别赋予一个概率权重，把这些权重累加起来，结果最大的值获胜）。sklearn 的随机森林使用了相当于 soft 的方法。读者可以将其与 hard 投票机制相比较。当基本模型的概率经过良好校准时，建议使用软方法，这意味着这些概率反映了事件发生的实际概率。这里不打算进一步讨论软方法，但有些模型没有经过很好的校准。该方法可以很好地分类，但不能给出合理的概率。读者可以将其看作是找到一个好的边界，但不能洞察边界周围发生了什么。评估这一点需要了解真实世界的概率，并将其与模型生成的概率进行比较，而这超越了目标类别的判别。

4. 由于我们喜欢将袋装方法用于非常简单的模型，如果将注意力转向线性回归，就可能会考虑使用简单常数模型作为基础模型。这只是一条水平线 $y=b$。在回归数据集上，将好的经典线性回归和增强常数回归进行比较。

5. 如果在集成中使用较深的树会发生什么？例如，如果使用深度为 2 或者 3 的树作为提升方法的基础学习器，会发生什么？读者是否观察到任何重大改进或者失败现象？

6. 本章通过论证发现 AdaBoost 输给了 GradientBoosting。使用网格搜索为每个集成方法尝试几个不同的参数值，并比较结果。特别是，读者可以尝试查找学习率的最佳值。

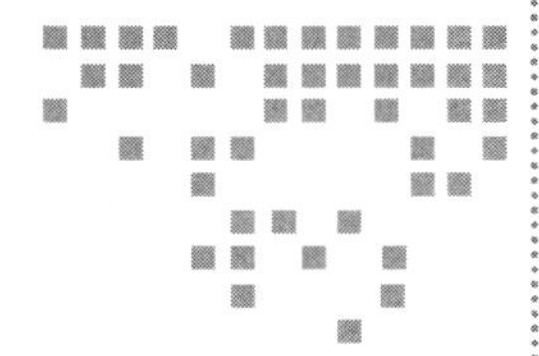

第 13 章 Chapter 13

提供特征工程的模型

In [1]:

```
# 环境设置
from mlwpy import *
%matplotlib inline

kwargs = {'test_size':.25, 'random_state':42}

iris = datasets.load_iris()
tts = skms.train_test_split(iris.data, iris.target, **kwargs)
(iris_train,     iris_test,
 iris_train_tgt, iris_test_tgt) = tts

wine = datasets.load_wine()
tts = skms.train_test_split(wine.data, wine.target, **kwargs)
(wine_train,     wine_test,
 wine_train_tgt, wine_test_tgt) = tts

diabetes = datasets.load_diabetes()
tts = skms.train_test_split(diabetes.data, diabetes.target, **kwargs)
(diabetes_train_ftrs, diabetes_test_ftrs,
 diabetes_train_tgt,  diabetes_test_tgt) = tts

# 这些是全部数据集
iris_df = pd.DataFrame(iris.data, columns=iris.feature_names)
wine_df = pd.DataFrame(wine.data, columns=wine.feature_names)
diabetes_df = pd.DataFrame(diabetes.data, columns=diabetes.feature_names)
```

在第 10 章中，我们手动执行特征工程。例如，可以手动（就是使用自己的眼睛）阅读特征列表，并发现需要更多的特征。我们可以通过运行必要的计算，从身高和体重手动创建身体质量指数（Body Mass Index，BMI）的新特征。在本章中，将讨论执行特征选择和特征构造的自动化方法。自动化方法有两个好处：（1）可以考虑特征和操作的许多可能的组合，（2）可以将这些步骤放置在交叉验证循环中，以防止由于特征工程而产生的过拟合。

到目前为止，在这本书中，作者更倾向于从一些具体细节开始，然后再讨论抽象的概念。同样，在本节中，也将首先讨论相关的概念，然后进行抽象总结，最后使用一些直观的例子加以补充说明。从第 2 章开始，读者可能还记得，我们可以对数据从几何视图进行可视化分析。假设每个样例都是某个二维、三维或者 n 维空间中的一个点。在更高的维度上，所讨论的对象会变得很奇怪，但请读者放心，理论物理学家和数学家已经证明了一切。如果有一个简单的场景，其中有五个样例，包含三个特征，即在三维空间中有五个点，那么我们可以通过以下几种方式重写或者重新表达这些数据。

- 读者可能会提出以下的疑问：如果可以保留一个原始维度，那么应该保留哪一个维度呢？
  - 可以进行扩展：如果可以保持原始维数的 n 个维度，那么应该保留哪几个维度？
  - 可以换一个角度思考：应该去除哪些维度？
- 作者以方便的方式测量了一些特征。请问读者有没有更好的方法来表述这些测量值？
  - 有些测量可能在信息上重叠。例如，如果身高和体重高度相关，可能就不需要同时这两个信息进行测量。
  - 一些测量结合起来可能会更好：例如，出于健康目的，将身高和体重与 BMI 结合起来可能会更加有益的。
- 如果想要将数据精简到最佳直线，那么应该使用哪一条直线？
- 如果想要将数据精简到最佳平面，那么应该使用哪个平面（如图 13-1 所示）？

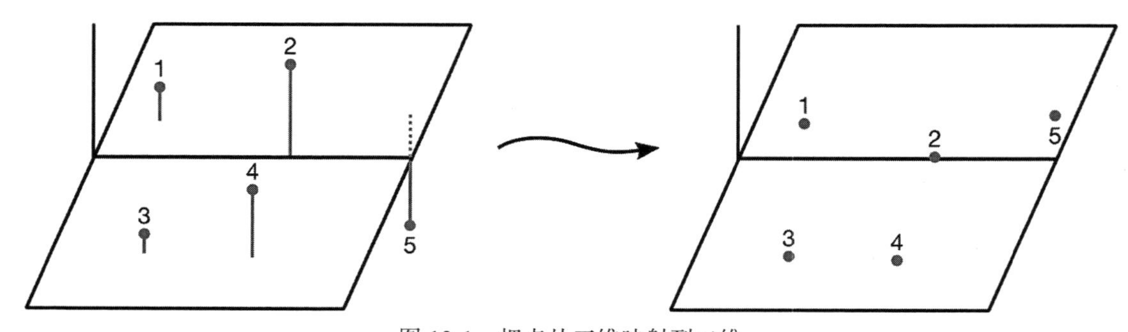

图 13-1　把点从三维映射到二维

我们可以使用各种技术来回答这些问题。这里先简要回顾一下相关术语（在第 10.1 节中进行了更深入的讨论）。选择需要使用的某些特征并排除其他特征的过程称为特征选择

（feature selection）。重新表述给定测量值的过程称为特征构造（feature construction）。我们将在下一章讨论特征提取（feature extraction）。一些机器学习技术在其常规操作的内部中使用特征选择和特征构造。我们还可以将特征选择和特征构造作为独立的预处理步骤。

选择特征子集的一个主要原因是，我们有一个非常大的数据集，其中包含许多测量值，可以用于训练多个不同的机器学习系统。例如，如果手头有房屋销售数据，我们可能会关心预测房屋价值、向特定用户推荐房屋，以及核实抵押贷款的贷款人是否遵守金融和反歧视法律。数据集的某些方面可能有助于回答所有这些问题；其他特征可能只适用于其中一个或者两个问题。可以通过删除不相关或者冗余的信息来减少不需要的特征，以简化学习任务。

特征构造的一个具体示例是身体质量指数（身高体重指数）。事实证明，准确测量一个人的无脂肪瘦体重（净体重、除去脂肪后的体重，也称为“去脂体重”（fat-free body））是非常困难的。即使在实验室环境中，也很难进行准确并且可重复的测量。另一方面，在健康问题和瘦体重与非瘦体重的比率之间存在许多有文献记载的关系。简而言之，快速评估这一比率对于医疗服务提供者而言是非常有用的。

虽然身体质量指数 BMI 有其局限性，但它是一个易于计算的结果，其值易于测量，与健康结果有着密切的关系。其计算方法为 $\mathrm{BMI}=\frac{\text{体重}}{\text{身高}^2}$，体重以千克为单位，身高以米为单位。实际上，在医生办公室，被测量者只需要站到秤上（测体重），医生把小棍子放在被测量者的头上（测身高），然后在计算器上快速操作两次后，就对实际上难以测量的瘦体重的概念有了一个替代描述值。我们可以应用类似的想法，将难以衡量或者松散相关的概念带到机器学习系统的前沿。

13.1　特征选择

从较高层次来看，选择特征有以下三种方法。

（1）“单步筛选”方法：单独评估每个特征，然后选择一些特征，并舍弃其余特征。

（2）“选择 – 建模 – 评估 – 重复”方法：选择一个或者多个特征，构建模型，并评估结果。添加或者删除特征后重复此操作。与“单步筛选”方法相比，这种技术使我们能够考虑特征之间以及特征与模型之间的交互。

（3）在模型构建中嵌入特征选择：作为模型构建过程的一部分，我们可以选择或者忽略不同的特征。

稍后我们将更详细地讨论前两个方法。对于第三种方法，特征选择非常自然地嵌入到几种机器学习技术中。例如：

（1）第 9.1 节的套索回归和 L_1 – 正则化通常会导致回归系数为零，这相当于忽略这些特征。

（2）通常在每个树的节点上选择一个特征来实现决策树。限制树的深度将会限制树可以考虑的特征总数。

13.1.1 基于度量特征的“单步筛选”方法

选择特征的最简单方法是对特征进行数字评分，然后选择评分结果最高的特征。我们可以使用一些统计或者基于信息的方法来进行评分。接下来将讨论方差、协方差和信息增益。

1. 方差

对于如何选择特征以在模型中使用，最简单的方法是给特征评分。我们可以在完全独立的情况下或者与目标相关的情况下对特征进行评分。最简单的评分甚至忽略了目标，只是独立地询问某个特征。特征的哪些特性可能对机器学习有用，但不会利用想要学习的关系？假设每个样例的特征值相同（例如，整个列的值为 Red）。从字面上看，该列没有提供任何信息。该列也恰好具有零方差。偏离程度越低，特征的方差就越小，其用于区分目标值的可能性就越小。一般来说，低方差特征不利于预测。所以，这个论点表明我们可以去掉方差很小的特征。

葡萄酒（wine）数据集中的各特征的方差如下所示。

In [2]:

```
print(wine_df.var())
```

```
alcohol                               0.6591
malic_acid                            1.2480
ash                                   0.0753
alcalinity_of_ash                    11.1527
magnesium                           203.9893
total_phenols                         0.3917
flavanoids                            0.9977
nonflavanoid_phenols                  0.0155
proanthocyanins                       0.3276
color_intensity                       5.3744
hue                                   0.0522
od280/od315_of_diluted_wines          0.5041
proline                          99,166.7174
dtype: float64
```

读者可能会注意到以下一个问题：测量的尺度可能差异太大，以至于它们与均值的平均平方距离（即方差）与其他尺度上的原始测量值相比很小。以下是葡萄酒数据中的一个样例。

In [3]:

```
print(wine_df['hue'].max() - wine_df['hue'].min())
```

```
1.23
```

特征 hue（色调）最大可能的差异为 1.23；其方差约为 0.05。与此同时：

In [4]:

```
print(wine_df['proline'].max() - wine_df['proline'].min())
```

```
1402.0
```

特征 proline（脯氨酸）最大可能的差异则刚刚超过 1400，与平均 proline 值的平均平方差接近 10000。这两个特征使用不同的度量尺度，一个数据范围很小，一个数据范围很大。因此，尽管基于方差选择的论点有其优点，但不建议以这种精确的方式选择特征。尽管如此，我们仍将采用这种方法继续讨论，在增加复杂度之前进一步了解基于方差选择特征的工作原理。

以下示例代码将挑选方差大于 1 的特征。

In [5]:

```
# 无缩放的方差选择样例
varsel = ftr_sel.VarianceThreshold(threshold=1.0)
varsel.fit_transform(wine_train)

print("first example")
print(varsel.fit_transform(wine_train)[0],
      wine_train[0, wine_train.var(axis=0) > 1.0], sep='\n')
```

```
first example
[   2.36   18.6   101.      3.24    5.68 1185.  ]
[   2.36   18.6   101.      3.24    5.68 1185.  ]
```

因此，运行 VarianceThreshold.fit_transform 实际上与选取方差大于 1 的列相同。get_support 为我们提供了一组用于选择列的布尔值。

In [6]:

```
print(varsel.get_support())
```

```
[False  True False  True  True False  True False False  True False False
  True]
```

如果想知道保留下来的特征的名称，就必须返回数据集的特征名称，示例代码如下所示。

In [7]:

```
keepers_idx = varsel.get_support()
keepers = np.array(wine.feature_names)[keepers_idx]
print(keepers)
```

```
['malic_acid' 'alcalinity_of_ash' 'magnesium' 'flavanoids'
 'color_intensity' 'proline']
```

这是另一个概念性的例子。想象一下，我们分别使用厘米和米来测量人的身高。当以米为单位对身高进行测量时，与均值的差异将相对较小；以厘米为单位对身高进行测量时，与均值的差异会更大。当我们将这些差异求平方时，请记住，方差公式包括 $(x-\bar{x})^2$，因此结果值被放大得更大。所以，需要测量单位具有可比性。我们不想通过除以标准差来标准化这些测量值。如果真的这样做，所有的方差都将变为 1。相反，可以将测量数据重新缩放到范围 [0, 1] 或者 [−1, 1]。

In [8]:

```
minmax = skpre.MinMaxScaler().fit_transform(wine_train)
print(np.sort(minmax.var(axis=0)))
```

```
[0.0223 0.0264 0.0317 0.0331 0.0361 0.0447 0.0473 0.0492 0.0497 0.0569
 0.058  0.0587 0.071 ]
```

现在，我们可以对这些被重新缩放后的值的方差进行评估。这不是一个超级原则，但我们将应用 0.05 的阈值。或者，读者可以自己决定保留一些最佳特征的数量或者百分比，并从该数量或者百分比反向求得适当的阈值。

In [9]:

```
# 缩放方差选择样例
pipe = pipeline.make_pipeline(skpre.MinMaxScaler(),
                              ftr_sel.VarianceThreshold(threshold=0.05))
pipe.fit_transform(wine_train).shape

# pipe.steps是（name,step_object）的列表
keepers_idx = pipe.steps[1][1].get_support()
print(np.array(wine.feature_names)[keepers_idx])
```

```
['nonflavanoid_phenols' 'color_intensity' 'od280/od315_of_diluted_wines'
 'proline']
```

不幸的是，使用方差会很麻烦，有如下两个原因。首先，没有任何绝对的尺度来选择一个好的方差阈值。当然，如果方差为零，我们可能会放弃该特征，但在另一个极端，对于每个样例而言，具有唯一值的特征也是一个问题。在第 8.2 节中，我们看到，可以基于这样一个特征进行训练从而生成一个完美的决策树，但这种方法不具备泛化的实用性。其次，我们所选择的值在很大程度上是基于数据集中所有特征的相对决定。如果想更加客观，就可以使用管道技术和网格搜索机制，根据数据选择一个好的方差阈值。尽管如此，如果一个机器学习问题具有太多的特征（例如，成百上千个特征），应用方差阈值来快速减少特征可能会比较非常有效，因为不需要投入大量的计算工作量。

2. 相关性

使用方差存在一个更严重的问题。考虑到一个独立特征的方差会忽略关于目标的任何

信息。在理想情况下，我们希望结合特征如何随目标变化的信息。这听起来很像协方差。没错，但也有一些不同之处。协方差有一些微妙而怪异的行为，这使得对协方差的解释有点困难。当通过部分方差对协方差进行归一化时，协方差变得更容易理解。从本质上讲，对于两个特征，我们需要知道：（1）这两个特征在一起时是如何变化的，而不是（2）这两个特征各自如何变化。如果从数学意义上去深刻理解的话，很显然第一种情况（两个特征一起变化）的协方差总是小于或者等于第二种情况（两个特征单独变化）的协方差。在这种情况下，我们可以把这些思想结合在一起，得到特征和目标之间的相关性。在数学上，$r = \mathrm{cor}\,(x, y) = \dfrac{\mathrm{cov}\,(x, y)}{\sqrt{\mathrm{var}\,(x)\ \mathrm{var}\,(y)}}$。对于特征和目标，可以进行如下替换，$\mathrm{ftr} \rightarrow x$ 和 $\mathrm{tgt} \rightarrow y$，结果为 $r = \mathrm{cor}\,(\mathrm{ftr}, \mathrm{tgt})$。

相关性有多种解释。我们感兴趣的是将其解释为：如果忽略其符号，协方差有多接近其最大可能值？请注意，协方差和相关性可以是正值，也可以是负值。这里稍微展开一下：当相关性为 1（并且协方差达到最大值）时，两个输入之间存在完美的线性关系。然而，虽然相关性都是关于这种线性关系，但协方差本身所关心的不仅仅是线性关系。如果将协方差重写为相关性和协方差的乘积 $\mathrm{cov}\,(x, y) = \mathrm{cor}\,(x, y)\sqrt{\mathrm{var}\,(x)\ \mathrm{var}\,(y)}$，稍微换个角度来看，我们会观察到以下三种情况都会增加协方差的值：（1）扩展 x 或者 y（增加它们的方差），（2）增加直线相似性（增加 $\mathrm{cor}(x, y)$），（3）在 x 和 y 之间平均分布给定的总方差（第三点不太明显）。虽然这有点抽象，但这三种情况回答了为什么人们通常更喜欢相关性而不是协方差的问题：相关性只是关于**直线**（lines）的关系。

由于相关性可以是正值，也可以是负值（这基本上对应于直线是向上还是向下），比较原始相关性会带来一个小的问题。一条直线指向下方而不是指向上方并影响其好坏性质。我们将采用一种经典的解决方案来解决正负问题，并将相关值进行平方处理。因此，我们将使用 r^2 而不是 r。现在，终于回到了第 7.2.3 节第一次讨论的主题。虽然我们之前的方法非常不同，但两者的基本数学原理是相同的。不同之处在于结果的使用和解释。

另一个令人困惑的旁注。使用相关性作为单变量特征选择方法，因为我们使用该方法选择单个特征。然而，我们所计算的相关值实际上是预测特征和目标输出之间的二元相关性。`sklearn` 让我们以一种偷偷摸摸的方式使用特征和目标之间的相关性：将其封装在 `f_regression` 单变量选择方法中。此处不会详细讨论其中的数学细节（感兴趣的读者可以参见本章参考阅读资料），但是如果我们按照平方特征的相关性对特征进行排序，那么 `f_regression` 的特征顺序将是相同的。

我们将证明这些是等价的，同时，也将展示如何手工计算相关性。首先，计算糖尿病（diabetes）数据集的每个特征和目标之间的协方差。对于这个问题，一个特征的协方差看起来像 $\mathrm{cov}\,(\mathrm{ftr}, \mathrm{tgt}) = \dfrac{\mathrm{dot}\,(\mathrm{ftr} - \mathrm{mean}\,(\mathrm{ftr}))(\mathrm{tgt} - \mathrm{mean}\,(\mathrm{tgt}))}{n}$。这段代码看起来很相似，我们只需要

处理几个 numpy 轴问题。

In [10]:

```
# cov(X,Y) = np.dot(X-E(X), Y-E(Y)) / n
n = len(diabetes_train_ftrs)

# 缩略名称
x = diabetes_train_tgt[np.newaxis,:]
y = diabetes_train_ftrs
cov_via_dot = np.dot(x-x.mean(), y-y.mean()) / n

# 计算所有的协方差，提取特征和目标之间的协方差
# 当bias=True时，除以n，而不是n-1; np.cov的默认值为bias=False
cov_via_np  = np.cov(diabetes_train_ftrs, diabetes_train_tgt,
                     rowvar=False, bias=True)[-1, :-1]
print(np.allclose(cov_via_dot, cov_via_np))
```

True

现在，我们可以采用如下两种方法来计算相关性：（1）通过刚刚计算好的协方差，或者（2）直接通过 numpy 的 np.corrcoef。

In [11]:

```
# np.var默认值ddof=0，等价于bias=True
# np.corrcoef从中提取值有点混乱

# cov()/sqrt(var() var())
cor_via_cov = cov_via_np / np.sqrt(np.var(diabetes_train_tgt) *
                                   np.var(diabetes_train_ftrs, axis=0))
cor_via_np = np.corrcoef(diabetes_train_ftrs, diabetes_train_tgt,
                         rowvar=False)[-1, :-1]
print(np.allclose(cor_via_cov, cor_via_np))
```

True

最后，可以确认，采用我们所提出的计算相关性方法与使用 sklearn 的 f_regression 计算方法，变量的顺序是相同的。

In [12]:

```
# 请注意：我们使用相关性的平方r^2
corrs = np.corrcoef(diabetes_train_ftrs,
                    diabetes_train_tgt, rowvar=False)[-1, :-1]
cor_order = np.argsort(corrs**2) # r^2 (!)
cor_names = np.array(diabetes.feature_names)[cor_order[::-1]]

# sklearn的f_regression计算方法
f_scores = ftr_sel.f_regression(diabetes_train_ftrs,
                                diabetes_train_tgt)[0]
```

```
freg_order = np.argsort(f_scores)
freg_names = np.array(diabetes.feature_names)[freg_order[::-1]]

# numpy数组不喜欢比较字符串
print(tuple(cor_names) == tuple(freg_names))
```

```
True
```

如果读者对全局有些模糊，以下是概要总结。

- 方差方法虽然也行得通，但协方差是一个重大的改进。
- 协方差有一些粗糙的边缘；相关性 r 是一个很好的方法；但是平方相关性 r^2 是一个更好的方法。
- sklearn 的 f_regression 返回按 r^2 排序的结果。

我们可以使用 f_regression 按 r^2 排序。

3. 信息度量

相关性只能直接测量其输入之间的线性关系（linear relationships）。我们可能会关心很多（甚至无限多）的其他关系。因此，可以计算列之间的其他有用统计信息。从编码和信息理论（coding and information theory）的角度来看，特征和目标之间的关系是一种非常普遍的方法。我们不会深入讨论其中的细节，但首先给读者讲一个简短的故事。

像许多小孩子一样，作者本人小时候也喜欢手电筒。没过多久，作者就发现摩斯电码允许人们用闪烁的手电筒传输信息。然而，年轻的作者认为记忆摩斯电码是一项无法克服的任务。相反，作者和作者的朋友为非常具体的场景编写了自己的编码。例如，在玩夺取旗帜（capture-the-flag）游戏时，我们想知道穿越场地是否安全。如果只有两个答案，是和否，那么只需要两个简单的闪烁模式就足够了：闪烁一下表示“否”，闪烁两下表示“是”。想象一下，在大多数情况下，场地是安全的。然后，在大多数情况下，我们希望发送一条“是”的消息。但是，我们使用两次闪烁表示“是”，实际上有点浪费。如果我们把闪烁的意思交换一下：闪烁一下表示“是”，闪烁两下表示“否”，就会节省一些工作量。简而言之，这些是编码和信息理论所考虑的思想：考虑到想要传输的某些信息比其他信息的概率更大，我们如何有效地进行通信或者传输信息。

现在，如果读者此时还在犹豫不决，可能是在思考上面的故事与特征和目标有什么关联关系。假设特征值是发送给机器学习模型的消息（图 13-2）。机器学习模型需要对该信息进行解码并将其转化为我们感兴趣的目标。信息论方法的观点是将一个特征转化为一条消息，该消息被解码并指向一个最终目标。然后，信息论方法将量化不同的特征在多大程度上传达了信息。信息论中的一个具体度量称为互信息（mutual information），从一般意义上讲，捕获了一个结果的价值就能告诉我们关于另一个结果的价值。

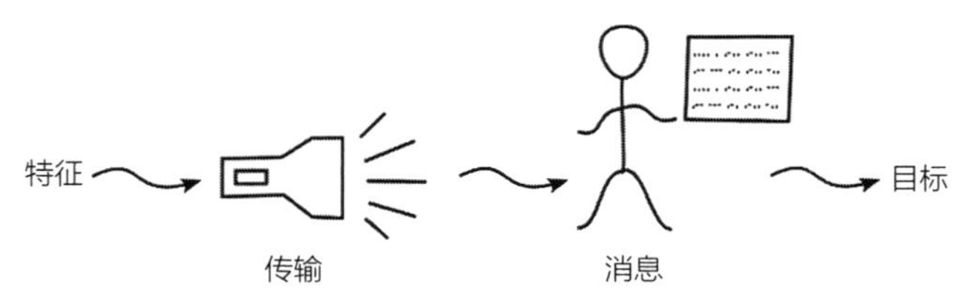

图 13-2 通过手电筒将信息从特征发送到目标

有用变量和随机变量

我们将从一个易于表达的问题开始，该问题会导致一个非线性分类问题。

In [13]:

```
xs = np.linspace(-10,10,1000).reshape(-1,1)
data = np.c_[xs, np.random.uniform(-10,10,xs.shape)]
tgt = (np.cos(xs) > 0).flatten()
```

因为这是一个非常不直观的公式，让我们以图形的方式来可视化这个公式，如图 13-3 所示。

In [14]:

```
plt.figure(figsize=(4,3))
plt.scatter(data[:,0], tgt);
```

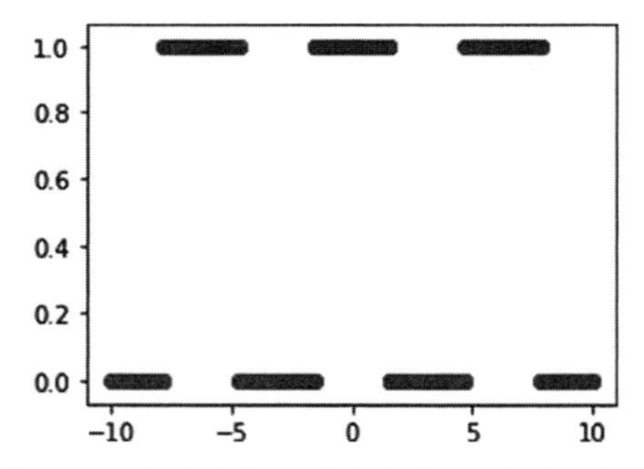

图 13-3 以图形的方式可视化公式（见彩插）

基本上，图 13-3 展示了一个模式，以固定的间隔开和闭（取值 0 和 1）。虽说这个图并没有那么复杂，但它绝对是非线性的。在 data 中，第一列数据是等距值；第二列数据是随机值。我们可以根据非线性目标查看每一列的互信息。

In [15]:

```
mi = ftr_sel.mutual_info_classif(data, tgt,
                                 discrete_features=False)
print(mi)
```

```
[0.6815 0.0029]
```

这是一个很好的迹象：随机列的值很小，几乎为零，而信息列的值较大。我们可以对回归问题使用类似的方法。

In [16]:

```
xs = np.linspace(-10,10,1000).reshape(-1,1)
data = np.c_[xs, np.random.uniform(-10,10,xs.shape)]
tgt = np.cos(xs).flatten()
```

下面是第一列数据与目标值的对比图（图 13-4）。

In [17]:

```
plt.figure(figsize=(4,3))
plt.plot(data[:,0], tgt);
```

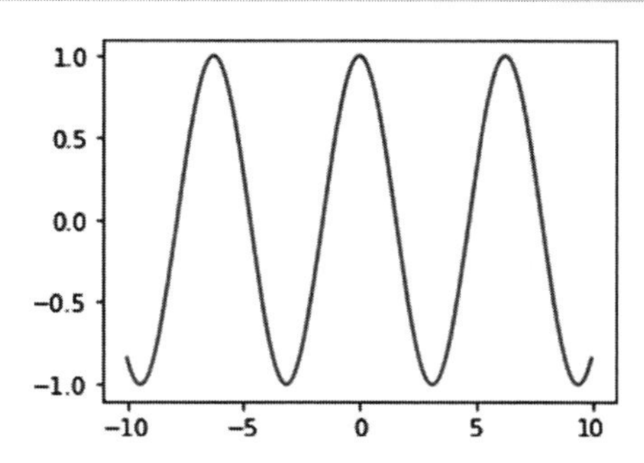

图 13-4　第一列数据与目标值的对比图（见彩插）

现在我们可以对类似于 r^2 的值和互信息技术进行比较。

In [18]:

```
print(ftr_sel.f_regression(data, tgt)[0],
      ftr_sel.mutual_info_regression(data, tgt),
      sep='\n')
```

```
[0. 0.]
[1.9356 0.    ]
```

在本例中，随机列（具有非信息性）和信息列都与目标具有零线性关系。然而，观察 `mutual_info_regression`，我们看到了一组合理的值：随机列的值为零，信息列的值为正数。

两个预测变量

现在考虑当我们有多个信息变量时会发生什么？以下是一些数据。

In [19]:

```
xs, ys = np.mgrid[-2:2:.2, -2:2:.2]
c_tgt = (ys > xs**2).flatten()

# 基本情况是，当y<x**2时，关闭r_tgt
```

```
r_tgt = ((xs**2 + ys**2)*(ys>xs**2))

data = np.c_[xs.flat, ys.flat]

# 打印若干样例
print(np.c_[data, c_tgt, r_tgt.flat][[np.arange(0,401,66)]])
```

```
[[-2.  -2.   0.   0. ]
 [-1.4 -0.8  0.   0. ]
 [-0.8  0.4  0.   0. ]
 [-0.2  1.6  1.   2.6]
 [ 0.6 -1.2  0.   0. ]
 [ 1.2  0.   0.   0. ]
 [ 1.8  1.2  0.   0. ]]
```

而这导致了两个不同的问题，一个是分类问题，一个是回归问题，如图 13-5 所示。

In [20]:

```
fig,axes = plt.subplots(1,2, figsize=(6,3), sharey=True)
axes[0].scatter(xs, ys, c=np.where(c_tgt, 'r', 'b'), marker='.')
axes[0].set_aspect('equal');

bound_xs = np.linspace(-np.sqrt(2), np.sqrt(2), 100)
bound_ys = bound_xs**2

axes[0].plot(bound_xs, bound_ys, 'k')
axes[0].set_title('Classification')

axes[1].pcolormesh(xs, ys, r_tgt,cmap='binary')
axes[1].set_aspect('equal')
axes[1].set_title('Regression');
```

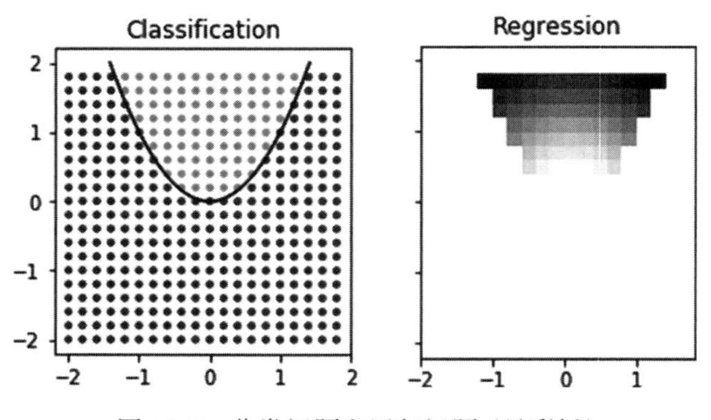

图 13-5 分类问题和回归问题（见彩插）

在计算任何统计数据之前，先考虑一下这个场景。如果已知 y 的值，并且已知该值小于零，那么将知道很多关于结果的信息：结果总是蓝色（用于分类）或者白色（用于回归）。如果 y 值大于零，那么就不会获得那么多的胜率，但随着 y 的不断增加，得到红色（左图）或者黑色（右图）的可能性会更高。对于 x 值，大于或者小于零的值实际上并不意味着什么：因为数据在 x 轴上是完全平衡的。

也就是说，我们可以看一看 c_tgt 的基于信息的度量，这个度量是使用 mutual_info_classif 计算的结果。

In [21]:

```
print(ftr_sel.mutual_info_classif(data, c_tgt,
                                  discrete_features=False, random_state=42))
```

```
[0.0947 0.1976]
```

关于 r_tgt 回归问题的相对值与 mutual_info_ regression 的相对值大致相似。

In [22]:

```
print(ftr_sel.mutual_info_regression(data, r_tgt.flat,
                                     discrete_features=False))
```

```
[0.0512 0.4861]
```

这些值与我们的直观讨论结果非常吻合。

4. 选择排名靠前的特征

实际上，当想要应用一个选择度量时，我们想要对特征进行排序，然后选择特征。如果想要一些固定数量的特征，SelectKBest 可以让我们轻松实现这一点。可以使用以下代码选择前五个特征。

In [23]:

```
ftrsel = ftr_sel.SelectKBest(ftr_sel.mutual_info_classif, k=5)
ftrsel.fit_transform(wine_train, wine_train_tgt)

# 提取名称
keepers_idx = ftrsel.get_support()
print(np.array(wine.feature_names)[keepers_idx])
```

```
['flavanoids' 'color_intensity' 'hue' 'od280/od315_of_diluted_wines'
 'proline']
```

这使得比较两种不同的特征选择方法变得相对容易。我们看到，在 f_classif 和 mutual_info_classif 下，前五名的大部分特征都是相同的。

In [24]:

```
ftrsel = ftr_sel.SelectKBest(ftr_sel.f_classif, k=5)
ftrsel.fit_transform(wine_train, wine_train_tgt)
```

```
keepers_idx = ftrsel.get_support()
print(np.array(wine.feature_names)[keepers_idx])
```

```
['alcohol' 'flavanoids' 'color_intensity' 'od280/od315_of_diluted_wines'
 'proline']
```

如果我们想要获取关于特征的某些百分比信息，可以使用 SelectPercentile，并将其与 r^2 结合起来，结果如下所示。

In [25]:

```
ftrsel = ftr_sel.SelectPercentile(ftr_sel.f_regression,
                                  percentile=25)
ftrsel.fit_transform(diabetes_train_ftrs,
                     diabetes_train_tgt)

print(np.array(diabetes.feature_names)[ftrsel.get_support()])
```

```
['bmi' 'bp' 's5']
```

为了利用互信息，我们可以编写如下代码。

In [26]:

```
ftrsel = ftr_sel.SelectPercentile(ftr_sel.mutual_info_regression,
                                  percentile=25)
ftrsel.fit_transform(diabetes_train_ftrs,
                     diabetes_train_tgt)

print(np.array(diabetes.feature_names)[ftrsel.get_support()])
```

```
['bmi' 's4' 's5']
```

一般来说，不同的特征选择度量指标通常会给出相似的排名。

13.1.2 基于模型的特征选择

到目前为止，我们一直在根据独立特征（使用方差）或者与目标的关系（使用相关性或者信息）来选择特征。相关性之所以被认为是一个很好的方法，是因为相关性跟踪与目标的线性关系。而信息方法被认为是一个更好的方法，是因为信息方法可以跟踪任何（对于“任何”的某些定义而言）关系。然而，在现实中，当我们选择特征时，将在模型中使用这些特征。如果使用的特征是针对该模型定制的，那么效果会更好。并非所有模型都是直线的或者线性的。特征和目标之间存在关系并不意味着特定模型可以找到或者利用这个关系。因此，我们自然会问，是否存在可以与模型一起工作的特征选择方法，以选择在该模型中能够运作良好的特征。答案是肯定的。

到目前为止，第二个问题是，我们只评估了单个特征，而不是一组特征。模型可以一次性使用整套特征。例如，线性回归在每个特征上都有系数，决策树在考虑所有特征后会对其中的某些特征值进行比较。由于模型使用多个特征，我们可以使用不同特征集合上的模型性能来评估这些特征对模型的价值。

组合学提供数量众多的方法，从一个更大的集合中挑选特征子集，这通常会阻止我们测试每个可能的特征子集。需要评估的子集太多了。解决这个限制的方法有两种：随机算法和贪心算法。

随机算法是相当简单的：随机获取特征子集并对其进行评估。贪心算法包括从某个初始特征集开始，然后从该起始点添加或者删除特征。此处的贪心指的是这样一个事实：我们可能会采取一些看起来不错的措施，但最终可能会落得一个不太理想的结局。这样想吧。如果我们在一个大城市里闲逛，手头没有携带该城市的地图，为了寻找动物园，我们可能会走到十字路口问路："请问去动物园怎么走？"然后会得到一个答案，接着按照得到的指示去下一个十字路口。如果每个人都是诚实的（我们的美好期望），那么走了很长一段路后就可能会到达动物园。不幸的是，不同的人可能会对如何指引我们去动物园有不同的想法，所以我们可能会走回头路或者兜圈子。但是，如果我们有地图，就可以通过最短的路径直接到达目的地。当对整个问题的看法有局限（无论是站在十字路口，还是只考虑添加或者删除某些特征）时，我们都可能无法找到最佳的解决方案。

实际上，贪心特征选择方法为我们提供了一个如下所示的总体过程。

（1）选择一些初始特征子集。

（2）利用当前的特征，构建模型。

（3）评估特征对模型的重要性。

（4）保留最佳特征或者从当前集合中删除最差的特征。如果需要，系统地或者随机地添加或者删除特征。

（5）如果需要，重复步骤（2）。

通常，初始特征子集分为两种情况：（1）单个特征，通过添加特征进行正向处理（forward）；或者，（2）所有特征，通过删除特征进行反向处理（backward）。

1. 适用于模型，适用于预测

如果没有重复步骤（以上的步骤（5）），那么只有一个简单的"模型 - 构建"步骤。许多模型给其输入特征一个重要性分数或者系数。SelectFromModel 使用这些分数或者系数对特征进行排序和选择。对于一些模型，默认情况下是保留分数高于均值的特征。

In [27]:

```
ftrsel = ftr_sel.SelectFromModel(ensemble.RandomForestClassifier(),
                                 threshold='mean') # 默认值
ftrsel.fit_transform(wine_train, wine_train_tgt)
print(np.array(wine.feature_names)[ftrsel.get_support()])
```

```
['alcohol' 'flavanoids' 'color_intensity' 'hue'
 'od280/od315_of_diluted_wines' 'proline']
```

对于具有 L_1 – 正则化（在第 9.1 节中称之为套索回归）的模型，默认阈值是丢弃小系数。

In [28]:

```
lmlr = linear_model.LogisticRegression
ftrsel = ftr_sel.SelectFromModel(lmlr(penalty='l1'))
    # 阈值是"小"系数
ftrsel.fit_transform(wine_train, wine_train_tgt)

print(np.array(wine.feature_names)[ftrsel.get_support()])
```

```
['alcohol' 'malic_acid' 'ash' 'alcalinity_of_ash' 'magnesium' 'flavanoids'
 'proanthocyanins' 'color_intensity' 'od280/od315_of_diluted_wines'
 'proline']
```

请注意，如何对所选的特征进行排序，并不存在没有任何简单的方法，除非我们从基础模型返回系数或者重要性。SelectFromModel 为我们提供了一个关于是否保留特征的二项选择（“是”或者“否”）。

2. 让模型指导决策

除了“单步”流程之外，我们还可以根据重复的“模型 – 构建”步骤，让特征自己增长或者收缩。这里，需要重复步骤（5）（参见 13.1.2 节）。假设创建一个模型，对特征进行评估，然后删除最差的特征。现在，重复这个过程。由于特征可以相互交互，因此特征的整个顺序现在可能会有所不同。在新的排序中丢弃最差的特征。然后继续，直至所丢弃特征的数量达到我们想要丢弃的数量为止。这个方法被称为递归式特征消除（recursive feature elimination），由 sklearn 的 RFE 所提供。

在这里，我们将使用 RandomForestClassifier 作为底层模型。正如在第 12.3 节中所讨论的，随机森林（RFs）通过重复使用随机选择的特征来运作。如果一个特征出现在许多组件树中，我们可以将其作为一个指标，表明使用频率较高的特征比使用频率较低的特征更重要。这个思想被形式化地称为特征重要性（feature importance）。

In [29]:

```
ftrsel = ftr_sel.RFE(ensemble.RandomForestClassifier(),
                     n_features_to_select=5)

res = ftrsel.fit_transform(wine_train, wine_train_tgt)
print(np.array(wine.feature_names)[ftrsel.get_support()])
```

```
['alcohol' 'flavanoids' 'color_intensity' 'od280/od315_of_diluted_wines'
 'proline']
```

我们还可以使用线性回归模型选择特征。在 sklearn 实现中，根据特征回归系数的大小删除特征。统计学家可以阅读“12.6.2 本章参考阅读资料”中的警告。

In [30]:

```
# 针对统计学家的警告（参见“12.6.2 本章参考阅读资料”）
# 基于特征权重（系数）进行选择
# 不是基于（整体）模型的系数的重要性，也不是基于模型的r^2/anova/F
ftrsel = ftr_sel.RFE(linear_model.LinearRegression(),
                     n_features_to_select=5)
ftrsel.fit_transform(wine_train, wine_train_tgt)
print(np.array(wine.feature_names)[ftrsel.get_support()])
```

```
['alcohol' 'total_phenols' 'flavanoids' 'hue'
 'od280/od315_of_diluted_wines']
```

我们可以使用 .ranking_ 对删除的特征进行排序，也就是说，在多轮评估中保留或者删除了这些特征，而无须返回到沿途使用的模型的系数或者重要性。如果想对剩余特征进行排序，则必须做一些额外的工作，如下代码所示。

In [31]:

```
# 取值为1的特征被选中；不为1的特征被丢弃
# 询问估计器有关系数的值
print(ftrsel.ranking_,
      ftrsel.estimator_.coef_, sep='\n')
```

```
[1 5 2 4 9 1 1 3 7 6 1 1 8]
[-0.2164  0.1281 -0.3936 -0.6394 -0.3572]
```

在这里，排序中取值为 1 的特征被选中：这些特征被保留。排序中取值不为 1 表示该特征被删除。可以根据五个估计器系数的绝对值对五个 1 所对应的特征进行排序。

In [32]:

```
# 对五个1所对应的特征进行排序
keepers_idx = np.argsort(np.abs(ftrsel.estimator_.coef_))
# 找到1的索引并获得相应特征的排序结果
keepers_order_idx = np.where(ftrsel.ranking_ == 1)[0][keepers_idx]
print(np.array(wine.feature_names)[keepers_order_idx])
```

```
['total_phenols' 'alcohol' 'od280/od315_of_diluted_wines' 'flavanoids'
 'hue']
```

13.1.3　将特征选择与机器学习管道相集成

现在我们有了一些特征选择工具可供使用，可以将特征选择和模型构建放置在一个管道中，看看各种组合的效果如何。以下是葡萄酒数据正则化逻辑回归的快速基线。

In [33]:

```
skms.cross_val_score(linear_model.LogisticRegression(),
                     wine.data, wine.target)
```

Out[33]:

```
array([0.8667, 0.95  , 1.    ])
```

我们再探究一下基于同一分类器来选择特征是否有助于解决问题。

In [34]:

```
# 执行
# 阈值是“小”系数
lmlr = linear_model.LogisticRegression
ftrsel = ftr_sel.SelectFromModel(lmlr(penalty='l1'))

pipe = pipeline.make_pipeline(ftrsel, linear_model.LogisticRegression())
skms.cross_val_score(pipe, wine.data, wine.target)
```

Out[34]:

```
array([0.8667, 0.95  , 1.    ])
```

探究结果得到明确的否定答案。我们必须深入了解更多的细节，查看保留不同数量的特征是否有帮助。稍后将展开讨论。现在，将检查使用不同的机器学习模型对选择特征是否有帮助。

In [35]:

```
ftrsel = ftr_sel.RFE(ensemble.RandomForestClassifier(),
                     n_features_to_select=5)
pipe = pipeline.make_pipeline(ftrsel, linear_model.LogisticRegression())
skms.cross_val_score(pipe, wine.data, wine.target)
```

Out[35]:

```
array([0.8667, 0.9167, 0.9655])
```

同样，答案还是否定的。但这也不是最糟糕的结果，至少探究过程和结果可能对其他问题有所帮助！请记住，尝试不同的机器学习管道是非常容易的事情。接着我们切换到使用基于信息的特征评估器。

In [36]:

```
ftrsel = ftr_sel.SelectPercentile(ftr_sel.mutual_info_classif,
                                  percentile=25)
pipe = pipeline.make_pipeline(ftrsel, linear_model.LogisticRegression())
skms.cross_val_score(pipe, wine.data, wine.target)
```

Out[36]:

```
array([0.9167, 0.9167, 1.    ])
```

此处的结果似乎有点帮助，但这里不对其再进行深入探讨。我们需要做更多的实验，以使其成为管道的一部分。现在转向研究如何微调所保留的特征的数量。我们可以通过管道上的网格搜索来实现这一点。

In [37]:

```
ftrsel = ftr_sel.SelectPercentile(ftr_sel.mutual_info_classif, percentile=25)
pipe = pipeline.make_pipeline(ftrsel, linear_model.LogisticRegression())

param_grid = {'selectpercentile__percentile':[5,10,15,20,25]}
grid = skms.GridSearchCV(pipe, param_grid=param_grid, cv=3, iid=False)
grid.fit(wine.data, wine.target)

print(grid.best_params_)
print(grid.best_score_)
```

```
{'selectpercentile__percentile': 20}
0.9444444444444443
```

13.2　基于核的特征构造

现在，我们将研究一些以核（kernel）的形式构造特征的自动方法。核是一个相当抽象的数学概念，所以接下来会描述核所解决的问题以及它们的工作原理。在了解核的基本概念之前，我们实际上会先讨论一些动机和背景。

13.2.1　核激励因子

首先从一个非线性问题开始，这个问题如果使用线性方法将很难以解决。我们将解决一个简单的分类问题，确定一个点位于圆的内部还是圆的外部，如图 13-6 所示。

In [38]:

```
xs, ys = np.mgrid[-2:2:.2, -2:2:.2]
tgt = (xs**2 + ys**2 > 1).flatten()
data = np.c_[xs.flat, ys.flat]

fig, ax = plt.subplots(figsize=(4,3))

# 绘制点
ax.scatter(xs, ys, c=np.where(tgt, 'r', 'b'), marker='.')
ax.set_aspect('equal');

# 绘制圆的边界
circ = plt.Circle((0,0), 1, color='k', fill=False)
ax.add_patch(circ);
```

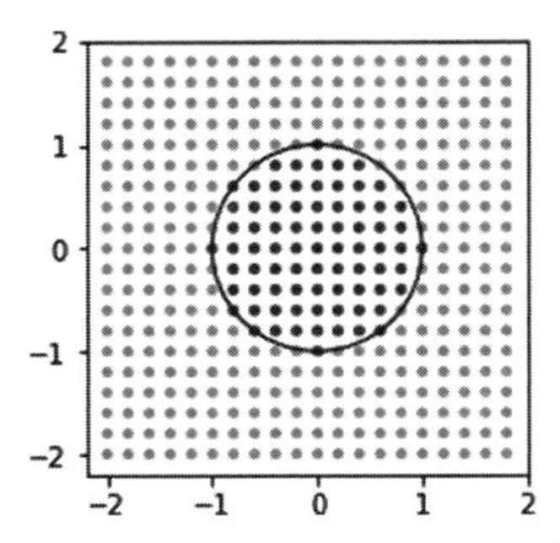

图 13-6 确定点位于圆的内部还是圆的外部（见彩插）

如果我们观察两种线性方法（支持向量分类器（SVC）和逻辑回归（LogReg））的性能，如图 13-7 所示，就会发现这两种方法还有进一步改进的空间。

In [39]:

```
shootout_linear = [svm.SVC(kernel='linear'),
                   linear_model.LogisticRegression()]

fig, axes = plt.subplots(1,2,figsize=(4,2), sharey=True)
for mod, ax in zip(shootout_linear, axes):
    plot_boundary(ax, data, tgt, mod, [0,1])
    ax.set_title(get_model_name(mod))
plt.tight_layout()
```

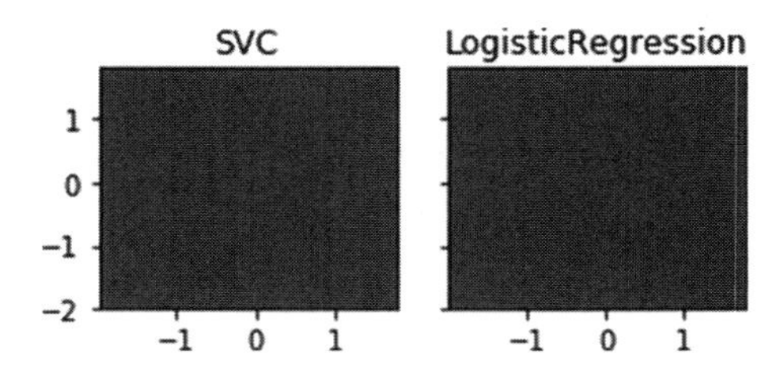

图 13-7 支持向量分类器和逻辑回归的性能（见彩插）

这两种方法总是预测蓝色：所有点都被标记为在圆圈中。如果转而使用非线性学习方法，我们能做得更好吗？让我们来尝试 k – 最近邻和决策树，如图 13-8 所示。

In [40]:

```
# 创建一些非线性机器学习模型
knc_p, dtc_p = [1,20], [1,3,5,10]
KNC = neighbors.KNeighborsClassifier
DTC = tree.DecisionTreeClassifier
shootout_nonlin = ([(KNC(n_neighbors=p), p) for p in knc_p] +
                   [(DTC(max_depth=p), p)   for p in dtc_p ])
```

```
# 绘制图形
fig, axes = plt.subplots(2,3,figsize=(9, 6),
                         sharex=True, sharey=True)
for (mod, param), ax in zip(shootout_nonlin, axes.flat):
    plot_boundary(ax, data, tgt, mod, [0,1])
    ax.set_title(get_model_name(mod) + "({})".format(param))
plt.tight_layout()
```

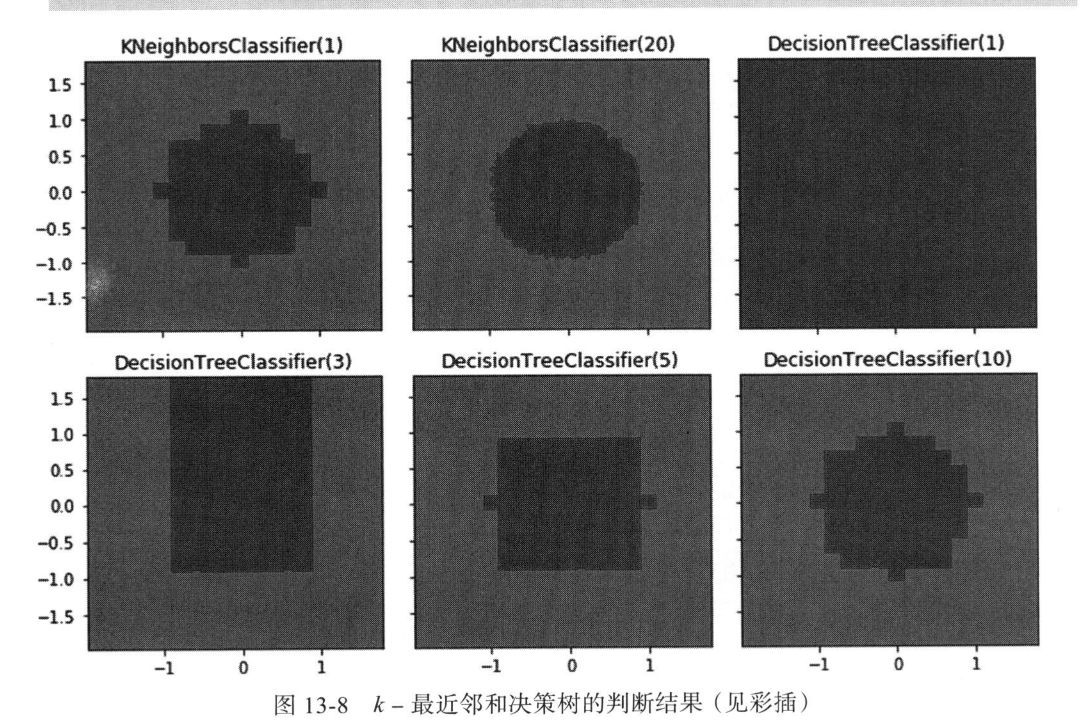

图 13-8　k – 最近邻和决策树的判断结果（见彩插）

结果发现非线性分类器表现得更好。当给这些非线性分类器一些合理的学习能力时，它们形成了红色（每张图的外部区域，右上角图形除外）和蓝色（每张图的内部区域以及右上角图形中的所有区域）之间边界的合理近似值。右上角图形中带有一个拆分的决策树分类器实际上是在进行单个特征测试（例如 $x>0.5$）。该测试表示从单个节点树形成的一条直线，该树实际上只是一个线性分类器。在这种情况下，我们看不到这条直线，因为在其内部，分割点实际上是 $x<-1$，其中所有内容都是相同的颜色（由于默认的颜色选择，此处均为蓝色）。但是，当我们向树添加深度时，就会分割数据的其他部分，并朝着更圆的边界前进。k – 最近邻可以很好地处理较多（20 个）的邻居或者较少（1 个）的邻居。读者可能会发现 `KNC(n_neigh=1)` 和 `DTC(max_depth=10)` 分类边界之间的相似性很有趣。请读者仔细思考它们之间如此相似的原因。

当线性方法失败时，我们可以简单地放弃线性方法，并采用非线性方法。然而，线性方法作为我们常用的方法，当该方法失效的时候，我们不应该轻易放弃该方法。为了更好地解决问题，我们将努力进一步改进线性方法。我们可以做的一件事是从第 10.6.1 节中得到一些提示，并手动添加一些可能支持线性边界的特征。我们将简单地进行平方处理（x^2 和 y^2），然后看看效果如何，结果如图 13-9 所示。

In [41]:

```
new_data = np.concatenate([data, data**2], axis=1)
print("augmented data shape:", new_data.shape)
print("first row:", new_data[0])

fig, axes = plt.subplots(1,2,figsize=(5,2.5))
for mod, ax in zip(shootout_linear, axes):
    # 使用平方处理进行预测和绘图
    plot_boundary(ax, new_data, tgt, mod, [2,3])
    ax.set_title(get_model_name(mod))
plt.tight_layout()
```

```
augmented data shape: (400, 4)
first row: [-2. -2.  4.  4.]
```

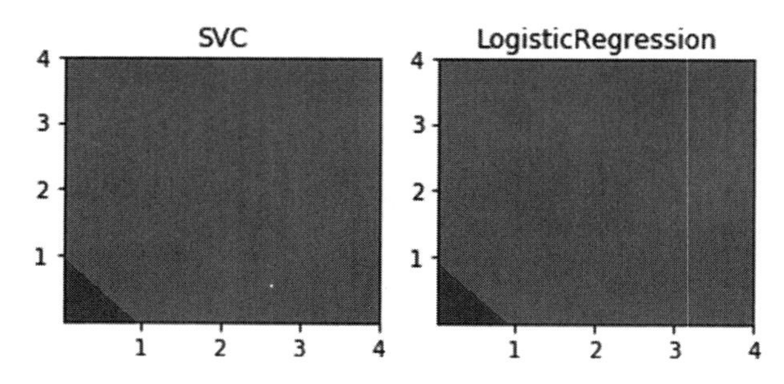

图 13-9 改进的支持向量分类器和逻辑回归（见彩插）

如何理解图中的内容呢？图中显示有红色和蓝色，这是件好事。蓝色在左下角。但是，圆圈到哪里去了？如果仔细观察，读者可能会思考：负值到哪里去了？答案在于我们构造的特征。当我们将值平方时，从字面上和图形上看，负数都变成了正数。我们把问题从“是否满足 $x_{\text{old}}^2 + y_{\text{old}}^2 < 1$”改写为“是否满足 $x_{\text{new}} + y_{\text{new}} < 1$”。第二个问题是线性问题。让我们更详细地研究一下。

我们将关注两个测试点：一个是从圆内开始，另一个是从圆外开始。然后，当使用这两个测试点构造新的特征时，将看到最终结果，如图 13-10 所示。

In [42]:

```
# 选择几个点来展示前后的差异
test_points = np.array([[.5,.5],
```

```
                    [-1, -1.25]])

# 来自三角函数类的精彩技巧:
# 如果我们绕着圆走（pi的分数），
# sin/cos根据pi给出x值和y值
circle_pts = np.linspace(0,2*np.pi,100)
circle_xs, circle_ys = np.sin(circle_pts), np.cos(circle_pts)
```

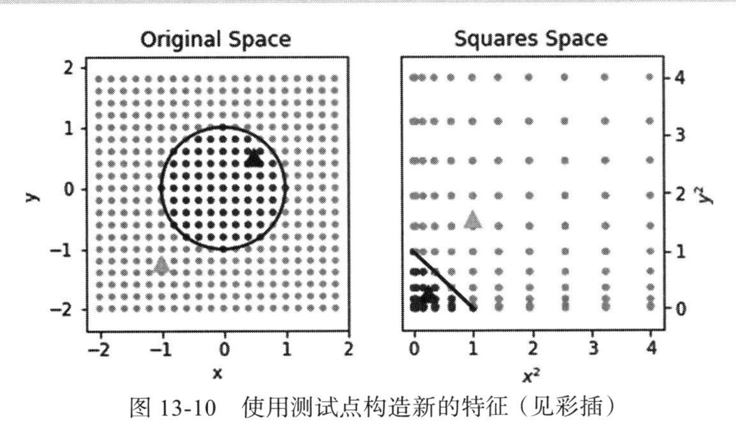

图 13-10 使用测试点构造新的特征（见彩插）

基本上，我们可以观察到平方前后的数据。我们来看一看所有 (x, y) 对的整体空间，我们将观察几个具体的点。

In [43]:

```
fig, axes = plt.subplots(1,2, figsize=(6,3))

labels = [('x',     'y',     'Original Space'),
          ('$x^2$', '$y^2$', 'Squares Space')]

funcs = [lambda x:x,     # 对应于原始的特征
         lambda x:x**2] # 对应于平方后的特征

for ax, func, lbls in zip(axes, funcs, labels):
    ax.plot(func(circle_xs), func(circle_ys), 'k')
    ax.scatter(*func(data.T), c=np.where(tgt, 'r', 'b'), marker='.')
    ax.scatter(*func(test_points.T), c=['k', 'y'], s=100, marker='^')

    ax.axis('equal')
    ax.set_xlabel(lbls[0])
    ax.set_ylabel(lbls[1])
    ax.set_title(lbls[2])

axes[1].yaxis.tick_right()
axes[1].yaxis.set_label_position("right");
```

当使用第 10.6.1 节中解决 xor（异或）问题的相同技巧重新构造问题时，使用线性方法就能够解决该问题。在 SquaresSpace 图形的左下角中，圆环中的黑色三角形最终位于三角形内部。现在，还存在几个问题。我们需要人工干预，这很容易，因为我们知道使用平方是正确的方法。如果查看原始目标 `tgt = (xs**2 + ys**2 > 1).flatten()`，那么将会发现其中突出显示了平方值。但是如果需要划分（提取比率）特征，那么对这些值进行平方就不会有任何帮助了！

因此，我们需要一种自动化的方法来解决这些问题，还需要一种自动化的方法来尝试所构造的特征。实现过程自动化的最聪明、最通用的方法之一是使用核方法（kernel method）。虽然核方法不能完成手工可以做的所有事情，但在许多情况下核方法已经足够应对了。下一步，我们将以一种有点笨拙的手动方式使用核。但实际上核可以以更强大的方式使用，而不需要人工干预。我们正在（慢慢地，或者说是仔细地）构建一个自动化系统，以尝试许多可能构造的特征，并使用其中最好的特征。

13.2.2 手动核方法

1. 核方法的内部原理

目前为止还没有对核进行定义。虽然本书可以定义核，但对读者而言没有任何意义。相反，本节将首先演示核的功能，并阐述核与构造良好特征的问题之间的关系。我们将从手动应用核开始。(注意！通常我们不会手动应用核。这里之所以介绍手动应用核，其目的仅仅是为了阐述关于核方法的内部原理。）不执行手工数学计算（x^2，y^2），而是计算从原始数据到数据的核。本例中介绍的是一个非常特定的核，它捕获了相同的想法，即对输入特征进行平方处理，这是我们刚刚手工完成的操作。

In [44]:

```
k_data = metrics.pairwise.polynomial_kernel(data, data,
                                            degree=2) # 平方
print('first example: ', data[0])

print('# features in original form:', data[0].shape)
print('# features with kernel form:', k_data[0].shape)

print('# examples in both:', len(data), len(k_data))
```

```
first example:  [-2. -2.]
# features in original form: (2,)
# features with kernel form: (400,)
# examples in both: 400 400
```

结果并不是很令人满意，甚至还可能令人有点困惑。当将核应用于 400 个样例时，从 2 个特征变成了 400 个特征。为什么？因为核根据某个样例和其他样例之间的关系来重新描述数据。第一个样例的 400 个特征描述了第一个样例与每个其他样例的关系。这让我们有点难以看清到底发生了什么。但是，可以强制核特征“说话”。通过将核化后的数据（kernelized data）输入预测模型，然后将这些预测绘制回原始数据。基本上，我们是在根据一个人的学名（例如，住在宾夕法尼亚州的 Mark Fenner）查找其信息，然后将结果与学名所对应的绰号（例如，住在宾夕法尼亚州的 Marco）联系起来。

另一个要点是：如果此时读者想起了特征对之间的协方差，那么就差不多接近答案了。然而，核是关于样例之间关系的描述。协方差是关于特征之间关系的描述。也就是说，协方差是一种关于列和列之间的关系；而核是一种关于行与行之间的关系。结果如图 13-11 所示。

In [45]:

```
fig, ax = plt.subplots(figsize=(4,3))

# 从k_data而不是原始数据中学习
preds  = (linear_model.LogisticRegression()
                     .fit(k_data, tgt)
                     .predict(k_data))

ax.scatter(xs, ys, c=np.where(preds, 'r', 'b'), marker='.')
ax.set_aspect('equal')
```

从这张图中肯定可以得出一些结论。以前，我们无法成功地将逻辑回归模型应用于圆数据，结果将导致到处都是蓝色的预测。现在，似乎得到了完美的预测。稍后将更仔细地了解这是如何发生的。但现在，让我们更干净地手动应用核。手动应用核的确有点笨拙。可以创建一个 sklearn Transformer（请参见第 10.6.3 节中的首次讨论），让我们在机器学习管道中连接手动核。

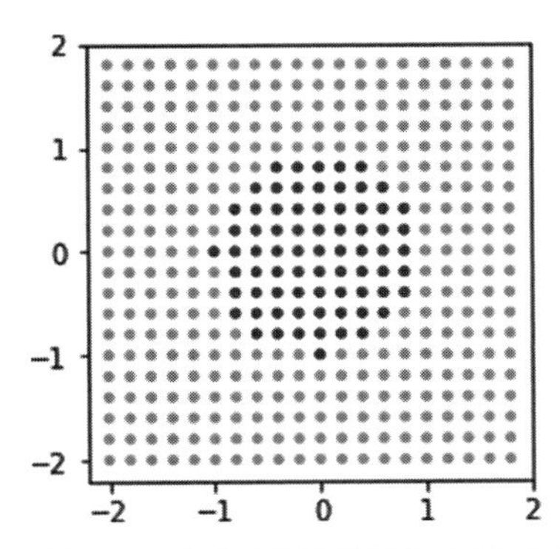

图 13-11　从 k_data 而不是原始数据中学习（见彩插）

In [46]:

```
from sklearn.base import TransformerMixin

class PolyKernel(TransformerMixin):
    def __init__(self, degree):
        self.degree = degree

    def transform(self, ftrs):
        pk = metrics.pairwise.pairwise_kernels
        return pk(ftrs, self.ftrs, metric='poly', degree=self.degree)

    def fit(self, ftrs, tgt=None):
        self.ftrs = ftrs
        return self
```

基本上，我们有一个管道步骤，在将数据发送到下一个步骤之前通过核传递数据。可以将手动二次多项式与 Nystroem 核进行比较，如图 13-12 所示。此处不会详细介绍 Nystroem 核。之所以提到 Nystroem 核，有以下两个原因。

（1）在 sklearn 中实现的 Nystroem 核可以很好地使用管道。我们不必把 Nystroem 核包装在 Transformer 中。基本上，可以使用 Nystroem 核来方便编程。

（2）事实上，Nystroem 核除了使编程变得更简单之外，还有着极其重要的作用。如果在很多样例中遇到了更大的问题，那么构建一个完整的核来比较每个样例可能会因为占用大量内存而导致问题的出现。Nystroem 通过减少其考虑的样例数量来构造近似核。实际上，Nystroem 核只保留了最重要的比较样例。

In [47]:

```
from sklearn import kernel_approximation

kn = kernel_approximation.Nystroem(kernel='polynomial',
                                   degree=2, n_components=6)
LMLR = linear_model.LogisticRegression()
k_logreg1 = pipeline.make_pipeline(kn, LMLR)
k_logreg2 = pipeline.make_pipeline(PolyKernel(2), LMLR)

shootout_fancy = [(k_logreg1, 'Nystroem'),
                  (k_logreg2, 'PolyKernel')]

fig, axes = plt.subplots(1,2,figsize=(6,3), sharey=True)
for (mod, kernel_name), ax in zip(shootout_fancy, axes):
    plot_boundary(ax, data, tgt, mod, [0,1])
    ax.set_title(get_model_name(mod)+"({})".format(kernel_name))
    ax.set_aspect('equal')
plt.tight_layout()
```

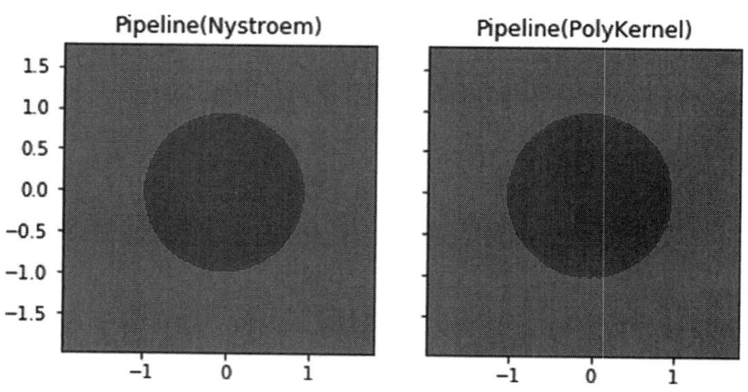

图 13-12 将多项式核与 Nystroem 核进行比较（见彩插）

此处，我们已经完成了一个核化逻辑回归模型的仿制。我们拼凑了一个逻辑回归的核方法形式。此处依赖了不稳定的代码进行核化逻辑回归，之所以这么做有如下两个原因。首先，sklearn 的工具箱中没有完整的核化逻辑回归。其次，这种方式足以展示我们如何将 PlainVanillaLearningMethod(Data) 编写为 PlainVanillaLearner(KernelOf(Data)) 的技巧，并实现类似于核方法的功能。实际上，我们应该谨慎地将这种模型称为仿制核方法。虽然这种方法有若干个限制，但不影响完整的核方法。我们稍后将展开讨论。

我们在原始的全蓝色逻辑回归模型上取得了一些实质性进展。但仍然使用手工做了很多事情。让我们开始训练，并完全自动化这个过程。

2. 从手动方法到自动化核方法

首先，我们将尝试一种完全自动化的核方法，该方法使用核化的支持向量分类器，它被称为支持向量机（Support Vector Machine，SVM）。我们将把支持向量机与手工构建的多项式核进行比较，结果如图 13-13 所示。

In [48]:

```
k_logreg = pipeline.make_pipeline(PolyKernel(2),
                                  linear_model.LogisticRegression())

shootout_fancy = [svm.SVC(kernel='poly', degree=2),
                  k_logreg]

fig, axes = plt.subplots(1,2,figsize=(6,3), sharey=True)
for mod, ax in zip(shootout_fancy, axes):
    plot_boundary(ax, data, tgt, mod, [0,1])
    ax.set_title(get_model_name(mod))
plt.tight_layout()
```

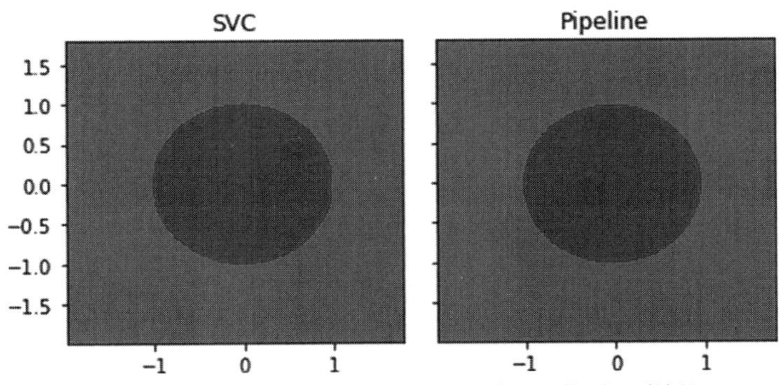

图 13-13　支持向量机分类器与管道的比较（见彩插）

我们现在执行了一个真正的（不是模拟的）核方法。使用 SVC(kernel='poly') 计算了一个支持向量机。在分类器的内部，发生了令人惊奇的事情。我们可以告诉支持向量分类器在内部使用核，然后分类器获取原始数据并进行操作，就好像在手动特征构造一样。事情向更好的方向发展了。我们不必显式地构造所有的特征。更具体地说，不必构造核所包含的所有特征的完整集合。我们不必这样做，支持向量分类器也不必这样做。通过核技巧（kernel trick），可以将“显式构造特征并在更大的特征空间中比较样例”替换为“使用核简单地计算对象之间的距离”。

13.2.3 核方法和核选项

接下来，我们将讨论什么是核以及如何使用核进行操作。

1. 核概述

核似乎是一个可以解决非常严重问题的魔法。虽然它们不是真正的魔法，但它们确实有用。基本上，核方法涉及两个即插即用组件：核和机器学习方法。核有两种形式：核函数和核矩阵。函数形式可能有点抽象，但核矩阵只是一个样例相似性表。如果给定两个样例，通过在相似性表中查找一个值来确定这两个样例之间的相似性。使用核方法的机器学习模型通常是线性模型，但最近邻法是一个显著的例外。无论使用何种方法，机器学习模型的描述和实施方式通常强调样例之间的关系，而不是特征之间的关系。如前所述，基于协方差的方法都是关于特征之间的交互。而核方法和核矩阵是关于样例之间的交互。

到目前为止，我们已经使用一组特征来表示样例（还记得第 1 章中的统治者吗？），然后根据这些特征值之间的相似性或者距离来比较样例。核则持有不同的观点：它们通过直接测量成对样例之间的相似性来比较样例。核视图更一般化：传统表示可以实现的事情，核也可以实现。如果我们简单地将样例视为空间中的点，并计算样例之间的点积，那么就有一个简单的核。事实上，这就是**线性核**（linear kernel）执行的处理。与所有最近邻（即包含所有数据信息的最近邻方法）依赖于每个样例的信息一样，核方法也依赖于这些成对连接。为了尽量减少混乱，这里将提出最后一个观点。核函数度量的相似性随着样例之间相似性的增加而增加；而距离度量的是样例之间的间距，随着样例之间相似性的增加，距离会减小。

核方法还有最后一个巨大的优势。由于核依赖于样例之间的成对关系，所以使用核时，不必将初始数据放在一个由行和列组成的表中。所需要的只是两个样例，可以在核表中识别和查找这些样例。想象一下，我们正在比较两个字符串：“the cat in the hat（戴帽子的猫）”和“the cow jumped over the moon（奶牛一跳越过月亮）”。传统机器学习设置是测量这些字符串的许多特征（as 的数量、单词 cow 的出现次数等），将这些特征放入数据表中，然后尝试学习。使用核方法，可以直接计算字符串之间的相似关系，并处理这些相似值。定义样例之间的关系和相似性可能比将样例转换为特征集要容易得多。编辑距离（edit distance）的概念非常适用于文本字符串。对于像生物字符串（类似于 AGCCAT 的 DNA 字母），有一些距离可以解释像突变率这样的生物因子。

这里再举一个简单的例子。如何在空间中绘制单词并不重要，对我们而言也没有什么意义。但是，如果给定一些单词，可以想办法判断单词之间的相似性。如果从 1.0 开始，意思是“完全相同”，然后朝着零的方向接近，那么可能会为单词相似性创建如表 13-1 所示的表格。

表 13-1 单词相似性

	cat	Hat	bar
cat	1	0.5	0.3
hat	0.5	1	0.3
bar	0.3	0.3	1

因此，可以判断任何一对样例单词之间的相似性：cat 和 hat 的相似性为 0.5。

那么这里描述的重点是什么呢？本质上，可以直接应用预先存在的关于数据样例之间相似性的背景知识（也称之为假设）。从关于真实世界的简单语句到核中显示的数字，可能需要好几个步骤，但这还是可以实现的。核可以将这些知识应用于任意对象、字符串、树和集合，而不仅仅是表中的样例。核函数可以应用于许多机器学习方法：各种形式的回归、最近邻和主成分分析（Principal Components Analysis，PCA）。我们还没有讨论主成分分析，稍后将展开讨论。

2. 核如何运作

有了一些关于核的一般概念，可以开始更仔细地研究关于核的数学知识。与本书中的大多数数学主题一样，我们只需要点积的概念。许多学习算法都可以被**核化**（kernelized）。核化表示什么意思呢？请考虑一个学习算法 L。现在，以不同的形式重新表达该算法 L_{dot}，其中该算法具有相同的输入输出行为（该算法从给定的训练集中计算相同的预测），但该算法是根据样例之间的点积编写的 $\text{dot}(E, F)$。如果能做到这一点，那么可以采取第二步，使用样例之间的核值 $K(E, F)$ 替换所有出现的点积值 $\text{dot}(E, F)$，即有一个 L 的核化版本 L_k。我们从 L 到 L_{dot} 再到 L_k。

当使用 K 而不是 dot（点积）时，我们将所有的样例映射到一个不同的（通常是更高维度）空间中，并询问这些样例在更高维度上的相似性。这种映射本质上是在表中添加更多的列，或者在图中添加更多的轴信息。可以使用这些信息来描述数据。我们将从这里到那里的映射称作 warp 函数（变换函数、扭曲函数，引自皮卡德舰长的口头禅 make it so）$\varphi(E)$。φ 是希腊字母 phi，发音类似于巨人自言自语说的 fee-fi-fo-fum 中的 fi。φ 接收一个样例参数，并将其移动到一个不同空间中的某个点。当在第 13.2.2 节中将圆问题转化为直线问题时，这种转换正是我们手工所完成的。

在“圆转换到线”的场景中，二次多项式核 K_2 带两个参数：样例 E 和样例 F，并对这两个样例进行了一些数学运算 $K_2(E, F) = (\text{dot}(E, F))^2$。在 Python 中，将其编码为 `np.dot(E, E)**2` 或者类似的形式。这里将提出一个大胆的主张：存在一个 φ（一个转换函数），使下面的等式成立：

$$K_2(E, F) = \text{dot}(\varphi_2(E), \varphi_2(F))$$

也就是说，可以（1）计算两个样例之间的核函数 K_2，或者（2）使用 φ_2 将两个样例映射到一个不同的空间，然后计算标准点积。不过，尚未指定 φ_2。稍后将告知 φ_2 是什么，然后说明这两种方法的效果是等效的。对于样例 E 的两个特征 (e_1, e_2)，φ_2 类似于：

$$\varphi_2(E) = \varphi_2(e_1, e_2) \to (e_1e_1, e_1e_2, e_2e_1, e_2e_2)$$

现在，需要证明，可以扩展（也就是采用一种更长的形式进行书写）左侧 $K_2(E, F)$ 和右侧的点积 dot $(\varphi_2(E), \varphi_2(F)$ 并得到相同的结果。如果成立，那么已经证明了这两者是相等的。

扩展 K_2 意味着想要扩展 dot $(E, F))^2$。扩展方法如下。由于 $E=(e_1, e_2)$ 和 $F=(f_1, f_2)$，因此 dot $(E, F)=e_1 f_1+e_2 f_2$。可以使用经典公式 $(a+b)^2=a^2+2ab+b^2$ 对齐进行平方：

$$(\text{dot}(E, F))^2=(e_1 f_1+e_2 f_2)^2=(e_1 f_1)^2+2(e_1 f_1 e_2 f_2)+(e_2 f_2)^2 \quad \bigstar$$

现在考虑等式的 RHS（右侧），需要扩展 dot $(\varphi_2(E), \varphi_2(F)$。需要通过扩展一系列相互作用后得到的 φ_2 部分：

$$\varphi_2(E)=(e_1 e_1, e_1 e_2, e_2 e_1, e_2 e_2)$$
$$\varphi_2(F)=(f_1 f_1, f_1 f_2, f_2 f_1, f_2 f_2)$$

基于上述结论，我们有：

$$\text{dot}(\varphi_2(E), \varphi_2(F))=e_1^2 f_1^2+2(e_1 f_1 e_2 f_2)+e_2^2 f_2^2=(e_1 f_1)^2+2(e_1 f_1 e_2 f_2)+(e_2 f_2)^2 \quad \bigstar\bigstar$$

可以很明显地看出式★和式★★是相同的。两次扩展的结果都是一样的。遵循第二条路径需要更多的工作，因为必须在返回并进行点积之前显式地扩展轴。另外，第二条路径中的点积需要处理更多的项：需要处理的项数为 4 比 2。请记住这种差异。

3. 常见核示例

通过一个强大的数学定理（默瑟定理，Mercer’s theorem），我们知道，每当应用一个有效的核时，都会在不同的、可能更复杂的构造特征空间中计算一个等价的点积。这个定理是上述大胆主张的基础。只要能够根据样例之间的点积编写一个机器学习算法，就可以用核替换这些点积，并有效地在复杂的空间中以相对较小的计算成本执行学习。哪些核 K 是合法的呢？具有有效基础 φ 的核是合法的。但这还是没有阐述清楚。有一个数学条件可以让我们指定合法的 K。如果一个核 K 是半正定的（Positive Semi-Definite，PSD），那么它就是一个合法的核。同样，这似乎还是没有阐述清楚。半正定到底意味着什么呢？关于半正定正式的描述为，对于任何 z，$z^{\mathrm{T}}Kz \geq 0$。描述似乎越来越复杂。请读者接着拭目以待吧。

让我们先建立一些直觉。半正定矩阵旋转矢量（数据空间中绘制的箭头），使它们指向不同的方向。当我们玩类似于 Twister 的旋转器游戏时，可能会旋转箭头。或者，我们可能看到模拟时钟指针从一个方向旋转到另一个方向。对于半正定旋转器，重要的是整体方向仍然大致相似。半正定矩阵最多只能改变 90 度的方向。半正定矩阵从不使向量点更接近于与其开始方向相反的方向。可以换另一种思考的方式。这种奇怪的形式，$z^{\mathrm{T}}Kz$，实际上只是书写 kz^2 的一种更通用的方式。如果 k 是正值，因为 $z^2>0$，所以整个式子的结果是正值。所以，半正定的整体思想实际上是一个正数的矩阵等价物。一个数乘以一个正数不会改变这个数的符号（方向）。

核的例子有很多，但我们将重点介绍两个适用于本书中所讨论数据的例子：由特征列描述的样例。我们已经在代码和数学中使用了二次多项式核。存在一系列多项式核（polynomial kernels）：$K(E, F)=(\text{dot}(E, F))^p$ 或者 $K(E, F)=(\text{dot}(E, F)+1)^p$。我们不会太强调这两种变体之间的差异。在后一种情况下，高维空间中的轴是特征中 p 次多项式的项，这些项上有各种因子。因此，轴看起来像 e_1^2、e_1e_2、e_2^2 等。读者可能会回忆起第 10.6.2 节中特征之间的交互项。

一个超越我们所使用技术的核是高斯（Gaussian）或者径向基函数（Radial Basis Function，RBF）核 $K(E,F)=\exp\left(\frac{\|E-F\|^2}{2\sigma^2}\right)=\exp\left(\frac{\text{dot}(E-F,E-F)}{2\sigma^2}\right)$。这里涉及的一些数学技术（泰勒展开法）是一种更复杂的数学方法，这相当于将样例投影到无限维的空间中。这意味着不仅仅有 2、3、5 或者 10 个轴。对于可以添加到数据表中的尽可能多的新列，还有更多的列需要添加。这种思维扭曲的实际情况是，当样例彼此距离较远时，样例的相似性会迅速下降。这种行为相当于正态分布具有相对较短的尾部，其大部分质量集中在其中心附近。事实上，正态（高斯）分布和径向基函数（高斯）核的数学形式是相同的。

13.2.4　核化支持向量分类器：支持向量机

1. 利用核创建支持向量机

在第 8.3 节中，我们讨论了线性的支持向量分类器的示例：它们没有使用花哨的核。现在我们了解了一些有关核的概念，就可以讨论非线性扩展（闪亮的升级时间！），将支持向量分类器拓展为支持向量机（Support Vector Machine，SVM）。以下是为我们刚才讨论的核创建支持向量机的函数调用。

- 二次多项式：`svm.SVC(kernel='poly', degree=2)`
- 二次多项式：`svm.SVC(kernel='poly', degree=3)`
- 高斯（径向基函数）核：`svm.SVC(kernel='rbf', gamma = value)`

`gamma` 参数（在数学中记为 γ）控制样例影响的传播距离。这个参数与标准差（σ）和方差（σ^2）的倒数有关 $\gamma=\frac{1}{2\sigma^2}$。一个小的 γ 意味着有一个大的方差；反过来，一个大的方差意味着相距遥远的事物之间仍然可以有很强的相关性。所以，一个小 `gamma` 值意味着样例的影响会传播到其他样例。默认值为 `gamma=1/len(data)`。这意味着，当样例更多时，默认 `gamma` 值会减小，而样例之间的影响会进一步传播。

一旦讨论了核，并且知道了如何实现各种支持向量机选项，接着就来看一看不同的核如何影响鸢尾花问题的分类边界。

2. 可视化支持向量机核差异

图 13-14 以图形化的方式显示了支持向量机的核差异。

In [49]:

```
# 前三个是线性的（但有所不同）
sv_classifiers = {"LinearSVC"   : svm.LinearSVC(),
                  "SVC(linear)" : svm.SVC(kernel='linear'),
```

```
                "SVC(poly=1)" : svm.SVC(kernel='poly', degree=1),
                "SVC(poly=2)" : svm.SVC(kernel='poly', degree=2),
                "SVC(poly=3)" : svm.SVC(kernel='poly', degree=3),

                "SVC(rbf,.5)" : svm.SVC(kernel='rbf', gamma=0.5),
                "SVC(rbf,1.0)": svm.SVC(kernel='rbf', gamma=1.0),
                "SVC(rbf,2.0)": svm.SVC(kernel='rbf', gamma=2.0)}

fig, axes = plt.subplots(4,2,figsize=(8,8),sharex=True, sharey=True)
for ax, (name, mod) in zip(axes.flat, sv_classifiers.items()):
    plot_boundary(ax, iris.data, iris.target, mod, [0,1])
    ax.set_title(name)
plt.tight_layout()
```

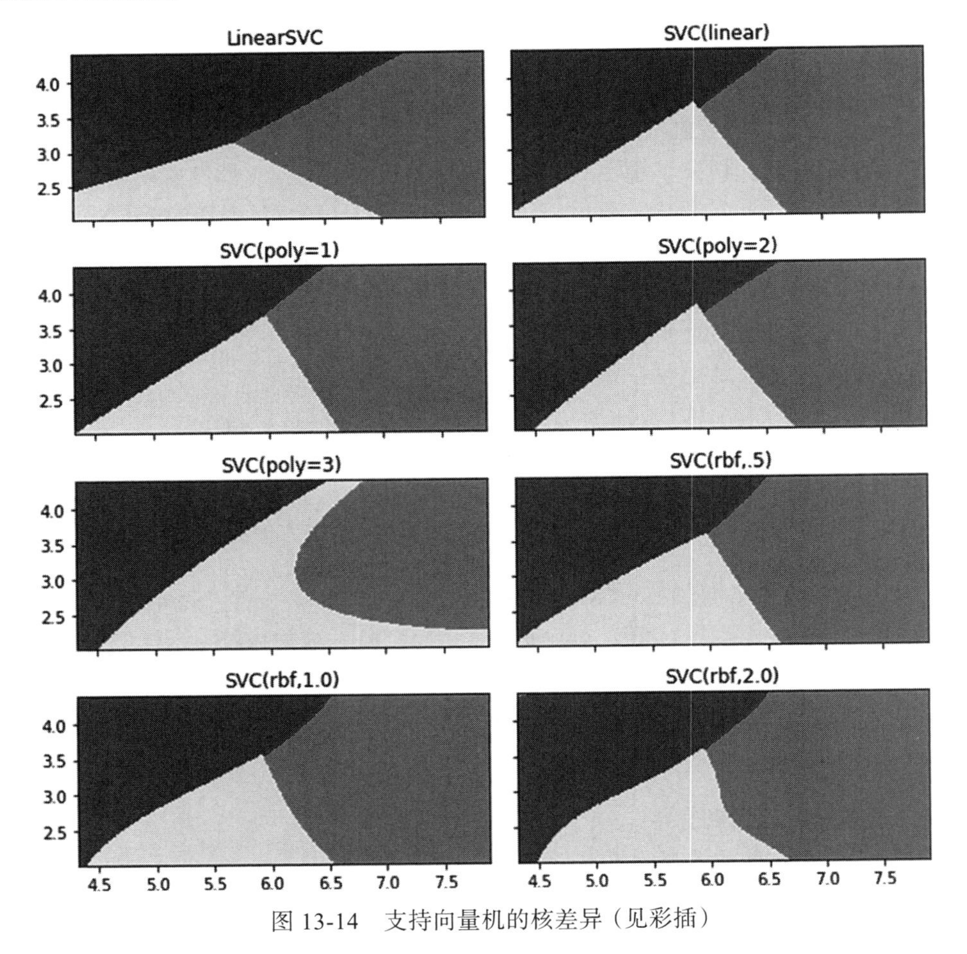

图 13-14 支持向量机的核差异（见彩插）

从理论上讲，LinearSVC、SVC(linear) 和 SVC(poly=1) 应该是相同的；实际上，这三

者在数学上和实现上都存在一些差异。LinearSVC 使用了一个稍微不同的损失函数，它对待其常数项（加 1 技巧）的方式与支持向量分类器不同。无论如何，每个线性选项都有由直线定义的边界。边界没有曲线或者弯曲。请注意，SVC(poly=3) 示例的边界有一些较深的曲率。rbf 样例的曲线越来越深，其边界有一点波纹。

13.2.5　关于 SVM 的建议和示例

虽然本书主要侧重于解释概念（concept），而不是提供方法（recipe），但人们通常需要具体的建议。支持向量机有很多选项。当读者想使用这些选项时，到底应该怎么做呢？幸运的是，最流行的支持向量机实现 libsvm（sklearn 在后台使用）的作者有如下一些简单的建议。

- 缩放数据。
- 使用径向基函数核。
- 使用交叉验证选择核参数。

对于 rbf，需要选择参数 gamma 和 C。参数选择可以成为任务的起点。然而，还存在有一些问题。机器学习界的巨人 Andrew Ng 提出了如下一些建议。

- 当特征数量大于观测数量时，使用线性核。
- 当观测数量大于特征数量时，使用径向基函数核。
- 如果有很多观测值时，例如超过 50K，则考虑使用一个线性核来提高速度。

让我们将新发现的技能应用于手写数字数据集。我们将采纳建议，使用径向基函数核和交叉验证来选择 gamma 的最佳值，实现代码如下所示。

In [50]:

```
digits = datasets.load_digits()

param_grid = {"gamma" : np.logspace(-10, 1, 11, base=2),
              "C"     : [0.5, 1.0, 2.0]}

svc = svm.SVC(kernel='rbf')

grid_model = skms.GridSearchCV(svc, param_grid = param_grid,
                               cv=10, iid=False)
grid_model.fit(digits.data, digits.target);
```

通过如下代码可以提取出最佳参数集。

In [51]:

```
grid_model.best_params_
```

Out[51]:

```
{'C': 2.0, 'gamma': 0.0009765625}
```

通过如下代码可以观察到这些参数是如何转化为10-折交叉验证的性能。

In [52]:

```
my_gamma = grid_model.best_params_['gamma']
my_svc = svm.SVC(kernel='rbf', **grid_model.best_params_)
scores = skms.cross_val_score(my_svc,
                              digits.data, digits.target,
                              cv=10,
                              scoring='f1_macro')
print(scores)
print("{:5.3f}".format(scores.mean()))
```

```
[0.9672 1.     0.9493 0.9944 0.9829 0.9887 0.9944 0.9944 0.9766 0.9658]
0.981
```

非常简单。这些结果与第8.7节中关于手写数字数据集（digits）的较好方法相比具有优势。请注意，有几种方法可以获得高于90分的f1_macro分数。选择使用核来提高机器学习性能需要资源的支持。如何平衡这两种方法需要了解错误的成本和可用的计算硬件资源。

13.3 主成分分析：一种无监督技术

无监督技术可以在数据集中发现关系和模式，而无须借助目标特征。相反，无监督技术采用一些固定的标准，让数据通过固定的镜头表达自己。现实世界中无监督活动的例子包括对名单进行排序、根据滑雪课的技能水平对学生进行划分，以及公平地分类一堆美元钞票。我们将组中的组件相互关联，应用一些固定的规则，然后开启任务。即使是简单计算的统计数据，例如均值和方差，也是无监督的：根据与明确目标无关的预定义标准，从数据中计算出结果。

下面举的具体示例，将学习样例作为空间点的实现联系起来。假设我们在透明纸上画了一个由许多点构成的散点图。如果把透明纸放在桌子上，可以按照顺时针或者逆时针方向对其转动。如果在桌子上画了一组*xy*坐标轴，可以使用想要的任何方式将数据点与坐标轴对齐。一种可能有意义的方法是将水平轴与数据中最大的排列对齐。通过这种方式，可以根据数据确定坐标轴的方向。确定其中一个坐标轴后，另外一个坐标轴也就自然确定了，因为坐标轴是相互垂直的。

当按照这样方式具体实现时，第二个经常出现在坐标轴上的可视化数据是坐标轴刻度。坐标轴刻度用于显示数据和图的规模。我们可能会想出几种确定规模的方法，但前面已经讨论的一种方法是使用数据在这个方向上的方差。如果把刻度放在1个、2个和3个标准差上，这是坐标轴方向上方差的平方根，如此一来，我们就有了坐标轴，并且带有刻度标记，而且这些坐标轴完全是基于数据开发的，没有考虑任何目标特征。更具体地说，坐标轴和坐标轴刻度是基于数据的协方差和方差。我们稍后将展开讨论。主成分分析为我们提供了确定这些数据驱动的坐标轴的原则性方法。

13.3.1 预热：中心化数据

主成分分析是一种非常强大的技术。在讨论主成分分析之前，让我们重新讨论数据中心化。数据中心化反映了我们将使用主成分分析的过程。将数据集进行中心化有两个步骤：计算数据的均值，然后从每个数据点减去该均值。实现代码如下所示。

In [53]:

```
data = np.array([[1, 2, 4, 5],
                 [2.5,.75,5.25,3.5]]).T
mean = data.mean(axis=0)
centered_data = data - mean
```

之所以称其为数据中心化，是因为数据点现在直接分散在原点 (0, 0) 周围，而原点是几何世界的中心。我们已经从一个任意的位置移到了世界的中心。以下代码用于可视化数据，结果如图 13-15 所示。

In [54]:

```
fig, ax = plt.subplots(figsize=(3,3))

# 原始数据为红色;
# 均值是位于 (3,3) 的大点
ax.plot(*data.T, 'r.')
ax.plot(*mean, 'ro')

# 中心化的数据为蓝色，均值位于 (0,0)
ax.plot(*centered_data.T, 'b.')
ax.plot(*centered_data.mean(axis=0), 'bo')

#ax.set_aspect('equal');
high_school_style(ax)
```

在第 4.2.1 节中，我们讨论了如果最小化从一个点到另一个点的距离值，那么均值是最佳的猜测。它可能不是出现次数最多的点（实际上称为众数），也可能不是最中间的点（即中位数），但平均而言，它是距离所有其他点最近的点。稍后，我们将展开讨论与主成分分析相关的这个概念。当将数据中心化时，会丢失一些信息。除非记下减去的均值，否则就会丢失数据的实际中心。我们仍然知道数据的分布情况，因为向左或者向右移动、向上或者向下移动都不会改变数据的方差。任何两点之间的距离在数据中心化之前和之后都是相同的。但我们可能不再知道西葫芦的平均长度是 6 英寸还是 8 英寸。但是，

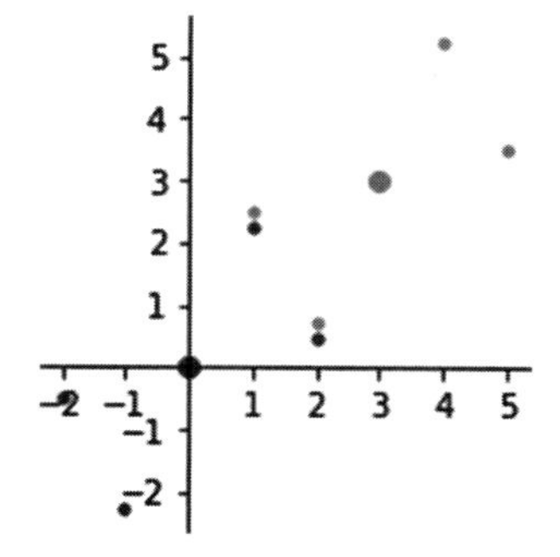

图 13-15　将数据点分散在原点周围（见彩插）

如果记下均值，就可以轻松取消数据中心化并将数据点放回其原始位置，如图 13-16 所示。

In [55]:

```
# 我们可以重现原始数据
fig,ax = plt.subplots(figsize=(3,3))
orig_data = centered_data + mean
plt.plot(*orig_data.T, 'r.')
plt.plot(*orig_data.mean(axis=0), 'ro')

ax.set_xlim((0,6))
ax.set_ylim((0,6))
high_school_style(ax)
```

如果使用符号来表示，那么可以得到如下结果：$D \xrightarrow{D-\mu} C_D \xrightarrow{C_D+\mu} D$。通过从原始数据中减去均值 μ，可以从原始数据 D 移动到中心化后的数据 C_D。通过向中心化数据添加均值，就可以从中心化数据移回到原始数据。中心化操作可以左右和上下移动数据。当我们在第 7.4 节中对数据进行标准化时，就对数据进行了中心化和缩放。当进行主成分分析时将旋转数据。

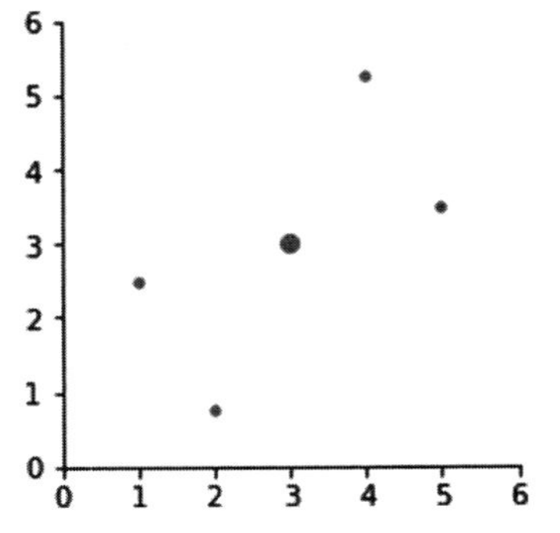

图 13-16 取消数据中心化并将数据点放回原始位置（见彩插）

13.3.2 寻找不同的最佳线路

以上结果可能看起来很明显（或者也有人认为并不是很明显），读者是否还记得在第 4.3 节中进行线性回归时，处理了直线和数据在一个方向（垂直方向）上的差异。假设所有的误差都在对目标值的预测中。但是如果输入中存在误差或者随机性呢？这意味着，与计算向上误差和向下误差不同的是，需要同时考虑距离最佳拟合线的垂直分量以及水平分量。首先观察一下如图 13-17 所示的一些图形。

In [56]:

```
fig, axes = plt.subplots(1,3,figsize=(9,3), sharex=True,sharey=True)
xs = np.linspace(0,6,30)
lines = [(1,0), (0,3), (-1,6)]
data = np.array([[1, 2, 4, 5],
                 [2.5,.75,5.25,3.5]]).T
plot_lines_and_projections(axes, lines, data, xs)
```

这里绘制了三条黄线（从左到右分别为：向上倾斜、水平方向和向下倾斜），并将小小的红色数据点连接到黄线。这些线在各自的蓝点处与黄线相连。更严格地说，我们把红点垂直投射到蓝点上。蓝色实线表示从红点到蓝点的距离。蓝色虚线表示从红点到均值（较大的黑点）的距离。蓝点和均值之间的距离是黄线的一部分。除非一个红点正好落在黄线上，否则当我们把这个红点投射到其对应的蓝点上时，红点将更接近均值。读者是否持怀疑态度？将图中形状视为直角三角形（Y表示黄色，B表示蓝色）：$Y^2+B^2_{\text{solid}}=B^2_{\text{dashed}}$。黄色部分必须更小，除非红点恰好在黄线上。

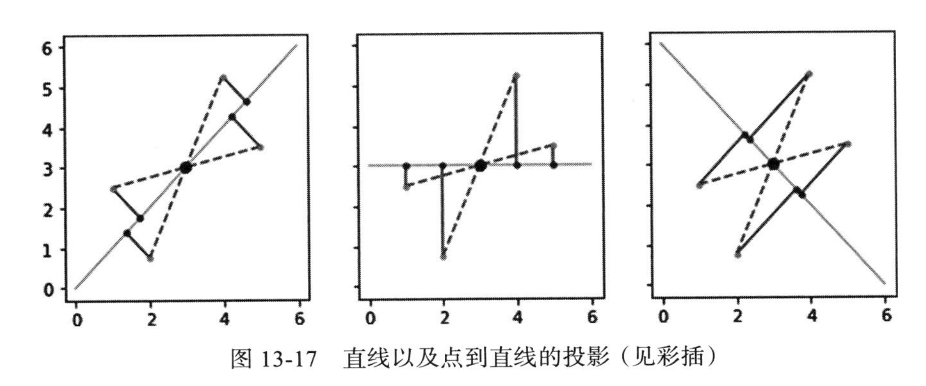

图 13-17 直线以及点到直线的投影（见彩插）

可以绘制很多黄线。为了减少各种可能性，这里将各种情况都进行了绘制。所绘制的黄线显示了我们所能绘制出的黄线的基本特性。考虑这些图的两个方面：（1）如何在黄线上展开蓝点，以及（2）红点与黄线的总距离是多少。我们不会证明（但如果愿意的话，也是可以证明的）：蓝点分布最广的黄线也是与红点之间总距离最短的黄线。如果采用更专业的术语，可能会说导致蓝点方差最大的线也是与红点误差最小的线。

当执行主成分分析时，第一步是询问这样的最佳直线：哪条直线的误差最小并且方差最大？我们可以继续这个过程，并要求下一条最好的直线是垂直于第一条线（即两条直线之间构成直角）。把这两条线放在一起就形成了一个平面。我们可以继续重复该过程。可以为原始数据集中的每个特征添加另一个方向。葡萄酒数据集包含 13 个训练特征，因此我们可以有多达 13 个方向。事实证明，主成分分析的一个用途是尽早停止这个过程，以便（1）找到一些好的方向，（2）减少所保存的信息总量。

13.3.3 第一次执行 PCA

在手工完成所有这些工作之后（细节隐藏在 `plot_lines_and_projections` 中，虽然不太长，但确实依赖于一些线性代数），这里将使用常规技巧告诉读者，不必手工完成这些工作。`sklearn` 中有一个自动替代方案。在上一节中，我们尝试了几种可能的直线，发现有些直线比其他直线好。如果使用基础数学知识可以告诉我们最好的答案，而不需要尝试不同的结果，那将非常理想。结果表明的确存在这样的一个过程。主成分分析可以在最小误差和最大方差的约束下寻找最佳直线。

假设我们为多特征数据集找到了一条最佳直线（最佳单方向）。现在，我们可能想要找到带一点限制的第二好的方向（第二个方向，分布最广，并且误差最小）。我们希望第二个方向与第一个方向垂直。因为考虑了两个以上的特征，所以存在不止一个垂直方向的可能性。两个方向构成一个平面。主成分分析选择最大方差、最小误差以及垂直于已选择方向的方向。主成分分析可以同时对所有方向执行此操作。在理想情况下，我们可以为数据集中的每个特征找到一个新的方向，但是通常会提前停止，因为可以使用主成分分析，通过减少发送到学习算法中的特征总数来减少数据集。

让我们创建一些数据，对数据使用 sklearn 的 PCA 转换器，并从结果中提取一些有用的片段。这里已经将两个结果组件转换为我们想要绘制的东西：数据的主要方向和该方向上的变化量。方向表示数据驱动轴的指向。请读者仔细观察各个箭头的不同长度，如图 13-18 所示。

In [57]:

```
# 绘制数据
ax = plt.gca()
ax.scatter(data[:,0], data[:,1], c='b', marker='.')

# 绘制均值
mean = np.mean(data, axis=0, keepdims=True)
centered_data = data - mean
ax.scatter(*mean.T, c='k')
# 计算主成分分析
pca = decomposition.PCA()
P = pca.fit_transform(centered_data)

# 提取用于绘图的有用的二进制位
directions = pca.components_
lengths = pca.explained_variance_
print("Lengths:", lengths)
var_wgt_prindirs = -np.diag(lengths).dot(directions)
    # 取反以指向上方/右方

# 绘制主坐标轴
sane_quiver(var_wgt_prindirs, ax, origin=np.mean(data,axis=0), colors='r')
ax.set_xlim(0,10)
ax.set_ylim(0,10)
ax.set_aspect('equal')
```

```
Lengths: [5.6067 1.2683]
```

结果还不错。如果转动头部（或者书页，或者屏幕），使图 13-18 的坐标轴指向左右和上下，出乎意料地，我们将发现数据从任意方向转换为相对于红色箭头的标准网格。稍后将在不需要歪着头观看图形的情况下完成最后一步。首先想花点时间讨论结果的协方差。在这个过程中，将解释为什么这里选择使用 explained_variance 的各个长度绘制数据轴。作为热身，请记住：方差和协方差不受数据移动的影响。具体而言，数据中心化不会对方差和协方差产生影响。

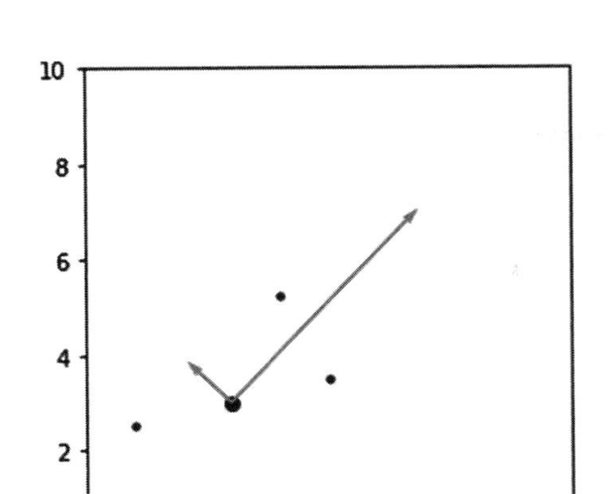

图 13-18　对数据应用主成分分析转换器（见彩插）

In [58]:

```
print(np.allclose(np.cov(data, rowvar=False),
                  np.cov(centered_data, rowvar=False)))
```

```
True
```

统计学家有时会关心数据的总变化量。这种变化来自协方差矩阵的对角线数据项（参见第 8.5.1 节）。由于数据和中心化数据具有相同的协方差，我们可以使用这两种数据中的任何一个来计算协方差。以下是协方差矩阵和从左上到右下的对角线之和。

In [59]:

```
orig_cov = np.cov(centered_data, rowvar=False)
print(orig_cov)
print(np.diag(orig_cov).sum())
```

```
[[3.3333 2.1667]
 [2.1667 3.5417]]
6.875
```

当执行主成分分析时，将得到一组总方差相同的新方向。然而，我们的方向将以不同的方式分配方差。事实上，我们将尽可能多地将总方差堆积到第一个方向上。该方差与前面讨论的最大方差 / 最小误差标准完全相关。在下一个方向，我们得到尽可能多的剩余方差，以此类推。如果把新方向的所有方差加起来，就会得到相同的总数。

In [60]:

```
EPS = 2.2e-16 # EPS(epsilon)是计算机科学中的“最小阈值”
p_cov = np.cov(P, rowvar=False)
p_cov[p_cov<EPS] = 0.0  # 丢弃小于“最小阈值”的值
print(p_cov)
print(p_cov.sum())
```

```
[[5.6067 0.    ]
 [0.     1.2683]]
6.875000000000002
```

对角线值用来绘制数据轴的长度。我们还发现 cov(P) 对角线以外的所有数据值均为零。我们已经消除了特征之间的协方差。这正是因为通过主成分分析选择的方向彼此之间不是线性相关的（这些方向之间彼此构成直角）。我们自由地将任何适当的小值（小于 EPS）替换为精确的 0.0，这主要用于处理浮点数问题。

13.3.4 PCA 的内部原理

我们可以快速了解 sklearn 计算数据集的主成分分析时会发生什么。执行主成分分析的标准方法依赖于矩阵的奇异值分解（Singular Value Decomposition，SVD）。这里之所以展示这个过程主要有以下三点原因：（1）奇异值分解的总体策略和算法非常简单，但阅读起来可能会让人困惑，（2）将表格式的数据视为矩阵，为我们打开了一扇窗口，这个窗口提供了了解其他技术的巨大机会，（3）奇异值分解是一个学习线性代数重要性的良好开端，即使读者真正关心的是机器学习和数据分析。

线性代数的主要工具之一是矩阵分解（matrix decompositions）或者矩阵因式分解（matrix factorizations），这两个术语是表达同一类事物的两个名称。当将某物进行分解时，我们把它分解成其组成部分。当对一个整数进行因式分解时，是把这个整数分解成其组成因子。$64=8\times8$ 或者 24 等于 $12\times2=3\times2\times2\times2=3\times2^3$。有很多种关于整数的因式分解方法。我们可以寻找不能进一步分解的因子：这称为素因子分解（prime factorization，又被称为质因数分解、素因数分解、质因子分解等）。或者，可以简单地求得两个因子中的任意一对。再或者，我们可以问，这个数字是否可以分解成相同的值，如平方、立方等。

矩阵分解或者矩阵因式分解是矩阵的等价过程。我们考虑一个已知的矩阵，求解如何把这个矩阵分解成更原始、更小的组成部分。有趣的是，我们经常讨论这些部分如何影响数据矩阵的散点图。例如，矩阵的奇异值分解本质上表明，任何数据矩阵都可以分解（拆分或者分离）成三个分量：旋转、拉伸和再旋转。如果我们从最普通的数据开始，然后对数据进行旋转、拉伸、再旋转，结果就可以得到任何数据矩阵。另一种分解（特征值分解），将矩阵分解为旋转、拉伸，然后撤销第一次旋转。接着我们将展开进一步的讨论。

我们需要一个可以围绕原点 (0, 0) 将数据点按照给定角度进行旋转的快速辅助函数。

In [61]:

```
def make_rotation(theta):
    '''在自右乘以行向量时逆时针旋转角度θ（样例）'''
        a row vector (an example) '''
    return np.array([[np.cos(theta), -np.sin(theta)],
                     [np.sin(theta),  np.cos(theta)]]).T
```

这样，我们就可以创建一些点，这些点围绕一个圆等距离分布，并设置需要执行的旋转量和缩放量。

In [62]:

```
spacing = np.linspace(0,2*np.pi,17)
points  = np.c_[np.sin(spacing), np.cos(spacing)]
    # sin/cos 绕着圆移动
two_points = points[[0,3]]

rot = make_rotation(np.pi/8) # 1/16th旋转角度（逆时针）
scale = np.diag([2,.5])
```

然后，可以把这些数据结合在一起，从一个普通的圆变成一个有趣的椭圆。从图形上看，其形式如图 13-19 所示。

In [63]:

```
fig, axes = plt.subplots(1,4,figsize=(8,2), sharey=True)

# 原始的简单圆
axes[0].plot(*two_points.T, 'k^')
axes[0].plot(*points.T, 'b.')

# 旋转
axes[1].plot(*np.dot(two_points, rot).T, 'k^')
axes[1].plot(*np.dot(points, rot).T, 'r.')

# 沿x轴和y轴拉伸
axes[2].plot(*two_points.dot(rot).dot(scale).T, 'k^')
axes[2].plot(*points.dot(rot).dot(scale).T, 'r.')

# 撤销初始的旋转
axes[3].plot(*two_points.dot(rot).dot(scale).dot(rot.T).T, 'k^')
axes[3].plot(*points.dot(rot).dot(scale).dot(rot.T).T, 'b.')

names = ['circle', 'rotate', 'scale', 'unrotate']
for ax,name in zip(axes,names):
    ax.set_aspect('equal')
    ax.set_title(name)
    ax.set_xlim(-2,2)
    ax.set_ylim(-2,2)
```

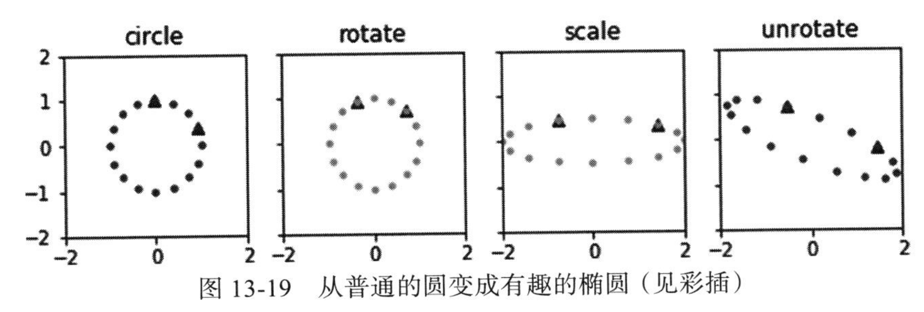

图 13-19　从普通的圆变成有趣的椭圆（见彩插）

现在，我们在这里执行了一种与数值因式分解相反的操作：将两个值相乘，例如对于数值 3 和 5，我们有 3×5=15。通常，我们会得到有趣的数据。例如，可以使用图 13-19 最右边的椭圆来描述，并且想通过一系列的反向操作得到最左边的最简单的圆。如果读者想知道为什么我们会从一些有趣的东西（例如最右边的椭圆）变换成一些无趣的东西（例如最左边的圆），那是因为在这一过程中所学到的是允许我们从一个图形转换到下一个图形的方法。散点图上的这些操作才是真正有趣的内容。事实上，这些操作是我们可以用来计算主成分分析的要点。

为了做到这一点，特别声明很多事情在本质上是相同的。然而，当我们谈论相似性时，总是存在着一些限制。当人们说两个兄弟非常相像时，他们通常是在谈论一些特定的特征，比如兄弟俩的幽默方式或者言谈举止。实际上，兄弟俩看起来还是有点不同的。所以，当我们说“这两个是相同的”时，我们的意思并不是说这两个是完全一样的。有时，“相同”是指在某些点或者某种程度上是相同的。

再举一个数学上的例子。假设 B 点固定，A 点和 B 点相距 10 英尺远，那么如果 A 和 B 位于一条直线上，A 可能在 B 的前面，也就是 A 在距离 B 的 +10 英尺处；或者 A 在 B 的后面，也就是 A 在距离 B 的 −10 英尺处。所以，A 可能在两个不同的地方，但无论如何这两个位置点都与固定点 B 有 10 英尺远的距离。根据正号或者负号，10 英尺远的距离决定了 A 点的具体位置。相反，如果 A 和 B 都在一个足球场上，仍然假设 B 点固定，那么 A 点可以在 B 点周围 10 英尺圆圈的任何地方。在这种情况下，A 所处的位置取决于日晷或者模拟时钟面上的角度位置。回到关于符号的问题：读者可能还记得，当在小学计算数字时，我们使用的都是正数：15=5×3。实际上，也可以把 15 分解为因子 −5×−3。保持数字为正数，意味着我们可以给出更少的、更简单的答案，因为答案的合法空间减少了。

现在，假设我们想要对 −15 进行因式分解。此时无法再保持正数了。因式分解中必须包含一个负值。因此，我们可以将 −15 因式分解为 −5×3 或者 −3×5，我们不知道 −1 属于哪个因子。在计算奇异值分解时也面临着类似的问题。符号可以位于好几个地方，当我们把分解后的数值相乘后，结果得到相同的答案，所以任何一种方法都同样有效。唯一的问题是当两种不同的方法尝试进行奇异值分解并为组件选择不同符号的时候。这种差异意味着，当我们使用不同的方法都给出了相同的答案时，就意味着答案在某些正负号上是相同的。为了弥补这一点，我们利用以下的辅助函数，将两个不同的矩阵转换成相似的符号。在应用符号修复之前，先进行一个测试，确保矩阵在数字上相似（具有相同的绝对值）。

In [64]:

```
def signs_like(A, B):
    '产生新的A和B，其中A带符号'
    assert np.allclose(np.abs(A), np.abs(B))
    signs = np.sign(A) * np.sign(B)
    return A, B * signs
signs_like([1,-1], [1,1])
```

Out[64]:

```
([1, -1], array([ 1, -1]))
```

因此，我们来计算中心化数据的奇异值分解。此时不是将数值因式分解，例如 $15=5\times3$，而是将中心化数据的矩阵分解为 $D_C=USV^T$。我们将计算奇异值分解，然后证明我们没有损失任何东西。可以将奇异值分解后得到的三个分量 U、S 和 V^T 相乘，就可以得到原来的中心化数据。

在代码中做了一些处理来简化操作。full_matrices=False 和 S=np.diag(s) 使得乘法更容易重建中心化数据。使用 signs_like 来处理上面讨论的符号问题。最后，当然也是令人困惑的是，np.linalg.svd 返回一个翻转（实际上是转置，行变为列，列变为行）版本的 V。我们通过将该部分赋值给 Vt 来表示这一点，t 代表转置（transposed）。为了得到 V 本身，我们通过取 Vt.T，即使用 .T 取消翻转。翻转两次可以让数据回到原来的状态。有时候双重否定是一件好事情。

In [65]:

```
N = len(centered_data)

U, s, Vt = np.linalg.svd(centered_data, full_matrices=False)
S = np.diag(s)
print(np.allclose(centered_data, U.dot(S).dot(Vt)))
```

True

svd 加上一些处理，结果可以得到 U、S 和 V。这些成分几乎可以直接与主成分分析的结果进行比较。下面，我们将检查方向、方差和调整后的数据。

In [66]:

```
# 对齐符号
# 注意：U.S.Vt不会给出中心化后的数据
# 因为U和Vt 一起工作
_, Vt = signs_like(pca.components_, Vt)
V = Vt.T

# 方向来自Vt；大小则来自S
# 除以n-1得到无偏值...具体参见本章参考阅读资料
print(all((np.allclose(pca.components_,           Vt),
           np.allclose(pca.explained_variance_, s**2/(N-1)),
           np.allclose(P,                        centered_data.dot(V)))))
```

True

现在，回想一下，可以使用一个快速 dot 根据中心化的数据计算协方差矩阵。

In [67]:

```
print('original covariance:\n', orig_cov)
```

```
print('centered covariance:\n',
      centered_data.T.dot(centered_data) / (N-1))
```

```
original covariance:
 [[3.3333 2.1667]
 [2.1667 3.5417]]
centered covariance:
 [[3.3333 2.1667]
 [2.1667 3.5417]]
```

所以，我们只是通过计算数据的奇异值分解来计算数据的主成分分析。

计算数据主成分分析的另一种方法是计算数据协方差矩阵的特征分解（eigendecomposition，EIGD）。SVD(Data) 和 EIGD(cov(data)) 之间存在着深刻的数学关系和等价性。

In [68]:

```
eigval, eigvec = np.linalg.eig(orig_cov)

# 两个区别:
# (1)特征值并没有按从高到低的顺序排列（svd中的S按顺序排列）
# (2)奇异值分解的最终符号由V*和*U决定，特征向量则稍有不同
#     different
order = np.argsort(eigval)[::-1]
print(np.allclose(eigval[order], s**2/(N-1)))

_,ev = signs_like(Vt,eigvec[:,order])
print(np.allclose(ev, Vt))
```

```
True
True
```

当数学家们谈论特征值和特征向量时，他们会立即抛出以下方程 $Av=\lambda v$，其中 v 和 λ 分别是 A 的特征向量和特征值。不幸的是，数学家们很少谈及该方程所表示的含义。下面是简单的讨论。

（1）将数据表示为矩阵，可以将数据组织为表格，并将每个样例自然放置为空间中的一个点。

（2）数据的协方差矩阵告诉我们如何通过乘法将一组普通点映射到所看到的实际数据中。对于单个特征，这些普通点的值仅为 1，其他地方的值为零。作为一个矩阵，它被称为单位矩阵。

（3）协方差矩阵的特征值和特征向量告诉我们哪些方向指向同一方向，以及被协方差矩阵映射后的长度。可以将 $Cv=\lambda v$ 解读为乘以 C 等于乘以单个值 λ。这意味着 C 将 v 拉伸为一个简单的数 λ，并且不会指向不同的方向。注意，这只适用于某些 v，而不是所有可能的 v。

（4）对于寻找主成分（或者主方向）的问题，需要确保当被协方差矩阵映射时，方向不会发生改变。

如果上述奇异的特征值、向量分量和主分解（它们都不存在）的主成分分析机制让读者

的思维混乱，那就请记住以下几个要点。

（1）通过线性代数，可以讨论数据矩阵表，就像在小学时讨论单个数值一样。

（2）矩阵提供描述空间中的点以及操纵这些点的方法。

（3）可以把复杂的矩阵分解成简单的矩阵。

（4）较简单的矩阵通常与想要解决的问题有关，例如寻找最佳直线和方向。

在机器学习和数据分析研究中，以上可能是读者希望深入研究线性代数的四个原因。

13.3.5 结局：对一般 PCA 的评论

本节讨论主成分分析的作用。在前文，我们讨论了中心化数据和非中心化数据如何在以 0 为中心的数据和以其实际测量均值为中心的数据之间来回移动。然后，深入研究了将数据点映射到一条直线，该直线使点与该直线之间的距离最小化。这条直线与线性回归不同，因为线性回归是对点与直线之间的垂直距离最小化，而不是到直线的最短路径距离。

主成分分析的功能到底是什么呢？当我们将主成分分析应用于 n 个特征，并取前 k 个主成分时，将生成一个与 n 维空间中的某个点最接近的 k 维对象。可以通过查看图 13-20 来解除我们的困惑。假设有 10 个特征，$k=2$。二维空间是一个平面，所以当我们执行 `PCA(k=2)` 时，表明正在寻找最佳平面（如图 13-1 所示）来表示最初存在于 10 维中的数据。如果使用 `PCA(k=3)` 时，就会找到最好的无限实体（就像直线永远延伸一样，想象一组永远延伸的三维轴）来映射我们的点。这些概念变得非常奇怪，但值得注意的是，将数据从 10-D 缩减为 k-D，并尝试保留尽可能多的信息，尽可能多地保留数据中的总方差。在此过程中，通过最小化原始和投影之间的误差（距离），使投影点尽可能接近原始数据。

另一种查看主成分分析过程的方法是把它看作是循环过程的一半，主成分分析使我们从（1）不包含任何信息的随机白噪声，到（2）有趣的经验或者生成的数据，并且回到（3）白噪声。特征分解和奇异值分解从该过程中恢复拉伸和旋转。

13.3.6 核心 PCA 和流形方法

1. 核心 PCA

上面我们讨论了核方法，抽象而言，只要能够将学习方法表示为样例之间的点积（这几乎就是一个协方差矩阵），而不是特征之间的点积，就可以将普通方法转换为核方法。事实证明，主成分分析正好适合这种处理。为什么呢？

请记住，计算 `SVD(X)` 就像计算 EIGD($X^{\mathrm{T}}X$)。这里面隐藏着另一种关系。`SVD(X)` 的计算（记住，我们有一个 U 和一个 V）也给出了 EIGD(XX^{T})，这里精确地描述了主成分分析版本，该版本在样例之间而不是在特征之间运行。在某些情况下，这种相同但又有所不同的解决问题的方法或多或少存在差异，被称为解决原始问题的对偶问题（solving a dual problem），或者简单地对偶（solving the dual）。在数学中，“对偶”一词是指表示问题或者解决问题的一种替代但等效的方法。

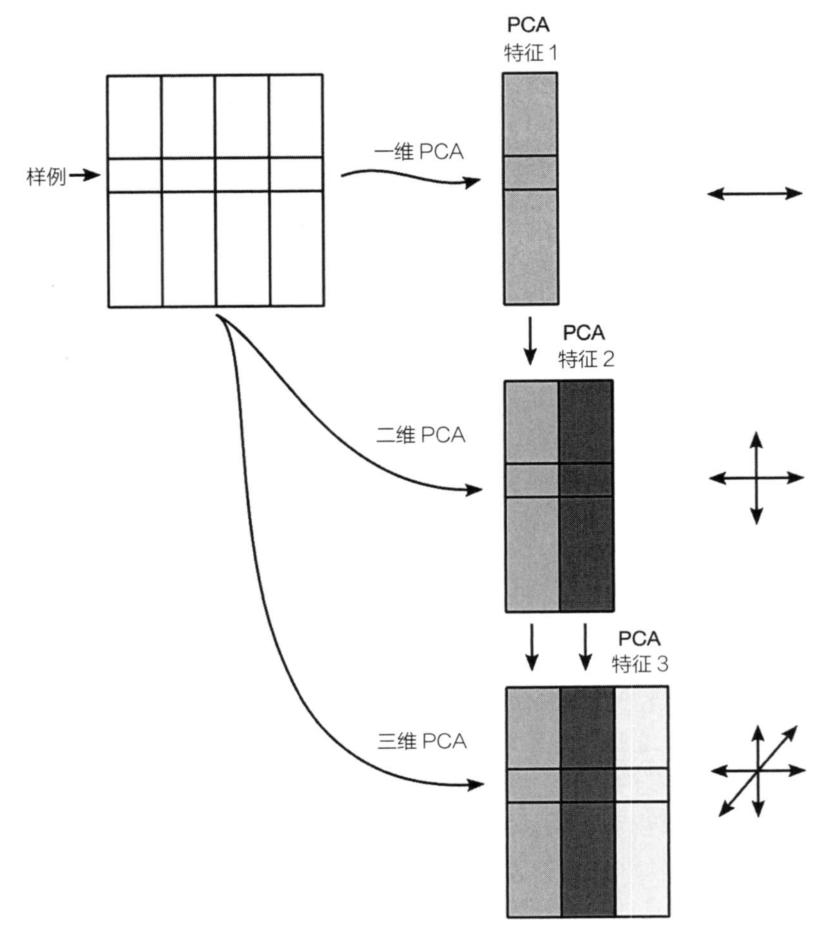

图 13-20 PCA 降低了数据的维度，有效地减少了描述每个样例的概念列的数量

标准主成分分析通过分解协方差矩阵，为数据找到好方向（数据的定义轴）。但是，标准主成分分析通过隐式使用数据的奇异值分解来实现这一点。我们可以认为这是一个不必要的细节，但协方差矩阵只是一种来捕捉数据在特征中心相似性的方法。正如在第 13.2.3 节中所讨论的，点积和核为我们提供了另一种以样例为中心的获取相似性的方法。最终的结果是，可以将核函数而不是协方差插入到主成分分析中，并且得到更多具有同样奇异名称的奇异产物：流形方法（manifold method）。

2. 流形方法

请读者不要被流形（manifold）这个名字吓坏了：流形只是一个花哨的术语，它可以很明显地与点、线和平面相关，但并不完全是这些东西。如图 13-21 所示，如果图中画一个圆圈，并将其标记为时钟刻度盘 Ⅰ、Ⅱ、Ⅲ 等，如果在十二点（正午）打破圆圈，就可以很容易地将圆圈上的点连接到一条线上的点。圆和线具有某些共同的特征。也就是说，在 Ⅲ 点附近，它的邻居是 2:59 和 3:01（对不起，此处无法用罗马数字表示分钟）。无论我们把时间画成一个圆形的表面，还是把时间画成一个时间线，这些邻居都是一样的。

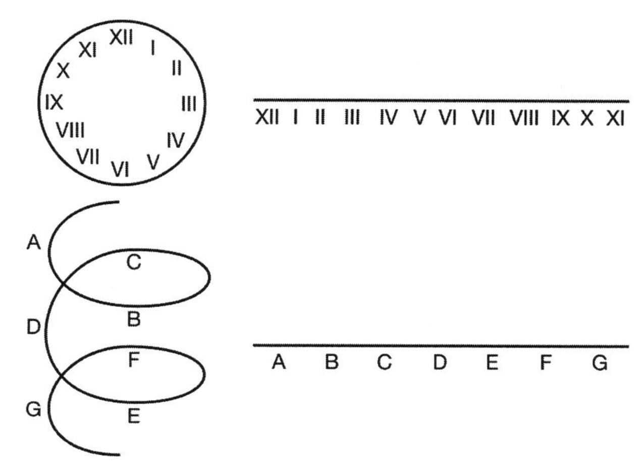

图 13-21　将几何对象视为流形，强调了基于局部邻域的不同形式之间的抽象相似性。这些邻居通过弯曲和循环保持不变

这里有一个观点：如果在顶部切割表面，Ⅻ将失去其相邻的一面。必须做出牺牲。再举一个例子，如果打开一个无盖无底的铝罐，就会得到一个看起来像铝片的东西，同样地，如果无视铝罐的切割边界，这个铝罐在切割之前和切割之后的相邻区域看起来非常相似。在这两种情况下，如果试图使用数学知识进行描述，那么就已经降低了必须处理的复杂度。我们正在将曲线的东西转换为线性的东西。也许上述描述过于简化，如果读者想深入了解，可以参考在本章末尾参考阅读资料中的一个技术警告。

下面是一个更复杂的图形示例。sklearn 可以制作一个非常复杂的三维数据集，形状为 S，并向纵深延伸到一张纸上，如图 13-22 所示。

In [69]:

```
from mpl_toolkits.mplot3d import Axes3D
import sklearn.manifold as manifold
data_3d, color = datasets.samples_generator.make_s_curve(n_samples=750,
                                                         random_state=42)

cmap = plt.cm.Spectral
fig = plt.figure(figsize=(4,4))
ax = plt.gca(projection='3d')
ax.scatter(*data_3d.T, c=color, cmap=cmap)
ax.view_init(20, -50)
```

如果看起来不直观，那么想象一下有人拿了一个字母 S，从左到右纵向涂抹。现在，花点时间思考一下，如果像一根绳子一样拉动这个形状的末端边缘，它会变成什么样子。请问有想法了没有？如果被难倒了，那可以让计算机帮我们实现数据从三维空间到二维空间的映射处理，结果如图 13-23 所示。

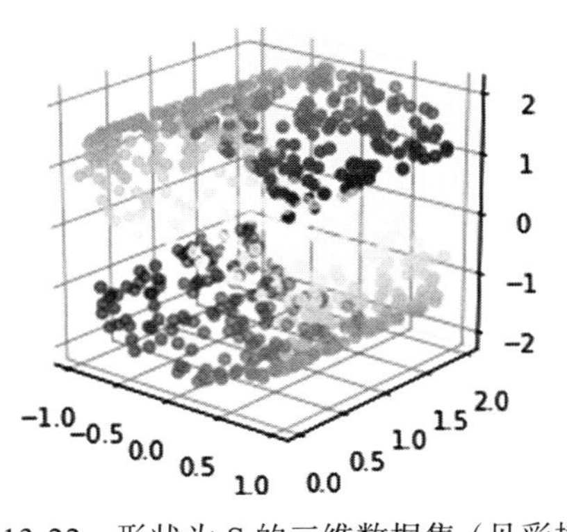

图 13-22 形状为 S 的三维数据集（见彩插）

In [70]:

```
fig, axes = plt.subplots(1,2,figsize=(8,4))
n_components = 2

# 方法1：使用isomap映射到二维空间
isomap = manifold.Isomap(n_neighbors=10, n_components=n_components)
data_2d = isomap.fit_transform(data_3d)
axes[0].scatter(*data_2d.T, c=color, cmap=cmap)

# 方法2：使用TSNE映射到二维空间
tsne = manifold.TSNE(n_components=n_components,
                     init='pca',
                     random_state=42)
data_2d = tsne.fit_transform(data_3d)
axes[1].scatter(*data_2d.T, c=color, cmap=cmap);
```

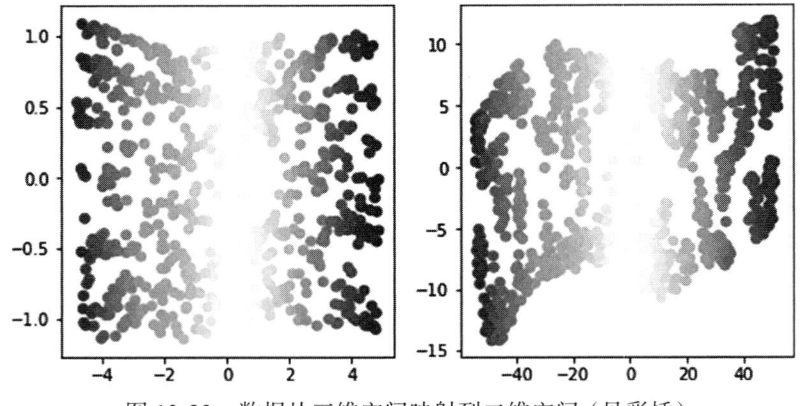

图 13-23 数据从三维空间映射到二维空间（见彩插）

不管读者是否感到惊讶，我们最终得到了一对类似曲奇饼干片的图形。效果并不完美，但该算法正试图从三维空间中复杂的弯曲形状 S 中重新构建二维平面的曲奇饼干片。所以，现在我们有一个非常酷的工具。

- 主成分分析希望找到一个最佳的空间——直线、平面、实体等。
- 可以使用点积重写主成分分析。
- 可以使用核函数代替点积。
- 使用核函数而不是点积，可以有效地处理非线性（曲线）对象。
- 如果将主成分分析的数据缩减功能与核函数结合使用，就可以将数据从曲线流形缩减到平面空间。

有几种不同的流形方法，均旨在将任意数据减少到一些不太复杂的空间。我们的示例中使用了 TSNE 和 IsoMap。由于一些巧妙的数学知识，这些方法通常可以描述为主成分分析加上一个核函数。也就是说，如果选择正确的核并将其提供给主成分分析，就得到了核方法。现在，不要被误导。在这种情况下，最好使用一些自定义代码来实现方法。但同样重要的是，一定要理解这些方法的作用，并将这些方法与类似技术进行比较。可以通过将这些方法全部写成一个主题的变体（在这种情况下，就是主成分分析加上不同的核）来展示方法之间的相似性。本文不会详细介绍这些核方法，但如果读者感兴趣，可以在本章参考阅读资料找到相关的参考文献。

13.4　本章参考阅读资料

13.4.1　本章小结

在本章中，我们向工具箱中添加了一些强大的、在某些情况下几乎是超现代的技术。我们有一些量化特征贡献的方法，可以使用这些方法来选择希望对机器学习有关和有用的特征子集。可以使用自动应用的核方法来代替一些手动特征构造步骤，这些核可以与支持向量、主成分以及其他机器学习模型一起结合使用。还可以使用支持向量机和主成分分析作为独立工具，分别对样例进行分类，并为其他处理步骤明确地重新描述数据。

13.4.2　章节注释

特征评估指标

存在很多特征评估指标，但它们基本上都是基于同一个数学工具的底层工具箱中构建的。如果扩展一些组件，那么可以开始发现这些度量之间的数学相似性。点积是一个基本组成部分 $\text{dot}(x, y) = \sum x_i y_i$，其中 x、y 是特征（列）。

- 我们没有讨论余弦相似性，但将在下一章中涉及。首先会将余弦相似性作为一个构建块。非书面地，可以将余弦相似性称为（长度）标准化点积（(length-)normalized dot product)。

$$\cos(x, y) = \frac{\text{dot}(x, y)}{\text{len}(x)\,\text{len}(y)} = \frac{\text{dot}(x, y)}{\sqrt{\text{dot}(x, x)}\sqrt{\text{dot}(y, y)}} = \frac{\sum x_i y_i}{\sqrt{\sum x_i^2}\sqrt{\sum y_i^2}}$$

- 我们在前文讨论过协方差，但这里表述为以下数据项的公式。我们将使用 $\bar{x}$ 表示 x 的均值。非书面地，我们可以将协方差称之为（平均）中心点积（(average) centered dot product)。当除以 n 时，就引入了均值的概念。

$$\text{cov}(x, y) = \frac{\text{dot}(x-\bar{x}, y-\bar{y})}{n} = \frac{\sum (x_i-\bar{x})(y_i-\bar{y})}{n}$$

- 相关性结合了中心化和规范化这两个概念。非书面地，我们可以将这种相关性称之为中心余弦相似性（centered cosine similarity)、(长度）标准化协方差（(length-) normalized covariance)，或者中心（长度）标准化点积（centered, (length-)normalized dot product)。

$$\text{cor}(x, y) = \frac{\text{dot}(x-\bar{x}, y-\bar{y})}{\text{len}(x-\bar{x})\,\text{len}(y-\bar{y})} - \frac{\sum (x-\bar{x})(y-\bar{y})}{\sqrt{\sum (x_i-\bar{x})^2}\sqrt{\sum (y_i-\bar{y})^2}}$$

- 最后一个相关的度量是线性回归系数，如果使用 x 来预测 y，而不使用截距（lrc_{wo})，则公式为：

$$\text{lrc}_{\text{wo}}(x, y) = \frac{\text{dot}(x, y)}{\text{len}(x)} = \frac{\text{dot}(x, y)}{\sqrt{\text{dot}(x, x)}} = \frac{\sum x_i y_i}{\sqrt{\sum x_i^2}}$$

- 当使用截距项（lrc_{w}）估计通常的线性回归系数时，可以得到几个有趣的关系。这里将只强调其中的两个：一个包括相关性，另一个显示该系数与协方差的关系，协方差由 x 中的扩展来标准化：

$$\text{lrc}_{\text{w}} = \text{cor}(x, y)\frac{\sqrt{\text{var}(x)}}{\text{var}(y)} = \frac{\text{cov}(x, y)}{\text{var}(x)}$$

数学中有一个奇妙而深刻的结果，称为柯西－施瓦特不等式（Cauchy-Schwart inequality)，该不等式告诉我们 $\sqrt{|\cos(x, y)|} <= \text{var}(x)\,\text{var}(y)$ 。

在本书中，我们完全回避了标准差和方差的有偏和无偏估计问题。基本上，我们在方差计算中总是除以 n。出于某些目的，我们更愿意除以 $n-1$，甚至是其他值。除以 $n-1$ 被称为贝塞尔校正（Bessel's correction)。要了解更多的相关信息，读者可以通过网络查询，或者咨询熟悉统计学的朋友。但是，此处作者提出友善的警告，NumPy 及其相关的计算例程在使用 n 和 $n-1$ 时可能不一致。建议读者在使用前仔细阅读文档以及默认参数。

特征选择的形式统计

以下是为熟悉统计学的读者提供的一些关于 r^2 有序特征功能的技术细节。单变量 F－

统计量 $F_i = \frac{\rho_i}{1-\rho_1}(n-2)$ 的级序分析（rank ordering）与相关性 $R_i^2 = \rho_i^2$ 的级序分析相同。这个结论的代数证明并不难。形式统计测试之间有许多关系，可以用来确定特征的价值。主要测试为 t－检验和 ANOVAs（方差分析）。有些理论非常深入，但读者可以通过查看 Leemis 和 McQuestion 的论文“Univariate Distributions Relationships（单变量分布关系）”进行快速了解，这篇论文有一幅精彩的图，读者也可以在网上找到这幅精彩的图。

我们的统计学家朋友也应该知道，在统计世界中，F－统计量通过一种称为前向逐步选择（forward stepwise selection）的技术用于特征选择。前向逐步选择是一个连续的过程，包括选择初始特征 f_1，然后与 f_1 组合，确定哪个特征与 f_1 组合后学习效果最好。这不是 sklearn 所能完成的任务。sklearn 独立于所有其他特征对每个特征进行单独评估。

度量选择及其与树拆分标准的关系

当选择特征以用于在决策树中划分数据时，会出现特征选择的一个重要特例。我们在第 8.2 节讨论了这个主题。可以采用几种不同的方式选择特征。主要方式包括基于目标值分布的基尼度量（Gini measures）和熵度量（entropy measures）。简而言之，对于类别 P_i 的概率，它们类似于 $\text{Gini} = 1-\sum p_i$ 和 $\text{entropy} = -\sum p_i \log(p_i)$。在度量中，熵用于比较拆分前的熵和拆分后的加权熵，这种熵被称为信息增益（information gain）。

关于指标选择的注释：指标和模型

虽然我们把特征选择方法的讨论分为两种：使用模型的方法和不没有使用模型的方法，但“无模型”的方法实际上使用了一些模型作为这些方法的内部技术基础。例如，相关性是衡量单一特征线性回归的效果。方差是衡量单个值（均值）作为预测值的效果。互信息度量与被称为贝叶斯最优分类器（Bayes optimal classifier）的错误率有关；这些是理论上的“独角兽”，通常只能用于简单的问题，但它们给了我们一个“最佳”分类器的正式概念。如果读者感兴趣的话，可以在 Torkkola 的一篇（偏重学术）论文“Feature Extraction by Non-Parametric Mutual Information Maximization（非参数互信息最大化的特征提取）”中找到更多细节。

关于核的注释

为什么 1－最近邻和深度为 max_depth 的树对于圆问题的解决结果如此相似？两者都分割出很多很多空间区域，直到只有一个小区域可以预测。1－最近邻通过只要求一个近邻来实现预测。这棵树有十个节点的深度，通过反复切割更多的空间区域来实现。

为了让读者理解核如何处理没有预先封装为表格的数据，让我们分析一下编辑距离（edit distance），也称为莱文斯坦距离（Levenshtein distance）。两个字符串之间的编辑距离是从一个字符串到另一个字符串所需的插入、删除和字符替换的数量。例如，cat → hat 要求一个字符替换。at → hat 要求在开始处插入一个 h。读者可以想象，我们手机的自动更正功能正在使用类似的东西来修复我们的打字错误。这种距离的概念也可以转化为相似性的概念，并用于定义任意两个字符串之间的核函数。我们不再需要显式地将文本字符串转换为表中的特征。

根据数学背景，当开始看到协方差矩阵和核时，可能会开始想到格拉姆矩阵（Gram matrices）。这可能会让人非常困惑，因为大多数作者在使用行作为样例时，却根据列向量定义格拉姆矩阵。因此，出于我们的目的，通常的格拉姆矩阵可以直接用于核。然而，如果我们想讨论协方差，则必须在某处进行转置。考虑到这一点，Mercer 关于核合法性的条件表明：基于样例对（example-pairwise）的格拉姆矩阵 K 必须是对称正定的矩阵。基于特征对（feature-pairwise）的格拉姆矩阵将是协方差矩阵。

关于支持向量机的注释

如果打算使用支持向量机，特别是 `libsvm`（甚至通过 `sklearn`），本文建议读者阅读 `libsvm` 用户指南。这个指南篇幅并不长。指南的网页地址为 https://www.csie.ntu.edu.tw/~cjlin/papers/guide/guide.pdf。

在 `sklearn` 中，`LinearSVC` 使用平方铰链损失代替简单铰链。损失函数的变化，再加上 `LinearSVC` 对截距术语的不同处理，确实让一些坚持使用支持向量机定义的人士感到不安。这里不想强调这一点，尽管这两个事实将导致 `LinearSVC` 和 `SVC(linear)`/`SVC(poly=1)` 之间的差异可以从细微甚至到显著。

关于 PCA、SVD 和 EIG 的技术说明

一个包含 n 个特征的数据集上的主成分分析最多可以恢复到 n 个方向。如果没有一个输入特征是其他特征的线性组合，我们将得到 n 个方向。

最佳直线图形的灵感来自 StackExchange 讨论中关于用户 amoeba 的精彩动画：https://stats.stackexchange.com/a/140579/1704。

不必选修线性代数课，我们就可以快速概述连接主成分分析 PCA、奇异值分解 SVD 和特征分解 EIGD 之间的相关数学知识。同样，这类答案回答了这样一个问题："为什么要学习线性代数？"。

我们将从三个快速事实开始回答这个问题。

- 有些矩阵被称为正交矩阵（orthogonal，与 90 度角含义相同）。这意味着正交矩阵的转置作用类似于数值倒数 $\frac{a}{a}=a^{-1}a=1$。对于正交矩阵 M_o，我们有 $M_o^{\mathrm{T}}M_o=I$。I 是单位矩阵。单位矩阵是数字 1 的矩阵等价物。与单位矩阵 I 相乘会使总体值保持不变。
- 对于所有的矩阵，转置 M^{T} 将行换成列，将列换成行。例如：

  如果 $M=\begin{bmatrix}1 & 2\\ 3 & 4\end{bmatrix}$，那么 $M^{\mathrm{T}}=\begin{bmatrix}1 & 3\\ 2 & 4\end{bmatrix}$。
- 当对乘法矩阵进行转置（先乘法，再转置）时，如果先进行转置，则必须交换内部矩阵的顺序，即 $(M_1M_2)^{\mathrm{T}}=M_2^{\mathrm{T}}M_1^{\mathrm{T}}$。

这种顺序交换出现在一些数学和计算机科学操作中。下面是一个简单的示例，其中包含排序列表和反转。如果反转一个有序列表的两个子列表，结果会发生什么？假设有 $l_1+l_2=L$，并且三个都是有序的（这里，+ 表示级联）。如果分别反转 l_1 和 l_2，并将它们连接起来，那么结果并不是一个正确反转的 L，即 $\mathrm{rev}(l_1)+\mathrm{rev}(l_2)\neq\mathrm{rev}(L)$。对于 l_1 和 l_2 来说，分别反转完全没有问题，但是当它们反转后再组合在一起时，结果就有所不同了。为了解决这个问题，必须以交换顺序将反向列表连接在一起：$\mathrm{rev}(l_2)+\mathrm{rev}(l_1)=\mathrm{rev}(L)$。如果想让这个想法具体化，可以创建两个名字列表 (Mike, Adam, Zoe; Bill, Paul, Kate)，然后自己完成这个过程。

请读者牢记以下的规则。

- 如果从无模式数据 W 开始，协方差矩阵是 $\sum_W=W^{\mathrm{T}}W=I$。
- 如果使用 S 来拉伸数据，就得到了 SW，其协方差矩阵为 $\sum_{SW}=(SW)^{\mathrm{T}}SW=W^{\mathrm{T}}S^{\mathrm{T}}SW$。
- 然后可以使用正交的 R 进行旋转，得到 RSW。由于 R 是正交矩阵，因此 $R^{\mathrm{T}}R=I$。其协方差矩阵为 $\sum_{RSW}=(RSW)^{\mathrm{T}}RSW=W^{\mathrm{T}}S^{\mathrm{T}}R^{\mathrm{T}}RSW=W^{\mathrm{T}}S^2W$。

对矩阵进行平方运算有点复杂，但结果表明，如果 S 仅在其对角线上有数据项，那么平方运算意味着只是对对角线上的值进行平方运算。从而避免了复杂运算。

如果现在反向工作，从结果数据 RSW 和结果协方差矩阵 $\sum_{RSW}$ 开始，就得到如下结论。

- 根据协方差矩阵上的特征分解：$\mathrm{eig}\left(\sum_{RSW}\right)$ 给出 $\sum_{RSW}V=VL$ 或者 $\sum_{RSW}=VLV^{\mathrm{T}}$。
- 从数据矩阵上的奇异值分解：$\mathrm{svd(RSW)}=(\mathrm{UDV^T})^{\mathrm{T}}\mathrm{UDV^T}=\mathrm{VDU^T}\,\mathrm{VDU^T}=\mathrm{VD^2V^T}$。

根据一些注意事项，我们可以识别 RS（拉伸和旋转）为 VL 和 VD^2。在现实世界中，我们从以 RSW 形式出现的有关数据开始。我们看不到组成部分。然后，使用奇异值分解或者特征值计算出拉伸和旋转，从概念上讲，拉伸和旋转可以让我们从白噪声数据到观察到的数据。

PCA 的专业团队：PPCA、FA 和 ICA

主成分分析可以与其他几种技术相关联：概率主成分分析（Probabilistic PCA，PPCA）、因子分析（Factor Analysis，FA）和独立成分分析（Independent Component Analysis，ICA）。所有这些技术都可以以类似于主成分分析的方式使用：构造新的衍生特征，并保留比一开始使用的更少的特征。

主成分分析与概率主成分分析和因子分析密切相关。所有这些技术都关注数据中的方差，但这些技术对所分析数据的协方差性质做出了不同的建模假设。主成分分析采用协方差矩阵。概率主成分分析为每个特征添加共享的随机方差量。因子分析向每个特征添加不同的随机方差量。

独立成分分析将方差最大化替换为峰度（kurtosis）最大化。还有其他描述和理解独立成分分析的方法；独立成分分析将其解释为最小化互信息。峰度是一种类似于均值和方差的分布。均值是数据的中心，方差是数据的扩散；峰度松散地描述了数据的尾部有多重，或者概率曲线下降到零的速度有多快。实际上，虽然主成分分析法希望找到能够解释方差并且相互正交（不相关）的方向，但独立成分分析法希望找到在统计上最大程度上相互独立的方向。

流形（Manifold）

我们对流形的讨论融合了流形的一般概念和可微分流形的更具体的概念。现在读者应该知道为什么我们没有在正文中提到流形的概念了。但具体细节是流形与欧几里得空间有一些很好的等价性，欧几里得空间是绘制数据集和函数的常规场所。可微分流形更为严格：它们与欧氏空间的线性子集等价。如果读者还记得所学的微积分，就可以使用一条线来近似获取函数的斜率，以非常非常小的间隔取导数。可微分流形扩展了这一思想，因此我们可以对怪异的数学对象（例如黑洞模型）执行微积分。

13.4.3 练习题

1. 可以使用网格搜索 `GridSearch` 帮助我们查找用于特征选择的好参数。尝试使用网格搜索来为 `VarianceThreshold` 找到一个好的阈值。比较有删除特征和无删除特征的学习结果。

2. 查找 Anscombe 数据集。比较数据集的方差、协方差和相关性。

3. 再看一看两个特征互信息的示例。`data**2`（即特征值的平方）上的 `mutual_info_classif` 是什么？为什么我们会期望特征值平方的信息会更高？读者也可以试试回归问题。

4. 构建模型来选择特征似乎是一个相当繁重的过程。一些基于模型的特征选择技术（如 `SelectFromModel` 或者递归特征消除 RFE）的执行时间与简单地运行这些模型相比如何？尝试学习所有的特征，并将其与一轮特征选择进行比较，然后仅学习所选定的特征。

5. 在圆的分类问题中，`depth=10` 的决策树不是很像圆。添加更多数据是否会导致更像圆的边界？

6. 我们声称 Nystroem 核有助于节省资源。请演示证明。比较完整核和 Nystroem 近似值的资源使用情况。

7. 从鸢尾花数据集（iris）中获取一些数据（比如十几行数据）。然后对这些数据执行一些处理。对数据进行标准化，计算数据的协方差矩阵；然后与原始的相关性进行比较。计算标准化数据的主成分分析和原始数据相关矩阵的主成分分析。

8. 径向基函数核非常强大。它们的主要参数是 `gamma`。通过查看不同 `gamma` 值上的复杂度曲线，评估 `gamma` 变化的影响。较大的 `gamma` 值是否或多或少有偏差呢？

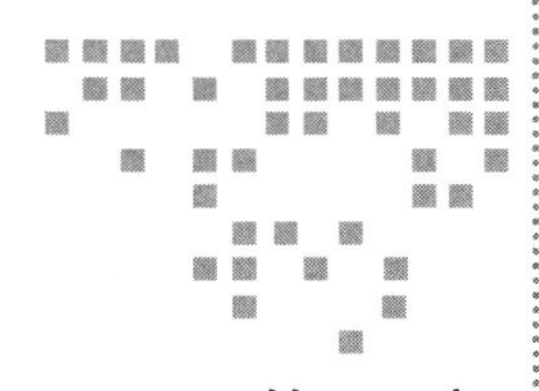

第 14 章 Chapter 14

领域特征工程：领域特定的机器学习

In [1]:

```
# 环境设置
from mlwpy import *
%matplotlib inline

import cv2
```

在一个完美的世界中，我们的标准分类算法将提供相关的、丰富的、表格形式的数据，当我们将其视为空间中的点时，这些数据自然具有可区分性。

在现实中，我们所处理的数据可能会涉及以下问题。

（1）仅为目标任务的近似值。

（2）数量有限或者仅涵盖许多可能性中的一部分。

（3）与尝试应用的预测方法的要求不一致。

（4）存储格式为文本或者图像，显然不属于样例特征表的格式。

问题（1）和（2）与我们所关注的机器学习问题有关。我们在第 10 章和第 13 章讨论了问题（3）；可以通过手动或者自动设计特征空间来解决这个问题。现在，我们将讨论第（4）个问题：当数据不符合表格格式时会发生什么？如果读者有密切关注，会意识到在上一章中确实讨论过这个问题。通过核方法，可以直接使用所呈现的对象（可能是字符串）。然而，我们只能使用与核兼容的机器学习方法和技术；更糟糕的是，核有其自身的局限性和复杂度。

那么，如何才能将笨拙的数据，转换成符合经典机器学习算法格式的数据呢？虽然术语有些模糊，但我们将使用短语特征提取（feature extraction）来捕获将任意数据源（如书籍、歌曲、图像或者电影等）转换为表格数据的思想，从而可以使用本书中所描述的非核化机器学习方法。在本章中，我们将处理两个具体案例：文本和图像。为什么呢？因为文本和图像数量丰富，并且具有成熟的特征提取方法。

14.1 处理文本

当将机器学习方法应用于文本文档时，会遇到了一些有趣的挑战。与采用表格形式进行分组的一组固定测量值不同，文档具有以下特点：（1）长度可变、（2）顺序相关、（3）内容未对齐。两份不同的文档在长度上明显不同。虽然机器学习算法并不关心特征的顺序，只要特征在每个样例中的顺序相同即可，但文档最明显比较关心如下的顺序："the cat in the hat（戴帽子的猫）"与"the hat in the cat（戴猫的帽子）"非常不同。同样地，我们希望两个样例的信息顺序与每个样例相同：特征 1、特征 2 和特征 3。两个不同的句子可以传达相同的信息，但可能使用单词的不同排列（甚至可能不同的单词）："Sue went to see Chris（Sue去拜访 Chris）"和"Chris had a visitor named Sue（Chris 有一个叫 Sue 的访客）"。

我们可以使用两个非常简单的文档（the cat in the hat 和 the quick brown fox jumps over the lazy dog）来作为样例，并进行同样的尝试。利用两种不同的方法在删除了超普通的、低意义的停止词（stop words，例如 the）之后，结果如表 14-1 和表 14-2 所示。

表 14-1 删除了超普通的、低意义的停止词（方法 1）

	句子
样例 1	cat in hat
样例 2	quick brown fox jumps over lazy dog

表 14-2 删除了超普通的、低意义的停止词（方法 2）

	单词 1	单词 2	单词 3	单词 4
样例 1	cat	in	hat	*
样例 2	quick	brown	fox	jumps

我们必须扩展到所有样例中最长的样例。以上两种方法都不对。第一种方法实际上没有试图确认文字中的任何关系。第二种方法似乎走得太远，但也不够远：所有的东西都被分解成碎片，但样例 1 中的单词 1 可能与样例 2 中的单词 1 没有关系。

将样例表示为书面文本，与将样例表示为表中的行之间存在根本的脱节。那么到底应该如何使用表格来表示文本呢？

下面是一种使用表格来表示文本的方法。

（1）收集所有文档中的所有单词，并使该单词列表成为有关的特征。

（2）对于每个文档，为学习样例创建一行。行中的每一项指示单词是否出现在该样例中。在这里，我们使用符号“-”表示“no（否）”，并使用“yes（是）”表示肯定。结果如表 14-3 所示。

表 14-3　使用表格来表示文本

	in	over	quick	brown	lazy	cat	hat	fox	dog	jumps
样例 1	yes	–	–	–	–	yes	yes	–	–	–
样例 2	–	yes	yes	yes	yes	–	–	yes	yes	yes

这种技巧被称为词袋（Bag Of Words，BOW）。为了对文档进行编码，我们将文档中的所有单词都记在纸条上，然后扔进一个袋子中。这种编码的优点是方便和快捷，其缺点是会完全失去了单词的顺序！例如，Barb went to the store and Mark went to the garage 的表示方式与 Mark went to the store and Barb went to the garage 的表示方式完全相同。考虑到这一点，在生活中和机器学习中，我们经常使用复杂事物的简化版本，其中有如下两个原因：（1）简化版本可以作为一个起点，或者（2）简化版本的效果足够好。在这种情况下，上述两个原因都是我们经常使用词袋表示法进行文本学习的有效原因。

我们可以将这个实现从处理单字组（unigrams，一元分词）扩展到成对的相邻单词，称为双字组（bigrams，二元分词）。成对的单词给我们提供了更多的上下文。在 Barb 和 Mark 的例子中，如果有三字组（trigrams，三元分词），我们将捕获 Mark-store 和 Barb-garage 的区别（删除停止词后）。同样的想法也适用于 *n* 字组（*n*-gram，*n* 元分词）。当然，正如读者可以想象的，添加越来越长的短语需要越来越多的时间和内存来处理。在这里的示例中，我们将坚持使用单字分词。

如果使用词袋表示，我们有几个不同的选项来记录文档中单词的存在。在上面的表格中，我们只记录了 yes 值。我们可以等效地使用 0 和 1，或者真和假。表格中存在的大量破折号（-）指出了一个重要的实际问题。当使用词袋技巧时，数据变得非常稀疏。在幕后使用智能存储方法，可以通过只记录有关的数据项来压缩该表，并避免所有的空白 no 数据项。

如果超越简单的 yes/no 记录方案，我们的第一个想法可能是记录单词出现的次数。除此之外，可能还会考虑根据其他一些因素使这些计数值规范化。所有这些都是绝妙的想法，如果能想到这些想法的读者都值得称赞。更棒的是，这些想法已经广为人知，并在 `sklearn` 中得到了实现，所以让我们将这些想法具体化。

14.1.1　对文本进行编码

以下是一些示例文档，我们可以使用这些示例文档来研究不同的文本编码方式。

In [2]:

```
docs = ["the cat in the hat",
        "the cow jumped over the moon",
        "the cat mooed and the cow meowed",
        "the cat said to the cow cow you are not a cat"]
```

为了构造我们感兴趣的特征，需要记录整个语料库中出现的所有独特单词。语料库是一个术语，表示我们正在处理的整个文档组。

In [3]:

```
vocabulary = set(" ".join(docs).split())
```

我们可以删除一些无关紧要的单词。这些一次性的词被称为停止词（stop words）。在删除停止词之后，剩下的词汇将出现在语料库中。

In [4]:

```
common_words = set(['a', 'to', 'the', 'in', 'and', 'are'])
vocabulary = vocabulary - common_words
print(textwrap.fill(str(vocabulary)))
```

```
{'cow', 'not', 'cat', 'moon', 'jumped', 'meowed', 'said', 'mooed',
'you', 'over', 'hat'}
```

1. 二进制词袋

有了词汇表，再使用 Python 进行一些快速的修改，就可以在文档中得到一个简单的 yes/no 表。关键测试是 `w in d`（word in document），用于判断单词 w 是否在文档 d 中存在，结果如表 14-4 所示。

In [5]:

```
# {k:v for k in lst}根据“键:值”创建一个字典
# 这被称为“字典解析”
doc_contains = [{w:(w in d) for w in vocabulary} for d in docs]
display(pd.DataFrame(doc_contains))
```

表 14-4 判断单词是否在文档中存在

	cat	cow	hat	jumped	meowed	mooed	moon	not	over	said	you
0	True	False	True	False	False	False	False	False	False	False	False
1	False	True	False	True	False	False	True	False	True	False	False
2	True	True	False	False	True	True	False	False	False	False	False
3	True	True	False	False	False	False	False	True	False	True	True

2. 词袋计数

对第一行代码稍加修改，我们就可以计算出文档中的单词计数，结果如表 14-5 所示。

In [6]:

```
word_count = [{w:d.count(w) for w in vocabulary} for d in docs]
wcs = pd.DataFrame(word_count)
display(wcs)
```

表 14-5　计算出文档中的单词计数

	cat	cow	hat	jumped	meowed	mooed	moon	not	over	said	you
0	1	0	1	0	0	0	0	0	0	0	0
1	0	1	0	1	0	0	1	0	1	0	0
2	1	1	0	0	1	1	0	0	0	0	0
3	2	2	0	0	0	0	0	1	0	1	1

sklearn 通过 CountVectorizer 为我们提供了这一功能。

In [7]:

```
import sklearn.feature_extraction.text as sk_txt
sparse = sk_txt.CountVectorizer(stop_words='english').fit_transform(docs)
sparse
```

Out[7]:

```
<4x8 sparse matrix of type '<class 'numpy.int64'>'
 with 12 stored elements in Compressed Sparse Row format>
```

如前所述，由于数据稀疏，而且 sklearn 非常智能，因此底层机制为我们节省了空间。如果读者真的想看看发生了什么，请使用 todense 将稀疏形式转换为密集形式。

In [8]:

```
sparse.todense()
```

Out[8]:

```
matrix([[1, 0, 1, 0, 0, 0, 0, 0],
        [0, 1, 0, 1, 0, 0, 1, 0],
        [1, 1, 0, 0, 1, 1, 0, 0],
        [2, 2, 0, 0, 0, 0, 0, 1]], dtype=int64)
```

在这里我们看到一些略有不同的结果，因为 sklearn 使用了更多的停止词：you、not 和 over 都位于默认的英语停止词列表中。另外，在 sklearn 输出中，单词的顺序也不明显。

3. 标准化词袋计数：TF-IDF

正如我们在许多情况下所看到的，从均值到协方差再到误差率，我们经常将结果标准化，以便将结果与某种基线或者其他标准进行比较。在单词数统计方面，我们需要平衡以下两件事。

（1）不希望较长的文档因为字数较多而与目标建立更紧密的关系。

（2）如果每个文档中的单词频率都很高，那么这些单词就不再是区分的要素。所以，随着一个词在语料库中出现频率的增加，希望这个词的贡献率下降。

让我们从计算所有文档的频率开始。可以通过询问“有多少文档包含我们的单词?”来计算语料库范围内单词出现的频率，可以将其实现为以下的代码，结果如表 14-6 所示。

In [9]:

```
# wcs.values.sum(axis=0, keepdims=True)
doc_freq = pd.DataFrame(wcs.astype(np.bool).sum(axis='rows')).T
display(doc_freq)
```

表 14-6 计算语料库范围内单词出现的频率

	cat	cow	hat	jumped	meowed	mooed	moon	not	over	said	you
0	3	3	1	1	1	1	1	1	1	1	1

现在，我们要做一个小小的飞跃，从语料库频率到反向频率（inverse frequency）。通常情况下，这意味着会执行类似于 $\frac{1}{\text{freq}}$ 的处理。然而，在文本学习中通常采用的方法有点复杂：我们会考虑文档的数量，然后取该值的对数。逆向文档频率（inverse-document frequency）公式为 $\text{IDF} = \log\left(\frac{\text{num docs}}{\text{freq}}\right)$，计算结果如表 14-7 所示。

为什么要取对数运算呢？对数有放大和膨胀的作用。基本上，对大于 1 的值（例如，文档的数量，肯定是个正数）求对数会压缩值之间的差异，而获取介于 0 和 1 之间的值（例如 1 除以计数）的对数会扩大间距。因此，采用这样的计算公式放大了不同计数的影响，并抑制了越来越多文档的价值。公式中分子处的文档数量用作向下调整的基线值。

In [10]:

```
idf = np.log(len(docs) / doc_freq)
#  == np.log(len(docs)) - np.log(doc_freq)
display(idf)
```

表 14-7 计算逆向文档频率 IDF

	cat	cow	Hat	jumped	meowed	mooed	moon	not	over	said	you
0	0.29	0.29	1.39	1.39	1.39	1.39	1.39	1.39	1.39	1.39	1.39

通过以上计算，创建“词频 – 逆向文档频率”（Term Frequency-Inverse Document Frequency，TF-IDF）成为一个简单的步骤。我们所做的就是根据每个单词的 IDF 值对其进行加权。，结果如表 14-8 所示。

In [11]:

```
tf_idf  = wcs * idf.iloc[0]    # 为乘法操作对齐列
display(tf_idf)
```

表 14-8 计算“词频－逆向文档频率”TF-IDF

	cat	cow	hat	jumped	meowed	mooed	moon	not	over	said	you
0	0.29	0.00	1.39	0.00	0.00	0.00	0.00	0.00	0.00	0.00	0.0000
1	0.00	0.29	0.00	1.39	0.00	0.00	1.39	0.00	1.39	0.00	0.0000
2	0.29	0.29	0.00	0.00	1.39	1.39	0.00	0.00	0.00	0.00	0.0000
3	0.58	0.58	0.00	0.00	0.00	0.00	0.00	1.39	0.00	1.39	1.39

现在，我们还没有考虑较长文档可能带来的不必要的好处。可以通过强制文档中的单词计数总值（当我们把所有的单词加权计数累加起来）是相同的来控制较长文档。这意味着文档的区别在于固定权重在单词数据桶上所占的比例，而不是各个数据桶上的单词总量（现在对每个单词都一样）。我们可以使用规范器 Normalizer 实现这一点。

In [12]:

```
skpre.Normalizer(norm='l1').fit_transform(wcs)
```

Out[12]:

```
array([[0.5   , 0.    , 0.5   , 0.    , 0.    , 0.    , 0.    , 0.    ,
        0.    , 0.    , 0.    ],
       [0.    , 0.25  , 0.    , 0.25  , 0.    , 0.    , 0.25  , 0.    ,
        0.25  , 0.    , 0.    ],
       [0.25  , 0.25  , 0.    , 0.    , 0.25  , 0.25  , 0.    , 0.    ,
        0.    , 0.    , 0.    ],
       [0.2857, 0.2857, 0.    , 0.    , 0.    , 0.    , 0.    , 0.1429,
        0.    , 0.1429, 0.1429]])
```

现在每一行的总和值均为 1.0。

我们的过程模仿（但不完全相同）sklearn 使用 TfidfVectorizer 执行的步骤。我们不会试图将手动步骤与 sklearn 方法相协调；请记住，至少我们使用不同的停止词，这会影响逆向文档频率权重所使用的权重比率。

In [13]:

```
sparse = (sk_txt.TfidfVectorizer(norm='l1', stop_words='english')
                .fit_transform(docs))
sparse.todense()
```

Out[13]:

```
matrix([[0.3896, 0.    , 0.6104, 0.    , 0.    , 0.    , 0.    , 0.    ],
        [0.    , 0.2419, 0.    , 0.379 , 0.    , 0.    , 0.379 , 0.    ],
        [0.1948, 0.1948, 0.    , 0.    , 0.3052, 0.3052, 0.    , 0.    ],
        [0.3593, 0.3593, 0.    , 0.    , 0.    , 0.    , 0.    , 0.2814]])
```

14.1.2 文本学习的示例

为了将这些想法付诸实践，我们需要一个合法的预分类文件。幸运的是，sklearn 提供了获取预分类文件的工具。这些数据并没有随 sklearn 发行版一起安装；相反，我们需要导入（import）并调用一个实用程序来下载这个工具。以下的导入操作将执行必要的步骤。

In [14]:

```
from sklearn.datasets import fetch_20newsgroups
twenty_train = fetch_20newsgroups(subset='train')
```

“The Twenty Newsgroups（二十种新闻组）”数据集包含来自 20 种老式互联网新闻组的约 20 000 个文档。新闻组是一种在线论坛，其行为有点像电子邮件线程，多人可以同时参与。有许多不同讨论主题的新闻组：宗教和政治总是特别热门，但也有各种体育、爱好和其他兴趣的新闻组。分类问题是获取任意文档并确定该文档来自哪个新闻组。

In [15]:

```
print("the groups:")
print(textwrap.fill(str(twenty_train.target_names)))
```

```
the groups:
['alt.atheism', 'comp.graphics', 'comp.os.ms-windows.misc',
'comp.sys.ibm.pc.hardware', 'comp.sys.mac.hardware', 'comp.windows.x',
'misc.forsale', 'rec.autos', 'rec.motorcycles', 'rec.sport.baseball',
'rec.sport.hockey', 'sci.crypt', 'sci.electronics', 'sci.med',
'sci.space', 'soc.religion.christian', 'talk.politics.guns',
'talk.politics.mideast', 'talk.politics.misc', 'talk.religion.misc']
```

样例的实际内容是文本电子邮件，包括邮件头（包含发送者、接收者和主题）。以下是第一个样例的前十行内容。

In [16]:

```
print("\n".join(twenty_train.data[0].splitlines()[:10]))
```

```
From: lerxst@wam.umd.edu (where's my thing)
Subject: WHAT car is this!?
Nntp-Posting-Host: rac3.wam.umd.edu
Organization: University of Maryland, College Park
Lines: 15

 I was wondering if anyone out there could enlighten me on this car I saw
the other day. It was a 2-door sports car, looked to be from the late 60s/
early 70s. It was called a Bricklin. The doors were really small. In addition,
the front bumper was separate from the rest of the body. This is
```

一旦获取了数据，就几乎可以立即应用 TF-IDF 转换器来获得文档的有用表示。

In [17]:

```
ct_vect      = sk_txt.CountVectorizer()
tfidf_xform = sk_txt.TfidfTransformer()

docs_as_counts = ct_vect.fit_transform(twenty_train.data)
docs_as_tfidf  = tfidf_xform.fit_transform(docs_as_counts)
```

我们可以将这些数据连接到任何机器学习模型。这里使用了朴素贝叶斯的一种变体。

In [18]:

```
model = naive_bayes.MultinomialNB().fit(docs_as_tfidf,
                                        twenty_train.target)
```

现在，读者可能会提问：是否可以采取所有这些步骤，并将这些步骤封装在管道中。结论是肯定的！

In [19]:

```
doc_pipeline = pipeline.make_pipeline(sk_txt.CountVectorizer(),
                                      sk_txt.TfidfTransformer(),
                                      naive_bayes.MultinomialNB())
```

在开始评估之前，首先让我们减少所考虑的类别数量。

In [20]:

```
categories = ['misc.forsale',
              'comp.graphics',
              'sci.med',
              'sci.space']
```

我们甚至可以更进一步。TfidfVectorizer 将两个预处理、特征提取步骤组合在一个组件中。因此，这里有一个解决这个问题的超级紧凑方法。

In [21]:

```
twenty_train = fetch_20newsgroups(subset='train',
                                  categories=categories,
                                  shuffle=True,
                                  random_state=42)

doc_pipeline = pipeline.make_pipeline(sk_txt.TfidfVectorizer(),
                                      naive_bayes.MultinomialNB())

model = doc_pipeline.fit(twenty_train.data, twenty_train.target)
```

然后我们就可以快速评估模型的质量，结果如图 14-1 所示。

In [22]:

```
twenty_test = fetch_20newsgroups(subset='test',
                                 categories=categories,
                                 shuffle=True,
                                 random_state=42)

doc_preds = model.predict(twenty_test.data)
cm = metrics.confusion_matrix(twenty_test.target, doc_preds)
ax = sns.heatmap(cm, annot=True,
                 xticklabels=twenty_test.target_names,
                 yticklabels=twenty_test.target_names,
                 fmt='3d') # 单元格是计数值
ax.set_xlabel('Predicted')
ax.set_ylabel('Actual');
```

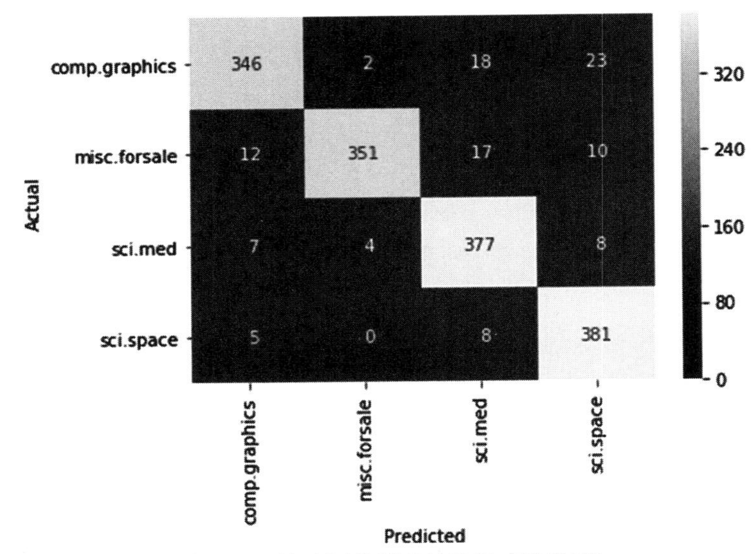

图 14-1 快速评估模型的质量（见彩插）

希望读者对结果满意。为了实现该结果，我们做了很多工作。我们把以下工作整合在一起：（1）特征工程，其形式是从文本文档中提取特征到样例特征表，（2）从训练数据中构建机器学习模型，以及（3）在单独的测试数据上查看该模型的评估，所有这些都在上面两个代码单元的大约 25 行代码中实现的。所得到的结果看起来也不错。希望读者对我们刚刚完成的每一步都有所了解。

14.2 聚类

稍后，我们将讨论一些用于图像分类的技术。图像分类过程中的一个重要组成部分是聚类。所以，让我们先简单地描述聚类。

聚类是一种将相似样例分组在一起的方法。当聚集在一起的时候，不会对一些已知的目标值做出明确的指示。相反，我们有一些预设的标准，使用这些标准来决定哪些样例是相同的，哪些样例是不同的。与主成分分析一样，聚类也是一种无监督的学习技术（参见第 13.3 节）。主成分分析将样例映射到某个线性对象（点、线或者平面）；而聚类则将样例映射到组（group）。

有许多方法可以执行聚类。我们将重点讨论一种被称为 *k* – 均值聚类（*k*-Means Clustering，*k*-MC）的方法。*k* – 均值聚类的思想如下：假设有 *k* 个组，每个组都有一个不同的中心。然后，我们尝试将所有的样例一一划分到这 *k* 个组中。

事实证明，提取组有一个非常简单的过程，具体如下所示。

（1）随机选取 *k* 个中心。

（2）根据最近的中心为组分配样例。

（3）重新计算指定组的中心。

（4）返回到步骤（2）。

最终，这一过程只会导致中心发生非常小的变化。在这一点上，我们可以说已经找到了一个好的答案。这些中心构成了分组的中心。

虽然可以在没有已知目标的情况下使用聚类，但如果碰巧有一个目标，就可以将聚类结果与实际情况进行比较。下面是使用鸢尾花数据集（iris）的一个示例。为了便于可视化，我们将首先使用主成分分析将数据简化为二维空间。然后，在这个二维空间中，可以看到三种鸢尾花的实际位置。最后，可以看到使用 *k* – 均值聚类方法得到的聚类结果，如图 14-2 所示。

In [23]:

```
iris = datasets.load_iris()
twod_iris = (decomposition.PCA(n_components=2, whiten=True)
                         .fit_transform(iris.data))
clusters = cluster.KMeans(n_clusters=3).fit(twod_iris)

fig, axes = plt.subplots(1,2,figsize=(8,4))
axes[0].scatter(*twod_iris.T, c=iris.target)
axes[1].scatter(*twod_iris.T, c=clusters.labels_)

axes[0].set_title("Truth"), axes[1].set_title("Clustered");
```

我们很快就会注意到，*k* – 均值聚类方法以错误的方式拆分了这两类混合物种，实际上，这两类混合物种是垂直拆分的，但 *k* – 均值聚类方法是水平拆分的。如果没有实际物种的目标值来区分这两类混合物种，该算法就没有任何关于正确区分相互交织在一起的物种的指导。更重要的是，在聚类中，并没有关于正确性（rights）的明确定义。该标准仅由算法的运行方式所定义。

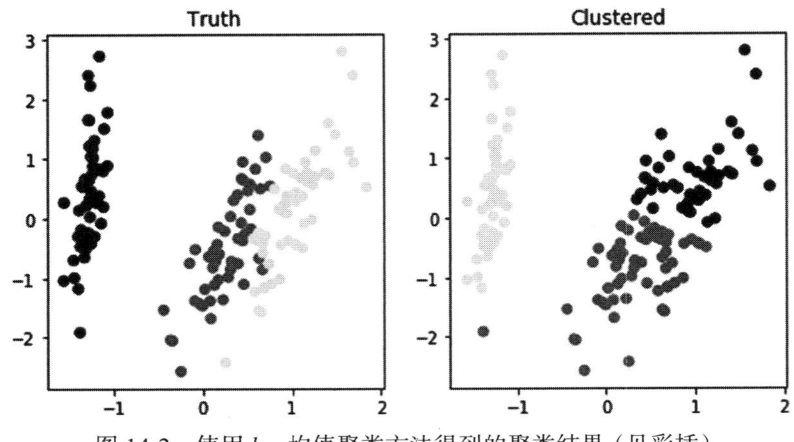

图 14-2 使用 k – 均值聚类方法得到的聚类结果（见彩插）

尽管 `sklearn` 目前没有提供现成的技术，但 k – 均值聚类方法和其他聚类技术都可以采用与在第 13.2 节中讨论的相同方式进行核化。在下一节中，我们将使用簇（cluser，聚类）来查找和定义视觉词汇（visual words）的同义词，以跨越不同的局部词汇表构建一个全局词汇表。我们将把意思大致相同的不同局部单词组合成具有代表性的全局单词。

14.3 处理图像

有很多方法来处理图像，从而使得机器学习模型能够对图像进行分类。我们已经讨论过对非表格数据可以使用核。聪明的人士创造了许多方法来从原始图像像素中提取特征。更先进的机器学习技术（例如深度神经网络），可以从图像中构建非常复杂、但是却有用的特征。关于这些主题的讨论有大量的书籍；我们不能指望涵盖所有涉及的领域。取而代之的是，我们将重点关注一种技术，可以根据本章前面讨论的两个主题（词袋和聚类）非常好地构建该技术。通过协调使用这两种技术，我们将能够构建一个强大的特征提取器，将图像从像素网格转换为可用和有用的机器学习特征表。

14.3.1 视觉词袋

我们有一个要实施的总体战略。希望在处理图像时，采用某种方式模仿我们在文本分类中使用的词袋方法。这种情况下，因为没有文字，需要想出一些办法。幸运的是，有一种非常优雅的方法可以实现这一点。这里将先向读者介绍这个过程的故事时间视图，然后我们将深入了解细节。

想象我们正在参加一个聚会。聚会在一家艺术博物馆举行，参见聚会的人来自各行各业和世界各地。艺术博物馆很大：我们不可能把每一幅画都看完。但是，我们四处闲逛了一会儿，开始对自己喜欢什么和不喜欢什么产生了一些想法。过了一会儿，感觉有些累了，于是就去咖啡馆吃点点心。当饮用提神饮料时，会注意到有其他人也很累，围坐在我们的身边。我们想知道这些与会者是否有一些好的建议，应该去欣赏其他哪些绘画。

在获得推荐方面存在多个级别的困难。所有与会者对艺术都有自己的偏好；有许多不同的、简单而复杂的方式来描述这些偏好；许多与会者讲不同的语言。现在，我们可以继续四处转转，从那些说自己语言的人那里得到一些建议，这些与会者似乎以一种对我们有意义的方式描述了他们的偏好。但是，想象一下我们可能错过的所有其他信息！如果有一种方法，可以将所有这些个体词汇（individual vocabularies）翻译成所有与会者都可以用来描述绘画的小组词汇（group vocabulary），那么我们就可以让每个人都看到他们可能喜欢的绘画。

解决这个问题的方法是将所有个体词汇组合起来，并将它们分组为同义词（synonyms）。然后，一个人用来描述一幅画的每一个术语都可以翻译成全局同义词。例如，所有与红色相似的术语（猩红色（scarlet）、红宝石色（ruby）、栗色（maroon））都可以翻译成单个术语“红色（red）”。一旦进行了这样的处理，就避免了几十个不兼容的词汇表，而是有了一组词汇表，可以使用普通的方式来描述绘画。我们将使用这组词汇作为词袋的基础。然后，可以遵循一个类似于文本分类的过程来构建机器学习模型。

14.3.2　图像数据

我们需要一些数据来处理。这里将使用 Caltech101 数据集。如果读者想在自己的计算机上实验，请从 www.vision.caltech.edu/Image_Datasets/Caltech101/101_ObjectCategories.tar.gz 下载并解压数据。

数据集中共有 101 个类别。这些类别表示世界上的各种对象，例如猫和飞机。读者将看到以下 102 个类别，因为存在两组图案，一组比较困难，一组比较容易。

In [24]:

```
# 探索数据
objcat_path = "./data/101_ObjectCategories"
cat_paths = glob.glob(osp.join(objcat_path, "*"))
all_categories = [d.split('/')[-1] for d in cat_paths]

print("number of categories:", len(all_categories))
print("first 10 categories:\n",
      textwrap.fill(str(all_categories[:10])))
```

```
number of categories: 102
first 10 categories:
 ['accordion', 'airplanes', 'anchor', 'ant', 'BACKGROUND_Google',
'barrel', 'bass', 'beaver', 'binocular', 'bonsai']
```

数据本身实际上就是图像文件。下面是一架手风琴图像数据以及图像的绘制（如图 14-3 所示）。

In [25]:

```
from skimage.io import imread

test_path = osp.join(objcat_path, 'accordion', 'image_0001.jpg')
test_img = imread(test_path)

fig, ax = plt.subplots(1,1,figsize=(2,2))
ax.imshow(test_img)
ax.axis('off');
```

这可能是一个合理的猜测，如果没有一些预处理特征提取，我们几乎不可能对这些图像进行正确分类。

图 14-3 手风琴图像（见彩插）

14.3.3 端到端系统

对于机器学习问题，我们有一系列图像和它们各自的类别。制作端到端机器学习系统的策略如图 14-4 和图 14-5 所示。以下是实现的主要步骤。

（1）使用各自的局部视觉词汇描述每幅图像。

（2）将这些局部词汇分成各自的同义词。同义词将构成全局视觉词汇。

（3）将每个局部视觉词汇翻译成全局视觉词汇。

（4）将全局视觉词汇列表替换为全局词汇的计数。结果为 BoGVW（Bag of (Global Visual) Words，(全局视觉）词袋)，或者简称为 BoVW（Bag of Visual Words，视觉词袋)。

（5）学习全局视觉词袋与目标类别之间的关系。

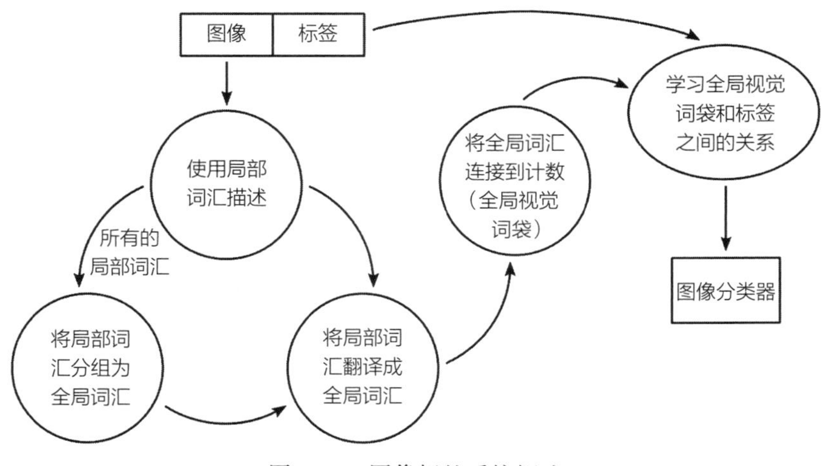

图 14-4 图像标签系统概述

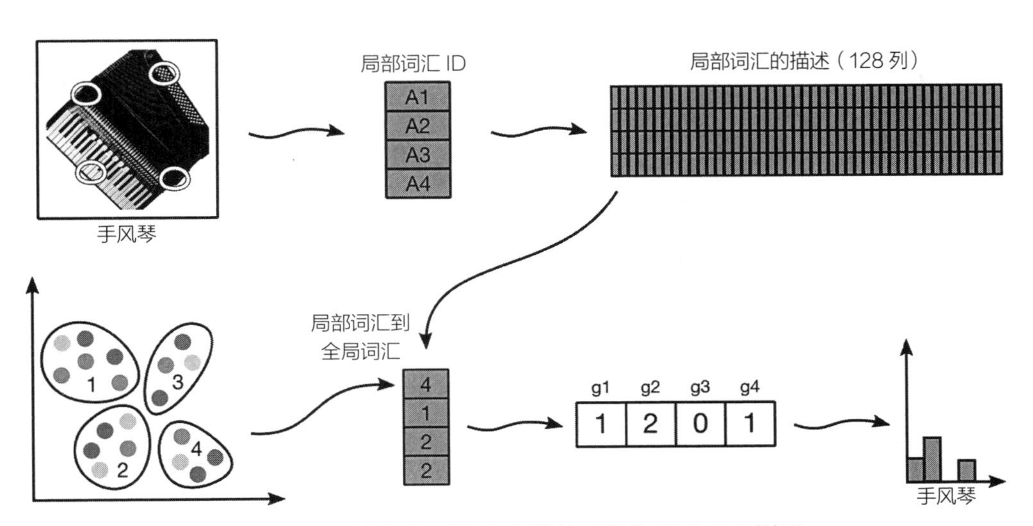

图 14-5　图像标签系统中步骤的可视化视图（见彩插）

当我们想要预测新的测试图像时，将执行以下步骤。

（1）将测试图像转换为其自身的局部词汇。

（2）将局部词汇翻译成全局词汇。

（3）为测试图像创建全局视觉词袋。

（4）使用全局视觉词袋进行预测。

一幅新测试图像的预测过程依赖于经过训练的机器学习系统中的两个组件：一个是在步骤（2）中构建的翻译器，另一个是在步骤（5）中构建的机器学习模型。

1. 局部视觉词汇的提取

关于如何将图像转换为其局部词汇形式，我们将不详细阐述其中的原理。我们将简单地使用 OpenCV（一个图像处理库）中的一个名为 `SIFT_create` 的例程，该例程可以提取图像中有趣的部分。这里，“有趣”指的是图像中形状的边和角的方向。每个图像都会转换为局部词汇表。每个图像的表都有相同的列数，但其行数各不相同。有些图像具有更显著的特征，需要使用更多的行来描述。从可视化角度上看，如图 14-6 所示。

我们将使用一些辅助函数来定位硬盘上的图像文件，并从每个图像中提取局部词汇。

In [26]:

```
def img_to_local_words(img):
    '完成从图像中创建局部视觉词汇的繁重工作'
    sift = cv2.xfeatures2d.SIFT_create()
    key_points, descriptors = sift.detectAndCompute(img, None)
    return descriptors

def id_to_path(img_id):
    '用于获取文件位置的辅助函数'
```

```
    cat, num = img_id
    return osp.join(objcat_path, cat, "image_{:04d}.jpg".format(num))
def add_local_words_for_img(local_ftrs, img_id):
    '就地更新局部特征'
    cat, _ = img_id
    img_path = id_to_path(img_id)
    img = imread(img_path)
    local_ftrs.setdefault(cat, []).append(img_to_local_words(img))
```

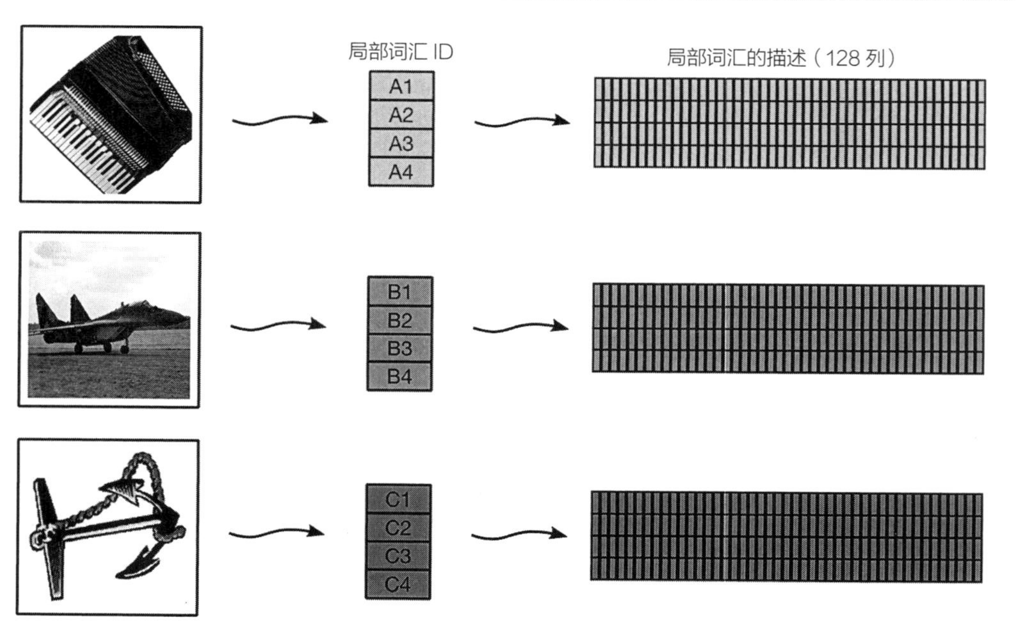

图 14-6　从图像中提取局部视觉词汇（见彩插）

由于处理图像可能需要很多时间，因此我们将仅限于讨论几个类别。我们还将限制所创建的全局词汇的数量。

In [27]:

```
# 设置若干常量
use_cats = ['accordion', 'airplanes', 'anchor']
use_imgs = range(1,11)

img_ids  = list(it.product(use_cats, use_imgs))
num_imgs = len(img_ids)

global_vocab_size = 20
```

局部视觉词汇到底是什么样子呢？因为它们是视觉词汇而不是书面文字，所以它们不是由字母组成的。相反，视觉词汇是由数字组成的，这些数字概括了图像中感兴趣的区域。具有更多感兴趣区域的图像其行数也会更多。

In [28]:

```
# 将每个图像转换为局部视觉词汇表
# （每幅图像对应一张表，每行对应一个单词）
local_words = {}
for img_id in img_ids:
    add_local_words_for_img(local_words, img_id)
print(local_words.keys())
```

```
dict_keys(['accordion', 'airplanes', 'anchor'])
```

在这三个类别中，我们分别处理了每个类别中的前 10 个图像（来自 use_imgs 变量），因此共处理了 30 个图像。以下是每个图像的局部视觉词汇。

In [29]:

```
# 本质上，itcfi是一种从项迭代器中获取每个单独项的方法；
# 这个名字很长，所以采用了缩写
itcfi = it.chain.from_iterable
img_local_word_cts = [lf.shape[0] for lf in itcfi(local_words.values())]
print("num of local words for images:")
print(textwrap.fill(str(img_local_word_cts), width=50))
```

```
num of local words for images:
[804, 796, 968, 606, 575, 728, 881, 504, 915, 395,
350, 207, 466, 562, 617, 288, 348, 671, 328, 243,
102, 271, 580, 314, 48, 629, 417, 62, 249, 535]
```

让我们尝试弄清楚总共有多少个局部词汇。

In [30]:

```
# 局部词汇表总共的列数
num_local_words = local_words[use_cats[0]][0].shape[1]

# 总共有多少个局部词汇?
all_local_words = list(itcfi(local_words.values()))
tot_num_local_words = sum(lw.shape[0] for lw in all_local_words)
print('total num local words:', tot_num_local_words)

# 构造联接的局部表以执行聚类
# 本章末尾介绍了np_array_fromiter
lwa_shape = (tot_num_local_words, num_local_words)
local_word_arr = np_array_fromiter(itcfi(all_local_words),
                                   lwa_shape)
print('local word tbl:', local_word_arr.shape)
```

```
total num local words: 14459
local word tbl: (14459, 128)
```

我们有大约 15000 个局部视觉词汇。每个局部词汇由 128 个数字组成。我们可以把视觉词汇想象成 15000 个单词，每个单词有 128 个字母。是的，奇怪的是所有的单词都有相同的长度。但这是我们类比的极限。实际情况会更加复杂。

2. 全局词汇和翻译

现在，我们需要找出哪些局部视觉词汇是彼此之间的同义词。我们通过将局部视觉词汇聚集在一起，形成全局视觉单词词汇表，如图 14-7 所示。我们的全局词汇表看起来非常简单：术语 0、术语 1、术语 2。这对我们来说毫无意义，但最终可以使用标准分类器中的常用描述。

In [31]:

```
# 将局部词汇聚类（并翻译）为全局词汇
translator = cluster.KMeans(n_clusters=global_vocab_size)
global_words = translator.fit_predict(local_word_arr)
print('translated words shape:', global_words.shape)
```

```
translated words shape: (14459,)
```

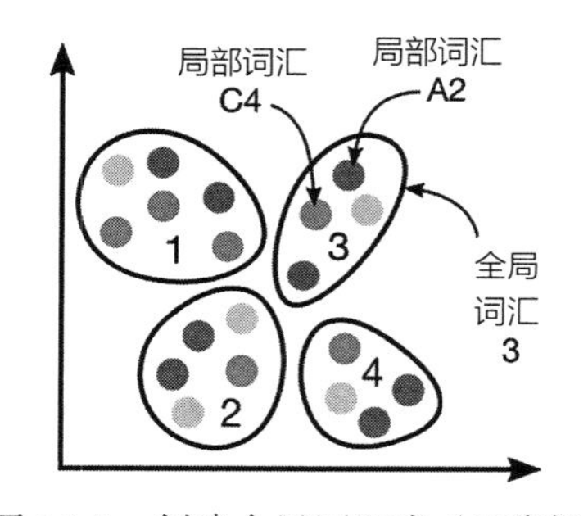

图 14-7 创建全局词汇表（见彩插）

3. 全局视觉词袋和机器学习

现在我们有了全局词汇表，就可以将每个图像描述为全局视觉词袋，如图 14-8 所示。我们只需将全局词汇表和图像标识符有效地变形为对应于相应图像类别的全局词汇计数表，即每个图像现在是一个单独的直方图，如图 14-9 所示。

In [32]:

```
# 局部词汇属于哪个图像
# 在本章末尾将描述 enumerate_outer
which_img = enumerate_outer(all_local_words)
print('which img len:', len(which_img))

# 全局词汇所表示的图像 -> 直方图所表示的图像
counts = co.Counter(zip(which_img, global_words))
imgs_as_bogvw = np.zeros((num_imgs, global_vocab_size))
for (img, global_word), count in counts.items():
    imgs_as_bogvw[img, global_word] = count
print('shape hist table:', imgs_as_bogvw.shape)
```

```
which img len: 14459
shape hist table: (30, 20)
```

工作完成之后，我们仍然需要一个目标：确定每个图像来自于哪个类别。从概念上讲，这为我们提供了每一类图像作为样例的直方图的目标（图 14-10）。

In [33]:

```
# 有点像黑客；local_ftrs.values()给出了如下值:
# [[img1, img2], [img3, img4, img5], etc.]
```

```
# 请回答：图像属于哪个类别？
img_tgts = enumerate_outer(local_words.values())
print('img tgt values:', img_tgts[:10])
```

```
img tgt values: [0 0 0 0 0 0 0 0 0 0]
```

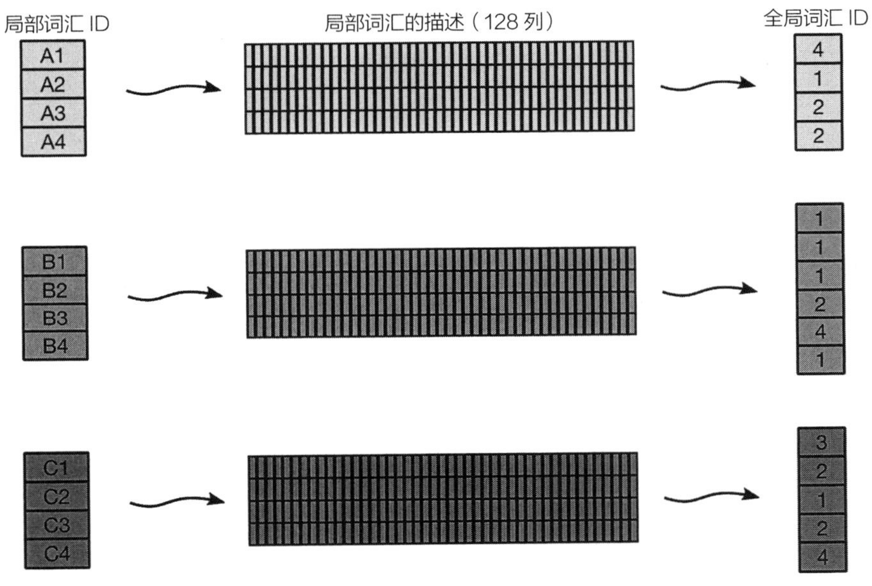

图 14-8　将局部词汇翻译成全局词汇（见彩插）

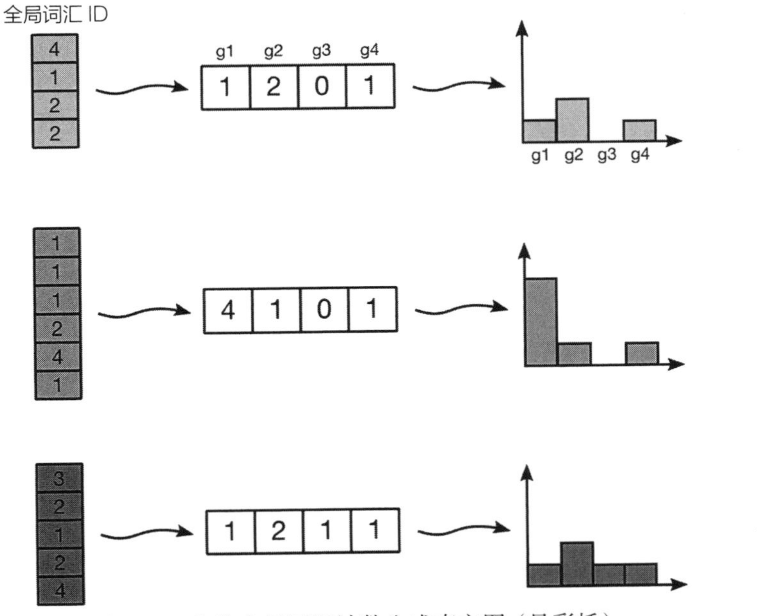

图 14-9　收集全局词汇计数生成直方图（见彩插）

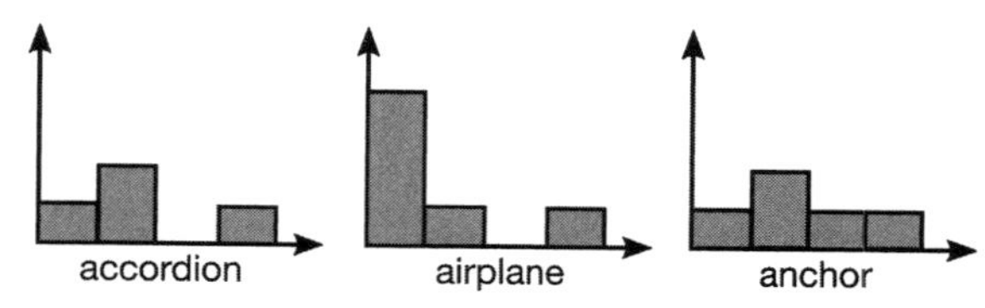

图 14-10 将直方图与类别相关联（见彩插）

以上所有完成后，我们就可以拟合机器学习模型。

In [34]:

```
# 构建机器学习模型
std_svc = pipeline.make_pipeline(skpre.StandardScaler(), svm.SVC())
svc = std_svc.fit(imgs_as_bogvw, img_tgts)
```

4. 预测

现在可以重新创建概述中提到的预测步骤。我们将预测步骤分为以下两个子任务。

（1）将磁盘上的图像转换为全局视觉词袋表示中类似行的样例。

（2）对该样例执行实际预测调用。

In [35]:

```
def image_to_example(img_id, translator):
    ' 从id生成一个全局词汇样例 '
    img_local  = img_to_local_words(imread(id_to_path(img_id)))
    img_global = translator.predict(img_local)
    img_bogvw  = np.bincount(img_global,
                             minlength=translator.n_clusters)
    return img_bogvw.reshape(1,-1).astype(np.float64)
```

我们将查看每个类别中的第 12 张图片（该图片没有用于训练）的预测结果。

In [36]:

```
for cat in use_cats:
    test = image_to_example((cat, 12), translator)
    print(svc.predict(test))
```

```
[0]
[1]
[2]
```

稍后，我们将进一步讨论预测的成功率。

14.3.4 全局视觉词袋转换器的完整代码

现在，如果读者在我们穿过那片黑暗的森林时失去了方向，那么是情有可原的。以下是全局视觉词袋转换器的实现代码，与上一节中的代码相同，只是代码的形式更加合理。由于使用了若干辅助函数（其中一个函数为 add_local_words_for_img，用于特定于图像的领域；

其他函数为 enumerate_outer 和 np_array_fromiter，是 Python/NumPy 问题的通用解决方案），因此构建机器学习模型只需 30 多行代码。我们可以将代码封装在转换器中，并将其用于管道。

In [37]:

```
class BoVW_XForm:
    def __init__(self):
        pass

    def _to_local_words(self, img_ids):
        # 将每个图像转换为局部视觉词汇表（每一行一个单词）
        local_words = {}
        for img_id in img_ids:
            add_local_words_for_img(local_words, img_id)

        itcfi = it.chain.from_iterable
        all_local_words = list(itcfi(local_words.values()))
        return all_local_words

    def fit(self, img_ids, tgt=None):
        all_local_words = self._to_local_words(img_ids)
        tot_num_local_words = sum(lw.shape[0] for lw in all_local_words)
        local_word_arr = np_array_fromiter(itcfi(all_local_words),
                                           (tot_num_local_words,
                                            num_local_words))

        self.translator = cluster.KMeans(n_clusters=global_vocab_size)
        self.translator.fit(local_word_arr)
        return self

    def transform(self, img_ids, tgt=None):
        all_local_words = self._to_local_words(img_ids)
        tot_num_local_words = sum(lw.shape[0] for lw in all_local_words)
        local_word_arr = np_array_fromiter(itcfi(all_local_words),
                                           (tot_num_local_words,
                                            num_local_words))
        global_words = self.translator.predict(local_word_arr)

        # 将全局词汇表示的图像转换为直方图表示的图像
        which_img = enumerate_outer(all_local_words)
        counts = co.Counter(zip(which_img, global_words))
        imgs_as_bogvw = np.zeros((len(img_ids), global_vocab_size))
        for (img, global_word), count in counts.items():
            imgs_as_bogvw[img, global_word] = count
        return imgs_as_bogvw
```

让我们在转换器中使用一些不同的类别，并增加训练数据量。

In [38]:

```
use_cats = ['watch', 'umbrella', 'sunflower', 'kangaroo']
use_imgs = range(1,40)

img_ids  = list(it.product(use_cats, use_imgs))
num_imgs = len(img_ids)

# 调整代码
cat_id = {c:i for i,c in enumerate(use_cats)}
img_tgts = [cat_id[ii[0]] for ii in img_ids]
```

现在，我们可以根据训练数据构建模型。

In [39]:

```
(train_img, test_img,
 train_tgt, test_tgt) = skms.train_test_split(img_ids, img_tgts)
bovw_pipe = pipeline.make_pipeline(BoVW_XForm(),
                                   skpre.StandardScaler(),
                                   svm.SVC())
bovw_pipe.fit(train_img, train_tgt);
```

我们将免费获得混淆矩阵，结果如图 14-11 所示。

In [40]:

```
img_preds = bovw_pipe.predict(test_img)
cm = metrics.confusion_matrix(test_tgt, img_preds)
ax = sns.heatmap(cm, annot=True,
                 xticklabels=use_cats,
                 yticklabels=use_cats,
                 fmt='3d')
ax.set_xlabel('Predicted')
ax.set_ylabel('Actual');
```

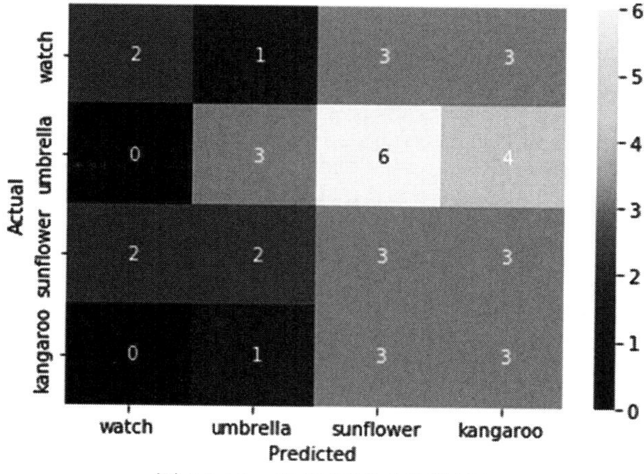

图 14-11 混淆矩阵（见彩插）

这些结果并不令人满意，但我们也没有对系统进行任何调整。读者将有机会在练习题中对系统进行优化。这里给读者的结论是，使用大约 30 行代码的转换器，我们就可以很好地学习图像的类别。

14.4　本章参考阅读资料

14.4.1　本章小结

本章做了一个比平常更实际的转变：现在我们有了一些工具来处理文本和图形。在此过程中，我们探索了一些将文本转化为可学习特征的方法。然后，我们讨论了如何使用图像的特征与单词进行类比，从图形中创建可学习的特征。再结合一种称为聚类（clustering）的新技术，我们可以将相似的视觉词汇聚集到一个共同的视觉词汇表中，从而对图像进行分类。

14.4.2　章节注释

如果读者想查看 `sklearn` 使用的确切停止词，请查看 `sklearn` 源代码（例如，在 github 上），并找到以下文件 sklearn/feature_extraction/stop_words.py。

如果对所有特征进行聚类，我们将为每个样例获得一个组（一个聚类标签），也就是一个分类值。可以考虑在不同的特征子集上执行聚类。然后，可能会得到几个新的准列（quasi-columns），其中包含关于不同子集的簇。从概念上讲，使用这些列中的某些列以及不同的数据视图可能会让我们在学习问题上获得更好的预测能力。

辅助函数

在我们的视觉词袋系统中，使用了两个快速实用程序。第一个类似于 Python 内置的 `enumerate` 函数，使用数字索引扩充 Python 可迭代对象的元素。我们的 `enumerate_outer` 接受由序列（具有长度的对象集合）构成的可迭代对象，并添加数字标签，指示内部元素在外部序列中的位置。第二个辅助函数把类似于样例（它们具有相同数量的特征）的可迭代对象，转换为这些行的一个 `np.array`。`numpy` 有一个内置的 `np.fromiter` 函数，但该函数只在输出为单个概念列时起作用。

In [41]:

```
def enumerate_outer(outer_seq):
    ''' 根据内部的长度（len）重复外部索引idx '''
    return np.repeat(*zip(*enumerate(map(len, outer_seq))))

def np_array_fromiter(itr, shape, dtype=np.float64):
    '''辅助函数，因为np.fromiter仅适用于一维数据 '''
    arr = np.empty(shape, dtype=dtype)
    for idx, itm in enumerate(itr):
```

```
        arr[idx] = itm
    return arr
```

以下是使用这些辅助函数的一些快速示例。

In [42]:

```
enumerate_outer([[0, 1], [10, 20, 30], [100, 200]])
```

Out[42]:

```
array([0, 0, 1, 1, 1, 2, 2])
```

In [43]:

```
np_array_fromiter(enumerate(range(0,50,10)), (5,2))
```

Out[43]:

```
array([[ 0.,  0.],
       [ 1., 10.],
       [ 2., 20.],
       [ 3., 30.],
       [ 4., 40.]])
```

14.4.3 练习题

1. 从概念上讲，我们可以在获得文档词汇数量后立即使用 skpre.Normalizer 进行规范化，也可以在计算 TF-IDF 值后进行规范化。请问两种方法是否都起作用？尝试这两种方法并查看结果。进行一些研究，找出 TfidfVectorizer 使用的方法。提示：请查阅源代码。

2. 在新闻组示例中，我们使用了 TfidfVectorizer。在内部，矢量化器（vectorizer）相当智能：它使用稀疏格式来节省内存。由于我们构建了一条管道，每次重新建模时，文档都必须流经矢量化器。这似乎非常耗时。比较使用包含 TfidfVectorizer 的管道执行 10- 折交叉验证所需的时间，以及使用输入数据执行单个 TfidfVectorizer 步骤所需的时间，然后与对转换后的数据执行 10 – 折交叉验证所需的时间进行比较。对 TfidfVectorizer 步骤进行“分解”是否存在任何危险？

3. 为所有成对新闻组分类问题建立模型。请问哪两组最难区分？换一种表达方法，哪两组在一对一配对时其分类指标最低（最差）？

4. 我们在对鸢尾花数据集（iris）进行聚类前，首先利用主成分分析对鸢尾花数据集进行预处理。事实证明，我们也可以使用带有 n_components 参数的 discriminant_analysis.LinearDiscriminantAnalysis（线性判别分析）对其进行预处理。从某种角度来看，这为我们提供了一个类别感知的主成分分析版本：不是最小化整个数据集上的差异，而是最小化类别之间的差异。请读者加以尝试！请使用 discriminant_analysis.LinearDiscriminantAnalysis 为鸢尾花数据集创建两个良好的特征，然后对结果进行聚类，并与主成分分析聚类进行比较。

5. 在我们的图像分类系统中，使用了一个固定的全局词汇大小。不同的全局词汇量对机器学习性能和资源使用有什么影响？

6. 我们使用了一个混淆矩阵评估了图像分类系统。扩展该评估以包括 ROC 曲线和 PRC 曲线。

7. 在图像系统中，使用更多类别是否有助于提高整体性能？个别类别的表现如何？例如，如果我们训练 10 个或者 20 个类别，请问在袋鼠类别的分类性能会提高吗？

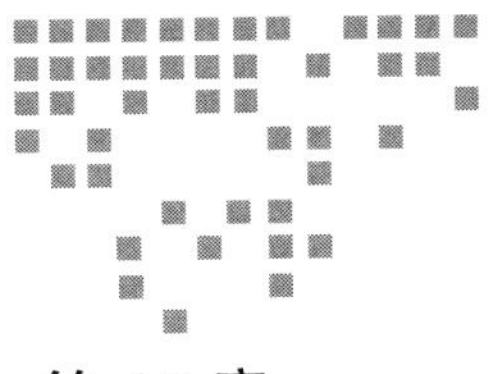

Chapter 15 第 15 章

连接、扩展和未来的研究方向

In [1]:

```
from mlwpy import *
```

15.1 优化

当我们试图找到一条最佳的直线、曲线或者树来匹配数据（这也是训练的主要目标）时，希望有一个自动化的方法来为我们完成这项工作。我们不是要热狗供应商提供快速的库存提示：我们需要一个算法。其中一个主要的原则是评估代价并寻找降低代价的方法。请记住，代价是损失（模型预测与训练数据的匹配程度）以及模型复杂度的组合。当最小化代价时，我们试图在保持模型低复杂度的同时实现较小的损失。我们不一定总是达到最理想的状态，但那是我们的最终目标。

当训练一个学习模型时，最容易考虑的参数之一是权重（来自线性回归或者逻辑回归），将权重与特征值相结合以获得预测。因为需要调整权重，所以可以看看调整权重的效果，看看代价会发生什么变化。如果有一个关于代价的定义（一个代价函数，也许可以绘制成一个图），就可以把调整过程转变成一个问题。从我们所处的位置（也就是说，从当前的权重和使用这些权重所获得的代价来看），可以对权重进行哪些小的调整？有没有一个可以降低代价的方向？直观地思考这个问题的一种方法是询问代价函数的下降方向。让我们看一个例子，结果如图 15-1 所示。

In [2]:

```
xs = np.linspace(-5,5)
ys = xs**2

fig, ax = plt.subplots(figsize=(4,3))
ax.plot(xs, ys)

# 更好的Python代码:
# pt = co.namedtuple('Point', ['x', 'y'])(3,3**2)
pt_x, pt_y = 3, 3**2
ax.plot(pt_x, pt_y, 'ro')

line_xs = pt_x + np.array([-2, 2])
# line ys = mid_point + (x amount) * slope_of_line
# 向右移一步,“直线的斜率”在该直线上增加一步
line_ys = 3**2 + (line_xs - pt_x) * (2 * pt_x)
ax.plot(line_xs, line_ys, 'r-')
ax.set_xlabel('weight')
ax.set_ylabel('cost');
```

在这个简单的例子中，如果把一个假想的球放在红点上，球会向左向下滚动。红线表示蓝色图形在该点的斜率（坡度）有多大。可以想象，如果试图找到一个低点，我们可以沿着斜坡走下去。我们也可能会发现，如果坡度更陡，更有信心相信方向是合理的，也就是说，如果坡度更陡，我们可以更快地下山。如果这样做的话，这里需要讨论一个可能发生的事情。

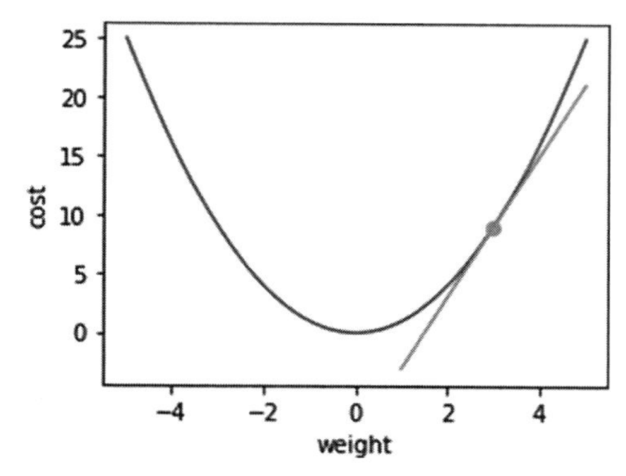

图 15-1 权重和代价之间的关系图（见彩插）

从图 15-1 中所看到的起点（权重 =3）开始，可以向左移动，从山上走下来一步。我们将采取在当前点调整斜率的步骤。然后重复这个过程。我们将尝试十次，看看会发生什么情况，结果如图 15-2 所示。请注意，我们可以随机选择起点（如果所选的起点是最小值，那么将非常幸运）。

In [3]:

```
weights = np.linspace(-5,5)
costs   = weights**2

fig, ax = plt.subplots(figsize=(4,3))
ax.plot(weights, costs, 'b')

# 当前最小值的最佳猜测
weight_min = 3
```

```
# 我们可以从起点沿着下坡路走，找出初始的权重值，
# 蓝色图形（大约）是最小的权重
for i in range(10):
    # 对于一个权重，我们可以计算出其代价
    cost_at_min = weight_min**2
    ax.plot(weight_min, cost_at_min, 'ro')

    # 此外，我们还可以算出斜率（陡度）
    # （通过一个称为"导数"的方法）
    slope_at_min = 2*weight_min

    # 走下坡路的最佳猜测
    step_size = .25
    weight_min = weight_min - step_size * slope_at_min

ax.set_xlabel('weight value')
ax.set_ylabel('cost')
print("Approximate location of blue graph minimum:", weight_min)
```

```
Approximate location of blue graph minimum: 0.0029296875
```

我们逐渐接近权重 weight=0，这是由 $weight^2$ 所定义的蓝色曲线的实际最小值。在本例中，我们从未真正超越过低点，因为我们采取了相对较小的步骤（基于 `weight_min` 赋值语句中的 `step_size = 0.25`）。可以想象，如果采取稍微大一点的措施，就可能会错过最低点。这也没关系，因为随后我们会认识到下坡方向现在是向右的，可以沿着这条路往下走。有很多实现细节，但最终可以位于低点。实际上，可能只得到一个非常接近于 0.000 000 000 1 的值，但这可能已经足够好了。

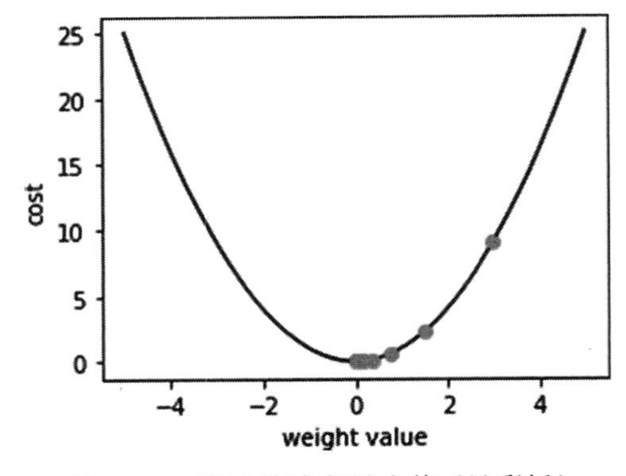

图 15-2 尝试并确定最小值（见彩插）

我们可以应用许多不同的策略来找到最小值。不必手动走下坡路，甚至不必手动编写代码。实现这一点的一系列技术称为数学优化（mathematical optimization）。我们将使用 `scipy` 中内置的一个名为 `fmin` 的优化器。因为这是一个非常无聊的名称，我们将它重新命名为 `magical_minimum_finder`。

In [4]:

```
from scipy.optimize import fmin as magical_minimum_finder
def f(x):
    return x**2

magical_minimum_finder(f, [3], disp=False)
```

Out[4]:

```
array([-0.])
```

将权重为 3 的点作为开始点，`Magic_minimum_finder` 能够找到 `f` 的输入值，从而得到最低的输出值。如果将权重作为输入，将代价作为输出，那么这个结果与我们想要的结果类似。现在有一个工具可以用来寻找最低代价。

15.2 基于原始数据的线性回归

15.2.1 线性回归的方法和分析

现在我们有一个最小化函数的工具，是否能够使用这个工具建立一个线性回归系统？让我们回到 40000 英尺外的学习视野。当试图学习一些东西时，我们试图将模型的参数与一些训练数据相匹配。在线性回归中，我们的参数是权重（m、b 或者 w_i），使用这些参数以使特征与目标相匹配。这也是对我们最重要词汇的快速复习。

让我们从创建一些简单的合成数据开始。为了简化一些事情（也可能使其他事情复杂化），我们将使用“加 1 技巧”。通过向数据中添加一列值均为 1 的方式来实现这一点，而不是将“加 1”放在模型中。结果如表 15-1 所示。

In [5]:

```
linreg_ftrs_p1 = np.c_[np.arange(10), np.ones(10)] # 数据中的“加1技巧”

true_wgts  = m,b = w_1, w_0 = 3,2
linreg_tgt = rdot(true_wgts, linreg_ftrs_p1)

linreg_table = pd.DataFrame(linreg_ftrs_p1,
                            columns=['ftr_1', 'ones'])
linreg_table['tgt'] = linreg_tgt
linreg_table[:3]
```

Out[5]:

表 15-1 向数据中添加一列值均为 1

	ftr_1	ones	tgt
0	0.0000	1.0000	2.0000
1	1.0000	1.0000	5.0000
2	2.0000	1.0000	8.0000

我们创建了一个超级简单的数据集，该数据集只有一个有趣的特征。尽管如此，这已经够复杂了，我们无法免费获得用于拟合模型的正确权重的答案。可以通过事先查看用于创

建数据的代码来实现，但我们不打算这样做。取而代之的是，为了找到好的权重，我们将借助于 magical_minimum_finder 完成繁重的任务。为了使用 magical_minimum_finder，必须定义预测与目标的真实状态之间的损失（loss）。我们将分几个步骤来完成。必须明确定义我们的机器学习模式和损失函数。还将定义一个超简单的惩罚函数（none，无惩罚），这样就可以制定一个完整的代价函数。

In [6]:

```
def linreg_model(weights, ftrs):
    return rdot(weights, ftrs)

def linreg_loss(predicted, actual):
    errors = predicted - actual
    return np.dot(errors, errors) # sum-of-squares

def no_penalty(weights):
    return 0.0
```

现在，读者可能已经注意到，当使用 magical_minimum_finder 时，必须传递一个 Python 函数，该函数接受一个参数（唯一的参数），并且完成了所有出色的最小化工作。从这个单一的论点出发，我们必须以某种方式保证该函数实现机器学习方法中所有精彩的拟合、损失、代价、权重和训练部分，而这些都是机器学习方法中重要的组成部分。这似乎非常困难。为了实现这一点，我们将使用 Python 技巧：编写一个函数，生成另一个函数作为其结果。我们在第 11.2 节中创建了一个加法函数，将特定值添加到输入值中。在这里，我们将使用相同的技术将模型、损失、惩罚和数据组件封装为模型参数的单个函数。这些参数是我们想要找到的权重。

In [7]:

```
def make_cost(ftrs, tgt,
              model_func, loss_func,
              c_tradeoff, complexity_penalty):
    ' 从数据、模型、损失、惩罚构建优化问题 '
    def cost(weights):
        return (loss_func(model_func(weights, ftrs), tgt) +
                c_tradeoff * complexity_penalty(weights))
    return cost
```

以上内容的确有点难以理解。读者可以采用以下两种方式来理解：（1）尝试使用 make_cost 加上一些输入将在合成数据上建立一个线性回归问题；（2）再花足够的时间阅读以上代码。如果读者想要快速的选择方案，那么肯定会选择第 1 种方式。这里再提出一个备选方案（3），读者可以简单地说，“关于这一点我毫无思路。可否将方法的过程和有效性演示给我看看”。好吧，接下来我们将尝试使用 make_cost 来构建代价函数，然后使用 magical_minimum_finder 将其最小化。请读者仔细观察。

In [8]:

```
# 建立线性回归优化问题
linreg_cost = make_cost(linreg_ftrs_p1, linreg_tgt,
                        linreg_model, linreg_loss,
                        0.0, no_penalty)
learned_wgts = magical_minimum_finder(linreg_cost, [5,5], disp=False)

print("   true weights:", true_wgts)
print("learned weights:", learned_wgts)
```

```
   true weights: (3, 2)
learned weights: [3. 2.]
```

构建这个代价函数，并神奇地找到代价最低的权重，与最初使用的真正权重正好一致。希望读者记住这一点。现在，我们没有使用惩罚。如果回顾第 9 章，我们从基于预测目标的代价，转移到基于这些预测的损失再加上对复杂模型的惩罚。这样做的目的是防止过拟合。我们可以通过定义比 no_penalty 更有趣的东西，将复杂度惩罚添加到 make_cost 过程中。在第 9.1 节中讨论的两个主要惩罚机制是基于绝对值和权重的平方。我们分别称之为 L_1 - 正则化线性回归和 L_2 - 正则化线性回归，并使用它们实现了套索回归方法和岭回归方法。我们可以建立代价函数，有效地提供套索回归和岭回归。以下是我们需要的惩罚机制。

In [9]:

```
def L1_penalty(weights):
    return np.abs(weights).sum()

def L2_penalty(weights):
    return np.dot(weights, weights)
```

我们可以使用这些惩罚机制来构建不同的代价函数。

In [10]:

```
# 具有L1正则化的线性回归（套索回归）
linreg_L1_pen_cost = make_cost(linreg_ftrs_p1, linreg_tgt,
                               linreg_model, linreg_loss,
                               1.0, L1_penalty)
learned_wgts = magical_minimum_finder(linreg_L1_pen_cost, [5,5], disp=False)

print("   true weights:", true_wgts)
print("learned weights:", learned_wgts)
```

```
   true weights: (3, 2)
learned weights: [3.0212 1.8545]
```

读者可能注意到这次我们没有得到准确的权重。我们的训练数据中没有噪声。结果，对权重的惩罚实际上导致了误差。

我们可以按照相同的模板进行岭回归。

In [11]:

```
# 具有L2正则化的线性回归（岭回归）
linreg_L2_pen_cost = make_cost(linreg_ftrs_p1, linreg_tgt,
                               linreg_model, linreg_loss,
                               1.0, L2_penalty)
learned_wgts = magical_minimum_finder(linreg_L2_pen_cost, [5,5], disp=False)

print("   true weights:", true_wgts)
print("learned weights:", learned_wgts)
```

```
   true weights: (3, 2)
learned weights: [3.0508 1.6102]
```

同样，我们有完美的数据，所以惩罚对我们没有任何帮助。

15.2.2 线性回归的可视化视图

我们可以将刚刚执行的计算表示为通过流程图的数据流。图 15-3 以可视化形式显示了流程图的所有组成部分。

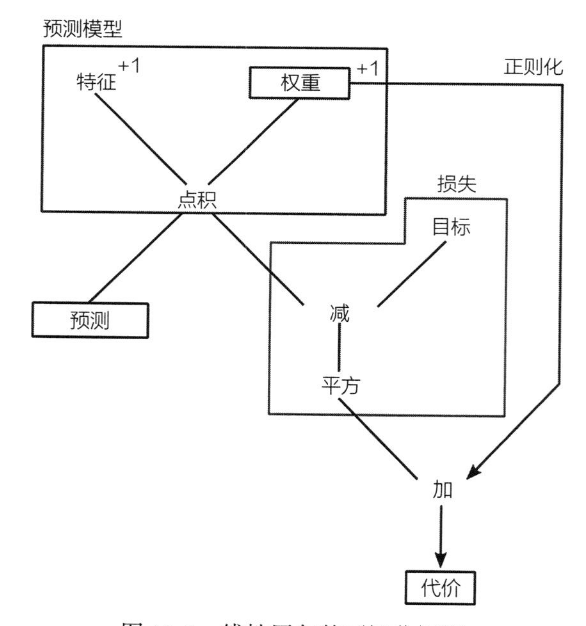

图 15-3 线性回归的可视化视图

15.3 基于原始数据构建逻辑回归

我们可以使用一些 Python 编码技巧和 magical_minimum_finder 构建一个简单的线性回归模型。我们将通过展示如何使用相同的步骤来进行分类（逻辑回归）：定义模型和代价函数。然后我们将代价最小化。

同样，我们将从生成一些合成数据开始，结果如表 15-2 所示。生成过程更为复杂。读者可能还记得逻辑回归的线性回归部分产生了对数几率。为了得到一个实际的类别，我们必须将对数几率转换为概率。如果我们只是对目标类别感兴趣，可以使用这些概率来选择类别。然而，当选择一个随机值并将其与概率进行比较时，并不能得到一个保证的结果。我们会得到结果的概率。这是一个随机过程，过程本质上就包含噪声。因此，与上面使用的无噪回归数据不同，我们可能会发现正则化带来的好处。

In [12]:

```
logreg_ftr = np.random.uniform(5,15, size=(100,))

true_wgts  = m,b = -2, 20
line_of_logodds = m*logreg_ftr + b
prob_at_x = np.exp(line_of_logodds) / (1 + np.exp(line_of_logodds))

logreg_tgt = np.random.binomial(1, prob_at_x, len(logreg_ftr))

logreg_ftrs_p1 = np.c_[logreg_ftr,
                      np.ones_like(logreg_ftr)]

logreg_table = pd.DataFrame(logreg_ftrs_p1,
                            columns=['ftr_1','ones'])
logreg_table['tgt'] = logreg_tgt
display(logreg_table.head())
```

表 15-2　生成合成数据（利用概率选择类别）

	ftr_1	ones	tgt
0	8.7454	1.0000	1
1	14.5071	1.0000	0
2	12.3199	1.0000	0
3	10.9866	1.0000	0
4	6.5602	1.0000	1

从图形上看，类别及其概率如图 15-4 所示。

In [13]:

```
fig, ax = plt.subplots(figsize=(6,4))
ax.plot(logreg_ftr, prob_at_x, 'r.')
ax.scatter(logreg_ftr, logreg_tgt, c=logreg_tgt);
```

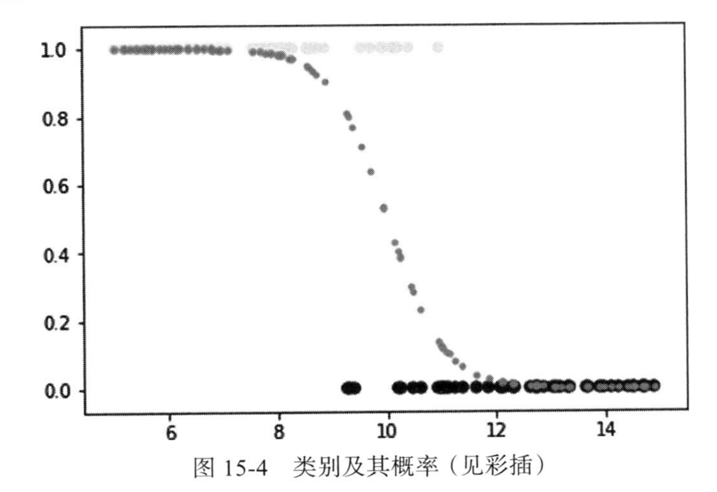

图 15-4　类别及其概率（见彩插）

因此，这里有两个类别：0 和 1。它们分别使用黄色和紫色的点表示。黄色的点落在水平线 $y=1$ 上，紫色的点落在水平线 $y=0$ 上。开始时是纯类别 1。随着输入特征变得越来越大，出现类别 1 的概率降低。我们开始观察类别 1 和类别 0 的混合。最终，类别全部为类别 0。结果的混合由曲线路径上的红点给出的概率控制，该概率从 1 下降到 0。在图 15-4 的最左边，我们投掷一枚硬币的结果几乎有 100% 的概率得到 1，读者可能还会注意到有很多结果为 1。在图 15-4 的右边，红色的点都接近于零，得到类别 1 的概率几乎为 0。在图 15-4 的中间部分，有一个类别 1 或者类别 0 的的适度概率。在 9 和 11 之间，得到一些类别 1 和类别 0。

创建这样的合成数据可能会让我们更好地了解逻辑回归的对数几率、概率和类别的来源。更实际地，这样的合成数据很难进行分类，因此富有挑战性。接下来让我们看看如何使用 magical_minimum_finder 对这样的合成数据进行分类。

15.3.1 采用 0-1 编码的逻辑回归

创造最小化问题是一件比较容易的事情。我们的模型（预测对数几率）实际上与线性回归模型相同。不同之处在于如何评估损失。我们所使用的损失有许多不同的名称：逻辑损失、对数损失和交叉熵损失。无须多说，损失衡量了我们在训练数据中看到的概率和预测值之间的一致性。以下是一个预测的损失值：

$$\text{log\_ loss} = -p_{\text{actual}} \log(p_{\text{pred}}) - (1 - p_{\text{actual}}) \log(1 - p_{\text{pred}})$$

p_{actual} 是已知的，因为我们知道目标类别。p_{pred} 是未知的，其取值范围在 0 到 1 之间。如果将该损失与目标值 0 和 1 放在一起，并进行一些代数变换，结果会得到另一个表达式，这里已经将其转换为代码 logreg_loss_01。

In [14]:

```
# 用于逻辑回归
def logreg_model(weights, ftrs):
    return rdot(weights, ftrs)

def logreg_loss_01(predicted, actual):
    # sum(-actual log(predicted) - (1-actual) log(1-predicted))
    # 对于所有0/1目标，计算并返回结果
    return np.sum(- predicted * actual + np.log(1+np.exp(predicted)))
```

所以，我们有模型和损失函数。以下代码用于测试结果。

In [15]:

```
logreg_cost = make_cost(logreg_ftrs_p1, logreg_tgt,
                        logreg_model, logreg_loss_01,
                        0.0, no_penalty)
learned_wgts = magical_minimum_finder(logreg_cost, [5,5], disp=False)
```

```
print("   true weights:", true_wgts)
print("learned weights:", learned_wgts)
```

```
   true weights: (-2, 20)
learned weights: [-1.9774 19.8659]
```

结果还不错。虽然不如经典线性回归的结果精确，但是非常接近。读者可以思考一下其中的原因。第一个提示：请考虑分类样例中是否有噪声。换而言之，是否有一些输入值在其输出类中可能出现任何一种其他的情况？第二个提示：请考虑 sigmoid 的中间部分。

现在，让我们看一看正则化是否能够提供帮助。

In [16]:

```
# 带惩罚的逻辑回归
logreg_pen_cost = make_cost(logreg_ftrs_p1, logreg_tgt,
                            logreg_model, logreg_loss_01,
                            0.5, L1_penalty)
learned_wgts = magical_minimum_finder(logreg_pen_cost, [5,5], disp=False)
print("   true weights:", true_wgts)
print("learned weights:", learned_wgts)
```

```
   true weights: (-2, 20)
learned weights: [-1.2809 12.7875]
```

真实权重和学习系统给出的权重结果不同，并且偏向了错误的方向。然而，我们只是在预测准确率和复杂度 C 之间进行了权衡。因此，我们不应该对此进行过多的解读：这只是一个非常简单的数据集，没有太多的数据点，我们只是尝试了关于复杂度 C 的其中一个值。请读者思考是否可以找到一个更好的 C 值。

15.3.2　加 1 减 1 编码的逻辑回归

在结束逻辑回归话题之前，我们再阐述最后一个观点。从概念上讲，关于类别猫和狗、驴和大象、0 和 1、或者加 1 和减 1 之间不应该有任何区别。我们只是碰巧使用了上面的 0/1，因为它与我们用来投掷硬币的 binomial 二项式数据生成器配合得很好。事实上，这背后也有很好的数学原因。我们暂时忽略这些内容。

因为数学对于其他一些学习模型而言可以更方便地使用 −1/+1，让我们快速梳理一下具有 ±1 值的逻辑回归。唯一的区别是需要一个稍微不同的损失函数。但是，在开始知识梳理之前，我们先创建一个辅助函数，用于处理把 0 和 1 数据转换为 ±1 数据的问题。

In [17]:

```
def binary_to_pm1(b):
    '把 {0,1} 或者 {False,True} 映射到 {-1, +1}'
    return (b*2)-1
binary_to_pm1(0), binary_to_pm1(1)
```

Out[17]:

```
(-1, 1)
```

此处，我们将更新损失函数以处理 ±1 数据。从数学上讲，我们从和上面相同的对数损失表达式开始，通过一些稍微不同的代数运算处理 ±1 值，得到 logreg_loss_pm1。这两个 logreg_loss 逻辑回归损失函数只是同一数学思想中略有不同的代码表达式。

In [18]:

```
# 用于逻辑回归
def logreg_model(weights, ftrs):
    return rdot(weights, ftrs)

def logreg_loss_pm1(predicted, actual):
    # -actual log(predicted) - (1-actual) log(1-predicted)
    # 对于+1/-1目标，计算并返回如下结果
    return np.sum(np.log(1+np.exp(-predicted*actual)))
```

创建了一个模型和一个损失函数后，我们就可以实现最小化以寻找好的权重。

In [19]:

```
logreg_cost = make_cost(logreg_ftrs_p1, binary_to_pm1(logreg_tgt),
                        logreg_model, logreg_loss_pm1,
                        0.0, no_penalty)
learned_wgts = magical_minimum_finder(logreg_cost, [5,5], disp=False)

print("   true weights:", true_wgts)
print("learned weights:", learned_wgts)
```

```
   true weights: (-2, 20)
learned weights: [-1.9774 19.8659]
```

虽然所得到的权重很好，但读者可能会好奇这些权重给了我们什么样的分类性能。让我们快速分析一下。首先需要将权重转换为实际的类别。我们将使用另一个辅助函数来实现这一点，该辅助函数知道如何将权重转换为概率，然后再转换为类别。

In [20]:

```
def predict_with_logreg_weights_to_pm1(w_hat, x):
    prob = 1 / (1 + np.exp(rdot(w_hat, x)))
    thresh = prob < .5
    return binary_to_pm1(thresh)

preds = predict_with_logreg_weights_to_pm1(learned_wgts, logreg_ftrs_p1)
print(metrics.accuracy_score(preds, binary_to_pm1(logreg_tgt)))
```

```
0.93
```

结果令人满意。即使权重并不是完美的，这些权重也可能对预测有用。

15.3.3 逻辑回归的可视化视图

我们可以使用图形方式来可视化逻辑回归，这种方式与图 15-3 中线性回归的数学表达方式相同。逻辑回归中更复杂的一个部分是 $\frac{1}{1+e^{L0}}$ 形式。读者可能记得这个分数形式是逻辑函数或者 sigmoid 函数。如果我们满足于使用名称 logistic 来表示这个函数，就可以绘制如图 15-5 所示的数学关系。

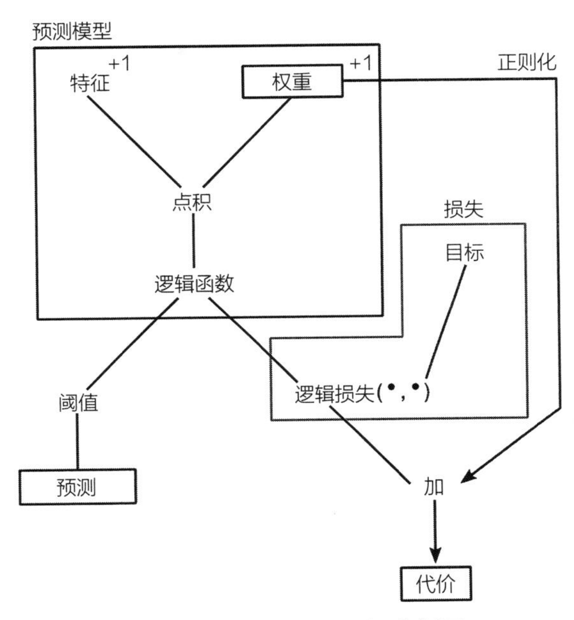

图 15-5 逻辑回归的可视化视图

15.4 基于原始数据的 SVM

到目前为止，关于机器学习，我们已经研究了很多主题和内容，无须引入新的相关技巧。很显然，我们可以把本书所阐述的相同过程应用于其他机器学习模型。特别地，让我们想了解从原始组件构建支持向量机时的情况。同样，唯一的区别在于，我们将有一个稍微不同的损失函数。

In [21]:

```
# 用于支持向量分类器
def hinge_loss(predicted, actual):
    hinge = np.maximum(1-predicted*actual, 0.0)
    return np.sum(hinge)

def predict_with_svm_weights(w_hat, x):
    return np.sign(rdot(w_hat,x)).astype(np.int)
```

支持向量机在 ±1 数据中表现最为出色，这是毋庸置疑的。因为支持向量机模型就是点积，所以我们甚至不会给它起一个特殊的名字。

In [22]:

```
svm_ftrs = logreg_ftrs_p1
svm_tgt  = binary_to_pm1(logreg_tgt)  # 支持向量机“要求” +/- 1
```

```
# 支持向量机模型“就是”rdot，因此无须单独对其进行定义
svc_cost = make_cost(svm_ftrs, svm_tgt, rdot,
                     hinge_loss, 0.0, no_penalty)
learned_weights = magical_minimum_finder(svc_cost, [5,5], disp=False)

preds = predict_with_svm_weights(learned_weights, svm_ftrs)
print('no penalty accuracy:',
      metrics.accuracy_score(preds, svm_tgt))
```

```
no penalty accuracy: 0.91
```

与线性回归和逻辑回归一样，我们可以添加惩罚项来控制权重。

In [23]:

```
# 带惩罚项的支持向量分类器
svc_pen_cost = make_cost(svm_ftrs, svm_tgt, rdot,
                         hinge_loss, 1.0, L1_penalty)
learned_weights = magical_minimum_finder(svc_pen_cost, [5,5], disp=False)

preds = predict_with_svm_weights(learned_weights, svm_ftrs)
print('accuracy with penalty:',
      metrics.accuracy_score(preds, svm_tgt))
```

```
accuracy with penalty: 0.91
```

现在是给读者一个警告的好时机。我们正在使用简单的真实关系和少量易于分离的数据。建议读者不要使用 `scipy.optimize.fmin` 来解决实际问题。抛开这个警告不谈，下面是一个思考如何利用所使用的技术去执行优化的正确方式。从这个角度来看，当使用支持向量机时，只是使用了一个很好的自定义优化器，它可以很好地解决支持向量机问题。线性回归和逻辑回归也是如此：一些优化（就是寻找最小代价参数）的方法对于特定的学习方法很有效，所以我们在内部使用这种方法！事实上，定制技术可以解决特定的优化问题，例如当拟合模型时需要解决的问题，而且解决的效果要优于像 `fmin` 这样的通用技术。通常不必担心这一点，但以下情况除外：（1）使用来自研究期刊的绝对最新的学习方法，（2）自己实施定制的学习方法。

一个简短的提示。事实上，我们并没有真正实现从支持向量分类器到支持向量机的核化版本。所有的方法基本上都是相同的，只是我们使用核替换了点积。

15.5 神经网络

在对建模和学习技术的讨论中，很显然我们还未对神经网络进行阐述。神经网络是过去十年中机器学习领域最炫酷的进步之一，但实际上神经网络已经存在很长时间了。关于神经网络的第一次数学讨论始于 20 世纪 40 年代。进入 20 世纪 60 年代之后，神经网络开始了

“繁荣—萧条”周期的模式。神经网络非常神奇，利用神经网络可以完成任何任务！但是几年后，很明显，人们发现某种形式的神经网络并不能做一些事情，或者不能在当时的硬件上有效地完成任务。然后，神经网络就被束之高阁。几年以后，不同形式的神经网络再次兴起并令人惊叹：全新硬件的出现令神经网络重新焕发了光彩！我们不打算深入探讨神经网络的历史，但接下来将具体介绍神经网络与本书中已经学到的知识之间的联系。

首先，我们将了解神经网络专家如何看待线性回归和逻辑回归。然后，将快速讨论一个系统，该系统远远超出了这些基础知识，并朝着一些深层次的神经网络发展，这些神经网络是当前机器学习繁荣的主要原因之一。简要说明：使用神经网络进行线性回归和逻辑回归有点像使用一辆马力十足的军用悍马汽车来运载一桶 32 盎司[㊀]的水。虽然我们可以这样做，但一定有更简单、更经济的方法来运载这桶水。

基于上述介绍，那究竟什么是神经网络呢？在前文中，我们绘制了线性回归和逻辑回归的代码形式图（图 15-3 和图 15-5）。神经网络就类似于图 15-3 和图 15-5（借助图形表达输入、数学函数和输出之间的连接），然后在代码中实现输入输出之间的连接。神经网络以非常通用的方式来实现这一点，因此我们可以从相同种类的组件和连接构建其他更复杂的模式。

15.5.1 线性回归的神经网络视图

我们将从线性回归开始，将其作为开发神经网络的原型。我们将把之前的示意图（图 15-3）以稍微不同的方式重新绘制（图 15-6）。

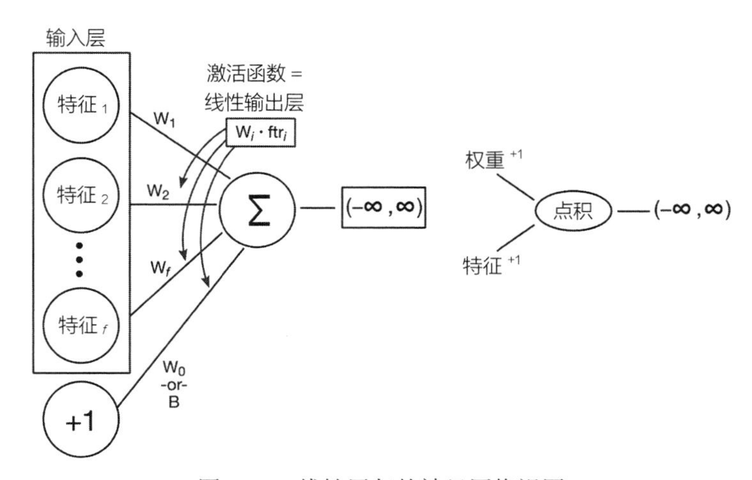

图 15-6 线性回归的神经网络视图

为了实现这个示意图，我们将使用一个名为 keras 的 Python 包。在内部，keras 将驱动一个名为 TensorFlow 的低级神经网络包。把 keras 和 TensorFlow 结合在一起使用，大大简化了将神经网络组件的示意图转换为可执行程序的过程。

㊀ 1 盎司约等于 28.35 克。——编辑注

In [24]:

```
import keras.layers as kl
import keras.models as km
import keras.optimizers as ko
```

使用 TensorFlow 后端。

定义和构建 keras 模型有几种不同的方式。我们将使用一个简单的方式，允许我们逐渐（从左到右，或者从输入到输出）向模型添加层。这个过程是顺序的，所以必须严格地向前推进。经典的线性回归只需要一个工作层。这个工作层连接输入和输出（输入和输出本身就是层，但我们不关心这些内容，因为它们是固定的）。

回到工作层：在 Keras 中，我们将其定义为 Dense（全连接）层。这意味着我们将所有传入组件连接在一起（密集连接）。此外，我们将其创建为 Dense(1) 层。这意味着我们将所有传入组件连接到一个节点中。这些值通过该单个节点形成一个点积。这是通过 activation='linear' 来指定的。此时读者是否有一种明显的线性回归似曾相识的感觉？这正是我们想要的结果。

模型生成器的最后一部分是如何对其进行优化。我们必须定义代价 / 损失函数以及用来最小化代价 / 损失的技术。这里将使用均方误差损失 (loss='mse') 以及被称为随机梯度下降 (ko.SGD) 的滚动下坡优化器。坡度下降部分是下坡位。随机部分意味着每次试图找出下坡方向时，只使用一部分训练数据，而不是全部数据。当有大量的训练数据时，这种技术非常有用。我们使用 lr（learning rate，学习率）的方式与在第 15.1 节中使用 step_size 的方式相同：一旦知道了方向，就需要知道在该方向上要走多远。

In [25]:

```
def Keras_LinearRegression(n_ftrs):
    model = km.Sequential()
    # 全连接层默认包含一个“偏差”（加1 技巧）
    model.add(kl.Dense(1,
                       activation='linear',
                       input_dim=n_ftrs))
    model.compile(optimizer=ko.SGD(lr=0.01), loss='mse')
    return model
```

keras 开发人员充分考虑了用户的情况，其模型提供了与 sklearn 相同的基本 API。因此，快速 fit（拟合）和 predict（预测）就可以得到预测结果。一个细微的区别是 fit 返回拟合运行的历史记录。

In [26]:

```
# 出于各种原因，我们打算让Keras实现“加1技巧”
# 我们将“不”发送“取值全为1”的特征
linreg_ftrs = linreg_ftrs_p1[:,0]
```

```
linreg_nn = Keras_LinearRegression(1)
history = linreg_nn.fit(linreg_ftrs, linreg_tgt, epochs=1000, verbose=0)
preds = linreg_nn.predict(linreg_ftrs)

mse = metrics.mean_squared_error(preds, linreg_tgt)

print("Training MSE: {:5.4f}".format(mse))
```

```
Training MSE: 0.0000
```

因此，我们把训练误差降到了非常接近零的水平。注意：这是训练评估，不是测试评估。我们可以深入了解拟合历史，观察一下“众所周知的球”是如何沿着代价曲线滚动的。我们将只查看前 5 个步骤。当指定 epochs=1000 时，我们采取了 1000 个步骤。

In [27]:

```
history.history['loss'][:5]
```

Out[27]:

```
[328.470703125,
 57.259727478027344,
 10.398818969726562,
 2.2973082065582275,
 0.8920286297798157]
```

仅仅几步就在减少损失方面取得了巨大进展。

15.5.2 逻辑回归的神经网络视图

线性回归（图 15-6）和逻辑回归（图 15-7）的神经网络图非常相似。唯一可见的差异是逻辑回归的波浪形 S 型曲线（sigmoid curve，又称为西格玛曲线）。当我们实施逻辑回归时，唯一的区别是 activation 参数。对于线性回归，我们使用了线性激活，如前所述它只是一个点积。对于逻辑回归，我们将使用 sigmoid 激活，该激活方式基本上是通过西格马曲线传递一个点积。一旦我们将其与不同的损失函数结合起来，就意味着将使用对数损失（命名为 binary_crossentropy），同时意味着大功告成了。事实上，我们这样做只是因为这里的输出是一个概率。必须通过与 0.5 比较将其转换为一个类别。

In [28]:

```
def Keras_LogisticRegression(n_ftrs):
    model = km.Sequential()
    model.add(kl.Dense(1,
                       activation='sigmoid',
                       input_dim=n_ftrs))
    model.compile(optimizer=ko.SGD(), loss='binary_crossentropy')
    return model
```

```
logreg_nn = Keras_LogisticRegression(1)
history = logreg_nn.fit(logreg_ftr, logreg_tgt, epochs=1000, verbose=0)

# 输出是概率值
preds = logreg_nn.predict(logreg_ftr) > .5
print('accuracy:', metrics.accuracy_score(preds, logreg_tgt))
```

```
accuracy: 0.92
```

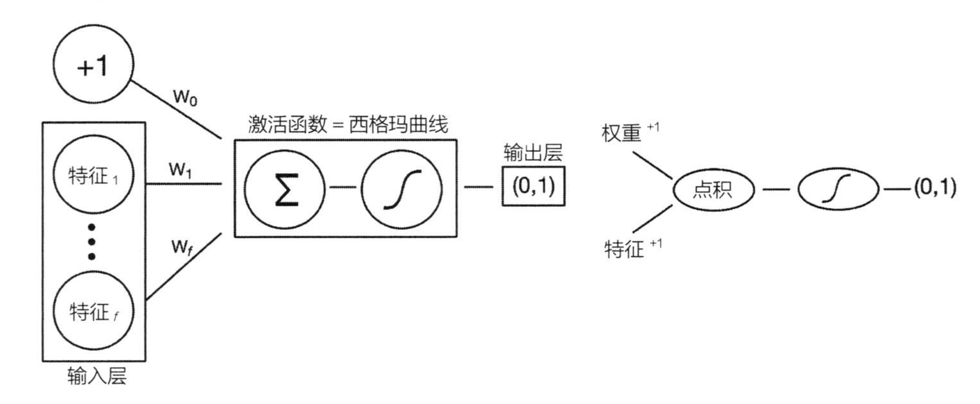

图 15-7 逻辑回归的神经网络视图

15.5.3 超越基本神经网络

线性回归和逻辑回归的单层 `Dense(1)` 神经网络足以让我们开始使用基本（浅层）的模型。但是，当在一个层中开始出现多个节点时（如图 15-8 所示），并且当我们开始通过添加层来构建更深层次的网络时，才能真正体现神经网络的威力。

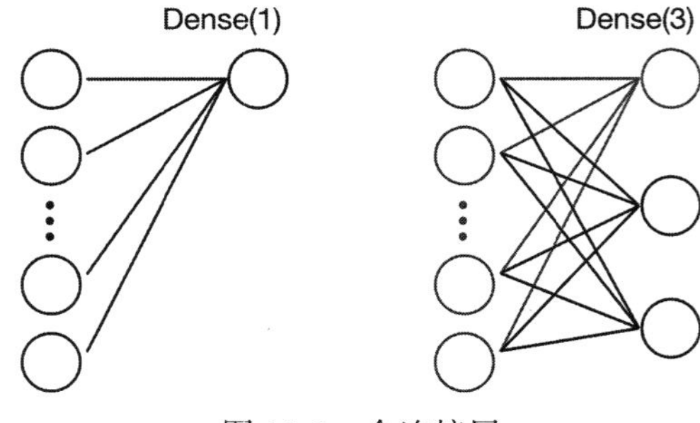

图 15-8 全连接层

`Dense(1, "linear")` 只能完美地表示线性可分离的布尔目标。`Dense(n)` 可以表示任何布尔函数，但它可能需要非常大的值 n。如果添加层，就可以继续表示任何布尔函数，但在某些情况下，我们可以使用越来越少的总节点来表示。更少的节点意味着需要调整的权重或者参数更少。我们得到了更简单的模型，从而减少了过拟合，并对网络进行了更有效的训练。

作为上述思想的一个快速示例，MNIST 手写数字识别数据集（类似于 `sklearn` 的手写数字数据集 `digits`）可以使用多工作层神经网络进行处理。如果将两个 `Dense(512)` 层串连在一起，将得到一个大约 670 000 个权重的网络，必须通过优化求解这些权重参数。这一点是可以做到的，同时还可以获得大约 98% 的准确率。最直接的方法是丢失一些图像的“图像性”：

我们无法跟踪哪些像素彼此相邻。这有点像在词袋技术中失去单词顺序。为了解决这个问题，我们可以引入另一种网络连接卷积，以使附近的像素彼此连接。网络连接卷积减少了不相关的连接。我们的卷积神经网络只有 300 000 个参数，但它仍然可以执行类似的操作。结果为双赢。读者可以想象，我们有效地将 370 000 个参数设置为零，剩下的可调整旋钮要少得多。

15.6 概率图模型

本书将神经网络作为一种图模型介绍给读者，借助图像，我们可以很容易地绘制出值和操作之间的联系。现代机器学习工具箱中的最后一个主要角色是概率图模型（Probabilistic Graphical Model，PGM）。概率图模型不像神经网络那样受到广泛的关注，但请放心，概率图模型常用于构建重要的图像和语音处理系统以及医疗诊断系统。本节将简单介绍什么是概率图模型。概率图模型超越了我们迄今为止所看到的模型。就像使用神经网络一样，这里将向读者展示线性回归和逻辑回归的概率图模型。

到目前为止，即使使用神经网络，我们也将一些数据（输入特征和目标）视为给定数据，将参数或者权重视为可调整数据。在概率图模型中，我们采取了一种稍微不同的观点：模型的权重也将以某种最佳猜测形式作为额外的输入。我们将为模型权重提供一系列可能的值，以及这些值出现的不同概率。结合这些思想，意味着赋予权重一个可能值的概率分布。然后，使用一种称为抽样的过程，可以获取已知的给定数据，将其与一些关于权重的猜测放在一起，然后看看这些部分一起工作的概率有多大。

当绘制神经网络时，节点代表数据和操作。链接表示操作应用于输入时的信息流。在概率图模型中，节点表示特征（输入特征和目标特征），以及数据中未明确表示的可能附加的中间特征。中间节点可以是数学运算的结果，就像在神经网络中一样。

令人惊奇的是，使用概率图模型可以实现迄今为止所讨论的模型无法完成的事情。从概念上讲，这些模型很容易被认为是输入数据的操作序列。我们对输入应用一系列的数学步骤，然后得到输出。特征上的分布更加灵活。虽然可能会将某些特征视为输入和输出，但使用分布将特征绑定在一起意味着可以将信息从一个特征发送给该分布中的任何其他特征。实际上，我们可以（1）知道一些输入值并询问正确的输出值是什么，（2）知道一些输出值并询问正确的输入值是什么，（3）知道一些输入值和输出值的组合并询问其他正确的输入值和输出值是什么。在这里，“正确”的意思是与我们所知道的一切很相似。从输入特征到目标输出，我们不再是单向的。

这个扩展大大超越了建立一个模型来预测一组输入的单个输出。还有另一个主要的区别。这里虽然进行了一点简化，但到目前为止我们讨论的方法对答案做出了单一的最佳猜测估计（尽管有些方法也给出了关于类别的概率）。事实上，这里采用了两种方式。首先，当进行预测时，我们预测一个输出值。其次，当拟合模型时，我们得到模型参数的一个（且只有一个）最佳猜测估计。我们可以回避这些限制的一些特殊情况，但到目前为止，我们的方法并没有真正考虑到这一点。

概率图模型让我们在预测和拟合模型中看到了一系列的概率。如果愿意，我们可以从这些信息中询问最可能的答案。然而，对一系列可能性的认可通常可以避免对一个答案的过于自信，而这个答案可能不是那么好，或者可能只是略好于其他答案。

稍后我们将看到这些思想的一个例子，但这里需要牢记一些具体的东西。当我们为线性回归拟合概率图模型时，可以得到权重和预测值的分布，而不仅仅是一组固定的权重和值。例如，结果不是 $\{m=3, b=2\}$，而是分布 $\{m=\text{Normal}(3, 5), b=\text{Normal}(2, 2)\}$。

15.6.1 抽样

在我们讨论线性回归的概率图模型之前，先转移一下注意力，讨论一下我们将如何从概率图模型中学习。这意味着需要讨论抽样（sampling）。

假设有一个瓮（我们再次使用瓮），从中抽取红球和黑球，在记录了每个球的颜色后，将球放回瓮中。因此，我们正在进行有放回的抽样（sampling with replacement）。假设在100次尝试中，抽取了75个红球和25个黑球。现在可以提出如下的问题：瓮中有1个红球和99个黑球的可能性有多大？回答是可能性不大。还可以提出如下的问题：瓮中有99个红球和1个黑球的可能性有多大？回答还是可能性不大，但比之前情况的可能性要大。我们可以继续提出类似的问题。最终，我们可以提出如下的问题：瓮中有50个红球和50个黑球的可能性有多大？这种情况似乎是可能的，但可能性不大。

我们可以采用以下的方法计算这些概率：从每一个可能的瓮（包含不同的红球和黑球组合）中多次重复抽取100个球。然后统计结果为75个红球和25个黑球的尝试次数。例如，对于一个包含50个红球和50个黑球的瓮，我们采用有放回抽样的方法从中抽取100个球。假设抽取重复了一百万次。然后统计结果为75个红球和25个黑球的抽取次数。在所有可能瓮的设置（99个红球，1个黑球；98个红球，2个黑球；以此类推；直到1个红球，99个黑球）上重复采样过程，然后汇总结果。

这样一种系统化的方法需要耗费相当长的时间。在某些情况下，严格而言是可能的，但实际上可能永远不会发生。想象一下，从一个瓮中抽取（75个红球，25个黑球）和（1个红球，99个黑球）的情况。在太阳变成超新星的情况下才可能发生一次。尽管如此，我们可以完成整个过程。

设置所有合法场景并查看有多少结果符合现实情况的技术称为抽样（sampling）。通常不会列举出所有可能的合法场景。相反地，我们定义不同合法场景的可能性，然后通过投掷硬币（或者随机挑选）的方式产生这些场景。重复很多次，以便最终能够追溯哪些合法场景是可能的。可能发生但不太可能发生的场景可能不会出现。但这也没关系：我们正将精力集中在更可能出现的结果上，与场景发生的频率成正比。

从瓮中抽取小球的示例是使用抽样来确定瓮中红色球的百分比，从而也确定了瓮中的黑球的百分比。当然，假设确保没有人在背后偷偷地向瓮中添加黄色的球。无论如何，总是有未知的危险性和不确定性。同样，抽样允许我们估计线性模型和逻辑模型中的权重。在这些情况下，我们看到输入特征和输出特征，并询问各个不同组权重的可能性。我们可以处理许多种不同的可能权重设置。如果我们以一种巧妙的方式进行（有很多不同的抽样方式），我们最终可以得到一个很好的权重估计值，以及可能导致我们所看到数据的不同可能权重的分布。

15.6.2　线性回归的概率图模型视图

让我们将概率图模型的思想应用于线性回归。

1. 冗长的方法

下面是我们的老式经典（GOF）线性回归的工作原理。首先绘制一个模型（图 15-9），该模型说明了特征和权重如何相互作用。这张图看起来非常像我们为线性回归的神经网络形式绘制的模型，只是添加了学习权重的占位符分布。

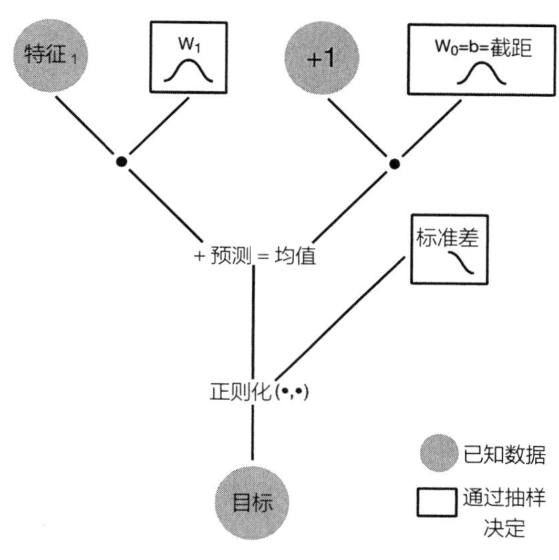

图 15-9　线性回归的概率图模型

我们探索概率图模型的主要工具是 pymc3。mc 代表蒙特卡罗（Monte Carlo），一个著名的赌场。当读者看到这个名字时，可以在心中将其简单地使用随机性来代替。

In [29]:

```
import pymc3 as pm

# 很难保证工具包不那么冗长

import logging
pymc3_log = logging.getLogger('pymc3')
pymc3_log.setLevel(2**20)
```

在这本书的大部分篇幅里，我们都对这个细节进行了保密，但当我们使用线性回归预测一个值时，实际上是在预测一个单一的输出目标值，即在该点上所有可能结果的均值。事实上，如果我们的数据不完美，则在该值的上下各个范围都有一定的回旋余地。老式经典的线性回归将每个预测视为相同的可能摆动空间，并且是正态分布。是的，正态分布确实随处可见。正态分布以预测值为中心，中心周围有一个标准差，因此正态分布显示为线性回归线上方和下方的一个频带。我们的预测仍然在线性回归线上。新组件只是一个围绕线的容错范围。当我们将线性回归视为概率图模型时，可以通过指定标准差来明确隐藏的细节。

让我们将图 15-9 所示的内容转换为如下的实现代码。

In [30]:

```
with pm.Model() as model:
    # 我们对未知事物的猜测分布设置（类似于装饰样板）代码
    # guesses for things we don't know
    sd        = pm.HalfNormal('sd', sd=1)
    intercept = pm.Normal('Intercept', 0, sd=20)
    ftr_1_wgt = pm.Normal('ftr_1_wgt', 0, sd=20)

    # 根据初始猜测和输入数据得出的结果
    # 这是y=mx+b的另一种形式
    preds = ftr_1_wgt * linreg_table['ftr_1'] + intercept

    # 猜测、输入数据和实际输出之间的关系
    # 目标值=预测值+噪声（标准差）（噪声==预测线周围的容差）
    target = pm.Normal('tgt',
                       mu=preds, sd=sd,
                       observed=linreg_table['tgt'])

    linreg_trace = pm.sample(1000, verbose=-1, progressbar=False)
```

毕竟，没有看到任何输出会有点令人失望。但不要担心，以下就是输出结果，如表 15-3 所示。

In [31]:

```
pm.summary(linreg_trace)[['mean']]
```

out [31]:

表 15-3 线性回归概率图模型的输出

	mean
Intercept	2.0000
ftr_1_wgt	3.0000
sd	0.0000

结果是令人欣慰的。虽然我们采取了一种完全不同的方法来实现这一点，但我们看到的权重估计值是 3 和 2，这两个值正是用来生成 linreg_table 中数据的值。同样令人欣慰的是，我们对数据噪声的估计标准差为零。在 linreg_table 中生成数据时，没有加入任何噪声。结果非常完美。

2. 简洁的方法

在上述代码示例中列出了很多细节。幸运的是，我们不必每次都指定这些细节。相反，可以编写一个简单的公式，告诉 pymc3 目标依赖于 ftr_1 和加 1 技巧的常数。然后，pymc3 将完成上述代码编写的所有填充工作。简洁方法中“family=”参数的作用，与冗长方法中“target=”赋值语句的作用相同。两种方法都表明，我们正在建立一个以预测为中心的正态分布，并带有一定的容错范围。结果如表 15-4 所示。

In [32]:

```
with pm.Model() as model:
    pm.glm.GLM.from_formula('tgt ~ ftr_1', linreg_table,
                            family=pm.glm.families.Normal())
    linreg_trace = pm.sample(5000, verbose=-1, progressbar=False)
pm.summary(linreg_trace)[['mean']]
```

Out[32]:

表 15-4　建立以预测为中心的正态分布

	mean
Intercept	2.0000
ftr_1	3.0000
sd	0.0000

这里的名称是特征的名称。如果能清楚地知道这些特征的权重值，就是皆大欢喜的事情。让人放心的是，我们得到的权重答案是相同的。现在，我们提出了概率图模型的一个优点：我们可以看到一系列可能的答案，而不仅仅是一个答案。那一系列答案的图示结果如图 15-10 所示。

In [33]:

```
%%capture

# 解决一个问题的方法: 写入到一个tmp文件
%matplotlib qt

fig, axes = plt.subplots(3,2,figsize=(12,6))
axes = pm.traceplot(linreg_trace, ax=axes)
for ax in axes[:,-1]:
    ax.set_visible(False)

plt.gcf().savefig('outputs/work-around.png')
```

In [34]:

```
Image('outputs/work-around.png', width=800, height=2400)
```

Out[34]:

这些图可能很难理解，因为单位都有点古怪，但是对于值 1e-8 和 1e-9（一个表示 1 乘以 10 的负 8 次方，另一个表示 1 乘以 10 的负 9 次方），两者结果都近似为零。因此，图 15-10 中右下角的标签（x 轴的比例）是非常时髦的表示法，表示图的中心是 2 和 3，正好是我们在表 15-4 中所看到的值。标准差值只是大小类似于 1e-8 的小值，非常接近于零。我们所看到的图中大凸起部分表示，表中的值周围有一个高度集中的区域，很可能是原始的权重。

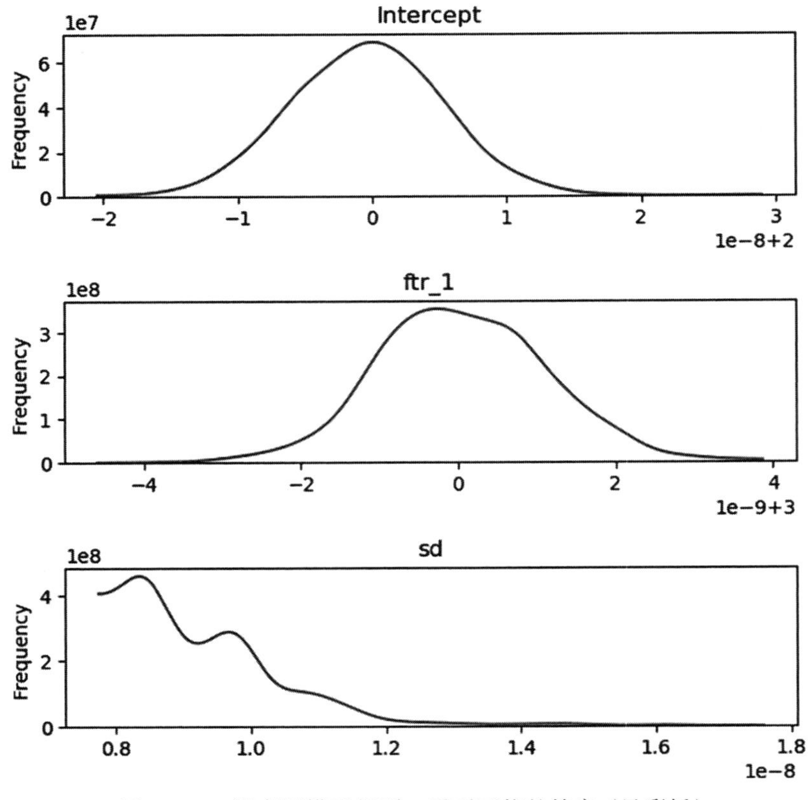

图 15-10 概率图模型得到一系列可能的答案（见彩插）

15.6.3 逻辑回归的概率图模型视图

看到线性回归和逻辑回归之间的密切关系后，我们可能会提出疑问，对于这两种回归，概率图模型之间是否存在类似的密切关系？毫不奇怪，答案是肯定的。同样，从线性回归到逻辑回归只需要一个微小的改变。我们将从图 15-11 中的概率图模型图开始。

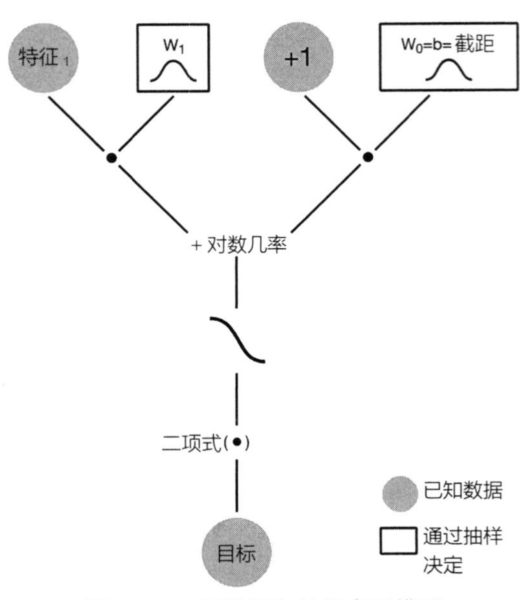

图 15-11 逻辑回归的概率图模型

我们可以建立几乎与线性回归完全相同的模型，唯一不同之处是 `family`：现在需要使用 `Binomial`（二项式）作为我们的目标。每当看到二项式时，就可以立即使用投掷硬币的思维模式（mental model）。因为我们的逻辑回归示例有两个类别，所以可以将这两个类别分别视为正面和反面。然后，我们只是查找正面的机会。用二项式分布代替正态分布，得到以下实现代码，结果如表 15-5 所示。

In [35]:

```
with pm.Model() as model:
    pm.glm.GLM.from_formula('tgt ~ ftr_1', logreg_table,
                            family=pm.glm.families.Binomial())
    logreg_trace = pm.sample(10000, verbose=-1, progressbar=False)
pm.summary(logreg_trace)[['mean']]
```

Out[35]:

表 15-5 逻辑回归的预测结果

	mean
Intercept	22.6166
ftv_1	−2.2497

得到的结果并不准确：真实的原始值为 20 和 −2。但请记住，我们的 `logreg_table` 比线性回归数据更现实一些。数据包括在中间的噪声，其中样例没有被完美地分类成正面和反面（我们的原始 0 和 1）。

对于线性回归，我们研究了权重的单变量独立分布。我们还可以看一下二元变量权重分布。对于逻辑回归示例，让我们看一看两个权重最可能的值对在哪里。结果如图 15-12 所示。

In [36]:

```
%matplotlib inline

df_trace = pm.trace_to_dataframe(logreg_trace)
sns.jointplot('ftr_1', 'Intercept', data=df_trace,
              kind='kde', stat_func=None, height=4);
```

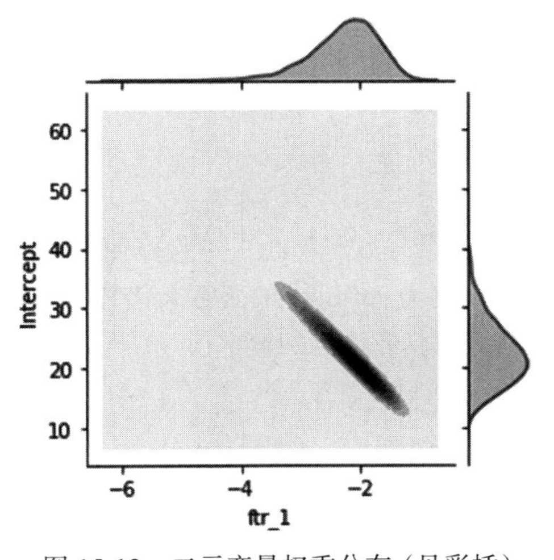

图 15-12 二元变量权重分布（见彩插）

图 15-12 中较暗的区域表示最可能的权重组合。我们看到，这两者并不是相互独立的。如果 `ftr_1` 上的权重增加了一点，那么截距上的权重部分不得不下降一点。

读者可以把这想象成一次自驾长途旅行。如果确定了一个目标到达时间，那么可以在某个时间离开起点并以某个速度行驶。如果早点出发，就可以试着开得慢一点。如果出发较晚（例如度过一个疯狂的假期后），那么必须开快一点才能在同一时间到达。对于我们的逻辑回归模型，同时到达图的较暗区域意味着我们所看到的数据可能来自出发时间和行驶速度之间的某种权衡。

15.7 本章参考阅读资料

15.7.1 本章小结

本章我们讨论了三个主要主题：（1）如何使用通用优化求解几种不同的机器学习算法，（2）如何使用神经网络表示线性回归和逻辑回归，（3）如何使用概率图模型表示线性回归和逻辑回归。关键的一点是，这两种模型非常相似。第二个关键点是，所有的机器学习方法基本上都在做相似的事情。这里还有最后一个关键点需要考虑：神经网络和概率图模型可以表示非常复杂的模型，但它们是由非常简单的组件所构建的。

15.7.2 章节注释

如果读者有兴趣学习更多关于优化的知识，可以浏览一下微积分课程中的找零（zero-finding）和导数问题，或者查找一些 Youtube 视频。读者可以在最优化问题方面找到丰富的参考资料。还有很多人在数学、商业和工程课程中学习最优化问题的解决方案。

逻辑回归与损失函数

当 $z=\beta x$ 时，逻辑回归模型中的概率为 $p_{y=1}=\dfrac{1}{1+e^{-z}}$。同时可以得出 $p=\text{logistic}(z)=\text{logistic}(\beta x)$。通过最小化交叉熵损失函数，我们可以得到以下表达式。

- ❑ 对于 0/1：$-yz+\log(1+e^{z})$。
- ❑ 对于 ±1：$\log(1+e^{-yz})$。

当我们超越神经网络中的二元分类问题时，对目标使用独热编码，同时并行地解决几个单类别问题。然后，我们使用名为 softmax 的函数来代替逻辑函数。再然后，我们选择这样的类别，该类别在可能的目标中具有最高的概率值。

神经网络

很难用几句话来总结神经网络的历史。神经网络始于 20 世纪 40 年代中期，在 1960 年前后和 80 年代前后经历了一系列“繁荣 – 萧条”周期。20 世纪 90 年代中期至 21 世纪 10 年代初，主要的理论和实际硬件问题得到了可行的解决方案。有关更详细的评论，请参阅

Lewis 和 Denning 在 2018 年 12 月出版的 ACM 通讯期刊中发表的文章："*Learning Machine Learning*（学习机器学习）"。

我们曾经提及，可以将神经网络扩展到处理更多的二元目标分类问题。下面是一个应用于二元问题的技术的超级快速示例。读者可以通过增加 n_classes 来调整类别的数量，以处理更大的问题。

In [37]:

```
from keras.utils import to_categorical as k_to_categorical
def Keras_MultiLogisticRegression(n_ftrs, n_classes):
    model = km.Sequential()
    model.add(kl.Dense(n_classes,
                       activation='softmax',
                       input_dim=n_ftrs))
    model.compile(optimizer=ko.SGD(), loss='categorical_crossentropy')
    return model

logreg_nn2 = Keras_MultiLogisticRegression(1, 2)

history = logreg_nn2.fit(logreg_ftr,
                         k_to_categorical(logreg_tgt),
                         epochs=1000, verbose=0)


# 预测按照类别给出"概率表"
# 我们只需选择概率最大的类别
preds = logreg_nn2.predict(logreg_ftr).argmax(axis=1)
print(metrics.accuracy_score(logreg_tgt, preds))
```

```
0.92
```

15.7.3　练习题

1. 请读者使用我们的手动机器学习方法（可能还要借助一些笨拙的循环代码）实现一些类似网格搜索 GridSearch 的工作，来查找正则化控制参数 C 的最佳值。

2. 我们发现，如果数据非常干净，对权重使用惩罚实际上会损害权重估计。请使用不同数量的噪声进行实验。一种可能是回归数据的标准差比较大。请结合不同数量的正则化（C 值）。随着噪声和正则化的变化，请问所测试的均方差如何变化？

3. 神经网络中的过拟合有点奇怪。随着更复杂的神经网络架构的出现（该架构可以表示任何输入的内容），问题就变成了控制所采取的学习迭代次数（epoch）的问题。保持较低的学习迭代次数，意味着目前只能调整网络中的权重。结果有点像正则化。正如刚才对噪声 / C 值权衡所做的那样，请尝试评估噪声与用于训练神经网络的学习迭代次数之间的权衡。在测试集上进行评估。

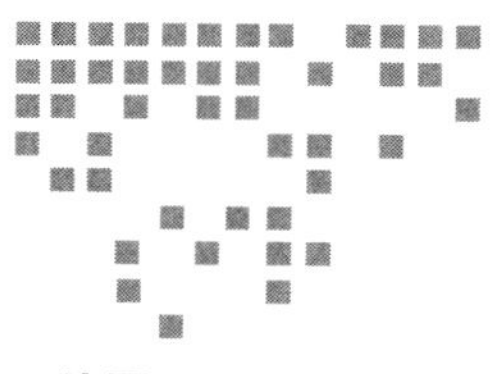

Appendix 附录

mlwpy.py 程序清单

```
# 常用导入包的缩写
import numpy as np
import matplotlib.pyplot as plt
import matplotlib as mpl
import seaborn as sns
import pandas as pd
import patsy

import itertools as it
import collections as co
import functools as ft
import os.path as osp

import glob
import textwrap

import warnings
warnings.filterwarnings("ignore")
# 有些警告非常顽固，我们不希望它们出现在书中
def warn(*args, **kwargs):  pass
warnings.warn = warn

# 相关配置
np.set_printoptions(precision=4,
                    suppress=True)
pd.options.display.float_format = '{:20,.4f}'.format
```

```
# 在任何实际的生产代码中都建议“不要”这样做
# 设置随机发生器的种子是为了实现可以完全重现教科书中代码的结果
# 这“正是”我们想要的
np.random.seed(42)
# 默认值为[6.4, 4.8] (4:3)
mpl.rcParams['figure.figsize'] = [4.0, 3.0]

# 打开latex表
pd.set_option('display.latex.repr', True)
# 用于居中Out[] DataFrames数据帧的补丁
def _repr_latex_(self):
    return "{\centering\n%s\n\medskip}" % self.to_latex()
pd.DataFrame._repr_latex_ = _repr_latex_

# 仅使用一次
markers = it.cycle(['+', '^', 'o', '_', '*', 'd', 'x', 's'])

# 便于显示内容的辅助函数
from IPython.display import Image

#
# sklearn包非常具有Java风格。:(
#
from sklearn import (cluster,
                     datasets,
                     decomposition,
                     discriminant_analysis,
                     dummy,
                     ensemble,
                     feature_selection as ftr_sel,
                     linear_model,
                     metrics,
                     model_selection as skms,
                     multiclass as skmulti,
                     naive_bayes,
                     neighbors,
                     pipeline,
                     preprocessing as skpre,
                     svm,
                     tree)

# 关键行在于预测一个大的数据点网格
# http://scikit-learn.org/stable/auto_examples/neighbors
# /plot_classification.html
def plot_boundary(ax, data, tgt, model, dims, grid_step = .01):
    # 抓取数据的二维视图并获取数据范围
    twoD = data[:, list(dims)]
```

```
    min_x1, min_x2 = np.min(twoD, axis=0) + 2 * grid_step
    max_x1, max_x2 = np.max(twoD, axis=0) - grid_step

    # 制作点的网格并预测这些点
    xs, ys = np.mgrid[min_x1:max_x1:grid_step,
                      min_x2:max_x2:grid_step]
    grid_points = np.c_[xs.ravel(), ys.ravel()]
    # 警告：非交叉验证拟合
    preds = model.fit(twoD, tgt).predict(grid_points).reshape(xs.shape)

    # 在网格点绘制预测
    ax.pcolormesh(xs,ys,preds,cmap=plt.cm.coolwarm)
    ax.set_xlim(min_x1, max_x1)#-grid_step)
    ax.set_ylim(min_x2, max_x2)#-grid_step)

def plot_separator(model, xs, ys, label='', ax=None):
    '''xs, ys 是一维b/c轮廓，decision_function使用不兼容的封装'''
    if ax is None:
        ax = plt.gca()

    xy = np_cartesian_product(xs, ys)
    z_shape = (xs.size, ys.size) # 由于是一维，因此使用.size
    zs = model.decision_function(xy).reshape(z_shape)

    contours = ax.contour(xs, ys, zs,
                          colors='k', levels=[0],
                          linestyles=['-'])
    fmt = {contours.levels[0] : label}
    labels = ax.clabel(contours, fmt=fmt, inline_spacing=10)
    [l.set_rotation(-90) for l in labels]

def high_school_style(ax):
    ' 用于定义坐标轴以显示典型学院绘图风格的辅助函数 '
    ax.spines['left'].set_position(('data', 0.0))
    ax.spines['bottom'].set_position(('data', 0.0))
    ax.spines['right'].set_visible(False)
    ax.spines['top'].set_visible(False)

    def make_ticks(lims):
        lwr, upr = sorted(lims) # x/ylims可以在mpl中反转
        lwr = np.round(lwr).astype('int') # 可以返回np对象
        upr = np.round(upr).astype('int')
        if lwr * upr < 0:
            return list(range(lwr, 0)) + list(range(1,upr+1))
        else:
            return list(range(lwr, upr+1))
```

```
    import matplotlib.ticker as ticker
    xticks = make_ticks(ax.get_xlim())
    yticks = make_ticks(ax.get_ylim())

    ax.xaxis.set_major_locator(ticker.FixedLocator(xticks))
    ax.yaxis.set_major_locator(ticker.FixedLocator(yticks))

    ax.set_aspect('equal')

def get_model_name(model):
    ' 返回模型（类别）的名称字符串'
    return str(model.__class__).split('.')[-1][:-2]

def rdot(w,x):
    ' 在交换后的参数上应用np.dot'
    return np.dot(x,w)

from sklearn.base import BaseEstimator, ClassifierMixin
class DLDA(BaseEstimator, ClassifierMixin):
    def __init__(self):
        pass

    def fit(self, train_ftrs, train_tgts):
        self.uniq_tgts = np.unique(train_tgts)
        self.means, self.priors = {}, {}

        self.var  = train_ftrs.var(axis=0) # biased
        for tgt in self.uniq_tgts:
            cases = train_ftrs[train_tgts==tgt]
            self.means[tgt]  = cases.mean(axis=0)
            self.priors[tgt] = len(cases) / len(train_ftrs)
        return self

    def predict(self, test_ftrs):
        disc = np.empty((test_ftrs.shape[0],
                         self.uniq_tgts.shape[0]))
        for tgt in self.uniq_tgts:
            # 技术上，maha_dist 是以下值的平方:
            mahalanobis_dists = ((test_ftrs - self.means[tgt])**2 /
                                 self.var)
            disc[:,tgt] = (-np.sum(mahalanobis_dists, axis=1) +
                           2 * np.log(self.priors[tgt]))
        return np.argmax(disc,axis=1)

def plot_lines_and_projections(axes, lines, points, xs):
    data_xs, data_ys = points[:,0], points[:,1]
    mean = np.mean(points, axis=0, keepdims=True)
```

```
    centered_data = points - mean

    for (m,b), ax in zip(lines, axes):
        mb_line = m*xs + b
        v_line = np.array([[1, 1/m if m else 0]])

        ax.plot(data_xs, data_ys, 'r.') # 未居中
        ax.plot(xs, mb_line, 'y')       # 未居中
        ax.plot(*mean.T, 'ko')

        # 居中的数据简化了数学运算!
        # 这是黄线上从红点到蓝点的距离
        # 从均值到投影点的距离
        y_lengths = centered_data.dot(v_line.T) / v_line.dot(v_line.T)
        projs = y_lengths.dot(v_line)

        # 取消居中（返回到原始坐标）
        final = projs + mean
        ax.plot(*final.T, 'b.')

        # 连接点到投影点
        from matplotlib import collections as mc
        proj_lines = mc.LineCollection(zip(points,final))
        ax.add_collection(proj_lines)

        hypots = zip(points, np.broadcast_to(mean, points.shape))
        mean_lines = mc.LineCollection(hypots, linestyles='dashed')
        ax.add_collection(mean_lines)

# 添加一个方向会改善结果
def sane_quiver(vs, ax=None, colors=None, origin=(0,0)):
    ''' 从原点绘制行向量 '''
    vs = np.asarray(vs)
    assert vs.ndim == 2 and vs.shape[1] == 2  # 确保列向量
    n = vs.shape[0]
    if not ax: ax = plt.gca()

    # zs = np.zeros(n)
    # zs = np.broadcast_to(origin, vs.shape)
    orig_x, orig_y = origin

    xs = vs.T[0]  # 从列到行，row[0]是xs
    ys = vs.T[1]

    props = {"angles":'xy', 'scale':1, 'scale_units':'xy'}
    ax.quiver(orig_x, orig_y, xs, ys, color=colors, **props)
```

```
    ax.set_aspect('equal')
    # ax.set_axis_off()
    _min, _max = min(vs.min(), 0) -1, max(0, vs.max())+1
    ax.set_xlim(_min, _max)
    ax.set_ylim(_min, _max)

def reweight(examples, weights):
    ''' 使用大约两个有效数字的权重将权重转换为样例计数。

        可能有100个理由避免这样处理。
        前两个理由如下:
          (1) boosting (提升) 可能需要更精确的值 (或者使用随机化) 来保持事物的无偏性
          (2) 这“实际上”极大地扩展了数据集 (浪费资源)
    '''
    from math import gcd
    from functools import reduce

    # 谁最不需要重复?
    min_wgt = min(weights)
    min_replicate = 1 / min_wgt # e.g., .25 -> 4

    # 将原始副本计算到小数点后两位
    counts = (min_replicate * weights * 100).astype(np.int64)

    # 如果可以的话, 删减重复
    our_gcd = reduce(gcd, counts)
    counts = counts // our_gcd
    # 重复与类别相关
    return np.repeat(examples, counts, axis=0)

#examples = np.array([1, 10, 20])
#weights  = np.array([.25, .33, 1-(.25+.33)])
# print(pd.Series(reweight(examples, weights)))

def enumerate_outer(outer_seq):
    ''' 根据内部的长度 (len) 重复外部索引 '''
    return np.repeat(*zip(*enumerate(map(len, outer_seq))))

def np_array_fromiter(itr, shape, dtype=np.float64):
    ''' 辅助函数, 因为np.fromiter仅支持一维数据 '''
    arr = np.empty(shape, dtype=dtype)
    for idx, itm in enumerate(itr):
        arr[idx] = itm
    return arr

# 请问应该如何阅读和理解复杂的代码? 方法如下:
```

```
# 由内而外阅读，使用较小的输入，注意数据类型。
# 尝试使用更简单的输入进行更直接和正确的调用。
# “结合”实验阅读文档
# [对我自己来说，这些文档意义不清，除非在阅读时尝试了一些例子]

# 与“原始”的np.meshgrid调用的不同之处在于
# 我们将它们叠加在两列结果中（即，我们用成对数组制作一个表）
def np_cartesian_product(*arrays):
    ''' 用来产生所有可能的输入数组组合的一些numpy技巧 '''
    ndim = len(arrays)
    return np.stack(np.meshgrid(*arrays), axis=-1).reshape(-1, ndim)
```